希少野生植物

アツモリソウ（ラン科）

キバナコウリンカ（キク科）

イチョウシダ（チャセンシダ科）

キタミソウ（オオバコ科）

ウメウツギ（アジサイ科）

オキナグサ（キンポウゲ科）

コイワザクラ（サクラソウ科）

ジョウロウスゲ（カヤツリグサ科）

希少野生植物

チチブイワザクラ
(サクラソウ科)

トキソウ
(ラン科)

ヒナノキンチャク
(ヒメハギ科)

ブコウマメザクラ
(バラ科)

ベニバナヤマシャクヤク
(ボタン科)

ムシトリスミレ
(タヌキモ科)

ヒキノカサ（キンポウゲ科）

ミヤマスカシユリ（ユリ科）

シダ・裸子植物

イワウラジロ（イノモトソウ科）

イワヒバ（イワヒバ科）

ナチクジャク（オシダ科）

トネハナヤスリ（ハナヤスリ科）

ヒロハハナヤスリ（ハナヤスリ科）

ハイマツ（マツ科）

ヤシャゼンマイ（ゼンマイ科）

ミヤマビャクシン（ヒノキ科）

基部被子植物

オニバス（スイレン科）

オオヤマレンゲ（モクレン科）

タマノカンアオイ（ウマノスズクサ科）

ヒトリシズカ（センリョウ科）

ハンゲショウ（ドクダミ科）

アブラチャン（クスノキ科）

シロダモ（クスノキ科）

コウホネ（スイレン科）

単子葉類

ウチョウラン（ラン科）

キバナノアマナ（ユリ科）

オニスゲ（カヤツリグサ科）

カタクリ（ユリ科）

コアツモリソウ（ラン科）

カモメラン（ラン科）

クルマユリ（ユリ科）

サイハイラン（ラン科）

単子葉類

ザゼンソウ（サトイモ科）

ニッコウキスゲ（ススキノキ科）

フガクスズムシソウ（ラン科）

ヒメシャガ（アヤメ科）

ミクリ（ガマ科）

ホテイラン（ラン科）

ホソバコオニユリ（ユリ科）

ミズオオバコ（トチカガミ科）

真正双子葉類

アケボノスミレ（スミレ科）

カワラナデシコ（ナデシコ科）

サクラスミレ（スミレ科）

ヒイラギソウ（シソ科）

クサレダマ
（サクラソウ科）

タカネママコナ
（ハマウツボ科）

ミスミソウ（キンポウゲ科）

ヤマブキソウ（ケシ科）

帰化植物（特定外来植物）

アレチウリ（ウリ科）

オオカワヂシャ（オオバコ科）

オオフサモ（アリノトウグサ科）

ミズヒマワリ（キク科）

帰化植物（外来植物）

オオブタクサ（キク科）

ベニバナボロギク（キク科）

ヤセウツボ
（ハマウツボ科）

セイタカアワダチソウ（キク科）

増補改訂版

フィールドで使える
図説植物検索ハンドブック
〈埼玉2882種類〉

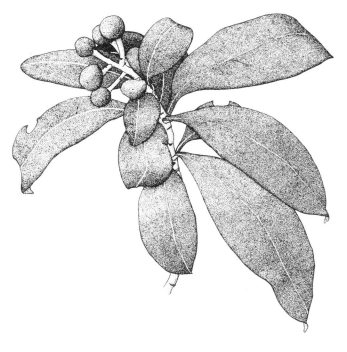

ミヤマシキミ（森廣　信子　画）

本書の使い方（凡例）

　本書は、「1998年版埼玉県植物誌」が完成後、その活用と補充調査のため、容易に持ち運びができ、植物の名前をその場で調べることができることを意図して編集された。

1．本書は原則見開き、左ページに検索表、右ページに当該検索表に対応する図を配置した。種類を区別する必要から掲載した埼玉未確認の参考種25種を除き、登載種は2882種類である。初版より58種類増やした。2882種類の分類上の内訳は、種2584、亜種14、変種179、品種78、雑種27である。また生育状況の内訳は、自生2239、帰化（外来）335、栽培243、逸出65である。

2．左頁検索表の登載種は、1998年版埼玉県植物誌に登載された維管束植物を基に、その後の新知見や種々の事情で同植物誌から削除された植物を加えた。また、近県の分布状況から埼玉県内に分布する可能性のある種についても参考として加えた。

3．右頁図は基本的には葉により区別ができるようにしたが、分類群によっては葉による区別が困難なこともあり、検索表が利用しやすいよう必要に応じて花や果実などの図を載せた。特に注目点については、図中矢印で示し解説を加えた。

4．科名配列、属名、和名等は、新分類体系（APG分類体系）に基づく「日本維管束植物目録」邑田仁監修、米倉浩司著、平成24年4月1日初版、北隆館、及び「維管束植物分類表」邑田仁監修、米倉浩司著、平成25年4月25日初版、北隆館によった。

5．検索文については、属名検索をA、B、C…により記述し、和名検索は1、2、3…により記述した。2分岐を原則とするが、3分岐以上になる場合がある。

6．検索文は対比記述を優先し、参考記述を後付けとした。

7．亜種（ssp.）、変種（v.）、品種（f.）、雑種（h.）は、原則として、検索表本文から外し傍系扱いとした。

8．学名は野外活動で用いる本の厚さ等を考慮し省略した。

9．科名の前に付した番号は本書独自の整理番号である。

10．文末に付録として、冬芽観察の便宜を図るため、その検索表と写真を載せた。

11．検索表に用いられているおもな専門用語は、「用語解説」「図解」に示してある。

12．和名の語尾に示す略号は次による。
　帰：帰化植物（外来植物）
　栽：栽培植物（植栽・園芸品等）
　逸：逸出植物（国内に分布する栽培植物の野生化）
　参：県内では未確認だが比較のために記載した種
　（仮）：仮称　学名未確定

13．検索表図欄の記号は次による。
　▶：右頁に図が示されている。
　p.：数字は相当するページに図がある。

まえがき

　本書は野外で自然観察会などを行うとき、種の同定を助ける教材として編集したものである。本書を編集するに至った経緯について説明する。

　埼玉県は昭和37年（1962）に「埼玉県植物誌」を発刊した。その後数十年の歳月を経て宅地化など開発が進み、フロラ（植物相）および植生について的確な実態把握が必要となった。そこで平成3年から、埼玉県教育委員会では埼玉県植物誌編集事業を推進し、平成10年3月に「1998年版埼玉県植物誌」を刊行した。この発刊を機に植物誌の積極的な活用の在り方として、また補充調査のツールの一つとして、ハンドブックを編纂しようとする機運が盛り上がった。作業は高校の生物担当教員で構成する高校生物研究会植物誌活用部会が中心となり、「初心者でも絵合わせで種が分かるようにする」というコンセプトのもと、手分けをして精力的に図の作成に当たった。こうして平成20年（2008）7月、「埼玉県植物ハンドブック」（以下従来のハンドブックという）初版を刊行した。このハンドブックは一部加筆修正を加え平成24年（2012）6月に第2版を、平成25年（2013）2月に微加筆による第2.1版を刊行している。

　しかし、当初から絵合わせだけでなく検索表が必要であるという意見も根強く、永く懸案になっていた。この度、公益財団法人サイサン環境保全基金のご理解とご厚意をいただき、出版計画が現実のものとなり、ここに従来のハンドブックと併行して、そのハンドブックの葉の図をベースに、花や果実の図を大幅に加え、検索表とリンクさせた本書を刊行することとなった。同環境保全基金に対し、深く感謝申し上げる。

　本書を編集した現在の組織について説明する。県からの委託事業である希少野生動植物調査、レッドデータ植物調査などに関わる必要があり、併せて業務を受託して事業を進める行為にはより信頼性のある安定した組織が必要であることから、平成19年12月NPO法人埼玉県絶滅危惧植物種調査団（以下調査団という）を立ち上げた。この組織は高校生物教員出身者を核に大学関係者、民間有識者を多数包含したものとなった。

　これまでに調査団は埼玉県が発行した「改訂・埼玉県レッドデータブック2005植物編」（平成17年3月）及び「埼玉県レッドデータブック2011植物編」（平成24年3月）の改訂作業を受託した。

　本調査団の現在の事業は調査研究事業、普及啓発事業、環境保全に関する受託事業、機関紙等の発行事業に大別される。調査団を構成する調査員による調査は年間を通し随時行われている。

　本書の完成により、調査の利便性、効率性や正確性が高まると思う。また、本書は埼玉県を中心に近県のエリアにも有用であると考える（海浜植生構成種や地域固有種などは含まれない）。広く植物に関心を持たれている皆様にご利用いただき、環境保全に対する意識が一層向上することを期待する。

（増補改訂について）

　初版発刊以来2年が経過し、内容を一層充実させる必要から、改めて全種を見直し、追加記載の必要な種を付け加えた。検索文については必要な加筆修正を行った。掲載図については検索本文との関連を強化し、花や果実の図を中心に約500図の差し替え・追加挿入を行った。また、和名索引に逆引き検索を導入し、索引の利便性を高めた。

目 次

本書の使い方（凡例）……………10
まえがき……………………………11
目次…………………………………12
埼玉の植生…………………………15
用語解説……………………………18
図解…………………………………20

維管束植物検索表……………………27

ヒカゲノカズラ類

 ヒカゲノカズラ01 ヒカゲノカズラ科
 ……………………………………28
 ヒカゲノカズラ02 ミズニラ科………28
 ヒカゲノカズラ03 イワヒバ科………28

大葉シダ植物

 シダ01 ハナヤスリ科……………30
 シダ02 マツバラン科……………30
 シダ03 トクサ科…………………32
 シダ04 ゼンマイ科………………32
 シダ05 コケシノブ科……………32
 シダ06 ウラジロ科………………34
 シダ07 カニクサ科………………34
 シダ08 デンジソウ科……………34
 シダ09 サンショウモ科…………34
 シダ10 キジノオシダ科…………36
 シダ11 ホングウシダ科…………36
 シダ12 コバノイシカグマ科……36
 シダ13 イノモトソウ科…………38
 シダ14 チャセンシダ科…………40
 シダ15 ヒメシダ科………………42
 シダ16 イワデンダ科……………44
 シダ17 シシガシラ科……………50
 シダ18 コウヤワラビ科…………50
 シダ19 オシダ科…………………50
 シダ20 シノブ科…………………60
 シダ21 ウラボシ科………………60

種子植物－裸子植物

 裸子01 ソテツ科…………………64
 裸子02 イチョウ科………………64
 裸子03 マツ科……………………64

 裸子04 ナンヨウスギ科…………66
 裸子05 イヌマキ科………………66
 裸子06 コウヤマキ科……………68
 裸子07 ヒノキ科…………………68
 裸子08 イヌガヤ科………………70
 裸子09 イチイ科…………………70

種子植物－被子植物－基部被子植物

 被子001 ジュンサイ科……………72
 被子002 スイレン科………………72
 被子003 マツブサ科………………72
 被子004 センリョウ科……………72
 被子005 ドクダミ科………………74
 被子006 ウマノスズクサ科………74
 被子007 モクレン科………………74
 被子007-2 ロウバイ科……………76
 被子008 クスノキ科………………76

種子植物－被子植物－単子葉類

 被子009 ショウブ科………………78
 被子010 サトイモ科………………78
 被子011 チシマゼキショウ科……82
 被子012 オモダカ科………………82
 被子013 トチカガミ科……………82
 被子014 ヒルムシロ科……………84
 被子015 キンコウカ科……………86
 被子016 ヤマノイモ科……………86
 被子017 シュロソウ科……………88
 被子018 イヌサフラン科…………88
 被子019 サルトリイバラ科………88
 被子020 ユリ科……………………90
 被子021 ラン科……………………94
 被子021 ラン科①
 （花粉塊はやわらかい）……………96
 被子021 ラン科②
 （花粉塊かたく，花序頂生）………102
 被子021 ラン科③
 （花粉塊かたく，花序側生）………104
 被子022 アヤメ科…………………106
 被子023 ススキノキ科……………108
 被子024 ヒガンバナ科……………108

被子-025	キジカクシ科	110
被子-026	ヤシ科	114
被子-027	ツユクサ科	114
被子-028	ミズアオイ科	116
被子-029	ショウガ科	116
被子-030	ガマ科	118
被子-031	ホシクサ科	118
被子-032	イグサ科	118
被子-033	カヤツリグサ科	120
被子-033	カヤツリグサ科① (スゲ属以外の属)	122
被子-033	カヤツリグサ科② (スゲ属)	132
被子-034	イネ科	148
被子-034	イネ科① (タケ・ササ類)	152
被子-034	イネ科② (小穂は1小花で苞頴なし)	160
被子-034	イネ科③ (小穂は1小花で苞頴あり)	160
被子-034	イネ科④ (小穂は2小花で苞頴は厚質)	168
被子-034	イネ科⑤ (小穂は2小花で護頴は厚質)	174
被子-034	イネ科⑥ (3小花の小穂)	178
被子-034	イネ科⑦ (多小花の小穂)	180
被子-035	マツモ科	194

種子植物－被子植物－真正双子葉類

被子-036	フサザクラ科	196
被子-037	ケシ科	196
被子-038	アケビ科	198
被子-039	ツヅラフジ科	198
被子-040	メギ科	200
被子-041	キンポウゲ科	202
被子-042	アワブキ科	210
被子-042-2	ハス科	210
被子-043	スズカケノキ科	210
被子-044	ヤマグルマ科	210
被子-045	ツゲ科	210
被子-046	ボタン科	212
被子-047	フウ科	212
被子-048	マンサク科	212
被子-049	カツラ科	212
被子-050	ユズリハ科	212
被子-051	スグリ科	214
被子-052	ユキノシタ科	214
被子-053	ベンケイソウ科	218
被子-054	タコノアシ科	220
被子-055	アリノトウグサ科	220
被子-056	ブドウ科	220
被子-057	マメ科	222
被子-058	ヒメハギ科	236
被子-059	バラ科	236
被子-060	グミ科	248
被子-061	クロウメモドキ科	250
被子-062	ニレ科	252
被子-063	アサ科	252
被子-064	クワ科	254
被子-065	イラクサ科	254
被子-066	ブナ科	258
被子-067	ヤマモモ科	260
被子-068	クルミ科	260
被子-069	カバノキ科	262
被子-070	ドクウツギ科	264
被子-071	ウリ科	264
被子-072	シュウカイドウ科	266
被子-073	ニシキギ科	268
被子-074	カタバミ科	270
被子-075	トウダイグサ科	270
被子-076	ミカンソウ科	272
被子-077	ミゾハコベ科	274
被子-078	ヤナギ科	274
被子-079	スミレ科	278
被子-080	アマ科	282
被子-081	オトギリソウ科	282
被子-082	フウロソウ科	284
被子-083	ミソハギ科	286
被子-084	アカバナ科	288
被子-085	ミツバウツギ科	290
被子-086	キブシ科	290
被子-087	ウルシ科	290
被子-088	ムクロジ科	292
被子-089	ミカン科	298

被子-090	ニガキ科	300
被子-091	センダン科	300
被子-092	アオイ科	300
被子-093	ジンチョウゲ科	304
被子-094	アブラナ科	304
被子-095	ツチトリモチ科	314
被子-096	ビャクダン科	314
被子-097	オオバヤドリギ科	314
被子-098	タデ科	314
被子-099	モウセンゴケ科	322
被子-100	ナデシコ科	322
被子-101	ヒユ科	326
被子-101-2	ハマミズナ科	330
被子-102	ヤマゴボウ科	330
被子-103	オシロイバナ科	330
被子-104	ザクロソウ科	330
被子-105	ハゼラン科	332
被子-106	スベリヒユ科	332
被子-107	ミズキ科	332
被子-108	アジサイ科	332
被子-109	ツリフネソウ科	336
被子-110	ペンタフィラクス科（モッコク科・サカキ科）	336
被子-111	カキノキ科	336
被子-112	サクラソウ科	336
被子-113	ツバキ科	338
被子-114	ハイノキ科	340
被子-115	イワウメ科	340
被子-116	エゴノキ科	340
被子-117	マタタビ科	342
被子-118	リョウブ科	342
被子-119	ツツジ科	342
被子-120	ガリア科	350
被子-121	アカネ科	350
被子-122	リンドウ科	354
被子-123	マチン科	356
被子-124	キョウチクトウ科	356
被子-125	ムラサキ科	358
被子-126	ヒルガオ科	360
被子-127	ナス科	364
被子-128	モクセイ科	368
被子-129	イワタバコ科	370
被子-130	オオバコ科	370
被子-131	ゴマノハグサ科	376
被子-132	アゼナ科	378
被子-133	シソ科	378
被子-134	サギゴケ科	388
被子-135	ハエドクソウ科	388
被子-136	キリ科	390
被子-137	ハマウツボ科	390
被子-138	タヌキモ科	392
被子-139	キツネノマゴ科	394
被子-140	ノウゼンカズラ科	394
被子-141	クマツヅラ科	394
被子-142	ハナイカダ科	396
被子-143	モチノキ科	396
被子-144	キキョウ科	396
被子-145	ミツガシワ科	400
被子-146	キク科	400
被子-146	キク科①（オナモミ族）	402
被子-146	キク科②（キク族）	404
被子-146	キク科③（メナモミ族）	408
被子-146	キク科④（キオン族）	412
被子-146	キク科⑤（シオン族）	416
被子-146	キク科⑥（オグルマ族）	420
被子-146	キク科⑦（コウヤボウキ族）	424
被子-146	キク科⑧（ヒヨドリバナ族）	424
被子-146	キク科⑨（アザミ族）	426
被子-146	キク科⑩（タンポポ族）	432
被子-147	レンプクソウ科	436
被子-148	スイカズラ科	438
被子-149	トベラ科	442
被子-150	ウコギ科	442
被子-151	セリ科	446

落葉樹冬芽の特徴 455
参考文献 481
学名（科・属名）索引 482
和名索引 490

埼玉の植生

1. 埼玉県における森林帯の区分

　植生は、ある地域に分布する植物の集団全体を意味する。概観の特徴（相観）や優占種や標徴種によっていくつかの植物群落（群集）に分類される。例えば、ある地域のブナ林は、相観から落葉広葉樹林（夏緑樹林）、優占種からブナ林、植物社会学的には標徴種からブナ－スズタケ群集となる。

　日本の植生は、南の沖縄や小笠原に見られる亜熱帯林から北へ進んでいくにつれて見られる変化（水平分布）がある。また、山の下部から上部へ登って行くにつれて見られる変化（垂直分布）もあるが、日本では水平分布と垂直分布の変化はほぼ一致している。

　植生の分布は、気温や降水量などの環境要因によって影響されるが、日本では比較的降水量が多いため、気温が植生分布に大きな影響を与えている。吉良（1948）は暖かさの指数（WI）と植生分布との関係を研究した。5℃を植物の平均成長限界温度として、月平均気温（5℃以上の月）から5℃をひいた値の積算値を暖かさの指数（WI）とした。このような考えは現在では広く生物の成長と温度条件の対応として知られており、有効積算温度と呼ばれることも多い。暖かさの指数と植生帯の関係は下表のようであった。

植生帯	針葉樹林帯	夏緑樹林帯	中間温帯	照葉樹林帯
主な樹種	シラビソ、オオシラビソ、トウヒ、コメツガ	ブナ、ミズナラ	モミ、アラカシ、アカマツ、コナラ	スダジイ、タブ、ウラジロガシ、アカガシ、シラカシ
水平分布	亜寒帯林	冷温帯林	中間温帯林	暖温帯林
垂直分布	亜高山帯林	山地帯林	中間温帯林	丘陵帯林
暖かさの指数（WI）	15〜45°	45〜85°	85〜100° ※CIが−10〜−15°	85〜180°

※CIは寒さの指数で、月平均気温（5℃未満の月）から5℃を引いた値の積算値である。

　埼玉県では、図1のように、水平分布は南部および東部の平野部では暖温帯に属し、西の山岳部に移るにつれて中間温帯から亜寒帯に移行していく。

　垂直分布は、図2の様に低地帯から丘陵帯にかけては暖温帯林が分布する。その上部には中間温帯林とよばれる特異な森林帯が見られる。中間温帯は、暖かさの指数が85〜100°でありながら、冬の寒さが厳しい（CIが−10〜−15°）地域で、暖温帯林を構成するシイ、カシ（アラカシを除く）の類はほとんど出現せず、県内では秩父盆地と周辺の山に相当する。また、中間温帯は飯能（南西部山地）では標高550〜640mと分布が狭く、冬の寒さがより厳しい児玉（北西部山地）では250〜670mと広くなっている（図2）。山

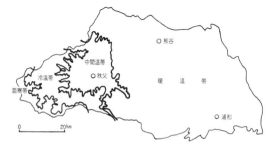

図1. 埼玉県の気候区分　永野（1980）

15

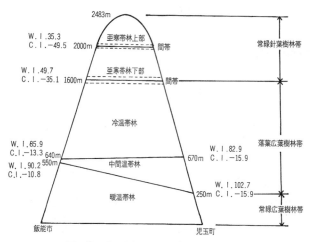

図2. 埼玉県の森林区分　永野（1986）を改写

地帯（冷温帯林）は、標高約1600m付近までに相当する。その上部には、亜高山帯（亜寒帯林）が分布している。

２．暖温帯林（照葉樹林）
　県内の低地〜丘陵帯にかけて分布するが、現在は一部の社寺林等に残存するだけである。
　植生遷移の極相林としては、主に以下のような群落が見られる。
　　スダジイ林（山腹、尾根）、ウラジロガシ林（沢）、アカガシ林（尾根）、アラカシ林（岩角地、丘陵）、シラカシ林（低地、台地）、
　自然林に人手が入った二次林としては、主に以下のような群落が見られる。
　　アカシデーイヌシデ林（斜面）、クヌギ林、ハンノキ林、ヤナギ林、アカマツ林（尾根、丘陵、台地）、コナラ林（山腹、丘陵、台地）、ハンノキ（低湿地）

３．中間温帯林
　暖かさの指数は85〜100°ありながら、冬の寒さが厳しい（ＣＩが-10〜-15°）という内陸性気候下の特徴であり、暖温帯要素と冷温帯要素が混在する地域である。
　極相林としては、主に以下のような群落が見られる。
　　モミーヤマツツジ林（尾根、丘陵）、アラカシーミツバツツジ林（岩壁、岩峰、尾根）、アカマツーミツバツツジ林（岩峰、尾根）、コナラーミツバツツジ林（岩峰、尾根）

４．冷温帯林（夏緑樹林）
　県内では、かつて標高約800〜1600mの土壌がよく発達した山腹にブナ林が成立していたが、そこは伐採等によりほとんどササ草原や植林地、二次林のミズナラ林になっている。現在では、入川谷の東京大学演習林や中津川の県有林にわずかに残されている。
　極相林としては、主に以下のような群落が見られる。
　　ブナ林（山腹）、イヌブナ林（急傾斜の山腹）、ツガ林（急峻な立地）、ヒノキ林（湿性の尾根）、シオジ林（沢）
　二次林としては、主に以下のような群落が見られる。
　　ミズナラ林（山腹）、フサザクラ林（沢）

5．亜寒帯林（針葉樹林）

標高約1600m～2000mでは、コメツガ林が発達し下部亜寒帯林を形成している。約2000m～2483m（三宝山）では、シラビソーオオシラビソ林が発達し上部亜寒帯林を形成している。

極相林としては、主に以下のような群落が見られる。

コメツガ林（山腹、尾根）、ウラジロモミ林（尾根）、シラビソーオオシラビソ林（尾根）、クロベーヒメコマツ林（風衝尾根、岩峰）、ハコネコメツツジ矮性低木林（乾性風衝岩角地）

二次林としては、主に以下のような群落が見られる。

カラマツ林（山腹、尾根）、ダケカンバ林（山腹、尾根）

6．石灰岩地の代表的な植生

石灰岩地には特殊な植物や植生が分布することが知られている。

極相林としては、主に以下のような群落が見られる。

イワシモツケ矮性低木林（冷温帯～亜寒帯：武甲山・二子山・白石山・十文字峠・三国尾根・赤沢岳）、チチブミネバリ林（冷温帯～亜寒帯：武甲山・二子山・白井差峠・白石山・三国尾根）、ウラジロガシ林（中間温帯：武甲山橋立鍾乳洞）

二次林としては、主に以下のような群落が見られる。

ミズナラーキヌタソウ群落

7．草本群落

埼玉県では草本群落は少ないが、各地域で特異な群落を形成している。

亜高山帯の雁坂峠、雁峠、笠取山、将監峠等では、イブキトラノオ、シシウド、クガイソウ、テガタチドリ、ヤナギラン等からなる発達した風衝草原が見られる。

亜高山帯から山地帯に散在的に見られる石灰岩等の岩塊地では、チチブイワザクラ、チチブリンドウ、ヒメシャガ、ホソバノツルリンドウ、キバナコウリンカ等が分布し草本群落を形成している。

低山帯から丘陵帯の林縁部にはフクジュソウ、セツブンソウ、カタクリ等の早春植物群落が多く見られる。

低地では、水田雑草群落や水路・ため池・池沼に水生植物群落が見られる。加須市浮野にはトキソウ、クサレダマ、カキツバタ、イトハコベ等の希少植物が生育している。

荒川中流域の氾濫原では、カワラナデシコ、カワラニガナ、カワラサイコ等が群落を形成している。下流域では、アシやオギの群落が発達し、サクラソウ、チョウジソウ、ノカラマツ、ノウルシ等の群落も見られる。

元荒川や古利根川水系の堰には特殊な生活史をもつキタミソウが群落を形成している。

（木村和喜夫）

参考文献

吉良竜夫（1971）生態学からみた自然、河出書房新社、東京

永野　巌（1980）埼玉県の森林植生（予報）、埼玉県市町村誌（総説編）64－126.埼玉県教育委員会

永野　巌（1986）埼玉の風土と森林、新編埼玉県史（別編3自然）、253－455.埼玉県教育委員会

埼玉県環境部自然環境課（2011）埼玉県の希少野生生物　埼玉県レッドデータブック2011植物編

用 語 解 説

読み	表記	解説
いかんそくこん	維管束痕	葉痕の中に点状・線状に並ぶ維管束の痕跡
いんが	隠芽	葉痕の内部に潜っているため，外から見ることができない
えいへん	穎片	護穎や内穎の片のこと
えんもう	縁毛	葉、包膜（シダ）、花柱、葉耳や果実等のへりにある毛
かいしゅつ	開出	たとえば，毛が枝や軸に対して直角に出るような状況をさす
かが	花芽	芽が開くと1個または複数の花が咲く芽
かかん	花冠	花弁が集まったもの，または合弁になったもの
かじょ	花序	複数の花が茎に集まる様子．花の茎への付きかた，または付いた茎全体
かじょし	花序枝	花の茎への付き方や付いている茎全体を花序といい、その枝をさす
かたげ	肩毛	タケ・ササの仲間の葉鞘のへりにある毛
かちゅう	花柱	雌しべの柱頭と子房の間の部分
かひ	花被	花冠とがくの集まったもの．花弁とがく片が似た形の時によく使う
かりちょうが	仮頂芽	頂芽ではないが，先端の枝が枯れるなどして頂芽のように見える側芽
がりん	芽鱗	芽を包む鱗片．外からすべての芽鱗が見えるわけではない
かん	稈	イネ科の茎．節があり葉がつく．中空
かんしょう	稈鞘	タケ・ササの仲間のタケノコの皮
ぎゃくし	逆刺	茎などにつく下向きのトゲ
きゅうか	球果	裸子植物で見られる松ぼっくり型の実
くちばしじょう	くちばし状	果実、花冠等の先が鳥のくちばしのようにとがっている
げんぶ	舷部	マメ科で，1つの花の先端部の上側の花びら（旗弁）が立ち上がって幅の広くなっている部分．または，マムシグサなどの仲間では苞葉が花序全体を包むが，そのひさしのように花序を覆っている部分
ごえい	護穎	イネ科で小花の雄しべと雌しべを包む葉の変化したもので内穎より外側にある
こくさぎがたようじょ	コクサギ型葉序	茎に対して葉が右右左左とつく様子（互生の一種）
ごせい	互生	茎に対して互い違いにつく様子
さくか	さく果	果実の皮が裂けて開くもの
さんこうみゃく	3行脈	主脈と1対の側脈が特に目立つような葉脈
さんぼうかじょ	散房花序	総状花序に似ているが下部の花柄ほど長い点で異なる
しっきょく	膝曲	芒が途中で折れ曲がること
しゅりん	種鱗	マツ科植物の胚珠をつける鱗片．種鱗の外側に苞葉がある
しょうか	小花	キク科やイネ科等の植物で、1個の花序を形成している多数の小さな花をさす
しょうじく	小軸	イネ科で小花をつないでいる軸
しょうじくとっき	小軸突起	イネ科で内穎の背面から突き出た突起
しょうじょう	掌状	葉が手のひら状に裂けた様子．花序や小穂が手のひら状になる様子
しょうすい	小穂	イネ科・カヤツリグサ科植物の1〜数個の花がまとまって作る小さな穂．小穂が多数集まって穂になる
しんぴ	心皮	胚珠を包む葉の変化したもの．被子植物で見られる
しんべん（くちびるべん）	唇弁	ラン科植物の内花被片の1つがくちびる状に変化したもの
ずい	髄	茎の中心部
すいじょうかじょ	穂状花序	花軸に柄のない花が多数付いて尻尾のようになった花序
ずいちゅう	ずい柱	ラン科で見られる雄しべと雌しべがくっついて柱のようになったもの

読み	表記	解　　説
せいじょうもう	星状毛	四方八方に枝分かれをする毛
せっけい	切形	主に葉の基部がまっすぐに切れた様な形．花冠、花柱、果実の形でも使用
ぜんえん	全縁	主に葉のへりに鋸歯やへこみが無いなめらかな状態
せんもう	腺毛	先端から粘液を分泌する毛
そうか	そう果	1個の種子を持つ果実．果皮と種皮の区別が困難で種子と混同される
そうじょうかじょ	総状花序	花軸に柄をもつ花が多数ついた花序
そうぶ	爪部	マメ科で，舷部の付け根側の幅の狭い部分
そうほう	総苞	花序を包む形が小さく特殊な葉のあつまり．総苞を形成する個々を総苞片とよぶ
そくが	側芽	枝の途中から出る芽
そじゅう	粗渋	ざらつくこと
たいせい	対生	茎に対して1対ずつつく様子
たくよう	托葉	1枚の葉の（葉柄の）基部につく1対のごく小さな葉
たくようこん	托葉痕	托葉が枯れて落ちた痕跡
たしょうか	多小花	小穂が3個以上の多数の小花からなること
たんし	短枝	古い葉痕が密集しているごく短い枝
たんぼうたん	短芒端	先端がのぎ（芒）状に尖るようす
ちゅうき	柱基	花柱の基部が突出したもので、円錐状などで果実の上に付属した部分
ちゅうみゃく	中脈	護穎の竜骨の脈とふちの脈の間にある脈
ちょうが	頂芽	枝の先端につく芽（そこに枯れた枝は全くない）
ちょうしょうよう	頂小葉	奇数の小葉からなる複葉の先端部の小葉をさす
ちょうたんが	頂端芽	頂芽と仮頂芽を区別しない呼称（本書独自のもの）
つづりげ	綴毛	イネ科などで見られる小花に生えるちぢれた毛
ていぼく	低木	樹高およそ5m以下の樹木
てんとう	点頭	花が花序全体としてすべての方向に対し，外向きに咲くような状況
とうねんし	当年枝	その年に伸長した枝
ないえい	内穎	イネ科で小花の雄しべと雌しべを包む葉の変化したもので護穎より内側にある
にれつごせい	二列互生	互生に間違いないが，茎に対して葉が一平面状に並ぶ様子
のぎ	芒	イネ科の護穎や苞穎などについている細長い突起物
ふねんしょうすい	不稔小穂	イネ科で見られる稔らない小穂
へいかい	平開	すべての花弁が水平になるよう配置されているような状況
ほうえい	苞穎	イネ科で小穂の基部にある変形した葉で、下から第一苞穎、第二苞穎とよぶ
もうかん	毛環	毛のはえている列がリング状になる
ゆうかすい	雄花穂	雄花の集まりで円柱状・楕円体状
ようが	葉芽	開くと新葉と若枝が伸びる芽
ようこん	葉痕	葉が枯れて落ちた痕跡
ようじ	葉耳	イネ科などで葉身の基部にある耳状にはりだした部分
ようしょう	葉鞘	イネ科などで葉の基部が鞘のようになって茎を抱いたもの
ようぜつ	葉舌	イネ科などで葉身と葉鞘の境にある膜状で舌のように見える部分
らが	裸芽	芽鱗がなく，第一葉の葉脈がわずかにわかる
りゅうこつ	竜骨	イネ科で苞穎や護穎が中央脈で折りたたまれる場合に、折り目のことを竜骨とよぶ
りょう	稜	もりあがった筋状の構造

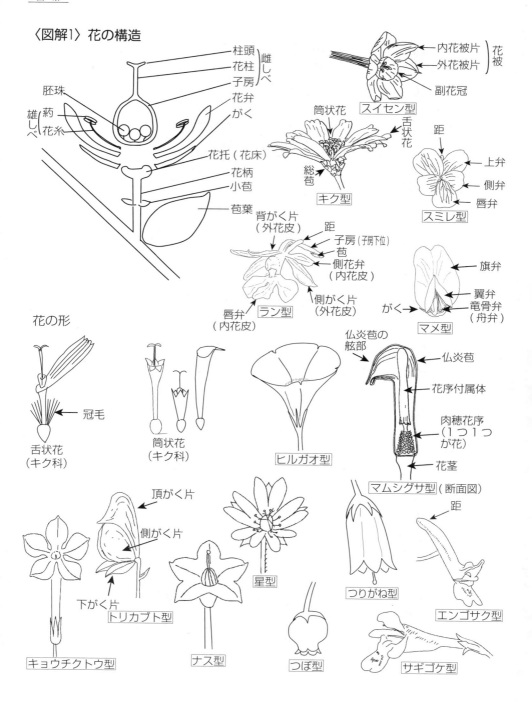

〈図解1〉花の構造

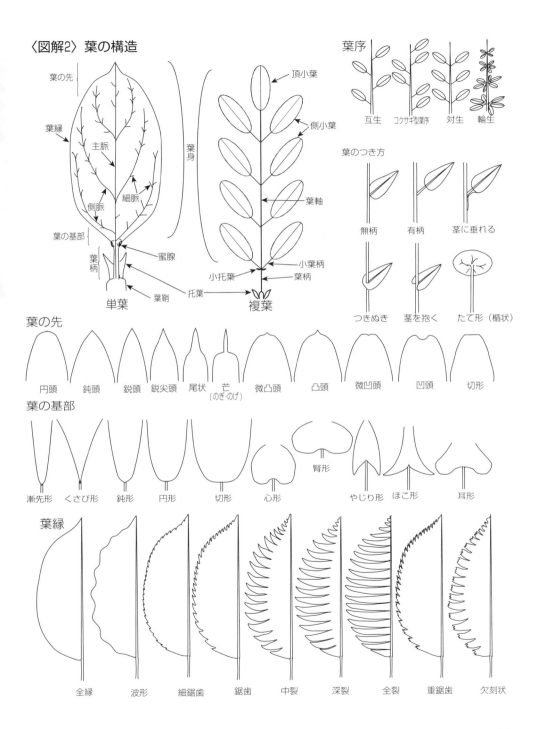

〈図解3〉葉の形

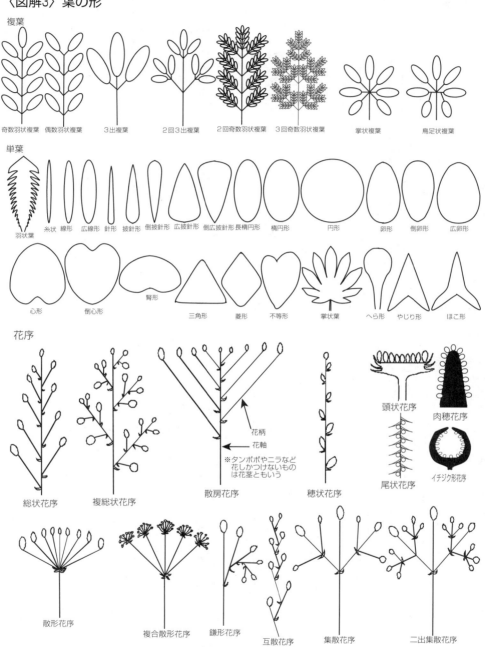

〈図解4〉毛の生え方と種類

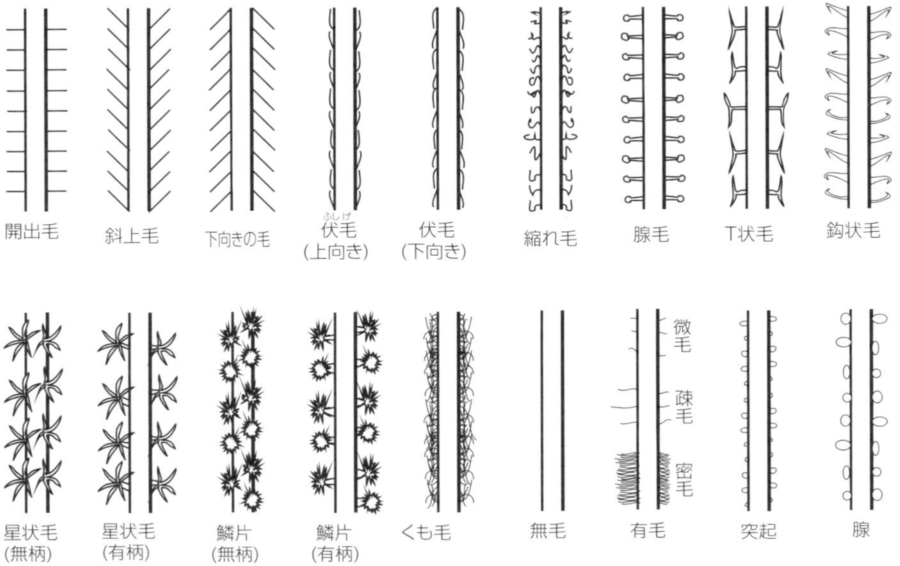

開出毛　斜上毛　下向きの毛　伏毛(上向き)　伏毛(下向き)　縮れ毛　腺毛　T状毛　鈎状毛

星状毛(無柄)　星状毛(有柄)　鱗片(無柄)　鱗片(有柄)　くも毛　無毛　有毛(微毛／疎毛／密毛)　突起　腺

シダ植物の解説
（例:ホソバカナワラビ）

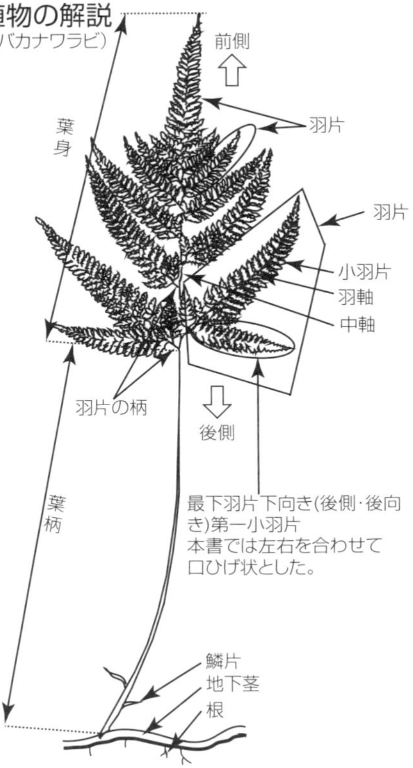

- 前側
- 羽片
- 葉身
- 羽片
- 小羽片
- 羽軸
- 中軸
- 羽片の柄
- 後側
- 最下羽片下向き(後側・後向き)第一小羽片
  本書では左右を合わせて口ひげ状とした。
- 葉柄
- 鱗片
- 地下茎
- 根

シダのソーラス（胞子のう群）と胞子のう・胞子

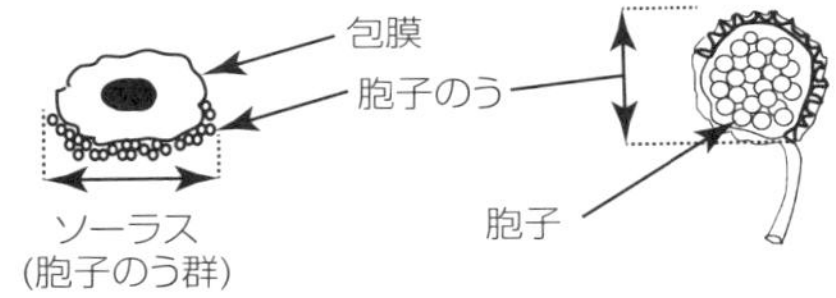

- 包膜
- 胞子のう
- ソーラス（胞子のう群）
- 胞子

ソーラス(胞子のう群)の形

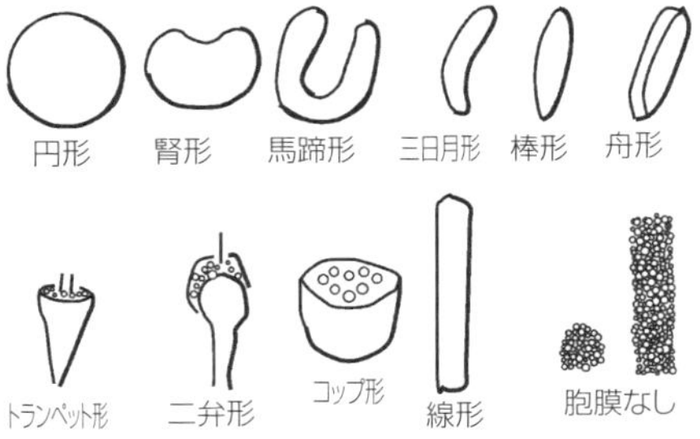

円形　腎形　馬蹄形　三日月形　棒形　舟形

トランペット形　二弁形　コップ形　線形　胞膜なし

鱗片

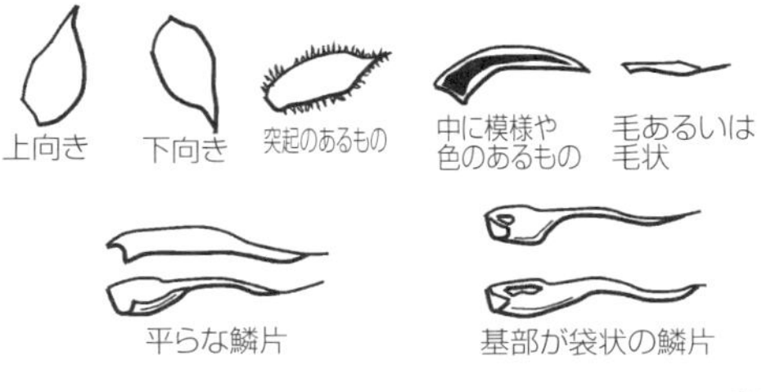

上向き　下向き　突起のあるもの　中に模様や色のあるもの　毛あるいは毛状

平らな鱗片　基部が袋状の鱗片

23

〈図解5〉カヤツリグサ科スゲ属植物

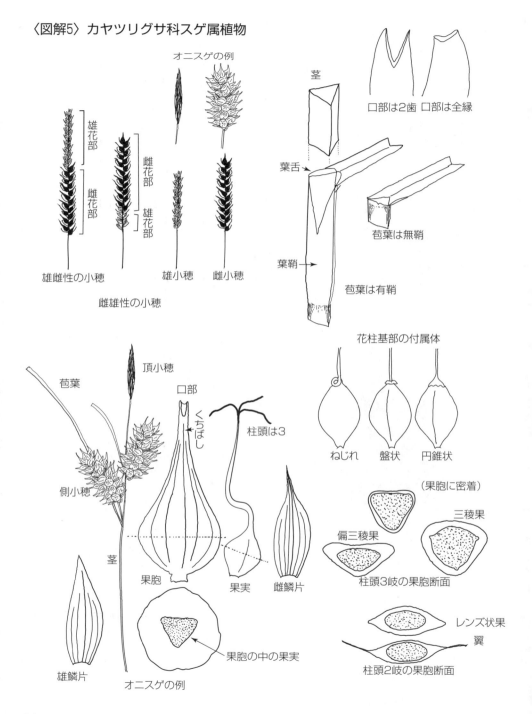

〈図解6〉イネ科植物

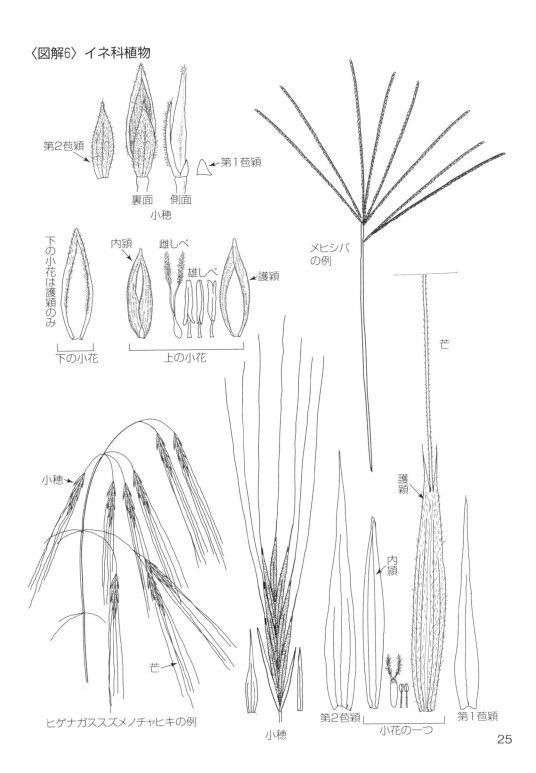

維管束植物検索表

チチブリンドウ（平　誠　撮影）

ヒカゲノカズラ科、ミズニラ科、イワヒバ科

ヒカゲノカズラ類 [*LYCOPODIOPHYTA*]

小葉シダ植物．維管束は原始的な体制の原生中心柱（中心木部，外側師部）．葉は茎の小さな突起が発達したものと考えられ，ごく小さく単純．葉脈は1本のみでそれは分岐しない

ヒカゲノカズラ01　ヒカゲノカズラ科（*LYCOPODIACEAE*）

A. 茎に主軸（ほふく茎）と側枝（直立茎）の区別がなく分岐する ……………《コスギラン属》
コスギラン属　*Huperzia*
- 1. 樹上または岩にはう　　　　　　　　　　　　　　　　　　　　　　スギラン
- 1. 地上に直立する
  - 2. 葉のふちは全縁　　　　　　　　　　　　　　　　　　　　　　　ヒメスギラン
  - 2. 葉のふちはこまかな鋸歯となる．葉長8-15mm，幅2mm　　トウゲシバ（ホソバトウゲシバ）▶
    - v. ヒロハノトウゲシバは，葉長15-20mm，幅2-3mm　　　　　ヒロハノトウゲシバ
    - v. オニトウゲシバは，葉長20-30mm，幅3-5mm　　　　　　　オニトウゲシバ

A. 茎は主軸と側枝の区別ができる．側枝に長い胞子のう穂がつく ………………《ヒカゲノカズラ属》
ヒカゲノカズラ属　*Lycopodium*
- 1. 胞子のう穂に長い柄はない．主軸は地中をはう　　　　　　　　　　マンネンスギ ▶
- 1. 胞子のう穂は長い柄の先に1個〜数個つく
  - 2. 葉は茎にほとんど合着しない．主軸は地上をはう　　　　　　　　ヒカゲノカズラ ▶
  - 2. 葉の基部は茎と明らかに合着している．主軸は地上または地中をはう　アスヒカズラ ▶

ヒカゲノカズラ02　ミズニラ科（*ISOETACEAE*）

茎はごく短く葉の基部にある …………………………………………《ミズニラ属》
ミズニラ属　*Isoetes*
円柱状の葉が束生する．水湿性　　　　　　　　　　　　　　　　　　　ミズニラ ▶

ヒカゲノカズラ03　イワヒバ科（*SELAGINELLACEAE*）

同形の葉がらせん状につくか，細長い背葉2列と幅広い腹葉2列が並行する ………《イワヒバ属》
イワヒバ属　*Selaginella*
- 1. 栄養葉はみな同じ形で，茎にらせん状につく．短くはう　　　　　　　ヒモカズラ ▶
- 1. 栄養葉は背側と腹側で形が異なり，背葉と腹葉が2列に並ぶ
  - 2. 根がからみあって幹状となり，その上に枝が束状に出る．葉の先端は毛状突起になる　イワヒバ ▶
  - 2. 根が幹状になることはなく，枝はあっても束状にならない
    - 3. 胞子葉は二つのタイプがある．石灰岩地特有．はう　　　　　　ヤマクラマゴケ ▶
    - 3. 胞子葉はみなほぼ同じ形
      - 4. 胞子葉のつく枝は5cmくらい直立する．胞子のう穂は目立たない．クラマゴケに比べ本種は主軸が不明．はう　　　　　　　　　　　　　　　　タチクラマゴケ P31
      - 4. 枝は直立することはなく，胞子のう穂は枝先にかたまる
        - 5. 茎は垂れることがあっても地面を長くはうことはない．葉の先端に微鋸歯はあるが毛状突起はない
          - 6. 背葉のふちは白くならない．葉に光沢あり　　　　　　　カタヒバ ▶
          - 6. 背葉のふちは白い．葉に光沢なし　　　　　　　　　イヌカタヒバ・逸 ▶
        - 5. 茎は地面を長くはう

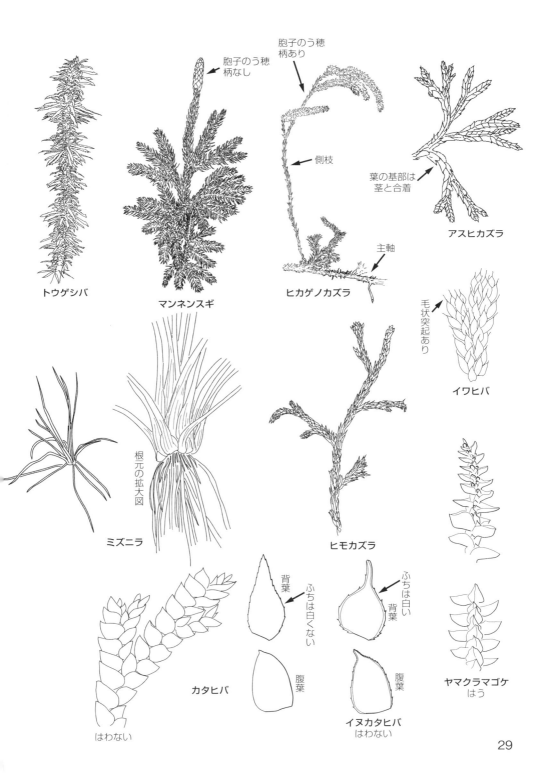

イワヒバ科、ハナヤスリ科、マツバラン科

  6. 背葉は全縁．全体的に青色を帯びる   コンテリクラマゴケ・帰 ▶
  6. 背葉のふちは鋸歯．全体緑色．タチクラマゴケに比べ本種は主軸明瞭   クラマゴケ ▶

大葉シダ植物 [MONILOPHYTA]

維管束は管状中心柱や真正中心柱．葉脈はよく分岐する．「ソーラス」とは胞子のう群のこと
（注）シダは雑種をつくりやすく，さまざまな組み合わせの雑種が報告されている．雑種は一般的に両親種の
  中間形となるが，外部形態だけでは判別できないこともあり正確には胞子を調べる必要がある．この検
  索表では原則として雑種を除外した

シダ01　ハナヤスリ科（OPHIOGLOSSACEAE）

担葉体（栄養葉と胞子葉の共通の柄，すなわち茎のように見えるところ）がある
A. 栄養葉も胞子葉も羽状に分岐する．葉脈はすべて遊離 ……………………………《ハナワラビ属》
ハナワラビ属　*Botrychium*
 1. 栄養葉には柄がないかごく短い柄（担葉体の部分を除く）がある
  2. 栄養葉は1回羽状複葉．羽片は厚くて丸い．植物体は5-15cm   ヒメハナワラビ ▶
  2. 栄養葉は3-4回羽状複葉．羽片は薄くて鋸歯あり．植物体は30-60cm
   3. 栄養葉最下部小羽片は柄あり．胞子葉は3-4回羽状の円錐花序   ナツノハナワラビ ▶
   3. 栄養葉最下部小羽片に柄なし．胞子葉は2回羽状でほぼ総状花序　ナガホノナツノハナワラビ ▶
 1. 栄養葉と胞子葉の両方に長い柄（担葉体の部分を除く）がある．担葉体は柄に比べ同長以下
  2. 裂片の鋸歯は鈍い．羽片先端は円頭〜鋭頭．冬期に赤褐色になることがあっても緑部分は残る．
   茎に毛なし   フユノハナワラビ ▶
  2. 裂片の鋸歯は鋭い．羽片先端は鋭頭〜鋭突頭
   3. 植物体は暗緑色のまま．茎に毛がまばらにある   オオハナワラビ ▶
   3. 冬期に葉は両面とも赤褐色．茎に毛なし．落葉にまぎれて目立たない アカハナワラビ

A. 栄養葉は単葉，胞子葉は1本の棒状．葉脈は網状 ……………………………………《ハナヤスリ属》
ハナヤスリ属　*Ophioglossum*
 1. 栄養葉はほとんど無柄（茎のように見える担葉体の部分を除く）．葉脈不明瞭
  2. 栄養葉は広卵形で基部切形．胞子表面に突起あり   ヒロハハナヤスリ ▶
  2. 栄養葉は長楕円形で基部くさび形．胞子表面はほぼなめらか．栄養葉の最大幅部は中央より上
                         ハマハナヤスリ
   v. コハナヤスリは栄養葉の最大幅部が中央より下   コハナヤスリ ▶
 1. 栄養葉は有柄（担葉体の部分を除く）．葉脈は透かすと明瞭
  2. 栄養葉の葉柄長10mm．葉は秋まで残留   コヒロハハナヤスリ（ハナヤスリ）▶
  2. 栄養葉の葉柄長20-40mm．葉は6月ころ枯死   トネハナヤスリ ▶

シダ02　マツバラン科（PSILOTACEAE）

葉も根もない．茎は二叉に分枝する ……………………………………………………《マツバラン属》
マツバラン属　*Psilotum*
 茎に小さい突起がいくつもある   マツバラン ▶

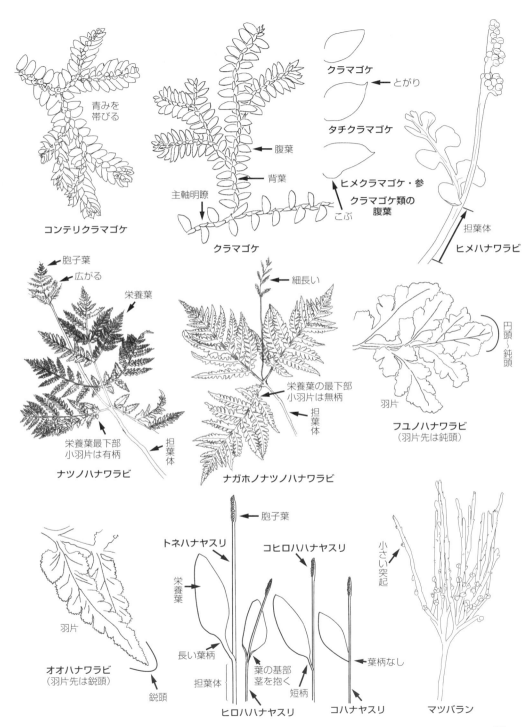

シダ03　トクサ科（EQUISETACEAE）

茎と節と節間が明瞭で，各節に葉鞘（はかま）や枝を輪生する　……………………《トクサ属》

トクサ属　Equisetum

1. 冬は枯れる．茎には先端に胞子のう穂をつける茎（つくし）と，胞子のう穂をつけない茎の二つのタイプがある．胞子のう穂の先端に突起はない．茎凹部に点列なし．穂有柄
   2. 胞子のう穂をつける茎には葉緑体がない．胞子のう穂をつける茎とつけない茎は著しく異なる　　　　　　　　　　　　　　　　　　　　　　　　　　　　　　　　　　　　　　　スギナ ▶
   2. 胞子のう穂をつける茎とつけない茎はどちらも緑色．大型　　　　　　　　　　イヌスギナ ▶
1. 冬も枯れない．茎に二つのタイプはない．胞子のう穂の先端に微突起がある．茎凹部に点列あり．穂無柄
   2. 茎は節から不規則な枝を2-4本出す．葉鞘は緑色　　　　　　　　　　　　　　イヌドクサ ▶
   2. 茎は節から枝を出さない．葉鞘は暗褐色　　　　　　　　　　　　　　　　　　　　トクサ ▶

シダ04　ゼンマイ科（OSMUNDACEAE）

葉に毛あり．葉柄基部は膨らんで腺毛をつけるが，葉枕はない

A. 葉は2回羽状複葉，羽片と小羽片はいずれも軸と関節することはない　………………《ゼンマイ属》

ゼンマイ属　Osmunda

1. 小羽片の基部は切形～円形　　　　　　　　　　　　　　　　　　　　　　　　　　ゼンマイ ▶
1. 小羽片の基部は鋭形で，先端はとがる　　　　　　　　　　　　　　　　　　ヤシャゼンマイ ▶
   h. オオバヤシャゼンマイはゼンマイとヤシャゼンマイの雑種．小羽片の基部はくさび形で，先端は鈍頭
   　　　　　　　　　　　　　　　　　　　　　　　オオバヤシャゼンマイ（オクタマゼンマイ）

A. 葉は1回羽状深裂，羽片は中軸との接点で関節する　…………………………《ヤマドリゼンマイ属》

ヤマドリゼンマイ属　Osmundastrum

裂片の縁わずかに毛がある　　　　　　　　　　　　　　　　　　　　　　ヤマドリゼンマイ ▶

シダ05　コケシノブ科（HYMENOPHYLLACEAE）

脈やソーラス以外のところは一層の細胞でできている．気孔はない

A. ソーラスは葉のふちにできるコップ状の包膜の中にある．包膜の先端が2弁状になる場合がある
　（ハイホラゴケ属はハイホラゴケのみ）　……………………………《アオホラゴケ属/ハイホラゴケ属》

アオホラゴケ属/ハイホラゴケ属　Crepidomanes / Vandenboschia

根茎は細いものから径数mmに達するものまである．密毛あり

1. 裂片に主脈につながらない偽脈がある．包膜は基部がコップ状，先端は2弁状の唇部となる
   　　　　　　　　　　　　　　　　　　　　　　　　　　　　　　　　　　　　　アオホラゴケ ▶
1. 裂片に主脈につながらない偽脈はない．包膜はコップ状
   2. 葉はうちわ形の単葉．コップ状包膜のふちは反転する．葉柄1cm　　　　　　　ウチワゴケ ▶
   2. 葉は羽状複葉
      3. 包膜のふちは著しく反転する．裂片どうし重なり合う．石灰岩上　　　チチブホラゴケ ▶
      3. 包膜のふちはわずかに反転する．裂片どうし重なり合わない．葉柄の基部まで翼あり（この種だけハイホラゴケ属）　　　　　　　　　　　　　　　　　　　　　　　　　ハイホラゴケ ▶

A. ソーラスは二枚貝のように2枚の包膜に包まれる　…………………………………《コケシノブ属》

コケシノブ属　Hymenophyllum

根茎は細く，毛は早落性でほとんどの部分は毛なし

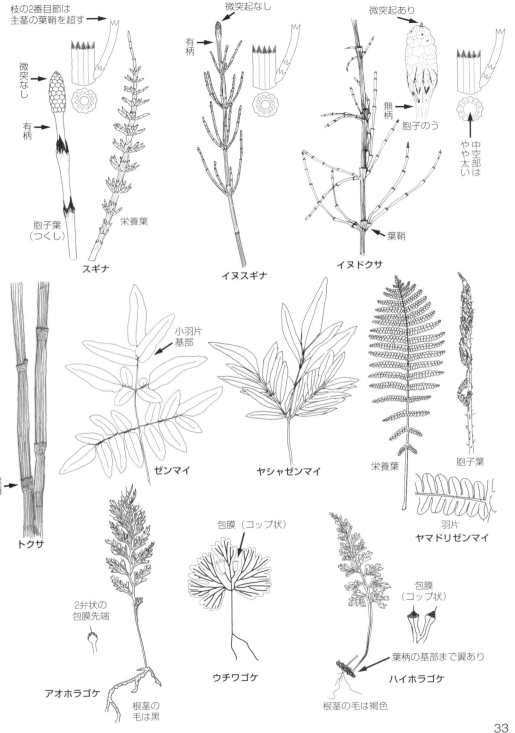

| 1. 葉のふちにはこまかい鋸歯がある   コウヤコケシノブ ▶
| 1. 葉のふちは全縁
| 2. 葉裏の軸に淡褐色の毛があり宿存する   キヨスミコケシノブ
| 2. 葉に毛はない．あっても早落性
| 3. 裂片の軸に対する角度は45-70度．3回羽状複葉   ホソバコケシノブ ▶
| 3. 裂片の軸に対する角度は30-45度．2回羽状複葉   コケシノブ ▶

シダ06　ウラジロ科（*GLEICHENIACEAE*）

A. 鱗片がない．葉に赤褐色の毛あり ………………………………………………《コシダ属》
コシダ属　*Dicranopteris*
　2回二叉に分岐．葉裏白   コシダ ▶

A. 鱗片がある．葉に星状毛あり ……………………………………………………《ウラジロ属》
ウラジロ属　*Diplopterygium*
　中軸の先に毎年1対の羽片が加わる．葉裏白   ウラジロ ▶

シダ07　カニクサ科（*LYGODIACEAE*）

ソーラスは葉のふちが反転してつくられる偽包膜に包まれている ……………《カニクサ属》
カニクサ属　*Lygodium*
　夏緑性．中軸がつる状で長く伸びる．他物をはいのぼる   カニクサ ▶

シダ08　デンジソウ科（*MARSILEACEAE*）

茎に毛がある．鱗片はない ……………………………………………………《デンジソウ属》
デンジソウ属　*Marsilea*
　四つ葉クローバーの様相．胞子のう果の柄は，葉柄の基部より少し上から出る デンジソウ ▶

シダ09　サンショウモ科（*SALVINIACEAE*）

A. ごく小さい葉が立体的にうろこ状に並ぶ ……………………………………《アカウキクサ属》
アカウキクサ属　*Azolla*
葉は全部が浮葉．外来種との雑種が知られているが区別困難
　1. 全形は正三角状．根の葉との接続部付近に根毛が宿存する．葉と茎に著しい突起あり
                                                                          アカウキクサ・参 ▶
　1. 全形はアメーバ状（正三角状にならない）
　　2. 葉の表面にはわずかな突起があり，それらはすべて1細胞からできている
　　　3. 根毛は脱落する   オオアカウキクサ ▶
　　　3. 根毛は宿存する   ニシノオオアカウキクサ・帰・参
　　2. 葉の表面には少なくとも2細胞の突起がある．根毛は宿存する．アメリカオオアカウキクサの突
　　　起はみな2細胞   アメリカオオアカウキクサ・帰
　　　h. アイオオアカウキクサは突起に2細胞のものと1細胞のものが混じる   アイオオアカウキクサ・帰

A. 大きい扁平の葉が平面的に対生する ……………………………………………《サンショウモ属》
サンショウモ属　*Salvinia*
　ウキクサの様相．根はないが沈水葉が根のように見える   サンショウモ ▶

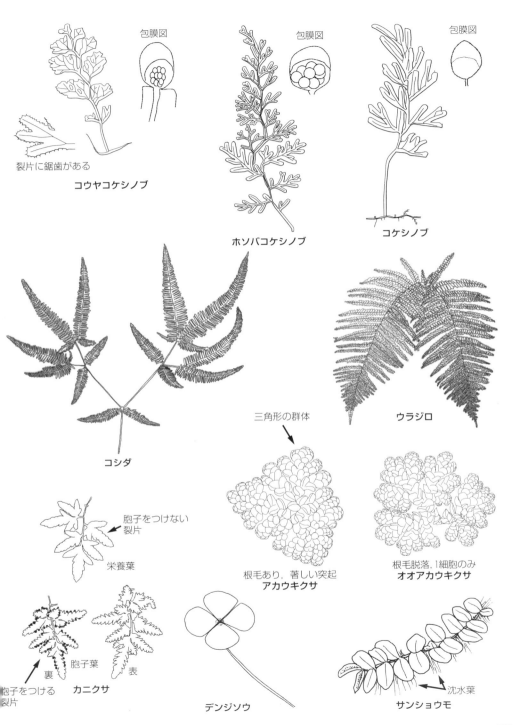

シダ10　キジノオシダ科（*PLAGIOGYRIACEAE*）

葉に二つのタイプがある．毛はない．葉柄の基部は膨らむ …………………………《キジノオシダ属》
キジノオシダ属　*Plagiogyria*
- 1.夏緑性．羽状全裂し，下部の羽片の基部は中軸に流れる　　　　　　　　　　　ヤマソテツ ▶
- 1.常緑性．1回羽状複葉．下部の羽片は短柄あり
  - 2.下部の羽片の柄はほとんどないに等しい．先端部の羽片は前側部分が後側部分より広く軸につく
  　　　　　　　　　　　　　　　　　　　　　　　　　　　　　　　　キジノオシダ ▶
  - 2.下部の羽片は明瞭な柄（3-5mm）がある．先端部の羽片は後側部分が前側部分より広く軸につく
  　　　　　　　　　　　　　　　　　　　　　　　　　　　　　　　　オオキジノオ ▶

シダ11　ホングウシダ科（*LINDSAEACEAE*）

ソーラスは葉のふちにできる平たいコップ状構造の中にある　………………………《ホラシノブ属》
ホラシノブ属　*Sphenomeris*
下部羽片は短くなる．2-3回羽状複葉　　　　　　　　　　　　　　　　　　　　　ホラシノブ ▶

シダ12　コバノイシカグマ科（*DENNSTAEDTIACEAE*）

葉や根茎に鱗片がない．毛はある．葉柄は根茎と関節しない
A.植物体にまばらに毛あり．ソーラスに側糸が混じる．茎は短く斜上〜直立 ……《オオフジシダ属》
オオフジシダ属　*Monachosorum*
葉の先端に無性芽をつける
- 1.葉は2-3回羽状複葉　　　　　　　　　　　　　　　　　　　　　　　　　　オオフジシダ
- 1.葉は1回羽状複葉　　　　　　　　　　　　　　　　　　　　　　　　　　　フジシダ ▶

A.植物体に密毛あり．ソーラスに側糸は混じらない．根茎は長くはう
- B.ソーラスは長く葉をふちどる偽包膜に覆われている ………………………………《ワラビ属》

ワラビ属　*Pteridium*
3-4回羽状複葉．葉柄1m．葉身1mの大型シダ　　　　　　　　　　　　　　　　　ワラビ ▶

- B.ソーラスは丸く，脈の先端に1個つく
  - C.ソーラスに包膜はない ………………………………………………………《イワヒメワラビ属》

イワヒメワラビ属　*Hypolepis*
中軸は多毛　　　　　　　　　　　　　　　　　　　　　　　　　　　　　　　イワヒメワラビ

  - C.ソーラスはコップ状かポケット状の包膜をもつ
    - D.ソーラスは葉のふちにつき，コップ状構造の中にある ………………《コバノイシカグマ属》

コバノイシカグマ属　*Dennstaedtia*
- 1.葉身は長三角状．葉の幅は15cm以上．葉柄は赤褐色光沢あり　　　　　　　　コバノイシカグマ
- 1.葉身は披針形．葉の幅は10cm以下
  - 2.葉や中軸には長毛が開出密生する　　　　　　　　　　　　　　　　　　　イヌシダ ▶
  - 2.葉に短毛がまばらにある程度．葉柄基部鱗片は黒褐色光沢あり　　　　　　　オウレンシダ ▶

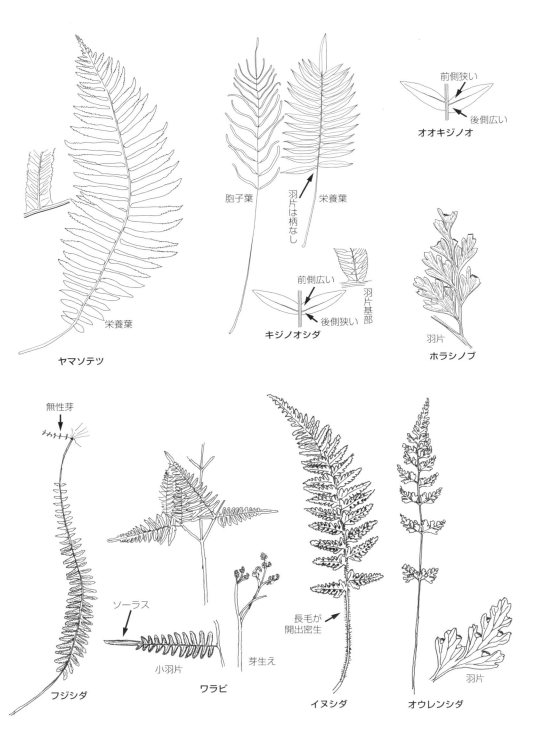

コバノイシカグマ科、イノモトソウ科

　　　　D．ソーラスは葉のふちより少し手前の胸ポケット状の構造の中にある ………《フモトシダ属》
フモトシダ属　*Microlepia*
　　葉は1回羽状複葉．羽片は羽状浅裂～深裂．葉柄全面に毛あり　　　　　　　　フモトシダ　▶

シダ13　イノモトソウ科（*PTERIDACEAE*）

　A．水中や湿地に生じる ………………………………………………………………《ミズワラビ属》
ミズワラビ属　*Ceratopteris*
　　一年生草．葉は多肉質で，胞子葉と栄養葉は大きく異なる二つのタイプとなる　　ミズワラビ　▶

　A．地上性
　　B．最終羽片には糸状の柄がある．その羽片のふちが折りたたまれ，そこにソーラスがある
　　　　…………………………………………………………………………………《ホウライシダ属》
ホウライシダ属　*Adiantum*
　　1．葉は2-4回羽状複葉．小羽片に丸いソーラスがほぼ1個ある．葉柄は赤褐色　　ハコネシダ　▶
　　1．葉は2-4回羽状複葉．小羽片に台形状のソーラスが数個ある．葉柄は黒色　ホウライシダ・帰　▶
　　1．葉はクジャクが羽を広げたよう．小羽片に細長いソーラスが数個ある　　　　クジャクシダ　▶

　　B．最終羽片は柄があっても糸状ではない
　　　C．ソーラスは葉の裏全体につく．包膜はない …………………………《イワガネゼンマイ属》
イワガネゼンマイ属　*Coniogramme*
　　1．中央部付近の脈は結合して網目状となる．脈の先端は鋸歯の先まで達しない　イワガネソウ　▶
　　1．脈の先端は分かれたまま鋸歯の先端まで届き，やや透明．表裏とも毛なし　イワガネゼンマイ　▶
　　　v．ウラゲイワガネは，表は毛がないが，裏に短毛がある　　　　　　　　ウラゲイワガネ　▶
　　　v．チチブイワガネは，両面ともに短毛がある　　　　　　　　　　　　　チチブイワガネ

　　　C．ソーラスは葉のふちにある．ソーラスは内側にまきこんだ葉縁（偽包膜）に包まれる
　　　　　D．葉の裏は粉白 ……………………………………………………………《コナシダ属》
コナシダ属　*Aleuritopteris*
　　1．葉身はほぼ五角形．ややかたい．偽包膜は長く葉全体をふちどる　　　　　　ヒメウラジロ　▶
　　1．葉身は長めの三角形．薄くてやわらかい
　　　2．葉は長楕円形的．葉身は葉柄より長い．偽包膜は連なって長い．葉柄紫褐色光沢　ミヤマウラジロ　▶
　　　2．葉身は卵形的．葉身は葉柄より短いか同長．偽包膜で覆われたソーラスはふちに沿って点々とある
　　　　　　　　　　　　　　　　　　　　　　　　　　　　　　　　　　　　　イワウラジロ

　　　　D．葉の裏は粉白ではない
　　　　　E．葉は4回羽状複葉 ……………………………………………………《タチシノブ属》
タチシノブ属　*Onychium*
　　ソーラスは，細長い最終羽片の左右に沿って両側から折りたたまれるようにしてある．葉柄に縦の溝
　　がある　　　　　　　　　　　　　　　　　　　　　　　　　　　　　　　　　タチシノブ　▶

　　　　　E．（次にもEあり）葉は1回羽状複葉 …………………………………《イノモトソウ属》
イノモトソウ属　*Pteris*
　　ソーラスは葉のふちに沿って長く伸びる．最下羽片の基部の後側小羽片1対は顕著に張り出す
　　1．頂羽片は全縁．側羽片とほとんど同じ形
　　　2．中軸に沿って長く続く翼はない．羽片や小羽片の幅1cm前後

イノモトソウ科、チャセンシダ科

```
            3. 側羽片は3-7対                                              オオバノイノモトソウ  ▶
            3. 側羽片は1-3対．羽片の主脈に沿って白い斑が出ること多し              マツザカシダ     ▶
         2. 上方の側羽片は中軸に流れ，中軸は長い翼をもつ．羽片や小羽片の幅は7㎜前後    イノモトソウ     ▶
      1. 頂羽片は羽状深裂～全裂
         2. 羽軸の表面に半透明のトゲあり．草高2m                          オオバノハチジョウシダ
            v. オオバノアマクサシダは，羽片が不規則で小羽片が規則正しくそろっていない．イメージはアマク
               サシダの大型版                                            オオバノアマクサシダ
         2. 羽軸にトゲなし．顕著に張り出した羽片の後側は羽状深裂するのに対して前側はほとんど羽裂し
            ないので，鳥が翼を広げたようなイメージとなる                         アマクサシダ     ▶
```

E. 葉は単葉で，きわめて細長い ……………………………………………………《シシラン属》

シシラン属　*Haplopteris*

ソーラスは細長い葉の基部から先端まで，両側のふちに沿って長く続く．岩壁から垂れ下がる
　　　　　　　　　　　　　　　　　　　　　　　　　　　　　　　　　　　　　　シシラン　▶

シダ14　チャセンシダ科（*ASPLENIACEAE*）

根茎の鱗片は格子状（細胞は透明，細胞壁が黒々とふちどっている）　………………《チャセンシダ属》

チャセンシダ属　*Asplenium*

```
   1. 葉は単葉．全縁～波状鋸歯．つる状に伸び，先端に無性芽をつける              クモノスシダ     ▶
   1. 葉は1-3回羽状複葉
      2. 葉は1回羽状複葉
         3. ソーラスのつく羽片は三角状で中裂～深裂．無性芽のつくことあり         トキワシダ      ▶
         3. ソーラスのつく羽片は卵状で，全縁～浅裂．無性芽はない．高山～亜高山帯の石灰岩地
                                                                   アオチャセンシダ
      2. 葉は2-3回羽状複葉
         3. 羽軸の表面は中心部が丸く盛上がり，両側に浅い溝がある
            4. 鱗片は無毛                                            コバノヒノキシダ    ▶
            4. 鱗片には毛がある                                        トキワトラノオ
         3. 羽軸の表面は太い1本の溝となる
            4. 葉は暗緑色．ややかたい
               5. 葉身長7cm以下．卵状裂片10個ほどがまばらにある．中軸に照りはない．石灰岩地
                                                                   イチョウシダ     ▶
               5. 葉身長10cm以上．2回以上羽状裂．中軸裏に黒褐色の照りあり      オクタマシダ
            4. 葉は鮮緑色．やわらかい
               5. 葉柄裏は紫褐色．栄養葉は地面に広がり，胞子葉は立つ．下方羽片は著しく短くなり，全
                  体は紡錘形．人里路傍にふつうに生育                       トラノオシダ     ▶
               5. 葉柄は緑色．葉はソーラスのあるなしにかかわらずみな同じ形
                  6. 中軸に無性芽をつけない                              イワトラノオ     ▶
                  6. 葉は地面に広がり，中軸に無性芽をつける                  ヒメイワトラノオ   ▶
```

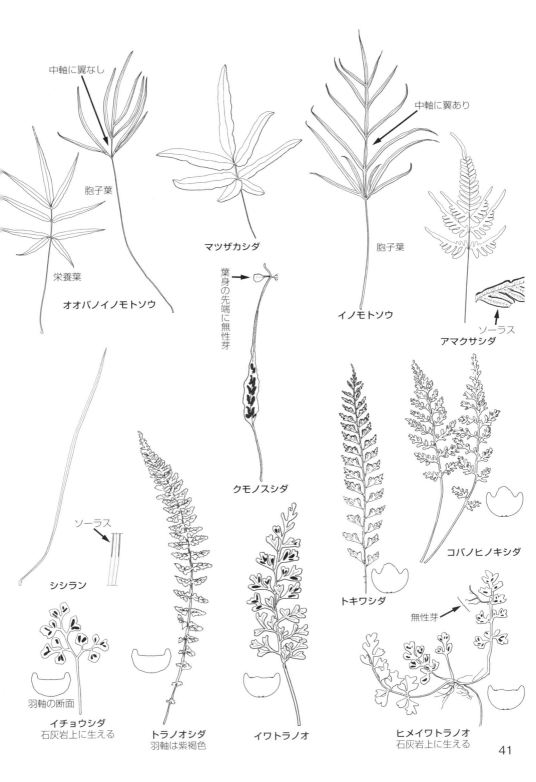

シダ15　ヒメシダ科（*THELYPTERIDACEAE*）

A. ソーラスは脈に沿って長い．包膜がない．胞子のうの一つ一つに毛あり ………《アミシダ属》
アミシダ属　*Stegnogramma*
　葉は1回羽状複葉．葉柄・中軸に鋭くとがる毛を密生．葉柄基部の鱗片は卵形で褐色〜黒褐色．羽片は中裂．葉脈は分かれたまま　　　　　　　　　　　　　　　　　　　　　　　　　**ミゾシダ**

A. ソーラスは円形（まれに線形）．包膜は円腎形（一部は包膜なし）　………………《ヒメシダ属》
ヒメシダ属　*Thelypteris*
1. 羽軸の基部で脈がわずかに結合する．葉は1回羽状複葉で，羽片浅裂
　　2. 頂羽片が目立つ．裂片の表は主脈以外ほとんど毛なし．包膜有毛　　　　　　　　**ホシダ**　▶
　　2. 頂羽片は不明瞭．裂片の表は全面に毛多し．包膜は著しく密毛　　　　　　**イヌケホシダ・帰**
1. 葉脈はすべて分かれたまま
　　2. 包膜がない．胞子のうは有毛
　　　　3. 羽片の基部は翼となって連続的に中軸とつながる
　　　　　　4. 葉身は長三角状．最下羽片は他の羽片より長い　　　　　　　　　　　**ミヤマワラビ**
　　　　　　4. 葉身は細長い紡錘形．翼の全形はジグザグ模様　　　　　　　　　　　**ゲジゲジシダ**　▶
　　　　3. 中軸に翼はできない　　　　　　　　　　　　　　　　　　　　　　　　**タチヒメワラビ**
　　2. 包膜がある
　　　　3. 羽軸の表面の溝は目立たない．脈は裂片のふちまで達しない
　　　　　　4. 葉身は2回羽状深裂〜全裂．最下羽片の基部は著しく幅狭くなる．裂片の側脈は二分岐．包膜に毛あり　　　　　　　　　　　　　　　　　　　　　　　　　　　　　　**ヤワラシダ**　▶
　　　　　　4. 葉身は3回羽状複葉
　　　　　　　　5. 葉は黄緑．小羽片は無柄で羽軸につながる　　　　　　　　　　　　**ヒメワラビ**　▶
　　　　　　　　5. 葉は鮮緑．小羽片にわずかな柄0.5mmがある．羽軸に狭い翼がある．**ミドリヒメワラビ**　▶
　　　　3. 羽軸の表面に明らかな溝がある．脈は裂片のふちに達する
　　　　　　4. 裂片の側脈は二分岐
　　　　　　　　5. 葉柄の鱗片は少ない．葉の裏に腺毛なし．最下羽片は最長羽片より少し短い．ソーラスは近づいて並ぶ　　　　　　　　　　　　　　　　　　　　　　　　　　　　**ヒメシダ**　▶
　　　　　　　　5. 葉柄や中軸に鱗片が密生．葉の裏に腺毛あり．最下羽片は著しく短く全体は紡錘形
　　　　　　　　　　　　　　　　　　　　　　　　　　　　　　　　　　　　　　オオバショリマ
　　　　　　4. 裂片の側脈は1本（分岐しない）．葉の裏面に無柄の腺が密生
　　　　　　　　5. 葉身は細長く紡錘形で，最下羽片はきわめて短い．葉柄に細毛密生　　**ニッコウシダ**
　　　　　　　　5. 最下羽片は最長または最長のものより少し短い
　　　　　　　　　　6. 包膜はごく小さい．葉は両面有毛．中部羽片の基部裂片は前側が特に長い．包膜の毛は長い
　　　　　　　　　　　　7. 小羽片の先端部はやや尾状．中部羽片の最下前側の裂片は隣の裂片と完全に遊離しない
　　　　　　　　　　　　　　　　　　　　　　　　　　　　　　　　　　　　　　　ハシゴシダ　▶
　　　　　　　　　　　　7. 小羽片の先端は鈍頭で唐突に終わる．中部羽片の最下前側の裂片は隣の裂片と完全に遊離する　　　　　　　　　　　　　　　　　　　　　　　　　　　　**コハシゴシダ**
　　　　　　　　　　6. 包膜は大きい．葉柄は黒褐色で光沢がありわずかに毛あり．中部羽片の基部裂片は前側，後側ともに同じ長さ．最下羽片のみ基部が著しく狭まる．包膜の毛は短い
　　　　　　　　　　　　　　　　　　　　　　　　　　　　　　　　　　　　　　ハリガネワラビ　▶
　　　　　　　　　　　　v．イワハリガネワラビは，全体ほとんど毛なし．包膜は毛なし　**イワハリガネワラビ**

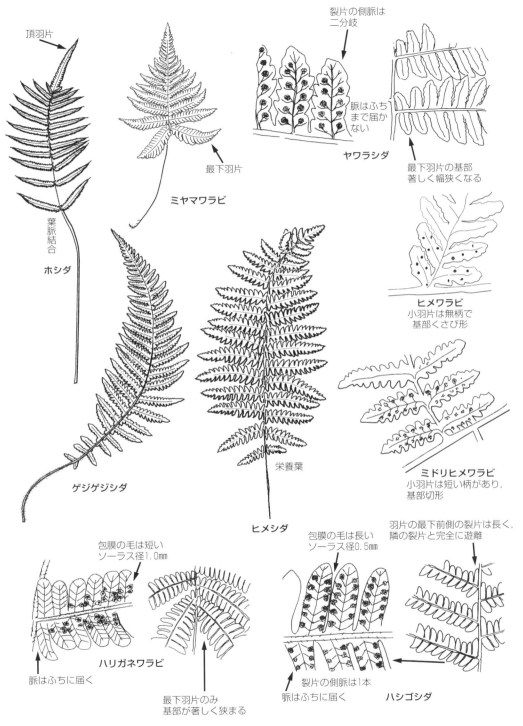

イワデンダ科

シダ16　イワデンダ科（*WOODSIACEAE*）

A. 包膜あり
  B. 包膜はソーラスの下で下敷き状・皿状になるか，または下から上へソーラスをふくろ状に包み込む（ソーラスの天井部が空く）
    C. 包膜は皿状〜ふくろ状．葉柄に関節をもつ種がある …………………………《イワデンダ属》

イワデンダ属　*Woodsia*

1. 葉柄に関節なし．葉の裏は白い．包膜はふくろ状でソーラスを包む．包膜に縁毛なし．葉は無毛．下方の羽片は短くなり，全体は紡錘形　　　　　　　　　　　　　　　　　　　フクロシダ ▶
1. 葉柄に関節あり．葉の裏は白くない．包膜は皿状かコップ状で，縁毛あり
    2. 葉柄の途中に関節がある．葉は無毛．葉柄の下方に鱗片はある　　　　　　トガクシデンダ ▶
    2. 葉柄の頂端に関節がある
        3. 羽片の基部前側は耳状に飛び出さない．中軸や羽片に毛はあるが鱗片はない　　コガネシダ
        3. 羽片の基部前側は耳状突起となる．ソーラスは羽片の前側と後側のふちに並ぶ
            4. 中軸の鱗片は狭披針形，羽片裏の鱗片は線状　　　　　　　　　　　　　イワデンダ ▶
            4. 中軸や羽片裏の鱗片は毛状でわずか　　　　　　　　　　　　　　　　イヌイワデンダ

  C. 包膜はソーラスの下敷き状．葉柄に関節なし
    D. 葉に節のある毛あり ……………………………………………………………《ウスヒメワラビ属》

ウスヒメワラビ属　*Acystopteris*

葉柄は暗褐色．白色でほぼ透明の鱗片あり．ソーラスが熟すと下敷き状包膜は見えなくなってしまう　　　　　　　　　　　　　　　　　　　　　　　　　　　　　　　　　　ウスヒメワラビ ▶

    D. 葉に節のある毛はない ……………………………………………………………《ナヨシダ属》

ナヨシダ属　*Cystopteris*

1. 根茎は横走し，葉はまばら．葉身は広卵形．最下羽片が最大　　　　　　　　　　ヤマヒメワラビ
1. 地際から群がって株状．葉身は長楕円状．最下羽片は最大でない　　　　　　　　　　　ナヨシダ

  B. 包膜は端で葉につき，ひさし状にソーラスを上から覆う（ソーラスの天井部は覆われる）
    C. 中軸の溝は羽軸の溝とつながらず，その接点は膨らむ．節のある毛がある
        ………………………………………………………………………………《オオシケシダ属（1）》

オオシケシダ属（1）　*Deparia*

1. ソーラスは小さく，円形・馬蹄形・かぎ形．小羽片は羽軸に流れやや翼となる
    2. 最下羽片の基部小羽片は目立って短い．羽軸の翼は顕著　　　　　　　　　　オオヒメワラビ ▶
    2. 最下羽片の基部小羽片はやや短い程度　　　　　　　　　　　　　　　　　　　ミドリワラビ
1. ソーラスは大きく，線形〜長楕円形で，まれにかぎ形・馬蹄形
    2. 下方羽片は著しく短くなり，全体は紡錘形．葉柄や中軸に白軟毛密生　ミヤマシケシダ（広義）
        v. ミヤマシケシダ（狭義）は，葉柄に鱗片多い．鱗片は圧着しない．葉柄長く葉身と同長．裂片裏に腺毛なし．県内高冷地に生育　　　　　　　　　　　　　　　　ミヤマシケシダ（狭義）
        v. ハクモウイノデは，葉柄に鱗片多い．鱗片は圧着しない．葉柄短く葉身の1/3長．裂片裏に腺毛のあることがある．県内低山地に生育　　　　　　　　　　　　　　　　　　ハクモウイノデ ▶
        v. ウスゲミヤマシケシダは，葉柄に鱗片がわずかにある．鱗片は薄く圧着．県内高冷地に生育
            　　　　　　　　　　　　　　　　　　　　　　　　　　　　　　ウスゲミヤマシケシダ
    2. 下方の羽片は狭まらない．シケシダ以外は葉にやや二つのタイプがある
        3. 根茎は細く黒色．羽片は浅裂〜中裂
            4. 葉身は披針形．最下羽片は短い．包膜は毛なし．葉幅5cmほど　　　ホソバシケシダ ▶

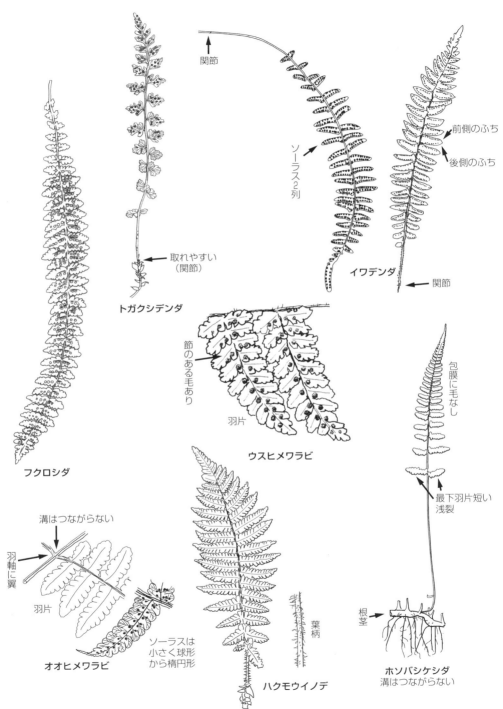

イワデンダ科

```
         4. 葉身は三角状．最下羽片はやや長く八の字状に開く．包膜にまばらに毛あり．葉幅10cmほど
                                                            フモトシケシダ ▶
      3. 根茎はやや太く汚褐色．羽片は中裂〜深裂
         4. 包膜には微毛あり．羽片は深裂．最下羽片は最長          セイタカシケシダ ▶
         4. 包膜は毛なし．羽片は中裂．最下羽片は他の羽片と同じ長さ        シケシダ ▶

   C. 中軸の溝と羽軸の溝はつながる．節のある毛はない
      D. 包膜には馬蹄形またはかぎ形がある．ただしカラクサイヌワラビとヒロハイヌワラビは背中
         合わせがあり，馬蹄・かぎ形はない（ウラボシノコギリシダ属はイヌワラビのみ）
                  ·············································· 《メシダ属/ウラボシノコギリシダ属》
```

メシダ属/ウラボシノコギリシダ属　*Athyrium* / *Anisocampium*

```
1. 根茎は横走し，葉はまばら．葉身は2回羽状複葉〜3回羽状深裂
   2. ソーラスは小型円形．葉身は三角状〜広卵形．最下羽片が最長
      3. 葉身は卵状三角形〜広卵形．最下羽片の基部小羽片は短い．裂片のふちは細鈍鋸歯
                                                                テバコワラビ
      3. 葉身は三角形．最下羽片の基部小羽片はきわめて短い．裂片のふちは芒状の鋸歯
                                                            カラフトミヤマシダ
   2. ソーラスは長い．葉身は卵状長楕円形．最下羽片は少し短い程度．葉柄基部はヘビノネゴザのよ
      うにへら状とならず，鱗片は淡褐色．葉身上部は急に狭くなり尾状（この種だけウラボシノコギ
      リシダ属）                                                  イヌワラビ ▶
1. 地際から群がって株状
   2. 葉身は1回羽状〜2回羽状全裂．羽片のふちは鋸歯縁〜深裂
      3. ソーラスは大きく，包膜のふちに鈍鋸歯がある．裂片は幅3-4mm   イワイヌワラビ ▶
      3. ソーラスは小さく，包膜の辺縁は全縁．裂片は幅1.5-2mm．葉柄基部はへら状となり，鱗片は
         中央部が黒褐色で周辺は淡褐色                              ヘビノネゴザ ▶
   2. 葉身は2回以上羽状複葉
      3. 小羽片の軸表面にまばらなトゲ状突起あり
         4. 中軸に無性芽をつけることあり                         ホソバイヌワラビ
         4. 中軸に無性芽なし
            5. 小羽片はほぼ左右相称．羽軸の表面に毛なし            ミヤコイヌワラビ
            5. 小羽片は左右非相称．羽軸の表面に細毛あり      ホソバイヌワラビ（再掲）
      3. 小羽片の軸表面にトゲ状突起なし
         4. 包膜のふちは裂けて毛状
            5. 葉身は長楕円状披針形．下方の羽片は少しずつ短くなり，全体は紡錘形．鱗片は黒色．ソ
               ーラスは主脈寄り                                    ミヤマメシダ
            5. 葉身は三角形〜卵形三角形．下方の羽片は短くならない
               6. 葉身は葉柄とほぼ同長．ソーラスは小羽片の裂片に数個つく    サトメシダ
               6. 葉身は葉柄より短い．ソーラスは小羽片の裂片にふつう1個つく タカネサトメシダ
         4. 包膜のふちは鋸歯縁〜全縁
            5. 包膜は馬蹄形またはかぎ形が混じる．背中合わせはごくまれ．最下羽片の基部の小羽片は
               特に短い                                          ヤマイヌワラビ ▶
            5. 包膜に馬蹄形やかぎ形は混じらない．背中合わせあり．最下羽片の基部の小羽片はやや短
               い程度
               6. 葉身は楕円形．最下羽片の前側の小裂片は大きな耳状となり羽軸と重なる．羽軸は無毛
                                                            カラクサイヌワラビ ▶
```

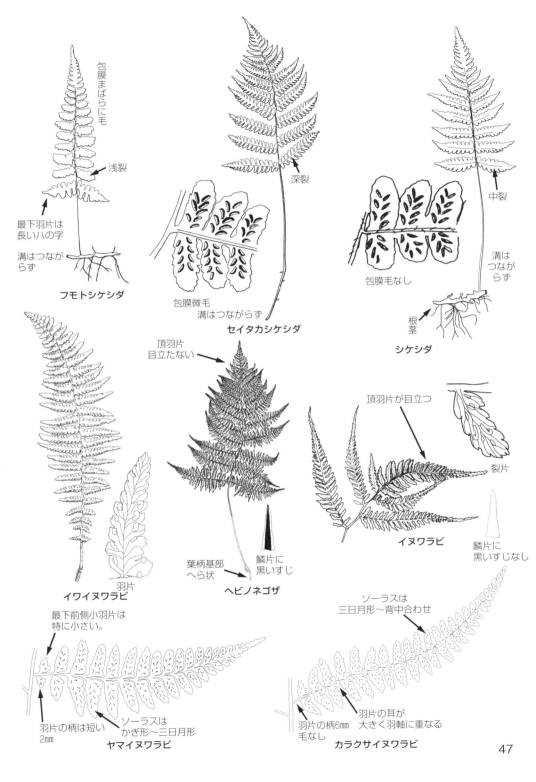

イワデンダ科

  6. 葉身は三角形〜広卵形．最下羽片の前側の小裂片に耳はあるが羽軸と重なることはない．
   羽軸に微毛がある　　　　　　　　　　　　　　　　　　　　　　　　　　　**ヒロハイヌワラビ** ▶

 D. 包膜は葉脈に沿い，馬蹄形またはかぎ形はない．背中合わせが混じる
  E. 単葉．全縁．ソーラスは線形，側脈に沿ってつく ……………………《**オオシケシダ属 (2)**》

オオシケシダ属 (2)　*Deparia*
 包膜が背中合わせとなるソーラスはごくわずか　　　　　　　　　　　　　　　　　**ヘラシダ** ▶

  E. 複葉．（ヌリワラビ属はヌリワラビのみ）…………………《**ノコギリシダ属／ヌリワラビ属**》

ノコギリシダ属／ヌリワラビ属　*Diplazium / Rhachidosorus*
 1. 葉身は1回羽状複葉
  2. 羽片の基部前側は耳状に張り出す　　　　　　　　　　　　　　　　　　　　**ノコギリシダ**
  2. 羽片の基部前側は張り出すことはない　　　　　　　　　　　　　　　　**ミヤマノコギリシダ**
 1. 葉身は2-3回羽状複葉
  2. ソーラスは裂片のふちと主脈の中間あたりにつく．小羽片の先は尾状
   3. 小羽片の裂片の基部は狭くなり，ふちは羽状浅裂または中裂　　　　　　　　**ヒカゲワラビ**
   3. 小羽片の裂片の基部は広く，ふちは鋸歯あり　　　　　　　　　　　　　**オニヒカゲワラビ**
  2. ソーラスは裂片の主脈寄りにつく
   3. 鱗片は葉柄の基部だけにつく．葉柄・中軸・羽軸は赤褐色で光沢あり．羽片の基部は狭まらない．
    小羽片の先は尾状．葉柄基部鱗片は透明で淡褐色〜褐色．根茎は横走．ソーラスは狭いハの字
    でつく（この種のみヌリワラビ属）　　　　　　　　　　　　　　　　　　　**ヌリワラビ** ▶
   3. 鱗片は葉柄から中軸までつく．葉柄・中軸・羽軸は淡褐色〜緑色で光沢なし．羽片の基部は狭
    まる．小羽片の先は鈍頭．ソーラスはハの字でつく
    4. 葉柄基部鱗片は褐色〜黒褐色で広披針形．根茎は横走　　　　　　　　　　　**ミヤマシダ**
    4. 葉柄基部鱗片は黒色で狭披針形．根茎は斜上　　　　　　　　　　　　　　**キヨタキシダ** ▶

A. 包膜なし
 B. 葉身に鱗片なし．羽片の分岐点にいぼ状の突起なし ………………………………《**ウサギシダ属**》

ウサギシダ属　*Gymnocarpium*
 1. 葉は1回羽状深裂．ソーラスは大きく円形〜楕円形　　　　　　　　　　　　　　　　**エビラシダ** ▶
 1. 葉は2-3回羽状深裂〜全裂．ソーラスは小さく円形
  2. 葉身はほぼ五角形．同じ大きさ3枚の羽片で構成されているように見える．葉は薄くてやわらかい．
   下から2番目の羽片の柄はないか，あってもごく短い（3出複葉的）　　　　　　　　**ウサギシダ**
   v. アオキガハラウサギシダは，葉身がやや縦長．下から2番目の羽片も柄がある
                   アオキガハラウサギシダ
  2. 葉身は三角状卵形．最下羽片は残りの葉身よりはるかに小さい．葉はややかたい（羽状複葉的）
                      イワウサギシダ ▶

 B. 葉身に鱗片あり．羽片の分岐点にいぼ状の突起多し ………………………………《**シケチシダ属**》
シケチシダ属　*Cornopteris*
 1. 葉に多細胞の毛がある．2回羽状中裂〜全裂．羽片の基部の裂片はやや短い．裂片の側脈は1本また
  は分岐．ソーラスは線形．羽軸に狭い翼があり，毛なし　　　　　　　　　　　　　**シケチシダ** ▶
  v. タカオシケチシダは，羽軸に多細胞の毛がある　　　　　　　　　　　　　**タカオシケチシダ**
 1. 葉に節のない短毛がある．3回羽状浅裂〜深裂．羽片の基部の小羽片はきわめて短い
  2. 小羽片は無柄または短柄．裂片の側脈は1本または分岐．ソーラスは円形　　　　**イッポンワラビ**
  2. 小羽片は無柄．裂片の側脈は1本．ソーラスは長楕円形（雑種かも）　　　　**ハコネシケチシダ**

シシガシラ科、コウヤワラビ科、オシダ科

シダ17　シシガシラ科（*BLECHNACEAE*）

ソーラスは主脈に並行する
A. 単葉羽状裂．裂片は全縁〜細鋸歯．葉脈はソーラス部以外分かれたまま．ソーラスは主脈に沿って長く伸びる ……………………………………………………………《ヒリュウシダ属》
ヒリュウシダ属　*Blechnum*
 1. 栄養葉の羽軸の表面には溝がある．逆に裏面では盛り上がる．鱗片は毛状　　シシガシラ ▶
 1. 栄養葉の羽軸の表面に溝はない．鱗片は幅が広い　　オサシダ ▶

A. 羽片は羽状中裂〜深裂．葉脈は主脈を中心に網目をつくる．主脈沿いにソーラスが2列に並ぶ
…………………………………………………………………………………《コモチシダ属》
コモチシダ属　*Woodwardia*
 羽軸の前側は後側よりやや幅が広い．無性芽ができる　　コモチシダ ▶

シダ18　コウヤワラビ科（*ONOCLEACEAE*）

葉は二つのタイプがあり栄養葉と胞子葉がはっきり分かれている．1回羽状複葉
A. 下方の羽片はきわめて短くなり，全体は紡錘形．葉柄の表面に溝あり ………《クサソテツ属》
クサソテツ属　*Matteuccia*
 鮮緑色．葉は束生．中軸は無毛．胞子葉は成熟して褐色．若芽は「こごみ」と呼んで食用　　クサソテツ ▶

A. 下方の羽片はほとんど短くならない．葉柄に溝なし
 B. 栄養葉羽片は浅裂〜中裂．葉脈は分かれたまま …………………………《イヌガンソク属》
イヌガンソク属　*Pentarhizidium*
 夏緑性．胞子葉は短く，枯葉は冬季も残る．ガンソクは「雁足」で葉柄基部の形をたとえたものだが，胞子葉の形の方がガンの足を思わせる．頂羽片は目立って小さい　　イヌガンソク ▶

 B. 栄養葉羽片は全縁〜鈍鋸歯縁〜浅裂．葉脈は網状 ………………………《コウヤワラビ属》
コウヤワラビ属　*Onoclea*
 中軸上部に翼．胞子葉は分枝しても直立．小羽片は球形　　コウヤワラビ ▶

シダ19　オシダ科（*DRYOPTERIDACEAE*）

A. 葉面にとがった長毛あり ……………………………………………………《キンモウワラビ属》
キンモウワラビ属　*Hypodematium*
 葉柄基部に細長い黄褐色鱗片が密生する．葉柄の基部は根茎接続点で葉枕をつくる　　キンモウワラビ ▶

A. 葉面にとがった長毛はない
 B. 葉全体に網目状の脈が広がる ………………………………………………《ヤブソテツ属》
ヤブソテツ属　*Cyrtomium*
 1. 包膜のふちに明瞭な鋸歯があるのは本種のみ．葉のふちは鋭い細鋸歯．羽片の基部に前側にも後側にも顕著な耳状突起がある．羽片3-8対　　メヤブソテツ　P53
 1. 包膜は全縁〜やや波状鋸歯．羽片のふちは先端を除き全縁〜粗い鋸歯
  2. 羽片の先端部は全縁．かたくて照りがある．羽片10-20対．包膜の中心は黒褐色
   3. 胞子のう1個中に胞子32個．羽片は長楕円状披針形．羽片前側は広がる．まれ　　オニヤブソテツ ▶
   3. 同上胞子64個．羽片は披針形．羽片前側は広がらない．ふつうにある　　ナガバヤブソテツ

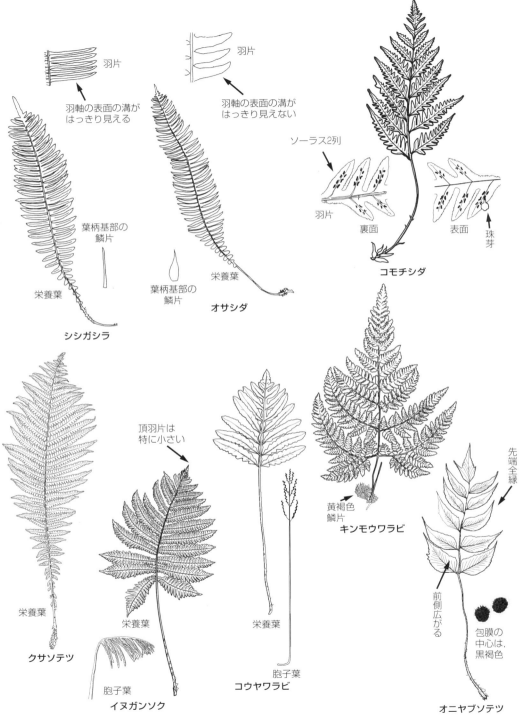

オシダ科

　　2. 羽片は先端部には鋸歯がある．ややかたい
　　　3. 包膜の中心は黒褐色，まわりは灰白色　　　　　　　　　　　　　　　　　　**ミヤコヤブソテツ** ▶
　　　3. 包膜の色はすべて灰白色
　　　　4. 羽片は10対前後，羽片の幅は4cmほど．羽片基部の耳状突起が目立つ．淡黄緑色で光沢は少
　　　　　ない　　　　　　　　　　　　　　　　　　　　　　　　　　　　　　　**ヤマヤブソテツ** ▶
　　　　4. 羽片は15-25対で，羽片の幅は3cm以下．羽片基部の耳状突起は目立たない．緑色光沢あり．
　　　　　光沢の強いものはテリハヤブソテツという　　　　　　　　　　　　　　　　**ヤブソテツ** ▶

　B. 網目状の脈はない
　　C. 中軸の表面は盛り上がる．中軸に多細胞の毛がある ……………………《**キヨスミヒメワラビ属**》

キヨスミヒメワラビ属　*Dryopsis*

葉柄・中軸に白色半透明の披針形鱗片が密生する．鱗片はしだいに褐色化する．裂片の側脈はふちま
で達しない　　　　　　　　　　　　　　　　　　　　　**キヨスミヒメワラビ（シラガシダ）**

　　C. 中軸の表面くぼむ．中軸に多細胞の毛はない
　　　D. 包膜は丸く，楯状包膜（ハスの葉型包膜） ……………………………………………《**イノデ属**》 ▶

イノデ属　*Polystichum*

1. 中軸はややつる状に長く伸び，その先に無性芽がある．1回羽状複葉．ソーラスは羽片の前側のふち
　に数個つく　　　　　　　　　　　　　　　　　　　　　　　　　　　　　　　　**ツルデンダ** ▶
1. 中軸は伸びない
　2. 最下の羽片だけ左右に大きく羽状分裂するため，葉柄と合わせて「十文字」となる
　　　　　　　　　　　　　　　　　　　　　　　　　　　　　　　　　　　　ジュウモンジシダ ▶
　2. 上記のような特異な形にならない
　　3. 鋸歯の先はトゲ状突起となる．かたい．葉脈の微小鱗片は鈍頭
　　　4. 葉柄鱗片は黒褐色．葉柄と葉身はほぼ同長．小羽片に柄が認められる
　　　　　　　　　　　　　　　　　　　　　　　　　　　ヒメカナワラビ（キヨズミシダ）
　　　4. 葉柄鱗片は褐色．葉身は葉柄より長い．小羽片は羽軸に流れる　　**オオキヨズミシダ**
　　3. 鋸歯はトゲ状にならない．葉脈の微小鱗片は鋭頭
　　　4. 羽片は下に行くほど短くなり，全体は紡錘形．裏面白緑色．葉柄短く濃褐色．ソーラスは中
　　　　肋沿いが優先（図e）　　　　　　　　　　　　　　　　　　　　　　　　　**ホソイノデ** ▶
　　　4. 下部の羽片は最長かわずかに短くなる程度
　　　　5. 中軸の鱗片は披針形〜毛状
　　　　　6. 葉柄基部の大型鱗片は黒褐色で，かたい．光沢あり
　　　　　　7. 葉面に照りがある．ソーラスは中肋沿いが優先（図e）　　　　　　　**カタイノデ**
　　　　　　7. 葉面は照らない．ソーラスは小羽片の耳状突起の両脇が優先（図c）
　　　　　　　8. 最下羽片はほぼ最長　　　　　　　　　　　　　　　　　　　**サイゴクイノデ**
　　　　　　　8. 最下部の羽片はやや短い　　　　　　　　　　　　　　　　　**トヨグチイノデ**
　　　　　6. 葉柄基部の大型鱗片は茶褐色〜赤褐色でやわらかい
　　　　　　7. 中軸下部の鱗片は披針形．ソーラスはふちのごく近くにある．耳片と先端の中間位置
　　　　　　　が優先（図b）
　　　　　　　8. 主脈の鱗片は乾燥してもねじれない．葉は大きく50cm以上　　**イノデモドキ**
　　　　　　　8. 主脈の鱗片は乾燥するとねじれる．葉は小さく40cm以下　　　**チャボイノデ**
　　　　　　7. 中軸下部の鱗片は線形〜毛状．ソーラスは小羽片の主脈と辺縁の中間にあるかややふ
　　　　　　　ち寄り
　　　　　　　8. 鱗片のふちに毛状突起がある．ソーラスは主脈と辺縁の中間にある．ソーラスは耳
　　　　　　　　片と先端の中間位置が優先（図b）　　　　　　　　　　　　　　　　**イノデ** ▶

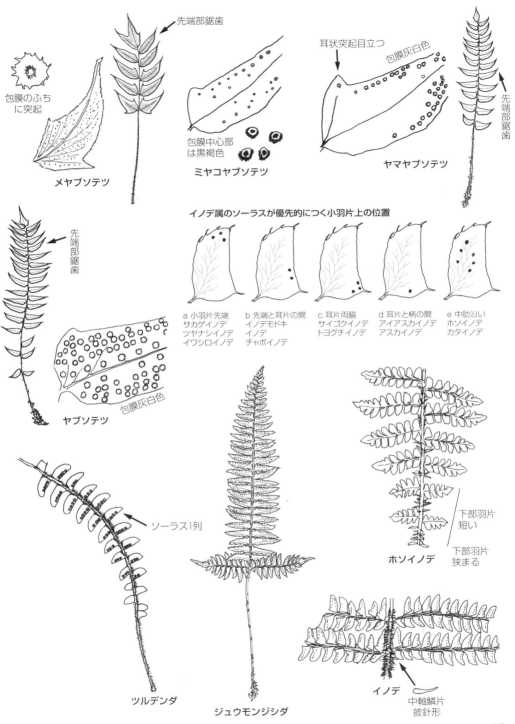

オシダ科

```
              8. 鱗片のふちは全縁，またはわずかに毛状突起が出る．ソーラスは耳片と柄の先端の
                 中間位置が優先（図d）
                 9. 中軸の鱗片は披針形で，わずかに鋸歯がある．葉柄基部鱗片の中央は暗褐色．ソ
                    ーラスはややふち寄り                                  アイアスカイノデ    ▶
                 9. 中軸の鱗片は毛状で全縁，乾燥するとねじれる．ソーラスは主脈と辺縁の中間に
                    ある                                                アスカイノデ      ▶
           5. 中軸の下部の鱗片は広卵形〜長楕円状．ソーラスは小羽片先端部位置が優先（図a）
              6. 中軸下部の鱗片は下向きつき，中軸に圧着する              サカゲイノデ        ▶
              6. 中軸下部の鱗片は開出，または上向きにつく
                 7. 中軸下部の鱗片は，広卵形で先は急に狭まる              ツヤナシイノデ      ▶
                 7. 中軸下部の鱗片は，披針形で先は少しずつ狭くなる        イワシロイノデ      ▶
```

D. 円腎形の包膜がある．包膜はその端の一か所がへこみ，その基部で葉につく（漏斗状カラー
   の花型包膜）．（オシダ属ヌカイタチシダは包膜なし）
   E. 小羽片には柄がある．最も基部の小羽片は前側（葉身先端側）につく（最下前側の分岐）．
      中軸の溝は羽軸の溝とつながらない．ただし次項Eに属するナンタイシダも最下前側の分岐
      F. やわらかい．葉の両面にとがった毛がある．葉身は五角形．小羽片裏の鱗片はふくろ状
      ....《ナライシダ属》

ナライシダ属　*Leptorumohra*

```
   1. 小羽軸の表面に毛が密生．ソーラス径1-1.5mm                        ナンゴクナライシダ
   1. 小羽軸の表面は毛が少ない．ソーラス径1mm．小羽片の裏脈上に袋状鱗片あり   ホソバナライシダ
```

      F. かたい．とがった毛はない ....《カナワラビ属》

カナワラビ属　*Arachniodes*

```
   1. 頂羽片はない．葉面に毛も突起もない
      2. 鱗片は葉柄基部に密につき，褐色〜黄褐色で，葉身部はまばら．4回羽状深裂．裏も表と同様に鮮
         緑色                                                         リョウメンシダ    ▶
      2. 鱗片は葉柄・葉身全体に密につく．黒褐色．3回羽状中裂〜全裂       シノブカグマ
   1. 頂羽片がある．最終裂片のふちの鋸歯は鋭く，トゲ状または芒状
      2. 最下羽片の顕著に長い小羽片を除けば，2回羽状複葉
         3. ソーラスはふちに寄ってつく                               オオカナワラビ（カナワラビ） ▶
         3. ソーラスは小羽片の主脈とふちの中間につく                  ハカタシダ       ▶
            v. オニカナワラビは，羽片がしだいに小さくなり頂羽片不明瞭    オニカナワラビ
      2. 最下羽片の顕著に長い小羽片を除いても3-4回羽状複葉．ソーラスは小羽片の主脈とふちの中間
         につく                                                     ホソバカナワラビ    ▶
```

   E. 小羽片には柄がない，またはある．柄があれば最も基部の小羽片は後側（葉柄側）につく（最
      下後側の分岐）．中軸の溝と羽軸の溝はつながる．ナンタイシダは最下前側の分岐をする
      ....《オシダ属》

オシダ属　*Dryopteris*

```
   1. どの鱗片も基部はふくろ状にならない
      2. 葉は1回羽状複葉．羽片は鋸歯〜羽状中裂
         3. ソーラスは羽片のふち寄りにつく．葉脈は表面で著しくくぼむ    オオクジャクシダ
         3. ソーラスは羽軸寄り，または中間につく
            4. 下部の羽片はわずかに短くなる．葉脈はあまりくぼまない．鱗片は真黒   イワヘゴ    ▶
            4. 下部の羽片は短くなる．葉脈はくぼむ．鱗片は褐色                  タニヘゴ    ▶
```

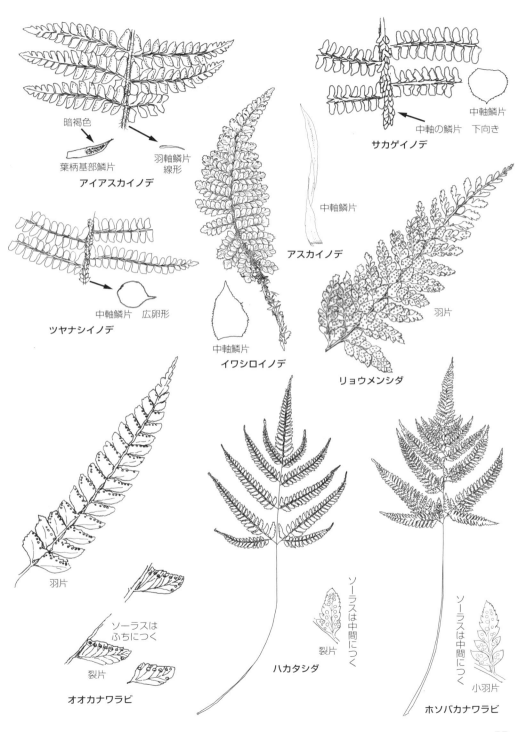

オシダ科

2. 葉は2-4回羽状深裂
  3. 葉は2回羽状深裂〜全裂，羽片基部の小羽片は羽軸に広く合着する
    4. 羽片の切れ込みは連続的で，基部で全裂，先端部では浅裂となる　　　　　**オクマワラビ** ▶
    4. 羽片の切れ込みは羽片全体でほぼ同じ程度
      5. 裂片の側脈は1本　　　　　**ミヤマクマワラビ** ▶
      5. 裂片の側脈は2-3本に分かれる
        6. 葉は株立ちにならない．裂片の鋸歯は先が細くなり鋭くとがる　　　　　**ミヤマベニシダ** ▶
        6. 葉は株立ち．裂片の鋸歯は鋭頭〜鈍頭　　　　　**オシダ** ▶
  3. 葉は2回羽状複葉〜4回羽状深裂．羽片基部の小羽片は独立し柄をもつ
    4. 鋸歯の先はやや芒状，鱗片は褐色で中央部が暗褐色になることもある　　　　　**シラネワラビ** ▶
    4. 鋸歯の先端は芒状にならない
      5. 中軸や羽軸に鱗片はない
        6. 最下の羽片の第1小羽片は前側が先に分岐をする．葉柄基部赤褐色．ソーラスはふち寄り
           ナンタイシダ ▶
        6. 最下の羽片の第1小羽片は後側が先に分岐をする
          7. 葉身は卵形〜卵状長楕円形
            8. ソーラスは葉身の上部の羽片につき，下部羽片にはつかない　　**ミヤマイタチシダ** ▶
            8. ソーラスは葉身全体につく　　**ナガバノイタチシダ**
          7. 葉身は五角形〜卵状三角形．最下羽片の柄は長く3cm　　**サクライカグマ** P58
      5. 葉柄のほか中軸や羽軸にも鱗片がある
        6. 最下羽片の後側第1小羽片は他の羽片に比べ著しく大きい
          7. 鱗片は茶褐色．小羽片は柄なし．表の葉脈は溝のようにへこむ　　**ヤマイタチシダ** P58
          7. 褐色鱗片の中に黒褐色鱗片が混じる．小羽片に短柄あり．葉脈はへこまない．類似の
            ホソバナライシダには袋状鱗片があるが，本種はなし　　**ミサキカグマ** P58
        6. 最下羽片の後側第1小羽片は他の羽片に比べて同じか小さい
          7. ソーラスは葉身の先端部に限定してつき，この部分は萎縮する．葉柄基部鱗片は明褐色．
            裂片に耳状部があり先は鋭頭．葉表の脈はへこむ　　**クマワラビ** P58
          7. ソーラスは葉身のほぼ全面につく．萎縮することはない
            8. 葉身下部の羽片だけ羽状複葉になる．葉柄基部鱗片は黒褐色．裂片は耳状部なく，
              先は鈍頭．葉表の脈はへこまない　　**オクマワラビ（再掲）** ▶
              h. アイノコクマワラビは，葉柄基部鱗片は明褐色　　**アイノコクマワラビ**
            8. ほとんどの羽片が羽状複葉になる．小羽片は全縁〜羽状中裂　　**ギフベニシダ** P59
1. 鱗片の中に，基部がふくろ状の鱗片がある
  2. 葉は1回羽状複葉　　　　　**ナチクジャク** P59
  2. 葉は2回羽状複葉
    3. 最下羽片の後側第1小羽片は他の小羽片と同じか小さい
      4. 葉柄の鱗片のふちは鋸歯あり．鱗片は密生
        5. ソーラスは主脈と辺縁の中間〜やや辺縁寄り．小羽片は鈍頭　　**サイゴクベニシダ** P59
        5. ソーラスは主脈寄りにつく．小羽片は鋭頭　　**エンシュウベニシダ**
      4. 葉柄の鱗片のふちは全縁，またはやや波状鋸歯
        5. ソーラスに包膜がない　　**ヌカイタチシダ** P59
        5. ソーラスには円腎形の包膜がある
          6. ソーラスはふちに寄ってつく．小羽片は離れてつく　　**オオベニシダ** P59
          6. ソーラスは主脈に寄ってつく
            7. 葉柄の鱗片は赤褐色．小羽片は円頭〜鈍頭　　**マルバベニシダ** P59
            7. 葉柄の鱗片は暗褐色．小羽片は鋭頭

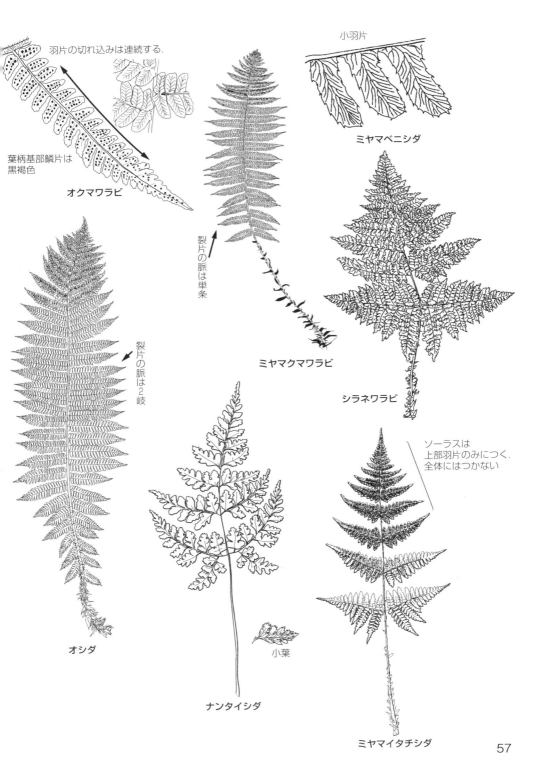

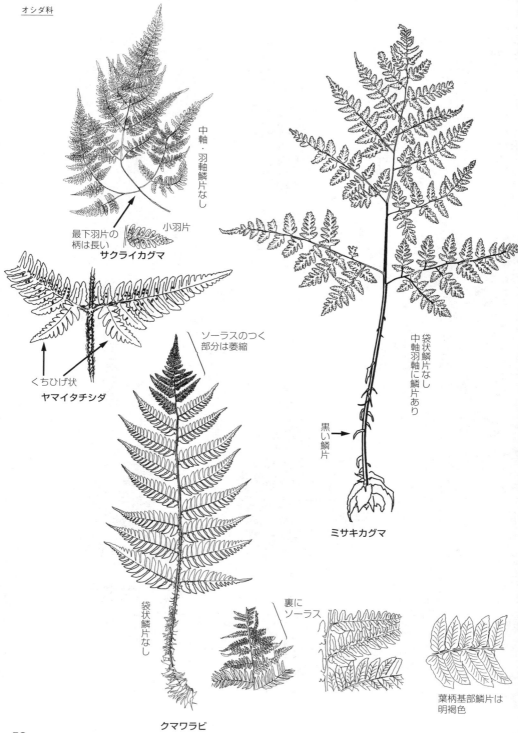

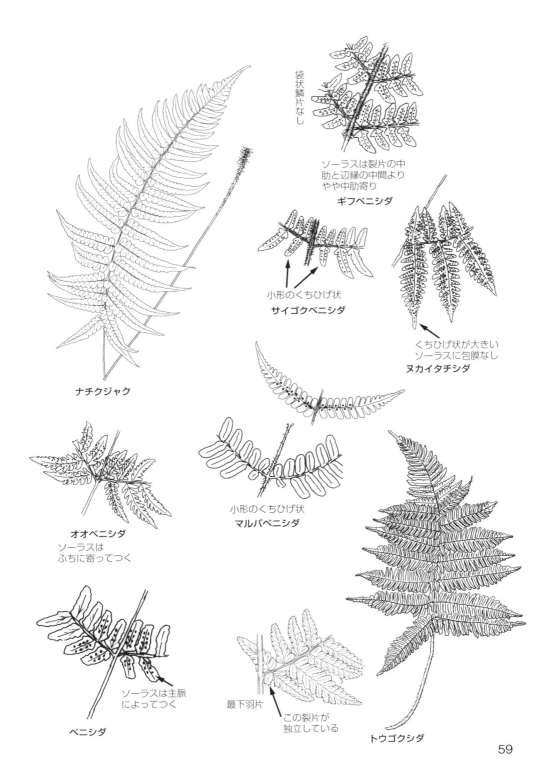

オシダ科、シノブ科、ウラボシ科

　　図
　　　　8. 葉身は先端に向かってしだいに細くなる．最下羽片の後側第1小羽片は鋸歯～浅裂
　　　　　　　　　　　　　　　　　　　　　　　　　　　　　　　　　　ベニシダ　P59
　　　　8. 葉身は先端に向かって急に狭まる．最下羽片の後側第1小羽片は中裂～深裂，また
　　　　　　は全裂　　　　　　　　　　　　　　　　　　　　　　　　**トウゴクシダ**　P59
　　3. 最下羽片の後側第1小羽片は他の小羽片に比べ著しく大きい
　　　4. 葉柄や主脈の鱗片は軸に対して直角に開出するか，多少下向きにつく　　**イワイタチシダ**　▶
　　　4. 葉柄や主脈の鱗片は軸に対して斜上する
　　　　5. 葉柄基部の鱗片は光沢のある黒色．ふちは淡褐色．小羽片裏にふくろ状鱗片は少ない．
　　　　　　中軸に鱗片密集しない　　　　　　　　　　　　　　　　　**ヒメイタチシダ**　▶
　　　　5. 葉柄基部の鱗片は黒褐色で，淡褐色のふち取りはない
　　　　　6. 葉身は先端に向かってしだいに狭くなる．裂片に微鋸歯はなくほぼ全縁．小羽片裏にふ
　　　　　　　くろ状鱗片密生．中軸に鱗片密集．全体が立体的　　　　**ヤマイタチシダ（再掲）**　P58
　　　　　6. 葉身は先端に向かって急に狭くなる．裂片に微鋸歯がある．小羽片裏にふくろ状鱗片は
　　　　　　　少ない．中軸に鱗片密集しない．全体は平面的　　　　　　**オオイタチシダ**

シダ20　シノブ科（*DAVALLIACEAE*）

ソーラスはコップ状またはポケット状構造の中にある　……………………………《シノブ属》
シノブ属　*Davallia*
　葉柄は根茎と関節する　　　　　　　　　　　　　　　　　　　　　　　**シノブ**　▶

シダ21　ウラボシ科（*POLYPODIACEAE*）

包膜はない
A. 葉柄は根茎と関節する
　B. 葉に星状毛密生　………………………………………………………《ヒトツバ属》
ヒトツバ属　*Pyrrosia*
　1. 単葉線形．幅は5mmほど．葉先は鈍頭．ソーラスは主脈に沿って各1列　　**ビロードシダ**　▶
　1. 単葉だが3-5裂で，ソーラスは裏面全面に多数散らばる　　　　　　　**イワオモダカ**　▶

　B. 葉は毛なし，または単毛あり
　　C. ソーラスは円形～長楕円形
　　　D. 葉脈は分かれたまま，または羽軸の両側に沿って網目1列ができるときは，網目の中に小脈1本
　　　　（アオネカズラ属はアオネカズラのみ）………………………《エゾデンダ属/アオネカズラ属》
エゾデンダ属/アオネカズラ属　*Polypodium / Goniophlebium*
　1. 葉脈はすべて分かれたまま．裂片のふちは微鋸歯あり．乾燥した葉はうずまき状に巻く
　　　　　　　　　　　　　　　　　　　　　　　　　　　　　　　　　　オシャグジデンダ
　1. 葉脈は主脈に沿って網目をつくる．網目ごとに1本の小脈を含む
　　2. 根茎は緑色で鱗片がまばらにつく．羽片全縁．タイワンアオネカズラは葉裏無毛だが，本種の葉
　　　裏は毛あり（この種だけアオネカズラ属）　　　　　　　　　　　　**アオネカズラ**
　　2. 根茎は黒っぽく鱗片密生．羽片に波状鋸歯あり　　　　　　　　　　**ミョウギシダ**　▶

　　　D. 葉脈は葉全面が網目状．網目の中に二叉小脈あり
　　　　E. ソーラスに楯状の鱗片はない　………………………………《ミツデウラボシ属》
ミツデウラボシ属　*Selliguea*
　1. 単葉, 3出葉，鳥足状5-7裂などいろいろと変異がある　　　　　　　**ミツデウラボシ**　▶

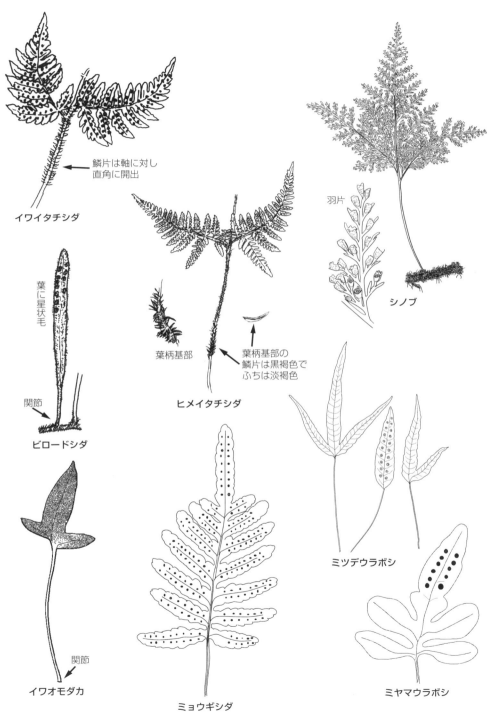

ウラボシ科

| 1. 羽状深裂～全裂 | ミヤマウラボシ | 図 P61 |

　　E．ソーラスに楯状の鱗片がある
　　　　F．ソーラスは主脈の両側に1列ずつ．根茎鱗片の基部は毛なし …………《ノキシノブ属》

ノキシノブ属　*Lepisorus*

1. 根茎の鱗片の細胞は，みな透明．葉柄は明瞭		
2. 夏緑性．葉はほかのノキシノブ類に比べ，薄く幅広い．鱗片は宿存する	ホテイシダ	▶
2. 常緑性．葉は厚い．鱗片は早落性	ミヤマノキシノブ	▶
1. 根茎の鱗片の細胞は，暗色不透明のものと透明のものがある．葉柄不明		
2. 葉はややまばらで先は円頭～鋭頭	ヒメノキシノブ	▶
2. 葉はやや密生，先は鋭尖頭～尾状	ノキシノブ	▶
v．ナガオノキシノブは，葉身がノキシノブより細長い	ナガオノキシノブ	

　　　　F．ソーラスは不規則に数多く散在．根茎鱗片の基部に長い毛束あり ……《クリハラン属》

クリハラン属　*Neocheiropteris*

| 葉身は裂けることがなく，単葉で主脈と側脈が目立ち，全体はクリの葉に似る | クリハラン | ▶ |

　　C．ソーラスは線形，または胞子葉裏の全面に広がる
　　　　D．ソーラスは細長い胞子葉の裏一面に広がっているように見える ………《マメヅタ属》

マメヅタ属　*Lemmaphyllum*

| 葉は肉質で2つのタイプあり．栄養葉は円形～楕円形．胞子葉はへら形 | マメヅタ | ▶ |

　　　　D．ソーラスは線形 ……………………………………………………………《サジラン属》

サジラン属　*Loxogramme*

| 1. 葉は長さ10cm以上．幅1cm以上．倒披針形～線形 | サジラン | ▶ |
| 1. 葉は長さ10cm以下．幅1cm以下．へら状 | ヒメサジラン | |

A．葉柄は根茎と関節しない
　B．葉身は羽状裂するも単葉，鋭くとがる毛がある
　　C．葉は1回羽状深裂．裂片の脈は1本または二叉分岐 ………《オオクボシダ属》

オオクボシダ属　*Micropolypodium*

| 常緑性．長さ15cm以下．羽状深裂．両面にかたい赤褐色毛を開出 | オオクボシダ | ▶ |

　　C．葉は1回羽状深裂～2回羽状複葉．裂片の脈は羽状分岐する ………《トラノオウラボシ属》

トラノオウラボシ属　*Tomophyllum*

| 葉身はほぼ全縁．ソーラスは側脈に背生する | キレハオオクボシダ | ▶ |

　B．葉身は1-2回羽状複葉 …………………………………………………………《カラクサシダ属》

カラクサシダ属　*Pleurosoriopsis*

| 葉は小型で5-12cm．根茎は有毛．葉面に褐色毛多い．岩上のコケ群落にまぎれる | カラクサシダ | ▶ |

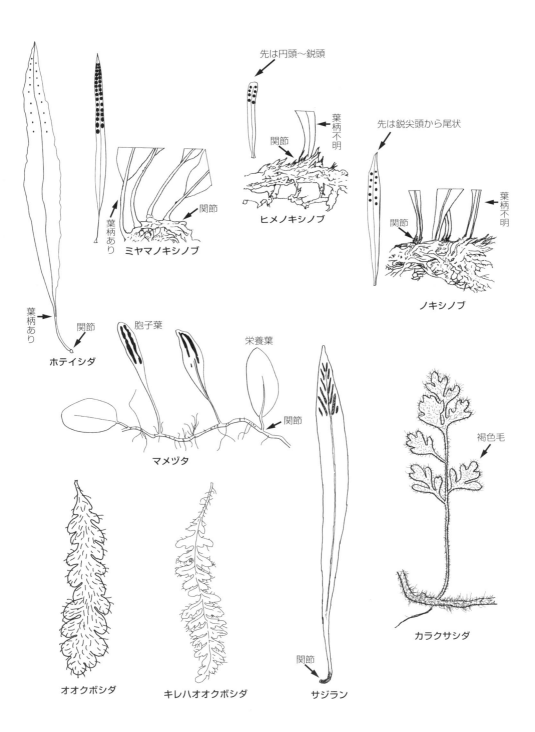

種子植物－裸子植物 [*SPERMATOPHYTA－GYMNOSPERMAE*]

裸子01　ソテツ科（*CYCADACEAE*）

常緑低木．葉は1回羽状複葉．茎の頂端に束生 …………………………………《ソテツ属》
ソテツ属　*Cycas*
　雌雄異株．種子は朱赤色で有毒　　　　　　　　　　　　　　　　　　　　　　ソテツ・栽 ▶

裸子02　イチョウ科（*GINKGOACEAE*）

落葉高木．長枝につく葉は互生，短枝の葉は束生．雌雄異株 ……………………《イチョウ属》
イチョウ属　*Ginkgo*
　葉身は扇形．葉脈は二分岐して平行脈．種子は「ぎんなん」で，食用となる　　イチョウ・栽 ▶

裸子03　マツ科（*PINACEAE*）

A. 短枝があって，短枝の先に針葉2-5本が束状につく
　B. 針葉は2-3-5本が束になる．球果は翌年あるいは翌々年に熟し，解体しないで落下 …《マツ属》
マツ属　*Pinus*
　1. 針葉2本が短枝に束生．横断面は半円形
　　2. 冬芽鱗片は白色．樹皮は灰黒色．樹脂道は葉肉中にある　　　　クロマツ（オマツ）・栽 ▶
　　2. 冬芽鱗片は赤褐色．樹皮は赤茶色．樹脂道は表皮に接する　　　　アカマツ（メマツ） ▶
　　　f. タギョウショウは幹が根元から分枝して株立ち　　　　　　　　　タギョウショウ・栽
　1. （次にもIあり）針葉3本が短枝に束生．横断面は扁平三角形
　　2. 葉長40-50cm．球果長15-25cm　　　　　　　　　　　　　　　　　　ダイオウマツ・栽
　　2. 葉長7-25cm．球果長5-12cm．種鱗のへそにトゲ　　　　　　　　　　テーダマツ・栽 ▶
　1. 針葉5本が短枝に束生．横断面は正三角形
　　2. 球果は翌年熟し同じ年に落下する．種子に翼なし
　　　3. 樹脂道は表皮に接する．種子長8mm．球果の径20-25mm　　　　　　　　　ハイマツ ▶
　　　3. 樹脂道は葉肉中にあり．種子長12-15mm．球果の径50-70mm　チョウセンゴヨウ（チョウセンマツ）▶
　　2. 球果は翌年熟し，すぐに落下しないで数年枝についたまま．種子に翼あり，翼はごく短い
　　　　　　　　　　　　　　　　　　　　　　　　　　　　　　　ゴヨウマツ（ヒメコマツ）▶
　　　v. キタゴヨウの種子の翼は種子より長い　　　　　　　　　　　　　　　　　　キタゴヨウ ▶

　B. 多数の針葉が短枝に束状につく
　　C. 落葉樹．球果はその年の秋に熟し，解体しないで落下する ……………《カラマツ属》
カラマツ属　*Larix*
　葉は線形．長枝では互生．短枝では束生
　1. 葉長2-3cm．球果長2-3cm　　　　　　　　　　　　　　　　　　　　　　　　　カラマツ
　1. 葉長4cm．球果長4cm　　　　　　　　　　　　　ヨウシュカラマツ（ヨーロッパカラマツ）・栽

　　C. 常緑樹．球果は翌年に熟し，晩秋，種鱗は軸を残してばらばらに落下する …《ヒマラヤスギ属》
ヒマラヤスギ属　*Cedrus*
　常緑高木．葉は長枝に互生，短枝に束生．球果は長さ6-13cmで秋に開花，翌年秋に熟す
　　　　　　　　　　　　　　　　　　　　　　　　　　　　　ヒマラヤスギ（ヒマラヤシーダ）・栽 ▶

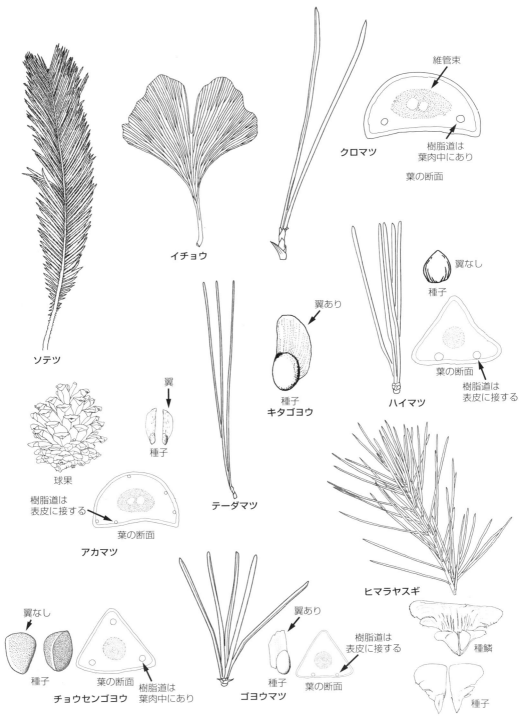

マツ科、ナンヨウスギ科、イヌマキ科　　　　　　　　　　　　　　　　　　　　　　　　　　　　　　　　　　　図

A. 短枝はなく，葉はすべて長枝につく．球果はその年の秋に熟す
 B. 種鱗は軸を残してばらばらに落下する．葉枕はない（葉の基部は吸盤状になる） ……《モミ属》

モミ属　*Abies*

 1. 若枝は毛なし．球果は黒紫色．苞鱗は種鱗より短く外に飛び出さない　　　　　　**ウラジロモミ**　▶
  v. ミツミネモミは，球果が黄緑色．苞鱗は種鱗より長く外に飛び出す　　　　　　**ミツミネモミ**　▶
 1. 若枝は毛あり
  2. 若枝の葉先は2尖裂．成葉は鈍頭2裂．苞鱗は種鱗より長く外に飛び出す．樹脂道は表皮に接する
  　　　　　　　　　　　　　　　　　　　　　　　　　　　　　　　　　　　　　　　モミ　▶
  2. 葉先は微凹頭
   3. 樹脂道は葉肉中の表皮寄りにあり．球果は小さく径20-25mmで青紫色．若い枝には灰褐色の毛
   あり．苞鱗は種鱗より長く，外に飛び出て反曲　　　　　　　**シラビソ（シラベ）**　▶
    v. アオシラベの若い球果は緑色　　　　　　　　　　　　　　　　　　**アオシラベ**
   3. 樹脂道は表皮に接する．球果は大きく径60-100mmで黒紫色．若い枝には濃赤褐色の毛あり．苞
   鱗は種鱗より短く，外に飛び出ない　　　　　　**オオシラビソ（アオモリトドマツ）**　▶

 B. 球果は解体することなく落下する．葉枕（葉がつくために用意された枝上の突起）がある
  C. 葉は短い葉柄がある．樹脂道は1本．葉枕は直立．葉先は微凹頭 ………………《ツガ属》

ツガ属　*Tsuga*

 1. 若枝には短毛あり．球果はやや小さく径15-25mm．冬芽の先は丸い　　　　　　　**コメツガ**　▶
 1. 若枝に毛なし．球果はやや大きく径20-30mm．冬芽の先はややとがる　　　　　　　**ツガ**　▶

  C. 葉は無柄（黄褐色の葉枕部を除く）．樹脂道は2本．葉枕は直角に曲がる …………《トウヒ属》

トウヒ属　*Picea*

 1. 葉の横断面は扁平．葉片面に気孔2筋　　　　　　　　　　　　　　　　　　　　　**トウヒ**　P69
 1. 葉の横断面は四角または菱形．気孔の筋は4面にある
  2. 葉は痛い．枝は毛なし．球果径3-5cm，長7-12cm　　　　　　**ハリモミ（バラモミ）**
  2. 葉は痛くない．枝に毛あったりなかったり．球果径2.5-4cm，長5-12cm　**イラモミ（マツハダ）**
  2. 葉は痛くない．枝は毛なし．球果径3-4cm，長10-20cm　　　　　　　　　**ドイツトウヒ・栽**

裸子04　ナンヨウスギ科（*ARAUCARIACEAE*）

雌雄異株．葉は扁平長披針形で茎に密生する ……………………………………《ナンヨウスギ属》

ナンヨウスギ属　*Araucaria*

 1. 葉は灰緑色で，扁平狭披針形で長さ1.5cm前後　　　　　　　　　　　　　　　**ブラジルマツ・栽**
 1. 葉は深緑色で，扁平狭披針形で長さ2cm前後　　　　　　　　　　　　　　　　　**チリマツ・栽**

裸子05　イヌマキ科（マキ科）（*PODOCARPACEAE*）

A. 葉は卵形．主脈なし ……………………………………………………………………《ナギ属》

ナギ属　*Nageia*

 葉は対生．脈はみな平行脈　　　　　　　　　　　　　　　　　　　　　　　　　　　**ナギ・栽**

A. 葉は線形．主脈は明瞭 ………………………………………………………………《イヌマキ属》

イヌマキ属　*Podocarpus*

 葉は互生，長さ10-20cm．雌雄異株．種子が熟すとダンゴ状になる．頂部白緑色の玉は種子．下方暗
 紅色の玉は花托が肥厚したもので食べられる　　　　　　　　　　　　　　　　　**イヌマキ**　P69
  v. ラカンマキは，葉長4-8cm，やや上向きに密生　　　　　　　　　　　**ラカンマキ・栽**　P69

裸子06　コウヤマキ科（*SCIADOPITYACEAE*）

常緑樹．長枝の節に短枝が輪生するので，葉が節ごとに多数輪生しているように見える
....《コウヤマキ属》

コウヤマキ属　*Sciadopitys*
　裏面に1本の気孔帯あり　　　　　　　　　　　　　　　　　　　　コウヤマキ・栽　▶

裸子07　ヒノキ科（*CUPRESSACEAE*）

A. 葉は互生（らせん状につく）または対生
　B. 葉は対生．種鱗は楯状．落葉樹．葉は扁平．水平に2列に並ぶ　………《メタセコイア属》

メタセコイア属　*Metasequoia*
　葉は枝に対生（一見羽状複葉に見える）．球果は楕円形で径約15mm，種鱗は十字対生
　　　　　　　　　　　　　　　　　　　　　　　　　　メタセコイア（アケボノスギ）・栽　▶

　B. 葉は互生
　　C. 落葉樹．種鱗は楯状．葉は扁平．水平に2列に並ぶ　……………………《ヌマスギ属》

ヌマスギ属　*Taxodium*
　葉は枝に羽状に互生する（一見羽状複葉に見える）．球果は丸く径25-30mm．気根が出る
　　　　　　　　　　　　　　　　　　　　　　　　　　　　　　ラクウショウ（ヌマスギ）・栽　▶
　　v. タチラクウショウの葉は針形で伏生する　　タチラクウショウ（ポンドサイプレス）・栽

　　C. 常緑樹．種鱗は扁平
　　　D. 葉は針葉，斜上し茎に立体的につく　………………………………………《スギ属》

スギ属　*Cryptomeria*
　葉は鎌状針形で互生．雌雄同株．雄花は長楕円形で，枝先に多数つく．雌花は枝の先端に1個つく
　　　　　　　　　　　　　　　　　　　　　　　　　　　　　　　　　　　　　　　スギ・栽　▶

　　　D. 葉は扁平，水平に2列に並ぶ　………………………………………《コウヨウザン属》

コウヨウザン属　*Cunninghamia*
　葉の長さは3-5cmほどでわん曲．正しくは枝にらせん状につくが，一見平面状のつき方となる．触ると痛い
　　　　　　　　　　　　　　　　　　　　　　　　　　　　　　　　　　　　コウヨウザン・栽

A. 葉は対生または輪生
　B. 球果は木質ではなく水分がありなめらか．葉は鱗片葉で対生，または針葉で3輪生
　　　　…………………………………………………………………………………《ネズミサシ属》

ネズミサシ属　*Juniperus*
　1. 葉は鱗片葉で対生，ときに針状3輪生の部分が混じる．枝は旋回しない
　　　　　　　　　　　　　　　　　　　　　　　　　　　　　　ミヤマビャクシン（イブキ）　▶
　　f. カイヅカイブキは，枝が旋回する．園芸種．生け垣や庭木として植栽　カイヅカイブキ・栽
　1. すべての葉が針状で3輪生
　　2. 葉の表面に幅1mmほどの白色の浅い溝あり．葉長5-10mmでわん曲．葉先は痛くない
　　　　　　　　　　　　　　　　　　　　　　　　　　　　　　　　　　　　　ホンドミヤマネズ
　　2. 葉の表面はＶ字状の深い溝がある．葉長10-25mmでまっすぐ．葉先は痛い　ネズミサシ（ネズ）　▶

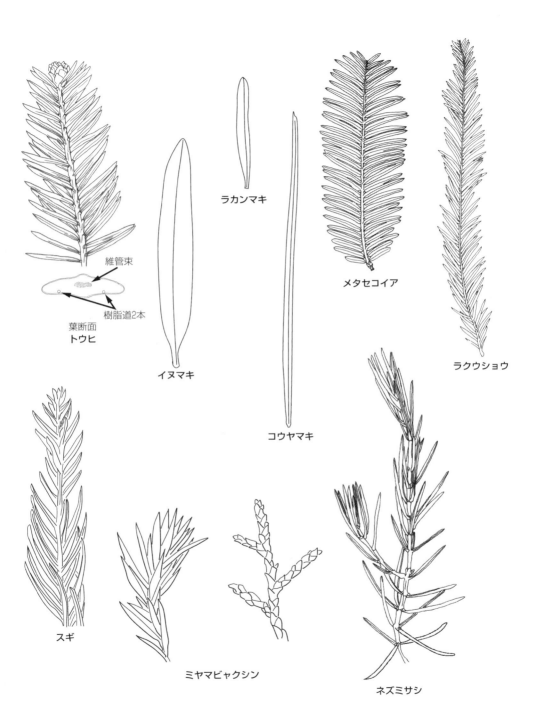

ヒノキ科、イヌガヤ科、イチイ科

B. 球果は木質．葉は鱗片葉で対生
  C. 種鱗は楯状 ……………………………………………………………《ヒノキ属》

ヒノキ属　*Chamaecyparis*

 1. 葉の先端は鈍頭．枝端の表裏の葉は左右の葉の1/2長．球果の径8-12mm．葉裏の白い部分はY字状．園芸品種にチャボヒバ（カマクラヒバ），スイリュウヒバ（枝垂れ），オウゴンクジャクヒバがある
                           ヒノキ ▶

 1. 葉の先端は鋭頭．枝端の表裏の葉と左右の葉の長さはほぼ同じ．球果の径5-7mm．葉裏の白い部分はX字状．園芸品種にヒムロ，ヒヨクヒバ（枝垂れ），オウゴンヒヨクヒバ（枝垂れ），シノブヒバ，オウゴンシノブヒバがある   **サワラ・栽** ▶

  C. 種鱗は扁平で重なり合う
    D. 葉の下面には著しい純白部分がある．種鱗は3-4対 …………………《アスナロ属》

アスナロ属　*Thujopsis*

 鱗片葉の幅は5-6mmで広い．球果の果鱗の背はとがる   **アスナロ・栽** ▶
  v. ヒノキアスナロの球果は丸い   **ヒノキアスナロ（ヒバ）・栽** ▶

    D. 葉の下面にはわずかに緑白部分がある，またはない．種鱗は4-5対または2対 …《ネズコ属》

ネズコ属　*Thuja*

 1. 鱗片葉の部分は垂直に伸び，表裏がない．種子に翼なし   **コノテガシワ・栽** ▶
 1. 鱗片葉の部分はほぼ水平に伸び表裏がある．種子に翼あり
  2. 葉の表に腺なし．葉の裏に白いすじあり．種鱗は4-5対 **ネズコ（クロベ）** ▶
  2. 葉の表に腺あり．葉の裏は緑．種鱗は2対   **ニオイヒバ・栽** ▶

裸子08　イヌガヤ科（*CEPHALOTAXACEAE*）

雄しべの葯は3室．葉のおもての中肋の凸出は目立つ ………………………………《イヌガヤ属》

イヌガヤ属　*Cephalotaxus*

 常緑樹．葉は互生だが，水平2列に並ぶ．葉先は鋭尖頭だが触って痛くない．雌雄異株 **イヌガヤ** ▶
  f. チョウセンマキは枝が立つ．葉の並びは水平でなく四方に開く **チョウセンマキ** ▶

裸子09　イチイ科（*TAXACEAE*）

A. 樹脂道なし．葉のおもての中肋の凸出は目立つ．仮種皮は紅色．雄しべの葯室は5-9室 …《イチイ属》

イチイ属　*Taxus*

 常緑樹．葉は線形，長さ5-20mm．平面的につく．先は鋭頭だが痛くない．雌雄異株．種子はその年に熟す．仮種皮は紅色液質有毒   **イチイ・栽** ▶
  v. キャラボクは，葉が立体的につく．幹の下部ははう   **キャラボク・栽** ▶

A. 樹脂道1本あり．葉のおもてはなめらかで中肋の凸出なし．仮種皮は緑褐色．雄しべの葯は4室
                              《カヤ属》

カヤ属　*Torreya*

 常緑樹．葉は線形，長さ2-3cm．先は鋭くとがり，触ると痛い．雌雄異株．種子は翌年熟す **カヤ** ▶

   ★イヌガヤ科をイチイ科に含めることがある．その場合の検索
     ┌ 葯は3室．樹脂道なし ……………イヌガヤ属
 イチイ科 ┤ 葯は5-9室．樹脂道なし …………イチイ属
     └ 葯は4室．樹脂道1本 ………………カヤ属

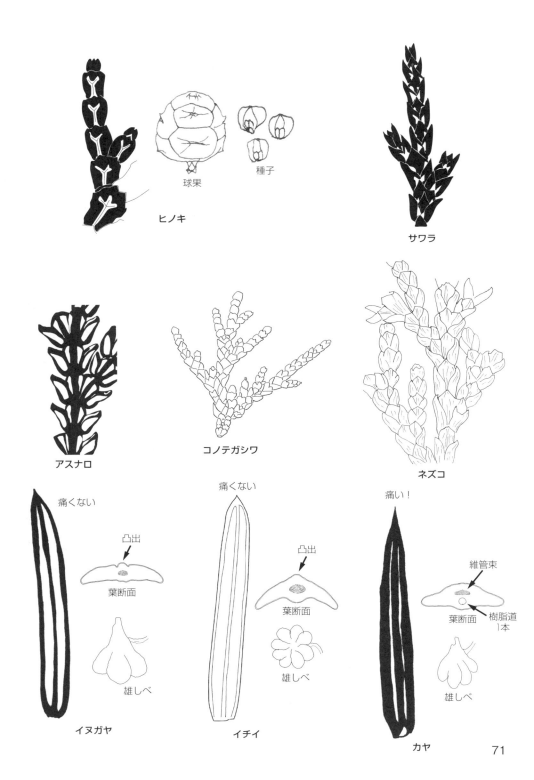

種子植物－被子植物－基部被子植物 [SPERMATOPHYTA – ANGIOSPERMAE]

被子001　ジュンサイ科（CABOMBACEAE）

花被片は6枚あり，いずれも白色．水中葉は対生で細裂　………………………《ハゴロモモ属》
ハゴロモモ属　*Cabomba*
　沈水植物．水中葉は対生．3-4回糸状に細分裂．裂片は太い　　　　ハゴロモモ（フサジュンサイ）・帰　▶

被子002　スイレン科（NYMPHAEACEAE）

A. がく片は5枚で黄色．花弁も黄色で多数．葉は楯状ではない　………………………《コウホネ属》
コウホネ属　*Nuphar*
　水上葉は斜上し水面より上に抜き出る．長卵形．葉柄は中実　　　　　　　　　　　コウホネ　▶

A. がく片は4枚
　B. がく片は外側緑色，内側赤色．花弁は青紫色．葉は楯状　………………………《オニバス属》
オニバス属　*Euryale*
　水上葉は水平．表にしわがあり，葉脈は網目状に隆起し，脈上にトゲが直立する　　　オニバス　▶

　B. がく片は緑．花弁の色はさまざま．葉はほとんど楯状にならない　……………《スイレン属》
スイレン属　*Nymphaea*
　花は，昼開花，夜間閉じる．ひつじ（未）とは午後2時のこと　　　　　　　ヒツジグサ・栽　▶

被子003　マツブサ科（SCHISANDRACEAE）

A. つる．雌雄異株
　B. 落葉性のつる．果実は穂状に（フジの花序が下垂するように）つく　………《マツブサ属》
マツブサ属　*Schisandra*
　1. 葉に5-10対の鋸歯．表面の主脈はへこむ．果実は赤熟．コルク質なし　　　　チョウセンゴミシ　▶
　1. 葉に3-5対の鋸歯．表面の主脈は平坦．果実は黒熟．古いつるにコルク質が発達する　　マツブサ　▶

　B. 常緑のつる．果実は頭状（球状）につく　………………………………………《サネカズラ属》
サネカズラ属　*Kadsura*
　雌雄異株．葉はやや厚く光沢あり，まばらな鋸歯．皮に粘りあり　　サネカズラ（ビナンカズラ）　▶

A. 直立木．両性花　………………………………………………………………………《シキミ属》
シキミ属　*Illicium*
　常緑の低木．葉身長4-10cm．揉むと芳香がある（油点あり）．春先，葉腋に開花．花径2-3cm．花は黄
　白色．果実は扁平な八角形　　　　　　　　　　　　　　　　　　　　　　　　シキミ・栽　▶

被子004　センリョウ科（CHLORANTHACEAE）

A. 木本　……………………………………………………………………………………《センリョウ属》
センリョウ属　*Sarcandra*
　常緑で草本に近い低木．広葉樹林下の林床に生える．全体に毛なし．葉のふちに鋭い鋸歯あり．花は
　雄しべ1本．淡黄色．果実は球形で径5-6mm，赤熟　　　　　　　　　　　　　　センリョウ・栽　▶

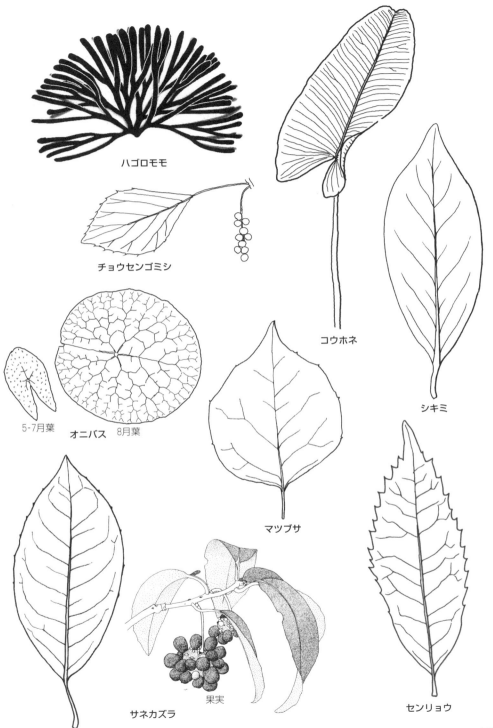

センリョウ科、ドクダミ科、ウマノスズクサ科、モクレン科

A. 草本 …………………………………………………………………………… 《チャラン属》
チャラン属　*Chloranthus*
　多年生の草本．雄しべは3本．白色
　1. 茎の頂端の葉は対生で2対あり，上の対と下の対は離れている．その間隔は5-20mm．花穂はふつう2本
　　　　　　　　　　　　　　　　　　　　　　　　　　　　　　　　　　　　　　フタリシズカ ▶
　1. 茎の頂端の2対の葉は離れず4枚が輪生状．花穂はふつう1本　　　　　　　　　　**ヒトリシズカ** ▶

被子005　ドクダミ科（*SAURURACEAE*）

A. 花序の基部にドクダミにあるような総苞片はなし．雄しべは子房と合着．花柱3-5本は離れている
　…………………………………………………………………………………… 《ハンゲショウ属》
ハンゲショウ属　*Saururus*
　低地の水湿地に多い．葉は卵形で，基部は心形．上方の葉は開花のころ，半分白くなる　**ハンゲショウ** ▶

A. 花序の基部に数枚の花弁状総苞片あり．雄しべの花糸は基部が子房に合着．花柱3は合生
　……………………………………………………………………………………… 《ドクダミ属》
ドクダミ属　*Houttuynia*
　独特の臭気あり．地下茎は長い．総苞片は白色で4枚　　　　　　　　　　　　　　　**ドクダミ** ▶

被子006　ウマノスズクサ科（*ARISTOLOCHIACEAE*）

がくはあるが，花弁はない．花弁はあっても痕跡的
A. つる．がくは合生しラッパ状 …………………………………………………… 《ウマノスズクサ属》
ウマノスズクサ属　*Aristolochia*
　茎や葉やがくは毛なし．葉は三角状狭卵形．花は葉腋に1個ずつつく．がく筒の舷部（覆い）の先端
　は尾状鋭尖頭　　　　　　　　　　　　　　　　　　　　　　　　　　　　　　**ウマノスズクサ** ▶

A. つるではない．がくは壺状 ………………………………………………………… 《カンアオイ属》
カンアオイ属　*Asarum*
　1. がくは基部まで離れている．葉は茎の先端に2枚あり対生的．がく筒はくびれがない．がく裂片3が
　　あり，三角状で反転．花全体はおわん状で下向き　　　　　　　　　　　　　**フタバアオイ** ▶
　1. がくは下半分が合生して筒になる
　　2. 筒の上端に筒口を狭めるように環状構造が張り出す．葉先は鈍頭
　　　3. 花柱の先端は2裂する．花柱裂片の基部外側に柱頭が位置する．がく裂片は三角形で波打つこ
　　　　とはない．葉は濃緑色で光沢はない　　　　　　　　　　　　　　　　　　**カンアオイ** ▶
　　　3. 花柱は2裂しない．がく裂片は波打つ．葉は暗緑色でやや光沢あり　　**タマノカンアオイ** ▶
　　2. 筒の上端に環状構造はない．葉先は鋭頭．がく裂片は三角状でとがり，ふちは指でつまんだよう
　　　に外曲する　　　　　　　　　　　　　　　　　　　　　　　　　　　　　**ウスバサイシン** ▶

被子007　モクレン科（*MAGNOLIACEAE*）

A. 葉は楕円形で全縁，分裂せず ……………………………………………………… 《モクレン属》
モクレン属　*Magnolia*
　1. 常緑高木．花は白色で大型．花径15-25cm　　　　　　　　　　　　　　　**タイサンボク・栽**
　1. 落葉中高木
　　2. 葉が開く前に開花

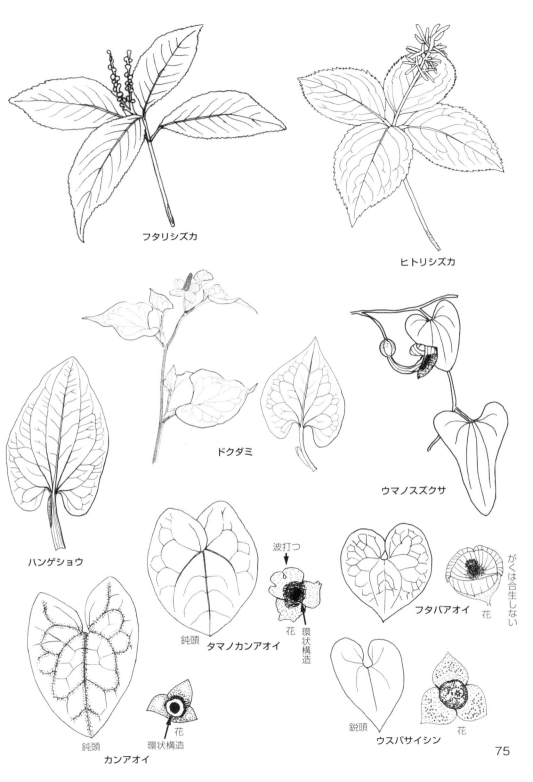

モクレン科、ロウバイ科、クスノキ科

```
    3. 花被片12-28枚はみな同じ大きさ・形．淡紅色                          シデコブシ・栽
    3.（次にも3あり）花被片9枚はみな同じ形同じ大きさ．白色                ハクモクレン・栽
    3. 花弁6枚とがく3枚がある
        4. 花弁は紅紫色で直立または斜上．がくは横に巻く．冬芽はらっきょう型    モクレン・栽
            v. 葉幅が狭く，花被片内側は淡白色．がくは縦に巻く    トウモクレン（ヒメモクレン）・栽
        4. 花弁は白色で広く開く．開花時，花に若葉がつく．冬芽はだるま型         コブシ
    2. 葉が開いてから開花
        3. 葉の長さ20-30cm．花は上向き                                    ホオノキ
        3. 葉の長さ6-18cm．花は下向き．葯の色は淡黄緑色～白色               オオヤマレンゲ
            v. ウケザキオオヤマレンゲは，上記2種の雑種．花は上向き    ウケザキオオヤマレンゲ・栽
        ［参考］オオバオオヤマレンゲは葯の色が赤紫色で栽培品．他の形質はオオヤマレンゲと同じ
```

A. 葉は3中裂し，頂片の先は切止．頂片はやや浅裂 ………………………… 《ユリノキ属》
ユリノキ属　Liriodendoron
　葉の形が特異的で，通称「はんてんぼく」ともいう．両面毛なし．落葉高木．花弁6で黄緑色～オレンジ色．がく3
　　　　　　　　　　　　　　　　　　　　　　　　　　　　　　　　　ユリノキ・栽

被子007-2　ロウバイ科（*CALYCANTHACEAE*）

ロウバイ属　Chimonanthus
　外側の花弁は淡黄色．内側の花弁は暗褐色．花径18-20mm　　　　　　ロウバイ・栽
　　f. ソシンロウバイは花弁全部が淡黄色　　　　　　　　　　　ソシンロウバイ・栽

被子008　クスノキ科（*LAURACEAE*）

A. 雌雄同株．常緑樹
　B. 羽状脈で側脈は10対前後．互生 ……………………………………… 《タブノキ属》
タブノキ属　Machilus
　1. 若芽は紅色．芽鱗のふちに毛あり．葉は長楕円形で短く鋭頭．葉裏灰白色，毛なし　タブノキ
　1. 若芽は赤くない．芽鱗のふちに毛なし．葉は長披針形で長く鋭尖頭　　　ホソバタブ

　B. 羽状脈で側脈は3-4対，または3行脈が目立つ．対生または互生 ……… 《クスノキ属》
クスノキ属　Cinnamomum
　1. 冬芽の鱗片はうろこ状．葉は互生．揉むと樟脳の匂い．果実は球形　　クスノキ・栽
　1. 冬芽の鱗片は葉状．葉は対生～互生．果実は楕円形
　　2. 葉先は短くとがる．葉の裏は毛なし．花序も毛なし　　　　　　　　ヤブニッケイ
　　2. 葉先は長鋭尖頭．葉の裏には細伏毛あり．花序に細伏毛あり　　　　ニッケイ・栽

A. 雌雄異株．互生
　B. 落葉樹．羽状脈または3行脈（主脈と1対の側脈が目立つ） …………… 《クロモジ属》
クロモジ属　Lindera
　1. 葉は一般に3裂．葉脈は3行脈．果実は最初赤，黒熟．花序柄なし　ダンコウバイ（ウコンバナ）
　1. 葉は裂けない．羽状脈
　　2. 頂芽のみ発達．葉は枝端に束状にまとまる
　　　3. 葉裏は毛なし．果実径5-6mm．小果柄長さ2cm以下．花序柄あり，密毛　クロモジ
　　　3. 葉裏に絹毛が残る．果実径6-8mm．小果柄長さ2cm以上　　　　ウスゲクロモジ
　　2. 側芽が発達．頂芽なし．葉は互生（束状にならない）
　　　3. 枯れ葉は冬期落葉．果実径15mmで黄褐色．花序柄あり，毛なし　アブラチャン
　　　3. 枯れ葉は翌春萌芽前に落葉．果実径7mmで黒色．花序柄わずかにあり，密毛　ヤマコウバシ

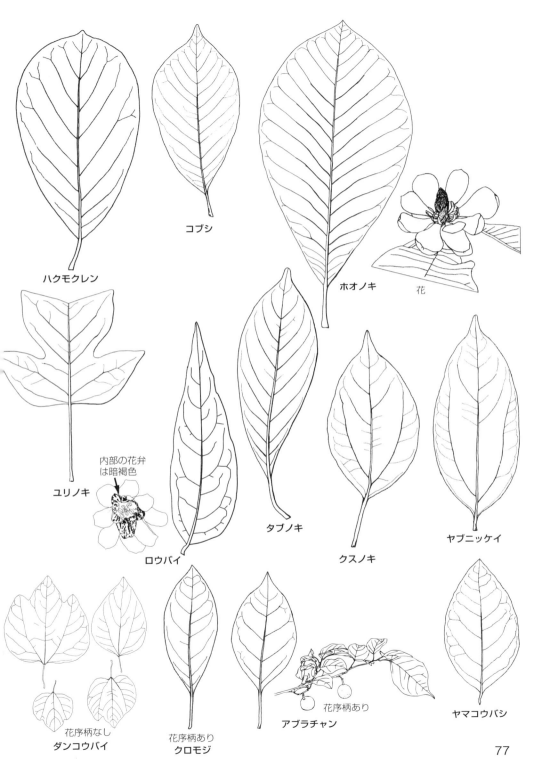

B. 常緑樹
　　C. 3行脈が目立つ ……………………………………………………………《シロダモ属》
シロダモ属　*Neolitsea*
　　葉の裏は灰白色．3脈が目立つが，側脈5対前後．花は秋咲きで黄色．果実は赤色　　　シロダモ ▶

　　C. 羽状脈 …………………………………………………………………………《ゲッケイジュ属》
ゲッケイジュ属　*Laurus*
　　葉は厚質．揉むと芳香あり．乾燥したものは料理用香料　　　ゲッケイジュ・栽 ▶

種子植物－被子植物－単子葉類
[SPERMATOPHYTA－ANGIOSPERMAE－MONOCOTYLEDONS]

被子009　ショウブ科（ACORACEAE）

葉は左右から扁平（アヤメ状） ………………………………………………………《ショウブ属》
ショウブ属　*Acorus*
　1. 葉の断面は基部三角形，中部ひし形，先端部扁平．中部では明瞭な2稜あり．葉は秋に枯れる．花序径6-10mm　　　ショウブ ▶
　1. 葉はほぼ全体が扁平．常緑性．花序径3-6mm　　　セキショウ ▶

被子010　サトイモ科（ARACEAE）

A. 水面に浮遊している
　B. 葉状体は粒状で根なし．くぼみに雄しべ1個，雌しべ1個ができる ………《ミジンコウキクサ属》
ミジンコウキクサ属　*Wolffia*
　　葉状体は楕円形．長さ0.3-0.8mm．幅0.2-0.3mm．種子植物の中で最小種　　　ミジンコウキクサ・帰 ▶

　B. （次にもBあり）葉状体は扁平．根あり．花は葉状体のふちにできる．雄しべ2個，雌しべ1個
　　C. 根は2-多数本あり．葉状体の裏は淡紫色 ……………………《ウキクサ属/ヒメウキクサ属》
ウキクサ属/ヒメウキクサ属　*Spirodela / Landoltia*
　1. 根は10本ほど．葉脈は7-11脈．葉状体は楕円形．長さ3-10mm．幅3-8mm．根冠は鋭頭（この種はウキクサ属）　　　ウキクサ ▶
　1. 根は2本以上数本．葉脈は3脈．根冠鈍頭（この種はヒメウキクサ属）
　　　　　　　　　　　　　　　　　　　　　　ヒメウキクサ（シマウキクサ）・帰 ▶

　　C. 根は1本．葉状体の裏は淡緑色または淡紫色 ……………………………《コウキクサ属》
コウキクサ属　*Lemna*
　1. 根冠は鋭頭．葉状体の裏は淡緑色．根の鞘に翼あり．葉脈3脈　　　アオウキクサ ▶
　1. 根冠は鈍頭．葉状体の裏は淡緑色または紫色がかる．根の鞘に翼なし．葉脈不明瞭
　　2. 葉状体は円形から広卵形．葉脈は不明ながら3脈　　　コウキクサ ▶
　　2. 葉状体は長だ円形．葉脈は不明ながら1脈　　　ヒナウキクサ・帰 ▶

　B. 葉状体は大きく立体的，根あり ………………………………………………《ボタンウキクサ属》
ボタンウキクサ属　*Pistia*
　　大きい浮草．葉は扇形で柄のない葉が何枚も束生，葉に毛が密生　　　ボタンウキクサ・帰 ▶

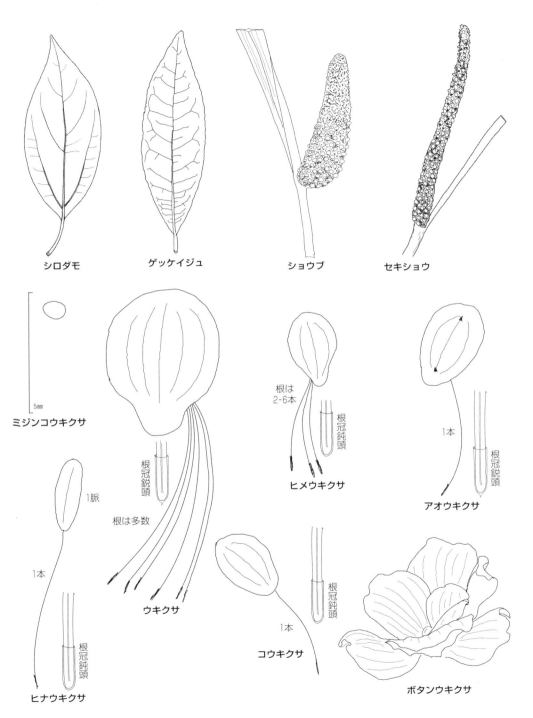

サトイモ科

A. 地についている
　B. 花は両性花．地下に塊茎なし ……………………………………………… 《ザゼンソウ属》
ザゼンソウ属　*Symplocarpus*
　1. 葉身は円心形．春先，花は葉が展開する前に開花．花序は肉厚の苞葉に包まれる．苞葉は20cm以上
　　　　　　　　　　　　　　　　　　　　　　　　　　　　　　　　　　　　ザゼンソウ　▶
　1. 葉身は卵状長楕円形．花は葉が展開してから開花．苞葉は10cm以内　　　　**ヒメザゼンソウ**　▶

　B. 花は雌花と雄花があり，両性花なし．地下に塊茎あり
　　C. 花序の軸は苞葉と合生する ……………………………………………… 《ハンゲ属》
ハンゲ属　*Pinellia*
　1. 葉は3小葉からなる．葉柄にむかごあり．平地　　　　　　　　　　　　　**カラスビシャク**　▶
　1. 葉は3深裂．葉柄にむかごなし．山地　　　　　　　　　　　　　　　　　**オオハンゲ**

　　C. 花序と苞葉は合生しない ………………………………………………… 《テンナンショウ属》
テンナンショウ属　*Arisaema*
花序は大きな苞葉（仏炎苞）に包まれる．仏炎苞は下部の筒状部と，上部の舷部（覆い）からなる．
花序の軸の先端は苞葉の中から上に突き出る付属体となる
1. 付属体の下に柄が区別できない．付属体は仏炎苞の外に長く伸び，先端は糸状．葉は通常1枚
　2. 仏炎苞と糸状に伸びた付属体は濃紫色．真ん中の小葉は側小葉より大きめ　**ウラシマソウ**　▶
　2. 仏炎苞と糸状に伸びた付属体は淡緑色．真ん中の小葉は側小葉よりかなり小さい
　　　　　　　　　　　　　　　　　　　　　　　　　　　　　　　　　マイヅルテンナンショウ　▶
1. 付属体の下に柄が区別できる．付属体は仏炎苞の中に収まる．葉は2枚または1枚
　2. 小葉は3枚．全縁．小葉に葉柄なし．2枚の葉はほぼ同じ大きさ　　　　**ムサシアブミ**
　2. 小葉は5枚以上
　　3. 開花する株の葉は1枚
　　　4. 葉軸がないため，小葉はやや掌状につく．仏炎苞の白いすじが目立つ　**ヒロハテンナンショウ**
　　　4. 葉軸が長く小葉は鳥足状に配列．舷部の内面中央に黒紫色の横縞あり
　　　　　　　　　　　　　　　　　　　　　　　　　　　　　　　　ヒトツバテンナンショウ　▶
　　3. 開花する株の葉は2枚
　　　4. 仏炎苞の口部が著しく耳状に張り出す（耳片の幅1cm以上）　**ミミガタテンナンショウ**　▶
　　　4. 仏炎苞の口部は耳状に張り出さない
　　　　5. 葉軸は短い．小葉のふちに鋸歯あり　　　　　　　　　　　　**ユモトマムシグサ**　▶
　　　　5. 葉軸は長い．小葉は全縁で，緑色，紫色，濃紫色の地に白いすじあり
　　　　　　　　　　　　　　　　　　　　　　　　　　　　　マムシグサ（アオマムシグサ）　▶
　　　　　［参考］マムシグサは以前，下記のように分類されていたが，今は区別しない
　　　　　6. 小葉は線形．付属体の径1mm　ホソバテンナンショウ
　　　　　6. 小葉は楕円形
　　　　　　7. 仏炎苞の口部は広く開出
　　　　　　　8. 仏炎苞の長さ18-22cm．付属体の径10-12mm　オオマムシグサ
　　　　　　　8. 仏炎苞の長さ13-17cm
　　　　　　　　9. 仏炎苞は緑．付属体の径6-7mm　カントウマムシグサ
　　　　　　　　9. 仏炎苞は紫．付属体の径7-11mm　ムラサキマムシグサ
　　　　　　7. 仏炎苞の口部は狭く開出
　　　　　　　8. 付属体の径5-7mm　マムシグサ（狭義の）
　　　　　　　8. 付属体の径3-4mm　コウライテンナンショウ

図

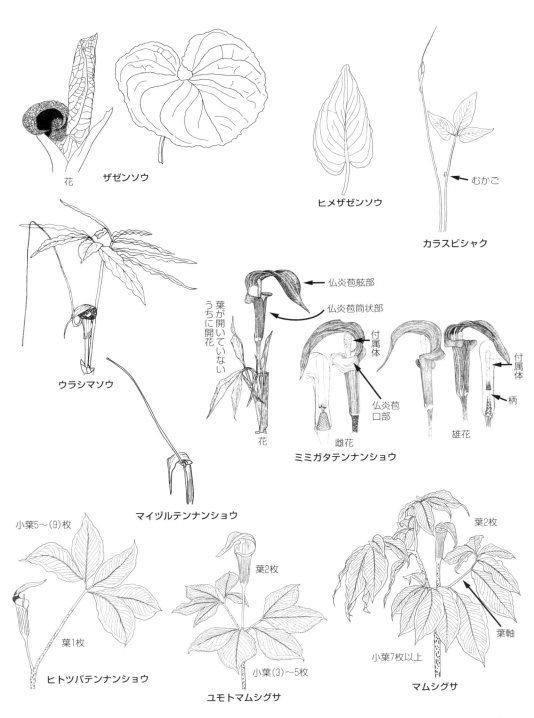

チシマゼキショウ科、オモダカ科、トチカガミ科

被子011　チシマゼキショウ科（TOFIELDIACEAE）

花は放射相称．花被片は6枚とも大きく同大 ………………………………………《チシマゼキショウ属》
チシマゼキショウ属　*Tofieldia*

　花茎，花序，花柄は毛なし．花は葉腋に1個ずつ．種子に尾あり．花柄は長い．葯は紫色．果実は熟
　すと下向き　　　　　　　　　　　　　　　　　　　　　　　　　　　　　　　　チャボゼキショウ　▶

被子012　オモダカ科（ALISMATACEAE）

A. 雄しべは9個以上．花は単性花 ………………………………………………………………《オモダカ属》
オモダカ属　*Sagittaria*

　1. 葉は線形で根生葉のみ．葉柄なし．葉は沈水．1花序に雌花1-2個　　　　　　　　　　　ウリカワ　▶
　1. 葉柄あり．沈水葉とは別に，葉身が矢じり形の葉が水面に顔を出す．1花序に雌花は2個以上
　　2. 葉の側裂片はとがり，先は微鈍端．走出枝なし．根生葉の葉の付け根に小球芽多数あり．（埼玉
　　　の分布はまれ）　　　　　　　　　　　　　　　　　　　　　　　　　　　　　　　　アギナシ　▶
　　2. 葉の側裂片はとがり，先は糸状．地下走出枝があって，先端に小さな球茎ができる．葉の付け根
　　　に球芽なし（埼玉の分布はふつう）　　　　　　　　　　　　　　　　　　　　　　　オモダカ　▶
　　　v. クワイは，走出枝の先に青色の大きな球茎ができる．食用　　　　　　　　　　クワイ・栽

A. 雄しべ6個．花は両性花．（ナガバオモダカは単性花）
　B. 雌しべ多数．葉は細長く披針形または楕円形 …………………………………………《サジオモダカ属》
サジオモダカ属　*Alisma*

　1. 葉はさじ型で，葉身の基部は円形．葉身と葉柄との境はくっきり．果実の背に2本の浅い溝あり
　　　　　　　　　　　　　　　　　　　　　　　　　　　　　　　　　　　　　　　サジオモダカ　▶
　1. 葉はへら型で，葉身と葉柄は連続しその境は不明瞭．果実の背に1本の深い溝あり
　　2. 走出枝なし．両性花．結実あり．葉脈5-7本．花序の最下は通常3本枝．葯は淡黄緑色
　　　　　　　　　　　　　　　　　　　　　　　　　　　　　　　　　　　　　　　ヘラオモダカ　▶
　　　［参考］v. トウゴクヘラオモダカは，葉幅がヘラオモダカより狭い．葉脈3-5本．花序の最下は通常2
　　　本枝．葯は紫褐色
　　　　　　　　　　　　　　　　　　　　トウゴクヘラオモダカ（ホソバヘラオモダカ）・参
　　2. 走出枝あり．雌雄異株．日本では雌株のみがみられる．雌花は結実しない　ナガバオモダカ・帰

　B. 雌しべ6-9個．葉身は円心形 ……………………………………………………………《マルバオモダカ属》
マルバオモダカ属　*Caldesia*

　葉身は腎形〜卵形で，基部は深い心形．葉身径5-10cm．葉に13-17脈あり　　　　　マルバオモダカ　▶

被子013　トチカガミ科（HYDROCHARITACEAE）

A. 子房上位．全体が水中にある．対生または輪生 ……………………………………………《イバラモ属》
イバラモ属　*Najas*

　1. 葉鞘の先に突起なし．葉のふちに小さなトゲあり．雄花は苞葉鞘に包まれる
　　2. 葉はよく3輪生になる．　　　　　　　　　　　　　　　　　　　　　　　　　　　トリゲモ　▶
　　2. 葉はよく5輪生になる．　　　　　　　　　　　　　　　　　　　　　　　　　イトトリゲモ　▶
　1. 葉鞘の先は耳状突起となる．葉のふちに肉眼識別困難な微細鋸歯あり．雄花に苞葉鞘なし．対生また
　　は3輪生　　　　　　　　　　　　　　　　　　　　　　　　　　　　　　　　　　　　ホッスモ

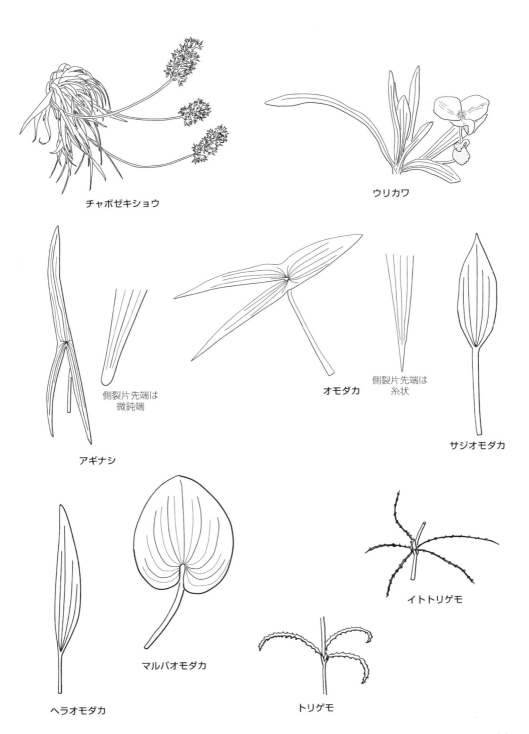

トチカガミ科、ヒルムシロ科

A. 子房下位
　B. 子房は1室のみ
　　C. 水中を漂う．葉は輪生
　　　D. 雄花に柄なし．雄しべ3．葉は5-7枚輪生．雄花は切れて水面に浮かぶ ………… 《クロモ属》

クロモ属　Hydrilla	
葉長10-15mm．葉幅1.5-2.5mm．雄花は葉腋に1個	クロモ ▶

　　　D. 雄花は柄あり．雄しべ9
　　　　E. 葉は4-6枚輪生．雄花は柄が長く伸びて水面に達し開花 ………… 《オオカナダモ属》

オオカナダモ属　Egeria	
葉長15-25mm．葉幅2-5mm．雄花は葉腋から2-4個出る．雌株は日本に帰化していない	オオカナダモ・帰 ▶

　　　　E. 葉は3輪生．雄花は切れて水面に浮かぶ ………………………………… 《カナダモ属》

カナダモ属　Elodea	
葉長6-15mm．葉幅0.5-2mm．雄花は葉腋に1個．雄花に花被片なし	コカナダモ・帰 ▶

　　C. 葉は水底から生えて根生または互生
　　　D. 雄花は切れて水面に浮かぶ．葉は根生．葉の長さ30-70cm ………… 《セキショウモ属》

セキショウモ属　Vallisneria	
1. 葉上部のふちにわずかな細鋸歯．走出枝の先に越冬芽をつくらない．雄しべ1個	セキショウモ ▶
1. 葉のふち全体に鋸歯が明瞭．走出枝の先に紡錘形の越冬芽あり．雄しべ2個	コウガイモ ▶

　　　D. 雄花は遊離しない．葉の長さ4-30cm ……………………………………… 《スブタ属》

スブタ属　Blyxa	
1. 茎はほとんどなく，葉はみな根生．葉長10-30cm	スブタ
1. 茎は長く伸び，茎葉は互生．葉長4-5cm	ヤナギスブタ

　B. 子房は多室
　　C. 葉は水中から出ない．葉身は鈍頭，ふちは波状に縮れる．両性花．走出枝なし
　　　………………………………………………………………………… 《ミズオオバコ属》

ミズオオバコ属　Ottelia	
1. 葉のふちに細鋸歯あり．葉脈7-9．雄しべ6．葯は外向	オオミズオオバコ
1. 葉のふちは全縁．葉脈5-6．雄しべ3．葯は内向	ミズオオバコ ▶

　　C. 葉身は円心形で水面に浮かぶ．単性花．走出枝あり ………… 《トチカガミ属》

トチカガミ属　Hydrocharis	
葉は厚く，葉裏にスポンジ状の通気組織が発達．がく片3個は緑色．花弁3個は白色．花弁長10-15mm．葉柄は楯状につかない	トチカガミ ▶

被子014　ヒルムシロ科（*POTAMOGETONACEAE*）

葉は根生または互生 ……………………………………………………………… 《ヒルムシロ属》

ヒルムシロ属　Potamogeton	
1. 沈水葉と浮葉がある	
2. 沈水葉の葉身は線形で幅0.7mm．浮葉の葉身は幅12mm以下	コバノヒルムシロ

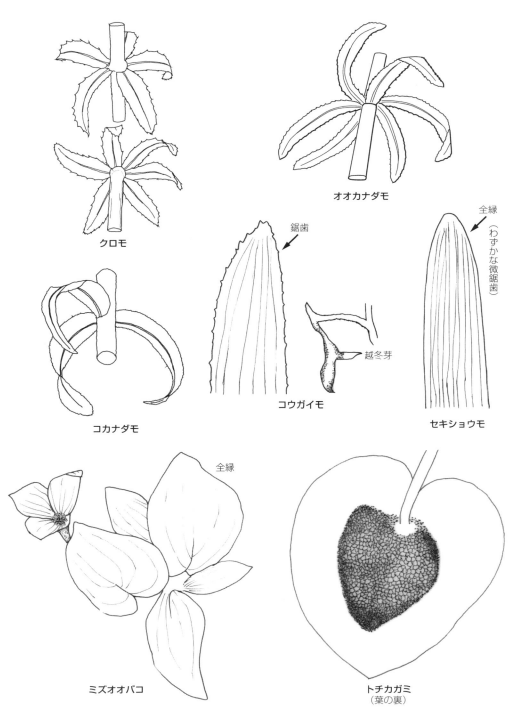

ヒルムシロ科、キンコウカ科、ヤマノイモ科

　　2. 沈水葉の葉身は披針形で幅25mm．浮葉の葉身は幅25-50mm
　　　　3. 子房4個．葉柄に狭い翼あり　　　　　　　　　　　　　　　　　　　　　フトヒルムシロ
　　　　3. 子房1-3個．葉柄に翼なし　　　　　　　　　　　　　　　　　　　　　　ヒルムシロ
1. 沈水葉だけあり，浮葉なし
　　2. 葉の基部は托葉と合生して葉鞘となる．葉幅2-3mm．ふちに細鋸歯あり　　　　センニンモ
　　2. 葉の内側に独立した托葉がある
　　　　3. 葉柄あり．葉先は急にとがる．葉身は長楕円状線形．葉幅15mmほど　　　　ササバモ
　　　　3. 葉柄なし
　　　　　　4. 葉のふちに細鋸歯あり．葉幅4-6mm．葉は長楕円状線形　　　　　　　エビモ
　　　　　　4. 葉は全縁
　　　　　　　　5. 葉幅10-25mm．葉のふちはゆるく波打つ．葉は楕円状卵形　　　　ヒロハノエビモ
　　　　　　　　5. 葉幅3mm以下．葉は線形
　　　　　　　　　　6. 葉幅2-3mmで鋭尖頭．葉脈はふつう5脈以上．細い地下茎あり　ヤナギモ
　　　　　　　　　　6. 葉幅1-2mmで鋭頭．葉脈はふつう3脈以下．地下茎なし．開花し結実する　イトモ
　　　　　　　　　　　h. アイノコイトモはヤナギモとイトモの雑種と考えられる．葉幅1.2-2mm.葉脈は3-(5)脈．花はあっても結実しない　　　　　　　　　　　　　　　　　　　　　　　　アイノコイトモ

被子015　キンコウカ科（*NARTHECIACEAE*）

葉は茎の基部に集中し，花茎の中部・上部にはつかない　………………………《ソクシンラン属》
ソクシンラン属　*Aletris*
　1. 花茎は葉がなく粘らない．花被片は離れている．花被片は線形で黄緑色　　　　ノギラン
　1. 花序を含め全体に腺毛があり粘る．花被片6枚の基部は合生．花はつぼ状で黄緑色　ネバリノギラン

被子016　ヤマノイモ科（*DIOSCOREACEAE*）

つる．花被片6枚はみな同じ形．種子に翼あり．肥厚した根茎あり　………………《ヤマノイモ属》
ヤマノイモ属　*Dioscorea*
1. つるは根元から上に向かって右巻き．葉は対生または互生．葉腋にむかごができる
　　2. 茎や葉柄は緑色．葉身基部は心形　　　　　　　　　　　　　　　　　　　ヤマノイモ
　　2. 茎，葉柄，葉のふちが紫褐色．葉身基部心形で同時に左右に耳状に張り出す　　ナガイモ・逸
1. つるは根元から上に向かって左巻き．ふつう葉は互生
　　2. 葉腋に凹凸のあるむかごができる　　　　　　　　　　　　　　　　　　　ニガカシュウ・帰
　　2. むかごはできない
　　　　3. 茎は最初直立やがて巻きつく．葉は切れ込まず，ふちに細鋸歯．乾いて黒変せず　タチドコロ
　　　　3. 茎は根際から他物に巻きつく
　　　　　　4. 葉身は切れ込まず，ほぼ全縁
　　　　　　　　5. 葉は円心形で先は鈍頭．葉身基部は耳状にならない．種子の片側にだけ翼あり．乾くと黒変する．葉柄基部に小突起なし　　　　　　　　　　　　　　　　　　オニドコロ（トコロ）
　　　　　　　　5. 葉は三角状披針形．葉身基部は通常，耳状の張り出しあり．種子の全周に翼あり．葉柄基部に小突起あり（ないこともある）　　　　　　　　　　　　　　　　ヒメドコロ
　　　　　　4. 葉身は掌状浅裂または中裂
　　　　　　　　5. 種子の片側だけ翼あり．葉の裏脈上に短毛あり．雄花無柄．乾いても黒変せず．葉柄基部に小突起なし　　　　　　　　　　　　　　　　　　　　　　　　ウチワドコロ
　　　　　　　　5. 種子の全周に翼あり
　　　　　　　　　　6. 葉は乾くと黒変する．葉は毛なし．葉柄基部に1対の小突起なし．雄花無柄
　　　　　　　　　　　　　　　　　　　　　　　　　　　　　　　　キクバドコロ（モミジドコロ）

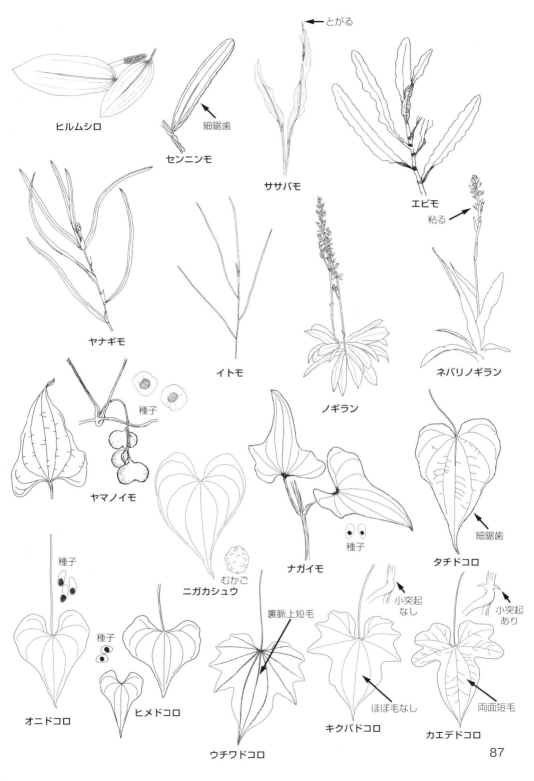

ヤマノイモ科、シュロソウ科、イヌサフラン科、サルトリイバラ科

　　　6. 葉は乾いても黒変せず．葉は両面毛あり．葉柄基部に1対の小突起あり．雄花短柄．本来中部地方以西に分布する．本県分布疑問　　　　　　　　　　　　　　カエデドコロ・参　P87

被子017　シュロソウ科（MELANTHIACEAE）

A．果実はさく果
　B．葯は1室．葯は円形　………………………………………………………《シュロソウ属》

シュロソウ属　Veratrum
　1. 根元に古い繊維はあるとしても黒褐色のシュロ状毛にはならない．花径10-25mm．花被片は緑白色　　　　　　　　　　　　　　　　　　　　　　　　　　　　　　　　　バイケイソウ ▶
　1. 根元に古い葉鞘の繊維が残り，黒褐色のシュロ状毛となる．葉幅3cm以下．花被片は暗褐色．花柄10-17mm　　　　　　　　　　　　　　　　　　　ホソバシュロソウ（ナガバシュロソウ） ▶
　　　v．シュロソウは，葉幅6-10cm．花被片が暗紫褐色．花柄4-9mm　　シュロソウ（オオシュロソウ）
　　　v．アオヤギソウは，葉幅6-10cm．花被片は黄緑色．花柄6-10mm　　　　　　　アオヤギソウ

　B．葯は2室．葯は卵形〜線形　………………………………………………《シライトソウ属》

シライトソウ属　Chionographis
　葉身に凹凸があり，しわになる．葉身下部付近のふちに波状鋸歯があり縮れる　アズマシライトソウ ▶

A．果実は液質
　B．葉は4-8枚輪生．花は4数性または多数性　………………………………《ツクバネソウ属》

ツクバネソウ属　Paris
　1. 葉は4-5枚で輪生．花弁なし．葯の先端に突起なし　　　　　　　　　　　　　ツクバネソウ ▶
　1. 葉は6-8枚で輪生．花弁は糸状．葯の先端に5mmの突起あり　　　　　　　クルマバツクバネソウ ▶

　B．葉は3枚輪生．花は3数性　…………………………………………………《エンレイソウ属》

エンレイソウ属　Trillium
　1. がく片は紫褐色または緑紫色．花弁なし　　　　　　　　　　　　　　　　　　　エンレイソウ ▶
　1. がく片は淡緑色．花弁は白色　　　　　　　　シロバナエンレイソウ（ミヤマエンレイソウ） ▶
　　　f．ムラサキエンレイソウは花弁がやや帯紫　　　　　　　　　　　　　ムラサキエンレイソウ

被子018　イヌサフラン科（COLCHICACEAE）

花は3数性．茎の葉は5-7枚．花茎は分枝したりしなかったり．花は1-2個　………《ホウチャクソウ属》

ホウチャクソウ属　Disporum
　1. 花被片は筒状．花糸は葯の2倍長　　　　　　　　　　　　　　　　　　　　ホウチャクソウ ▶
　1. 花被片はさかずき状で大きく開く
　　2. 花はやや緑白色．花柱は子房と同長．柱頭は長く3裂．花糸は葯と同長．葉裏主脈と縁に細突起
　　　　　　　　　　　　　　　　　　　　　　　　　　　　　　　　　　　　　　オオチゴユリ ▶
　　2. 花は白色．花柱は子房の2倍長．柱頭は短く3裂．花糸は葯の2倍長．葉裏縁のみ細突起（葉裏主脈と縁に細突起があるものをエダウチチゴユリとすることがある．）　　　　　チゴユリ ▶

被子019　サルトリイバラ科（SMILACACEAE）

葉柄の基部に巻きひげあり（ないこともある）．雌雄異株（花は単性花）　………《サルトリイバラ属》

サルトリイバラ属　Smilax
　1. 茎は草質でトゲなし．茎は冬に枯れる

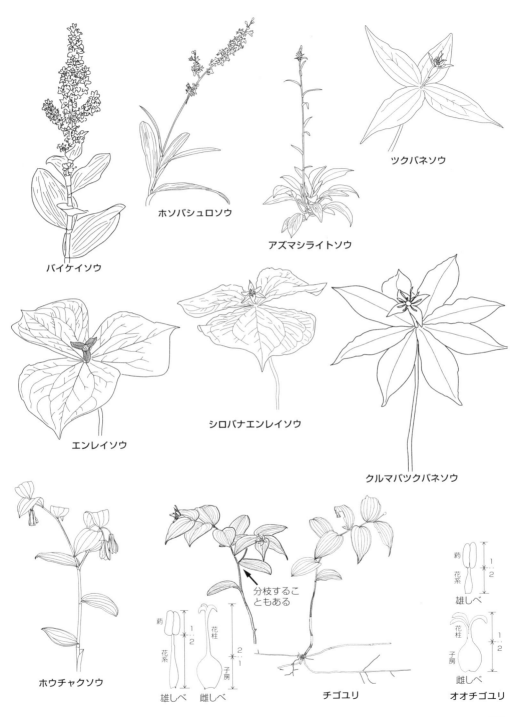

サルトリイバラ科、ユリ科

```
    2. 葉裏は淡緑で照りがある．花は夏（7-8月）．葯は長さ1.5mmで線形                    シオデ      ▶
    2. 葉裏は粉白で照りはない．花は初夏（5-6月）．葯は長さ0.7-1mmで長楕円形           タチシオデ    ▶
  1. 半低木．茎は冬に枯れない．（冬，落葉するが，落葉しないこともあり）
    2. 果実は赤熟．茎にトゲあり
      3. 散形花序は多数花からなる．葉身基部の巻きひげは長い                        サルトリイバラ  ▶
      3. 散形花序は1-3花からなる．葉身基部の巻きひげはごく短い，またはなし．葉は楕円形  サルマメ    ▶
    2. 果実は黒熟．茎にトゲがあったりなかったり
      3. トゲはほとんどないか全くなし．葉裏は粉白．巻きひげなし．1花序は2-5花からなる．葉は卵円形
                                                                        マルバサンキライ  ▶
      3. トゲは多いかまばら．葉裏は淡緑．巻きひげあり．1花序は多数花               ヤマカシュウ   ▶
```

被子020　ユリ科（*LILIACEAE*）

A. 果実はさく果
　B. 根茎あり．外花被片の基部に距あり．花被片は脱落性．花柱の先は深く3分岐 ……《ホトトギス属》

ホトトギス属　*Tricyrtis*

```
  1. 花は黄色．茎や葉は毛なし．花序には毛あり                              タマガワホトトギス  ▶
  1. 花は白色，または淡紅地に紫紅色の斑点あり．茎や葉に毛あり
    2. 茎の毛は斜め下向き．花被片は上半分が平開または反曲
      3. 花被片は強く反曲．花は先が平らになる散房花序をつくる．花柱に紫斑あり．茎の毛がほとん
         どないこともある                                                ヤマホトトギス    ▶
      3. 花被片は平開．花は葉腋に1個咲き，または2-3個束生．花柱に紫斑なし   ヤマジノホトトギス  ▶
    2. 茎の毛は斜め上向き．花被片は斜開または平開
      3. 花は葉腋に1個咲き，または2-3個束生                                 ホトトギス      ▶
      3. 花は葉腋から散房花序（上が平ら）を出す．花は多数                 タイワンホトトギス・栽
```

　B. 鱗茎あり
　　C. 散形花序．花序の基部に1-数個の総苞片あり．鱗茎を薄皮が覆う ………《キバナノアマナ属》

キバナノアマナ属　*Gagea*
鱗茎の外側の皮は黄色．花は黄色．総苞は緑色．総苞片は線形
```
  1. 葉幅5-7mm．花被片は長さ12-15mm                                        キバナノアマナ   ▶
  1. 葉幅2mm．花被片は長さ7-9mm．田島ヶ原の記録あり                         ヒメアマナ
```

　　C. 総状花序または穂状花序または1個咲き．花序の基部に苞葉なし．鱗茎は質の分厚い鱗片からなり，
　　　薄皮なし
　　　D. 葯の真下に花糸がつく
　　　　E. 花被片は強く反曲 ……………………………………………………………《カタクリ属》

カタクリ属　*Erythronium*
鱗茎は長さ5-6cm．花のつく茎の葉は2枚．葉身に暗紫色の斑紋あり．花茎の先に花が1個下向きに開花．
花は紅紫色　　　　　　　　　　　　　　　　　　　　　　　　　　　　　　　カタクリ　▶

　　　　E. 花被片は反曲しない
　　　　　F. 花後，花被片は残っていることが多い ………………………………《チシマアマナ属》

チシマアマナ属　*Lloydia*
鱗茎は長さ4-7mm．1花茎に1-5花．花は緑白色．花被片の基部に腺体あり
　　　　　　　　　　　　　　　　　　　　　　　　　　　ホソバノアマナ（ホソバアマナ）　▶

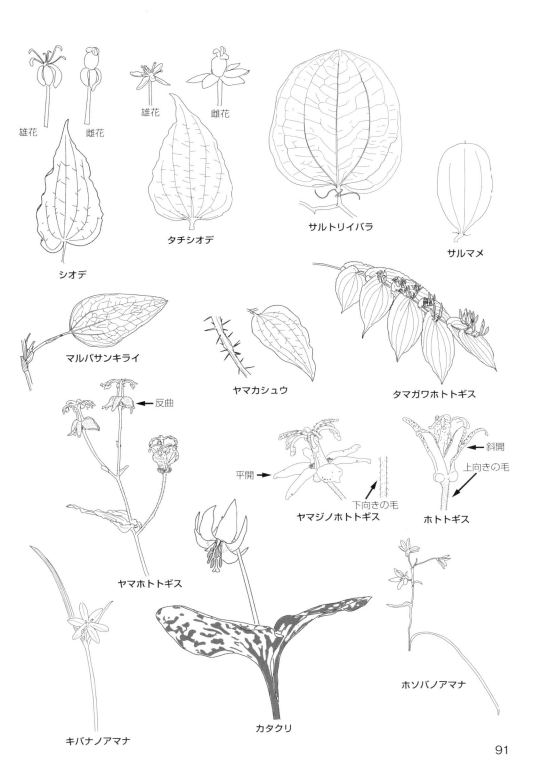

ユリ科

　　　　F. 花後，花被片は落下 ……………………………………………………《アマナ属》
アマナ属　Amana
花茎の途中に苞葉2-3枚が輪生
　1. 葉の中央に白線なし．葉先は鋭頭．葉長15-25cm．葉幅5-10mm．苞葉は2（まれに3）個　　アマナ ▶
　1. 葉の中央に白線あり．葉先は鈍頭．葉長10-15cm．葉幅10-20mm．苞葉は3個　　ヒロハノアマナ ▶

　　D. 葯の背の途中に花糸がつく
　　　　E. 葉は卵状楕円形，長い葉柄あり．開花期に葉は枯れて落ちていること多し …《ウバユリ属》
ウバユリ属　Cardiocrinum
芽生えのとき葉は片巻き．葉身は卵形．網目状の脈あり．葉柄あり．総状花序．花被片はあまり開かない
　　　　　　　　　　　　　　　　　　　　　　　　　　　　　　　　　　　　　ウバユリ ▶

　　　　E. 葉は披針形．葉柄は短い，またはなし．花後も葉はずっと残る ………………《ユリ属》
ユリ属　Lilium
　1. 花は上向き．花被片の基部が細いため隙間ができる．岩に下垂する　　ミヤマスカシユリ ▶
　1. 花は横向きまたは斜め下向き
　　2. 花は白色系．花被片の中部以上先が開出または反曲
　　　3. 花被片に赤褐色斑点が多く，中央には黄色のすじがある　　　　　　　　ヤマユリ ▶
　　　3. 花被片に斑点なし．花被片の外面は淡紫褐色．葉幅4-12mm　　　タカサゴユリ・逸 ▶
　　　　　h. シンテッポウユリは，タカサゴユリとテッポウユリの交雑種．花は白一色で花被片に斑点なし．
　　　　　　花被片は先端のみがトランペット状に開く．葉幅8-18mm　　シンテッポウユリ・逸
　　2. 花は朱色〜赤橙色．花被片は強く反曲
　　　3. 葉は茎の中部に輪生またはやや輪生．花被片に黒色斑点あり　　　　　クルマユリ ▶
　　　　　f. フナシクルマユリは，花被片に黒色斑紋なし　　　　　　　　　フナシクルマユリ
　　　3. 葉は互生
　　　　4. 葉腋に黒褐色のむかご（珠芽）あり　　　　　　　　　　　　　　オニユリ・栽 ▶
　　　　4. 葉腋にむかご（珠芽）なし．茎は直立．葉は広線形．石灰岩地に限らない　コオニユリ ▶
　　　　　　f. ホソバコオニユリは，岩壁から垂れる．葉は細く狭線形．石灰岩地に生育　ホソバコオニユリ

A. 果実は液質
　B. 花（または花序）は葉腋から垂れ下がる ………………………………………《タケシマラン属》
タケシマラン属　Streptopus
花柄は下部が茎に合着．上部がねじれて下垂．花被片は離生．花被片はその基部から平開し，反曲する．
葉柄は茎を抱かない．花柄に関節なし．果実は球形で赤熟
　1. 茎は2-3分枝するが，まれに分枝しない．根茎の節間は短い．葉縁の微歯は低くて円い
　　　　　　　　　　　　　　　　　　　　　　　　　　　　　　　　　　　タケシマラン ▶
　1. 茎は分枝しないが，まれに分枝もある．根茎の節間は2-4cm．葉縁の微歯は突出して鋸歯状
　　　　　　　　　　　　　　　　　　　　　　　　　　　　　　　　　　ヒメタケシマラン ▶

　B. 花（または花序）は茎の頂端にできる ………………………………………《ツバメオモト属》
ツバメオモト属　Clintonia
葉は大形の根生葉のみ．その中心から花茎が立つ．花茎20-30cm．花茎の頂に，白花数個からなる総
状花序ができる　　　　　　　　　　　　　　　　　　　　　　　　　　　　ツバメオモト ▶

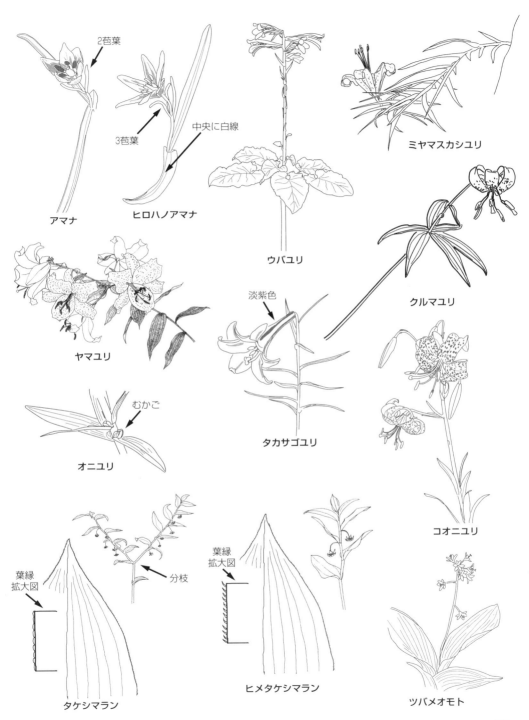

ラン科

被子021　ラン科（*ORCHIDACEAE*）　ラン科（大分類）

「がく」と「花弁」が区別できるときはそのまま記述，区別できないときは「花被片」で記述．種により偽球茎（バルブ）を持つことあり．偽球茎とは茎の一部が肥大化したもの

A. 唇弁はふくろ状．柱頭は3個はいずれも完全．雄しべは内輪の2個が完全 ……… 《アツモリソウ属》

アツモリソウ属　*Cypripedium*
　　1. 全体小形で毛なし．葉に平行3-5脈，対生．花は淡黄地に暗紅紫色のすじあり　　コアツモリソウ ▶
　　1. 全体大形で毛あり．葉に平行する脈10以上あり
　　　　2. 葉は互生で3-5枚．葉の基部に短い葉鞘あり．花は淡紅色　　　　　　　　　アツモリソウ ▶
　　　　2. 葉は対生で2枚のみ．葉の基部に葉鞘なし．花は淡黄緑地に褐色斑紋あり　　クマガイソウ ▶

A. 唇弁はふくろ状にならない．前側の柱頭は退化して突起（くちばし）になる．雄しべは外輪の1個が完全
　B. 花粉塊の基部に尾状突起または柄あり
　　C. 唇弁は3裂．花は紅紫色（まれに白色）
　　　D. 花はふつう少数（10花以下）．腺体（粘着体）は包まれる
　　　　E. 葉は1枚のみ．唇弁はやや3浅裂 ……………………………………………… 《カモメラン属》

カモメラン属　*Galearis*
　　花は淡紅色で，唇弁に紫斑多し　　　　　　　　　　　　　　　　　　　　　　　　カモメラン ▶

　　　　E. 葉は2-3枚．唇弁は明らかに3裂 ……………………………………………… 《ウチョウラン属》

ウチョウラン属　*Ponerorchis*
　　花は紅紫色で，唇弁の斑点はわずか
　　1. 唇弁は3浅裂．葉は披針形．距15-17mm．がく片3脈　　　　　　　　　　　　ニョホウチドリ ▶
　　1. 唇弁は3深裂．葉は線形．距10-15mm．がく片1脈　　　　　　　　　　　　　ウチョウラン ▶

　　　D. 花はふつう多数（10花以上）．腺体（粘着体）は裸出
　　　　E. 葉は茎の基部に2枚．葉は長楕円形 ………………………………………… 《ミヤマモジズリ属》

ミヤマモジズリ属　*Neottianthe*
　　花は淡紅色．花序はネジバナ状（らせん状に花がつく）　　　　　　　　　　　　ミヤマモジズリ ▶

　　　　E. 葉は互生で4-6枚．葉は広線形 ……………………………………………… 《テガタチドリ属》

テガタチドリ属　*Gymnadenia*
　　花は淡紅紫色で多数．穂状花序　　　　　　　　　　　　　　　　　　　テガタチドリ（チドリソウ）▶

　　C. 唇弁は全縁，または3裂．花は緑色または白色
　　　D. 唇弁は3裂．花は緑色
　　　　E. 唇弁の基部で3裂．側裂片はきわめて小さい …………………………… 《ツレサギソウ属（1）》

ツレサギソウ属（1）　*Platanthera*
　　唇弁の基部のところに1対の突起（側裂片）が開出する
　　1. 葉幅10-30mm．花被片平開．距は細長く長さ5-6mm．唇弁突起は小さく鈍頭　　トンボソウ ▶
　　1. 葉幅24-40mm．花被片平開せず．距は太く長さ1mm．唇弁突起は小さく鋭頭　　イイヌマムカゴ ▶

　　　　E. 唇弁は先端で3裂．側裂片は大きい ………………………………………… 《ハクサンチドリ属》

ハクサンチドリ属　*Dactylorhiza*
　　葉は長楕円形．葉幅15-30mm．距長3mmで太く短い．唇弁は縦の長方形で先端がわずかに3裂．側裂片は中央裂片より大きい　　　　　　　　　　　　　　　　　　　　　　　アオチドリ（ネムロチドリ）

94

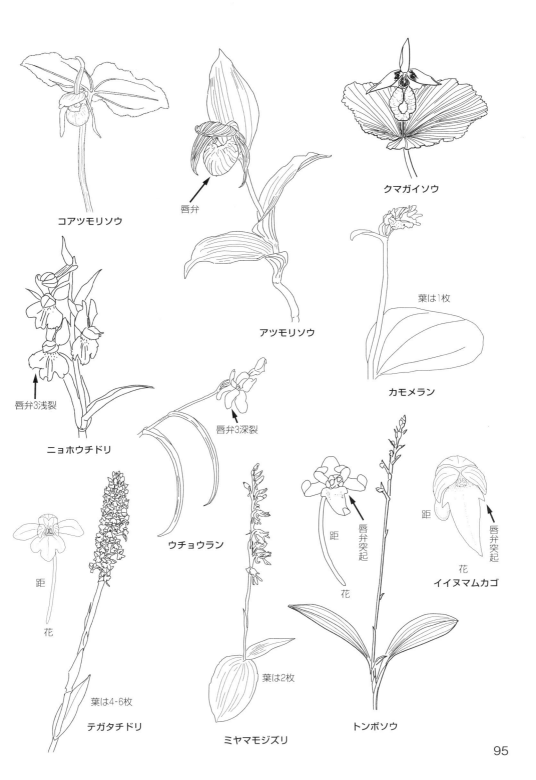

D. 唇弁は全縁．花は淡緑色または白色
　　　　E. 唇弁に距あり．柱頭は突出しない（平ら） ……………………《ツレサギソウ属（2）》

ツレサギソウ属（2）　*Platanthera*

　1. 葉は5-12枚．葉は上にいくにつれて連続的に小さくなる．花は白色
　　　2. 葉幅40-70mm．距長30-40mm　　　　　　　　　　　　　　　　　　　　　ツレサギソウ　▶
　　　2. 葉幅10-25mm．距長10-12mm　　　　　　　　　　　　　　　　　　　　　　ミズチドリ
　1. 大きい葉は1-3枚．上方の葉は不連続的に小形鱗片状となる．花は淡緑色〜黄緑色
　　　2. 茎の基部に同形同大の大形葉2枚が対生．それより上方の葉は極端に小さく鱗片状　ジンバイソウ　▶
　　　2. 最下の葉が最大．葉は互生．上方の葉は下方の葉に比べてやや不連続に小さくなる
　　　　　3. 下方に大形葉2-3枚
　　　　　　　4. 茎に稜あり．稜に翼あり．葉に照りはない．苞葉のふちに乳頭状突起あり
　　　　　　　　　　　　　　　　　　　　　　　　　　　　　　　　ノヤマトンボ（オオバノトンボソウ）　▶
　　　　　　　4. 茎の稜は発達しない．葉に照りあり．苞葉のふちに乳頭状突起なし．側がく片膨出．距長15
　　　　　　　　-20mm　　　　　　　　　　　　　　　　　　　　　　　　　　　オオヤマサギソウ　▶
　　　　　　　ｖ．オオバナオオヤマザキソウの距は30-40mm　　　　　　　オオバナオオヤマサギソウ
　　　　　3. 下方に大形葉が1枚
　　　　　　　4. 側花弁は基部が膨らむこともなく，先が尾状になることもない．小花はやや多数（15花以上）．
　　　　　　　　亜高山帯草原．距は長く唇弁の3倍長　　　　　　　　ホソバノキソチドリ（ホソバキソチドリ）　▶
　　　　　　　4. 側花弁は基部がやや膨らみ，先は尾状に細く鋭尖頭．亜高山帯針葉樹林下
　　　　　　　　　5. 距は長く，6-10mm．花は5-10個で，ややまばら　　キソチドリ（ヒトツバキソチドリ）　▶
　　　　　　　　　5. 距は短く，1-3mm．花は5-7個でまばら　　　　　　ミヤマチドリ（ニッコウチドリ）

　　　　E. 唇弁に距なし．柱頭は突出（短柄あり） ………………………………………《ミズズラン属》

ミズズラン属　*Androcorys*

　根生葉は1枚のみ．草高8-15cm．花序は2-5個まばら　　　　　　　　　　　　　　　ミズズラン　▶

　B. 花粉塊の基部に尾状突起や柄はなし．（花粉塊の先端に柄や突起がある場合も）
　　　C. 花粉塊はやわらかい．葯は脱落しない．花序はふつう頂生 ラン科①（花粉塊はやわらかい）(P96)
　　　C. 花粉塊はかたく，ロウ状または角質．葯は落ちやすい．花序は腋生または頂生
　　　　D. 花序は頂生　　　　　　　　　　　　　　　ラン科②（花粉塊かたく，花序頂生）(P62)
　　　　D. 花序は側生（花序は葉腋から出る）　　　　　ラン科③（花粉塊かたく，花序側生）(P104)

被子021　ラン科①（花粉塊はやわらかい）　(P96)

A. 葯は下向き
　B. 地下に球茎または肥厚根茎あり．緑色部分なし
　　　C. 花被片は合生しない ………………………………………………………《トラキチラン属》

トラキチラン属　*Epipogium*

　1. 唇弁は上側，中央のがく片は下側(花の配置が上下逆転している)．唇弁は淡褐色で紅紫斑点あり．花
　　被片は鈍頭で，長さ12-14mm　　　　　　　　　　　　　　　　　　　　　　トラキチラン　▶
　1. 唇弁は下側，中央のがく片は上側（通常のラン科の花の配置）
　　　2. 唇弁は白色で紅紫斑点あり．花被片は鋭尖頭で，長さ8-9mm　　　　　　　　タシロラン
　　　2. 唇弁は淡黄色で紫斑点あり．花被片は鋭頭で，長さ10-12mm　　　　　　　　アオキラン

　　　C. 花被片は合生する ……………………………………………………………《オニノヤガラ属》

オニノヤガラ属　*Gastrodia*

　1. 花柄は花後伸びることはない．花序は20-50花からなる．花は淡褐色．草高40-100cm　オニノヤガラ　▶
　　 f. シロテンマは，花序が5-8花からなる．花は白色．草高15-35cm　　　　　　　シロテンマ

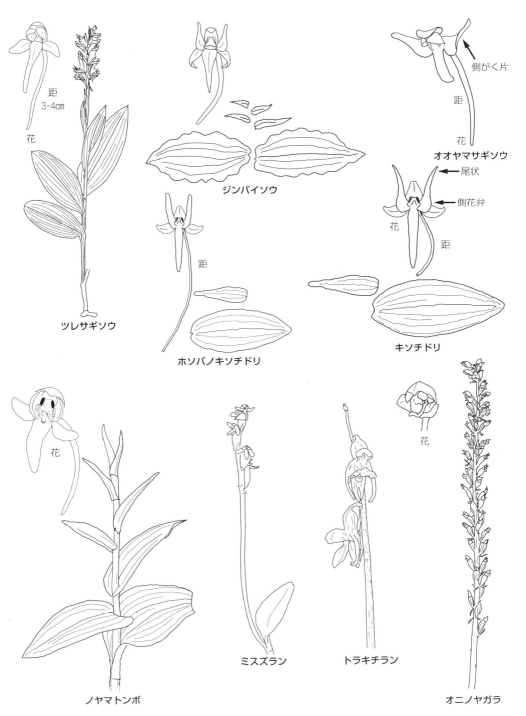

ラン科①

```
    1. 花柄は花後急速に伸びる．花序は2-7花からなる
      2. 花は緑褐色で唇弁は毛なし．花時草高4-15cm         アキザキヤツシロラン（ヤツシロラン）
      2. 花は暗紫褐色で唇弁に軟毛あり．花時草高1-4cm                    クロヤツシロラン   ▶

  B. 根茎は線形
    C. 葉は退化して鱗片状．緑色部分なし（花後緑葉を出すムカゴサイシンを含む）
      D. 大形で茎は分枝．果実は下垂し，裂けない．果実は朱赤色 …………………《ツチアケビ属》
```

ツチアケビ属　*Cyrtosia*

　地下茎は太くはない，先端から茎が直立．褐色鱗片葉のみ．果実は朱赤色でモンキーバナナ状　ツチアケビ

```
      D. 茎は分枝せず．果実は直立し，裂ける．果実は赤色以外となる
        E. 花被片の基部外側に副がくがある ……………………………………………《ムヨウラン属》
```

ムヨウラン属　*Lecanorchis*

```
  1. がくと子房の境目が膨らむ．花は淡黄褐色．唇弁には1対のわずかな張り出しがあり，内面に肉質
    突起が多い                                          エンシュウムヨウラン   ▶
  1. がくと子房の境目に膨らみはない
    2. 花は淡紫．唇弁は分裂しない．内面にやや毛あり                  クロムヨウラン   ▶
    2. 花は白〜淡黄色．唇弁の先は3浅裂．中央裂片の内面に密毛あり           ムヨウラン   ▶
```

```
        E. 花被片の基部外側に副がくがない ………………《サカネラン属（1）/ムカゴサイシン属》
```

サカネラン属（1）/ムカゴサイシン属　*Neottia/Nelvilia*

```
  1. 総状花序．葉は鞘状で葉身なし（この種はサカネラン属）
    2. 茎径3-5mm，褐色の縮れ毛あり．唇弁は花被片の3倍あって先は2裂        サカネラン
    2. 茎径2mm，毛なし．唇弁は花被片と同じ長さで全縁                ヒメムヨウラン   ▶
  1. 花は1個頂生．花茎には鱗片しかないが，花後球根から緑葉が根生する（この種はムカゴサイシン属）
                                                  ムカゴサイシン   ▶
```

```
    C. 緑色の葉あり（ムカゴサイシンは前のCに含める）
      D. 花は茎の頂端に1個．茎に1枚の緑葉と，1枚の苞葉あり …………………………《トキソウ属》
```

トキソウ属　*Pogonia*

```
  1. 花は横向きで半開．花は紅紫色．がく片は次種より広い．唇弁は側花弁よりやや長い    トキソウ   ▶
  1. 花は上向きで開かず淡紅色．がく片は前種より狭い．唇弁は側花弁よりやや短い    ヤマトキソウ   ▶
```

```
      D. 総状花序で花は2個以上
        E. 葉は2枚で対生．茎の中部にある ……………………………………………《サカネラン属（2）》
```

サカネラン属（2）　*Neottia*

```
  1. 唇弁は長さ2.5-3.5mm．唇弁は2裂し，裂片は線形で鋭尖頭        コフタバラン（フタバラン）   ▶
  1. 唇弁は長さ6-8mm．唇弁は2裂し，裂片は卵形または鈍頭
    2. 唇弁の基部に耳状突起なし．唇弁のふちに微細な乳頭状毛あり            タカネフタバラン   ▶
    2. 唇弁の基部に1対の耳状突起あり．唇弁のふちはなめらか
      3. 唇弁の耳状突起は斜め上を向く                          ミヤマフタバラン   ▶
      3. 唇弁の耳状突起は反転してずい柱を囲む                      ヒメフタバラン   ▶
```

```
        E. 葉は互生
          F. 花にわずかに距あり ………………………………………………………………《キンラン属》
```

キンラン属　*Cephalanthera*

```
  1. 花は黄色．唇弁に5-7本のすじが隆起する．茎や葉に乳頭状突起なし             キンラン   ▶
```

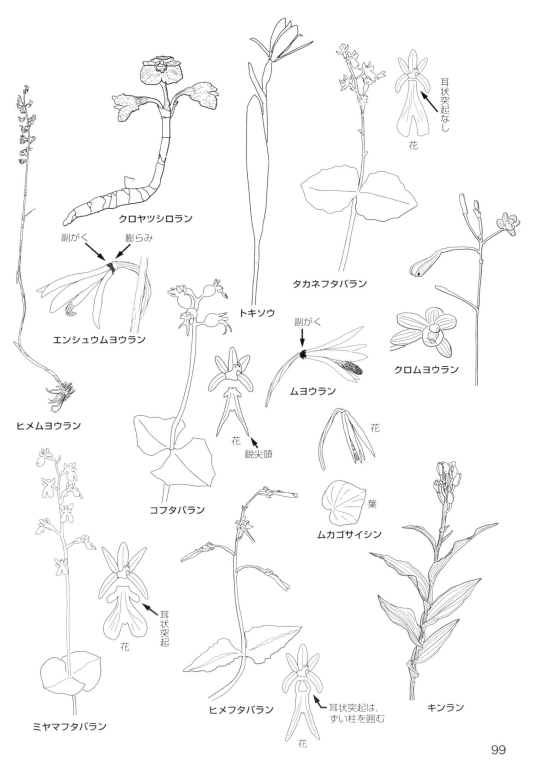

ラン科①

```
  1. 花は白色．唇弁に3本のすじが隆起する
    2. 下部の苞葉は花序より長い．茎の稜や葉の脈上に乳頭状突起あり             ササバギンラン  ▶
    2. 下部の苞葉は花序を超えない．茎や葉に乳頭状突起なし
      3. 距は明らか．根元に大きな葉がある                                    ギンラン  ▶
        v．ユウシュンランは，根元に葉の退化した褐色の鱗片あり．花序のすぐ下には1-2枚の小さい葉あり
                                                                      ユウシュンラン  ▶
      3. 距は全くない                                                 クゲヌマラン
```

       F．花に距なし ……………………………………………………………………《カキラン属》
カキラン属　*Epipactis*
  1. 茎や葉は毛なし．がく片は柿色．唇弁の側裂片は耳状に突出   カキラン
  1. 茎や葉に短毛密生．花全体が緑色．唇弁の側裂片は突出せず   エゾスズラン（アオスズラン）

A．葯は直立
   B．茎は直立．根は茎の元だけから出る …………………………………………《ネジバナ属》
ネジバナ属　*Spiranthes*
  花は淡紅色．穂状花序で花はらせん状にねじれてつく   ネジバナ（モジズリ） ▶

   B．茎は斜上するかはう．根は茎の各節から出る
     C．がく片はほとんど合生しないか，全く合生しない …………………………《シュスラン属》
シュスラン属　*Goodyera*
  1. 着生して下垂する．花序はわん曲して上を向く．花は密につく   ツリシュスラン ▶
  1. 直立するかはう
    2. 花は1-3個．葉に白斑あり．花序の下はすぐ葉になり，花序の柄はごく短いか，ない
                                                                      ベニシュスラン ▶
    2. 花は3-12個
      3. 葉に白斑なし．花序の下はすぐ葉になり，花序の柄はごく短いか，ない アケボノシュスラン ▶
      3. 葉に何らかの白斑あり．花序のすぐ下に葉はなく，花序の柄は花序より長い
        4. がく片長4-5mm．唇弁の内面に毛なし．針葉樹林下．葉に白の網目模様あり
                                                                        ヒメミヤマウズラ
        4. がく片長7-10mm．唇弁の内面に密毛あり
          5. がく片長7-8mm．葉に1本の白いすじが目立つ．葉裏暗紫色．花は淡紅色   シュスラン ▶
          5. がく片長8-10mm．葉に白色の網目模様あり．葉裏淡緑色．花は白〜やや淡紅色
                                                                          ミヤマウズラ

     C．がく片は合生
       D．唇弁の基部に距あり．距は2浅裂 …………………………………………《ハクウンラン属》
ハクウンラン属　*Kuhlhasseltia*
  葉は卵円形，葉長3-7mm．葉は根元に数枚互生．花序は1-7花で，花は白色
                                                                 ハクウンラン（ムライラン） ▶

       D．唇弁の基部は膨らむが，距にはならない ……………………………《アリドオシラン属》
アリドオシラン属　*Myrmechis*
  葉は小さく広卵形．唇弁はがく片より長い．唇弁の先は2裂．針葉樹林下   アリドオシラン ▶

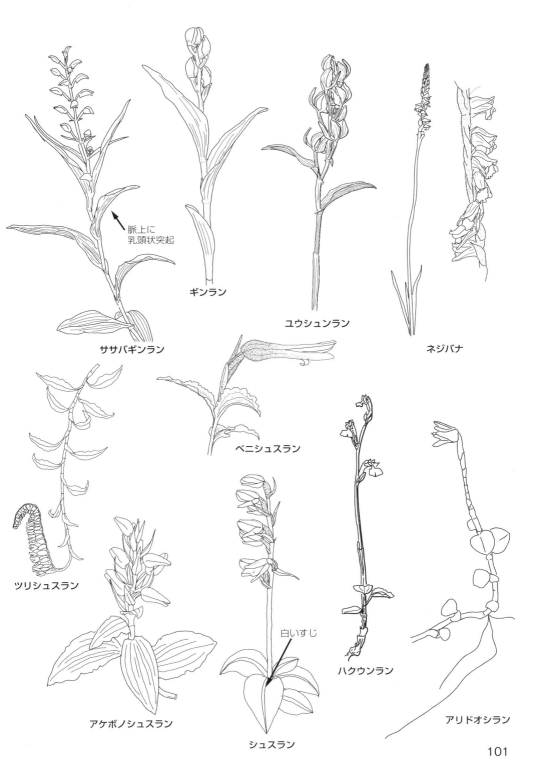

ラン科②

被子021　ラン科②（花粉塊かたく，花序頂生）　(P96)

A. 唇弁は先端部（向かって手前）が袋状の大きな距になる．距は2裂または鈍頭
　B. 有柄の葉を1個根生．花は1個 ……………………………………………………《ホテイラン属》

ホテイラン属　Calypso
　葉は1枚のみ根生．葉は卵状楕円形．葉柄あり．葉はしわが多く，ふちは縮れる．花は大形で1個，紅紫色，大きな袋状　　ホテイラン ▶

　B. 葉は鱗片状に退化．総状花序で花柄あり ………………………………………《ショウキラン属》

ショウキラン属　Yoania
　1. 花序は2-7花で花は淡紅紫色．唇弁は毛なし　　　　　　　　　　　　　　　ショウキラン ▶
　1. 花序は6-15花で密．花は淡黄色．唇弁の内面のくぼみに黄色毛密生　　　キバナノショウキラン ▶

A. 唇弁の先端部が袋状になることはなく，基部に距があるか，またはない
　B. 葉は左右扁平（アヤメ型）……………………………………………………………《ヨウラクラン属》

ヨウラクラン属　Oberonia
　樹幹に着生．花序は首飾り状に下垂．花は小さい．葉は互生で規則正しく並ぶ　　ヨウラクラン ▶

　B. 葉は上下扁平（一般的な葉）
　　C. 唇弁に距あり ………………………………………………………………………《ヒトツボクロ属》

ヒトツボクロ属　Tipularia
　葉は根元に1枚のみ．葉は卵状楕円形で鋭頭，照りあり．葉裏は紫色．花は黄緑色　　ヒトツボクロ ▶

　　C. 唇弁に距なし
　　　D. 茎の基部は肥厚せず …………………………………………………………《コイチヨウラン属》

コイチヨウラン属　Ephippianthus
　1. 唇弁は全縁．ずい柱は細く上方に突起なし．針葉樹林帯に生育　　　　　　コイチヨウラン ▶
　1. 唇弁に歯牙あり．ずい柱は扁平で，上方の両側に翼が突出．ブナ帯に生育　　　ハコネラン ▶

　　　D. 茎の基部は肥厚する（偽球茎あり）
　　　　E. 唇弁は上，中央のがく片は下の配置（花の配置が上下逆転している）．花径3mmほど
　　　　　……………………………………………………………………………《ホザキイチヨウラン属》

ホザキイチヨウラン属　Malaxis
　葉は1-2枚根生．葉は広卵形．花茎15-30cm．花序は小さく，淡緑色の花30以上からなる
　　　　　　　　　　　　　　　　　　　　　　　　　　　　　　　　　　　ホザキイチヨウラン ▶

　　　　E. 唇弁は下，中央のがく片は上の配置（通常のラン科の花の配置）
　　　　　F. 葉身基部に関節あり．花径30mmほど．唇弁に5列ほど隆起するすじがある …《シラン属》

シラン属　Bletilla
　根元に偽球茎あり．葉はかたく毛なし．葉は披針形で鋭尖頭，数枚あり．花は大形で濃紅紫色，3-7個
　　　シラン ▶

　　　　　F. 葉身基部に関節なし．花径20mm以下 ……………………………………《クモキリソウ属》

クモキリソウ属　Liparis
　1. 葉は冬，枯れない．偽球茎は円柱状で直立．花は黄緑～暗紫色　　　　　　　　コクラン ▶

ラン科②、ラン科③

1. 葉は冬、枯れる．偽球茎は卵球状
  2. 葉脈の網目模様は明瞭．唇弁は幅狭く披針形で先は急に尾状 　　　　ジガバチソウ ▶
  2. 葉脈に網目模様はない．唇弁は幅広く（5mm）、先は鈍頭
    3. 唇弁はほぼ平らで大きく反曲することはない 　　　　　　　　　　スズムシソウ
    3. 唇弁は基部1/3くらいのところで直角に反曲する
      4. 草高3-10cm．花は赤褐色．樹上着生 　　　　　　　　　　　フガクスズムシソウ ▶
      4. 草高10-20cm．花は淡緑〜やや紫褐．地上性または岩上性 　　　クモキリソウ ▶

被子021　ラン科③（花粉塊かたく，花序側生）　（P96）

A. 葉は芽の中で巻物状になっている
  B. 花粉塊は1花に8個．唇弁の基部とずい柱は合生（ずい柱を包まない）………《エビネ属》

エビネ属　Calanthe
1. 花に距なし．花は紅紫色 　　　　　　　　　　　　　　　　　　　　　　　ナツエビネ
1. 花に距あり
  2. 花は淡黄緑色．距の長さ5mmほど．がく片長15-20mm 　　　　　　　　キンセイラン
  2. 花は淡紅色．花弁は帯赤褐色．距の長さ5-10mm．がく片長9-15mm 　　エビネ ▶

  B. 花粉塊は1花に4個
    C. 唇弁は極端に細長く，長さは幅の10倍以上．唇弁の溝に長いずい柱が包まれる
　　　　　　　　　　　　　　　　　　　　　　　　　　　　　　……………《サイハイラン属》

サイハイラン属　Cremastra
総状花序で10-20花を下向きにつける
1. 葉はかたい．葉長15-35cm，葉幅3-5cm．葉は通常1株に1枚 　　　　　　サイハイラン ▶
1. ふつう葉はない．花被片の開度はサイハイランよりも小さい 　　　　　　モイワラン

    C. 唇弁は細長くなく，長さは幅の5倍以下．唇弁はずい柱を包まない
      D. 総状花序（花柄あり）．偽球茎あり．葉は披針形 ………………《コケイラン属》

コケイラン属　Oreorchis
葉は披針形で2枚．葉長20-30cm，葉幅1-3cm．花は黄褐色で横向き．総状花序多数花　コケイラン ▶

      D. 花は花茎上に1個．偽球茎なし．葉身は楕円形 ………………《イチヨウラン属》

イチヨウラン属　Dactylostalix
葉は楕円形．葉柄あり．葉長3-6cm，葉幅3-4cm．花は茎の頂端に1個．側花弁は淡緑地に紫斑．唇弁は白地に暗褐色紋 　　　　　　　　　　　　　　　　　　　　　　　　　　　　イチヨウラン ▶

A. 葉は芽の中で内折れ状になっている
  B. 花茎は根茎または偽球茎の先端から出る（仮軸分枝）
    C. 花粉塊に柄状の付属体あり．地上性．ずい柱に脚なし ……………《シュンラン属》

シュンラン属　Cymbidium
1. 腐生ランではない．根は太い．葉は線形で，ふちに微鋸歯．花は花茎に1個で，淡黄緑色
　　　　　　　　　　　　　　　　　　　　　　　　　　　　　　　　　　　シュンラン ▶
1. 腐生ラン．菌根性の根茎あり．鱗片状に退化した鞘つきの葉が数個あり
  2. 花は紅紫〜白色．苞葉は広披針形〜長楕円形．高さ10-30cm 　　　　　マヤラン
  2. 花は淡緑色．苞葉は三角形．マヤランより小形 　　　　　　　　　　サガミランモドキ

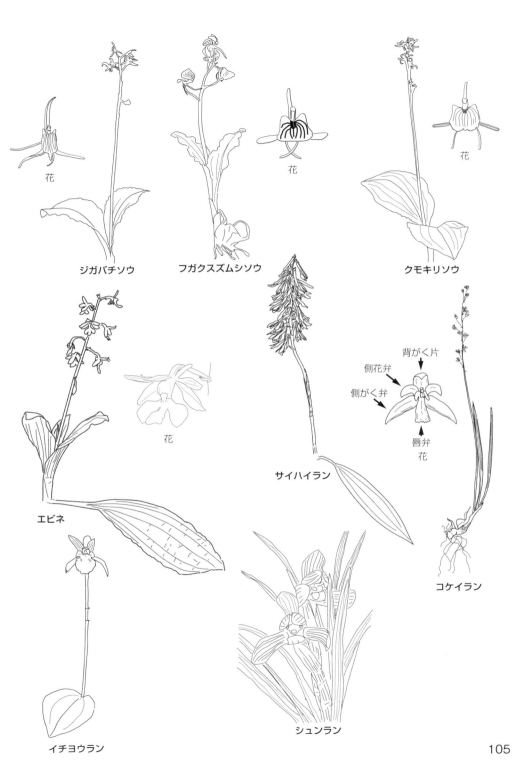

ラン科③、アヤメ科

　　C．花粉塊に付属体なし．岩上，樹上性．ずい柱に脚あり
　　　　D．偽球茎なし．茎は束生 ………………………………………………《セッコク属》

セッコク属　*Dendrobium*
　花は茎の上方の節に1-2個．花は白～淡紅色．樹幹や岩壁に着生　　　　　　　セッコク

　　　　D．偽球茎あり．根茎は細長くはう ……………………………………《マメヅタラン属》

マメヅタラン属　*Bulbophyllum*
　岩上着生．葉は小さく倒披針形で葉長1-3cm．葉の中脈は明瞭．偽球茎は卵形で葉1枚がつく．花は黄白色
　　　　　　　　　　　　　　　　　　　　　　　　　　　　　　　　　　　　ムギラン ▶

　B．花茎は根茎の途中から出る（単軸分枝）
　　C．緑葉なし．放射状の気根を出して樹幹にへばりつく ……………………《クモラン属》

クモラン属　*Taeniophyllum*
　気根は灰緑色で扁平，長さ2-3cm．気根は脚を広げたクモのように広がり，樹幹に密着．花茎1-5本束
　生し，高さ1cmほど．1花茎に1-3花　　　　　　　　　　　　　　　　　　　クモラン ▶

　　C．緑葉あり
　　　　D．果実はいちじるしく細長い．樹上性 ……………………………《タイワンフウラン属》

タイワンフウラン属　*Thrixspermum*
　樹幹に着生．茎は分枝しない．葉は10-20枚で，左右2列互生．葉は披針形で長さ2-4cm．花茎は葉腋
　から出る．花は黄色で2-5花　　　　　　　　　　　　　　　　　　　　　　カヤラン ▶

　　　　D．果実はあまり細長くない．岩上性 ……………………………………《ムカデラン属》

ムカデラン属　*Cleisostoma*
　岩壁や樹幹に着生．茎ははって岩などにへばりつく．葉は左右2列互生．葉長7-10mm．花茎は葉腋に
　側生．花は淡紅色　　　　　　　　　　　　　　　　　　　　　　　　　　　ムカデラン ▶

被子022　アヤメ科（*IRIDACEAE*）

A．雌しべに相当するものは3裂して花弁状となり，雄しべを覆い隠している．花被片は6枚あって，外
　側3枚と内側3枚は形が異なる ………………………………………………………《アヤメ属》

アヤメ属　*Iris*
　1．外花被片の中央にニワトリのとさかに似た突起あり．内・外花被片はいずれも開出
　　　2．葉は常緑で照りがある．葉幅20-35mm．花径5cmほど．外花被片は白地に紫斑と黄斑　　シャガ ▶
　　　2．葉は冬枯れる．照りなし．葉幅5-12mm．花径4cmほど．外花被片は淡紫地に白斑と橙黄斑
　　　　　　　　　　　　　　　　　　　　　　　　　　　　　　　　　　　　ヒメシャガ
　1．外花被片の中央にとさかに似た突起なし
　　　2．花被片は黄色．葉の主脈は太くて目立つ　　　　　　　　　　　　キショウブ・帰 ▶
　　　2．花被片は紫地になる
　　　　3．葉の主脈は太くて目立つ．外花被片の基部に黄色部があり，そこに網目模様なし．内花被片は直立
　　　　　　　　　　　　　　　　　　　　　　　　　　　　　　　　　　　　ノハナショウブ ▶
　　　　　　［参考］ハナショウブは，色彩多様．内花被片は直立または反曲　　ハナショウブ・栽
　　　　3．葉の主脈は細く目立たない．内花被片直立
　　　　　　4．外花被片の基部に白色部があり，そこに網目模様なし．葉幅20-30mm．湿地に生育　カキツバタ ▶
　　　　　　4．外花被片の基部に黄色部があり，そこに紫の網目模様あり．葉幅5-10mm．草地に生育
　　　　　　　　　　　　　　　　　　　　　　　　　　　　　　　　　　　　アヤメ ▶

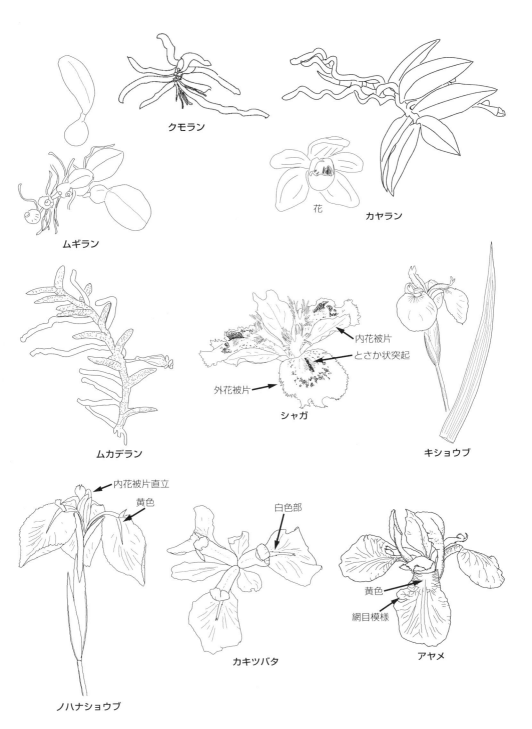

アヤメ科、ススキノキ科、ヒガンバナ科

A．雌しべは花弁状にならない．花冠の基部は筒状．裂片はみな同形
　B．茎の頂端に散形花序．花は1日ごとに開花してしぼむ ………………………《ニワゼキショウ属》
ニワゼキショウ属　*Sisyrinchium*
　1. 花被片の先は芒状になる．茎の翼は茎より幅広い　　　ルリニワゼキショウ（ヒレニワゼキショウ）・帰
　1. 花被片の先は鋭尖頭（芒状にならない）
　　2. 花茎10-20cm．茎の翼は茎より狭い．葉幅2-4mm．果実幅3mm　　　　　　　　ニワゼキショウ・帰 ▶
　　2. 花茎20-30cm．茎の翼は茎と同じ幅．葉幅4-8mm．果実幅5mm　　　　　　オオニワゼキショウ・帰 ▶

　B．茎の頂端に穂状花序．花序全体が扁平．花は軸に互生 ………………………《ヒオウギズイセン属》
ヒオウギズイセン属　*Crocosmia*
　繊維状の褐色鞘状葉に包まれた球根あり．走出枝あり．花に柄なし．その基部に苞葉2個あり．花は
　　朱赤色　　　　　　　　　　　　　ヒメヒオウギズイセン（モントブレチア）・帰

被子023　ススキノキ科（XANTHORRHOEACEAE）

葉は線形で柄なし．花は黄，橙黄，橙赤色．花被片の基部はやや合生 ………………《ワスレグサ属》
ワスレグサ属　*Hemerocallis*
　1. 走出枝なし．花は赤みのない黄色．花茎の花序分岐点より下に苞葉状の葉はない．花序枝は短い
　　　　　　　　　　　　　　　　　　　　　　　　　　　　　　　　　ニッコウキスゲ（ゼンテイカ） ▶
　1. 走出枝あり．花は赤みのある橙黄色．花茎の花序分岐点より下に苞葉状の葉がある．その長さ15-20mm．
　　花序枝は長い．花は一重咲き．葉幅狭く片側13脈以下　　　　　　　　　　　　　　　ノカンゾウ ▶
　　v．ヤブカンゾウは，花は重弁．葉幅広く片側13脈以上　　　　　　　　　　　　　　ヤブカンゾウ ▶
　　［参考］ワスレグサ属の園芸品種を一般にヘメロカリスという

被子024　ヒガンバナ科（AMARYLLIDACEAE）

A．子房上位
　B．花被片は離生か，基部でわずかに合生する ……………………………………………《ネギ属》
ネギ属　*Allium*
　1. 花被片は基部でわずかに合生する　　　　　　　　　　　　　　　　　　　　　　　ステゴビル ▶
　1. 花被片は離生する
　　2. 葉は扁平長楕円形．葉幅3-10cm　　　　　　　　　　　　　　　　　　　ギョウジャニンニク ▶
　　2. 葉は円柱状または線形．葉幅1cm以下
　　　3. 花序は1-2花．花の下に鱗片状の薄い苞葉が1枚ある　　　　　　　　　　　　　　ヒメニラ ▶
　　　3. 花序の花は多数
　　　　4. 花被片は白色
　　　　　5. 根茎あり．むかご（珠芽）はできない　　　　　　　　　　　　　　　　　　ニラ・帰
　　　　　5. 鱗茎あり．むかご（珠芽）が花序の中にできる　　　　　　　　　　　　　　ノビル ▶
　　　　4. 花被片は紅紫色．根茎はない
　　　　　5. 根元にシュロ状毛あり．花糸に鋸歯あり　　　　　　　　　　　　　ミヤマラッキョウ
　　　　　5. 根元にシュロ状毛なし．花糸に鋸歯なし　　　　　　　　　　　　　　ヤマラッキョウ

　B．花被片は合生，または短く合生
　　C．花は1花茎に1個．花被片の半分以上が合生．花は白色または淡紫 ………………《ハナニラ属》
ハナニラ属　*Ipheion*
　鱗茎は径1-2cm．根生葉のみ．花茎10-20cmの先に1花あり．花茎の途中に1対の苞葉あり
　　　　　　　　　　　　　　　　　　　　　　　　　　　　　　　　　ハナニラ（セイヨウアマナ）・帰 ▶

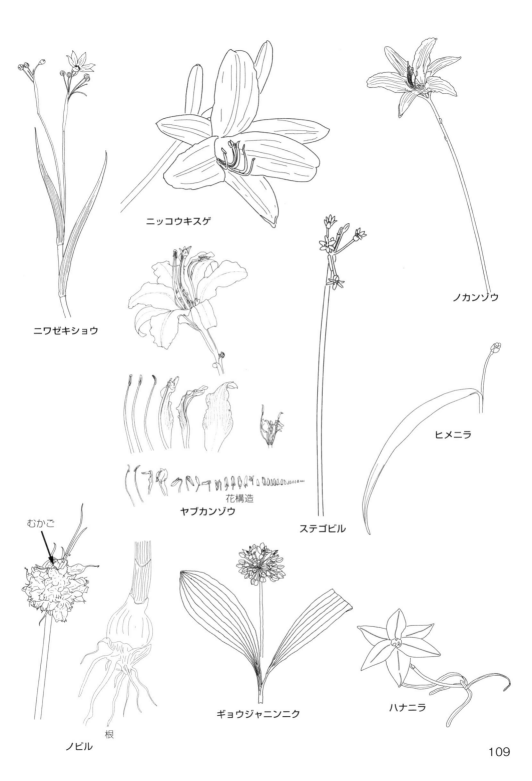

ヒガンバナ科、キジカクシ科

　　C．散形花序．花被片の基部は短く合生．花は白色または淡紅色 ……………《ハタケニラ属》
ハタケニラ属　*Nothoscordum*
　　鱗茎の径10mm．根生葉のみ．花茎の先端に苞葉が2枚あって，散形花序となる．花序8-20花
　　　　　　　　　　　　　　　　　　　　　　　　　　　　　　　　　　　　ハタケニラ・帰

　A．子房下位．茎の頂端に散形花序．花序のもとに薄膜状の苞葉あり
　　B．花と葉は同時にある．6枚の花被片の内側にカップ状の副花冠あり．花糸は副花冠の内側にある
　　　………………………………………………………………………………………《スイセン属》
スイセン属　*Narcissus*
　　花茎30cmほど．園芸品種が多い．花被片は白色または黄色．副花冠は白，黄，橙黄色などいろいろ
　　　　　　　　　　　　　　　　　　　　　　　　　　　　　　　　　　　　　スイセン・栽 ▶

　　B．花の季節と，葉の季節は異なる．花糸は6枚の花被片の基部から出る …………《ヒガンバナ属》
ヒガンバナ属　*Lycoris*
　1．開花9-10月．葉は晩秋〜翌春．花被片のふちが波状に縮れる
　　2．花は濃い黄色．結実する．葉幅20-25mm　　　　　　　　　　　　　　　ショウキズイセン・栽 ▶
　　2．花は朱赤色．結実しない．葉幅6-8mm　　　　　　　　　　　　　　　　　　　　ヒガンバナ ▶
　　　h．シロバナマンジュシャゲはショウキズイセンとヒガンバナの雑種．白花
　　　　　　　　　　　　　　　　　　　　　　　　　　　　　　　　シロバナマンジュシャゲ・栽
　1．開花8-9月．葉は早春〜初夏．花被片のふちは縮れない
　　2．葉幅18-25mm．花は淡紅紫色．花被片の幅15mmほど　　　　　　　　　　　ナツズイセン・栽 ▶
　　2．葉幅8-10mm．花は橙色．花被片の幅6mmほど．花被片長55-80mm．雄しべと花被片は同長
　　　　　　　　　　　　　　　　　　　　　　　　　　　　　　　　　　　キツネノカミソリ ▶
　　　v．オオキツネノカミソリは，花被片長90mmほど．雄しべは花被片の外へ長く突き出る
　　　　　　　　　　　　　　　　　　　　　　　　　　　　　　　　　　オオキツネノカミソリ

被子025　キジカクシ科（*ASPARAGACEAE*）

　A．果実は熟すと裂ける
　　B．果皮は薄く，花後たちまち破れ，肉質の種子が露出する
　　　C．花糸は太く明瞭．葯は鈍頭．種子は黒紫色 ……………………………………《ヤブラン属》
ヤブラン属　*Liriope*
　1．葉幅4-8mm．花茎は高さ20-50cm．総状花序に花は多数
　　2．走出枝なし．葉幅8-12mm．花は密．花柄の先端に関節あり　　　　　　　　　　　ヤブラン ▶
　　2．走出枝あり．葉幅4-7mm．花はまばら．花柄の中部に関節あり　　　　　　　　　コヤブラン ▶
　1．葉幅2-3mm．花茎は高さ5-15cm．花は少数．走出枝あり　　　　　　　　　　　ヒメヤブラン

　　　C．花糸はごく短く不明瞭．葯は鋭頭．種子はコバルト色 ………………………《ジャノヒゲ属》
ジャノヒゲ属　*Ophiopogon*
　1．葉のふちはほとんどざらつかない．葉幅4-8mm．葉長30-50cm．走出枝あり　　オオバジャノヒゲ ▶
　1．葉のふちに明らかな細鋸歯あり．葉幅2-3mm．葉長10-20cm．走出枝あり
　　　　　　　　　　　　　　　　　　　　　　　　　　　　　　　　　ジャノヒゲ（リュウノヒゲ）▶
　　　v．ナガバジャノヒゲは，葉長30-40cm．走出枝がないため株立ちとなる　　　ナガバジャノヒゲ

　B．果皮は厚く，花後ただちに種子が破れ出ることはない
　　C．根茎あり ……………………………………………………………………………《ギボウシ属》

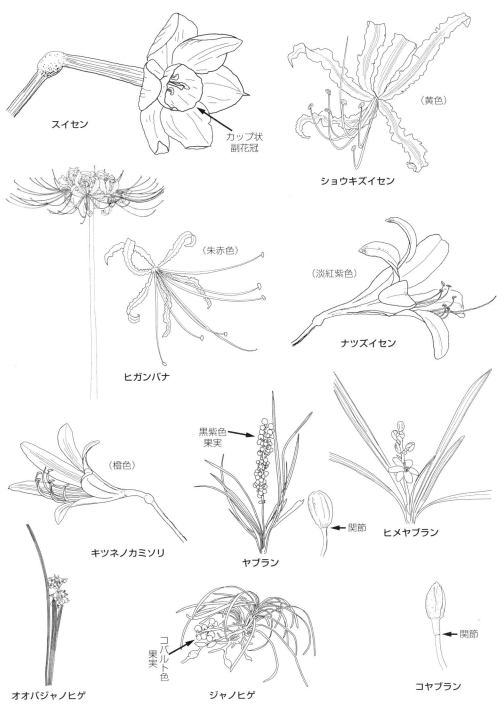

キジカクシ科

ギボウシ属　*Hosta*

- 1. 葉柄基部に暗紫色の斑点あり．葉の側脈は5-8脈．花は淡紫色　　　　　　　　　　**イワギボウシ** ▶
- 1. 葉柄は緑色で暗紫色の斑点なし
  - 2. 葉身の基部は心形．側脈は9-12脈．花は淡紫色　　　　**オオバギボウシ（トウギボウシ）** ▶
  - 2. 葉の基部は葉柄に連続し，側脈は3-6脈．花は濃紫色．葉身の長さは幅の2倍ほど　　**コバギボウシ** ▶
    - ［参考］コギボウシは，コバギボウシに比べ，葉身の長さが幅の3倍以上で花期がやや早いというが，コバギボウシの変異内であるとする考え方が主流　　**コギボウシ（ムサシノギボウシ）・参**

　　C. 鱗茎（球根）あり
　　　　D. 花被片に主脈1脈あり．花糸は扁平ではない ……………………………………《ツルボ属》

ツルボ属　*Barnardia*

鱗茎の長さ2-3cm．鱗茎の皮は黒．葉は線形．葉長10-25cm．茎の頂端に総状花序．花は淡紅紫色で密につく．花被片は平開　　　　　　　　　　　　　　　　　　　　　　　　　　　　　　　**ツルボ** ▶

　　　　D. 花被片に主脈なし．花糸扁平 ……………………………………………………《オオアマナ属》

オオアマナ属　*Ornithogalum*

- 1. 花序は6-10花．葉に白いすじなし　　　　　　　　　　　　　　　　　　　　**ホソバオオアマナ・帰**
- 1. 花序は12-20花．葉に白いすじのあるものが多い　　　　　　　　　　　　　　　　**オオアマナ・帰**

A. 果実は熟しても裂けない（液質）
　　B. 葉は退化して小形鱗片状．葉のように見える線形で葉状の片はすべて分枝した小枝
　　　　…………………………………………………………………………………………《キジカクシ属》

キジカクシ属　*Asparagus*

- 1. 花長2-5mm．花柄長1-2mm．葉状枝はややわん曲し3-7本束生　　　　　　　　　　**キジカクシ** ▶
- 1. 花長5-7mm．花柄長7-8mm．葉状枝はまっすぐで5-8本束生
  　　　　　　　　　　　　　　　　　　　　　　　　　　　オランダキジカクシ（アスパラガス）・逸

　B. 葉は退化しない
　　C. 根茎の途中から花茎が出る（単軸分枝）
　　　　D. 柱頭は3深裂．その裂片は扁平 ……………………………………………………《オモト属》

オモト属　*Rohdea*

葉はみな根生葉．葉は常緑で革質．太くて短い穂状花序ができる．花は密　　　　　　　**オモト・逸** ▶

　　　　D. 柱頭はごく浅く3裂
　　　　　　E. 葉身は長楕円形．総状花序(花柄あり)．花被片は大半が合生してつりがね状 …《スズラン属》

スズラン属　*Convallaria*

- 1. 葉裏は緑白色．花序は葉長よりも短い．花糸の基部は白色．葯は黄色　　**スズラン（キミカゲソウ）** ▶
- 1. 葉裏は濃緑色．花序と葉長は同じ高さ．花糸の基部は紫色．葯は淡緑〜淡黄色
  　　　　　　　　　　　　　　　　　　　　　　　　　　　　セイヨウスズラン（ドイツスズラン）・栽

　　　　　　E. 葉は線形．穂状花序(花柄なし)．花被片の中ほどまで基部は合生して筒状
　　　　　　　………………………………………………………………………………《キチジョウソウ属》

キチジョウソウ属　*Reineckea*

葉はみな根生葉．葉長10-30cm．穂状花序．花被片の先端部は反曲．花は淡紅紫色．果実は赤色
　　　　　　　　　　　　　　　　　　　　　　　　　　　　　　　　　　　　　キチジョウソウ ▶

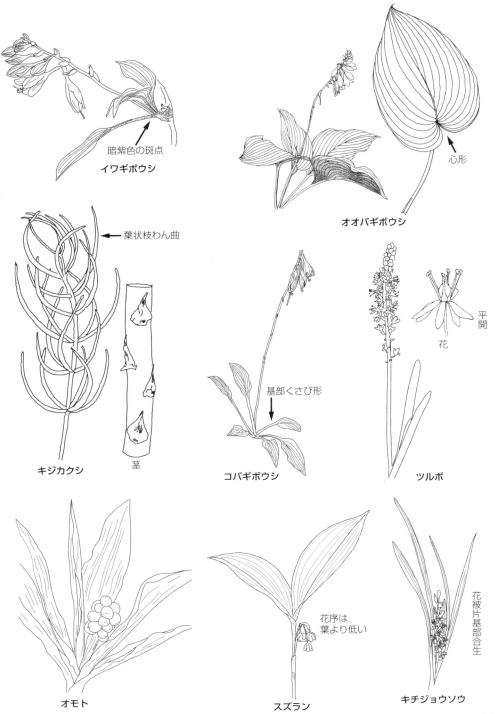

キジカクシ科、ヤシ科、ツユクサ科

　　C. 根茎の先端から花茎が出る（仮軸分枝）
　　　　D. 花（または花序）は葉腋から垂れ下がる …………………………………《アマドコロ属》

アマドコロ属　*Polygonatum*
　1. 花柄に卵形の苞葉1対あり　　　　　　　　　　　　　　　　　　　　　　　ワニグチソウ ▶
　1. 花柄に苞葉なし
　　2. 茎の上部に著しい稜あり．葉裏の脈上は平滑　　　　　　　　　　　　　　　アマドコロ ▶
　　　v. ヤマアマドコロは，葉裏の脈上に細突起あり　　　　　　　　　　　　　ヤマアマドコロ
　　2. 茎は丸く稜なし
　　　3. 明瞭な短い葉柄あり．花序の柄は上に伸びてから垂れる．花糸に長軟毛多し　ミヤマナルコユリ ▶
　　　3. 葉の基部に葉柄はない．花序の柄は葉腋から下垂．花糸はなめらか，または微細突起あり
　　　　4. 葉裏の脈上に突起あり．花長17-22mm．花糸はなめらか　　　　　　　　ナルコユリ ▶
　　　　4. 葉裏の脈上に突起なし．花長25-35mm．花糸に微細突起あり　　　　　オオナルコユリ

　　　　D. 花（または花序）は茎の頂端にできる ……………………………………《マイヅルソウ属》
マイヅルソウ属　*Maianthemum*
　1. 花は4数性．茎に葉は2-3枚
　　2. 全体に毛なし．葉のふちに半円状の微突起あり　　　　　　　　　　　　　マイヅルソウ ▶
　　2. 葉裏や茎の上部や花序に毛が多い．葉のふちに微細鋸歯あり　　　　　　ヒメマイヅルソウ ▶
　1. 花は3数性．茎の葉は5-7枚
　　2. 花は両性花．柱頭は丸く，または3浅裂　　　　　　　　　　　　　　　　　ユキザサ ▶
　　2. 雌雄異株で花は単性花．柱頭は3深裂
　　　3. 茎は丸い．花序に軟毛多し．柱頭の裂片は短い　　　　　ヤマトユキザサ（オオバユキザサ）
　　　3. 茎に2稜があり隆起する．花序に毛は少ない．柱頭の裂片は長く反曲　　　　ヒロハユキザサ

被子026　ヤシ科（*ARECACEAE*）

常緑高木．葉は円形，扇状で，掌状に多く分裂する ………………………………《シュロ属》
シュロ属　*Trachycarpus*
　1. 古い葉身は葉片の先端が折れ垂れる．葉柄の長さ1mほど　　　　　　　　シュロ（ワジュロ）▶
　1. 古くなっても葉身の先端が折れ垂れ下がることはない．葉柄はシュロより短い　トウジュロ・栽 ▶

被子027　ツユクサ科（*COMMELINACEAE*）

A. 茎の頂端に長い円錐状集散花序（3分岐ずつする花序）をつくる．果実は熟して青藍色となり裂けない
　…………………………………………………………………………………《ヤブミョウガ属》
ヤブミョウガ属　*Pollia*
　草高10-100cm．地下に細い根茎あり．葉は大形でミョウガに似て，長さ20-30cm．葉は茎の中央に6-7
　枚まとまる傾向．花は白色　　　　　　　　　　　　　　　　　　　　　　　　ヤブミョウガ ▶

A. 花序は短い．果実は熟して裂ける
　B. 完全雄しべは2-3
　　C. 花は二枚貝のような苞葉に包まれる．花は左右相称．左右2個の花弁は大形．花糸に毛なし
　　　…………………………………………………………………………………《ツユクサ属》
ツユクサ属　*Commelina*
　1. 葉は鈍頭　　　　　　　　　　　　　　　　　　　　　　　　　　　　　マルバツユクサ・帰 ▶

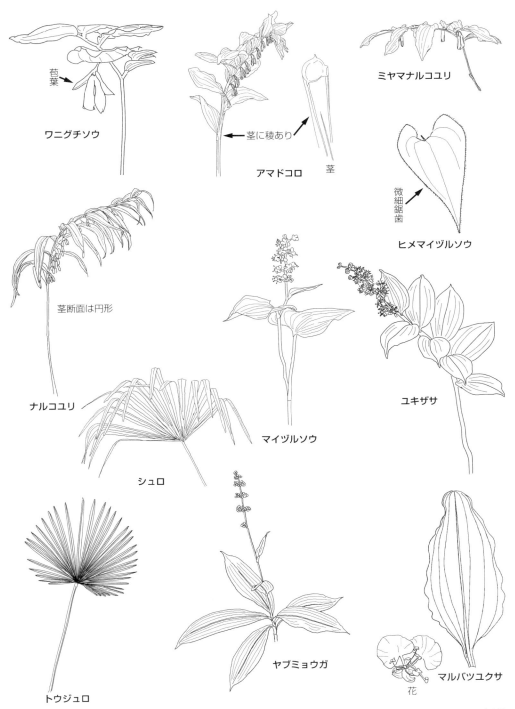

ツユクサ科、ミズアオイ科、ショウガ科

　　1. 葉は鋭尖頭　　　　　　　　　　　　　　　　　　　　　　　　　　　　　　　　　　ツユクサ ▶

　　C. 花は葉腋に1-2個ずつ．苞葉なし．花は放射相称．花弁3枚は同形同大．花糸の基部に毛あり
　　　　　　　　　　　　　　　　　　　　　　　　　　　　　　　　　　　　　《イボクサ属》

イボクサ属　*Murdannia*

　茎は地をはって分枝．草高20-30cm．湿地や水辺に生える．葉はほとんど毛なし　　イボクサ ▶

　　B. 完全雄しべは5-6.花糸に長毛開出．花は茎の頂端に集まる …………《ムラサキツユクサ属》

ムラサキツユクサ属　*Tradescantia*

　　1. 直立．草高50cmほど．葉は線形．花は青紫色　　　　　　　　　　ムラサキツユクサ・栽 ▶
　　1. 地をはう．節から発根．葉は卵形．花は白色　　　　　トキワツユクサ（ノハカタカラクサ）・帰 ▶

被子028　ミズアオイ科（*PONTEDERIACEAE*）

A. 花冠は6全裂．花糸は葯の真下から出る
　　B. 内花被片と外花被片は形が異なる．互いに重なる．雄しべ6 ………………《ミズアオイ属》

ミズアオイ属　*Monochoria*

　　1. 花序は葉の上に長く突き出る．花序の出る茎に葉は数枚つく．花序は10花以上　ミズアオイ ▶
　　1. 花序の出る茎に葉は1枚（葉柄の途中に花序が出るように見え，花序は葉より低い）．花序は3-7花
　　　　　　　　　　　　　　　　　　　　　　　　　　　　　　　　　　　　　　　コナギ ▶

　　B. 花被片はみな同じ形．互いに重なることはない．雄しべ3 …………《アメリカコナギ属》

アメリカコナギ属　*Heteranthera*

　花は白色～淡青色．総状花序　　　　　　　　　ヒメホテイアオイ（ヒメホテイソウ）・帰 ▶

A. 花冠の基部は筒状に合生．花糸は葯の途中から出る
　　B. 水面を漂う．葉柄の途中が膨らみ空気室になる．完全雄しべ6．子房3室．種子多数
　　　　　　　　　　　　　　　　　　　　　　　　　　　　　　　　　　《ホテイアオイ属》

ホテイアオイ属　*Eichhornia*

　ひげ根多し．総状花序が葉の上に抜き出る．花は淡紫色．花被片の1枚に黄色の斑紋あり
　　　　　　　　　　　　　　　　　　　　　　　　　　　　　　　　　　ホテイアオイ・帰 ▶

　　B. 植物は地につく．葉柄に空気室なし．完全雄しべ3．子房1室．種子1個 …《アメリカミズアオイ属》

アメリカミズアオイ属　*Pontederia*

　ミズアオイに似るがミズアオイよりも大形．花は淡紫色．花被片1枚に大きな黄色の斑紋あり
　　　　　　　　　　　　　　　　　　　　　アメリカミズアオイ（ポンテデリア・コルダータ）・栽

被子029　ショウガ科（*ZINGIBERACEAE*）

花は左右相称．がくが合生し筒になる．花弁基部も合生し筒状になる ……………《ショウガ属》

ショウガ属　*Zingiber*

　　1. 花序は根ぎわから出る．花は淡黄色で斑紋なし．根茎は辛くない　　　　　ミョウガ・栽 ▶
　　1. 花序は茎の頂端にできる．花は淡黄色に赤褐色斑点あり．花はほとんど咲かない．根茎は辛い
　　　　　　　　　　　　　　　　　　　　　　　　　　　　　　　　　　　　　ショウガ・栽

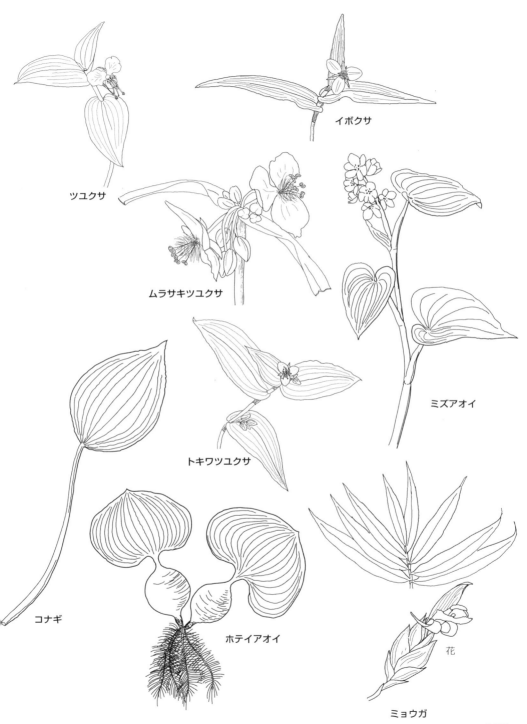

被子030　ガマ科（*TYPHACEAE*）

A. 花序は球形 ……………………………………………………………………《ミクリ属》

ミクリ属　*Sparganium*

1. よく分枝し，枝ごとに雌花群数個と雄花群数個からなる花序がつく．葉幅7-12mm．柱頭は糸状で長さ3-4mm．雌花群にはいずれも柄なし　　　　　　　　　　　　　　　　　　　　　　　　　　ミクリ ▶
1. 雌花群数個と雄花群数個からなる花序は1個（ヒメミクリは1-3個）．葉幅3-5mm．柱頭は太く長さ2mm
   2. 最下の雌花群には柄なし．雌花群数個と雄花群数個からなる花序は1-3個　　　　ヒメミクリ・参
   2. 最下の雌花群には柄あり．雌花群数個と雄花群数個からなる花序は1個のみ
      3. 最下の雌花群は葉腋の少し上につく　　　　　　　　　　　　　　　　　　　ヤマトミクリ ▶
      3. 最下の雌花群は葉腋につく　　　　　　　　　　　　　　　　　　　　　　　ナガエミクリ ▶

A. 花序は楕円体 …………………………………………………………………《ガマ属》

ガマ属　*Typha*

1. 雌花群と雄花群は接続しない．両者の間に軸（茎）が裸出する　　　　　　　　　　　ヒメガマ ▶
1. 雌花群の上に雄花群が連続してつき，軸の裸出部はない
   2. 葉幅10-20mm．雌花群と雄花群を合わせた長さ17-35cm．花粉4個合生　　　　　　ガマ ▶
   2. 葉幅5-10mm．雌花群と雄花群を合わせた長さ9-15cm．花粉は合生せず　　　　　コガマ ▶

被子031　ホシクサ科（*ERIOCAULACEAE*）

葉は線状〜糸状で束生．花茎の先に1頭花あり ……………………………………《ホシクサ属》

ホシクサ属　*Eriocaulon*

1. 柱頭は2裂．花茎は4稜があってねじれる．雌花のがく片は2個で離生．葯は黒色
   　　　　　　　　　　　　　　　　　　　　　　　　　　イトイヌノヒゲ（コイヌノヒゲ） ▶
1. 柱頭は3裂．花茎はあまりねじれない．雌花のがく片は離生または合生する
   2. 総苞片は鈍頭で，頭花より短い
      3. 葯は黒色
         4. 頭花は淡褐色．根元の葉幅5-8mm　　　　ヒロハノイヌノヒゲ（ヒロハイヌノヒゲ）▶
         4. 頭花は帯黒色．根元の葉幅2-4mm　　　　　　　　　　　　　　　　　クロイヌノヒゲ ▶
      3. 葯は白色
         4. 葉長3-8cm．根元の葉幅1-2mm．葉は3脈．雌花に花弁なし．雌花のがく2個は合生せず
            　　　　　　　　　　　　　　　　　　　　　　　　　　　　　　　　　　　ホシクサ ▶
         4. 葉長7-15cm．根元の葉幅2-3mm．葉は5-7脈．雌花に花弁3個あり．雌花のがく3個は基部合生．野生絶滅　　　　　　　　　　　　　　　　　　　　　　　　　コシガヤホシクサ・栽 ▶
   2. 総苞片は鋭尖頭で，頭花より長い．葯は黒藍色
      3. 葉幅3mm以上．頭花径6-8mm．苞葉の先端部はなめらかで毛なし　　　ニッポンイヌノヒゲ ▶
      3. 葉幅3mm以下．頭花径2-5mm．苞葉の先端部に棍棒状の毛あり　　　　　　　　イヌノヒゲ ▶

被子032　イグサ科（*JUNCACEAE*）

A. 葉鞘は合生しない．葉鞘の口部に葉耳あり．葉は毛なし．果実1個に種子多数 ………《イグサ属》

イグサ属　*Juncus*

1. 花序はみかけ状側生する．（苞葉が直立するため，花序は茎の途中にあるように見える）
   2. 茎の髄は階段状の隙間あり　　　　　　　　　　　　　　　　　　　　　　コゴメイ・帰 ▶
   2. 茎の髄は白いコルク質で満たされ，空洞部なし

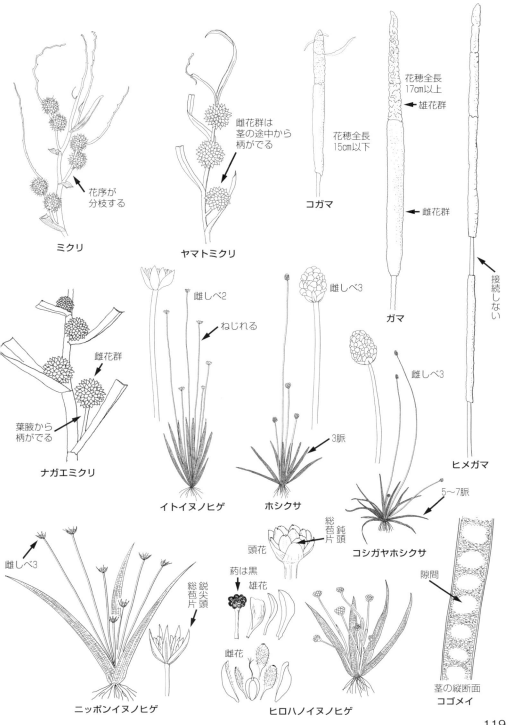

イグサ科、カヤツリグサ科

```
   3. 茎は緑で光沢あり．縦の溝ははっきりしない．果実は褐色で3室に分かれる．雄しべ3（まれに6）．
      草高20-60cm．茎径1-2mm                                     イグサ（イ）      ▶
      f．ヒメイは，小形で草高25cm以下．茎径0.5mm．山地に生育            ヒメイ        ▶
   3. 茎は粉白のある緑で光沢なし．縦の溝が明瞭．果実は1室で隔膜あり．雄しべ3    ホソイ       ▶
 1. 花序は頂生（イグサ類とは異なり，花序は確かに茎の頂端にある）
   2. 葉は扁平（イネ科の葉と同じ）．葉に空気室はない．花は単生
     3. 一年草．花序全体は，茎と同長またはやや長い．花序の最下にある苞葉は，花序全体より短い．
        葉耳はわからない                                         ヒメコウガイゼキショウ  ▶
     3. 多年草．花序全体は茎より短い．花序の苞葉の何本かは花序より長い．葉耳あり
       4. 葉耳は大きく1-3.5mm，薄い膜質                                クサイ      ▶
       4. 葉耳は小さく1mm以下，ややかたい．あるいは葉耳不明          アメリカクサイ・帰
   2. 葉は円筒で単管質（長方形空気室が1列に並ぶ），またはやや円筒で多管質（線形空気室が数列並ぶ）．
      花は頭状花序
     3. 葉は円筒形で単管質．茎に翼なし
       4. 雄しべ6．果実は花被片と同長またはやや長い
         5. 葉は糸状単管質．茎の頂端に1個の頭花があり，1-4花からなる．亜高山帯に生育  イトイ    ▶
         5. 葉は円筒状単管質．頭花は多数．低地の湿地性             タチコウガイゼキショウ  ▶
       4. 雄しべ3．果実は長く，花被片の1.5-2倍．頭花は多数
         5. 1個の頭花は2-3花からなる．8月以降開花．果実は3稜狭披針形．果実は花被片の2倍くらい
                            アオコウガイゼキショウ（ホソバノコウガイゼキショウ）  ▶
         5. 1個の頭花は3-10花からなる．6-8月に開花．果実は3稜長楕円形．果実は花被片よりやや長い
                                                           ハリコウガイゼキショウ ▶
     3. 葉はやや円筒で多管質．茎は扁平で2稜があり，それは翼となることあり
       4. 茎に広翼あり．翼は茎と同幅．雄しべ6                    ハナビゼキショウ   ▶
       4. 茎に狭翼あり，または翼なし．雄しべ3
         5. 葉幅1.5-3mm．開花は5月ころ．果実は花被片と同長またはその1.5倍以下
                                                           コウガイゼキショウ  ▶
         5. 葉幅3-5mm．開花は6-7月．果実は花被片の2倍の長さ    ヒロハノコウガイゼキショウ ▶
```

A．葉鞘は合生し完全に筒状．葉鞘の口部に葉耳なし．葉のふちには長毛あり．果実1個に種子3個
　　　　　　　　　　　　　　　　　　　　　　　　　　　　　　　　《スズメノヤリ属》

スズメノヤリ属　*Luzula*

```
 1. 頭花は大形で，茎の頂端に1-（3）個．種枕（種子の柄状付属物）は種子の半長．葯は花糸よりも長い
                                                              スズメノヤリ     ▶
 1. 頭花は小形で，茎の頂端に3-5個集まって散形的花序をなす．葯は花糸と同長，またはそれより短い
   2. 種子は倒卵形．種枕は種子の半長．葯と花糸は同長                ヤマスズメノヒエ  ▶
   2. 種子は楕円形．種枕はほとんどなし．葯は花糸の半長              タカネスズメノヒエ ▶
```

被子033　カヤツリグサ科（*CYPERACEAE*）　カヤツリグサ科（大分類）

小さな花が集まって「小穂」と呼ぶ花序を構成する．花の一つ一つを小花という．一般に小穂は軸の先端に集まって小花序をつくり，小花序の軸が散形状に集合して中花序，さらに大花序となる．カヤツリグサ科の果実は痩果で，タンポポと同様，一見種子に見える

A．花はほとんど両性花．もし単性花であっても雌花は果胞（P24参照）に包まれない
　　　　　　　　　　　　　　　　　　　　　カヤツリグサ科①スゲ属以外の属（P122）
A．花は単性花で雌花は果胞に包まれる　　　　………………　カヤツリグサ科②スゲ属（P132）

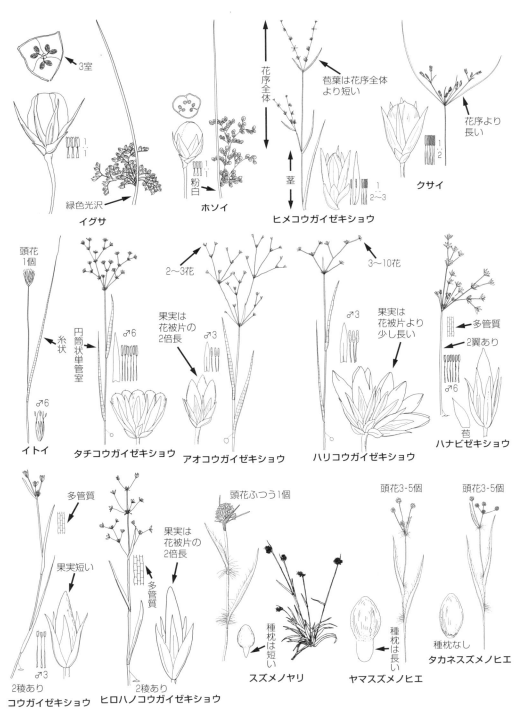

被子033　カヤツリグサ科①（スゲ属以外の属）　(P120)

A. 花に雄花と雌花がある ……………………………………………………《シンジュガヤ属》
シンジュガヤ属　*Scleria*
　　地下茎はない．葉鞘と茎に広い翼あり．軸の先端に雌花がつく．果実の表面に格子紋あり
　　　　　　　　　　　　　　　　　　　　　　　　　　　　　　　　　　　コシンジュガヤ

A. 花はすべて両性花
　B. 小花に針（トゲ針状花被片）なし
　　C. 小穂の鱗片は左右2列に整列（基部は2列にならないことあり）……………《カヤツリグサ属》
カヤツリグサ属　*Cyperus*
　1. 小軸（小花のつく軸）は落下する．つまり，小軸に関節があり小軸は小花ごとばらばらに散る（図a），または小穂の基部に関節があり，熟すと小軸は小穂ごと落下する（図b）
　　2. 柱頭2．小穂は頭状花序．小穂は少数の鱗片からなる
　　　<u>3. 小穂の鱗片の竜骨には小さなトゲがあり，鱗片先端は反曲する</u>　　　　　アイダクグ　▶
　　　<u>3. 小穂の鱗片の竜骨は平滑，鱗片先端は反曲しない</u>　　　　　　　　　　ヒメクグ　▶
　　2. 柱頭3．小穂は穂状花序．小穂は多数の鱗片からなる
　　　3. 小穂の基部と各小花間に関節があり，小穂は小軸にある関節が切れて小花ごとばらばらに散る（図a）
　　　　4. 熟した小穂は黄褐色．小穂幅2mm
　　　　　<u>5. 鱗片長2.5mm．果実は卵形</u>　　　　キンガヤツリ（ムツオレガヤツリ）・帰　▶
　　　　　<u>5. 鱗片長3-3.5mm．果実は長楕円形</u>　　　　　　　　　　ホソミキンガヤツリ・帰　▶
　　　　<u>4. 熟した小穂は赤褐色．小穂幅1mm，鱗片長2mm</u>　　　ヒメムツオレガヤツリ・帰　▶
　　　3. 小穂の基部にだけ関節があり，小穂ごとに散る．つまり小軸だけが落下することはない（図b）
　　　　4. 小穂は頭状花序に似た球状の花序となる．小穂長17mm．小穂幅2mm．鱗片長3.5mm
　　　　　　　　　　　　　　　　　　　　　　　　　　　　　　　　　ユメノシマガヤツリ・帰　▶
　　　　4. 小穂は軸に穂状につき，全体は長めの花序となる．小穂長10mm．小穂幅2-3mm．鱗片長4mm
　　　　　　　　　　　　　　　　　　　　　　　　　　　　　　　　　　　コガネガヤツリ・帰
　1. 小軸は残る．つまり，小穂基部や小軸に関節はなく，熟すと果実と鱗片（図c），または果実だけが落ちる（図d）．そこで枯れた小穂は小軸のみ（図c），または多数の鱗片のついた小軸が残存する（図d）
　　2. 柱頭2（まれに柱頭3が混じることもある）
　　　3. 柱頭2．果実はレンズ状でその稜が軸を向く．したがって小穂は扁平
　　　　<u>4. 小穂の鱗片は長さ2.5-3.5mm．小穂は頭状花序で，ときに短枝あり</u>　カワラスガナ　▶
　　　　4. 小穂の鱗片は長さ1.5-2mm
　　　　　<u>5. 小穂は頭状花序をなす（ときに短枝を出すこともある）．小穂は赤色</u>　イガガヤツリ　▶
　　　　　5. 花序は軸を散形に出し，小穂は各軸端に穂状花序をつくる
　　　　　　<u>6. 小穂は褐色</u>　　　　　　　　　　　　　　　　　　　　　　アゼガヤツリ　▶
　　　　　　<u>6. 小穂は黒褐色</u>　　　　　　　　　　　　　　　　　　　　クロアゼガヤツリ　▶
　　　3. 柱頭2（まれに柱頭3が混じることもある）．果実はレンズ形でその面が軸を向き，したがって小穂には厚みがある
　　　　4. 小穂は褐色で軸に穂状につき，花序は散形．地下茎を伸ばし先に小塊茎をつける．花序枝や中軸（小穂のつく軸）に刺毛あり（ウシクグにも毛あり）　　　　ミズガヤツリ　P125
　　　　4. 小穂は淡緑色で頭状につく（ときに短枝あり）．地下茎なし
　　　　　<u>5. 小穂長5-10mm，幅1.5-2mm．果実は倒卵形</u>　　　　　　　　アオガヤツリ　P125
　　　　　<u>5. 小穂長3-5mm，幅約1mm．小穂基部に少しねじれあり．果実は長楕円形で，わずかに翼あり</u>
　　　　　　　　　　　　　　　　　　　　　　　　　　　　　　　　　　　シロガヤツリ　P125

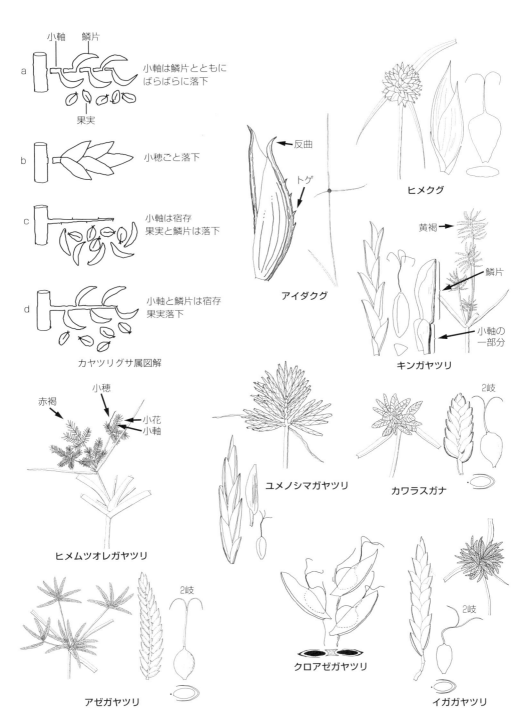

       2. 柱頭3．果実は3稜形．花序はふつう散形に軸を出す
          3. 鱗片は長さ3-3.5mm．小穂は軸の先に数個掌状につく
             4. 鱗片は淡緑色で先は1-1.5mmの芒状　　　　　　　　　　　　　　　　　　　クグガヤツリ ▶
             4. 鱗片は赤褐色で先は芒状にとがらない　　　　　　　　　　　　　　　　　　ハマスゲ ▶
          3. 鱗片は長さ2.5mm以下
             4. 小穂は軸の先に頭状につく
                5. 一年草．鱗片は長さ0.5mm，暗紫色　　　　　　　　　　　　　　　　　　タマガヤツリ ▶
                5. 多年草．鱗片は長さ2mm，緑色
                   6. 葉身は長い．総苞は少ない　　　　　　　　　　　　　　　　メリケンガヤツリ・帰 ▶
                   6. 葉身は鱗片状に退化．総苞は花序よりも長く，多数　　　　　　シュロガヤツリ・帰 ▶
             4. （次にも4あり）小穂は軸の先に3-5個掌状につく
                5. 小穂は緑色．花序基部の苞葉は1枚　　　　　　　　　　　　　　　　　　ヒナガヤツリ ▶
                5. 小穂は褐色．花序基部の苞葉は2枚以上
                   6. 一年草．小穂長3-5mm，幅約1mm　　　　　　　　　ミズハナビ（ヒメガヤツリ）・参 ▶
                   6. 多年草．横にはう地下茎あり．小穂長5-15mm，幅1.5-2mm　　　コアゼガヤツリ ▶
             4. 小穂は軸に穂状につく
                5. 横にはう地下茎あり．小穂のつく軸に刺毛あり．鱗片ははじめ黄褐色，熟すとわら色．花
                   柱はきわめて短い　　　　　　　　　　　　　　　　　　　　　　　　ショクヨウガヤツリ・帰 ▶
                5. 地下茎なし．一年草または越年草
                   6. 果実は鱗片の半長．花柱は長く果体と同長または2倍長．草高1m以上の大形植物
                      7. 小穂は軸に密につき，軸は外から見えない．したがって頭状花序のように見える．鱗
                         片の先は芒状にとがらない．果実は三角柱状長楕円形　　　　　ヌマガヤツリ ▶
                      7. 小穂のつく軸は外から見える．鱗片の先は短芒状．果実は卵状楕円形
                         　　　　　　　　　　　　　　　　　　　　　　　　　　　　　カンエンガヤツリ ▶
                   6. 果実は鱗片と同長．花柱はきわめて短い．草高20-50cm
                      7. 小穂のつく軸に剛毛あり（ミズガヤツリにも毛あり）　　　　　　　ウシクグ ▶
                      7. 小穂のつく軸はなめらか
                         8. 軸や小軸に翼なし．小穂は斜上．鱗片の先は鈍頭　　　　　コゴメガヤツリ P127
                         8. 軸や小軸に翼あり．小穂は開出またはやや開出．鱗片の先は鋭頭
                            9. 小穂はやや開出．小花序は分枝する．鱗片の先はとがるのみ　　カヤツリグサ P127
                            9. 小穂は開出．小花序はふつう分枝しない．鱗片の先は芒状で反曲　チャガヤツリ P127

   C. 小穂の鱗片はらせん状に多数配列
      D. 果実は薄い被膜に包まれる．ふつう3個の柄のない小穂が「品」字状に並ぶ
         ………………………………………………………………………………《ヒンジガヤツリ属》

ヒンジガヤツリ属　*Lipocarpha*
　葉はみな根生葉．茎は束生．小穂は3-4個，2枚ほどの苞葉あり．小穂は鈍頭　　　　ヒンジガヤツリ

      D. 果実は薄い被膜に包まれない
         E. 果実の頂部に突起状の付属体なし ………………………………………《テンツキ属》

テンツキ属　*Fimbristylis*
1. 花柱は細くて縁毛なし．柱頭2-3
   2. 果実は狭長楕円形．柱頭は3
      3. 花柱は3（ときに4）で，熟時長く伸びて鱗片を超えるため，小穂には毛が群がっているように
         見える　　　　　　　　　　　　　　　　　　　　　　　　　　　　　　　トネテンツキ P127
      3. 花柱は2-3で，トネテンツキほど長く飛び出ない　　　　　　　　　　ハタケテンツキ P127

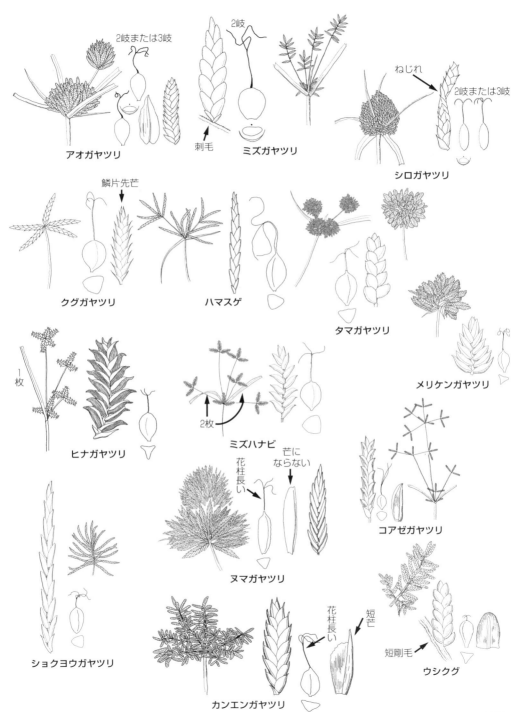

カヤツリグサ科①

```
　　2.果実は倒卵形．柱頭は2-3
　　　3.茎の基部の葉にも葉身がある．柱頭3.果実は3稜形．熟しても黄白色．鱗片には竜骨が発達
　　　　4.一年草．小穂長3-6mm．鱗片長1.5-2mm　　　　　　　ヒメヒラテンツキ（ヒメテンツキ）▶
　　　　4.多年草．小穂長5-8mm．鱗片長2.5-3mm　　　　　　　ノテンツキ　▶
　　　3.茎の基部には葉身のない鞘が2-3個ある
　　　　4.葉は腹背に扁平（一般的な葉）．柱頭2.果実はレンズ形　　　　　　クロテンツキ　▶
　　　　4.葉は左右に扁平（アヤメの葉のつき方）．柱頭3.果実は3稜形　　　ヒデリコ　▶
1.花柱は多少扁平で上部に縁毛あり．柱頭は必ず2個
　　2.小穂の幅2-7mm．鱗片の主脈は竜骨にならないので，小穂は丸く稜はない
　　　3.果実は暗褐色で平滑．小穂はふつう1個．植物全体毛なし　　　　　　ヤマイ　P128
　　　3.果実は熟しても黄白色で格子紋あり．小穂は数個．植物の一部に毛あり　テンツキ　P128
　　2.小穂は幅1-1.5mm．鱗片の主脈は太く竜骨状のため，小穂には稜があるように見える．葉鞘は毛あり
　　　3.花柱基部に長毛あり
　　　　4.鱗片の先は芒状に伸び反曲　　　　　　　　　　　　　　　　　アゼテンツキ　P128
　　　　4.鱗片の先は短芒状，反曲はしない　　　　　　　　　　　　　　メアゼテンツキ　P128
　　　3.花柱基部に長毛なし．鱗片の先は芒状に伸びず，反曲もしない　　　コアゼテンツキ　P128

　　　E.果実の頂部に小さな突起（付属体）が残る　…………………………《ハタガヤ属》
```

ハタガヤ属　*Bulbostylis*

```
　1.花序は散形に軸を出す
　　　　　　　　　　　　　　　　　　　　　　　　　　　　　　　　イトハナビテンツキ　P128
　1.花序は頭状（軸はなし）
　　2.鱗片は濃褐色で先は鋭頭（先は芒状にならず，反曲もしない）　　　　　イトテンツキ　P128
　　2.鱗片は黄褐色で，先は短く芒状に反曲　　　　　　　　　　　　　　　　ハタガヤ　P128


　B.小花に針（トゲ針状花被片）あり
　　C.小穂はごくわずかな小花からなる
　　　D.柱頭の基部は太くならず早落する．小穂は血赤褐色　…………………………《ノグサ属》
```

ノグサ属　*Schoenus*

```
茎の基部は赤褐色．柱頭3.針は6本．海に近いところに分布　　　　　　　　　　ノグサ

　　　D.柱頭の基部は太くなり宿存する．小穂は淡褐色　…………………………《ミカヅキグサ属》
```

ミカヅキグサ属　*Rhynchospora*

```
小花序は葉腋ごとに出る．小穂5-6mm．鱗片は濃褐色．柱頭2.針は6本．針は果実より長い．針は平滑
　　　　　　　　　　　　　　　　　　　　　　　　　　　　　　　　　　コイヌノハナヒゲ
　f.サカゲコイヌノハナヒゲの針は，下向きにザラつく　　　　　　　サカゲコイヌノハナヒゲ　P129

　　C.小穂は多数の小花からなる
　　　D.果実の頂に円錐状の付属体（柱基）はない．茎の頂端に小穂多数
　　　　E.小穂長6mm以下．鱗片長2-3mm．果実は淡色．果実長0.7-1.3mm．針は果実より著しく長い．
　　　　葉身は発達　………………………………………………………………………《アブラガヤ属》
```

アブラガヤ属　*Scirpus*

```
　1.小穂は1-3個ずつ集まって小花序をつくり，さらに大形の円錐花序をつくる．花序の軸はざらつく．
　　針6本　　　　　　　　　　　　　　　　　　　　　　　　　　　　　　　アブラガヤ　P129
　　　f.アイバソウは，小穂が1個ずつで大形の円錐花序をつくる．針6本　　　　アイバソウ　P129
　1.小穂は数個-20個が球状に集まって小花序をつくる．花序の軸は上部だけざらつく
　　2.小穂の鱗片は幅0.7mm．球状の小花序が多数集まって円錐花序をつくる．針5-6本　マツカサススキ　P129
```

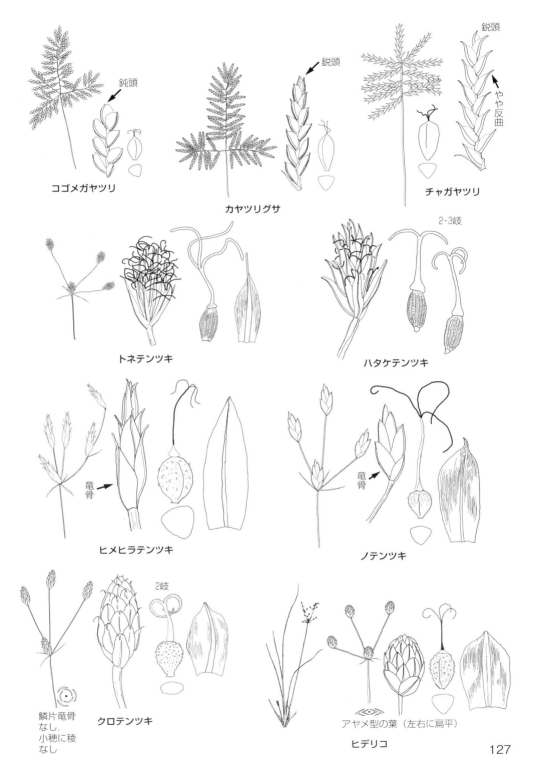

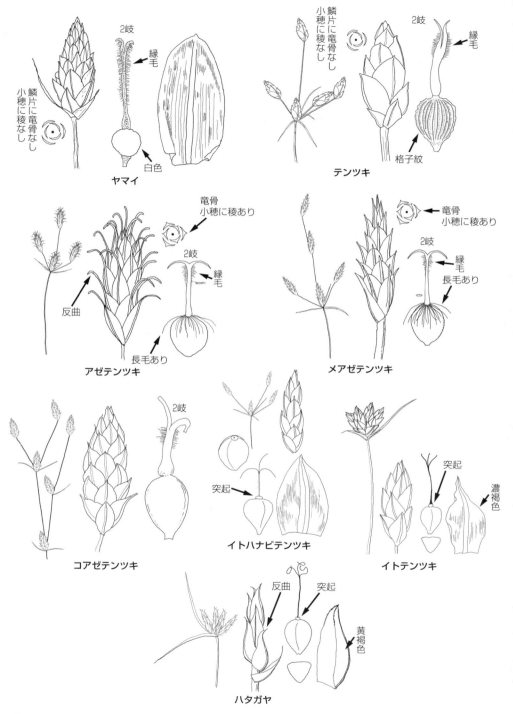

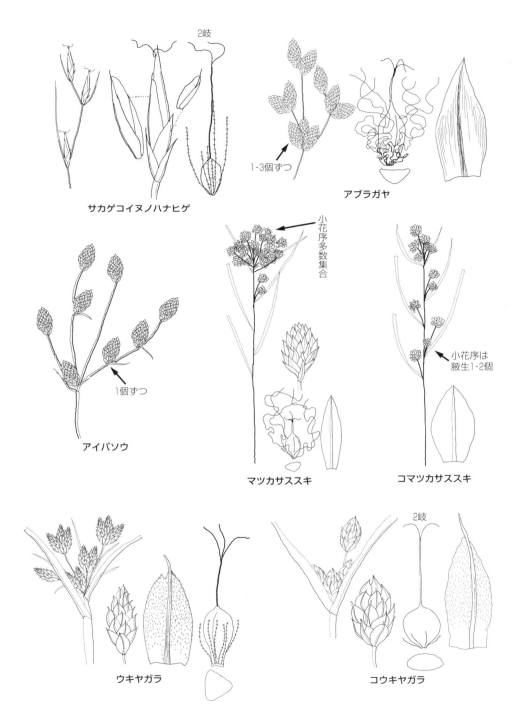

カヤツリグサ科①

  2. 小穂の鱗片は幅が1-1.3mm．球状の小花序は頂生のものが数個，腋生のものが1-2個と少ない．針
   6本　　　　　　　　　　　　　　　　　　　　　　　　　　　　　　　　　コマツカサススキ　P129

  E. 小穂長7mm以上．鱗片長4mm以上．果実は褐色〜暗褐色で光沢あり．果実長1.7mm以上．針は
   太く果実より短いか同長
   F. 小穂の鱗片は細毛密生．鱗片長7-9mm．葉身は発達．花序はふつう頂生し葉状の苞葉あり
                      ……………………………《ウキヤガラ属》

ウキヤガラ属　*Bolboschoenus*

1. 柱頭3．果実は3稜形．花序は散形で軸は長い．針6本　　　　　　　　　　　　　　　ウキヤガラ　P129
1. 柱頭2．果実はレンズ形．小穂は1-数個を頭状につけ，花序の軸はないかあっても短い．針は脱落性
  で0-4本　　　　　　　　　　　　　　　　　　　　　　　　　　コウキヤガラ（エゾウキヤガラ）　P129

   F. 小穂の鱗片は毛なし．鱗片長3-5mm．葉身は発達せず，たとえあっても数cm以下（シズイ
    は葉身ややあり）．1個の苞葉が茎に連続して直立するので花序は側生状　…《フトイ属》

フトイ属　*Schoenoplectus*

1. 茎は鋭3稜形
  2. 長くはう地下茎あり．花序は軸あり．柱頭は2．果実はレンズ形．針3-5本　　　　　サンカクイ　▶
  2. 茎は束生し地下茎は短い．花序は球状．柱頭3．果実は3稜形．針5-6本
   3. 小穂は鋭頭．鱗片は竜骨が膨らまないで密着する．茎は翼なし．果実に光沢あり．針は果実の
    1.5倍長　　　　　　　　　　　　　　　　　　　　　　　　　　　　　　　カンガレイ　▶
   3. 小穂は鈍頭．鱗片は竜骨が膨らみゆるくつく．茎に幅1mm位の翼あり．果実にはしわがあって
    光沢は弱い．針は果実と同長　　　　　　　　　　　　　　　　　　　タタラカンガレイ　▶
1. 茎は丸い，または数個の稜あり
  2. 花序は多数の軸あり．茎は丸く径8mm以上．針4-6本．柱頭2　　　　　　　　　　フトイ　▶
  2. 小穂は1-数個で軸はない
   3. 長くはう地下茎あり．小穂は1本の茎にふつう1個．柱頭2．針4-5本　　　　　ヒメホタルイ　▶
   3. 茎は束生．地下茎は短い．小穂は1本の茎に複数
    4. 針は果実の2倍長．柱頭2．果実はレンズ形．針4本　　　　　　　　　タイワンヤマイ　▶
    4. 針は果実と同長やや短い．針5-6本
     5. 茎径1-2mm．稜は不明．柱頭3．果実は3稜形　　　　　　　　　　　　　ホタルイ　▶
     5. 茎径1.5-5mm．茎に稜あり．柱頭2．さらに小さい柱頭1が加わることあり．果実はレンズ形
                          イヌホタルイ　▶

  D. 果実の頂に花柱基部が肥厚して円錐状となった付属体（柱基）が残る．茎の頂端に小穂1個のみ
                      ………………………………………《ハリイ属》

ハリイ属　*Eleocharis*

1. 茎は中空で，ところどころに隔膜あり．小穂の径は茎の径とほぼ同じ．鱗片の先は鈍く，淡緑色-
 黄緑色．針5-7本．柱頭2　　　　　　　　　　　　　　　　　　　　　　　　　　　クログワイ　▶
1. 茎に隔膜なし．小穂は明らかに茎よりも太い
  2. 柱頭2．果実はレンズ形．長い走出枝を出す
   3. 小穂の最下1枚の鱗片には花がなく，鱗片のみ．柱基はきわめて大きく果実と同じ幅
    4. 針4本　　　　　　　　　　　　　　　　　　　　　　　　　　　　　　　ヒメハリイ
    4. 針なし　　　　　　　　　　　　　　　　　　　　　　　　　　　クロハリイ・参　▶
   3. 小穂の最下2-3枚の鱗片には花がなく，鱗片のみ．柱基は果実より幅が狭い
    4. 茎に稜がある　　　　　　　　　　　　　　　　　　　　　　　スジヌマハリイ・参　▶
    4. 茎は丸くてなめらか

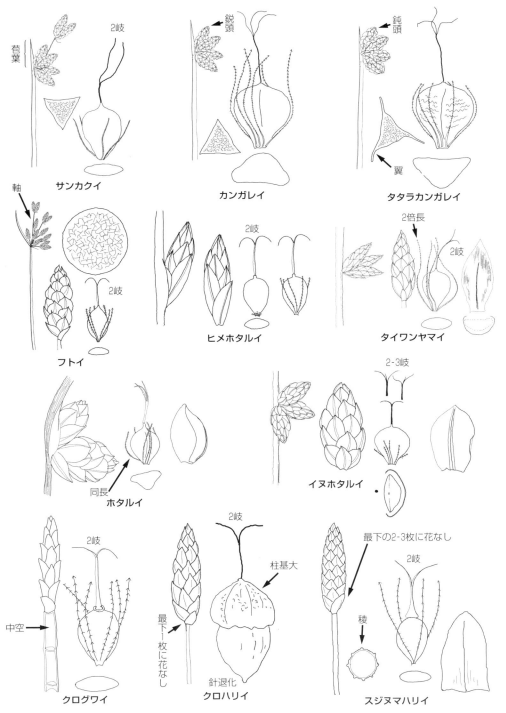

カヤツリグサ科①、カヤツリグサ科②

図
```
        5. 針5-6本                                                    オオヌマハリイ（ヌマハリイ）  ▶
        5. 針4本                                                      コツブヌマハリイ              ▶
  2. 柱頭3. 果実は3稜形
      3. 草高5cmほど. 細長い走出枝あり. 小穂の鱗片は数個. 果実に格子紋あり. 針3-4本
                                                                      マツバイ                      ▶
      3. 草高10cm以上. 束生し走出枝はない. 小穂は多数の鱗片からなる. 果実は平滑. 針6本
        4. 針は密に羽毛状. ふつう茎は四角. 柱基は長円錐状              シカクイ                     ▶
        4. 針は糸状で下向きのトゲあり，または平滑
          5. 柱基の幅は果実幅の3/4-4/4. 柱基は扁平な円錐状. 茎に3-6稜あり. 芽生しない. 針は果実
             よりもやや短く平滑またはやや逆粗渋. 草高30-40cm. 小穂長7-12mm, 幅3-4mm. 鱗片長2.5
             mm. 果実は柱基を除いて長さ1mmほど                        セイタカハリイ                ▶
          5. 柱基の幅は果実幅の1/2-1/3. 柱基は長円錐状. 茎は丸く稜は不明
            6. 針は果実とほぼ同長. 芽生しない. 果は濃褐赤色. 小穂は10花以下  エゾハリイ           ▶
            6. 針は果実の1.5-2倍長. 芽生あるかも. 果は黄褐色. 小穂は20花以上
              7. 草高20-30cm. 小穂長6-8mm, 幅2.5-2.8mm. 鱗片長2mm. 果実は柱基を除いて長さ1mm
                                                                      オオハリイ                    ▶
              7. 草高5-20cm. 小穂長3-4mm, 幅1.5-2mm. 鱗片長1-1.5mm. 果実は柱基を除いて長さ0.7mm
                                                                      ハリイ                        ▶
```

被子033　カヤツリグサ科②（スゲ属　*Carex*）　(P120)

花は単性花. 雌花と雄花は同じ株についたり（雌雄同株），つかなかったりする（雌雄異株）　…《スゲ属》
A. 小穂は茎の頂に1個しかない
　B. 果胞は毛あり ………………………………………………………………………《ヒナスゲ節》
ヒナスゲ節
```
  1. 雌雄同株. 1本の花茎の先に雄小穂，下に雌小穂あり                  サナギスゲ                    ▶
  1. 雌雄異株. 雌株と雄株は分かれる                                   ヒナスゲ                      ▶
```

　B. 果胞は毛なし
　　C. 熟しても果胞は直立のまま. 果胞長5-6mm …………………………《シラコスゲ節》
シラコスゲ節
```
  山間・谷津の水湿地に生える. 葉幅2-3mm                              シラコスゲ                    ▶
```

　　C. 熟すと果胞は開出したり反転する. 果胞長4mm以下 ………………《ハリスゲ節》
ハリスゲ節
```
  1. 葉の幅は1.5-2.5mm. 果胞は細脈が多数あり，果を密に包む          ヒカゲハリスゲ                ▶
  1. 葉は幅は1.5mm以下
    2. 小穂長3-6mm. 果胞の脈は稜を除き無脈. 果を密に包む              コハリスゲ                    ▶
    2. 小穂長5-20mm. 果胞には太い脈があり，膨らんで果をゆるく包む
      3. 果胞は小さく長さ1.5-2mm. 小穂は長さ10-20mmでハリガネスゲに比べれば細長い形
                                                                      マツバスゲ                    ▶
      3. 果胞の長さは2.5-3mm. 小穂は長さ5-10mmでマツバスゲに比べればずんぐり形　ハリガネスゲ      ▶
```

A. 小穂は2個以上あり，花序の形状はさまざま
　B. 花序は穂状（小穂は無柄）で，小穂の基部に前葉がない
　　C. 小穂はいずれも雄雌性（先端♂，基部♀）
　　　D. 長い根茎があり，ところどころから茎が立つ …………………《クロカワズスゲ節》

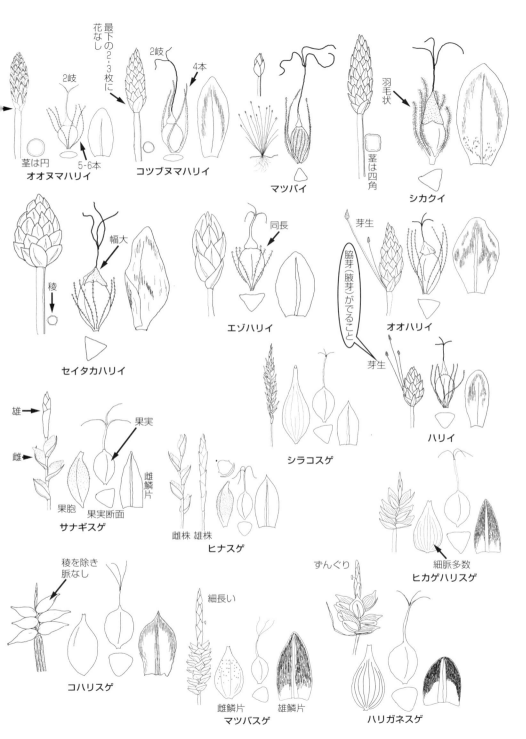

カヤツリグサ科②

クロカワズスゲ節	
果胞は扁平で，ふちは2稜となる．レンズ状果	クロカワズスゲ ▶

　　　　D. 根茎は短いため地際で群がって株状になる ……………………………《ミノボロスゲ節》

ミノボロスゲ節	
果胞は扁平で，ふちは狭い翼をもつ．レンズ状果	
1. 苞葉は花序より長い．葉と花序はほぼ同じ高さ．果胞のふちは上半分に広い翼がある	ミコシガヤ ▶
1. 苞葉は花序より短い．葉は花序よりも高くなる．果胞のふちはやや翼状．葉鞘前面にしわ	ナガバアメリカミコシガヤ・帰 ▶

　　　C. 小穂はいずれも雌雄性（先端♀，基部♂）
　　　　D. 小穂基部の雄花は明らか．果胞基部は肥厚し，その肥厚部はスポンジ状 …《カワズスゲ節》

カワズスゲ節	
全体に大きく高さ30-50cm．果胞長4-5mm．苞葉は短くトゲ状	ヤチカワズスゲ ▶

　　　　D. 小穂基部の雄花は見落としがち．果胞基部は肥厚しない
　　　　　E. 苞葉は長く，最下の苞葉は小穂よりも長い
　　　　　　F. 柱頭は3．果胞は扁平だが3稜果 ……………………………………《マスクサ節》

マスクサ節	
平地の路傍や草地にふつうに生育．果胞扁平のためレンズ状果と見誤る危険あり	マスクサ ▶

　　　　　　F. 柱頭は2．レンズ状果 ……………………………………………………《ヤブスゲ節》

ヤブスゲ節	
1. 果胞は卵状披針形で，ふちの翼は顕著でない．小穂は細長い	ヤブスゲ ▶
1. 果胞は幅広く広卵形で，幅の広い翼がある．小穂は楕円状	タカネマスクサ ▶

　　　　　E. 苞葉は短く小穂と同じ長さかそれ以下．小穂はミコシガヤのように茎端に密集する
　　　　　　 ………………………………………………………………………………《ヤガミスゲ節》

ヤガミスゲ節	
花序の長さは3-6cm．果胞は熟すと開出ぎみとなる	ヤガミスゲ ▶

　B. 花序は円錐状，または総状（小穂に柄がある．柄がごく短いこともある）．小穂の基部に前葉がある
　　　C. 円錐状花序．小穂は雄雌性（先端♂，基部♀）………………………《アブラシバ節》

アブラシバ節	
砂礫地に生育．根生葉のみ．花序は粘る	アブラシバ ▶

　　　C. 総状花序（小穂に柄がある．柄がごく短いこともある）
　　　　D. 柱頭は2．レンズ状果
　　　　　E. 苞葉には鞘がある ……………………………………………………《ナキリスゲ節》

ナキリスゲ節	
側小穂は雄雌性（先端♂，基部♀）．秋咲き．匍匐枝は出さない	ナキリスゲ ▶

　　　　　E. 苞葉には鞘がない
　　　　　　F. 果胞のふちはトゲ状にざらつく，またはなめらか ……………《アゼスゲ節》

アゼスゲ節	
1. 雌鱗片は色濃く黒紫色〜赤紫色	

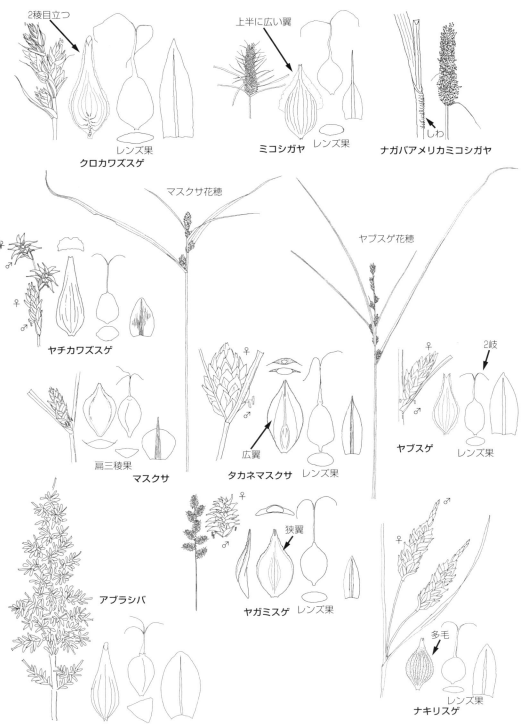

```
      2. 果胞の口部は2裂
         3. 果胞のふちはトゲ状にざらつく．くちばしは長く，口部は鋭く2裂              タニガワスゲ    ▶
         3. 果胞のふちはなめらか．くちばしは短く，口部は小さく2裂                   ヤマアゼスゲ    ▶
      2. 果胞の口部は全縁で丸い
         3. 雌鱗片は果胞より短く鈍頭．果胞の脈は稜を除き無脈．くちばしは発達しない   ヌマアゼスゲ    ▶
         3. 雌鱗片は果胞と同長かやや短く鋭頭．果胞に細脈がある．きわめて短いくちばしがある
                                                                                  アゼスゲ      ▶
  1. 雌鱗片は淡色で緑白色～淡褐色
      2. 果胞は乳頭状の突起に包まれる（ホシナシゴウソを除く）
         3. 頂小穂は雌雄性（先端♀，基部♂）．雌鱗片の先は凹頭芒端．根元の葉鞘に葉身がある
                                                                                  アゼナルコ    ▶
         3. 頂小穂は雄性
            4. 小振り．雌小穂の幅は3-4mm．果胞長2.5-3.5mm       ヒメゴウソ（アオゴウソ） ▶
            4. 大振り．雌小穂の幅は5-7mm．果胞長3.5-5mm                              ゴウソ       ▶
              v. ホシナシゴウソは，果胞に乳頭状の突起がない．まれ                  ホシナシゴウソ
      2. 果胞に乳頭状突起はなく，なめらか
         3. 果胞は果を密に包む．くちばしは長い
            4. 植物体全体はしなやかで，ざらつかない                                 カワラスゲ    ▶
            4. 植物体はかたく，全体的にざらつく                                    オタルスゲ    ▶
         3. 果胞は膨らみ，果をゆるく包む．くちばしは短い
            4. 小穂は直立する．またはやや傾く                                       トダスゲ    P138
            4. 小穂は下垂するか，点頭する
               5. 葉鞘前面に糸網を生じない．背面に稜はない．根元の葉鞘に葉身がない   アズマナルコ P138
               5. 葉鞘前面に糸網を生じる．背面に稜がある．著しくざらつく           テキリスゲ  P138


         F. 果胞のふちに沿って毛がある ……………………………………………《タヌキラン節》
タヌキラン節
  1. 果胞は有柄．果胞のふちと柄に軟毛がある．口部は短い2歯                          タヌキラン   P138
  1. 果胞は柄なし．果胞全体に毛がある．口部は針状に鋭く2裂し，長い花柱は宿存       コタヌキラン P138


      D. 柱頭は3．果は3稜果
         E. 頂小穂は雌雄性（先端♀，基部♂）．側小穂は雌性．苞葉は鞘なし ……《クロボスゲ節（1）》
クロボスゲ節（1）
  鱗片は黒紫色．くちばしは発達せず，口部は全縁                                    ヒラギシスゲ  P138


         E. 頂小穂は雄性，または雌雄性（先端♂，基部♀）
            F. 側小穂はすべて雄雌性（先端♂，基部♀）
               G. 葉はしなやか
                   H. きわめて長いくちばしがある ……………………………《ミヤマジュズスゲ節》
ミヤマジュズスゲ節
  小穂はみな雄雌性．果胞の口から枝が出ることがあって，その枝に小穂がつく    ミヤマジュズスゲ P138


                   H. くちばしは発達しない ………………………………………《タガネソウ節》
タガネソウ節
  小穂はすべて雄雌性(先端♂，基部♀)，茎や葉は無毛または有毛であるが，果胞は無毛   タガネソウ  P138
```

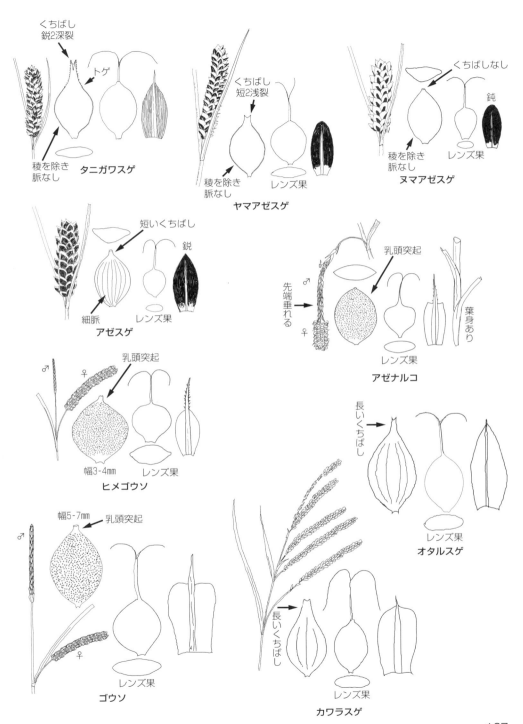

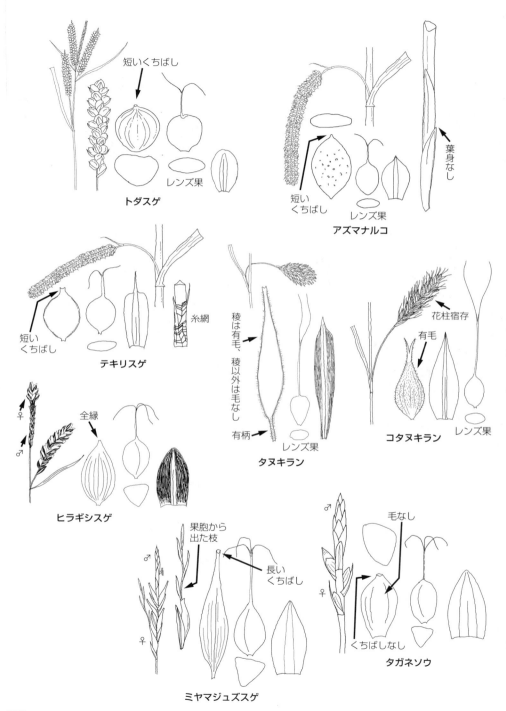

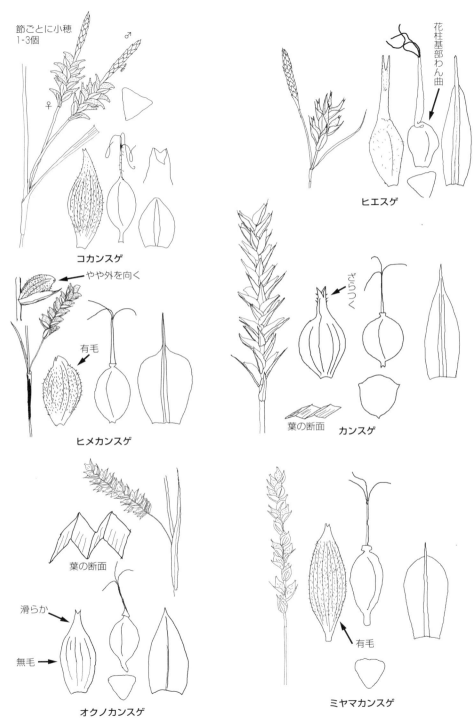

カヤツリグサ科②

　　　　　G. 葉はかたい．側小穂は柄が長く，下垂する傾向がある ……………《コカンスゲ節》

コカンスゲ節
　　匍匐枝を伸ばし，葉は下向きに強くざらつき．節ごとに1-3個の小穂がつく　　　　**コカンスゲ**　P139

　　　　F. 下方の側小穂はみな雌性（まれに雄花が混じることもある）
　　　　　G. 頂小穂のみが雄性で，その下の側小穂はすべて雌性
　　　　　　H. 果の頂部に付属体（わん曲，盤状，環状，くちばし状の突起）がある
　　　　　　　 I. 果胞はやや大きく長さ5-8mm．花柱の基部はわん曲する　…………《ヒエスゲ節》

ヒエスゲ節
　　地際で群がって株状．匍匐枝はない．根元の葉鞘は淡褐色で，繊維状に細裂　　　　**ヒエスゲ**　P139

　　　　　　　 I. 果胞は小さく長さ5mm以下．果の頂部には盤状，環状，くちばし状の突起がある
　　　　　　　　………………………………………………………………………《ヌカスゲ節》

ヌカスゲ節
1. 常緑性で葉はかたい．葉幅は広く3-15mm以上
　2. 雌小穂は多数の果胞からなり円柱状
　　　3. 果胞は有毛　　　　　　　　　　　　　　　　　　　　　　　　　　　　**ヒメカンスゲ**　P139
　　　3. 果胞は毛なし
　　　　4. 密に地際で群がって株状になる．匍匐枝はない．葉の2脈は著しくない．果胞のくちばしの
　　　　　ふちはざらつく　　　　　　　　　　　　　　　　　　　　　　　　　　　**カンスゲ**　P139
　　　　4. 匍匐枝を伸ばす．葉の上面2脈は著しく断面はＭ型．果胞のくちばしのふちは平滑
　　　　　　　　　　　　　　　　　　　　　　　　　　　　　　　　　　　　オクノカンスゲ　P139
　2. 雌小穂はまばらな果胞からなり細い．果胞は有毛
　　　3. 葉のふちは基部近くで下向きにざらつく．果胞のくちばし部がやや開出する．葉幅2-6mm
　　　　　　　　　　　　　　　　　　　　　　　　　　　　　　　　　　　ヒメカンスゲ（再掲）　P139
　　　3. 葉のふちは平滑または上向きにややざらつく．果胞のくちばし部は開出しない．葉幅5-10mm
　　　　　　　　　　　　　　　　　　　　　　　　　　　　　　　　　　　ミヤマカンスゲ　P139
1. 葉は明らかな常緑性ではなくやわらかい．葉幅狭く3mmよりも細い
　2. 側小穂は茎の全体に散らばってつく
　　　3. 葉や葉鞘に毛が開出する．果胞は有毛　　　　　　　　　　　　　　　　　**ケスゲ**　▶
　　　3. 葉や葉鞘は毛なし
　　　　4. 果胞に密毛あり，根元の葉鞘は色濃く褐色〜濃褐色
　　　　　5. 根元の葉鞘は濃褐色〜黒褐色．匍匐枝を出さない　　　　　　　　**ヤマオイトスゲ**　▶
　　　　　5. 根元の葉鞘は褐色．匍匐枝を出す　　　　　　　　　　　　　　　　**ホンモンジスゲ**　▶
　　　　4. 果胞は無毛またはまばらに短毛あり．根元の葉鞘は白〜淡褐色
　　　　　5. 葉幅1.5mm以上
　　　　　　6. 苞葉は長く小穂と同長，または小穂より長い．根元の葉鞘は白色．雄鱗片は淡緑色
　　　　　　　　　　　　　　　　　　　　　　　　　　　　　　　　　　　　　シロイトスゲ　▶
　　　　　　6. 苞葉はトゲ状で小穂よりも明らかに短い．根元の葉鞘は淡黄褐色．雄鱗片は淡黄褐色
　　　　　　　　　　　　　　　　　　　　　　　　　　　　　コイトスゲ（ゴンゲンスゲ）　▶
　　　　　5. 葉幅1mm以下．根元の葉鞘は淡褐色
　　　　　　6. 葉は内巻きし，その幅は0.3-1mm．苞葉は小穂と同長または小穂より長い　**イトスゲ**　▶
　　　　　　6. 葉は内巻しない．その幅は0.2-0.4mm．苞葉は短くトゲ状　　　　　**ハコネイトスゲ**　▶
　2. 雌小穂は茎の上部に集まる．最下の小穂だけは根生することもある
　　　3. まばらに単立．雌鱗片は緑白色　　　　　　　　　　　　　　　　　　　　**シバスゲ**　▶
　　　3. 地際に群がって株状．雌鱗片は緑色〜緑白色
　　　　4. 雄鱗片は軸を強く抱いたり，雄鱗片の基部が合生して筒状　　　　　　　**モエギスゲ**　▶

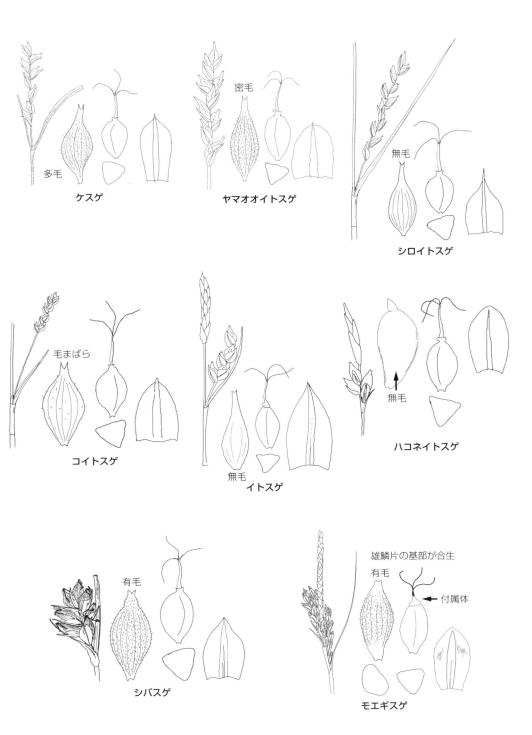

カヤツリグサ科②

```
    4. 雄鱗片は軸を抱くことはない
        5. 果の面にへこみがある．乾燥すると植物体全体が黒ずむ                    クサスゲ ▶
        5. 果の面にへこみはない．乾燥しても黒ずむことはない
            6. 果胞にはほとんど毛がないか，わずかに有毛．根ぎわの鞘の褐色部は長く目立つ．根生
               する小穂をつけることがある
                7. 雌花の鱗片に芒はなく，苞葉の葉身はトゲ状                    ヌカスゲ ▶
                7. 雌花の鱗片に芒があり，苞葉の葉身は葉状                   ノゲヌカスゲ ▶
            6. 果胞には確かに毛がある．根ぎわの鞘の褐色部は短く目立たない
                7. 果胞には太く隆起した脈が目立つ                         オオアオスゲ ▶
                7. 果胞の脈は著しいほどにはならない
                    8. 根生する小穂はつけない
                        9. 小穂は多数花（20個くらい）．苞葉は長い．雌鱗片には長芒あり     アオスゲ ▶
                        9. 小穂は少数花（10個以下）．苞葉は短い．雌鱗片には短芒あり   イトアオスゲ ▶
                    8. 根生する小穂をつけることが多い
                        9. 葉は直立する．雌鱗片には長芒あり                    メアオスゲ ▶
                        9. 葉は地面にロゼット状に開出する．雌鱗片には短芒あり    ニイタカスゲ ▶

   H. 果の頂部に付属体はない
       I. 果胞は有毛
           J. 苞葉に鞘はない ………………………………………………《ヒメスゲ節》
```

ヒメスゲ節

　果胞のくちばしは短い．根元の葉鞘は赤紫色で，繊維状に分解　　　　　　　　　　　ヒメスゲ　P144

```
           J. 苞葉は長い鞘がある
               K. くちばしは発達しない ………………………………………《ヒカゲスゲ節》
```

ヒカゲスゲ節

1. 植物体全体に軟毛を密生　　　　　　　　　　　　　　　　　　　　　　　　　　アズマスゲ　P144
1. 茎や葉に毛はない
   2. 小穂はほとんど根際にある（茎が葉より著しく低い）　　　　　　　　　ホソバヒカゲスゲ　P144
   2. 小穂をつける茎は今年の葉よりも高い（去年の葉と比較しないこと）　　　　　ヒカゲスゲ　P144

```
               K. 長いくちばしがある ……………………………………………《イワカンスゲ節》
```

イワカンスゲ節

　まばらに地際で群がる．匍匐枝がある．口部は鋭い2歯．最下雌小穂はときに根生
　　　　　　　　　　　　　　　　　　　　　　　　　ツクバスゲ（ナガミショウジョウスゲ）　P144

```
       I. 果胞はふち以外無毛
           J. 果胞は微細な乳頭状突起で覆われる ……………………………………《タチスゲ節》
```

タチスゲ節

　苞葉は鞘がある．葉は白みかかった緑色　　　　　　　　　　　　　　　　　　　　タチスゲ　P144

```
           J. 果胞には乳頭状の突起がない
               K. 苞葉には鞘がない（きわめてわずかに鞘があることもある）
                   L. 果胞は扁平（柱頭3ではあるが果胞は扁平）…………《クロボスゲ節（2）》
```

クロボスゲ節（2）

　頂小穂は雄性．雌鱗片は短く果胞の1/3長くらい　　　　　　　　　　　　　　　　ナルコスゲ　P144

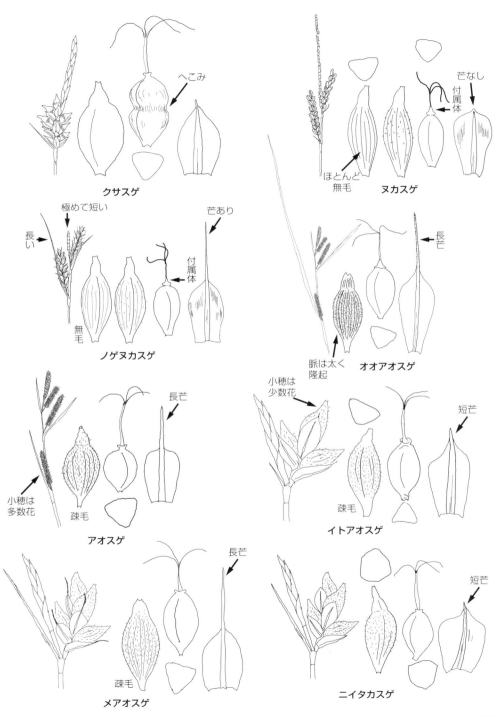

カヤツリグサ科②

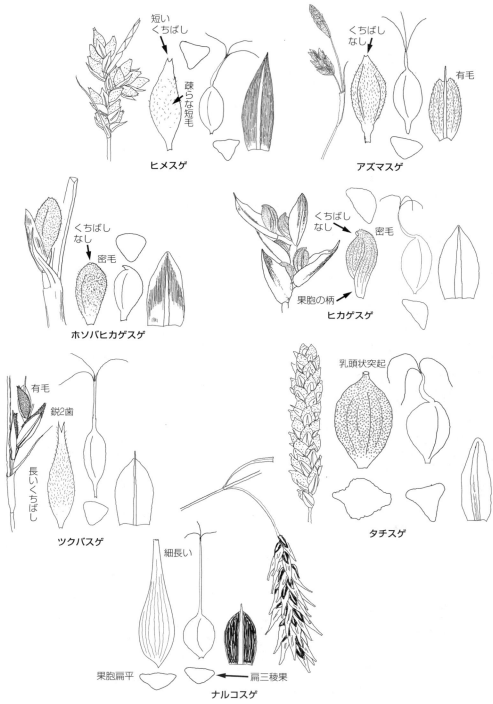

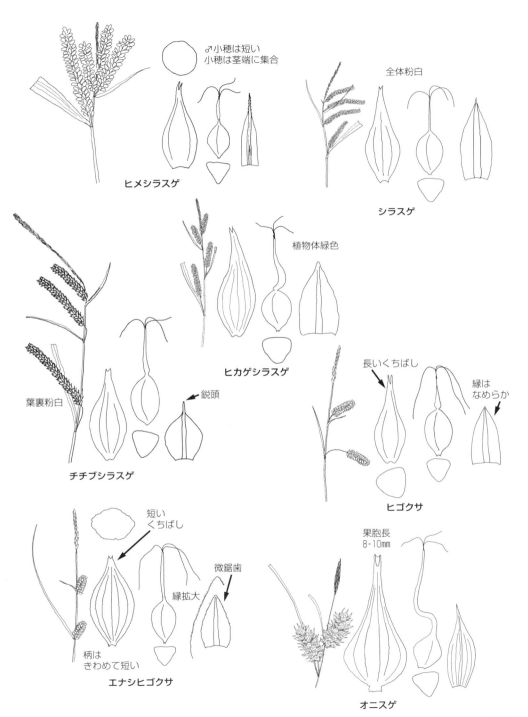

カヤツリグサ科②

```
                    L. 果胞の断面は丸く扁平にはならない
                       M. 地下茎あるいは匍匐枝が出る
                          N. 果胞は乾燥しても黒ずまない
                             O. 果胞は小振りで3-4mm  ………………《ヒメシラスゲ節》
```

ヒメシラスゲ節
- 1. 小穂全体が茎の頂端に群がる．頂小穂はそのすぐ下の側小穂よりも短い　　　**ヒメシラスゲ**　P145
- 1. 小穂はややばらける．頂小穂はそのすぐ下の側小穂と同じ長さか長い
  - 2. 葉幅は広く5-10cm．雌小穂は長く3-6cm
    - 3. 植物体全体が白みがかった緑色．葉裏に乳頭状突起あり　　　**シラスゲ**　P145
    - 3. 植物体全体はみずみずしい緑色．葉裏に乳頭状突起なし　　　**ヒカゲシラスゲ**　P145
      - v. チチブシラスゲは，葉の裏が粉白　　　**チチブシラスゲ**　P145
  - 2. 葉幅は狭く3mm前後．雌小穂は短く2cm以下
    - 3. 雌小穂に長い柄があり横を向く．雌鱗片のふちはなめらか．くちばしは長い　　　**ヒゴクサ**　P145
    - 3. 雌小穂の柄はきわめて短く直立．雌鱗片のふちに沿って毛状突起がある．くちばしは短い
      　　　エナシヒゴクサ　P145

```
                             O. 果胞は大きく長さ10mm  ………………《オニナルコスゲ節（1）》
```

オニナルコスゲ節（1）
- 果胞は大きく長さ8-10mm．くちばしは細長く，熟すと膨らむ　　　**オニスゲ**　P145

```
                          N. 果胞は乾燥すると黒ずむ  ………………《ミヤマシラスゲ節（1）》
```

ミヤマシラスゲ節（1）
- 長い地下茎があり大きな群落をつくる．苞葉に鞘はない
- 1. 葉は下面は白みがかる．果胞は熟すと著しく膨らみ，小穂はパイナップル状になる　**ミヤマシラスゲ** ▶
- 1. 葉は緑色．果胞は熟しても膨らむことはない
  - 2. 果胞は小振りで，長さ3-4mm　　　**カサスゲ** ▶
  - 2. 果胞は大きく，長さ10-12mm　　　**ウマスゲ** ▶

```
                       M. 地際に群がって株状になる．匍匐枝はない ………《クグスゲ節》
```

クグスゲ節
- 雌小穂は試験管ブラシ状．果胞は細長く7-9mm．口部は2深裂し，裂片は開出する　　　**ジョウロウスゲ** ▶

```
                    K. 苞葉には長い鞘がある
                       L. 小穂に長い柄があって下垂する．小穂は数個の果胞がばらばらにつく
                          ………………………………………………《タマツリスゲ節（1）》
```

タマツリスゲ節（1）
- 根元の葉鞘は赤褐色
- 1. 雄小穂の柄は短く，すぐ下の雌小穂とつながる．根元の葉鞘は赤褐色部が多い　　　**タマツリスゲ** ▶
- 1. 雄小穂の柄は長く，すぐ下の雌小穂とは離れている．根元の葉鞘に赤褐色部はあまりない
  　　　オオタマツリスゲ ▶

```
                       L. 小穂の柄は短く直立，または斜上
                          M. 果胞は乾燥しても黒ずむことはない ………《タマツリスゲ節（2）》
```

タマツリスゲ節（2）
- 植物体全体が緑〜緑白色．雌小穂は数個の果胞がまとまってつく　　　**コジュズスゲ** ▶

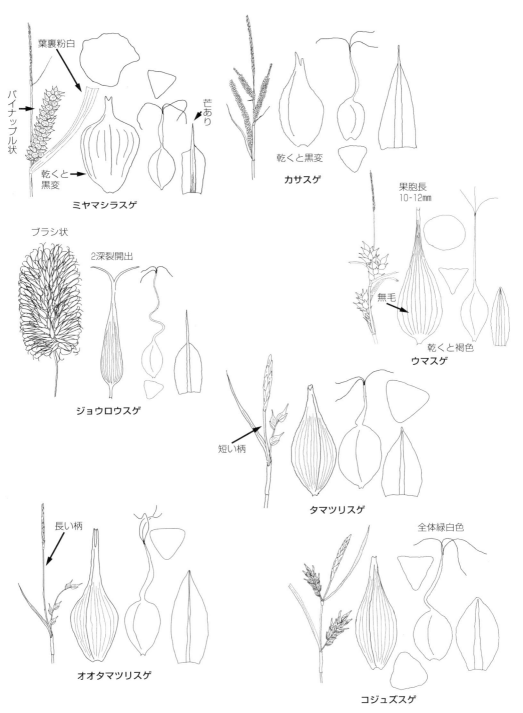

カヤツリグサ科②、イネ科

M. 果胞は乾燥すると黒ずむ	
N. 果胞は熟すと開出する．雌鱗片には長い芒があり果胞と同長 ……《ミヤマシラスゲ節（2）》	

ミヤマシラスゲ節（2）
地際で群がって株状．苞葉に鞘がある
- 1. くちばしは長い．果胞長4.5-6mm　　　　　　　　　　　　　　　　　　　**ヤワラスゲ** ▶
- 1. くちばしは短い．果胞長3-3.5mm　　　　　　　　　　　　　　　　　　　**アワボスゲ** ▶

　　　　　N. 果胞は熟しても開出することはない．雌鱗片は短く果胞の半長以下で，
　　　　　　　鈍頭または鋭頭 ………………………………………………《ジュズスゲ節》

ジュズスゲ節
基部の葉鞘は葉身がなく，暗赤色が目立つ　　　　　　　　　　　　　　　　　　**ジュズスゲ** ▶

　　　G. 頂小穂を含め上方の2-3個の小穂は雄性．下方はすべて雌性．苞葉に鞘はない
　　　　　H. 果胞は無毛 ………………………………………………《オニナルコスゲ節（2）》

オニナルコスゲ節（2）
果胞長6-8mm　　　　　　　　　　　　　　　　　　　　　　　　　　　　　**オニナルコスゲ** ▶

　　　　　H. 果胞は有毛 ……………………………………………………《ビロードスゲ節》

ビロードスゲ節
雌小穂は互いに離れる．果胞全体密毛　　　　　　　　　　　　　　　　　　　**ビロードスゲ** ▶

被子034　イネ科（*POACEAE・GRAMINEAE*）イネ科（大分類）　(P152)

小さな花が集まって「小穂」と呼ぶ花序を構成する．花の一つ一つを小花という．小穂の軸につく小花は，軸の外側に護穎，内側に内穎があり，それらに包まれて一般には雄しべ3，雌しべ2があり，雌しべの先は毛筆状．小穂の最下には雄しべ・雌しべを持たない第一苞穎，第二苞穎がある

A. 木本（タケ・ササ類） ………………………………………………イネ科①タケ・ササ類
A. 草本（一・二年草，多年草）
　B. 特徴の目立つイネ科草本
　　C. 大形草本，雌株と雄株がある．雌小穂には白い絹毛が密生する ……《シロガネヨシ属》

シロガネヨシ属　*Cortaderia*
花序全体は真っ白で，縁日で見られる綿あめのイメージ　　**シロガネヨシ（パンパスグラス）・逸** ▶

　　C.（次にもCあり）大形草本，稈の頂端に雄花序，稈の節に雌花序がつく ……《トウモロコシ属》

トウモロコシ属　*Zea*
栽培穀物・ひげ束の1本1本は雌しべの柱頭　　　　　　　　　　　　　　　**トウモロコシ・栽** ▶

　　C.（次にもCあり）花序は径3.5cmの試験管ブラシ状（P174参照）………《チカラシバ属》

チカラシバ属　*Pennisetum*
花序の形状はエノコログサに似ているが，本種の小穂の基部にある毛には小刺針なし　**チカラシバ** ▶

　　C.（次にもCあり）対生する花序枝はT字状に開出する．柄のある小穂には芒がなく，柄のない
　　　小穂には長芒がある ………………………………………………………《オガルカヤ属》

オガルカヤ属　*Cymbopogon*
平開するT字状部分は花序枝2本（小穂2個ではない）．その長さは各1.5-2cm　　**オガルカヤ** ▶

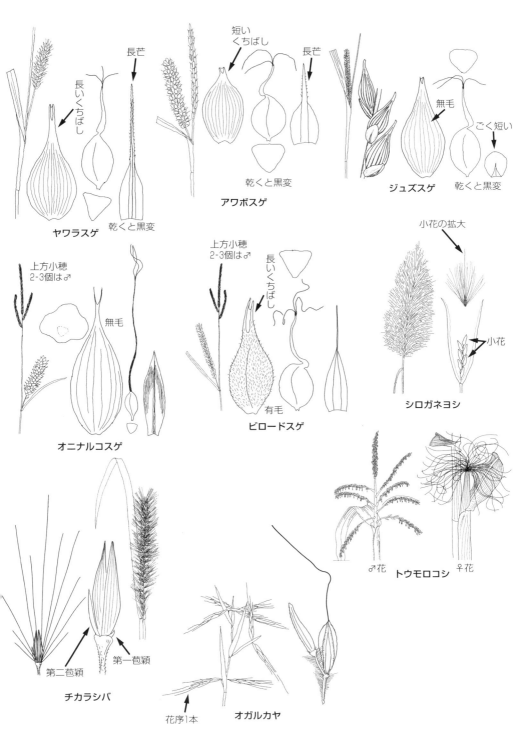

イネ科

　　C．（次にもCあり）枝先に2-5cmの総苞があり，その中に多くの小穂がまとまって包まれる
　　　・・《メガルカヤ属》

メガルカヤ属　*Themeda*
　小枝の先に太い芒数本が束になってつく．1本の芒にも6個の小穂が集まる　　　　　　　　メガルカヤ ▶

　　C．（次にもCあり）花序は球状で長芒に覆われる．花序の周辺部にある小穂は穎片のみ
　　　・・・《クシガヤ属》

クシガヤ属　*Cynosurus*
　花序の中心に果実ができる無柄小穂があり，周囲に穎片だけからなる小穂がある　　　ヒゲガヤ・帰 ▶

　　C．（次にもCあり）ふさの軸の先端部はとがり，小穂はすべて軸に対して下向きにつく
　　　・・・《タツノツメガヤ属》

タツノツメガヤ属　*Dactyloctenium*
　花序全体はオヒシバのイメージだが,本種の花序枝の先はトゲ状になる特徴あり　タツノツメガヤ・帰 ▶

　　C．（次にもCあり）花序は柱状で，全体が長い銀白色の毛で完全に覆われる　……《チガヤ属》

チガヤ属　*Imperata*
　1. 稈の節に毛なし　　　　　　　　　　　　　　　　　　　　　　　　　　　　　　　ケナシチガヤ
　1. 稈の節に白長毛あり　　　　　　　　　　　　　　　　　　　　　　　　　チガヤ（フシゲチガヤ） ▶

　　C．（次にもCあり）雌花序の総苞はかたく,壺状すなわちジュズ玉ができる　…《ジュズダマ属》

ジュズダマ属　*Coix*
　1. ジュズ玉はきわめてかたく，表面は平滑．花序は直立　　　　　　　　　　　　　ジュズダマ・帰 ▶
　1. ジュズ玉はやや弾力性があり，表面に浅い溝がある．花序は傾く　　　　　　　　ハトムギ・栽 ▶

　　C．（次にもCあり）葉はササの葉に似て幅が広い　……………………………………《ササクサ属》

ササクサ属　*Lophatherum*
　葉は格子紋があり幅3cm前後．小穂は多数の小花からなり，第1小花のみ稔り，他の小花は穎片のみ
　　ササクサ ▶
　　f．ムサシノササクサは，葉鞘や葉身が有毛　　　　　　　　　　　　　　　ムサシノササクサ

　　C．（次にもCあり）花序は掌状．上方小花は退化し,護穎が丸まり,たてに裂けた半コップ状になる
　　　・・・《オヒゲシバ属（1）（ヒゲシバを除く）》

オヒゲシバ属（1）　*Chloris*
　1. 小穂に2本の芒がある
　　2. 芒は10-15mm　　　　　　　　　　　　　　　　　　　　　　　　　　　　　　オヒゲシバ・帰
　　2. 芒は2-5mm　　　　　　　　　　　　　　　　　　　　アフリカヒゲシバ（ローズソウ）・帰 ▶
　1. 小穂に3本の芒がある．芒は5-6mm　　　　　　　　　　　　　　　　　　　　シマヒゲシバ・帰 ▶

　　C．小穂に1小花あり．その基部に毛束の鱗片（退化小花）が2個ある　………………《クサヨシ属》

クサヨシ属　*Phalaris*
　1. 稈の基部の節がジュズ状に膨らむ（径8mm）　　　　　　　　　　　　　　　　オニクサヨシ・帰 ▶
　1. 節はジュズ状にならない
　　2. 長い根茎がある．苞穎の背面には翼がない．（類似のカモガヤの葉鞘は背に竜骨が目立つのに対
　　　して，本種の葉鞘は円筒形）　　　　　　　　　　　　　　　　　　　　　　　　クサヨシ ▶
　　2. 根茎はない．苞穎の背面には広い翼がある

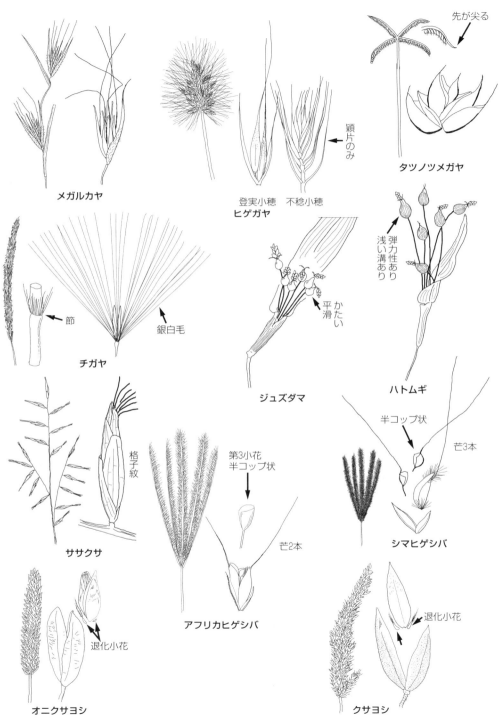

```
       3. 苞穎背面の翼には2-3個の歯牙がある．退化小花の1個はごく微小またはない
                                           ヒメカナリークサヨシ・帰
       3. 苞穎背面の翼は全縁～波状．退化小花2個とも目立つ        カナリークサヨシ・帰

   B. 上記Bに属するCの12項目いずれの特徴にも該当しない
     C. 小穂は1小花からなる
       D. 苞穎がない（イネはこちら）   ……………………イネ科②小穂は1小花で苞穎なし（P160）
       D. 苞穎はある    ………………………………………イネ科③小穂は1小花で苞穎あり（P160）
     C. 小穂は2小花以上からなる
       D. 小穂は2小花からなる．上の小花と下の小花は内容が異なる（どちらかが退化傾向）
         E. 上の小花は両性花で基部に短い毛束がある．下の小花は雄花で毛束はない  …《トダシバ属》
```

トダシバ属　*Arundinella*

```
 1. 葉鞘に剛毛が密生する                                 ケトダシバ（トダシバ）
 1. 葉鞘は無毛またはまばらに毛がある                              ウスゲトダシバ

         E. （次にもEあり）上の小花は両性花で芒がなく，下の小花は雄花で有芒 …《オオカニツリ属》
```

オオカニツリ属　*Arrhenatherum*

```
 小穂に1本の屈折した長芒あり．小花の基部に毛束がある．葯は長く4mm．類似のカニツリグサ（P184）
 の小穂には2-3本の芒があり，葯は1mm                             オオカニツリ・帰

         E. （次にもEあり）上の小花は雄花でわん曲した芒があり，下の小花は両性花で無芒
                                            ……………《シラゲガヤ属》
```

シラゲガヤ属　*Holcus*

```
 植物全体に白色短毛が密生する．小穂は2小花からなり，苞穎が全体を包む．下の小花は両性花，上
 の小花は雄花で短芒あり．熟すと小穂は基部の関節から折れて小穂ごと脱落     シラゲガヤ・帰

         E. 上記Eのいずれでもない．上の小花の基部に毛束はない．下の小花は穎片，または雄花に
           退化している
           F. 苞穎は護穎よりも厚い   ……………………イネ科④小穂は2小花で苞穎は厚質（P168）
           F. 苞穎は護穎よりも薄くてやわらかい  ………イネ科⑤小穂は2小花で護穎が厚質（P174）
       D. （次にもDあり）小穂は3小花からなる．下の第1・第2小花は退化小花，最上の第3小花は両性
          ………………………………………………………………………………イネ科⑥3小花の小穂（P178）
       D. 小穂は2個以上の多数の小花（以下「多小花」という）からなり，原則みな両性花
          ……………………………………………………………………………イネ科⑦多小花の小穂（P180)
```

被子034　イネ科①（タケ・ササ類）　(P148)

```
A. 稈鞘（タケノコの皮）はタケノコが成長して若い竹になるころには脱落するか，反転して垂れ下がる
  B. 葉の脈は横脈の発達しない平行脈となる．稈は株立ちとなる ……………《ホウライチク属》
```

ホウライチク属　*Bambusa*

```
 節から3本以上の枝が出る．葉は非常に小さく（長さ4-7cm），全体は羽状複葉のような形状となる
                                            ホウオウチク・栽

  B. 葉の脈は横脈があって格子状．稈は株立ちとならない
    C. 葉鞘はない．肩毛もない ……………………………………………………《オカメザサ属》
```

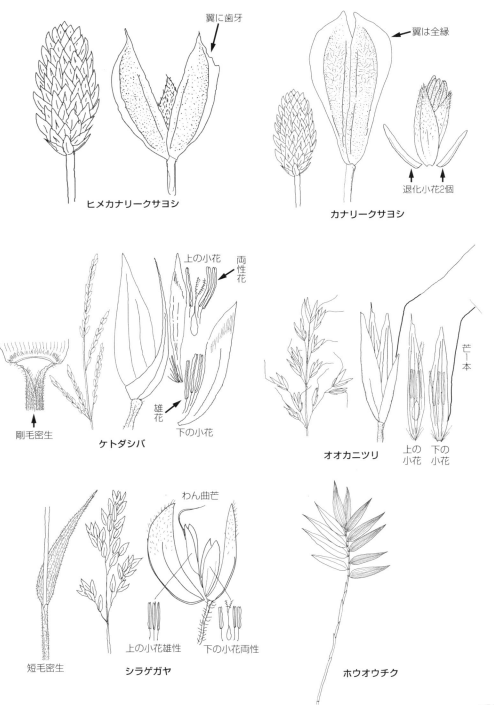

イネ科①

オカメザサ属　*Shibataea*
一節に3-5枚の葉が輪生しているように見えるが，その「柄」には節があり，これが「枝」であることがわかる
　　　　　　　　　　　　　　　　　　　　　　　　　　　　　　　　　　　オカメザサ・逸 ▶

　　C．葉鞘がある．ふつう肩毛はある
　　　　D．稈の断面は角の丸い四角形．節にイボ状突起が環状に出る ……………《カンチク属（1）》
カンチク属（1）　*Chimonobambusa*
稈の表面には微小なトゲ状突起があって粗渋（ざらつく）．タケノコは秋にでる　　シホウチク・栽 ▶

　　　　D．稈の断面は正円か，一側が平らまたはへこむカマボコ状となる．節に突起はない
　　　　　　E．稈の中ほどの節には2本の枝が出る．稈の断面はカマボコ型 …………………《マダケ属》
マダケ属　*Phyllostachys*
若い枝では肩毛が著しく開出する
　1．稈の節は1環の段差だけがある　　　　　　　　　　　　　　　　　　　モウソウチク・逸 ▶
　　　v．キッコウチクは，稈の基部の節が稲妻状になる奇形品（キッコウチクは稈に稜があり，ブツメンチクには稜がないというが両者の区分は不明瞭）
　　　　　　　　　　　　　　　　　　　　　　　　　　　　　　　　　　　キッコウチク・栽 ▶
　1．稈の節は1環の段差とその上部に隆起帯の1環がある
　　　2．稈鞘（タケノコの皮）に黒い斑紋がある．枝の第1節間に孔がある　　　　マダケ・栽 ▶
　　　2．稈鞘に黒い斑紋はない
　　　　　3．稈の肌は1年めは緑色だが翌年紫黒色になる　　　　　　　　　　　クロチク・栽 ▶
　　　　　3．稈の肌は永年的に緑〜帯白色．枝の第1節間に孔はない　　　　　　ハチク・帰 ▶

　　　　　E．稈の中ほどの節には3本以上の枝が出る．稈の断面は正円形
　　　　　　　F．稈鞘は竹の成長後も数本の繊維で節に垂れ下がる ………………《ナリヒラダケ属》
ナリヒラダケ属　*Semiarundinaria*
稈の中くらいの節には3-7本の枝が出る．葉の裏は無毛
　1．稈は最初緑色だが，やがて紫褐色になる　　　　　　　　　　　　　　　ナリヒラダケ・栽 ▶
　1．稈は緑色のまま　　　　　　　　　　　　　　　　　　　　　　　　　　アオナリヒラ・栽 ▶

　　　　　　　F．稈鞘は竹の成長後，脱落する ………………………………………………《トウチク属》
トウチク属　*Sinobambusa*
一節に3-7本の枝が出る．葉の裏には細毛あり．葉鞘は無毛．肩毛は白色平滑．節に褐色長毛密生．別名「ビゼンナリヒラ」ともいう　　　　　　　　　　　　　　　　　　　　　　　トウチク・栽 ▶

A．稈鞘は脱落しないで腐るまで稈について数年間永存する
　　B．ふつう，節に1本の枝が出る
　　　　C．稈の節の直上部は膨れる．稈鞘はふつう節間よりも短いので稈の肌が見える
　　　　　　D．肩毛は淡褐色・全面粗渋（ざらつく）で開出する ……………………………《ササ属（1）》
ササ属（1）　*Sasa*
　1．稈は上部で数多く分枝する
　　　2．節は少し膨らむ．稈鞘は長く節間の2/3以上．葉の裏はやや有毛　　オクヤマザサ（参）▶
　　　2．節は著しく膨らむ．稈鞘は短く節間の1/2以下．葉の裏はやや有毛　ミヤマクマザサ
　1．（次にも1あり）稈は下部または全体的にまばらに分枝する．葉の裏は毛なし
　　　2．稈鞘は毛なし　　　　　　　　　　　　　　　　　　　　　　　　チマキザサ（参）▶
　　　2．稈鞘は有毛　　　　　　　　　　　　　　　　　　　　　　　　　クマザサ・逸 ▶
　1．稈は単一で分枝しない．節は著しく膨らむ

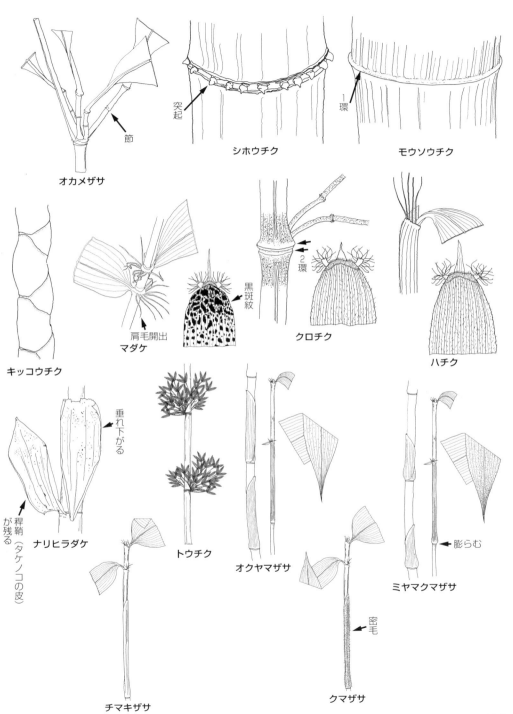

イネ科①

  2. 稈鞘は毛なし．葉鞘も毛なし
   3. 葉の裏は毛なし．節間に毛なし   **ウンゼンザサ** ▶
   3. 葉の裏は有毛．節は無毛または細毛がある．節間は毛なし   **ミヤコザサ** ▶
    f. フシゲミヤコザサは，節に長毛がある．節間に毛なし   **フシゲミヤコザサ** ▶
    f. ナンダイミヤコザサは，節間に下向き細毛が密生する   **ナンダイミヤコザサ** ▶
  2. 稈鞘は有毛．葉鞘に開出細毛がある．葉の裏は軟毛密生．節間に下向細毛あり
   3. 稈鞘には下向きの細毛がある．ときに開出する短毛が混生する   **センダイザサ（オオクマザサ）** ▶
   3. 稈鞘には開出する長毛と下向きの細毛が混生する   **アポイザサ** ▶

   D. 肩毛は基部が淡褐色・粗渋で，上半は白色・平滑 …………………………《**アズマザサ属**》
アズマザサ属　*Sasaella*
 1. 稈鞘は毛なし．節間に毛なし
  2. 葉の裏は毛なし
   3. 一節から1本の枝が出る   **クリオザサ** ▶
   3. 一節から3本の枝が出る   **トウゲダケ** ▶
  2. 葉の裏は有毛
   3. 葉鞘は毛なし，まれに細毛が密生する   **アズマザサ** P158
   3. 葉鞘に長い毛がある   **シオバラザサ** P158
 1. 稈鞘は有毛．節間に下向細毛あり
  2. 稈鞘に下向きの細毛がある
   3. 葉の裏は毛なし   **グジョウシノ** P158
   3. 葉の裏は有毛
    4. 葉鞘は毛なし   **ヒシュウザサ** P158
    4. 葉鞘は細毛密生．節は下向き細毛が密生する   **ミヤギザサ（ヤブザサ）** P158
     f. エナシノは，節に長毛が密生する   **エナシノ（コウガシノ）** P158
  2. 稈鞘に開出する長毛と下向きの細毛が密生する   **コガシアズマザサ** P158

  C. 稈の節の直上部は膨れない．稈鞘が長いので節間は見えない，またはやや見える
   D. 肩毛はない．節間は稈鞘で覆われて見えない ……………………………………《**ササ属（2）**》
ササ属（2）　*Sasa*
 1. 葉の裏は長毛（1mm）が密生する   **ケスズ** P159
 1. 葉の裏は微毛（0.5mm）が密生する   **ウラゲスズ** P159
 1. 葉の裏は毛なし，または基部にだけ長毛がある   **スズタケ（スズダケ，スズ）** P159

   D. 肩毛はあれば白色・全面平滑で直立．節間はやや見える ………………………《**ヤダケ属**》
ヤダケ属　*Pseudosasa*
 一節にふつう1本の枝が出る．稈鞘には上向きの長毛が伏す．節間・葉鞘は毛なし．葉の裏は毛なし
                        ヤダケ P159

  B. ふつう，節に3本以上の枝が出る
   C. 稈鞘に模様はない ………………………………………………………………………《**メダケ属**》
メダケ属　*Pleioblastus*
 1. 葉鞘のふちは著しく斜上   **メダケ** P159
 1. 葉鞘のふちは水平〜やや斜上
  2. 葉鞘は無毛   **アズマネザサ** P159
   f. カタハダアズマネザサは，葉の裏の片側だけに毛があるものをいう   **カタハダアズマネザサ** P159
  2. 葉鞘に長毛がある   **トヨオカザサ** P159

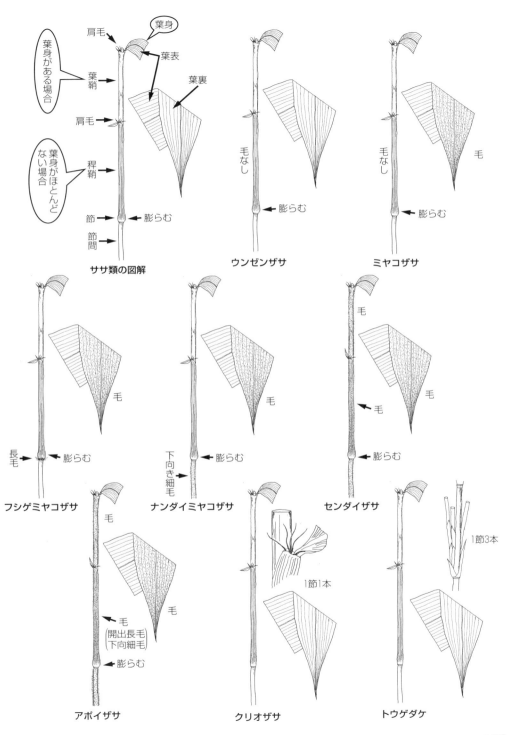

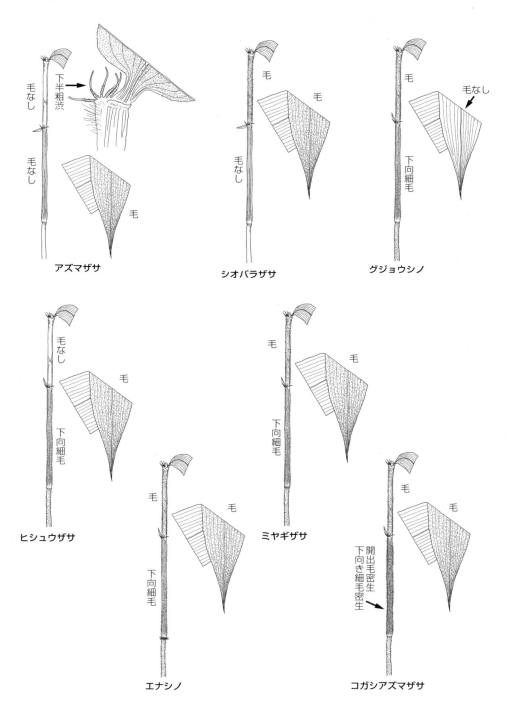

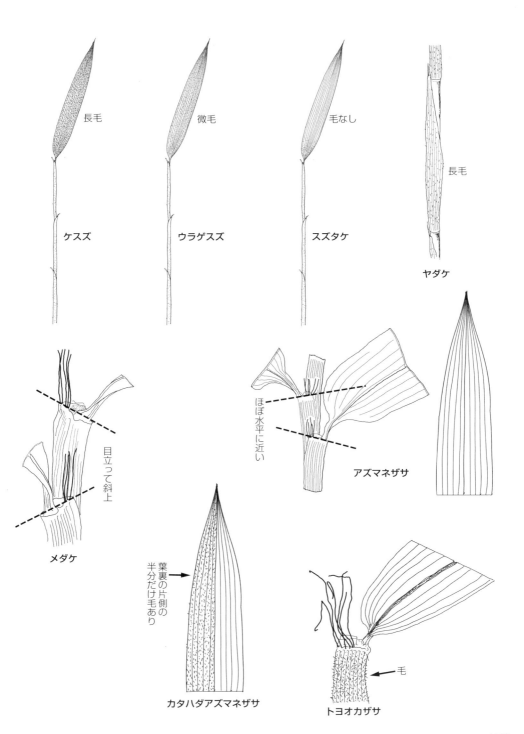

イネ科①、イネ科②、イネ科③

　　C. 稈鞘に褐紫色の模様がある ……………………………………………《カンチク属（2）》
カンチク属（2）　*Chimonobambusa*
　　一節から2-5本の枝が出る．節間は光沢紫黒色．稈鞘は1年以内に脱落．タケノコは秋　**カンチク・栽**　▶

被子034　イネ科②（小穂は1小花で苞穎なし）　(P152)

A. 小穂の基部に苞穎と見まちがう2個の不稔小穂がある ……………………………………《イネ属》
イネ属　*Oryza*
　　護穎は一般に芒を持たないが，長い芒をつけたものが混じることもある　**イネ・栽**　▶

A. 小穂の基部に苞穎と見まちがうようなものはない
　B. 小穂は扁平（丸まったり，二折れになって棒状にみえることもある）………《サヤヌカグサ属》
サヤヌカグサ属　*Leersia*
　　1. 雄しべは6．葯は長く護穎の2/3-1/2長．花序枝の柄は短く直生する　**アシカキ**　▶
　　1. 雄しべは3．葯は短く護穎の1/3長．花序枝の柄は長くやや下垂する
　　　2. 小穂は細長く，幅は長さの1/4．葯は2mm（閉鎖花葯は1mm）　**サヤヌカグサ**　▶
　　　2. 小穂はやや細長く，幅は長さの1/3．葯は1.2-1.5mm（閉鎖花葯は0.2mm）　**エゾノサヤヌカグサ**

　B. 小穂は扁平にならない ………………………………………………………………《マコモ属》
マコモ属　*Zizania*
　　葉舌は非常に長く2cm．花序枝の先端部は雌花の小穂，下方には雄花の小穂がつく．苞穎はない．雌花小穂に2-3cmの長芒がある　**マコモ**　▶

被子034　イネ科③　（小穂は1小花で苞穎あり）　(P152)　イネはイネ科②参照

A. 花序は掌状．花序枝の一側に小穂をつける．茎は地表をはう．芒はない ………《ギョウギシバ属》
ギョウギシバ属　*Cynodon*
　　メヒシバに似てるが，本種は小穂の下によく目立つ2個の苞穎がある　**ギョウギシバ**　▶

A.（次にもAあり）穂状花序（小穂は柄なし）．1節に柄なし小穂が3個ずつ，中軸に左右交互につく
　……………………………………………………………………………………《オオムギ属》
オオムギ属　*Hordeum*
　　1. 護穎の芒の基部は扁平
　　　2. 節につく3個の小穂のすべてが芒を持ち稔る（六条オオムギ）　**オオムギ・栽**　▶
　　　2. 節につく3個の小穂のうち中央の小穂のみが芒を持ち稔る（二条オオムギ）　**ヤバネオオムギ・栽**　▶
　　1. 護穎の芒の基部の断面は円．節につく3個の小穂にはいずれも芒があるが，中央の小穂のみが稔る
　　　　　ムギクサ・帰　▶

A.（次にもAあり）総状花序．柄あり小穂が花序の中軸のまわりにつく ………………《シバ属》
シバ属　*Zoysia*
　　1. 根茎は地表をはうか，浅い土中の地下茎となる．花穂は葉鞘の外に抽出する
　　　2. 葉は扁平で葉幅2-5mm．花穂30-50mm，小穂はずんぐり型．地下を進む　**シバ**　▶
　　　2. 葉は針形で葉幅1mm．花穂10-15mm，小穂は長細型．地上をはう　**コウライシバ**　▶
　　1. 根茎は深い土中の地下茎となる．花穂は下半が葉鞘に包まれる．葉先は硬化して痛い．海岸砂地
　　　　　オニシバ

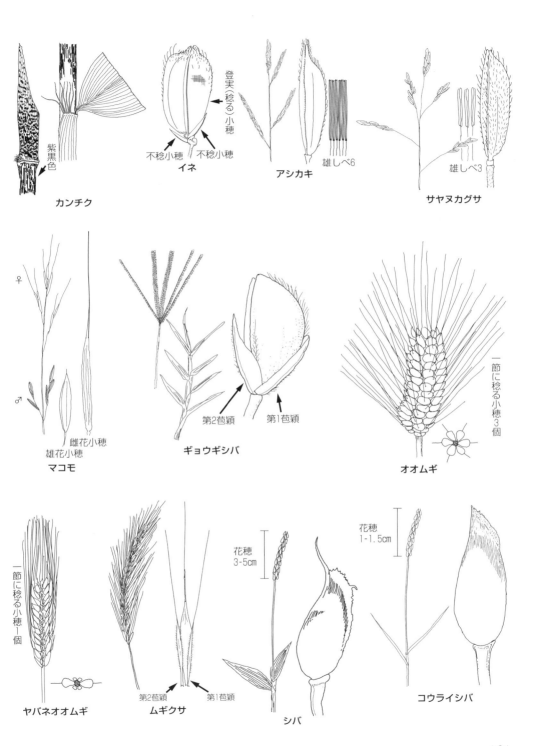

イネ科③

A.（次にも A あり）花序は円柱状（円錐状であっても見かけが円柱状になるものを含む）
　B.熟すと小穂ごと脱落 ……………………………………………………………《スズメノテッポウ属》

スズメノテッポウ属　Alopecurus

1.芒は短く，小穂から突出する部分は小穂の半長以下．葯は淡黄色．苞穎背面に長毛あり
　　　　　　　　　　　　　　　　　　　　　　　　　　　　　　　　スズメノテッポウ ▶
1.芒は長く，小穂から突出する部分は小穂の同長以上
　2.苞穎はほとんど離生．葯は白〜黄白色で，小穂の1/4長．苞穎の竜骨に長毛あり　セトガヤ ▶
　2.苞穎は中位まで合生．葯は黄色〜褐色で，小穂の1/2長
　　3.苞穎竜骨は翼状で微短毛がある　　　　　　　　　　　　　ノスズメノテッポウ・帰 ▶
　　3.苞穎竜骨に長毛あり．葯は濃黄色ときに紫褐色　　　　　オオスズメノテッポウ・帰 ▶

　B.熟すと小花の基部に関節があって小花ごとに脱落
　　C.小花脱落後も苞穎は枝に残る ………………………………………………《アワガエリ属》

アワガエリ属　Phleum

1.苞穎はかたく，竜骨は短毛があるかやや無毛．葯0.3-0.5mm　　　　　　　　　アワガエリ ▶
1.苞穎はやわらかく，竜骨に苞穎の幅と同長の開出長毛がある．葯2mm　　オオアワガエリ・帰 ▶

　　C.小花脱落後，苞穎もばらばらに脱落する
　　　（オヒゲシバ属はヒゲシバのみ）………………………《ネズミノオ属/オヒゲシバ属（2）》

ネズミノオ属/オヒゲシバ属（2）　Sporobolus/Chloris

1.円錐花序の枝は開く　　　　　　　　　　　　　　　　　　　　　　　スズメヒゲシバ・帰 ▶
1.円錐花序ではあるがほぼ円柱状
　2.葉のふちに基部がイボ状の毛がある（この種のみオヒゲシバ属）　　　　　　ヒゲシバ ▶
　2.葉はほとんど無毛
　　3.花序の長さは15-40cm．花序枝は短く花序の中軸に圧着　　　　　　　ネズミノオ ▶
　　3.花序の長さは20-50cm．花序枝は長く，下方の枝は圧着しないでやや開く　ムラサキネズミノオ

A.花序は円錐状
　B.苞穎の先端から芒が伸びる ……………………………………………………《ヒエガエリ属》

ヒエガエリ属　Polypogon

円錐花序．苞穎の先は浅く2裂して，その間から芒が伸びる
1.苞穎の芒は苞穎の2-3倍長．花序淡緑色．小穂柄は，柄の長さと径が同じ　　ハマヒエガエリ ▶
1.苞穎の芒は苞穎と同長．花序は黒紫色．小穂柄は，柄の長さが径より長い　　　ヒエガエリ ▶

　B.苞穎に外に伸びる芒はない
　　C.熟すと小穂ごと脱落
　　　D.小穂に柄がある ……………………………………………………………《フサガヤ属》

フサガヤ属　Cinna

円錐花序は下垂する．小穂は1小花からなり扁平．苞穎に細点があってざらつく．護穎の頂端にごく短い芒．ブナ帯以上の深山に生育　　　　　　　　　　　　　　　　　　　　　　　フサガヤ ▶

　　　D.小穂はほとんど無柄 …………………………………………………《カズノコグサ属》

カズノコグサ属　Beckmannia

苞穎の背面は著しく膨れる　　　　　　　　　　　　　　　　　　　　　　　カズノコグサ ▶

　　C.熟すと小花の基部に関節があって小花ごとに脱落

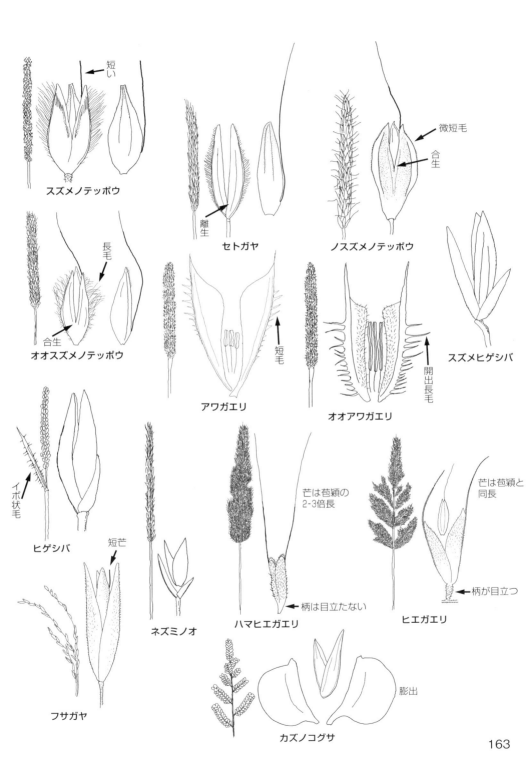

D．小花の基部には小花の半長以上の毛束がある ……………………………… 《ヤマアワ属》
ヤマアワ属　*Calamagrostis*
　1．小花の基部の毛束は小花より長い
　　2．第2苞穎は第1苞穎とほぼ同長か，わずかに短い　　　　　　　　　　　　　　ヤマアワ　▶
　　2．第2苞穎は第1苞穎の2/3-1/2長　　　　　　　　　　　　　　　　　　　　ホッスガヤ　▶
　1．小花の基部の毛束は小花と同長かそれより短い
　　2．芒は苞穎より長いので外に飛び出す
　　　3．芒は護穎の背面上部から出る．護穎先端は短い4芒となる　　　　　ヒゲノガリヤス　▶
　　　3．芒は護穎の基部から出る．護穎先端は2-4裂する　　　　　　　　　　ノガリヤス　▶
　　2．芒は苞穎より短いので外に飛び出さない
　　　3．苞穎に微細な細毛（刺毛）が密生　　　　　　　　　　　　　　　　イワノガリヤス　▶
　　　3．苞穎は平滑
　　　　4．稈の基部に硬質の鱗片がある．高山に生育　　　　　　　　　タカネノガリヤス　P166
　　　　4．稈の基部に硬質の鱗片はない
　　　　　5．根茎がある．葉鞘の口部は無毛．葉は根元に集まる　　ヒナガリヤス（ヒナノガリヤス）　P166
　　　　　5．根茎はない．葉鞘の口部は有毛．葉は全体につく．葉表裏逆転．（ウラハグサ属ウラハグ
　　　　　　サ（P190）に比べ，本種は葉舌1mm，根茎が短い）　　　　　ヒメノガリヤス　P166

　　　D．（次にもDあり）小花の基部には小花の1/4長以下の毛束がある
　　　　E．小穂は小さく2.5-4.5mm ……………………………………………… 《ネズミガヤ属》
ネズミガヤ属　*Muhlenbergia*
　1．根茎はほとんどない
　　2．苞穎は護穎の1/2-2/3長．鱗片に覆われた短い根茎（新芽）がある　　　ネズミガヤ　P167
　　2．苞穎は痕跡的で微小カップ状．根茎はない　　　　　　　　　　　コネズミガヤ・帰　P167
　1．長い根茎がある
　　2．苞穎は短く護穎の1/3長．根茎の径は3-4mm　　　　　　　　　　　オオネズミガヤ　P167
　　2．苞穎は長く護穎の1/2-4/5長
　　　3．稈は斜上し，多くの分枝がある　　　　　　　　　　　　　　キダチノネズミガヤ　P167
　　　3．稈は直立し，ほとんど分枝しない
　　　　4．根茎の径は2mm．小穂は4-4.5mm．花序は細く直立．葉幅2-4mm　　タチネズミガヤ　P167
　　　　4．根茎の径は3-4mm．小穂は3-3.5mm．花序はやや弓形．葉幅3-7mm　ミヤマネズミガヤ　P167

　　　　E．小穂は大きく6-12mm ……………………………………………… 《ハネガヤ属（1）》
ハネガヤ属（1）　*Stipa*
　苞穎は2枚とも同形で，平行脈は横脈によってつながり，粗い網目状になる．芒は屈折しない．護穎
　は厚く革質　　　　　　　　　　　　　　　　　　　　　　　　　　　ヒロハノハネガヤ　P166

　　　D．小花の基部に毛束はない
　　　　E．芒はないか，ある場合は護穎背面の途中から伸びる
　　　　　F．護穎は革質でかたく光沢がある ……………………………… 《イブキヌカボ属》
イブキヌカボ属　*Milium*
　節に花序枝が輪生する．花序枝はやや下向きで，先端部に数個の小穂をつける．護穎は硬質で平滑，
　光沢がある　　　　　　　　　　　　　　　　　　　　　　　　　　　　イブキヌカボ　P166

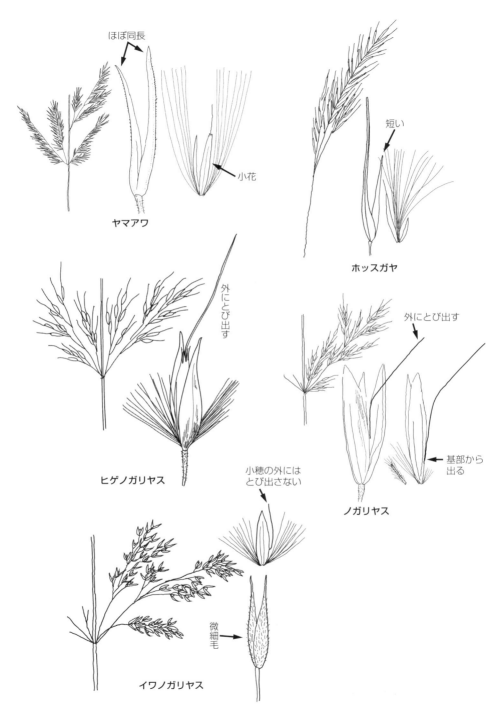

イネ科③

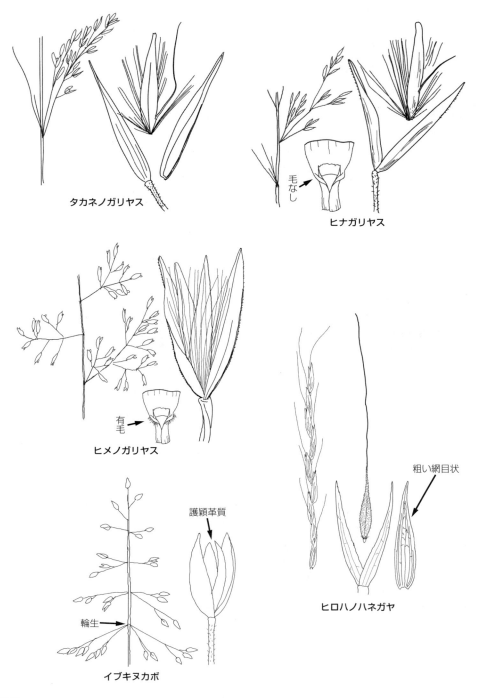

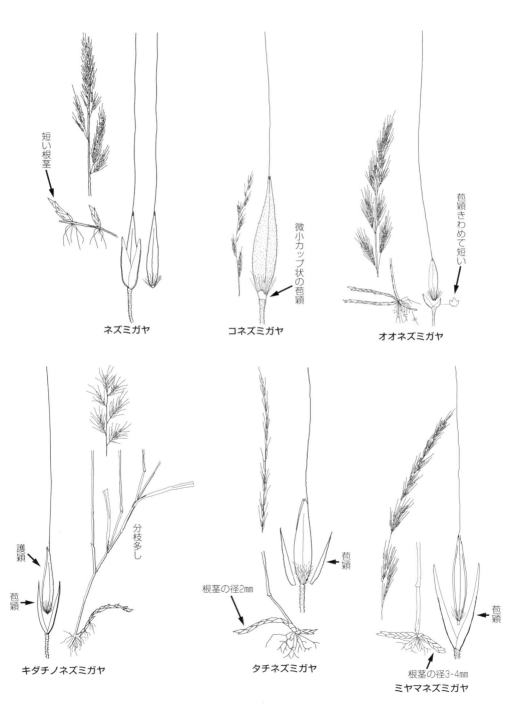

イネ科③、イネ科④

　　　　F. 護穎はかたくならない ……………………………………………………《ヌカボ属》　図

ヌカボ属　*Agrostis*
- 1. 小穂に芒あり
  - 2. 芒のある小穂と，芒のない小穂が混じる　　　　　　　　　　　　　　バケヌカボ・帰　▶
  - 2. 小穂のすべてに芒あり
    - 3. 葯は短く護穎の1/2-1/4長　　　　　　　　　　　　　　　　　　　コミヤマヌカボ　▶
    - 3. 葯は長く護穎の2/3-3/4長
      - 4. 芒は短く護穎の上部から出る　　　　　　　　　　　　　　　　　ヒメヌカボ・帰　▶
      - 4. 芒は長く護穎の基部から出る　　　　　　　　　　　　　　　　　ミヤマヌカボ　▶
- 1. 小穂に芒なし
  - 2. 稈は多少はう，または斜上．内穎は護穎の半長以上
    - 3. 稈の節付近に小穂は少ない　　　　　　　　　　　　　　　　　クロコヌカグサ・帰　▶
    - 3. 稈の節付近にも小穂が多い
      - 4. 稈の基部は短くはう．護穎の背中央に微小芒がある場合あり　　　　コヌカグサ・帰　▶
      - 4. 稈の基部は長くはう．小穂に全く芒なし　　　　　　　　　　　ハイコヌカグサ・帰　▶
  - 2. 稈は直立．内穎なし，あっても微小
    - 3. 稈の節付近に小穂はつかない
      - 4. 花序は草高の1/3長以下　　　　　　　　　　　　　　　　　　　ヤマヌカボ　P170
      - 4. 花序は草高の半長．花序枝は著しく長い　　　　　　　　　　　　　エゾヌカボ　P170
    - 3. 稈の節付近にも小穂がある
      - 4. 小花は苞穎より短い　　　　　　　　　　　　　　　　　　　　　　　ヌカボ　P170
      - 4. 小花は苞穎よりも長くつき出る　　　　　　　　　　　　　　　ヒメコヌカグサ　P170

　　　　E.（次にもEあり）芒は護穎先端の直下から伸びる　……………………《セイヨウヌカボ属》

セイヨウヌカボ属　*Apera*
きわめて長い芒が護穎の頂端直下から出る．葯は短く0.4mm　　　　　　　　ホソセイヨウヌカボ・帰　P171

　　　　E. 芒は護穎の先端から伸びる
　　　　　　F. 2個の苞穎は微小（1-2.5mm）で不同長 …………………………………《コウヤザサ属》

コウヤザサ属　*Brachyelytrum*
花序は約20個の小穂がまばらにつく．苞穎はきわめて小さい．護穎から長芒が出る．5-8mmの長い小軸突起がある　　　　　　　　　　　　　　　　　　　　　　　　　　　　　　　　　　　コウヤザサ　P171

　　　　　　F. 2個の苞穎は大きく（10mm）同長　……………………………………《ハネガヤ属（2）》

ハネガヤ属（2）　*Stipa*
苞穎は2枚とも同形で，平行脈は1-2本の横脈によってつながる（網目状といえるほどではない）．芒は膝曲する．護穎は紙質　　　　　　　　　　　　　　　　　　　　　　　　　　　　　　　　　ハネガヤ　P171

被子034　イネ科④（小穂は2小花で苞穎は厚質）　(P152) 下の小花は穎片または雄花に退化

A. 熟すと小穂は脱落するが花序枝は残る．小穂の基部に毛束がある ………………………《ススキ属》

ススキ属　*Miscanthus*
- 1. 小穂の基部にある毛束は小穂の2-4倍長．小穂に芒がない　　　　　　　　　　　　　　オギ　P171
- 1. 小穂の基部にある毛束は小穂の1/2-2倍長．小穂に芒がある
  - 2. ふさは10-25本．葉身のふちはきわめてざらつく　　　　　　　　　　　　　　　　ススキ　P171
  - 2. ふさは2-5本．葉身のふちは平滑　　　　　　　　　　　　　　　　　　　　カリヤスモドキ　P171

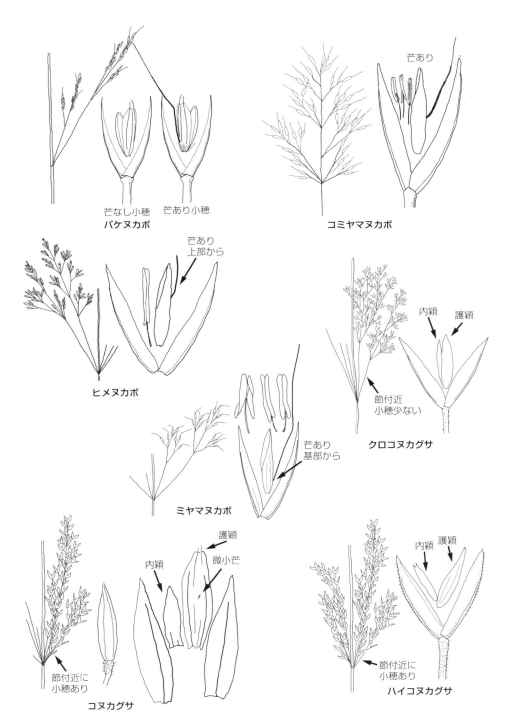

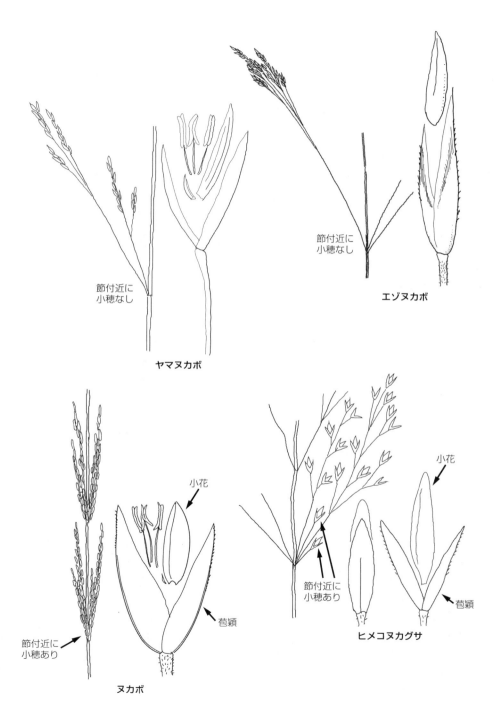

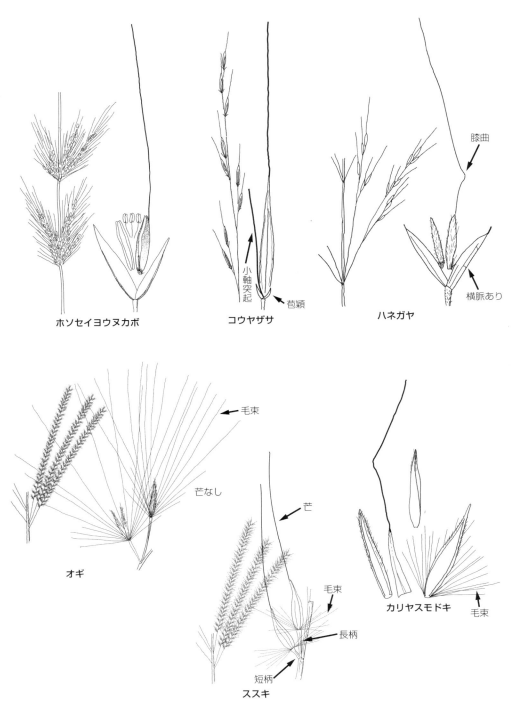

イネ科④

A. 熟すと花序枝の軸も折れて小穂とともに脱落
  B. 花序は円錐状
    C. 小穂の基部に小穂の2-3倍長の毛束がある ……………………………………《サトウキビ属》

サトウキビ属　*Saccharum*
有柄小穂と無柄小穂がある（ススキは長柄小穂と短柄小穂がある）．小穂に芒はない．小穂の基部に毛束がある．熟すと長いふさが節間ごとに分離し，ばらばらになる　　　　　　　　　ワセオバナ ▶

    C. 小穂の基部に毛束があっても小穂より短い
      D. 小穂はかたく光沢がある．小穂の脈は外からは見づらい ……………………《モロコシ属》

モロコシ属　*Sorghum*
1. 稈の節は有毛．花序枝は再分枝しない　　　　　　　　　　　　　　　　　　モロコシガヤ ▶
1. 稈の節は無毛．下方の花序枝は再分枝する
  2. 葉幅1-2cm．有柄小穂は無芒だが，無柄小穂には長い芒がある　　　セイバンモロコシ・帰 ▶
    f. ヒメモロコシは，有柄小穂にも無柄小穂にも芒がない　　　　　　　　ヒメモロコシ・帰 ▶
  2. 葉幅3-5cm．無芒　　　　　　　　　　　　　　　　　　　ナミモロコシ（モロコシ）・栽 ▶

      D. 小穂は光沢がない．小穂の脈は明瞭
        E. 有柄小穂には芒がないが，無柄小穂には芒がある ………………《ヒメアブラススキ属》

ヒメアブラススキ属　*Capillipedium*
花序枝は糸状で先に有柄無柄2小穂がある．無柄小穂は雄花で，きわめて長い芒がある．有柄小穂は両性花で無芒．その柄に毛が1列に並ぶ　　　　　　　　　　　　　　　　　　ヒメアブラススキ ▶

        E. 対をなす両方の小穂に芒がある ……………………………………《オオアブラススキ属》

オオアブラススキ属　*Spodiopogon*
小穂の基部に毛束があるが，ススキのような長い毛束にはならない．第2小花の護穎から長芒が出る
1. 花序は下垂．長柄・短柄小穂が対をなす．柄はほぼ無毛　　　　　　　　　　　アブラススキ ▶
1. 花序は直立．有柄・無柄小穂が対をなす．柄は有毛　　　　　　　　　　　オオアブラススキ ▶

  B. 花序は棒状または掌状的で円錐状とならない
    C. 花序の中軸は太く，小穂は軸の中に埋没する ………………………………《ウシノシッペイ属》

ウシノシッペイ属　*Hemarthria*
小花序全体がのっぺりした棒状で平滑．第1苞穎は中ほどでくびれている．（ボウムギは多小花型であるのに対し，本種は2小花型）　　　　　　　　　　　　　　　　　　　　ウシノシッペイ ▶

    C. 花序の中軸は細く，小穂が軸に埋没することはない
      D. 葉は基部で稈を抱く ………………………………………………………………《コブナグサ属》

コブナグサ属　*Arthraxon*
葉は幅広く基部は心形で稈を抱く．毛の基部はイボ状となる．花序はふさが束状．芒がある　コブナグサ ▶

      D. 葉は稈を抱かない
        E. 小穂はふさの軸に1個ずつつく．ふさは通常2本 ……………………《カリマタガヤ属》

カリマタガヤ属　*Dimeria*
小穂から小穂の2倍長の芒が出る．全体にまばらに長毛があり，毛の基部は膨れてイボ状となる
　　　　　　　　　　　　　　　　　　　　　　　　　　　　　　　　　　　　カリマタガヤ ▶

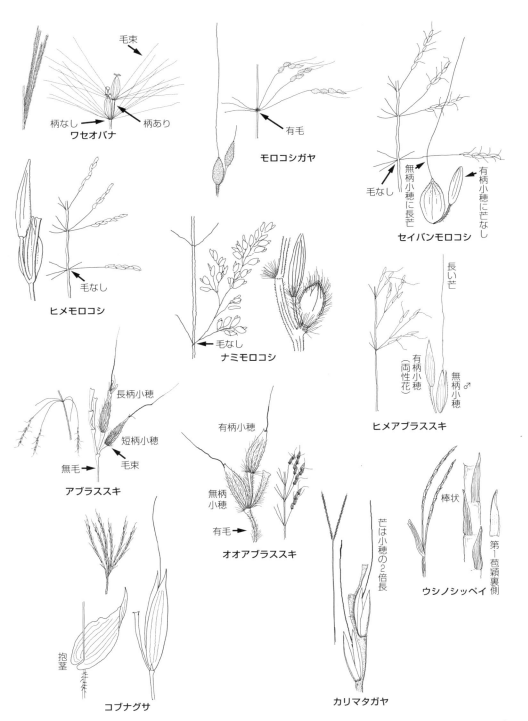

　　　　　E. 小穂はふさの軸に2個ずつつく
　　　　　　F. 対をなす2小穂は同形
　　　　　　　　G. 小穂の柄は上部の毛環を除き無毛 ……………………………………《ササガヤ属》
ササガヤ属　*Leptatherum*
　1. 有柄の小穂と，ほとんど無柄の小穂（0.3mmの柄）がある　　　　　　　　　　ミヤマササガヤ ▶
　1. 長柄の小穂と短柄の小穂がある　　　　　　　　　　　　　　　　　　　　　　ササガヤ ▶

　　　　　　　　G. 小穂の柄は有毛．有柄の小穂と無柄の小穂がある …………………《アシボソ属》
アシボソ属　*Microstegium*
　1. 芒がある　　　　　　　　　　　　　　　　　　　　　　　　　　　　　　　　アシボソ ▶
　1. 芒がない　　　　　　　　　　　　　　　　　　　　　　　　　　　　　　　ヒメアシボソ ▶

　　　　　F. 対をなす2小穂のうち，有柄小穂の方は退化してほとんど柄だけとなる
　　　　　　　　G. ふさの軸に毛はない ……………………………………………………《ウシクサ属》
ウシクサ属　*Schizachyrium*
　1年草．有柄小穂はほとんど柄に退化し，先に護穎がついている　　　　　　　　　　ウシクサ ▶

　　　　　　　　G. ふさの軸にきわめて長い毛が密生 ……………………………《メリケンカルカヤ属》
メリケンカルカヤ属　*Andropogon*
　多年草．有柄小穂は柄に退化し，白長毛があって羽毛状となる　　　　　　メリケンカルカヤ・帰 ▶

被子034　イネ科⑤（小穂は2小花で護穎は厚質）（P152）　下の小花は穎片または雄花に退化

A. 小穂の基部に小穂の数倍の長さの剛毛がある．剛毛は粗渋
　B. 剛毛は1小穂につき1本 ……………………………………………………………《ウキシバ属》
ウキシバ属　*Pseudoraphis*
　花序の基部は葉鞘の中にある．花序の中軸から15-30本の枝を出し，各枝の中ほどに小穂が1個つく．
　植物体のほとんどが水没する水草．葉鞘は筒状に合生しない．葉舌1mm　　　　　　ウキシバ ▶

　B. 剛毛は1小穂につき数本
　　C. 剛毛は小穂とともに脱落 …………………………………………………《チカラシバ属（再掲）》
チカラシバ属（再掲）　*Pennisetum*
　花序は試験管ブラシ状．開花期に小穂は花序の中軸に開出する．小穂の基部に長短さまざまな褐色剛
　毛が束生する　　　　　　　　　　　　　　　　　　　　　　　　　　　　　　チカラシバ（再掲） ▶
　　f. アオチカラシバの小穂基部の剛毛は淡緑色　　　　　　　　　　　　　　　　アオチカラシバ

　　C. 小穂が脱落しても剛毛は軸に残る ……………………………………………………《アワ属》
アワ属　*Setaria*
　1. 長い根茎がある．花序枝はまばらに離れて花序の中軸につく　　　　　　　　　　イヌアワ ▶
　1. 長い根茎はない．花序は円柱状で，小穂は密生する
　　2. 花序枝は短く，互いに接近して花序の中軸につく
　　　3. 小穂はほぼ球形　　　　　　　　　　　　　　　　　　　　　　　　　　アワ（コアワ）▶
　　　3. 小穂は楕円形　　　　　　　　　　　　　　　　　　　　　　　　　　　オオエノコロ ▶
　　2. 花序枝はほとんどなく小穂が密生する
　　　3. 葉鞘のふちは無毛
　　　　4. 小穂は黄〜黄褐色

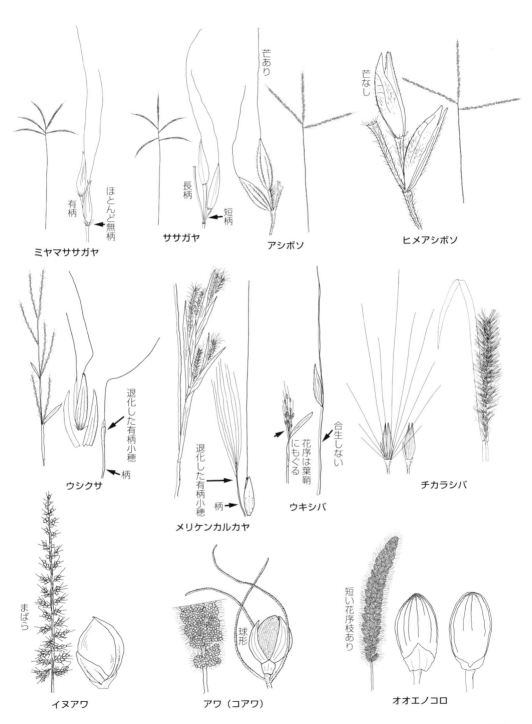

```
        5. 小穂は黄金色. 小穂大きく2.8-3mm                           キンエノコロ    ▶
        5. 小穂は黄褐色. 小穂小さく2-2.8mm                           コツブキンエノコロ ▶
      4. 小穂は緑. 花序中軸の毛は下向き. 剛毛の表面につく突起は下向き（本種だけの特徴）
                                                              ザラツキエノコログサ ▶
    3. 葉鞘のふちは有毛
      4. 小穂はやや大きく2.5-3mm. 第2苞穎が小穂より短いため，護穎の背が見える
                                                              アキノエノコログサ ▶
      4. 小穂はやや小さく1.8-2.5mm. 第2苞穎が小穂と同長のため，護穎の背は見えない．葉身の基
        部は円形〜切形                                           エノコログサ    ▶
          f. カタバエノコログサは，葉身はきわめて細く基部はくさび形
                                                 カタバエノコログサ（カワラエノコロ）
```

A. 小穂の基部に剛毛はない
　B. 花序は円柱状 ………………………………………………………………………《ヌメリグサ属》

ヌメリグサ属　*Sacciolepis*

```
  稈の基部は斜上する. 花序は緑色で，1-6cm                         ハイヌメリグサ（ハイヌメリ）▶
    v. ヌメリグサは，稈が直立. 花序は紫〜黒紫色で，3-13cm              ヌメリグサ      ▶
```

　B.（次にもBあり）花序は円錐状
　　C. 葉舌は全くない …………………………………………………………………………《ヒエ属》

ヒエ属　*Echinochloa*

```
  1. 花序枝の先端は花序の中軸を向くようにわん曲する. 小穂は円形        ヒエ・栽      ▶
  1. 花序枝はほぼ直立. 小穂は楕円形
    2. 葉のふちの白色帯は顕著（帯の幅は葉のふちの鋸歯間隔より広い）. 第1小花の護穎は膨らみ光沢
      がある（光沢面は内側を向くので外から見えない）
      3. 小穂長4-5mm. 無芒ときに有芒. 葉幅8-12mm                  タイヌビエ     ▶
      3. 小穂長3mm. 無芒. 葉幅5-8mm                             ヒメタイヌビエ   ▶
    2. 葉のふちの白色帯は目立たない（帯の幅は葉のふちの鋸歯間隔と同長またはそれ以下）. 第1小花
      の護穎は膨らまず光沢はない
      3. 小穂に芒がない. 花序枝は再分枝しない. 葉のふちは帯紫          ヒメイヌビエ    ▶
      3. 小穂には数mmの芒があったりなかったり. 長い花序枝は再分枝することがある  イヌビエ   ▶
        v. ケイヌビエは，ほとんどの小穂に2.5-5cmの長い芒がある         ケイヌビエ     ▶
```

　　C. 葉舌がある
　　　D. 葉長25-45cm …………………………………………………………………………《キビ属》

キビ属　*Panicum*

```
  1. 植物体は有毛
    2. 第1苞穎は長く小穂の1/2-2/3長で鋭頭                            キビ       ▶
    2. 第1苞穎は短く小穂の1/3長で円頭〜鈍頭               ギネアキビ（ギニアキビ）・帰 ▶
  1. 植物体は無毛
    2. 第1苞穎は小穂の1/2-1/3. 葉舌のふちは膜が不規則に裂け鋸歯状        ヌカキビ     ▶
    2. 第1苞穎は小穂の1/4-1/5. 葉舌のふちは毛環                    オオクサキビ・帰  ▶
```

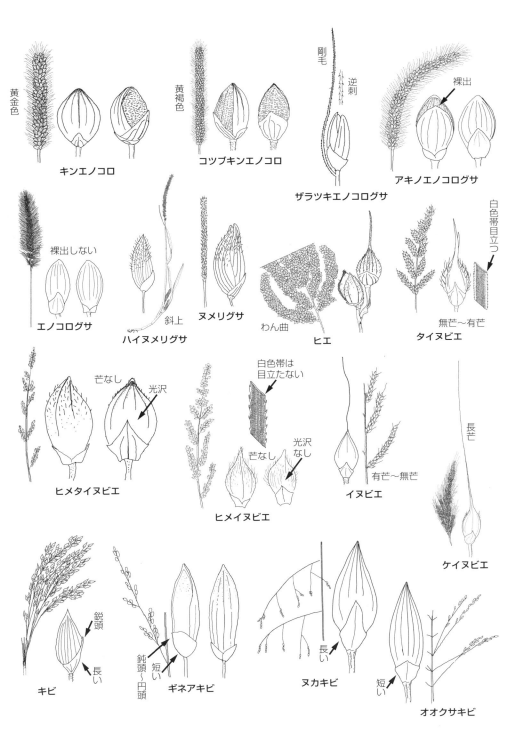

イネ科⑤、イネ科⑥

D. 葉長3-7cm ……………………………………………………《チヂミザサ属》

チヂミザサ属　Oplismenus
1. 花序枝は下方のものでも長さ1.5cm以下
　2. 花序の中軸に長毛はない．葉鞘は短毛のみ　　　　　　　　　　**コチヂミザサ** ▶
　2. 花序の中軸に長毛がある．葉鞘は短毛と長毛あり　　　　　　　**ケチヂミザサ** ▶
1. 下方の花序枝は長さ2-5cm．花序の中軸は無毛　　　　　　　　**エダウチチヂミザサ**

B. 花序は掌状，または少数のふさが花序の中軸にまばらにつく
　C. 小穂の基部に環状の付属物がある ……………………………………《ナルコビエ属》

ナルコビエ属　Eriochloa
葉の両面，葉鞘に毛が密生．小穂は膨らんだ側が外（軸と反対側）を向く　　　**ナルコビエ** ▶

　C. 小穂に環状の付属物はない
　　D. 護穎のふちは厚くて内側へ巻く．花序枝の幅(径)は2-3mm ………《スズメノヒエ属》

スズメノヒエ属　Paspalum
1. 小穂は有毛
　2. 小穂には微小な短軟毛がある
　　3. 葉鞘は開出毛密生．第1苞穎は細長く三日月状にわん曲する　　**チクゴスズメノヒエ・帰** ▶
　　3. 葉鞘は無毛．第1苞穎は三日月状とならない　　　　　　　　**キシュウスズメノヒエ・帰** ▶
　2. 小穂には目立つ長毛が密生する
　　3. 葯は黒紫色，ふさは3-6本で横向きまたは下向き　　　　　　**シマスズメノヒエ・帰** ▶
　　3. 葯は淡黄色，ふさは10-20本で斜上　　　　　　　　　　　　**タチスズメノヒエ・帰** ▶
1. 小穂は無毛
　2. 葉と葉鞘は有毛（全草軟毛密生）　　　　　　　　　　　　　　**スズメノヒエ** ▶
　2. 葉と葉鞘はほとんど無毛
　　3. 地下茎は斜上し，稈の斜上部は枯死した葉鞘に覆われる．花序は掌状でふさは2-3本
　　　　　　　　　　　　　　　　　　　　　　　　　　　　　アメリカスズメノヒエ・帰 ▶
　　3. 稈は束生直立．花序は中軸に3-6本のふさがまばらにつく　　**スズメノコビエ** ▶

　　D. 護穎のふちはうすくて巻かない．花序枝の幅は1mm ……………《メヒシバ属》

メヒシバ属　Digitaria
1. 小穂は長く2.5-3mm．第2苞穎が小穂より短いので護穎の背が見える
　2. 第1苞穎はないか，0.1-0.2mmの小片．花序枝の翼は平滑．花序枝は1ヵ所にまとまる　**コメヒシバ** ▶
　2. 第1苞穎は0.2-0.5mmの三角形の小片．花序枝の翼はざらつく．花序枝は1ヵ所にまとまらない
　　　　　　　　　　　　　　　　　　　　　　　　　　　　　　　　　　　メヒシバ ▶
1. 小穂は短く1.5-2mm．第2苞穎が小穂とほぼ同長のため護穎の背は見えない．葉鞘（口部を除く）と葉身は無毛　　　　　　　　　　　　　　　　　　　　　　　　　　　**アキメヒシバ** ▶
　v. アラゲメヒシバは，葉鞘と葉身に毛が多い　　　　　　　　　　　**アラゲメヒシバ**
　v. ウスゲメヒシバは，葉鞘と葉身にわずかに毛がある　　　　　　　**ウスゲメヒシバ**

被子034　イネ科⑥　（3小花の小穂）　(P152)　第1小花，第2小花は穎片または雄花に退化

A. 花序は総状．第1第2小花は護穎だけに退化．小穂はみな下向き ………《ホガエリガヤ属》

ホガエリガヤ属　Brylkinia
1本の稈に10-15個の小穂がまばらにつく．小穂には柄と2本の芒があり，すべての小穂が下向きとなる
　　　　　　　　　　　　　　　　　　　　　　　　　　　　　　ホガエリガヤ ▶

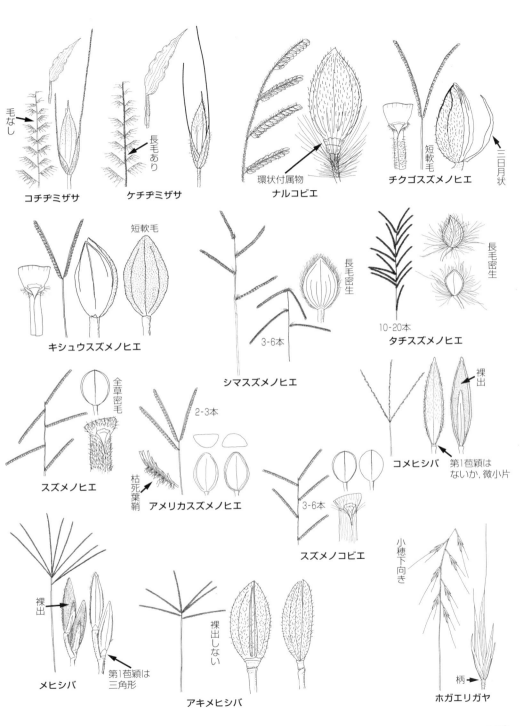

A. 花序は円錐状または円柱状 ……………………………………………………《ハルガヤ属》
　ハルガヤ属　*Anthoxanthum*
　　　1. 第1第2小花は雄花に退化．花序は円錐状　　　　　　　　　　　　　　　　　コウボウ ▶
　　　1. 第1第2小花は護穎だけに退化．花序は円柱状〜円錐状
　　　　2. 花序は円錐状　　　　　　　　　　　　　　　　　　　　　　　　　　タカネコウボウ ▶
　　　　2. 花序は小穂が密生した円柱状
　　　　　　3. 芒はほとんど小穂の外に出ない．分枝はなくほぼ直立．苞穎有毛　　ハルガヤ・帰 ▶
　　　　　　3. 芒は小穂の外に長く出る．下方倒伏し分枝が多い．苞穎ほとんど毛なし　ヒメハルガヤ・帰 ▶

被子034　イネ科⑦　（多小花の小穂）　(P152)　小花は原則みな両性花

　A. ふさが花序の中軸に輪生する．苞穎は小花をすべて包み，苞穎の先は長く伸びて芒状となる
　　　　…………………………………………………………………………………《ハキダメガヤ属》
　ハキダメガヤ属　*Dinebra*
　　花序の中軸各節に数本のふさが輪生する．花序枝の分岐点に褐色毛密生．小穂はいずれも退化してい
　　ない3小花からなり，苞穎が全体を包む．苞穎の先端は芒になる　　　　　　ハキダメガヤ・帰 ▶

　A. （次にもAあり）花序は穂状
　　B. 小穂の腹面（または護穎の背面）が花序の中軸を向く ……………………《ネズミムギ属》
　ネズミムギ属　*Lolium*
　　茎頂端の小穂1個にのみ第1・第2苞穎があり，側方の小穂はすべて第1苞穎を欠く
　　　1. 花序は棒状で扁平にはならない．小穂は花序の中軸に埋め込まれる（ウシノシッペイ属ウシノシッ
　　　　ペイが2小花型であるのに，本種の小穂は3-8小花）　　　　　　　　　　　　ボウムギ・帰 ▶
　　　1. 花序は扁平
　　　　2. 苞穎は小穂と同長かそれより長い　　　　　　　　　　　　　　　　　　　ドクムギ・帰 ▶
　　　　2. 苞穎は小穂より短い
　　　　　　3. 小穂は10小花以下がふつう．護穎は無芒．若葉は二つ折り．葉幅2-4mm．苞穎は長く小穂の1/3
　　　　　　　-3/4　　　　　　　　　　　　　　　　　　　　　　　　　　　　　　ホソムギ・帰 ▶
　　　　　　3. 小穂は10小花以上がふつう．護穎は有芒．若葉はらせん巻き．葉幅3-8mm．苞穎は短く小穂の1/4
　　　　　　　-1/2
　　　　　　　　　　　　　　　　　　　　　　　　　　　　　　　　　　　　　ネズミムギ・帰 ▶

　　B. 小穂の側面（または護穎の側面）が花序の中軸を向く
　　　C. 苞穎は針状．小穂は節に2個ずつつく ………………………………………《アズマガヤ属》
　アズマガヤ属　*Hystrix*
　　花序は穂状．小穂は節に2個ずつつき，長い芒がある．苞穎は針状に退化　　　　　アズマガヤ ▶

　　　C. 苞穎は穎片状
　　　　D. 小穂に1mmほどの短柄がある．小穂は単生 ……………………………《ヤマカモジグサ属》
　ヤマカモジグサ属　*Brachypodium*
　　1本の稈に5-12個の小穂がまばらにつく
　　　1. 護穎の背面は無毛．葉鞘も無毛　　　　　　　　　　　　　　　　　　　　ヤマカモジグサ ▶
　　　1. 護穎の背面は有毛．葉鞘も有毛　　　　　　　　　　　　　　　　　　　エゾヤマカモジグサ ▶

　　　　D. 小穂に柄はない
　　　　　E. 小穂はいずれも退化していない2小花からなる ……………………………《ライムギ属》
　ライムギ属　*Secale*
　　無柄小穂単生．護穎の先端から長い芒が伸びる．稈の上端（花序の直下）には短毛密生　ライムギ・帰　P183

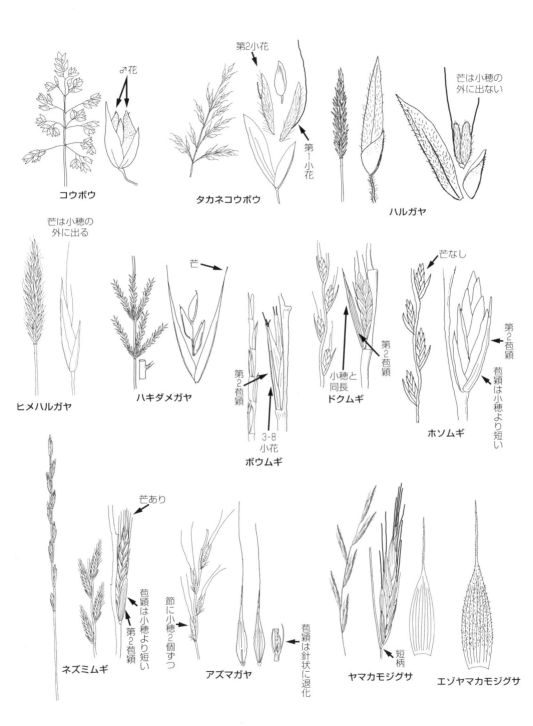

イネ科⑦

  E. 小穂は3小花以上からなる
   F. 小穂は節に2個ずつつく ………………………………………《エゾムギ属（1）》

エゾムギ属（1）　*Elymus*
 小穂は3〜4小花からなる．苞穎・護穎の先が芒となる．1小穂に芒は5本前後　　　　エゾムギ ▶

   F. 小穂は節に1個ずつ単生する
    G. 花序全体に長芒がある（シバムギは微小芒）
     H. 根茎があって長くはう ……………………………………《シバムギ属》

シバムギ属　*Elytrigia*
 護穎の芒は短く4mm以下　　　　　　　　　　　　　　　　　　　　　　　　　シバムギ・帰 ▶
 f. ノゲシバムギは，護穎の芒は長く，およそ10mm　　　　　　　　　　　　　ノゲシバムギ・帰 ▶

     H. 根茎はなく，地際で群がって株状となる　……《エゾムギ属（2）（カモジグサ類）》

エゾムギ属（2）　*Elymus*
 1. 内穎は芒を除いた護穎より短い
  2. 護穎に剛毛がある．花序は弓形．人家近くにふつうに生育　　　　　　　　アオカモジグサ ▶
  2. 護穎は無毛またはふちに微毛．花序は直立〜弓形．草原・丘陵にふつうに生育　タチカモジグサ ▶
 1. 内穎と芒を除いた護穎は同長
  2. 小花の基盤に短毛がある．小穂は軸に圧着．花序弓形　　　　　　　　　　エゾカモジグサ ▶
  2. 小花の基盤はほとんど平滑
   3. 小穂は花時でも軸に圧着．花序直立．内穎竜骨は狭翼で短剛毛あり．湿地をはう　ミズタカモジ ▶
   3. 小穂は軸に対してやや開く．花序弓形．内穎竜骨は広翼で細鋸歯あり．草地にふつうに生育
   　　　　　　　　　　　　　　　　　　　　　　　　　　　　　　　　　　カモジグサ ▶

    G. 花序の先端部にのみ短芒が出る ……………………………………《コムギ属》

コムギ属　*Triticum*
 小穂は節に単生する．小穂は無柄で4-5小花からなる．芒はあったりなかったり　　コムギ・栽 ▶

A. 花序は円錐状または掌状
 B. 芒は護穎背面の途中から伸びる．長い芒の場合は膝曲する．小花ごとに脱落
  C. 小穂の柄は急に曲がって小穂はみな下を向く ………………………《カラスムギ属》

カラスムギ属　*Avena*
 1. 護穎の背面に毛はない．小穂に長芒が1本あるか，またはない．芒はまっすぐ
 　　　　　　　　　　　　　　　　　　　　　　　　　　　　　　　　　　　マカラスムギ・帰 ▶
 1. 護穎の背面に褐色毛が多い．小穂に長芒が2-3本ある．芒は途中でよじれて「く」の字に曲がる
 　　　　　　　　　　　　　　　　　　　　　　　　　　　　　　　　　　　　カラスムギ ▶

  C. 小穂は下を向かない．すべての小花に芒がある
   D. 子房の先端は有毛 ………………………………………《ミサヤマチャヒキ属》

ミサヤマチャヒキ属　*Helictotrichon*
 葉鞘は密毛．小穂は3-4小花からなる．護穎の背の中ごろより上から12-15mmの芒が出る．小軸（小穂の中軸）に長毛がある　　　　　　　　　　　　　　　　　　　　　　　　　ミサヤマチャヒキ ▶

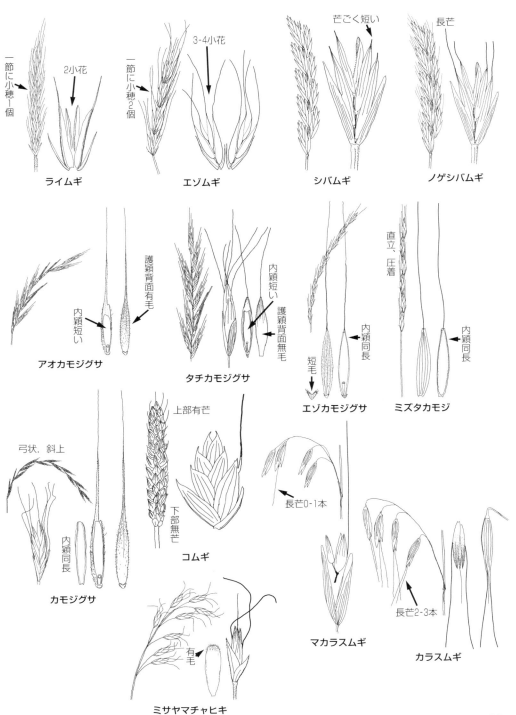

イネ科⑦

　　　D. 子房は無毛 ………………………………………………………………《カニツリグサ属》
カニツリグサ属　*Trisetum*
　小穂は6-8mm. 護穎の先は深く2裂し，その間から長い芒が出て反り返る. 1小穂に2-3本の芒あり. 護穎の側面は光沢があり，微小突起が密生する. 葯は1mm. 類似のオオカニツリグサの小穂は芒1本, 葯4mm
　　　　　　　　　　　　　　　　　　　　　　　　　　　　　　　　　　　　　カニツリグサ ▶

　　B. 芒はないか，ある場合は護穎の先端から伸びる. 芒は膝曲しない
　　　C. 花序は掌状 …………………………………………………………………《オヒシバ属》
オヒシバ属　*Eleusine*
　花序は掌状. 小穂はふさの一側に偏ってつく. 小穂は多小花よりなる. 葉鞘には竜骨がある　　オヒシバ ▶

　　　C. 花序は掌状にならない
　　　　D. 葉鞘は合生し葉鞘部は完全に筒状となる
　　　　　　E. 子房の先端は有毛 ……………………………………………《スズメノチャヒキ属》
スズメノチャヒキ属　*Bromus*
　1. 小穂は著しく扁平で竜骨は鋭くとがる
　　2. 小穂の長さは幅の2倍前後. 小穂はコバンソウ（P192）のように垂れ下がる
　　　　　　　　　　　　　　　　　　　　　　　　　ニセコバンソウ（ワイルドオーツ）・帰
　　2. 小穂の長さは幅の4倍前後. 小穂は開出しても垂れ下がることはない
　　　3. 内穎は護穎の1/2-1/3長. 護穎の芒1-2mm. 閉鎖花のみで葯は0.5mm　　イヌムギ・帰 ▶
　　　3. 内穎は護穎の3/4長以上. 護穎の芒2-12mm. 開花期の葯は4-5mm（閉鎖花の葯は1mm）
　　　　　　　　　　　　　　　　　　　　　　　　　　　　　　　　　ヤクナガイヌムギ・帰 ▶
　1. 小穂には丸みがあり竜骨はない
　　2. 第1苞穎は1脈, 第2苞穎は3脈
　　　3. 葉は無毛. 芒は護穎の半長以下，またはない　　　　　　　　コスズメノチャヒキ・帰 ▶
　　　3. 葉に短毛密生
　　　　4. 護穎はほとんど無毛. 護穎の先端から出る芒は7-15mm　　　　　　　キツネガヤ ▶
　　　　4. 護穎は有毛
　　　　　5. 第2苞穎は1cm以下. 芒は1-2cm. 護穎は9-12mm　　　　　ウマノチャヒキ・帰 ▶
　　　　　5.（次にも5あり）第2苞穎は1cm以上. 芒は2-3cm. 護穎は17-20mm　アレチノチャヒキ・帰 ▶
　　　　　5. 第2苞穎は1cm以上. 芒は3-5cm. 護穎は25-30mm　　ヒゲナガスズメノチャヒキ・帰 ▶
　　2. 第1苞穎は3-5脈, 第2苞穎は5-7脈
　　　3. 根元の葉鞘には微毛があるが, 葉鞘ほとんど無毛. 芒は軽くそり返る　カラスノチャヒキ・帰 ▶
　　　3. 根元の葉鞘にも上部の葉鞘にも開出毛が密生. 芒は乾くと強く反曲　　スズメノチャヒキ ▶
　　　3. 根元の葉鞘に下向き軟毛密. 芒は乾いても曲らない. 小穂ばらばら落下　ムクゲチャヒキ・帰 ▶

　　　　　E. 子房の先端は無毛
　　　　　　F. 第1苞穎は1脈. 第2苞穎も1脈 ……………………………………《ドジョウツナギ属》
ドジョウツナギ属　*Glyceria*
　1. 小穂は長く1.5-5cm. 水生植物. 葉舌2-5mm
　　2. 内穎は護穎より長い. 小穂は2.5-5cm. 護穎7-11mm　　　　　　　　　　　ムツオレグサ ▶
　　2. 内穎と護穎はほぼ同長. 小穂は1-2.5cm
　　　3. 護穎4.5-5.5mm　　　　　　　　　　　　　　　　　　　　　　　　　　　　ウキガヤ ▶
　　　3. 護穎2.5-3.5mm　　　　　　　　　　　　　　　　　　　　　　　　　　ヒメウキガヤ
　1. 小穂は短く1cm以下. 水辺や湿地. 葉舌0.3-1.3mm
　　2. 稈の基部径1-2.5mm. 葉幅3-8mm. 護穎2.2-2.5mm　　　　　　　　　　　ドジョウツナギ ▶
　　2. 稈の基部径3.5-10mm. 葉幅5-12mm. 護穎4mm　　　　　　　　　ヒロハノドジョウツナギ ▶

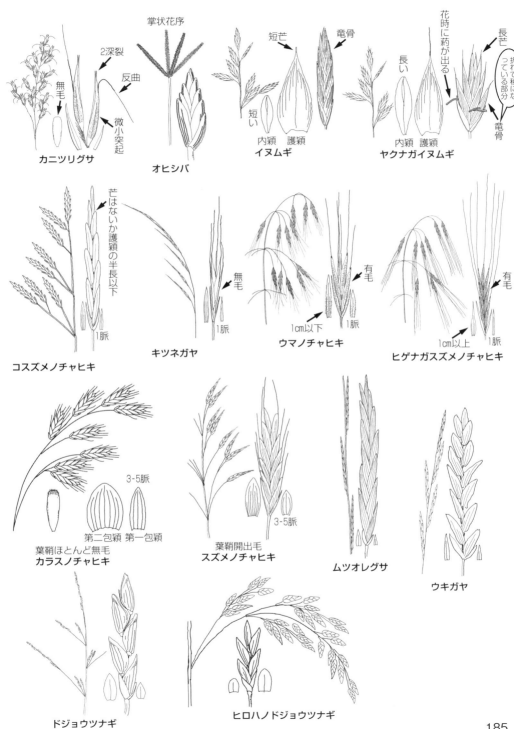

イネ科⑦

　　　　　F．第1苞穎は1脈．第2苞穎は3-5脈 ……………………………………《コメガヤ属》
コメガヤ属　*Melica*
　葉鞘完筒．小穂はその柄が曲がり，下向きになるものが多い
　　1．稈基部ジュズ状．小穂多小花．小穂柄の上端長毛．第1苞穎1脈　　　　　　　**ミチシバ**　▶
　　1．稈基部ジュズ状にならず．小穂2小花．小穂柄の上端短毛．第1苞穎3脈　　　　**コメガヤ**　▶

　　　D．(次にもDあり)葉鞘は下半部のみ合生する．最下小花の基部に綴毛がある …《イチゴツナギ属》
イチゴツナギ属　*Poa*
　1．内穎の竜骨は平滑，または粗渋（逆刺があってざらつく）
　　2．稈の上部はきわめて扁平（短径：長径＝2：5くらい）．小穂ほとんど毛なし　　**コイチゴツナギ・帰**　▶
　　2．稈の断面は円形
　　　3．葉鞘に短毛密生．イチゴツナギ属で葉鞘に毛があるのは本種のみ　　　　　**イトイチゴツナギ**　▶
　　　3．葉鞘は平滑
　　　　4．内穎の竜骨は平滑．長い根茎はなく，稈の基部は斜上する
　　　　　5．稈の基部がジュズ状に膨れる　　　　　　　　　　　　　　　　**チャボノカタビラ・帰**　▶
　　　　　5．稈の基部がジュズ状に膨れることはない．葉舌3-8mm．護穎の中脈は明らか
　　　　　　　　　　　　　　　　　　　　　　　　　　　　　　　　　　オオスズメノカタビラ・帰　▶
　　　　4．内穎の竜骨は粗渋
　　　　　5．長い根茎がある
　　　　　　6．第1苞穎はすべて1脈．ときに葉舌の背面に微毛がある
　　　　　　　7．葉の幅は3-4mm．葉長は茎より短い．葉にほとんど毛なし　　　　**ナガハグサ・帰**　P188
　　　　　　　　v．ケナガハグサは，葉に毛あり　　　　　　　　　　　　　　　　**ケナガハグサ**
　　　　　　　7．葉の幅は1-2mm．葉長は茎と同じくらい　　　　　　　　　　　**ホソバナガハグサ**　P188
　　　　　　6．第1苞穎の中に3脈をもつものがある．葉舌の背面は短毛密生　　　**ミスジナガハグサ・帰**　P188
　　　　　5．根茎はない
　　　　　　6．葉舌は長く3mm以上
　　　　　　　7．護穎の中脈は明らか．内穎の竜骨は全面粗渋．花序はあまり開出しない　**イチゴツナギ**　P188
　　　　　　　7．護穎の中脈は不明瞭．内穎の竜骨は上半分規則的歯牙，下半分平滑
　　　　　　　　　　　　　　　　　　　　　　　　　　　　　　　　　　　ヌマイチゴツナギ・帰　P188
　　　　　　6．葉舌は短く1-2mm
　　　　　　　7．上部の葉身は葉鞘の長さより長い．葉身は葉鞘の3-4倍長．まれに分布　**タチイチゴツナギ**　P188
　　　　　　　7．上部の葉身は葉鞘の長さより短い．葉身は葉鞘の0.5-1.5倍長
　　　　　　　　8．山地生で，護穎は緑色．花序6-15cm　　　　　　　　　　　　**アオイチゴツナギ**　P189
　　　　　　　　8．高山生で，護穎は淡緑色に赤紫がかる．花序3-7cm　　　　**タカネタチイチゴツナギ**　P189
　1．内穎の竜骨には軟毛がある
　　2．稈の基部がジュズ状に膨れる
　　　3．花序枝に小穂が1-3個つく　　　　　　　　　　　　　　　　　　　　　　**ムカゴツヅリ**　P189
　　　3．花序枝に小穂が多数つく　　　　　　　　　　　　　　　　　　　　**タマミゾイチゴツナギ**　P189
　　2．稈の基部がジュズ状に膨れることはない
　　　3．花序枝はほとんど平滑．葉舌2-5mm．葉先はくぼんでボート状．全草黄色．護穎の中脈には圧
　　　　軟毛（伏した軟毛）密生．第1小花の葯は0.6mm以下．稈の基部ははわない　　**スズメノカタビラ**　P189
　　　　　ssp．アオスズメノカタビラは全草緑色．護穎の中脈は毛がないか，あっても多くない．第1小花の葯
　　　　　　は0.7mm以上．稈の基部ははわない．　　　　　　　　　　　　　　**アオスズメノカタビラ・帰**　P189
　　　　　v．ツルスズメノカタビラは，稈の基部ははって発根する　　　　　**ツルスズメノカタビラ・帰**　P189
　　　3．花序枝は粗渋．葉舌1-3mm
　　　　4．葉幅は3-7mm．護穎の下半分側面に無毛の部分がある　**オオイチゴツナギ（カラスノカタビラ）**　P189
　　　　4．葉幅は3mm以下

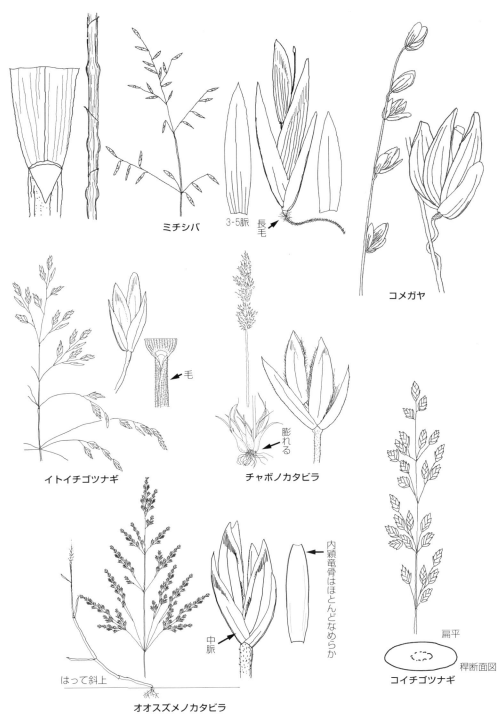

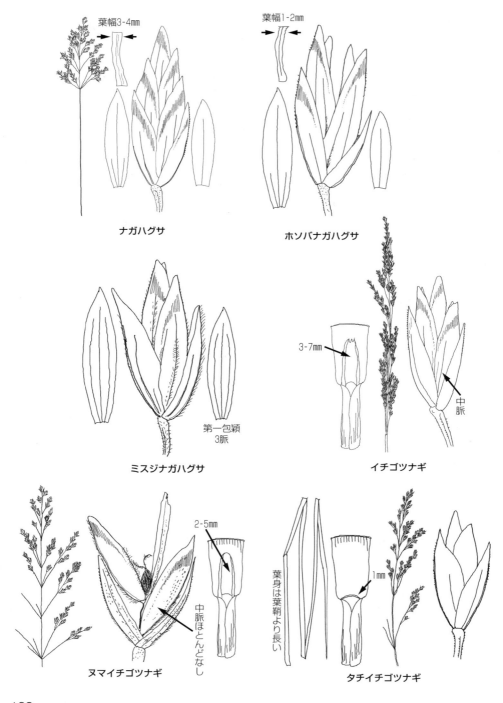

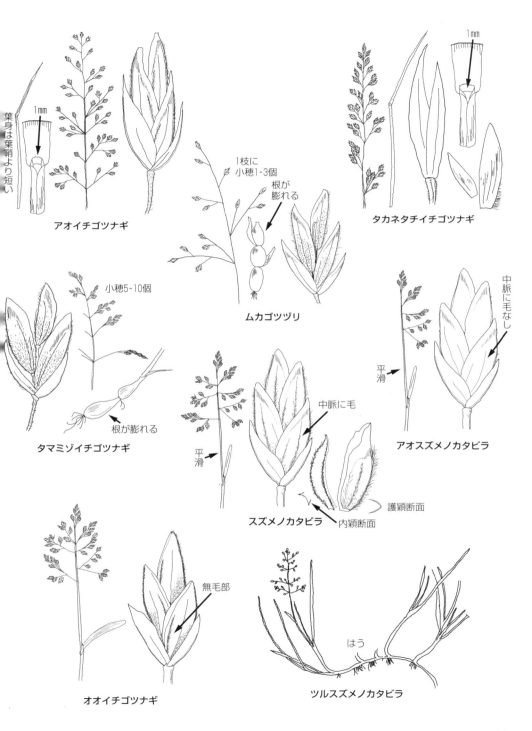

```
            5. 護穎の脈以外の側面は無毛. 葯は護穎の1/4-1/3長        ヤマミゾイチゴツナギ ▶
            5. 護穎の下半分側面全体に軟毛密生. 葯は小さく護穎の1/5長    ミゾイチゴツナギ ▶
```

　　D. 葉鞘は部分的にも合生しない
　　　E. 小花の基部に毛束がある
　　　　F. 小花の基部の毛束は長く, 小花と同長以上 ………………………………《ヨシ属》

ヨシ属　*Phragmites*

1. 長い地上走出枝がある. 第1苞穎と第2苞穎はほぼ同長. 苞穎の先は鋭頭. 稈節には密毛あり. 葉耳なし. 小穂長8-12mm　　　　　　　　　　　　　　　　　　　　　　　　　　ツルヨシ ▶
1. 走出枝はない. 第1苞穎は第2苞穎より明らかに短い. 稈節には毛なし. やや葉耳あり
　　2. 苞穎の先は鋭頭. 小穂長12-17mm　　　　　　　　　　　　　　　　　　　　ヨシ ▶
　　2. 苞穎の先は鈍頭. 小穂長5-8mm　　　　　　　　　　　　　　　　　　　セイタカヨシ ▶

　　　　F. （次にもFあり）小花の基部の毛束は短い. これとは別に護穎背面の下方から小花と同長の長毛が伸びる ……………………………………………………………《ダンチク属》

ダンチク属　*Arundo*

河岸生. 大型多年草. 葉舌1-2mm. 半円形の大型葉耳があり稈を抱く　　　　　ダンチク ▶

　　　　F. 小花の基部の毛束は短く, 小花の1/3長以下
　　　　　G. 葉の表裏がねじれて裏面が上面となる ………………………………《ウラハグサ属》

ウラハグサ属　*Hakonechloa*

葉は表裏がねじれ, 裏が上面となる. 円錐花序で, 護穎のふちと小軸は有毛. （ヤマアワ属のヒメノガリヤスに比べ, 本種の葉舌は微小な毛列で長い根茎がある）　　　　　　　　　　ウラハグサ ▶

　　　　　G. 葉の表裏がねじることはない ……………………………………………《ヌマガヤ属》

ヌマガヤ属　*Moliniopsis*

円錐花序. 小穂は8-12mmで3-6小花からなる. 小花の基部には短い毛束（1.5-2mm）がある. 葉舌は短毛列. 湿地に生える　　　　　　　　　　　　　　　　　　　　　　　　　ヌマガヤ ▶

　　　E. 小花の基部に毛束はない
　　　　F. 熟すと果実が穎片より大きくなり異様に飛び出す. 葉の表裏がねじれて裏面が上面となる
　　　　　　……………………………………………………………………………《タツノヒゲ属》

タツノヒゲ属　*Neomolinia*

花序枝は広く開出. 根元にかたい鱗片に包まれた新芽がある. 小穂は開花後小軸が伸びて小花が離れるので, 若時と熟時では様子が全く異なる　　　　　　　　　　　　　　　　　タツノヒゲ ▶

　　　　F. （次にもFあり）苞穎は円頭で, 半球形の小花が2個合わさってできた球体を包む. 2小花はともに両性花 ……………………………………………………………《チゴザサ属》

チゴザサ属　*Isachne*

1. 小穂の柄に腺がある. 直立する. 小穂は丸く2-2.2mm. 護穎の背は無毛　　　チゴザサ ▶
1. 小穂の柄に腺なし. 下部ははう. 小穂は1-1.5mm. 護穎の背は有毛　　　　ハイチゴザサ ▶

　　　　F. （次にもFあり）小穂は著しく扁平で花序枝の一側に偏って密生 ……《カモガヤ属》

カモガヤ属　*Dactylis*

小穂は扁平で3-6小花からなる. 護穎の先端は1mmほどの短芒となる. （クサヨシ属のクサヨシに比べ, 本種の葉鞘には竜骨あり）　　　　　　　　　　　　　　　　　　　　カモガヤ・帰 ▶

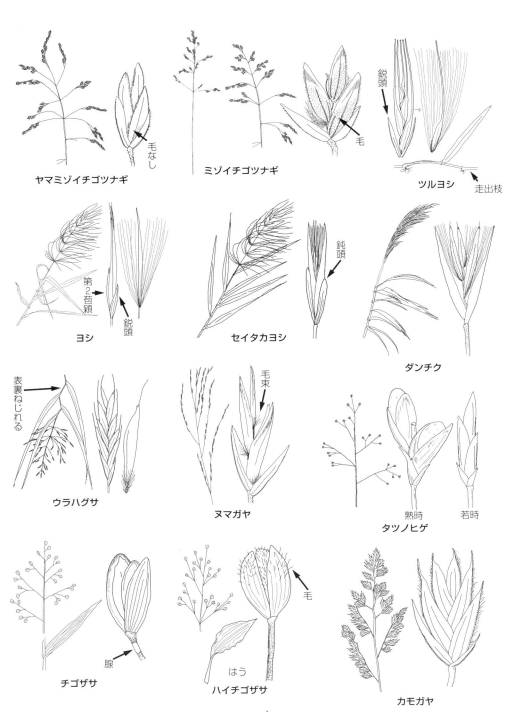

イネ科⑦

　　　　　Ｆ．（次にもＦあり）苞穎が著しく膨れる ………………………………《コバンソウ属》

コバンソウ属　Briza
　1. 小穂は大きく1-2cm．花序枝は垂れる　　　　　　　　　　　　　　　　　　　　コバンソウ・逸　▶
　1. 小穂は小さく4mmほど．小穂は下向きになるが，花序枝はあまり下垂しない　　ヒメコバンソウ・逸　▶

　　　　　Ｆ．（次にもＦあり）花序は穂状で軸に小穂が密生する．小穂扁平
　　　　　　Ｇ．花序の小穂間には多少のすきまがある．稈の上部は密毛．護穎に芒がない
　　　　　　　　………………………………………………………………………《ミノボロ属》

ミノボロ属　Koeleria
　多年草．小穂長4-5mm　　　　　　　　　　　　　　　　　　　　　　　　　　　　　　　ミノボロ　▶

　　　　　　Ｇ．花序はすきまなく小穂がつく．稈の上部には毛がまばらにある．護穎に芒がある
　　　　　　　　……………………………………………………………………《ミノボロモドキ属》

ミノボロモドキ属　Rostraria
　1年草．小穂長2-4mm　　　　　　　　　　　　　　　　　　　　　　　　　　　ミノボロモドキ・帰　▶

　　　　　Ｆ．上記Ｆの5項目いずれの特徴にも該当しない
　　　　　　Ｇ．護穎の背面に竜骨がある
　　　　　　　　Ｈ．護穎の側面や脈に短毛がある
　　　　　　　　　Ｉ．花序は規模が小さく小穂は全部で10個前後．小花柄に密毛 …《チョウセンガリヤス属》

チョウセンガリヤス属　Cleistogenes
　円錐花序で小穂は全部で10個前後．葉舌は微細な毛環．小穂は2-4小花からなり，護穎の先端から芒が出る．葉鞘に基部イボ状の毛が開出　　　　　　　　　　　　　　　　　　　　　　　チョウセンガリヤス　▶

　　　　　　　　　Ｉ．花序は大きく，小穂はきわめて多数 ………………………《アゼガヤ属》

アゼガヤ属　Leptochloa
　1. 護穎の先はとがり，微小な短芒あり．花序は多数のふさからなる．ふさは下のものほど長い．本種の護穎は先端2浅裂，短芒端　　　　　　　　　　　　　　　　　　　　　　　　　ハマガヤ・帰　▶
　1. 護穎に全く芒はない．花序は赤紫色で，ふさは花序の中軸に輪生状につく．ふさに小穂はすきまなくつく．小穂は4-7小花からなる．本種の護穎は鈍頭～円頭　　　　　　　　　　　　アゼガヤ・帰　▶

　　　　　　　Ｈ．護穎は無毛 ……………………………………………………《カゼクサ属》

カゼクサ属　Eragrostis
　果実・護穎の落下後も内穎だけは小軸とともに残る
　1. 小穂の柄に環状の腺がある
　　2. 護穎や苞穎の竜骨に腺がある
　　　3. 小穂の幅は2.5mmで大きく，10-30小花からなる　　　　　　　　　　　　　スズメガヤ　▶
　　　3. 小穂の幅は1.5-2mmで小さく，4-12小花からなる　　　　　　　　　　コスズメガヤ・帰　▶
　　2. 護穎や苞穎の竜骨に腺はない　　　　　　　　　　　　　　　　　　　　　　　カゼクサ　▶
　1. 小穂の柄に環状の腺はない．護穎や苞穎の竜骨にも腺はない
　　2. 花序枝の分枝点のいずれかに長毛がある
　　　3. 小穂は6-12mm．葯は1.2mm（分枝点に長毛なしのこともあり）　シナダレスズメガヤ・帰　▶
　　　3. 小穂は3-5mm．葯は0.25mm　　　　　　　　　　　　　　　　　　　　オオニワホコリ　▶
　　2. 花序枝のどの分枝点にも長毛はない
　　　3. 葉鞘の口部は有毛　　　　　　　　　　　　　　　　　　　　　　　　　ヌマカゼクサ　▶
　　　3. 葉鞘の口部は無毛　　　　　　　　　　　　　　　　　　　　　　　　　　ニワホコリ　▶

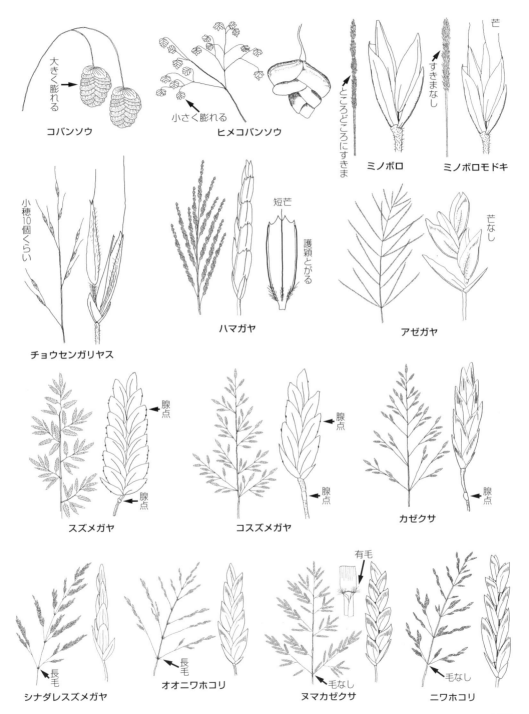

イネ科⑦、マツモ科

　　　　　G. 護穎の背面は丸く竜骨はない
　　　　　　H. 護穎の先は鋭頭、または芒となる
　　　　　　　　I. 小花に雄しべは1個．芒は1cm以上．第1包穎は第2包穎の半分長以下
　　　　　　　　　　　………………………………………………………《ナギナタガヤ属》

ナギナタガヤ属　*Vulpia*
　1. 護穎上部のふちに沿って長毛がある．葉舌2-3mm　　　　　　　　　　オオナギナタガヤ・帰 ▶
　1. 護穎に長毛はない．葉舌1mm　　　　　　　　　　　　　　　　　　　　　ナギナタガヤ・帰 ▶

　　　　　　　　　I. 小花に雄しべは3個．芒は1cm未満 …《ウシノケグサ属/ヒロハノウシノケグサ属》

ウシノケグサ属/ヒロハノウシノケグサ属　*Festuca/Schedonorus*
　1. 葉幅は1-2.5mmで糸状
　　2. 第1包穎はごく短く小穂の1/5-1/10長．葉舌1mm以下
　　　3. 護穎は無芒．花序は生時は開出し，乾燥時は直立する　　　　　　　ヤマトボシガラ ▶
　　　3. 護穎は有芒　　　　　　　　　　　　　　　　　　　　　　　　　　　　　トボシガラ ▶
　　2. 第1包穎は小穂の1/3長以上
　　　3. 新芽は葉鞘の基部を破って水平に外へ出る（走出枝があって小さい株になる）．葉耳発達しな
　　　　 い．葉舌痕跡．葉鞘有毛　　　　　　　　　　　　　　　　　　　　　オオウシノケグサ ▶
　　　3. 新芽は葉鞘の中から上に伸びる（走出枝なく大株になる）
　　　　4. 葉裏は粗造．平地にふつうに生育．稈の上部は微細毛密生　　　　アオウシノケグサ ▶
　　　　4. 葉裏は平滑．丘陵以上の高地に多い
　　　　　5. 稈の上部は粗造．葉舌0.5mm．山地・丘陵にふつうに生育　ウシノケグサ（シンウシノケグサ） ▶
　　　　　5. 稈の上部は平滑．葉舌0.1mm．高山帯にふつうに生育．葉はやや厚く二つ折れとなる
　　　　　　　　　　　　　　　　　　　　　　　　　　　　　　　　　　　　ミヤマウシノケグサ ▶
　　　　　　v. タカネウシノケグサは，高山帯でまれに見られる．葉は薄く縦溝があるというが見分け不明瞭
　　　　　　　　　　　　　　　　　　　　　　　　　　　　　　　　　　　　タカネウシノケグサ
　1. 葉幅は3mm以上
　　2. 葉耳は発達しない．葯長1mm．果実先端密毛．細長い根茎あり．護穎の芒は4-7mm　　オオトボシガラ ▶
　　2. 葉耳がある．葯長3-4mm．果実先端毛なし．根茎はほとんど発達しない　　ヒロハノウシノケグサ属

ヒロハノウシノケグサ属　*Schedonorus*
　　　3. 葉耳に縁毛はない．護穎に芒はない　　　ヒロハノウシノケグサ（ヒロハウシノケグサ）・逸 ▶
　　　3. 葉耳に縁毛が数本ある．護穎の芒は0.5-1mm　　　　　　　　　　　オニウシノケグサ・帰 ▶

　　　　　H. 護穎の先は円頭，脈は凸出する ………………………………《ハイドジョウツナギ属》

ハイドジョウツナギ属　*Torreyochloa*
　ドジョウツナギ属のドジョウツナギ（葉鞘完筒，第1包穎1脈，第2包穎1脈）に似るが，本種の葉
　鞘は合生しない．第1包穎は1脈，第2包穎は3脈．葉幅1.5-3.5mm．小穂長4-6mm　　ホソバドジョウツナギ ▶

被子035　マツモ科（*CERATOPHYLLACEAE*）

沈水生．根なし．葉は輪生．葉柄なし．葉は二叉分裂し，裂片は線状になる ………………《マツモ属》

マツモ属　*Ceratophyllum*
　線状裂片にはこまかいトゲ状鋸歯がある　　　　　　　　　　　　　　　　マツモ（キンギョモ）▶

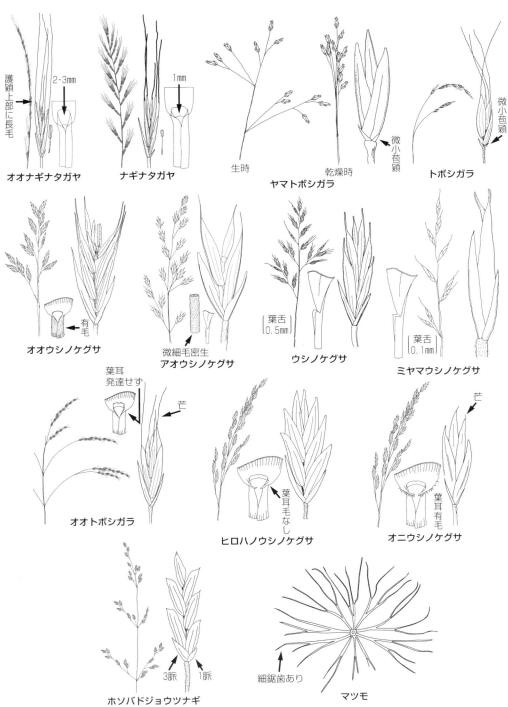

フサザクラ科、ケシ科

種子植物－被子植物－真正双子葉類
[SPERMATOPHYTA–ANGIOSPERMAE–EUDICOTILEDONEAE]

被子036　フサザクラ科（EUPTELEACEAE）

落葉高木で谷筋に多い．葉は互生，または短枝に束状 ………………………………《フサザクラ属》
フサザクラ属　Euptelea
　葉が展開しないうちに開花．花弁はなく，花の暗赤色は葯の色　　　　　　　フサザクラ ▶

被子037　ケシ科（PAPAVERACEAE）

　A. 雄しべ4-6個．がくはきわめて小さい．茎を折っても乳液は出ない
　　B. 雄しべ6個．花に距あり ……………………………………………《キケマン属/カラクサケマン属》
キケマン属/カラクサケマン属　Corydalis / Fumaria
　1. 1果実に1種子（カラクサケマン属）．花は白色系　　　　　　　　　ニセカラクサケマン・帰
　1. 1果実に種子数個（キケマン属）
　　2. 花は紫系．紅紫～淡紫色
　　　3. 苞葉はこまかく裂ける．地下部に塊茎はない　　　　　　　　　　　　ムラサキケマン ▶
　　　3. 苞葉は全縁または欠刻する．地下部に球状の塊茎あり
　　　　4. 苞葉は欠刻する．塊茎から花茎は1本だけ出る．花茎の最下の葉は白～褐色で鱗片状．葉は2-3
　　　　　回3出複葉．小葉は変異が多い　　　　　　　ヤマエンゴサク（ヤブエンゴサク） ▶
　　　　　v. ヒメエンゴサクは，全体的に細く繊細．葉は3-4回3出複葉
　　　　　　　　　　　　　　　　　　　　　　　　　　　　　　　　　　　ヒメエンゴサク
　　　　4. 苞葉は全縁．塊茎から直接花茎数本と根生葉数枚が出る．花茎の最下の葉は緑で鱗片状では
　　　　　ない　　　　　　　　　　　　　　　　　　　　　　　　　　　ジロボウエンゴサク ▶
　　2. 花は黄系．黄～淡黄色，または淡緑色
　　　3. 茎は直立しない．よく分枝し1m以上になる．距は花弁と同じ長さ．果実はやや長めの倒卵形．
　　　　種子は2列に並ぶ．花期は8-9月　　　　　　　　　　　　ツルケマン（ツルキケマン） ▶
　　　　　v. ナガミノツルケマンは，種子は1列に並ぶ　　　　　　　　　ナガミノツルケマン
　　　3. 茎は直立．草高20-30cm．距は花弁の長さより短い
　　　　4. 果実は複雑に屈曲する．乾燥して黒変．花は緑黄～淡緑色　　　　　　ヤマキケマン ▶
　　　　4. 果実は線形．種子のできているところがジュズ状にくびれる．花は黄色　ミヤマキケマン ▶

　　B. 雄しべ4個．花に距なし ……………………………………………………………《オサバグサ属》
オサバグサ属　Pteridophyllum
　葉はすべて根生葉．シダ植物のシシガシラに似て羽状深裂だが，葉柄に鱗片はない　　オサバグサ ▶

　A. 雄しべ多数（数十個），がくは大きい．茎を折ると乳液が出る．花弁に距なし
　　B. 乳液は白色．柱頭は裂けないで盤状．果実は壁に孔が開いて種子がこぼれる ………《ケシ属》
ケシ属　Papaver
　1. 葉の基部は茎を抱く．葉は浅裂またはやや欠刻．若い果実に麻薬成分あり
　　2. 全体にまばらに長毛開出．がく片に密毛．草高30-80cm．栽培禁止　　　　アツミゲシ・帰 ▶
　　2. 全体ほとんど無毛．がく片に毛なし．草高100-150cm．八重咲きもあり．栽培禁止　ケシ・逸
　1. 葉の基部は茎を抱かない．葉は中裂～全裂
　　2. がくの毛は伏毛．花弁のすぐ下に苞葉4-6枚．多年草．花は深紅色．柱頭隆起線14-18本．花弁の
　　　基部に黒色斑紋目立つ．若い果実に麻薬成分あり　　　　　　　　　ハカマオニゲシ・逸 ▶
　　2. がくの毛は開出毛．花弁のすぐ下に苞葉はないか少しある

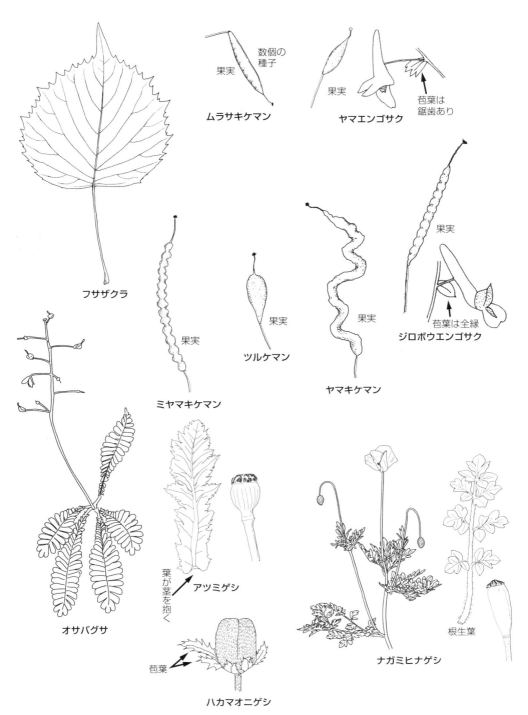

ケシ科、アケビ科、ツヅラフジ科

　　3. 花弁のすぐ下に苞葉0-4枚．多年草．花色は多様．花弁の基部に黒色斑紋目立つ．柱頭隆起線
　　　　10-15本　　　　　　　　　　　　　　　　　　　　**オニゲシ（オリエンタルポピー）・栽**
　　3. 花弁のすぐ下に全く苞葉なし1-2年草．花弁の基部に黒色斑紋目立たない
　　　　4. 果実は長楕円形．花径3-6cm．分枝して各枝頂に花がつく，朱赤色．柱頭隆起線7-9本
　　　　　　　　　　　　　　　　　　　　　　　　　　　　　　　　　ナガミヒナゲシ・帰　P197
　　　　4. 果実は球形，花径8cm前後，花は赤・ピンク・白など多数
　　　　　　5. 茎は葉をつけ分枝して各枝頂に花がつく．葉に毛あり．柱頭隆起線12-15本
　　　　　　　　　　　　　　　　　　　　　　　　　　　　　ヒナゲシ（シャーレーポピー）・栽
　　　　　　5. 根元から葉のない花茎を伸ばし花1個がつく．葉に毛なし．柱頭隆起線8-9本
　　　　　　　　　　　　　　　　　　　　　　　　　　　　　　　　　　アイスランドポピー・栽

　B. 乳液は黄色．柱頭2裂．果実は裂ける
　　　C. 果実は扁平．花弁なし ………………………………………………………《タケニグサ属》
タケニグサ属　*Macleaya*
　　大型の多年草．全体に粉白．ふつう分枝しない．葉は羽状欠刻　　　**タケニグサ（チャンパギク）**　▶

　　　C. 果実は細長い．花弁4枚黄色
　　　　　D. 越年草．葉は不規則に羽状欠刻．散形花序は5-10花からなる ……………《クサノオウ属》
クサノオウ属　*Chelidonium*
　　花弁は長さ1-1.2cm　　　　　　　　　　　　　　　　　　　　　　　　　　　**クサノオウ**　▶

　　　　　D. 根茎あり．多年草．葉はほぼ1回羽状複葉．花茎に1-2花がつく …………《ヤマブキソウ属》
ヤマブキソウ属　*Hylomecon*
　　花弁の長さ2-2.5cm．小葉は重鋸歯と欠刻があり，幅1.5-4cm　　　　　　**ヤマブキソウ**　▶
　　f. セリバヤマブキソウは，葉が2回羽状深裂　　　　　　　　　　　　　**セリバヤマブキソウ**
　　f. ホソバヤマブキソウは，小葉の幅が狭く，鋸歯はこまかくそろっている　**ホソバヤマブキソウ**

被子038　アケビ科（*LARDIZABALACEAE*）

A. 常緑性のつる植物．がく片6．果実は熟しても裂けない ……………………………………《ムベ属》
ムベ属　*Stauntonia*
　　掌状複葉．小葉5-7枚からなる（まれに3）．小葉は全縁，革質　　　　　　　　　　**ムベ・栽**

A. 落葉性のつる植物．がく片3．果実は熟すと裂ける ……………………………………《アケビ属》
アケビ属　*Akebia*
　1. 小葉5枚からなる．全縁．花は淡紫色　　　　　　　　　　　　　　　　　　　　　**アケビ**　▶
　1. 小葉3枚からなり，2-3対の粗い波状鋸歯あり．花は濃紫色　　　　　　　　　**ミツバアケビ**　▶
　　　h. ゴヨウアケビは，アケビとミツバアケビの雑種．葉は小葉5枚からなる．小葉のふちは波状になる．花
　　　　は濃紫色　　　　　　　　　　　　　　　　　　　　　　　　　　　　　　**ゴヨウアケビ**　▶

被子039　ツヅラフジ科（*MENISPERMACEAE*）

A. 葉柄は葉身に楯状につく．雄しべは12-24 …………………………………………《コウモリカズラ属》
コウモリカズラ属　*Menispermum*
　　落葉のつる植物．つるの先端部にだけ毛あり．葉は楯状腎円形で，ごく浅く5-9裂　**コウモリカズラ**　▶

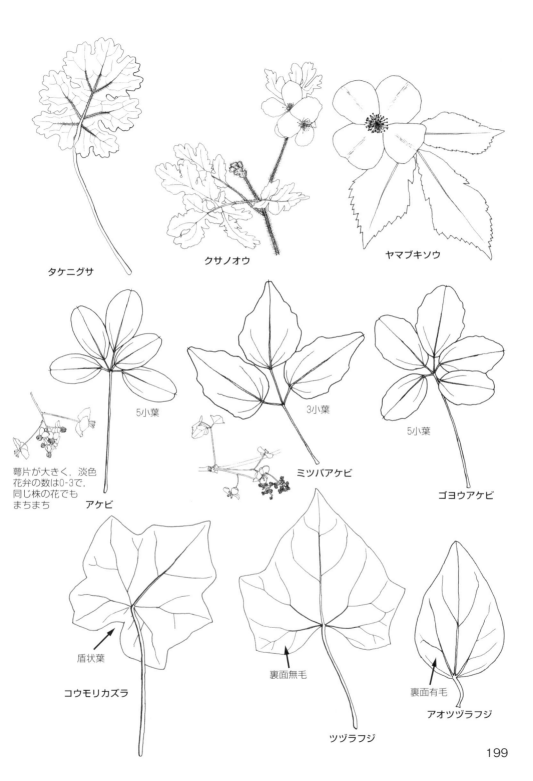

ツヅラフジ科、メギ科

A. 葉柄は葉身に楯状につくことはない
　B. 雄しべは9-12 ·· 《ツヅラフジ属》

ツヅラフジ属　*Sinomenium*
　落葉性のつる植物．若い茎には少し毛があるがやがて無毛．葉は円形，または5-7角の卵円形で，裏は毛なし．がくは有毛　　　　　　　　　　　　　　　　　　　ツヅラフジ（オオツヅラフジ）　P199

　B. 雄しべは3-6 ·· 《アオツヅラフジ属》

アオツヅラフジ属　*Cocculus*
　落葉性のつる植物．茎に淡黄色の毛あり．葉は卵形，ごく浅く3裂する傾向あり．葉の裏は有毛．がくに毛なし　　　　　　　　　　　　　　　　　　　　　　　　　アオツヅラフジ（カミエビ）　P199

被子040　メギ科（*BERBERIDACEAE*）

A. 木本
　B. がくと花弁は区別ができない ·· 《ナンテン属》

ナンテン属　*Nandina*
　常緑の低木．葉は3回3出複葉．円錐花序を頂生．花は白色　　　　　　　　　　ナンテン・栽　▶

　B. がくと花弁は区別ができる ·· 《メギ属》

メギ属　*Berberis*
　1. 葉は奇数羽状複葉で，小葉に鋸歯あり．茎にトゲなし．花序は10個以上の花からなる
　　2. 側小葉は長卵形で4-6対．鋸歯の先はトゲ状．花期は春．花弁は2裂．果実は楕円形
　　　　　　　　　　　　　　　　　　　　　　　　　　　　　ヒイラギナンテン・栽　▶
　　2. （次にも2あり）側小葉は細長く2-4対．低い歯牙がある．花期は秋．花弁は全縁．果実は球形
　　　　　　　　　　　　　　　　　　　　　　　　　　　　ホソバヒイラギナンテン・栽　▶
　　2. 側小葉は細長く5-8対．低い歯牙　　　　　　　　　　ナリヒラヒイラギナンテン・栽　▶
　1. 葉は単葉で分裂せず，ふつう茎にトゲあり．花序は5-6花からなる．葉は短枝に束生．長枝には互生
　　2. 葉は全縁　　　　　　　　　　　　　　　　　　　　　　　　　　　　　　メギ　▶
　　2. 葉に鋸歯あり．鋸歯の先はトゲ状
　　　3. 葉は細長く倒披針形で，葉先は鋭頭〜鈍頭．幅10-20mm　　　　ヘビノボラズ・参　▶
　　　3. 葉は丸みがあり，倒卵形〜楕円形で，葉先は鈍頭〜円頭．幅15-30mm．枝は灰黄色
　　　　　　　　　　　　　　　　　　　　　　　　　　　　　　　　ヒロハヘビノボラズ　▶
　　　　f. アカジクヘビノボラズは，枝・花軸・花柄が赤褐色．花も赤みが強い　アカジクヘビノボラズ

A. 草本
　B. がく4枚，花弁4枚 ··· 《イカリソウ属》

イカリソウ属　*Epimedium*
　葉はふつう2回3出複葉．小葉は卵形で基部は深い心形．花は紅紫または淡紫色．花弁には長い距があり四方に張り出す　　　　　　　　　　　　　　　　　　　　　　　　　　　　イカリソウ　▶

　B. がく6枚，花弁6枚 ·· 《ルイヨウボタン属》

ルイヨウボタン属　*Caulophyllum*
　茎や葉は毛なし．下方の葉は2-3回3出複葉．しかしこの複葉はその最も基部に葉柄がないため，輪生葉が片寄ってついているようにも見える．花は黄緑色　　　　　　　　　　　ルイヨウボタン　▶

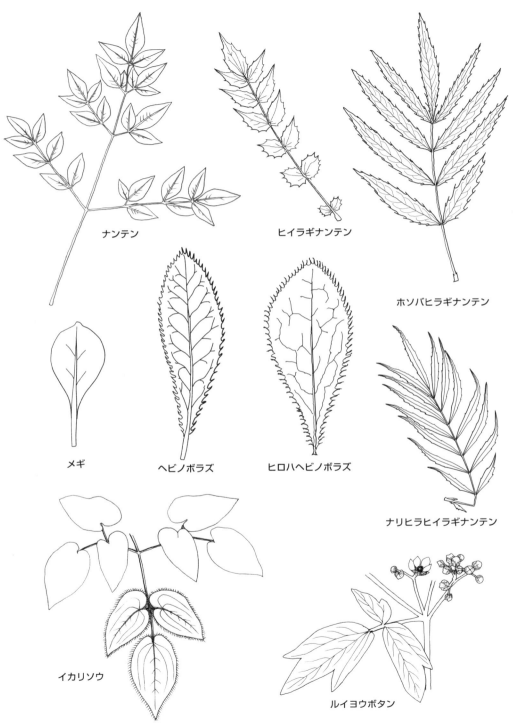

キンポウゲ科

被子041　キンポウゲ科（*RANUNCULACEAE*）

A. 果実は裂開（乾燥すれば割れて中から種子が出てくる）
　B. 花に距あり
　　C. 距はきわめて小さく目立たない ……………………………………………………《ヒメウズ属》

ヒメウズ属　*Semiaquilegia*
　　　根生葉あり．花は白～淡紅色．花径4-5mm．雄しべ9-14　　　　　　　　　　　　　ヒメウズ ▶

　　C. 距はあきらか
　　　D. 葉は掌状．左右相称の花 …………………………………………………………《トリカブト属》

トリカブト属　*Aconitum*
　1. 花の頂がく片（かぶと弁）は横幅より高さの方が長い．花は淡黄または淡紅紫色
　　2. 花は淡黄色．頂がく片は上が細くならない　　　　　　　　　　　　　　オオレイジンソウ
　　2. 花は淡紅紫色．頂がく片は上部ほど細くなる．花柄に曲毛あり　　　　アズマレイジンソウ ▶
　　　h. フジレイジンソウ　レイジンソウとアズマレイジンソウの雑種で開出毛と屈毛が混じる
　　　　　　　　　　　　　　　　　　　　　　　　　　　　　　　　　　　　フジレイジンソウ
　1. 花の頂がく片（かぶと弁）は高さよりも横幅の方が長い．花は紅紫～青紫色
　　2. 花柄にはほとんど毛がない
　　　3. 葉は3全裂，または3-5裂　　　　　　　　　　　　　　　　　　　　　　　カワチブシ
　　　3. 葉は5-7中裂　　　　　　　　　　　　　　　　　　　　　　　　　　　　サンヨウブシ ▶
　　2. 花柄は毛があり
　　　3. 花柄の毛は開出　　　　　　　　　　　　　　　　　　　　　　　　　ホソバトリカブト ▶
　　　　h. ホソバトリカブトとキタザワブシの雑種は，花柄に曲毛と開出毛が混じる　　　　雑種
　　　3. 花柄の毛は下に曲がる
　　　　4. 雄ずいは有毛．丘陵帯～山地帯　　　　　　　　　　　　　　　　　　ヤマトリカブト ▶
　　　　4. 雄ずいは無毛．亜高山帯　　　　　　　　　　　　　　　　　　　　　キタザワブシ

　　　D. 葉は複葉
　　　　E. 葉は3出複葉．放射相称の花 ……………………………………………………《オダマキ属》

オダマキ属　*Aquilegia*
　1. 子房は毛なし．葉は白緑色．花は青色　　　　　　　　　　　　　　　　　　　オダマキ・栽
　1. 子房に細毛あり
　　2. 葉の裏に毛なし．花は褐色．雄しべは内側花弁よりも短い　　　　　　　　　ヤマオダマキ ▶
　　　f. キバナノヤマオダマキは，花はすべて淡黄色．雄しべは内側花弁よりも長い　キバナノヤマオダマキ
　　2. 葉の裏に細毛密生．花は青色　　　　　　　　　　　　　　　　　　　　セイヨウオダマキ・栽

　　　　E. 葉は羽状複葉．左右相称の花 …………………………………………………《オオヒエンソウ属》

オオヒエンソウ属　*Delphinium*
　　　葉は2-3回羽状複葉．ふち以外はほとんど毛なし．花は淡紫色　　　　　　　セリバヒエンソウ・帰 ▶

　B. 花に距なしまたは花弁なし
　　C. 葉は掌状に分裂 ……………………………………………………………………《セツブンソウ属》

セツブンソウ属　*Eranthis*
　　　葉は3全裂し，側裂片はさらに2深裂するので，1枚の葉は5小葉からなるように見える．小葉柄はない．
　　　がく片は花弁状で白色．花弁は黄色で小さく，先は2分して蜜腺になる　　　　　　セツブンソウ ▶

202

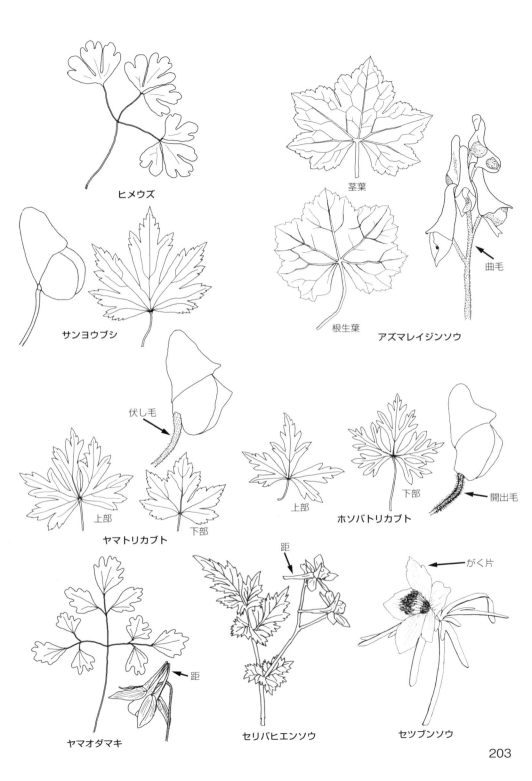

キンポウゲ科

　　C．葉は3出複葉または羽状複葉
　　　D．花被片は多数 ……………………………………………………………《レンゲショウマ属》

レンゲショウマ属　*Anemonopsis*

　　花は淡紫色．花径3cm．放射相称．葉は2-4回3出複葉．小葉に柄あり　　　　　レンゲショウマ ▶

　　　D．花被片は3-5枚
　　　　E．常緑．果実に柄がある ……………………………………………………《オウレン属》

オウレン属　*Coptis*

1. 葉は1回3出または1回5出の複葉
　2. 葉は1回3出複葉　　　　　　　　　　　　　　　　　　　　　　　　　　　ミツバオウレン ▶
　2. 葉は1回5出複葉　　　　　　　　　　　　　　　　バイカオウレン（ゴカヨウオウレン）▶
1. 葉は2-3回の3出複葉
　2. 花弁状がく片は倒卵状披針形で白色．葉は2回3出複葉　　　　　　　　　　　セリバオウレン ▶
　　v．コセリバオウレンは，葉が3回3出複葉．山地の針葉樹の林床に生育　　　　コセリバオウレン ▶
　2. 花弁状がく片は線状披針形〜線状で淡黄緑色　　　　　　　　　　　　　　　ウスギオウレン

　　　　E．落葉．果実に柄なし
　　　　　F．花序は総状花序または穂状花序 ……………………………《サラシナショウマ属》

サラシナショウマ属　*Cimicifuga*

1. 根生葉は3回3出複葉．小葉は縦長．花柄あり．雄しべ2-8個　　　　　　　　サラシナショウマ ▶
1. 根生葉は1-2回3出複葉．小葉は横幅が広い．花はほとんど柄なし．雄しべは1-2個
　2. 葉の表の脈上に短毛あり．小葉幅5-10cm．葉は1-2回3出複葉　　　　　　　　イヌショウマ ▶
　2. 葉の表はふちに短毛があるが他は毛なし．小葉幅10-30cm．葉は1回3出複葉．小葉柄は楯状につ
　　かない　　　　　　　　　　　　　　　　　　　　　　　　　　　　　　　　オオバショウマ ▶
　　v．キケンショウマは，小葉柄が楯状につく　　　　　　　　　　　　　　　　キケンショウマ

　　　　　F．花序は1-2花
　　　　　　G．雌しべは2個．先端が腺になる花弁がある．果実は熟すとやや斜上〜開出（水平）になる
　　　　　　 …………………………………………………………………………《シロカネソウ属》

シロカネソウ属　*Dichocarpum*

　　根生葉あり．花は下垂ぎみで全開しない．花径6-8mm．花弁状がく片は5枚で淡黄緑〜白色
　　　　　　　　　　　　　　　　　　　　　　　　　　　　　　　　　　　　　トウゴクサバノオ ▶

　　　　　　G．雌しべは3-5個．先端が腺になる花弁はない．果実は熟すと斜上する
　　　　　　 ……………………………………………………………………《チチブシロカネソウ属》

チチブシロカネソウ属　*Enemion*

　　根生葉は1-2回3出複葉．小葉に鋸歯．花序は散形状．花弁状がく片は5枚で白色．果実は3-5個で斜上
　　する　　　　　　　　　　　　　　　　　　　　　チチブシロカネソウ（オオシロカネソウ）▶

A．果実は裂開しない（液果またはそう果）
　B．果実は液果 ……………………………………………………………………《ルイヨウショウマ属》

ルイヨウショウマ属　*Actaea*

　　下部の葉は2-4回3出複葉．茎の頂端に総状花序を出す．花は有柄．果実は黒色で液果
　　　　　　　　　　　　　　　　　　　　　　　　　　　　　　　　　　　　　ルイヨウショウマ ▶

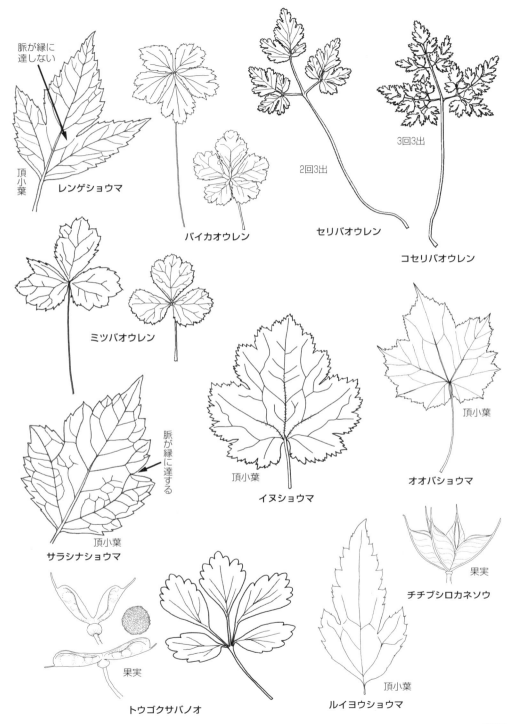

キンポウゲ科

```
    B.果実はそう果
      C.葉は対生．花柱は羽毛状．クサボタンを除き他はすべて「つる性」 ………《センニンソウ属》
```

センニンソウ属　*Clematis*

```
  1.小葉は全縁
    2.花弁状がく片8枚．花径7cm以上，枝端に花は1個．葉裏有毛                          カザグルマ ▶
    2.花弁状がく片4枚．花径3cm以下，枝端に花序を生ずる．葉裏ほとんど毛なし         センニンソウ ▶
  1.小葉に鋸歯あり
    2.花は下向き，または横向き．一般に花弁状がく片は全開しない
      3.茎は直立                                                                    クサボタン ▶
      3.つる
        4.花弁状がく片は濃紫色．へら形の花弁もある．葉は2回3出複葉   ミヤマハンショウヅル
        4.花弁状がく片は紫褐色または淡黄色
          5.花弁状がく片は淡黄色，外面は多毛．花柄は葉柄と同じ長さか短く3.5cm以下
                                                                          トリガタハンショウヅル
          5.花弁状がく片は紫褐色，外面は少毛．花柄は葉柄より明らかに長く6-12cm以上．苞葉は花
            柄の中ごろにある                                                     ハンショウヅル ▶
              v．ムラサキアズマハンショウヅルは，花柄が葉柄と同じ長さかまたはやや長い．苞葉は花柄の
                 基部近くにあって目立たない                             ムラサキアズマハンショウヅル
    2.花は上向き．花弁状がく片は全開．下方の葉は1回3出複葉．そう果に毛あり         ボタンヅル ▶
      v．コボタンヅルは，下方の葉が2回3出複葉．そう果は毛なし，あるいは上端に少し毛あり
                                                                               コボタンヅル ▶

    C.葉は輪生・根生・互生（部分的に対生）．「つる性」ではない
      D.葉は輪生または根生
        E.花柱は花後伸びて羽毛状 ……………………………………………………《オキナグサ属》
```

オキナグサ属　*Pulsatilla*

多年草．根生葉は2回羽状複葉．花弁状がく片の外面は長白毛でおおわれ，内面は暗赤紫色．花柱は花後伸びて羽毛状　　　　　　　　　　　　　　　　　　　　　　　　　　　　　　　　　　　オキナグサ ▶

```
        E.花柱は花後伸びない
          F.総苞片はがく状で花の直下にあり ……………………………………《スハマソウ属》
```

スハマソウ属　*Hepatica*

葉は越冬．根生葉は3裂し，裂片は鋭頭．花は白色．落葉広葉樹林の林床に生える　　　ミスミソウ ▶

```
          F.総苞は葉状で花から少しはなれてつく ………………………………《イチリンソウ属》
```

イチリンソウ属　*Anemone*

```
  1.花は紅紫色．秋咲き．花径は5-7cm，雄しべに長柄あり       シュウメイギク（キブネギク）・逸
  1.花は白または淡紫色．春～夏咲き．花径4cm以下，雄しべは柄なし
    2.茎に輪生する葉は葉柄なし．茎の頂に1-4個の花をつける．花弁状がく片は白色，5-6枚
                                                                                 ニリンソウ ▶
    2.茎に輪生する葉は葉柄あり
      3.茎の頂に1-4個の花をつける．茎の基部に根生葉を束生する．匍匐枝あり        サンリンソウ ▶
      3.茎の頂に1個の花をつける．根生葉は1枚，またはなし．匍匐枝なし
        4.花はやや大きく径2.5-4cm．根生葉はふつう2回3出複葉
          5.花弁状がく片は楕円形で5-6枚．全体大きく草高20cm以上              イチリンソウ ▶
          5.花弁状がく片は長楕円形で8-13枚．全体小さく草高10cmほど
```

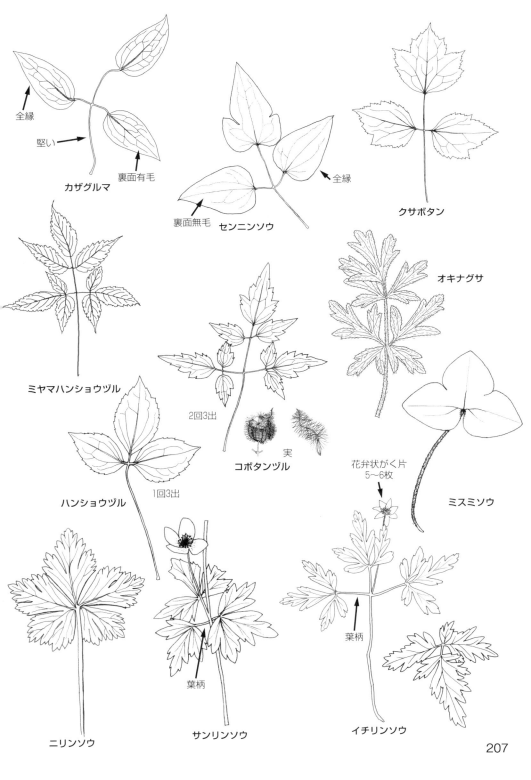

キンポウゲ科

```
            6. 全体は緑色．小葉は羽状深裂              キクザキイチゲ（キクザキイチリンソウ）　▶
            6. 全体はやや粉白．小葉は鋸歯がある                           アズマイチゲ　▶
        4. 花は小さく径2.5cm以下．根生葉は1回3出複葉．花弁状がく片は5枚       ヒメイチゲ　▶
            f. ホソバヒメイチゲは，総苞がきわめて細く線形                ホソバヒメイチゲ

    D. 葉は互生
        E. 花は小さく径1cm以下
            F. 葉は単葉で掌状分裂 ………………………………………《モミジカラマツ属》
```

モミジカラマツ属　*Trautvetteria*

葉は掌状に7-9中深裂．散房状花序．花は白色，花弁状がく片3-5枚　　　　　モミジカラマツ　▶

```
            F. 葉は1-3回3出複葉または羽状複葉 ………………………………《カラマツソウ属》
```

カラマツソウ属　*Thalictrum*

```
    1. 花序は円錐状．花糸は葯より細い．薬隔は突出（葯の先端に突出部あり）．花は淡黄色
        2. 小葉は披針形で3浅裂．裂片は鋭頭．花序はまとまる            ノカラマツ　▶
        2. 小葉は楕円形で3浅裂．裂片は鈍頭．花序は広がる．花柄の長さはほぼ1cm以下  アキカラマツ　▶
            v. オオカラマツは，花柄の長さが大部分は1cm以上．石灰岩地に生育  オオカラマツ（コカラマツ）
    1. 花序は散房状～複散房状．花糸は葯より太い．葯隔は突出せず
        2. 果実は2-5mmの柄の先にぶら下がる．花は白色
            3. 托葉と小托葉は明瞭．果実に3-4枚の翼あり．花糸の上方は膨らみ葯と同じ太さ   カラマツソウ　▶
            3. 托葉と小托葉はない．果実は翼なし．花糸の上方は著しく膨らみ葯より太い    ミヤマカラマツ　▶
        2. 果柄はごく短いか無柄．果実は開出．果実に8-10本の稜あり．花糸の上方は膨らみ葯と同じ太さ
            3. 托葉なし．果柄なし．花柱の先は曲がる．花は淡紫色          シギンカラマツ　▶
            3. 托葉は細裂．果柄は0.3mm．花柱の先は曲がらない            ハルカラマツ　▶

        E. 花は大きく径3cm前後
            F. 花に蜜腺なし …………………………………………………《フクジュソウ属》
```

フクジュソウ属　*Adonis*

```
    多年草．葉は互生，3-4回羽状複葉．根生葉なし．花は黄金色．花弁多数
    1. がくは花弁と同長～やや短．5-10片．赤紫色．茎中実                フクジュソウ　▶
    1. がくは花弁の1/2～2/3，5片，淡色．茎中空                    ミチノクフクジュソウ

            F. 花に蜜腺あり …………………………………………………《キンポウゲ属》
```

キンポウゲ属　*Ranunculus*

```
    1. 清流の中に水没状態で生える．葉は糸状に分裂．花は白色                バイカモ
    1. 陸上あるいは湿地に生育．水没しない．葉は裂けても裂片は糸状にならない
        2. 葉はふつう掌状に浅裂～深裂．果実は丸く膨らむ
            3. 葉柄や茎に開出した毛が多い                  ウマノアシガタ（キンポウゲ）
                ssp. アカギキンポウゲは，茎や葉柄の毛は伏す              アカギキンポウゲ
            3. 葉柄や茎は無毛または伏毛が散生
                4. 根は紡錘状に肥大しない．越年草                        タガラシ　▶
                4. 根は紡錘状に肥大する部分がある．多年草（3出複葉になることあり）  ヒキノカサ　▶
        2. 葉はふつう3出複葉．果実は扁平
            3. 果実の集まりは長楕円形．越年草                       コキツネノボタン　P211
            3. 果実の集まりは球状．多年草
                4. 下部の葉は1回3出複葉
```

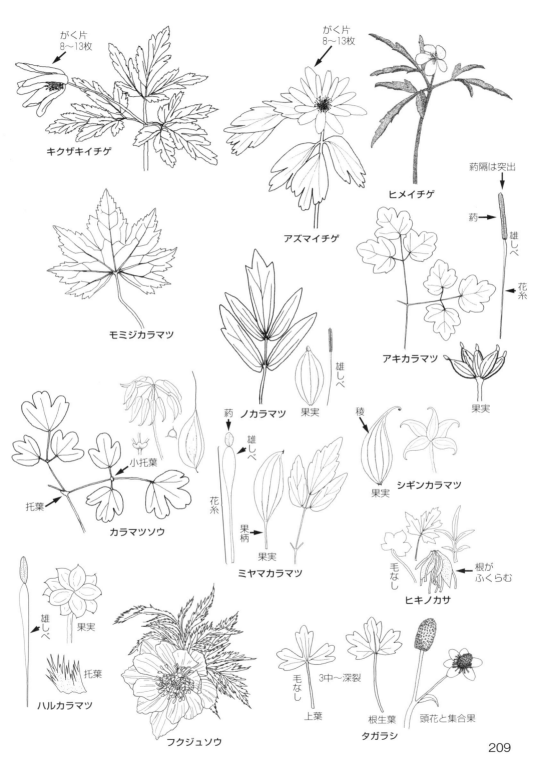

キンポウゲ科、アワブキ科、ハス科、スズカケノキ科、ヤマグルマ科、ツゲ科

```
        5. 茎の下部に毛はごくわずか．葉柄には斜上毛あり．果実に稜はない        キツネノボタン      ▶
           v．ヤマキツネノボタンは，茎の下部に斜上毛多し                      ヤマキツネノボタン
        5. 茎の下部にほぼ開出する長毛がある．葉柄に開出毛あり．果実のふちに隆起した稜がある
                                                                        ケキツネノボタン      ▶
     4. 下部の葉は2回3出複葉                                              オトコゼリ
```

被子042　アワブキ科（*SABIACEAE*）

円錐花序を頂生．雄しべは2個完全，3個は仮雄しべ ……………………………………《アワブキ属》
アワブキ属　*Meliosma*
  1. 葉身長8-25cm，側脈20-28対．円錐花序は直立．果実赤熟　　　　　　　アワブキ　▶
  1. 葉身長5-15cm，側脈は7-14対．円錐花序は横向きあるいは垂れぎみ．果実黒熟　ミヤマハハソ　▶

被子042-2　ハス科（*NELUMBONACEAE*）

両性花．雌しべ多数．花床（花托）が，じょうろの口のように肥大し，そこに果実が埋没する …《ハス属》
ハス属　*Nelumbo*
  水生植物．葉は楯状．葉柄・花柄ともに水上に抜き出る　　　　　　　　　ハス・栽　▶

被子043　スズカケノキ科（*PLATANACEAE*）

葉は大きく欠刻．葉柄の基部は新芽を完全に包み込む ……………………………《スズカケノキ属》
スズカケノキ属　*Platanus*
  1. 葉は5-7深裂．集合果は3-7個垂れ下がる．成葉裏はかなり少毛．果実の先は長くとがる
                                                                        スズカケノキ・栽　▶
  1. 葉は3-5浅裂．集合果は1-(2)個垂れ下がる．成葉裏は脈に沿って星状毛多し．果実の先はごく短く
     とがる   アメリカスズカケノキ・栽　▶
        h．モミジバスズカケノキの集合果は(1)～2～(3)個垂れ下がる．果実の先は長くとがる
                                                                        モミジバスズカケノキ・栽　▶

被子044　ヤマグルマ科（*TROCHODENDRACEAE*）

常緑の高木．葉は枝端に輪生状に集まる ………………………………………《ヤマグルマ属》
ヤマグルマ属　*Trochodendron*
  葉身は広倒卵形～長卵形　　　　　　　　　　　　　　　　　　　　　　　ヤマグルマ　▶
  f．ナガバノヤマグルマは，葉が狭く披針形　　　　　　　　　　　　　　　ナガバノヤマグルマ

被子045　ツゲ科（*BUXACEAE*）

A. 直立高木．対生．花は葉腋につく ………………………………………………《ツゲ属》
ツゲ属　*Buxus*
  イヌツゲ（モチノキ科）に似るが，イヌツゲは互生であるのに対し，ツゲ属は対生
  1. 葉は厚質．長楕円形．葉長10-30mm．幅6mm以上．樹高2-4mになる　　ツゲ（ホンツゲ）・栽　▶
  1. 葉は薄質．狭楕円形．葉長15-20mm．幅3-7mm．低木庭木として植栽　ヒメツゲ・栽

A. 匍匐低木．互生．穂状花序を頂生 ………………………………………………《フッキソウ属》
フッキソウ属　*Pachysandra*
  葉は互生するがやや輪生状になることもある．葉身は厚質，深緑色，倒卵形．庭園の下草として植栽
  されることが多い　　　　　　　　　　　　　　　　　　　　　　　　　　フッキソウ　P213

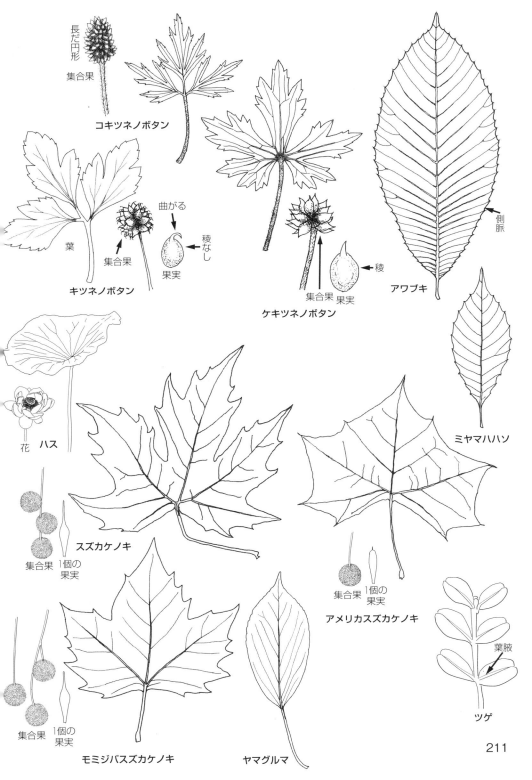

被子046　ボタン科（*PAEONIACEAE*）

葉は互生．花弁は大型．がくは宿存 ………………………………………………《ボタン属》

ボタン属　*Paeonia*

- 1. 木本．小葉の基部は柄に連続的につながらない．花色は多様　　　　　　　　**ボタン・栽**
- 1. 草本
  - 2. 小葉の基部は柄に連続的につながる．花色は多様　　　　　　　　　　　**シャクヤク・栽**
  - 2. 小葉の基部は柄に連続的につながらない
    - 3. 花は白色．柱頭は短くわずかに外曲．葉裏は一般に毛なし　　　　　**ヤマシャクヤク**　▶
    - 3. 花は淡紅色．柱頭は長くて著しく外曲．葉裏は一般に毛あり　　**ベニバナヤマシャクヤク**　▶

被子047　フウ科（*ALTINGIACEAE*）

葉は掌状脈で3-7裂 …………………………………………………………………《フウ属》

フウ属　*Liquidambar*

- 1. 葉は5脈が目立つ．冬芽の鱗片は毛なし　　　　　　　　　　　　　　　　**モミジバフウ・栽**　▶
- 1. 葉は3脈が目立つ．冬芽の鱗片は多毛　　　　　　　　　　　　　　　　　　　　**フウ・栽**

被子048　マンサク科（*HAMAMELIDACEAE*）

葉は羽状脈で裂けない

A．花弁5枚．穂状花序は2-10個の花からなり，垂れる ………………………《トサミズキ属》

トサミズキ属　*Corylopsis*

- 1. がく筒は無毛．花序は2-3個の花からなり，長さ1-2cm　　　　　　　　　**ヒュウガミズキ・栽**　▶
- 1. がく筒の外側に密毛あり．花序は3-10個の花からなり，長さ3-4cm　　　　　**トサミズキ・栽**　▶

A．花弁4枚．頭状花序は3-4個の花からなる …………………………………《マンサク属》

マンサク属　*Hamamelis*

花の咲く時期に若葉はまだ開かない．花弁は線形で黄色

- 1. 成葉は綿毛密生．がく筒は果実の1/5長　　　　　　　　　　　　　　　　**シナマンサク・栽**
- 1. 成葉は毛なし．がく筒は果実の1/3長以上．花弁長12-15mm．葉身長5-10cm，幅3-7cm　　**マンサク**　▶
  - v．オオバマンサクは，花弁長15-18mm，葉身長5-15cm，幅4-10cm　　　　　　**オオバマンサク**

被子049　カツラ科（*CERCIDIPHYLLACEAE*）

落葉高木．葉は長枝で対生．短枝に1枚．葉身は基部心形，鋸歯は丸い．葉の展開する前に開花
　　　　　　　　　　　　　　　　　　　　　　　　　　　　　　　　　　　《カツラ属》

カツラ属　*Cercidiphyllum*

- 1. 種子の一端が翼になる．短枝の葉は鈍頭，基部は浅心形〜切形　　　　　　　　　　**カツラ**　▶
- 1. 種子は三日月形，その両端は翼．短枝の葉は円頭，基部は深く心形　　　　　**ヒロハカツラ**　▶

被子050　ユズリハ科（*DAPHNIPHYLLACEAE*）

葉は革質で全縁．表やや光沢あり．裏は白っぽい ……………………………《ユズリハ属》

ユズリハ属　*Daphniphyllum*

- 葉は互生．側脈16-19対．多くの葉は当年枝につける　　　　　　　　　　　　**ユズリハ・栽**　▶

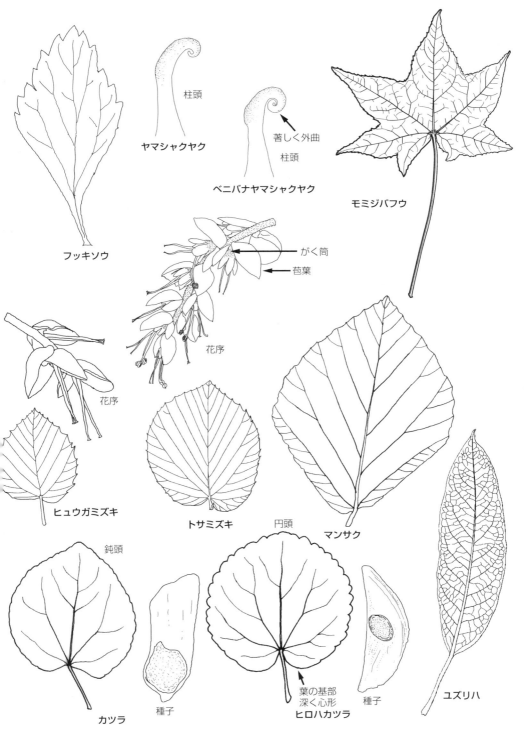

スグリ科、ユキノシタ科

被子051　スグリ科（GROSSULARIACEAE）

互生．雄しべ5．果実は水分が多い ……………………………………………………《スグリ属》
スグリ属　*Ribes*
- 1. 花は束生するか単立
  - 2. 枝にトゲあり．雌雄同株　　　　　　　　　　　　　　　　　　　　スグリ　▶
  - 2. 枝にトゲなし．雌雄異株
    - 3. 樹上着生　　　　　　　　　　　　　　　　　　　　　　　　ヤシャビシャク　▶
    - 3. 地上に立つ　　　　　　　　　　　　　　　　　　　　　　　　ヤブサンザシ　▶
- 1. 総状花序
  - 2. 花序は2-10花からなる．果実は赤熟．雌雄異株　　　　　　　　　　　　ザリコミ　▶
  - 2. 花序は多数花からなる．果実は黒熟．雌雄同株　　　　　　　　　　コマガタケスグリ　▶

被子052　ユキノシタ科（SAXIFRAGACEAE）

- A. 子房1室．胚珠は子房壁の内側につく
  - B. 花弁状がく片は4個．花弁なし ………………………………………《ネコノメソウ属》
ネコノメソウ属　*Chrysosplenium*
- 1. 茎葉は互生．原則雄しべ8個
  - 2. 地上性の匍匐枝は花後急速にはって長く伸びる．葯は黄．雄しべ8個　　ツルネコノメソウ　▶
  - 2. 地上性の匍匐枝はない
    - 3. 地下に匍匐枝なし．花後，根元にむかごができる．雄しべ8個　　　ヤマネコノメソウ　▶
      - f. ヨツシベヤマネコノメは，雄しべ4．全体小型　　　　　　ヨツシベヤマネコノメ
    - 3. 地下に細い匍匐枝ができる．むかごはできない．雄しべ8個
      　　　　　　　　　　　　　　　　　　　　　　　タチネコノメソウ（トサネコノメ）
- 1. 茎葉は対生
  - 2. 全体に軟毛あり．雄しべ8個
    - 3. 花弁状がく片は花時に水平に開く　　　　　　　　　　　　　　マルバネコノメソウ　▶
    - 3. 花弁状がく片は花時に直立
      - 4. 花弁状がく片は白色で縦長　　　　　　　　　　　　　　　　　ハナネコノメ　▶
      - 4. 花弁状がく片は黄色で縦横同長．匍匐枝の葉は径3-15mm　　コガネネコノメソウ
        - v. オオコガネネコノメソウは，匍匐枝の葉が大きく径15-30mm．白毛が目立つ
          　　　　　　　　　　　　　　　　　　　　　　　　オオコガネネコノメソウ　▶
  - 2. 葉腋以外はほとんど毛なし
    - 3. 雄しべ4個．種子に1本の隆起したすじあり　　　　　　　　　　　　　ネコノメソウ　▶
    - 3. 雄しべ8個（ヨゴレネコノメは4個）種子に数本の隆起したすじあり
      - 4. 花弁状がく片は花時水平に開く．花盤は明らか
        - 5. 花時，根生葉なし．種子の隆起したすじには長い乳頭状突起が連なる　イワネコノメソウ　▶
        - 5. 花時，根生葉あり．種子の隆起したすじは平滑　　　　　　　チシマネコノメソウ　▶
          - v. ミチノクネコノメソウは，葉や苞葉の鋸歯が目立つ　　　ミチノクネコノメソウ
      - 4. 花弁状がく片は花時直立するか斜開．花盤は明らかでない．葯は黄色～黄緑．雄しべ8個
        　　　　　　　　　　　　　　　　　　　　　　　イワボタン（ミヤマネコノメソウ）　▶
        - v. ヨゴレネコノメは，花弁状がく片が直立．葯は暗紅色．雄しべは通常4個　ヨゴレネコノメ
        - v. ニッコウネコノメは，花弁状がく片が水平に開く．葯は暗紅紫色．雄しべ8個
          　　　　　　　　　　　　　　　　　　　　　　　　　　　　　ニッコウネコノメ　▶

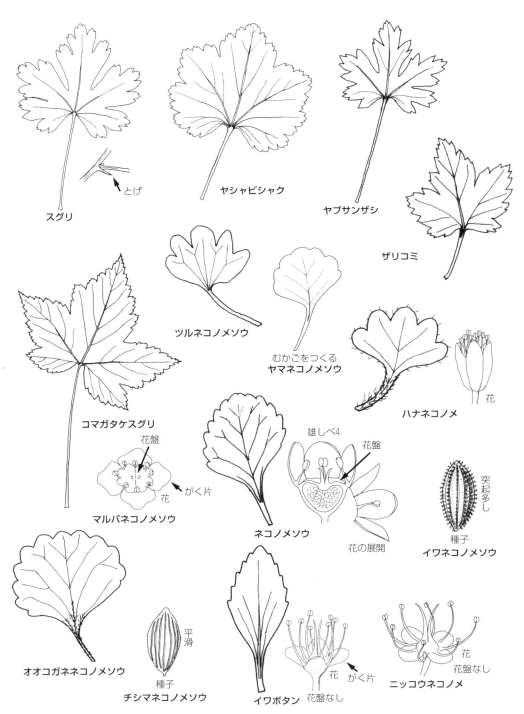

ユキノシタ科

B. がく5個．花弁5個
  C. 2個の子房は大きさが著しく異なる．花弁は針形 …………………《ズダヤクシュ属》

ズダヤクシュ属　*Tiarella*
 根生葉に長柄あり．葉身の基部は心形．葉は5浅裂．花は小さく白色 　　　　　　ズダヤクシュ ▶

  C. 2個の子房は同じ大きさ．花弁は羽状分裂（魚の骨に似た形）になるものがある
  ………………………………………………………………………………《チャルメルソウ属》

チャルメルソウ属　*Mitella*
 花弁は黄緑色．花茎の高さ10-50cm．雄しべは花盤上にある　　　　　　コチャルメルソウ ▶

A. 子房2室．胚珠は中軸につく
 B. 葉は羽状複葉，3出複葉，掌状複葉
  C. 葉は羽状複葉～3出複葉．花に苞葉あり．子房はほとんど独立している ……《チダケサシ属》

チダケサシ属　*Astilbe*
 1. 頂小葉は鈍頭．花は淡紅色　　　　　　　　　　　　　　　　　　　　　　　　チダケサシ ▶
 1. 頂小葉は鋭頭．基部はくさび形．花は白色．花序は下部を除き総状で，下部はやや分枝する．匍匐
  枝なし．小葉は小型で光沢はない　　　　　　　　　　　　　　　　　　　　　アカショウマ ▶
  v. トリアシショウマは，下部の側枝が大きく分枝するので花序全体は円錐状．匍匐枝なし．小葉は幅広
   く4-10cmで，鋭尖頭，基部は著しい心形　　　　　　　　　　　　　　　トリアシショウマ
  v. ハナチダケサシ（ミヤマチダケサシ）は，地下に匍匐枝を長く伸ばす．花序は側枝がよく分枝して円
   錐状　　　　　　　　　　　　　　　　　　　　　　ハナチダケサシ（ミヤマチダケサシ）
  v. フジアカショウマは，匍匐枝なし．小葉は小型で光沢がある　　　　　　フジアカショウマ
  ［参考］アカショウマに類似するヤマブキショウマ（バラ科）は花柱3，側脈はふちまで達する．それに対
  してアカショウマは花柱2，側脈はふちまで達しない．（P247参照）

  C. 葉は掌状複葉．花に苞葉なし．子房は合生 ……………………………………《ヤグルマソウ属》

ヤグルマソウ属　*Rodgersia*
 根生葉は大きく葉身径50cm．5小葉からなる掌状複葉が矢車状になる　　　　　　ヤグルマソウ ▶

 B. 葉は単葉．種子の両端に突起あり
  C. 葉は楯状ではない ………………………………………………………………《ユキノシタ属》

ユキノシタ属　*Saxifraga*
 1. 花は放射相称．茎は分枝しない．花は紫褐色（まれに淡緑色）　　　　　　　　　クロクモソウ ▶
 1. 花は左右相称
  2. 上側の花弁3枚に黄色または紅色の斑点がある
   3. 秋に開花．葉は中裂．葉肉内に針状結晶をもつ．斑点は黄色．花弁2枚が「人」字状　　ジンジソウ ▶
   3. 開花期は4-6月．葉は浅裂．葉裏は淡紅色または淡緑色．斑点は紅色　　　　ユキノシタ ▶
  2. 上側の花弁3枚に斑点がない．花弁5枚が「大」字状．葉裏は淡緑色．葉肉内に，こんぺいとう状
   の結晶をもつ　　　　　　　　　　　　　　　　　　　　　　　　　　　　ダイモンジソウ ▶
   f. ウラベニダイモンジソウは，葉裏は全面深紅色．主に石灰岩地に分布　ウラベニダイモンジソウ
   v. ミヤマダイモンジソウは，全体が小形で高山に生育．下の花弁は短い　ミヤマダイモンジソウ

  C. 葉は楯状につく ……………………………………………………………………《ヤワタソウ属》

ヤワタソウ属　*Peltoboykinia*
 葉は掌状に7-13浅裂．花弁は淡黄色　　　　　　　　　　　　　　　　　　　　　　ヤワタソウ ▶

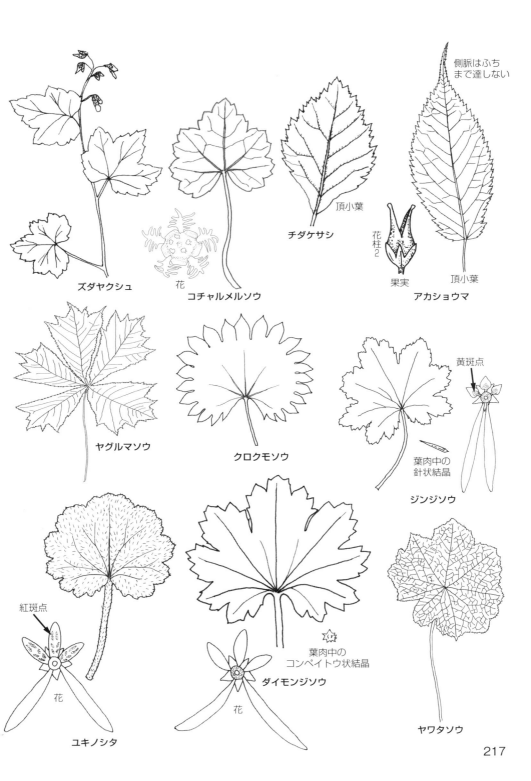

被子053　ベンケイソウ科（*CRASSULACEAE*）

A. 葉幅1mm．葉は対生でその基部は合生．雄しべ4 ……………………………《アズマツメクサ属》
アズマツメクサ属　*Tillaea*
　草高2-5cm．葉は線状披針形で多肉質．小さい4弁白色花．水田や湿地に分布　　　アズマツメクサ

A. 葉幅1.5mm以上．葉は互生または輪生．雄しべ8
　B. 雌雄異株．根茎の鱗片葉の葉腋から花茎が立つ．果実直立 ………………《イワベンケイ属》
イワベンケイ属　*Rhodiola*
　　葉は青白く肉質．披針形，全縁，やや浅い鋭鋸歯が数個あることもある　　　　イワベンケイ

　B. 雌雄同株．鱗片葉はない．果実は斜上または開出
　　C. 花は黄色
　　　D. 根茎は太い．葉に鋸歯がある ………………………………………………《キリンソウ属》
キリンソウ属　*Phedimus*
　　葉は互生．葉の全体に鋸歯がある　　　　　　　　　　　　　　　ホソバノキリンソウ　▶
　　v. キリンソウは，葉の上半分に等しい大きさの低い鋸歯がある　　　　　　キリンソウ　▶

　　　D. 根茎は太くない．葉は全縁 ……………………………………………《マンネングサ属》
マンネングサ属　*Sedum*
1. 花茎の葉は互生か対生（両者が混じることあり）
　2. 葉は扁平で基部は柄状となる．形は倒卵形，さじ形，倒披針形
　　3. 花後，走出枝を出す．走出枝の葉と茎葉は形が違う．沢沿い岩上に生える　　ヒメレンゲ　▶
　　3. 走出枝はできない．葉はみな同じ形
　　　4. 葉は対生でさじ形　　　　　　　　　　　　　　　　　　　　　マルバマンネングサ　▶
　　　4. 葉は互生でさじ状倒披針形．葉腋に双葉の芽のようなむかごができる　コモチマンネングサ　▶
　2. 葉の基部は柄状とならない．形は線形～披針形
　　3. 葉は扁平で針状の線形．中肋は明瞭．山地帯の大木の樹上に着生　　マツノハマンネングサ
　　3. 葉は厚く，米粒～円柱状．中肋不明
　　　4. 葉は円柱状線形平滑，長さ5-18mm．葯は黄～橙赤．海岸．まれ　　メノマンネングサ
　　　4. 葉は円柱状楕円形平滑，長さ3-5mm．葉裏が赤みを帯びる（類似のタイトゴメは海岸岩上にあり，葉裏は緑）．葯は黄　　ヨーロッパタイトゴメ（オウシュウマンネングサ）・帰　▶
　　　4. 葉は楕円状で先端に微小凸出多し，長さ2-5mm．葯は黄色，葉は緑　　オカタイトゴメ・逸　▶
1. 花茎の葉は輪生がふつう
　2. ふつう4輪生（5輪生もあり）．葉は線形．茎は直立，葉長10mm以上　　メキシコマンネングサ・帰　▶
　2. ふつう3輪生．葉は線形よりも幅広になる．茎ははうか斜上
　　3. 葉長10mm以上，鋭頭で平滑
　　　4. 新鮮な葯は黄色．茎は黄緑色でやや垂れ下がる傾向．葉は線形　　オノマンネングサ・帰　▶
　　　4. 新鮮な葯は橙赤色．茎は淡紅色を帯び，地表をはう．葉は菱状楕円形　　ツルマンネングサ・帰　▶
　　3. 葉長6mm以下，円頭で先端に微小な乳頭状突起あり　　　　ヨコハママンネングサ（仮）・帰　▶

　　C. 花は白，淡紅，淡緑色
　　　D. ロゼットは顕著 ………………………………………………………………《イワレンゲ属》
イワレンゲ属　*Orostachys*
　　葉は披針形．著しく多肉質で断面は楕円形．先端は針状突起になる　　　　　　ツメレンゲ　▶

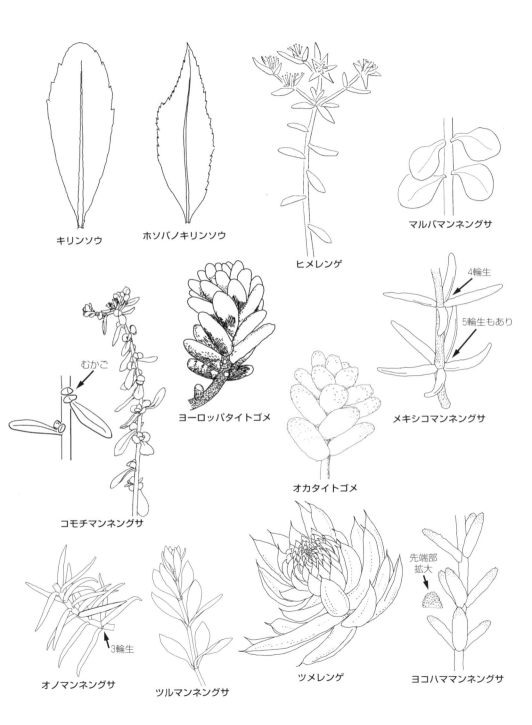

ベンケイソウ科，タコノアシ科，アリノトウグサ科，ブドウ科

```
      D. ロゼットなし ……………………………………………………《ムラサキベンケイソウ属》
ムラサキベンケイソウ属  Hylotelephium
  1. 花茎は岩の間から垂れ下がる．花は淡紅色                         ミセバヤ・栽 ▶
  1. 花茎は直立
    2. 葉は3輪生，ときに対生．花は淡黄緑色
      3. 葉腋にむかごは生じない                                 ミツバベンケイソウ ▶
      3. 葉腋にむかごを生じる．秩父山地の山地帯石灰岩地にある          チチブベンケイ
    2. 葉は互生．花は淡紅色                                         ベンケイソウ
```

被子054　タコノアシ科（PENTHORACEAE）

```
花序はさかさまにした「タコの足」のよう．草本．花柱5-7 ………………………《タコノアシ属》
タコノアシ属  Penthorum
  茎の先端に数本の総状花序枝が束生し，タコの足を連想させる．花は小さく黄緑色   タコノアシ ▶
```

被子055　アリノトウグサ科（HALORAGACEAE）

```
A. 陸上生．葉はふつう対生．総状花序．花弁4．雄しべ8 ……………………《アリノトウグサ属》
アリノトウグサ属  Gonocarpus
  根元は分枝してはう．直立部分の茎は4稜形．葉は小さな卵円形で分裂しない．毛なし．花は黄褐色
  で下向き．柱頭は密毛                                            アリノトウグサ ▶

A. 水中生．葉は互生または輪生．穂状花序または腋生．花弁2-4．雄しべ2-8 …………《フサモ属》
フサモ属  Myriophyllum
  1. 茎径3-4mm．葉は4-7輪生．雌雄異株．日本では雌株しか見られない            オオフサモ・帰
  1. 茎径2.5mm以下．葉は3-4輪生．雌雄同株
    2. 水上葉はごく小さく発達せず全縁．水中葉は羽状裂し，先端の小葉はごく短い  ホザキノフサモ ▶
    2. 水上葉は大きめで，やや羽裂する．水中葉は大きく羽状裂し，小葉はほぼ同長で先端部が目立っ
      て短くなることはない                                              フサモ ▶
```

被子056　ブドウ科（VITACEAE）

```
つる
A. 花弁は上端が合生するため，開花時，花弁は帽子を脱ぐように落下する．木本の樹皮は縦にはがれ
  る．髄は褐色 ……………………………………………………………………………《ブドウ属》
ブドウ属  Vitis
  1. 葉は薄質．三角形で多くは切れ込まない．葉身長4-9cm．葉裏は緑色で毛なし．脈腋は有毛，水か
    き状の膜はない                                   サンカクヅル（ギョウジャノミズ） ▶
    v. ウスゲサンカクヅルは，葉の裏に薄く，くも毛をひく              ウスゲサンカクヅル
  1. 葉は厚質．ふつう3-5裂に切れ込む．裏はくも毛に覆われる
    2. 葉は大形．葉身長8-25cmで円心形．赤褐色のくも毛は落ちやすい           ヤマブドウ ▶
    2. 葉は小形．葉身長5-8cm．3-5中裂．葉裏の淡褐色〜白色のくも毛は密         エビヅル ▶
```

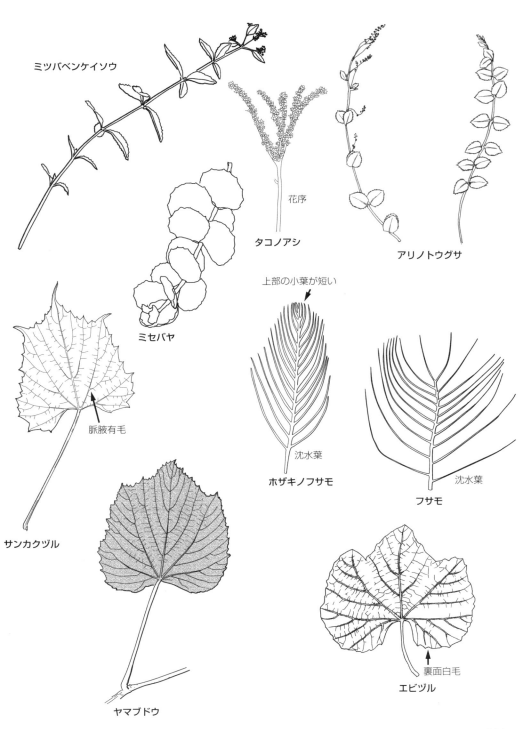

A. 花弁は合生しない．開花時，花弁は帽子を脱ぐように落下しない．木本では樹皮ははがれない．髄は白
  B. 花は4数性．とり足状複葉 ……………………………………………………………《ヤブカラシ属》

ヤブカラシ属　*Cayratia*

  5小葉からなるとり足状複葉．茎に稜あり．花は淡緑色，花弁が落ちるとオレンジ色の花床が目立つ
  （ウリ科のアマチャヅルに比べ，本種は葉の表面に毛なし）　　　　　　　　　ヤブカラシ　▶

  B. 花は5数性．単葉,3中裂〜3深裂することもある
    C. 巻きひげの先端は吸盤．木本 ………………………………………………………《ツタ属》

ツタ属　*Parthenocissus*

  つる性木本．巻きひげの先が吸盤状となり他物に固着する．葉は単葉〜3出複葉まで連続する．粗い鋸歯
  あり　　　　　　　　　　　　　　　　　　　　　　　　　　　　　　　ツタ（ナツヅタ）　▶
  ［参考］ツタの葉は，ツタウルシ（ウルシ科）の幼木の葉に似る．しかし，ツタの葉は無毛であるのに対して，
    ツタウルシの葉裏脈腋には褐色毛が密生する

    C. 巻きひげの先端は吸盤状にならない．草本または木本 ……………………………《ノブドウ属》

ノブドウ属　*Ampelopsis*

  葉は掌状に3-5浅裂．裏脈上に毛あり．巻きひげは葉と対生　　　　　　　　　　ノブドウ
  f. キレハノブドウは，葉が欠刻状に深く切れ込む　　　　　　　　　　　　　キレハノブドウ　▶
  ［参考］ノブドウの葉はブドウ属のサンカクヅル（ギョウジャノミズ）に似る．しかし，ノブドウの葉裏に
    は照りがあり，脈腋に水かき状の膜と毛がある

被子057　マメ科（*FABACEAE*）

A. 木本（コマツナギ属（P232）とハギ属（P228）は草本扱いとする）
  B. 花は放射相称．花弁は同じ形．2回偶数羽状複葉
    C. 花は白〜淡紅紫色．がく筒あり ………………………………………………………《ネムノキ属》

ネムノキ属　*Albizia*

  小葉の先は鋭頭．果実の幅15-18mm　　　　　　　　　　　　　　　　　　　　ネムノキ　▶

    C. 花は黄緑色．がくは合生しない ………………………………………………………《サイカチ属》

サイカチ属　*Gleditsia*

  幹に枝の変形した大形のトゲが分枝する．花は小形．花弁はほぼ同じ形　　　　　サイカチ　▶

  B. 花は左右相称
    C. 花はマメ科特有の蝶形ではない
      D. つるではない．葉は単葉．花は紅紫色．がく筒あり ……………………………《ハナズオウ属》

ハナズオウ属　*Cercis*

  葉柄あり．単葉で全縁．葉が開く前に開花する．花は紅紫色で短枝に束状に群がる　ハナズオウ・栽　▶

      D. つる．葉は2回偶数羽状複葉．花は黄色または黄緑色．がくは合生しない …《ジャケツイバラ属》

ジャケツイバラ属　*Caesalpinia*

  つる性低木．花は大形．小葉5-12対，光沢なし．茎や葉に鋭いトゲ　　　　　ジャケツイバラ　▶

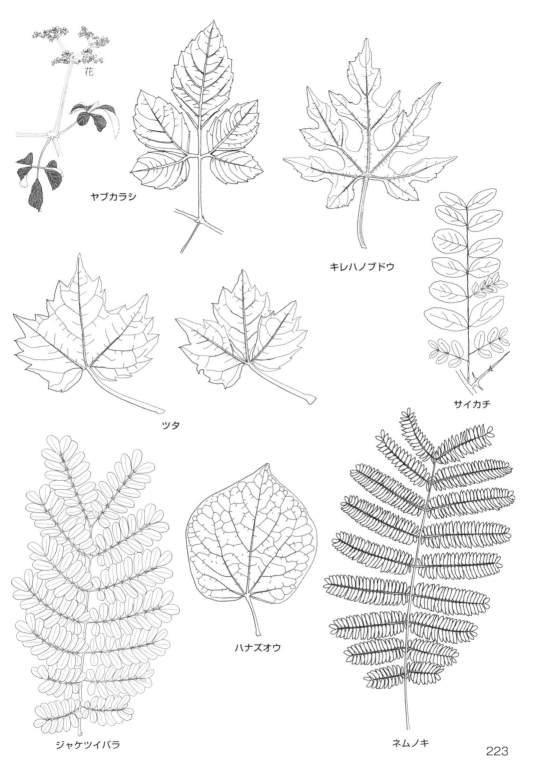

マメ科

  C. 花は蝶形で旗弁，翼弁，竜骨弁（P20参照）の区別あり．がく筒あり
   D. 雄しべは合生しない，またはほとんど合生しない
    E. 果実はジュズ状．種子は楕円体 ……………………………………………《エンジュ属》

エンジュ属　Styphonolobium
高木．奇数羽状複葉．円錐花序．花は白色．果実は強くくびれてジュズ状．葉柄や葉に白毛多し
                          エンジュ・栽 ▶

    E. 果実は扁平．種子も扁平
     F. 小葉はほとんど対生．がくは4裂．冬芽は露出 ………………………《イヌエンジュ属》

イヌエンジュ属　Maackia
果実の長さ4-9cm．側小葉は3-5対，長さ4-7cm，裏の脈は隆起せず．葉柄や葉に褐色毛密生
                              イヌエンジュ

     F. 小葉は互生．がくは5裂．冬芽は前年の葉柄に包まれる ……………………《フジキ属》

フジキ属　Cladrastis
| 1. 小葉の側脈8-13本．小托葉あり．果実に著しい翼あり | **フジキ（ヤマエンジュ）** ▶ |
| 1. 小葉の側脈13-15本．小托葉なし．果実は翼なし | **ユクノキ** ▶ |

   D. 雄しべ9本は合生，1本はそのまま
    E. 直立する高木．托葉はトゲになる ………………………………………《ハリエンジュ属》

ハリエンジュ属　Robinia
奇数羽状複葉．側小葉5-10対．節にあるトゲは托葉の変形物とみなす．総状花序で白色
                    ハリエンジュ（ニセアカシア）・帰 ▶

    E. つる ……………………………………………………………………………《フジ属》

フジ属　Wisteria
| 1. つるは下から見て左まわりに巻く．側小葉は5-9対．小葉（成葉）はほぼ毛なし | **フジ（ノダフジ）** ▶ |
| 1. つるは下から見て右まわりに（右ネジで）巻く．側小葉は4-6対．小葉裏面は毛あり．成熟期も落ちない．関西以西に分布 | **ヤマフジ・栽** ▶ |

A. 草本（コマツナギ属とハギ属を含む）
 B. 花はマメ科特有の蝶形（P20参照）とならない．花弁みな同じ形．雄しべ4個．偶数羽状複葉
  C. 側小葉は15-35対．果実は扁平 ……………………………………………《カワラケツメイ属》

カワラケツメイ属　Chamaecrista
茎に硬毛あり．クサネムに対して本種の茎は中空でない   **カワラケツメイ** ▶

  C. 小葉2-6対．果実は円柱状で細長い ………………………………………………《センナ属》

センナ属　Senna
| 1. 小葉2-4対，倒卵形 | **エビスグサ・逸** ▶ |
| 1. 小葉4-6対，長楕円形で鋭頭 | **ハブソウ・逸** ▶ |

 B. 花は蝶形で，花弁は旗弁（上の花弁），翼弁（横の花弁），竜骨弁（下の花弁，舟弁ともいう）の区別がある（P20参照）
  C. 葉は単葉．線状長楕円形．葉柄なし．がくは大きく花や果実を包む …………《タヌキマメ属》

タヌキマメ属　Crotalaria
托葉なし．総状花序で，青紫色の花2-20個がつく．果実は長楕円体   **タヌキマメ**

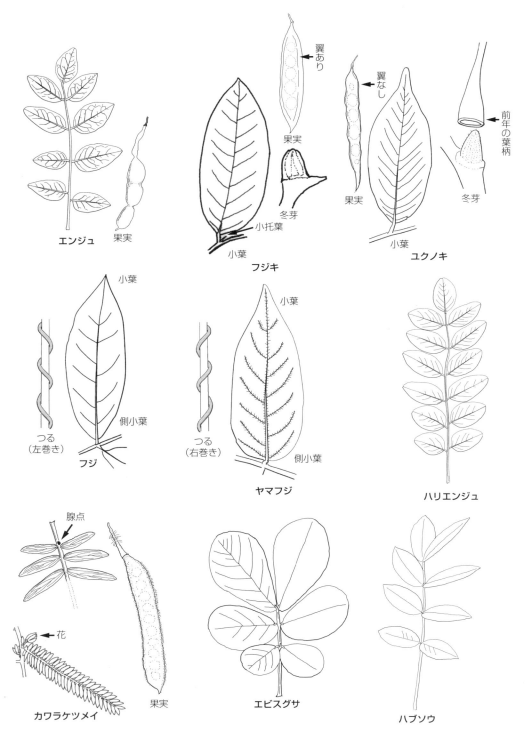

マメ科

　　　C. 葉は複葉．葉柄あり（まれに葉柄なし）．がくは小さく花弁や果実を覆うことはない
　　　　D. 果実はジュズ状にくびれる．雄しべはすべて離れていて合生しない ……………《クララ属》

クララ属　*Sophora*

　草本．奇数羽状複葉，側小葉15-41対．総状花序．花は淡黄色．果実はゆるくくびれる　　　　　　クララ ▶

　　　　D. 果実はジュズ状にはならない．雄しべは9本が合生，1本は離れている．（クズ属とダイズ属は
　　　　　10本合生）
　　　　　E. 果実に節があり熟すと節ごとに分離．または果実は1種子を包み裂開しない
　　　　　　F. 羽状複葉で小葉は多数
　　　　　　　G. 奇数羽状複葉
　　　　　　　　H. 果実はくびれて2-4節からなる．花弁は淡黄白色．高山に生育　…《イワオウギ属》

イワオウギ属　*Hedysarum*

　側小葉は5-12対．総状花序　　　　　　　　　　　　　　　　　　イワオウギ（タテヤマオウギ）

　　　　　　　　H. 果実はくびれず，1種子を包む ………………………………………《イタチハギ属》

イタチハギ属　*Amorpha*

　小低木．穂状花序を頂生．花は黒紫で，翼弁と竜骨弁は退化し，旗弁のみ　　　　　イタチハギ・栽 ▶

　　　　　　　G. 偶数羽状複葉
　　　　　　　　H. 果実の先端は鈍頭〜鋭頭 ……………………………………………《クサネム属》

クサネム属　*Aeschynomene*

　葉長5-8cm．小葉長10-15mm．小葉の柄はほとんどなし．葉柄基部に腺点なし．茎は無毛平滑．カワラ
　ケツメイ（P224）に対して本種の茎上部は中空　　　　　　　　　　　　　　　　　　クサネム ▶

　　　　　　　　H. 果実の先端はくちばし状突起になる ……………………………《ツノクサネム属》

ツノクサネム属　*Sesbania*

　一年草．ほとんど分枝せず．果実は下垂し線形で長い　　　　　　　アメリカツノクサネム・帰 ▶

　　　　　　F. 葉は3出複葉または小葉5（7）枚まで
　　　　　　　G. 果実はくびれて2-6節からなる（シバハギ属はシバハギとアレチヌスビトハギのみ）
　　　　　　　　　………………………………………………………《ヌスビトハギ属／シバハギ属》

ヌスビトハギ属／シバハギ属　*Hylodesmum/Desmodium*

1. 葉は奇数羽状複葉で，側小葉は2-3対（この種はヌスビトハギ属）　　　　　　フジカンゾウ ▶
1. 葉は3出複葉
　2. 半低木．果実は柄なし．果実はややくびれあり（この種はシバハギ属）　シバハギ（クサハギ）
　2. 多年草．果実は柄あり．果実は目立ってくびれる
　　3. 果実はくびれて3-4節あり．葉脈はふちまできちんと達しない（この種はシバハギ属）
　　　　　　　　　　　　　　　　　　　　　　　　　　　　　　　　アレチヌスビトハギ・帰 ▶
　　3. 果実はくびれて2節あり．葉脈はふちまできちんと達する．頂小葉は円形で鈍頭（この種に属
　　　するものはヌスビトハギ属）　　　　　　　　　　　　　　　　　　　マルバヌスビトハギ
　　　ssp. ヌスビトハギは，頂小葉は卵形で鋭頭．葉は茎全体につく　　　　　　ヌスビトハギ
　　　ssp. ケヤブハギは，頂小葉は卵形で鋭頭．葉は茎の途中に集中する傾向あり．小葉は厚く，両面に
　　　　短毛あり　　　　　　　　　　　　　　　　　　　　　　　　　　　　　　ケヤブハギ
　　　v. ヤブハギは，頂小葉が卵形で鋭頭．葉は茎の途中に集中する傾向あり．小葉は脈上以外ほとんど
　　　　毛なし　　　　　　　　　　　　　　　　　　　　　　　　　　　　　　　　ヤブハギ ▶

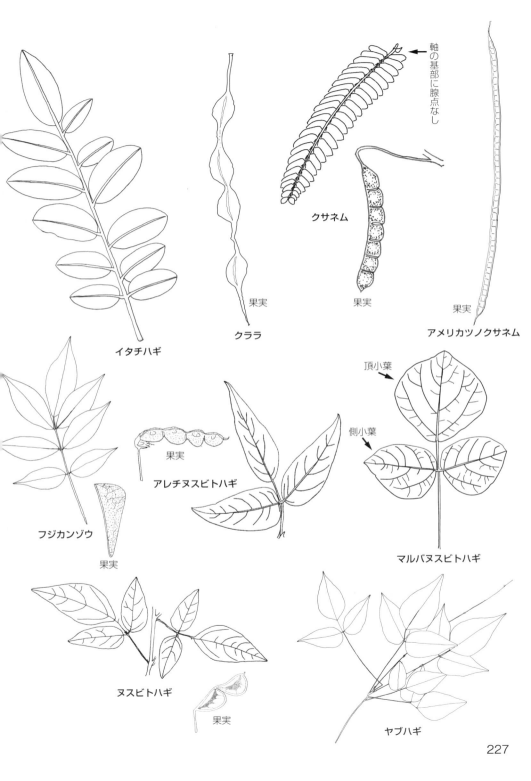

マメ科

　　図
　　　　G. 果実はくびれず，1種子を包む（ヤハズソウ属はヤハズソウとマルバヤハズソウのみ）
　　　　　　……………………………………………………………………………《ハギ属／ヤハズソウ属》

ハギ属／ヤハズソウ属　Lespedeza/Kummerowia

1. 植物体は木本の要素を持つ．果実には短い柄あり．閉鎖花なし
   2. ほとんど木本．低木．冬芽は扁平．花序の基部にも花がつく．小葉鋭頭．がくは4裂．芽鱗は2列
      3. 花は淡黄色で部分的に紫紅色．がく裂片は丸い．花序の軸や茎に圧毛あり　　　　　　　**キハギ**　▶
         v. タチゲキハギは，花序の軸や茎に開出毛あり　　　　　　　　　　　　　**タチゲキハギ**
      3. 花は濃紅紫色．がく裂片は広披針形　　　　　　　　　　　　　　　**チョウセンキハギ・栽**
   2. 小低木と多年草の両方の性質を持つ．冬芽は扁平ではない．花序の基部は柄になっており花はつかない．花は紅紫色．芽鱗はらせん状
      3. 花序は3出葉より短い．がく裂片の先端は針状．竜骨弁と翼弁は同長．花序の軸や茎に伏毛あり．がくは4裂．小葉は円頭　　　　　　　　　　　　　　　　　　　　　　**マルバハギ**　▶
         v. カワチハギは，花序の軸や茎に開出毛あり　　　　　　　　　　　　　　**カワチハギ**
      3. 花序は基部の3出葉より長い．がく裂片は鈍頭〜鋭尖頭．竜骨弁は翼弁より長い
         4. がく裂片の先は円頭〜鈍頭，長さは筒部と同長かやや短い
            5. がくは4裂，裂片の先は鈍頭．小葉中央脈に毛がやや密にある　　　　　**ヤマハギ**　▶
            5. がく裂片は5裂，裂片の先は円頭．小葉中央脈にほとんど毛がない　　**ツクシハギ**　▶
         4. がく裂片の先は鋭尖頭，長さは筒部より長い．がくは4裂
            5. 葉のおもて面全体に宿存する微細な圧毛がある．枝はあまり下垂しない　**ニシキハギ・栽**　▶
            5. 葉のおもて面は幼時だけ軟毛がある．枝はよく下垂する　　　　　**ミヤギノハギ・栽**　▶
1. 植物体は草質．果実は柄なし．閉鎖花あり
   2. 小葉の側脈はふちまできちんと達する．頂小葉は柄なし．托葉は卵形
      3. 茎の毛は下を向く．小葉は鈍頭〜鋭頭．がくに圧毛あり．果実はがくより少し長い（この種はヤハズソウ属）　　　　　　　　　　　　　　　　　　　　　　　　　　　　**ヤハズソウ**　▶
      3. 茎の毛は上を向く．小葉は凹頭．がくに毛なし．果実はがくの2倍長（この種はヤハズソウ属）
                                                                                マルバヤハズソウ　▶
   2. 小葉の側脈はふちまで達しない．頂小葉に柄あり．托葉はやや線形
      3. 花序は3出葉より短い（閉鎖花を除く）
         4. 頂小葉は広倒卵形．茎は地をはう．小葉長1-2cm　　　　　　　　　　　　**ネコハギ**　▶
            v. タチネコハギは，茎が斜上．小葉長2-4cm　　　　　　　　　　　**タチネコハギ**　▶
         4. 頂小葉はやや線形．茎は直立．閉鎖花のがく裂片には1脈あり．果実にまばらに毛あり
                                                                                メドハギ　▶
            v. シベリアメドハギは，茎は直立．閉鎖花のがく裂片は果実と同長以上，3-5脈あり．果実密毛
                                                                            シベリアメドハギ　▶
            v. ハイメドハギは，茎が地をはう．閉鎖花のがく裂片には1脈あり．果実にまばらに毛あり
                                                                                ハイメドハギ　▶
      3. 花序は3出葉より長い（閉鎖花を除く）
         4. 茎や葉に軟毛密生．頂小葉の長さ3-6cm　　　　　　　　　　　　　　　　　**イヌハギ**　▶
         4. 茎や葉はほとんど毛なし．頂小葉の長さ1-2cm　　　　　　　　　　　　　**マキエハギ**　▶

　　　　E. 果実に節はなくエンドウマメのように長く縦に裂ける
　　　　　　F. 葉は偶数羽状複葉．複葉の先端部は何もないか，凸端か，巻きヒゲになる
　　　　　　　　G. 花柱は細い．花柱の先端に毛が密生　……………………………………《ソラマメ属》

ソラマメ属　Vicia

1. 花は小さく3-5mmの長さ
   2. 果実は毛なし．3-6個の種子が入る．花は淡青紫色　　　　　　　　　　　　　**カスマグサ**　P231

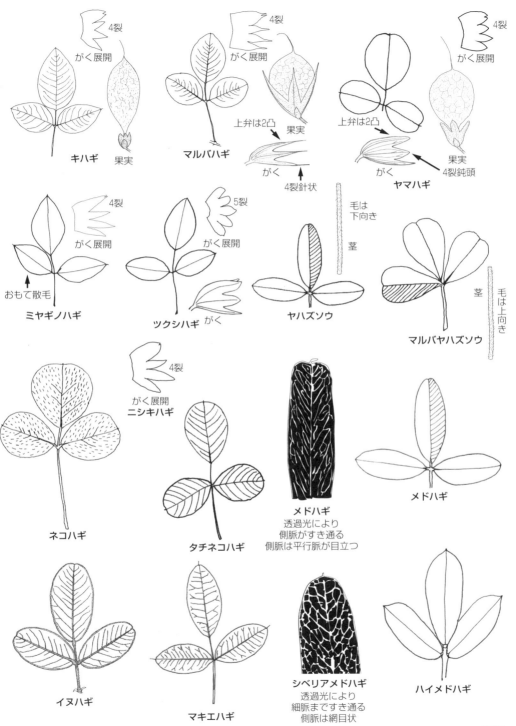

マメ科

```
    2. 果実に毛あり．1-2個の種子が入る．花は淡白紫色                    スズメノエンドウ   ▶
 1. 花はやや大きく10-20mmの長さ
    2. 托葉に目立つ蜜腺あり．果実に毛なし
        3. 小葉は長楕円形で幅4-5mm，先端はへこむ              カラスノエンドウ（ヤハズエンドウ） ▶
        3. 小葉は細く幅2-3mm，先端はへこまない                    ホソバノヤハズエンドウ
    2. 托葉に腺点なし
        3. つる，またははう．巻きひげが目立つ
            4. 小葉は2-5対で幅15-30mm                                   オオバクサフジ
            4. 小葉は5-12対で幅12mm以下
                5. 旗弁の立ち上がる部分の長さは基部である爪部より短い．一年草．茎は太く，軟毛密生
                                                                 ビロードクサフジ・帰
                    ssp. ナヨクサフジは，茎は細く，ほとんど毛なし        ナヨクサフジ・帰   ▶
                5. 旗弁の立ち上がる部分の長さは基部である爪部とほぼ同長．多年草
                    6. 小葉は9-12対．柱頭は左右に扁平．花6-8月                クサフジ     ▶
                    6. 小葉は5-8対．柱頭は背腹に扁平．花8-10月            ツルフジバカマ   ▶
        3. 直立または斜上．巻きひげはあまりない
            4. 小葉は1対
                5. 花序にある苞葉は線形で開花前に脱落．小葉は鈍頭           ナンテンハギ    ▶
                5. 花序にある苞葉は卵形で脱落しない．長さ3-8mm．小葉の先端は尾状  ミヤマタニワタシ ▶
            4. 小葉は2-6対
                5. 小葉は2-4対．楕円形で鈍頭〜凹頭．花序の長さ20-80mm         ヨツバハギ
                5. 小葉は4-5対．狭卵形で鋭尖頭．花序の長さ5-50mm              エビラフジ
```

　　　　　G. 花柱は扁平．花柱の内側に毛あり ……………………………………《レンリソウ属》

レンリソウ属　Lathyrus

```
 1. 茎に翼あり．花は紫                                                   レンリソウ
 1. 茎に翼なし．花は黄から黄褐色に変わる                                  イタチササゲ
```

　　　　F. 葉は3出複葉，奇数羽状複葉または掌状複葉．巻きヒゲなし
　　　　　G. つるではない．茎は直立または斜上
　　　　　　H. 小葉のふちは細鋸歯
　　　　　　　I. 花弁は花後も残る ……………………………………………《シャジクソウ属》

シャジクソウ属　Trifolium

```
 1. 花は黄色系，やがて淡褐色に変色
    2. 花序は5-10花．旗弁に脈はほとんどなし                       コメツブツメクサ・帰 ▶
    2. 花序は20-30花．旗弁に10脈以上のすじがある                  クスダマツメクサ・帰
 1. 花は白〜濃赤色
    2. 小花柄なし．花は白〜淡紅色
        3. 茎や葉に毛が少ない．がく筒は花後肥大してふくろ状となり果実を包み込む．がくに密毛
                                                                  ツメクサダマシ・帰
        3. 茎や葉に毛が多い．がく筒は花後肥大することはない．がくはほとんど毛なし
                                                       ムラサキツメクサ（アカツメクサ）・帰 ▶
    2. 小花柄あり
        3. 花序は円錐形か円柱形．花は濃紅色．全体に淡黄褐色の長毛がある   ベニバナツメクサ・帰
        3. 花序は球形．花は白〜淡紅色．全体に無毛
            4. 茎は地をはう．花は白色で，花柄は長く10-30cm          シロツメクサ（クローバ）・帰 ▶
```

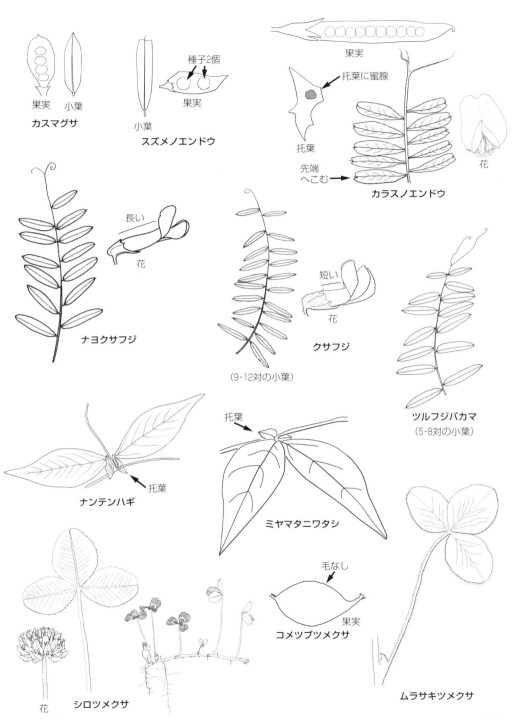

マメ科

   4. 茎は立つ．花は淡紅色，まれに白色で，花柄は短く5-10㎝　　　　　　　　　タチオランダゲンゲ・帰

    Ⅰ. 花弁は花後脱落
     J. 果実はうずまき状 ………………………………………………《ウマゴヤシ属》

ウマゴヤシ属　*Medicago*

 1. 直立．花は紫〜青色．花長7-10㎜．果実にトゲなし　　　　ムラサキウマゴヤシ（ルーサン）・帰
 1. はうまたは斜上．花は黄色．花長2-4㎜
  2. 花序は10花前後の集まり．果実にトゲあり
   3. 茎や葉はほとんど毛なし．托葉に鋸歯10個前後あり．果実は径5-6㎜　　　　ウマゴヤシ・帰
   3. 茎や葉に毛が多い．托葉に鋸歯1-3．果実は径3-4㎜　　　　　　　　　　コウマゴヤシ・帰
  2. 花序は20花以上の集まり．果実にトゲなし．托葉に鋸歯1-2あり．果実の先端が少し巻く
                   コメツブウマゴヤシ・帰

     J. 果実は卵形（うずまきではない） …………………………《シナガワハギ属》

シナガワハギ属　*Melilotus*

 1. 花は白色．旗弁は翼弁よりも長い　　　　　　　　　　　　　　　　シロバナシナガワハギ・帰
 1. 花は黄色．旗弁は翼弁よりわずかに長い程度
  2. 托葉には3脈あり．花は黄色．花長2-3㎜　　　　　　　　　　　　　コシナガワハギ・帰
  2. 托葉には1脈あり．花は淡黄色．花長4-6㎜　　　　　　　　　　　　　シナガワハギ・帰

   H. 小葉のふちは全縁
    Ⅰ. 小葉5枚からなる複葉．基部の1対は托葉状 …………………《ミヤコグサ属》

ミヤコグサ属　*Lotus*

 茎や葉はほとんど毛なし．花序は1-3花からなる．がく裂片は筒部より長い　　　　ミヤコグサ
 ｖ. セイヨウミヤコグサは，茎と葉に毛あり．花序は3-7花からなる．がく裂片は筒部より短い
                   セイヨウミヤコグサ・帰

   Ⅰ. 奇数羽状複葉で小葉は多数
    J. 葉や茎の毛はＴ字状 ……………………………………………《コマツナギ属》

コマツナギ属　*Indigofera*

 1. 低木の要素が強い草本．果実に短い圧毛あり．側小葉は3-5対．花は淡紅．総状花序　　コマツナギ
 1. 中国などから導入された低木．草本とはいえない．花の構造はコマツナギと同じ
              トウコマツナギ（キダチコマツナギ）・帰

    J. 毛はＴ字状にはならない（ふつうの毛）
     K. 羽状複葉には葉柄あり ………………………………………《ゲンゲ属》

ゲンゲ属　*Astragalus*

 1. 頭状花序．花は紅紫色，まれに白色．小葉は3-5対．水田緑肥に利用　　ゲンゲ（レンゲソウ）・帰
 1. 総状花序．花は黄色．小葉は6-9対　　　　　　　　　　　　　　　　　　　　モメンヅル

     K. 羽状複葉には葉柄がなく，最下1対の小葉は茎を抱く．托葉は別にあり
       ………………………………………………………《タマザキクサフジ属》

タマザキクサフジ属　*Securigera*

 奇数羽状複葉．側小葉7-12対．頭状花序で10-20花からなる．花は淡紅紫色．果実長4-5㎝で4稜あり
                   タマザキクサフジ・帰

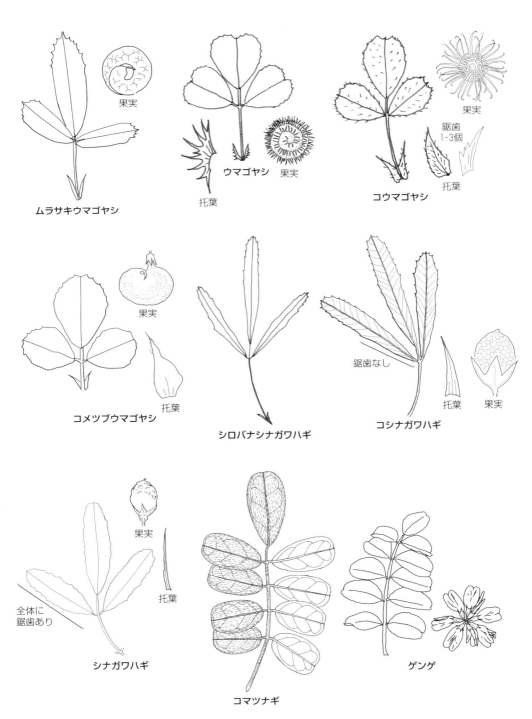

マメ科

    G. つる
     H. 葉の裏に腺点あり．花柱は毛なし
      I. 果実は黄褐色．3-8種子を包む ……………………………………………《ノアズキ属》

ノアズキ属　Dunbaria	
茎や葉に密毛と赤褐色腺点あり	ノアズキ（ヒメクズ）▶

      I. 果実は赤色．1-2種子を包む …………………………………………《タンキリマメ属》

タンキリマメ属　Rhynchosia	
1. 頂小葉は円頭か鋭頭，厚質．裏に短軟毛密生	タンキリマメ　▶
1. 頂小葉は鋭尖頭，薄質．裏にまばらに短軟毛あり	トキリマメ（オオバタンキリマメ）▶

     H. 葉の裏に腺点なし
      I. 花柱の先端に毛あり ………………………………………………………《ササゲ属》

ササゲ属　Vigna	
小葉は鋭尖頭．小葉は2-3裂．総状花序を腋生．花序は2-10花からなる．花は黄色．竜骨弁はねじれる	ヤブツルアズキ　▶

      I. 花柱の先端は毛なし（下部に毛があることもあり）
       J. 竜骨弁(花の下部を構成する2枚の花弁)はねじれる．小葉は3-7　《ホドイモ属》

ホドイモ属　Apios	
1. 小葉は3-5枚．花は全体黄緑色，翼弁の先は紫色．花長6-7mm	ホドイモ　▶
1. 小葉は5-7枚．花は全体紫褐色．花長10-12mm	アメリカホド（アメリカホドイモ）・帰　▶

       J. 竜骨弁はねじれない．小葉3
        K. がく筒の先は裂けない．花は黄色 ………………………………《ノササゲ属》

ノササゲ属　Dumasia	
花は淡黄色．小葉裏は白い．果実は濃紫色，ジュズ状で，毛なし．3-5種子を包む	ノササゲ　▶

        K. がく筒の先は5裂．花は白色？紅紫色
         L. 果実の側面は毛なし．雄しべ10本のうち，9本が合生．1本は離れたまま
          ……………………………………………………………《ヤブマメ属》

ヤブマメ属　Amphicarpaea	
地下に閉鎖花あり．果実のふちに伏毛あり．花長15-20mm．花は淡紫色．茎に開出毛あり．葉の裏は淡色	ヤブマメ　▶
v. ウスバヤブマメは，茎に伏毛あり．葉の裏は帯白色	ウスバヤブマメ

         L. 果実の側面に剛毛密生．雄しべは10本合生
          M. 花序の節は膨れる．花は大きく15-20mm ……………《クズ属》

クズ属　Pueraria	
つるで，根元は木化．茎や葉に褐色の長毛が開出．花は紅紫色，大形の円錐花序	クズ　▶

          M. 花序の節は膨れない．花は小さく5-8mm ……………《ダイズ属》

ダイズ属　Glycine	
閉鎖花はつけない．果実は褐色毛密生．花は5-8mmで淡紅紫色．茎に褐色の逆毛あり	ツルマメ　▶

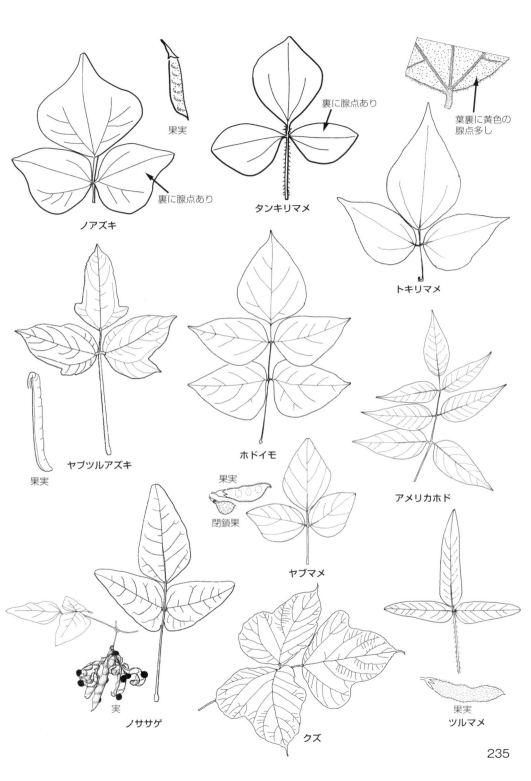

被子058　ヒメハギ科（*POLYGALACEAE*）

葉は単葉で全縁．がく5枚のうち2枚は大きい．雄しべ8個 ……………………………《ヒメハギ属》
ヒメハギ属　*Polygala*
- 1. 花は紫色．花長5-8mm．花序は腋生．総状花序は少数花　　　　　　　　　　　ヒメハギ ▶
- 1. 花は淡紫色．花長2-3mm．花序は頂生．総状花序は多数花　　　　　　　ヒナノキンチャク ▶

被子059　バラ科（*ROSACEAE*）

- A. 木本（キンロバイ属（P246）ハクロバイは草本扱いとする）
  - B. 果実は熟すと裂ける．花柱1個，または5個
    - C. 托葉あり．花柱1個 ……………………………………………《スグリウツギ属》

スグリウツギ属　*Neillia*
　落葉の低木．葉は羽状ぎみ中裂．側脈4-6対．葉先はやや尾状　　　　　　　　コゴメウツギ ▶

- 　　　C. 托葉なし．花柱5個 ………………………………………………《シモツケ属》

シモツケ属　*Spiraea*
- 1. 花序は分枝して複散房花序となり，花序の頂部は平ら．花は淡紅色　　　　　　シモツケ ▶
- 1. 花序は単純な散房花序．花は白色
  - 2. 花序は旧年枝の節ごとに束状につく．一見全体が穂状花序のように見える
    - 3. 葉は狭卵形，鋭頭．葉裏中肋はやや毛あり．花は一重　　　　　　　　ユキヤナギ ▶
    - 3. 葉は卵形，鈍頭．葉裏に伏す毛がある．花は八重　　　　　　　　　シジミバナ・栽
  - 2. 花序は当年枝に頂生する
    - 3. がく片は花後反曲．葉は卵形で鋭頭，ふちは欠刻状の重鋸歯　　　　アイヅシモツケ
    - 3. がく片は直立または開出，花後反曲しない
      - 4. 葉は楕円形，円頭．葉先のみこまかい鋸歯3-5個．　　　　　　　イワシモツケ ▶
        - f. マルバイワシモツケは，葉がイワシモツケより幅広でやや倒卵形　マルバイワシモツケ
      - 4. 葉は菱形状楕円形，鋭頭．鋸歯あり．葉の裏は粉白色で毛なし　　コデマリ・栽

- B. 果実は熟しても裂けない．托葉あり
  - C. 真果（花托は成長しない），またはバラ状果，またはイチゴ状果（花托が肥大し，花托そのものが果実のように見える）．「花托」と「花床」は同じ
    - D. 花柱1．がくは早くに落ちる．真果（サクランボ・モモ・ウメのような果実のことで，果実の中に核があり，その中に種子がある）
      - E. 果実には縦に浅い溝が走る．若芽は渦状に巻くか，2つ折れ
        - F. 若葉は2つ折れ ……………………………………………………《モモ属》

モモ属　*Amygdalus*
　節に冬芽が3個あるとき中央の芽は葉芽　　　　　　　　　　　　　　　モモ（ハナモモ）・栽

- 　　　　　F. 若葉は巻く
  - 　　　　　　G. 節に冬芽が3個あるとき，中央の芽は花芽 ………………………《アンズ属》

アンズ属　*Armeniaca*
　果実は毛あり．花柄ほとんどなし　　　　　　　　　　　　　　　　　　　　　　ウメ・栽 ▶

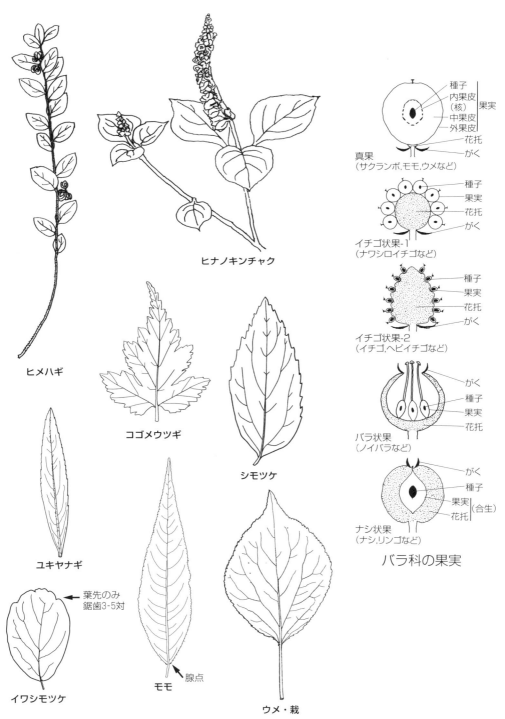

バラ科

　　　　　　G. 節に冬芽が3個あるとき，中央の芽は葉芽　……………………………………《スモモ属》
スモモ属　*Prunus*
　果実は毛なし．花柄あり　　　　　　　　　　　　　　　　　　　　　　　　　　　　　　スモモ・栽

　　　E. 果実に溝なし．若葉は2つ折れ
　　　　F. 総状花序は多数（12個以上）の花からなる．苞葉は小さく目立たない
　　　　　G. 葉は常緑性で厚い革質　………………………………………………………《バクチノキ属》
バクチノキ属　*Laurocerasus*
　若木の葉の鋸歯は針状，老木の葉は全縁　　　　　　　　　　　　　　　　　　　　　　　リンボク ▶

　　　　　　G. 葉は落葉性で薄い　…………………………………………………………《ウワミズザクラ属》
ウワミズザクラ属　*Padus*
　1. 花序の軸の基部に葉はない（花序は旧年枝に出るため）　　　　　　　　　　　　　　イヌザクラ ▶
　1. 花序の軸の基部に葉がある（花序は当年枝に出るため）
　　2. 蜜腺は葉身の基部にあり鋸歯と区別しにくい．葉身基部は鈍形または円形　　　ウワミズザクラ ▶
　　2. 蜜腺は葉柄の上部にある．葉身の基部は心形　　　　　　　　　　　　　　　　シウリザクラ・栽 ▶

　　　F. 花は単生・束生，または少数花（10個以下）の総状花序をつくる．苞葉は目立つ
　　　　G. 節に冬芽が3個あるとき，中央の芽は葉芽　……………………………………《ニワザクラ属》
ニワザクラ属　*Microcerasus*
　花柄はほとんどなし　　　　　　　　　　　　　　　　　　　　　　　　　　　　　　　ユスラウメ・栽

　　　　　　G. 節に冬芽が3個あるとき，中央の芽は花芽　…………………………………《サクラ属》
サクラ属　*Cerasus*
　1. 総状花序で5-10花からなる．がく片は反転．花弁は円頭．葉の縁は欠刻状重鋸歯　　ミヤマザクラ ▶
　1. 散房花序で1-4花からなる．がく片は反転せず．花弁は凹頭
　　2. 葉のふちは欠刻状重鋸歯
　　　3. 蜜腺は葉柄の上部にある．葉，葉柄，がく筒，花柱は毛なし　　タカネザクラ（ミネザクラ）▶
　　　3. 蜜腺は葉身の基部にある
　　　　4. 葉身の長さ5-10cm．葉身・葉柄・がく筒に開出毛密生．がく裂片に鋸歯あり　　チョウジザクラ ▶
　　　　　h. ニッコウザクラは，チョウジザクラとカスミザクラの雑種．葉はチョウジザクラに似るが花が
　　　　　　大きい　　　　　　　　　　　　　　　　　　　　　　　　　　　　　　　　ニッコウザクラ ▶
　　　　　h. チチブザクラは，チョウジザクラとエドヒガンの雑種．花柄・がく筒・葉柄は毛あり．がく裂
　　　　　　片に鋸歯あり　　　　　　　　　　　　　　　　　　　　　　　　　　　　　チチブザクラ
　　　　4. 葉身の長さ3cm．がく筒や花柄の毛は少ない．葉柄に斜上または伏す毛が多い．葉先は尾状
　　　マメザクラ
　　　　　v. ブコウマメザクラは，葉柄に毛なし．葉はマメザクラより大きく5-8cm　　ブコウマメザクラ ▶
　　2. 葉のふちは単一の鋸歯，または2重鋸歯（欠刻しない）
　　　3. 葉が開く前に花が咲く．葉身の基部に蜜腺あり．がく筒に伏毛密生．葉柄にも毛が密生．園芸
　　　　品種として，シダレザクラ（イトザクラ），ベニシダレ，ヤエベニシダレあり　　エドヒガン ▶
　　　　　h. ソメイヨシノは，エドヒガンとオオシマザクラの雑種．がく筒に開出毛密生．葉柄に粗毛あり．
　　　　　　蜜腺は葉身または葉柄にあり　　　　　　　　　　　　　　　　　　　　　ソメイヨシノ・栽 ▶
　　　3. 花は葉と同時に展開する．蜜腺は通常葉柄の上部にある．鋸歯の先は鋭端か芒端
　　　　4. 花弁は数十枚（一般にヤエザクラともいう．園芸品種多し）　　サトザクラ（総称名）・栽 ▶
　　　　4. 花弁は5枚

238

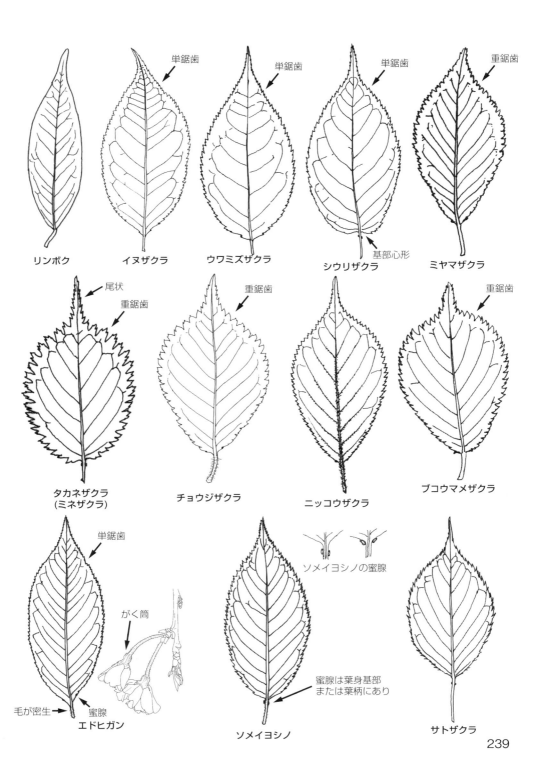

バラ科

    5. がく裂片に細鋸歯あり．花柄毛なし．葉裏毛なし，鋸歯の先は芒状　**オオシマザクラ・栽**　▶
   5. がく裂片は全縁
    6. 花柄や葉柄に毛あり　**カスミザクラ**　▶
    6. 花柄や葉柄は毛なし
     7. 花序に5-15mmの柄あり．葉の基部は広いくさび形　**ヤマザクラ**　▶
     7. 花序は柄なしで花は束生．葉の基部はやや心形．芽鱗は粘る
            オオヤマザクラ（エゾヤマザクラ）　▶

 D. 花柱多数．がくは果実期にも残る
  E. 茎にトゲなし ……………………………………………………………《ヤマブキ属》

ヤマブキ属　*Kerria*

 花弁5枚で黄色．栽培品に八重咲きのものがありヤエヤマブキという　**ヤマブキ**　▶

  E. 茎にトゲあり
   F. バラ状果（多数の種子状果実が，花托からできた壺の中に収まっている）（P237参照）
   ………………………………………………………………………………《バラ属》

バラ属　*Rosa*

1. 花は白〜淡紅色，径は4cmに達しない．がく片長1cm以下
 2. 茎は直立．小葉は薄く光沢なし
  3. 小葉の裏と葉軸には軟毛密生．托葉のふちは羽状細裂．花序の軸やがくに毛と腺毛がある．花は白色で径2-3cm　**ノイバラ**　▶
   v. ツクシイバラは，花序の軸やがくに著しい腺毛が密生する．花は大きく淡紅色　**ツクシイバラ**
  3. 小葉の裏と葉軸は毛なし．托葉は深く裂けない
   4. 小葉は鋭尖頭．円錐花序を構成　**アズマイバラ（ヤマテリハノイバラ）**　▶
   4. 小葉は鈍頭．花は枝先に通常1個　**モリイバラ**　▶
 2. 茎は長く匍匐して広がる．小葉は厚く光沢あり　**テリハノイバラ**　▶
1. 花は淡紅色から紫色で，径は4cmを超える．がく片長2-2.5cm
 2. 小葉は5-7個，鋭頭で粗鋸歯あり　**オオタカネバラ（オオタカネイバラ）**　▶
 2. 小葉は7-9個，円頭で細鋸歯あり　**タカネイバラ（タカネバラ）**　▶

   F. イチゴ状果（花托が肥大し，その表面に果実が密接する．全体は球状）（P237参照）
   ………………………………………………………………………………《キイチゴ属》

キイチゴ属　*Rubus*

1. つるが地面をはう．茎は草質．托葉は葉柄から離れている
 2. 葉は単葉
  3. 茎は無毛または軟毛が散生する．葉は広卵形で鋭頭　**ミヤマフユイチゴ**　▶
  3. 茎は褐色の短毛が密生．葉は卵円形で円頭　**フユイチゴ**　▶
 2. 葉は5小葉，掌状に5裂．托葉は披針形で鋭頭　**ゴヨウイチゴ**
1. 茎は大きく傾いて他物にからむが，つるではない．茎は木質．托葉は葉柄に合生する
 2. 葉は単葉．鋸歯があり，3-5（7）裂する
  3. がく筒は浅い壺状．暗紅色
   4. 葉裏粉白．3浅裂〜3中裂．やや欠刻状の鋸歯あり
    5. 花枝の先に1-2花つく．葉は広卵形，ふつう3裂するが，しないものもある　**ニガイチゴ**　▶
    5. 花枝の先に3-4花つく．葉は長卵形，3裂し中央裂片は長くとがる　**ミヤマニガイチゴ**　▶
   4. 葉裏は緑色，掌状に5-7裂．深い欠刻状の鋭鋸歯あり　**ミヤマモミジイチゴ**　▶
  3. がく筒はさかずき状．緑色
   4. 花径小さく10-15mm．花は2-6個がまとまる．果実は紅熟　**クマイチゴ**　▶

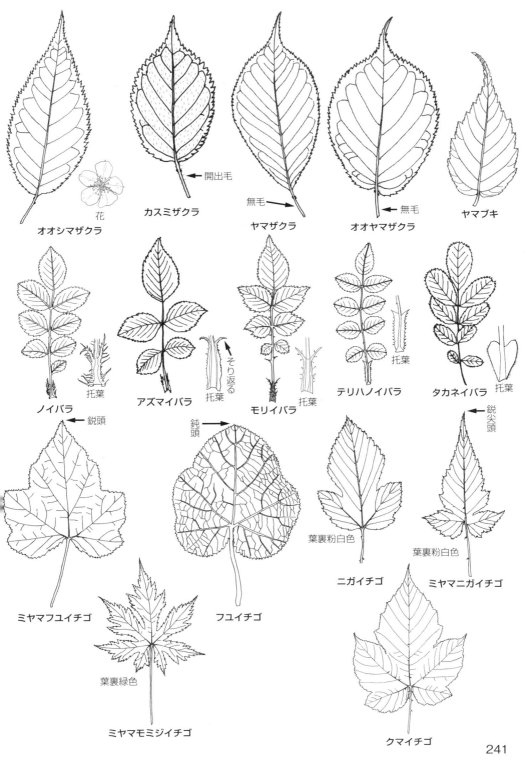

バラ科

```
      4. 花径は大きく30mm．葉腋に1個ずつつく．果実は黄熟
         5. トゲあり．花は下向き．葉身が広い披針形                              ナガバモミジイチゴ
            v. モミジイチゴは葉が卵形で，ナガバモミジイチゴのように長くない
                                                         モミジイチゴ（キイチゴ）  ▶
         5. トゲなし．花は上向き                                              カジイチゴ  ▶
   2. 葉は3出複葉あるいは羽状複葉
      3. 葉の裏に白綿毛はなく緑色
         4. がくにトゲあり                                                   サナギイチゴ
         4. がくにトゲなし
            5. がくや葉柄に腺毛なし．果実は球形で赤熟                              バライチゴ
            5. がくや葉柄に腺毛あり
               6. 茎，葉，がくに細毛密生．果実は球形で赤熟                          クサイチゴ  ▶
               6. 茎，葉，がくに細毛なし．果実は楕円形で黄熟                        コジキイチゴ
      3. 葉の裏は白綿毛に覆われ灰白色
         4. 茎，花序の軸，がくに長柄紅色の剛腺毛を密生            エビガライチゴ（ウラジロイチゴ）  ▶
         4. 剛腺毛はない
            5. 花は白色．葉柄に針状の細いトゲがある．葉裏は灰白色で密毛．花柄に腺毛あり
                                                                ミヤマウラジロイチゴ
                v. シナノキイチゴは，葉裏が緑色で毛なし．花柄に腺毛なし          シナノキイチゴ
            5. 花は紅紫色〜淡紅色．トゲは太くて扁平．先端は鉤になる
               6. 頂小葉は鋭尖頭．がくにトゲなし．果実は黒熟                         クロイチゴ  ▶
               6. 頂小葉は倒卵形で円頭．がくにトゲあり．果実は赤熟                   ナワシロイチゴ  ▶

   C. がくは果実の頂部に残っているナシ状果（P237参照）
      （花托が肥大し本当の果実を包み込んで合生．本当の果実は「芯」）
         D. 果実の内果皮は木化してかたくなる．葉は常緑性，全縁 ………………《タチバナモドキ属》
```

タチバナモドキ属　*Pyracantha*

```
   1. 葉長5-6cm．葉裏とがくに白綿毛密生．果実は橙黄熟．花序の軸は密毛     タチバナモドキ・逸  ▶
   1. 葉長2-5cm．葉の両面やがくはほとんど無毛．果実は紅熟
      2. 葉はやや幅狭い．花序の軸は毛なし．種子の長さ3mm               ヒマラヤトキワサンザシ・逸  ▶
      2. 葉はやや幅広い．花序の軸は細毛あり．種子の長さ2mm                  トキワサンザシ・逸  ▶


         D. 果実の内果皮は木化することはない
            E. 花序は総状，円錐状，複散房状（上が平面的）
               F. 落葉性．複散房花序
                  G. 重鋸歯
                     H. 葉は羽状複葉．がく片は果時まで残る．果実に皮目なし …………《ナナカマド属》
```

ナナカマド属　*Sorbus*

```
   1. 小葉は頂小葉寄りのものほど大きい．花は淡黄緑色                         ナンキンナナカマド  ▶
   1. 小葉は中部のものが最も大きい．花は白色．葉裏，花序，がく筒ははじめ毛があっても毛なしとなる
                                                                  ナナカマド  ▶
      v. サビバナナカマドは，葉裏，花序，がく筒に褐色軟毛が密生したままとなる    サビバナナカマド  ▶


                  H. 葉は単葉．がく片は早くに落ちてしまう．果実に皮目あり ………《アズキナシ属》
```

アズキナシ属　*Aria*

```
   1. 葉や花序の軸はほとんど無毛                                              アズキナシ  ▶
```

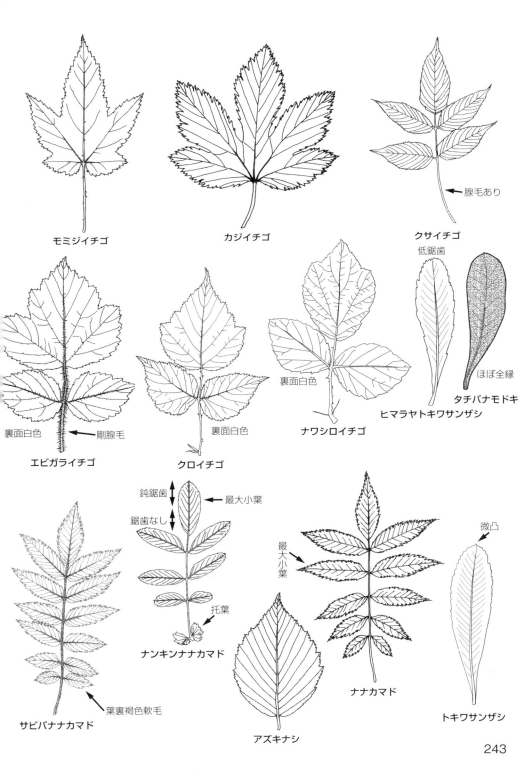

バラ科

　　　v．オクシモアズキナシは，葉裏に白毛あり　　　　　　　　　　　　　　　　オクシモアズキナシ
　　1．葉裏や花序の軸に白綿毛を密生　　　　　　　　　　　　　　　　　　　　　　　　ウラジロノキ ▶

　　　　　G．単鋸歯で均一．がく片は花後も残っている ……………………………《カマツカ属》
カマツカ属　Pourthiaea
　葉裏，葉柄に白軟毛があってもやがてなくなる．花時のがく筒は毛なし（ハイノキ科のサワフタギ
　（P340）に比べ，本種は葉脈以外はほとんど毛なし）　　　　カマツカ（ウシコロシ）▶
　　　v．ワタゲカマツカは，花後も白軟毛がなくならない．花時のがく筒は毛あり．果時，葉裏全面や果実に縮
　　　　軟毛や綿毛が密生　　　　　　　　　　　　　　　　　　　　　　　　　　　ワタゲカマツカ
　　　f．ケカマツカは，カマツカとワタゲカマツカの中間程度の綿毛があるものを指すが，区別は不明瞭
　　　　　　　　　　　　　　　　　　　　　　　　　　　　　　　　　　　　　　　ケカマツカ

　　　　F．常緑性
　　　　　　G．花柱5個で合生．円錐花序 ……………………………………………《ビワ属》
ビワ属　Eriobotrya
　開花は冬期．花弁5で白色．葉は常緑革質　　　　　　　　　　　　　　　　　　　　ビワ・逸 ▶

　　　　　　G．花柱2-5個で完全には合生しない
　　　　　　　　H．総状花序または円錐花序．果時にがく片なし ………………《シャリンバイ属》
シャリンバイ属　Rhaphiolepis
　常緑低木．葉は革質で光沢あり，両面無毛．鋸歯のあるものから全縁まで変異あり（本書ではマルバ
　シャリンバイと区別しない）　　　　　　　　　　　　　　　　　　　　シャリンバイ・栽 ▶

　　　　　　　　H．散房花序（上が平ら）．果時にがく片あり ………………《カナメモチ属》
カナメモチ属　Photinia
　枝は毛なし．葉は革質，若葉は紅色になる．散房花序を頂生　　カナメモチ（アカメモチ）・栽 ▶

　　　　E．花序は束状または1本単独
　　　　　F．小花柄は短く1cm以下 …………………………………………………《ボケ属》
ボケ属　Chaenomeles
　1．花は葉腋に1個．がく裂片は反曲し，鋸歯あり．高木　　　　　　　　　　　　　　カリン・栽 ▶
　1．花は束生．がく裂片は立ち，全縁．低木
　　2．小低木．地をはうか斜上．小枝に小突起があってざらつく．葉は円頭　　クサボケ（シドミ）▶
　　2．低木．小枝は平滑だがトゲがある．葉は鋭頭　　　　　　　　　　　　　　　　　ボケ・栽

　　　　　F．小花柄は長く2-5cm
　　　　　　G．花柱は基部で合生 ……………………………………………………《リンゴ属》
リンゴ属　Malus
　1．若葉は両縁から巻き込まれる．葉は分裂しない　　　　　　ハナカイドウ（カイドウ）・栽 ▶
　1．若葉は2つ折れ
　　2．葉の鋸歯はふぞろい．基部は円形〜浅心形．がくは果時残っている．葉裏に白綿毛多し
　　　　　　　　　　　　　　　　　　　　　　　　　　　　　　　　　　　　オオウラジロノキ ▶
　　2．葉の鋸歯は均一．基部は円形〜くさび形．がくは果時脱落．長枝の葉は3-7裂．短枝の葉は分
　　　裂しないことが多い　　　　　　　　　　　　　　　　　　　　　　　　　　　　　ズミ
　　　　f．キミズミは，果実が黄色になる　　　　　　　　　　　　　　　　　　　　キミズミ
　　　　v．オオズミは，葉がズミより大形．長枝につく葉はほとんど分裂しない　　　　オオズミ

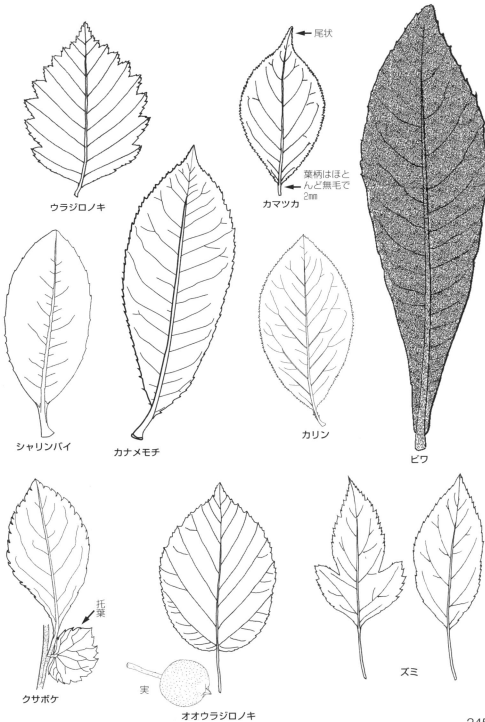

バラ科

    G. 花柱は離れたまま ……………………………………………………《ナシ属》

ナシ属　*Pyrus*

 花柱5個．がく片は花後脱落．花柱はほとんど毛なし．葉は卵形，ふちに芒状鋭鋸歯あり．果実小形で渋が多い．若葉は両側から巻き込まれる　　　　　　　　　　　　　　　　　　　　ヤマナシ

 A. 草本（小低木キンロバイ属ハクロバイはここに含む）
  B. 果実は熟すと裂ける．托葉なし ……………………………………《ヤマブキショウマ属》

ヤマブキショウマ属　*Aruncus*

 雌雄異株．葉は2回3出葉複葉．互生．複総状円錐花序．花序の軸に細毛あり．側脈は葉のふちまで達する．花柱3　　　　　　　　　　　　　　　　　　　　　　　　　　　　ヤマブキショウマ　▶
  ［参考］類似のアカショウマ（ユキノシタ科）の側脈は葉縁まで達しない．花柱2．（P216参照）

  B. 果実は熟しても裂けない．托葉あり
   C. がくは果実の基部に位置する
    D. 花糸は花後脱落．がく片反転．葉は羽状複葉 ………………………《シモツケソウ属》

シモツケソウ属　*Filipendula*

 花序は毛なし．花は紅色．下方の葉の側小葉は8-10対．　　側小葉は基部のものほど極端に小さくなる．果実は毛なし　　　　　　　　　　　　　　　　　　　　　　　　　　　　　　　シモツケソウ
 v. アカバナシモツケソウは，果実に縁毛あり　　　　　　　　　　　　　　アカバナシモツケソウ

    D. 花糸は花後も残っている
     E. イチゴ状果（花床が肥大し，その表面に果実が密接するため全体は球状）（P237参照）
      F. 花は白色．副がくとがく片は同じ形．花床は液質 ………………《オランダイチゴ属》

オランダイチゴ属　*Fragaria*

 匍匐枝を伸ばす．根茎は肥大．花弁は5枚で白色．山地に生える　　　　　シロバナノヘビイチゴ　▶

      F. 花は黄色．副がくは，がく片に比べ，幅広く粗い鋸歯あり．花床は海綿質
         …………………………………………………………《キジムシロ属（1）》

キジムシロ属（1）　*Potentilla*

 地面をはう
 1. 頂小葉は鋭頭．種子状の果実は熟しても，しわはできないで平滑　　　ヤブヘビイチゴ　▶
 1. 頂小葉は鈍頭．種子状の果実は熟すと，いぼ状突起が多数現れる　　　ヘビイチゴ　▶

     E. イチゴ状果とはならない．（肉質ではない）（P237参照）
      F. 花柱は花後伸びない
       G. 花柱多数
        H. 小低木 ………………………………………………………《キンロバイ属》

キンロバイ属　*Dasiphora*

 1. よく分枝．花は白色．石灰岩地に生える　　　　　　　　　　　　　　　ハクロバイ

        H. 草本 ………………………………………………………《キジムシロ属（2）》

キジムシロ属（2）　*Potentilla*

 1. 花は匍匐枝上の葉腋に1個ずつつく　　　　　　　　　　　　　　　　ヒメヘビイチゴ　▶
 1. 花は直立または斜上する茎に集散花序（3分岐ずつする花序）を頂生する
  2. 掌状複葉．小葉は5　　　　　　　　　　　　　　　　　　　　オヘビイチゴ　▶
  2. 羽状複葉または3出複葉．小葉は3-14対

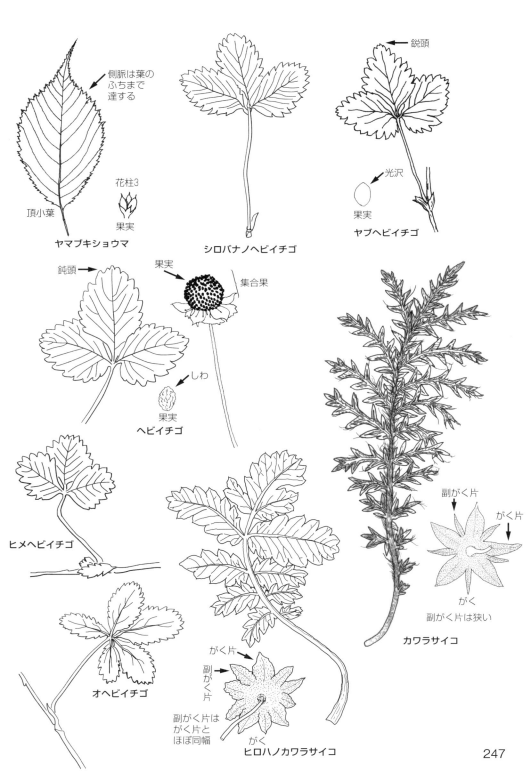

			図
3. 草高30-100cm．茎は直立または斜上			
4. 根生葉なし．3出複葉		ミツモトソウ	▶
4. 根生葉あり．羽状複葉			
5. 小葉7-14対と多く，羽状に深全裂．副がく片幅はがく片幅より狭い	カワラサイコ	P247	
5. 小葉3-6対と少なく，羽状に中裂．副がく片幅はがく片幅とほぼ同じ	ヒロハノカワラサイコ	P247	
3. 草高30cm程度以下．茎ははう，または斜上			
4. 葉は羽状複葉．小葉5-9			
5. 根生葉と茎葉がある		オキジムシロ・帰	▶
5. 根生葉のみ		キジムシロ	▶
4. 葉は3出複葉．小葉3（根生葉はまれに5）			
5. 花弁は極端に小さく，がく片の1/4長		コバナキジムシロ・帰	▶
5. 花弁はがく片と同大かそれより大きい			
6. 走出枝なし．葉裏粉白		イワキンバイ	▶
6. 走出枝あり			
7. 走出枝上の葉と根生葉はほぼ同大．根茎はイモ状にならない	ツルキンバイ	▶	
7. 走出枝上の葉は根生葉より明らかに小さい．根茎はイモ状	ミツバツチグリ	▶	

      G. 花柱2-10個 ··· 《ダイコンソウ属（1）》

ダイコンソウ属（1）　*Geum*
    根茎は地下をはう．互生または束生．3出複葉．花は黄色．花弁5．花茎に1-3個　　　　コキンバイ

     F. 花柱は花後，長く伸びる ···································· 《ダイコンソウ属（2）》

ダイコンソウ属（2）　*Geum*
1. 果実の鉤型のトゲに腺毛がある．集合果は球形，小花柄に長毛なし　　　　ダイコンソウ ▶
1. 果実の鉤型のトゲに腺毛はない．集合果は倒卵形，小花柄に開出長毛あり　　　　オオダイコンソウ ▶

    C. がくは果実の頂部に位置する（すなわち果実はがく筒に包まれる）．羽状複葉
      D. 花弁なし（がくが花弁状となる） ·································· 《ワレモコウ属》

ワレモコウ属　*Sanguisorba*
1. 花穂は長く2-7cm．花糸は花弁状のがく片より長い．花は白色　　　　ナガボノシロワレモコウ ▶
   v．ナガボノアカワレモコウは，花が紅紫色　　　　ナガボノアカワレモコウ
1. 花穂は短く1-2cm．花糸は花弁状のがく片より短い．花は紅紫色　　　　ワレモコウ ▶

      D. 花弁5枚 ·· 《キンミズヒキ属》

キンミズヒキ属　*Agrimonia*
1. 羽状複葉の側小葉は2-4対．小葉は鋭頭，裏の腺点が目立つ．花序の花は上部に密生，下部はまばら．雄しべ8-15個　　　　キンミズヒキ ▶
1. 羽状複葉の側小葉1-2対．小葉は円頭，裏の腺点は目立たない．花序の花はまばら
    2. 花径6mm．雄しべは5-8個　　　　ヒメキンミズヒキ ▶
    2. 花径7-15mm．雄しべは20-28個．托葉は大きい　　　　チョウセンキンミズヒキ ▶

被子060　グミ科（*ELAEAGNACEAE*）

花弁なし．がくが筒状となり，合弁花のように見える．茎や葉に白または褐色の鱗片や星状毛を密生する
··· 《グミ属》

グミ属　*Elaeagnus*
1. 葉は薄質．落葉性．開花は春〜初夏（4-7月）．果実が熟すのは初夏〜秋（6-11月）

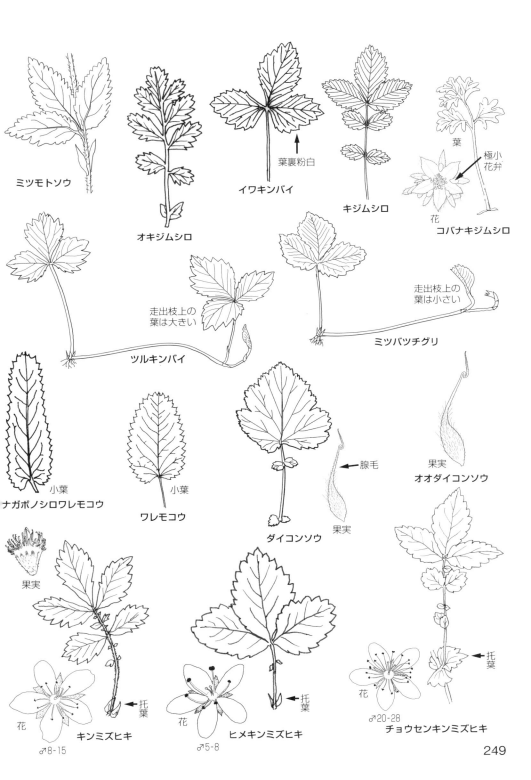

2. 果柄は短く直立する．葉の裏は銀白色の鱗片が密生する，ときに褐色鱗片が散生．がく筒はあまりくびれない．果実は径6-8mmで球形．4-5月開花,9-11月結実．　　　　　　　**アキグミ**　▶
2. 果柄は長く下垂する．葉の裏は銀白色の鱗片の中にまばらに褐色鱗片が混じる．がく筒は子房の上で強くくびれる．果実広楕円形
　　3. がく筒の内壁は毛なし．果実長12-17mm. 4-5月開花, 5-6月結実　　**ナツグミ（マルバナツグミ）**　▶
　　　　v. トウグミは葉のおもてに早落性の星状毛あり．果実長20mm　　**ダイオウグミ（ビックリグミ）・栽**　▶
　　3. がく筒の内壁に星状毛あり．果実長7-11mm. 6-7月開花, 7-9月結実
　　　　　　　　　　　　　　　　　　　　　　　　　　　　　　　　　ニッコウナツグミ（ツクバグミ）　▶
1. 葉は厚質．常緑性．開花は秋〜冬（10-11月），果実が熟すのは春〜夏（4-5月）
　2. つるではない．葉のふちは波立つ．葉は長楕円形．葉裏は銀白色の鱗片多し　**ナワシログミ・逸**　▶
　2. つる．葉のふちは波立たない
　　　3. 葉裏は銀白色．葉は広卵形　　　　　　　　　　　　　　　　**オオバグミ（マルバグミ）・栽**　▶
　　　3. 葉裏はふつう赤褐色．葉は卵状長楕円形．枝先に下向き（逆向き）のトゲ状の分枝あり
　　ツルグミ　▶

被子061　クロウメモドキ科（*RHAMNACEAE*）

A. 葉に目立つ3行脈あり
　B. トゲあり．葉は小形．花は腋生 ……………………………………………………《ナツメ属》
ナツメ属　*Ziziphus*
　葉は互生．3脈目立つ．葉長2-4cm．トゲは托葉の変形と考える．果実は長楕円形，食用　**ナツメ・栽**

　B. トゲなし．葉は大形．花序は頂生 ………………………………………………《ケンポナシ属》
ケンポナシ属　*Hovenia*
　花序の軸は果期に肥大し食用となる．葉は互生するが,枝の同じ側に2枚続けてつく（コクサギ型葉序）．葉は広卵形で鋭尖頭．葉長10-20cm．葉身の基部は3脈が目立つ　　　　　　　　**ケンポナシ**　▶

A. 葉は羽状脈
　B. 葉は全縁
　　C. つる，または低木 …………………………………………………………《クマヤナギ属》
クマヤナギ属　*Berchemia*
　1. 直立低木．つるではない．横枝は鋭角に出て上へ伸びる．葉の側脈5-7対　　**ミヤマクマヤナギ**　▶
　1. つるで他物にからむ．横枝は直角に開く
　　2. 葉裏は粉白．側脈7-8対．花序の軸は毛なし．枝はさらに分枝しない　　　　**クマヤナギ**　▶
　　2. 葉裏の脈腋に毛あり．側脈8-13対．花序の軸に黄褐色の毛あり．枝はさらに分枝する
　　　　　　　　　　　　　　　　　　　　　　　　　　　　　　　　　　　　オオクマヤナギ　▶

　　C. 直立高木 ……………………………………………………………………《ヨコグラノキ属》
ヨコグラノキ属　*Berchemiella*
　葉は長楕円形〜卵状長楕円形．全縁またはやや波状鋸歯．裏は粉白．側脈7-9対で脈はふちまできちんと届く　　　　　　　　　　　　　　　　　　　　　　　　　　　　　　**ヨコグラノキ・栽**

　B. 葉に鋸歯あり ………………………………………………………………《クロウメモドキ属》
クロウメモドキ属　*Rhamnus*
　1. がく筒は浅くさかずき状．枝にトゲなし．葉は大きく長さ8-17cm，側脈15対以上　　**クロカンバ**　▶
　1. がく筒は深く鐘形．長枝の先がトゲになる．葉は小形で，側脈は3-5対

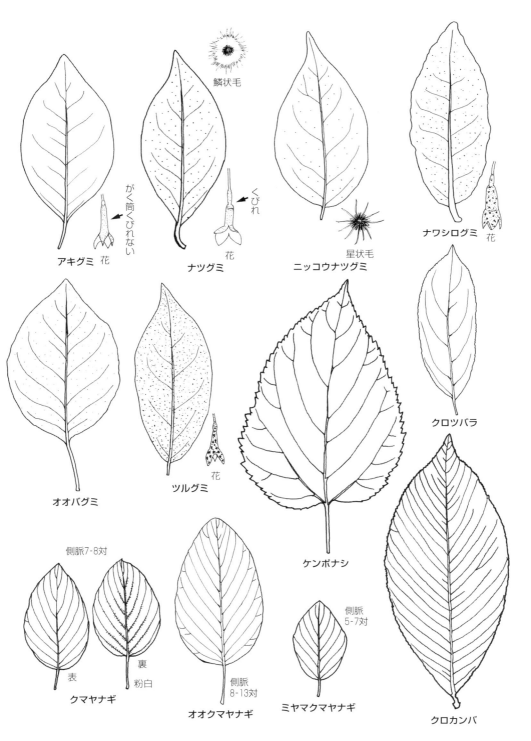

クロウメモドキ科、ニレ科、アサ科

図 P251
- 2. 葉は狭長楕円形．葉長5-12cm．がく片は披針形〜長三角形　　　　クロツバラ
- 2. 葉は倒卵状長楕円形．葉長2-6cm．がく片は長三角形〜三角形　　　クロウメモドキ　▶
  - v. コバノクロウメモドキは，矮小型．石灰岩地に生育　　　　　　コバノクロウメモドキ　▶

被子062　ニレ科（*ULMACEAE*）

葉は羽状脈．果実は肉質ではない
- A. 葉は重鋸歯．果実に柄があり，翼があり ……………………………《ニレ属》

ニレ属　*Ulmus*
- 1. 葉は単鋸歯．葉は小さく長さ2-5cm．花は秋，当年枝の葉腋に束生する．がくは深裂　　アキニレ・栽　▶
- 1. 葉は重鋸歯．葉は大きい．花は春，葉に先だって咲き，旧年枝の葉腋に束生する．がくは浅裂
  - 2. 葉は欠刻しない．果実の翼の一端は切れる　　　　　　　　　　　　　ハルニレ（ニレ）　▶
  - 2. 葉はふつう3-5裂に欠刻する．果実の翼は種子を一周する．葉の両面に短毛あり　　オヒョウ　▶
    - f. テリハオヒョウは，葉に照りがある．葉は毛なし　　　　　　　　　テリハオヒョウ

- A. 葉は鋭鋸歯．果実に柄がなく，翼もなし ……………………………《ケヤキ属》

ケヤキ属　*Zelkova*
- 葉は卵形．葉の裏の毛は肉眼ではあまり明らかではない　　　　　　　　　　　ケヤキ　▶
  - v. メゲヤキは，葉の裏や葉柄に肉眼でわかる短毛密生　　　　　　　　　メゲヤキ

被子063　アサ科（*CANNABACEAE*）

- A. 木本で葉は3行脈が目立つ．葉は互生．果実は肉質
  - B. 葉の側脈は鋸歯の先端まで確実に届く．葉は左右相称 ……………《ムクノキ属》

ムクノキ属　*Aphananthe*
- 葉は卵状披針形．長さ5-10cm．表に短毛があって紙ヤスリのようにざらつく．側脈6-10対　　ムクノキ　▶

  - B. 葉の側脈は鋸歯の手前で内曲する．葉は左右不同 ………………《エノキ属》

エノキ属　*Celtis*
- 1. 葉の上半分に鋸歯，下半分は全縁．果実は黒褐色〜赤褐色．果柄の長さ5-15mm　　エノキ　▶
- 1. 葉の鋸歯は基部近くまである．果実は黒色．果柄の長さ20-25mm　　　エゾエノキ　▶

- A. 草本．葉は対生と互生が混じる．雌雄異株
  - B. 直立する一年草．逆刺なし ……………………………………………《アサ属》

アサ属　*Cannabis*
- 全体に短腺毛．特異な匂いがある．茎は鈍い四角柱．葉は下部は対生で，上部は互生．掌状複葉で5-9小葉．葉に麻薬成分あり　　　　　　　　　　　　　　　　　　アサ・栽　▶

  - B. つる．逆刺あり ………………………………………………………《カラハナソウ属》

カラハナソウ属　*Humulus*
- 1. 一年草．葉は5-7深裂　　　　　　　　　　　　　　　　　　　　　　　カナムグラ　▶
- 1. 多年草．葉は単葉または3中裂　　　　　　　　　　　　　　　　　　　カラハナソウ　▶

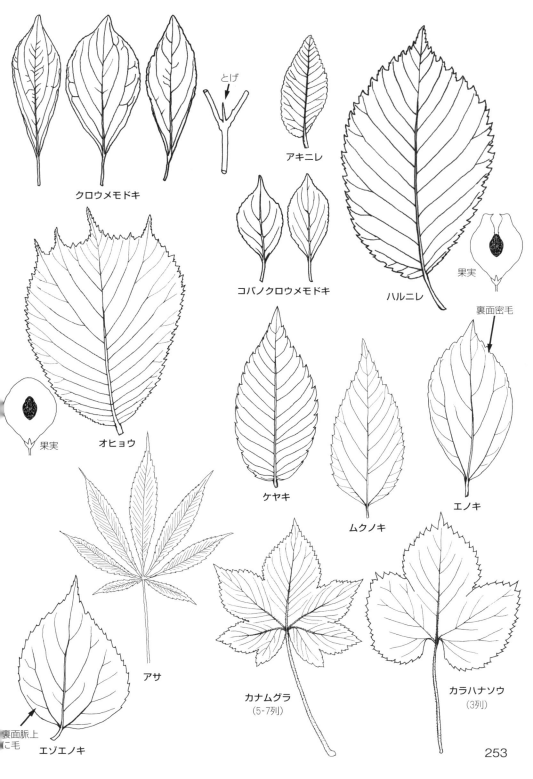

被子064　クワ科（*MORACEAE*）

A. 草本．葉はみな互生．雌雄同株 ……………………………………………………《クワクサ属》
クワクサ属　*Fatoua*
　茎は直立．草高30-80cm，こまかな毛がある．下方の葉の基部は切形．クワの葉に形が似る　　　クワクサ ▶

A. 木本
　B. イチジク状花序あり ………………………………………………………………《イチジク属》
イチジク属　*Ficus*
　1. つる．葉は楕円形で鋭尖頭．イチジク状果は球形で径約1cm
　　2. 葉は長卵形で4-12cm．葉先は鋭尖．葉裏は灰白色で無毛　　　イタビカズラ ▶
　　2. 葉は卵形で1-5cm．葉先は鈍頭．葉裏は脈上に毛　　　ヒメイタビ
　1. 落葉直立木．葉は掌状に裂ける．イチジク状（複合果）は倒卵形　　　イチジク・栽

　B. イチジク状花序にはならない
　　C. トゲがある．全縁 ……………………………………………………………《ハリグワ属》
ハリグワ属　*Maclura*
　雌雄異株．葉は互生，柄あり，基部は丸い　　　ハリグワ・栽

　　C. トゲはない．葉に鋸歯あり
　　　D. 子房に柄あり．柱頭は1本（分岐しない）．葉柄の付け根断面は円形 ………《コウゾ属》
コウゾ属　*Broussonetia*
　1. 雌雄異株．葉柄の長さ30-100mm．葉は密毛．果実（複合果）は大きく径30mm　　　カジノキ・逸 ▶
　1. 雌雄同株．葉柄の長さ5-10mm．葉に短毛あり．果実（複合果）は小さく径15mm　　　ヒメコウゾ ▶
　　h. コウゾは，カジノキとヒメコウゾの雑種．両種の中間型　　　コウゾ・逸

　　　D. 子房に柄なし．柱頭は2分岐．葉柄の付け根断面は半円形 ………………《クワ属》
クワ属　*Morus*
　1. 花柱は基部で2裂して2本（V字形）．冬芽は三角形で基部は膨れる．葉の表はほとんど無毛
　　　　　　　　　　　　　　　　　　　　　　　　　　　　　　マグワ・逸 ▶
　1. 花柱は1本で先端部で2裂する（Y字形）．冬芽は卵形でほっそり．葉の表は葉脈に沿って短毛散生
　　　　　　　　　　　　　　　　　　　　　　　　　　　　　　ヤマグワ ▶

被子065　イラクサ科（*URTICACEAE*）

A. 全体に刺毛がある．刺毛は蟻酸を含み刺されると痛い
　B. 葉は対生．柱頭は毛筆状 …………………………………………………………《イラクサ属》
イラクサ属　*Urtica*
　1. 托葉は茎の各節に4個ずつ．ふちは単鋸歯
　　2. 葉は卵形で，葉身の長さは幅の2倍くらい　　　コバノイラクサ ▶
　　2. 葉は披針形で，葉身の長さは幅の4倍くらい　　　ホソバイラクサ ▶
　1. 托葉は茎の各節に2個ずつ．ふちは欠刻状鋸歯〜重鋸歯．葉は卵形で葉身の長さは幅の2倍以下
　　　　　　　　　　　　　　　　　　　　　　　　　　　　　　イラクサ ▶

　B. 葉は互生．柱頭は線状 ……………………………………………………………《ムカゴイラクサ属》
ムカゴイラクサ属　*Laportea*
　1. 葉腋にむかごあり．葉は卵形　　　ムカゴイラクサ ▶
　1. 葉腋にむかごなし．葉は円形　　　ミヤマイラクサ ▶

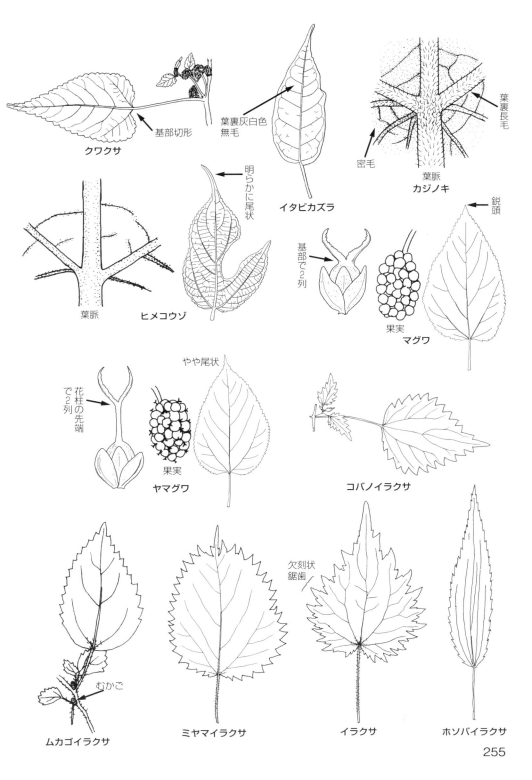

イラクサ科

A. 全体に刺毛はない
 B. 雌花の花被片は離弁か，基部がやや合生する
  C. 葉は対生 ………………………………………………………………………… 《ミズ属》

ミズ属　*Pilea*

1. 葉は全縁．裏面に褐色の細点あり．草高5-15cm　　　　　　　　　　　　　　　　**コケミズ** ▶
1. 葉に鋸歯あり．裏に細点なし．草高10cm以上
 2. 雌花の花被片は5個．花序の柄は10mm以上．果実はなめらかで赤褐色の点なし．草高10-20cm．2-6
  対の鋸歯　　　　　　　　　　　　　　　　　　　　　　　　　　　　　　　　**ヤマミズ** ▶
 2. 雌花の花被片は3個．花序の柄は3mm以下．果実に赤褐色の点がある
  3. 葉身の上部3/4に鋸歯あり．頂鋸歯は側鋸歯より長め凸出．雌花花被片は線形で3本，果実より
   短い．果実長1.2mm．茎は緑　　　　　　　　　　　　　　　　　　　　　　**アオミズ** ▶
  3. 葉身の上部2/3に鋸歯あり．頂鋸歯は凸出しない．雌花花被片は鱗片状で3枚あり，果実を包む．
   そのうち1枚は小さい．果実長2mm．茎は紫褐色を帯びることが多い　　　　　　　**ミズ** ▶

  C. 葉は互生
   D. 葉は左右対称 ……………………………………………………………… 《カテンソウ属》

カテンソウ属　*Nanocnide*

雌花の花被片は4個．花序は葉腋から出る．花序に柄あり　　　　　　　　　　　　　　**カテンソウ** ▶

   D. 葉は左右で形が異なる …………………………………………………… 《ウワバミソウ属》

ウワバミソウ属　*Elatostema*

1. 葉先の頂片は長く尾状となる．茎に毛なし．茎の節は秋に肥厚し，食べられる
 2. 鋸歯6-12対．果実に凸点はほとんどなし　　　　　　　　　　　　　　　　　　**ウワバミソウ** ▶
 2. 鋸歯3-5対．果実に凸点が多い．葉先はウワバミソウよりも尾状　　　　　　　**ヒメウワバミソウ** ▶
1. 葉先はとがるが尾状ではない．茎に開出毛あり．茎の節は肥厚しない　　　　　　　　**トキホコリ** ▶

 B. 雌花の花被片は合生（合弁）し，果実を完全に包む
  C. 葉に鋸歯あり ……………………………………………………………………… 《ヤブマオ属》

ヤブマオ属　*Boehmeria*

1. 葉は互生．裏に白綿毛密生の部分がある
 2. 茎に短毛が密生する　　　　　　　　　　　　　　　　　　　　　　　　　**カラムシ（クサマオ）** ▶
 2. 茎に短毛と長い粗毛が開出，密生する　　　　　　　　　　　　　**ナンバンカラムシ（マオ）・栽**
1. 葉は対生．裏に白綿毛なし
 2. 花序軸に毛はあるが密生しない．葉は厚くない
  3. 半低木．茎の下部で分枝．根元は木質化する．鋸歯は10対以下　　　　　　　　**コアカソ** ▶
   h. オオバコアカソは，鋸歯は10-15対でコアカソとクサコアカソの雑種　　　**オオバコアカソ**
  3. 草本．茎は分枝しない．根元は木質化しない
   4. 重鋸歯．葉は大きく欠刻（3裂）し，頂片が目立つ（埼玉にほとんどない）　　　**アカソ** ▶
   4. 単鋸歯．葉は欠刻しない
    5. 葉は卵形．鋸歯17対以下　　　　　　　　　　　　　　　　　　　　　**クサコアカソ** ▶
    5. 葉は長楕円形．鋸歯17対以上　　　　　　　　　　　　　　　　　　　**ナガバヤブマオ** ▶
 2. 花序軸に毛が密生する．葉は厚くてかたい
  3. 葉は単鋸歯
   4. 葉裏主脈上に微短毛密生　　　　　　　　　　　　　　　　　　　　　　**ツクシヤブマオ** ▶

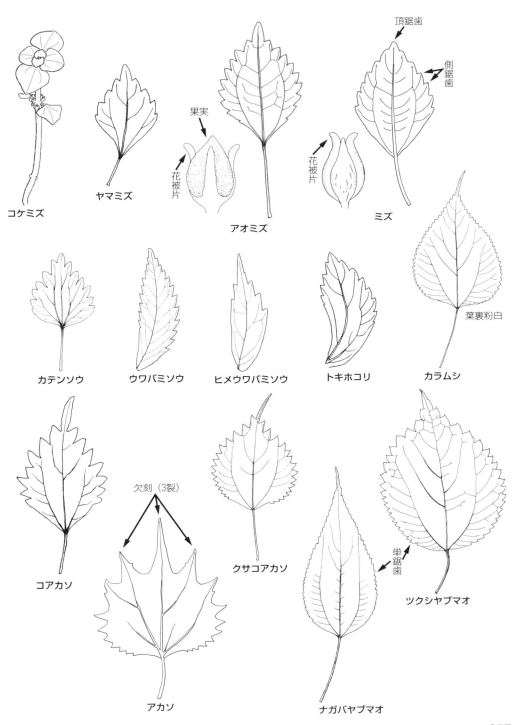

        4. 葉裏主脈上に短毛がまばらに生える．ときどきラセイタソウに似た耳状突起がある
                                                                    コヤブマオ
    3. 葉は重鋸歯
        4. 葉裏主脈上に細毛と上向きの長毛が混じって生える．ときどきラセイタソウに似た耳状突起がある
            5. 葉の基部は切形〜浅心形．欠刻(3裂)する傾向あり   **カタバヤブマオ** ▶
            5. 葉の基部は広いくさび形．葉は欠刻しない   **トウゴクヤブマオ** ▶
        4. 葉裏主脈上には単一の毛がある（2種の毛が混じらない）
            5. 葉裏主脈上に短毛があって斜上する．葉の先端部はほとんど欠刻しない   **ヤブマオ** ▶
            5. 葉裏主脈の毛はやや長く開出．葉の先端部はふつう欠刻（3裂）する   **メヤブマオ** ▶

  C. 葉は全縁 ·· 《ヒカゲミズ属》
ヒカゲミズ属　*Parietaria*
    葉は互生，全縁であることが大きな特徴．草高10-20cm，全体に長軟毛が開出   **タチゲヒカゲミズ**

被子066　ブナ科（*FAGACEAE*）

果実のことを「どんぐり」，殻斗のことを「おわん」または「いが」という
A. 果実には3稜がある．落葉樹 ·· 《ブナ属》
ブナ属　*Fagus*
    1. 成長した葉では葉脈以外ほとんど無毛．側脈は7-11対．総苞は果実を完全に包む．果柄は太く短い．
                                                                    ブナ ▶
    1. 成長した葉の裏には脈に沿って長軟毛が圧着．側脈は10-14対．総苞は果実よりも短い．果柄は細く長い
                                                                    イヌブナ ▶

A. 果実は2稜，または稜なし
  B. ふつう1個の殻斗に2-3果実．果実には2稜がある ·· 《クリ属》
クリ属　*Castanea*
    落葉樹．成長した葉の鋸歯には緑色部があり，その先はクヌギほど芒状にはならない．殻斗の外側に総苞片の変形した鋭い針状のトゲがある
                                                                    クリ ▶

  B. ふつう1個の殻斗に1果実．果実に稜はなし
    C. 雄花序は下に垂れ下がる ·· 《コナラ属》
コナラ属　*Quercus*
    1. 殻斗にはうろこ状の模様があるか，殻斗の総苞片が反り返る．落葉樹
        2. 葉は披針形．葉柄あり．殻斗の表面は総苞片が反り返っている．果実は翌年熟す．葉の鋸歯に緑色部はなく，その先は長い2-3mmの芒となる
            3. 成長した葉の裏はほとんど無毛．樹皮のコルク層は薄い   **クヌギ** ▶
            3. 成長した葉の裏には星状毛が密生して白っぽい．樹皮にコルク層が発達   **アベマキ・栽**
        2. 葉は倒卵形．果実はその年に熟す
            3. 葉柄はきわめて短い（5mm前後）かほとんどない．葉身の基部が小さく耳状となり，ややひだになる
                4. 葉の裏に星状毛が密生する．殻斗の総苞片は先が反り返る   **カシワ** ▶
                    h. カシワモドキは，カシワとミズナラの雑種   **カシワモドキ**
                4. 葉の裏にはふつうの毛が散生．殻斗にうろこ状の模様がある   **ミズナラ** P261
            3. 葉柄は明らか（1-3cm）．葉身の基部は円形またはくさび状．殻斗にうろこ状の模様がある

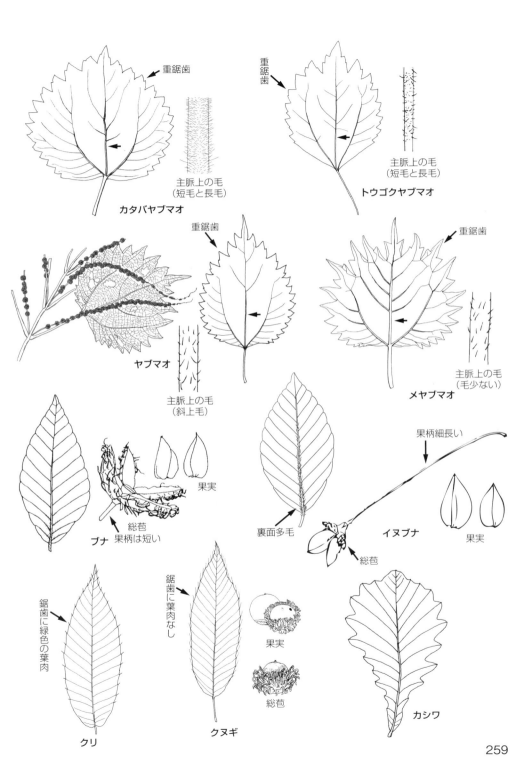

```
            4. 葉の裏に星状毛と絹毛あり. 葉身の長さ7-10cm                                    コナラ        ▶
               v. テリハコナラは, 葉が厚く光沢がある                                      テリハコナラ
            4. 葉の裏に星状毛密生. 葉身の長さ12-30cm                                     ナラガシワ
   1. 殻斗には同心円状の模様がある. 常緑樹
      2. 葉の裏に黄褐色の毛が密生. 果実はその年に熟す                                      イチイガシ・栽     ▶
      2. 葉の裏に密毛はない. 毛のある種とない種がある
         3. 葉の裏は緑色か淡緑色で毛なし. 果実は翌年熟す
            4. 葉柄2-4cm. 全縁（鋸歯はほとんどなし）                                      アカガシ      ▶
            4. 葉柄2cm以下. 葉の先端部1/5だけ鋸歯がある                                   ツクバネガシ    ▶
         3. 葉の裏は白色・灰白色・灰緑色
            4. 葉はやや倒卵状の長楕円形. 葉の裏に伏毛あり. 果実はその年に熟す                        アラカシ      ▶
            4. 葉は披針形～広披針形で, アラカシに比べ細長い
               5. 枝は灰白色. 葉の裏は灰白色で伏毛あり. 果実は翌年熟す                           ウラジロガシ    ▶
                f. ヒロハウラジロガシは, 葉が楕円形. 幅が広い                            ヒロハウラジロガシ
               5. 枝は灰黒色. 葉の裏は灰緑色でほとんど無毛. 果実はその年に熟す                       シラカシ      ▶
```

C. 雄花序は直立する. 常緑樹. 果実は翌年熟す
　　D. 果実は殻斗に完全に包まれる ………………………………………………… 《シイ属》

シイ属　*Castanopsis*
```
   1. 殻斗と果実は卵状長楕円形. 果実長12-21mm. 葉の表皮組織は2層                          スダジイ       ▶
   1. 殻斗と果実は卵状球形. 果実長6-13mm. 葉の表皮組織は1層                       ツブラジイ（コジイ）・栽 ▶
```

　　D. 果実はその基部だけ殻斗に収まる ………………………………………… 《オニガシ属》

オニガシ属　*Lithocarpus*
　常緑樹. 葉は全縁. 裏は若時毛があるが成葉は毛なし. 葉柄10-15mm. 殻斗は椀状で, うろこ状の模様がある. 果実の基部は少しへこむ　　　　　　　　　　　　　　　　　　　　　マテバシイ・栽 ▶

被子067　ヤマモモ科（*MYRICACEAE*）

雌雄異株. 果実の外果皮は液質 ……………………………………………………… 《ヤマモモ属》

ヤマモモ属　*Morella*
　葉は互生, 革質, 全縁. 葉裏に油点が散在. 果実は赤く熟して食べられる　　　　　ヤマモモ・栽 ▶

被子068　クルミ科（*JUGLANDACEAE*）

A. 雄花序は垂れ下がるが, 雌花序は直立. 果実は大きく径30mmで翼なし ………… 《クルミ属》

クルミ属　*Juglans*
```
   1. 小葉は5-7枚. 葉は全縁で毛なし. 芽鱗に黒毛                          カシグルミ（テウチグルミ）・栽
   1. 小葉は11-19枚. 葉は細鋸歯があって有毛. 葉の裏に星状毛密生. 芽鱗に黄褐毛. 果実球形. 核（内
      果皮が硬化したもの）は表面が凹凸で断面円形                                   オニグルミ     ▶
        f. ヒメグルミは, 果実やや扁平. 核は平滑で断面扁平                                ヒメグルミ・栽   ▶
```

A. 雄花序も雌花序も垂れ下がる. 果実は小さく翼あり（翼を除く径10mm） ………… 《サワグルミ属》

サワグルミ属　*Pterocarya*
　果実に翼あり. 翼は雌花の小苞葉が花後発達したもの. 葉の裏に軟毛あり. 山地の渓流や砂礫地に多い
　　　　　　　　　　　　　　　　　　　　　　　　　　　　　　　　　　　　サワグルミ ▶

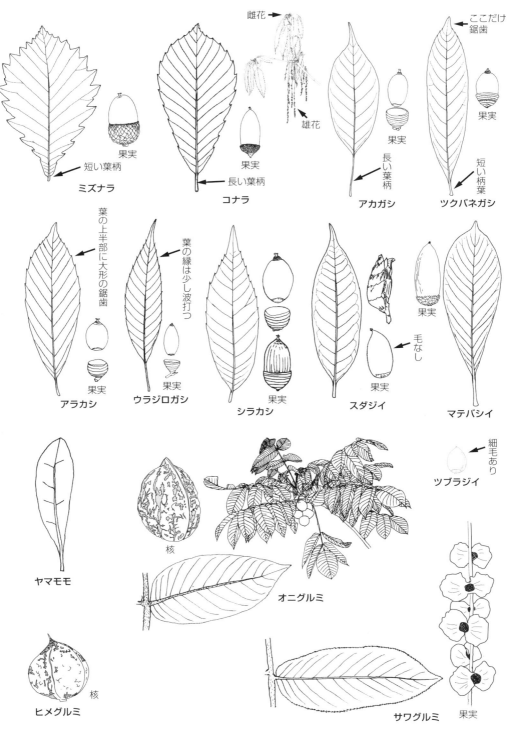

カバノキ科

被子069　カバノキ科（*BETULACEAE*）

A. 雌花は頭状花序．果実は大形の苞葉に包まれる ……………………………………《ハシバミ属》
ハシバミ属　*Corylus*
　　頭状花序は雌花2-4個からなる．雌花の苞葉は大きく3-7cm，花後筒状になって果実を包み，その一端が角状に凸出し，先は不整重鋸歯　　　　　　　　　　　　　　　　　　　　　　　　ツノハシバミ　▶

A. 雌花は穂状花序．果実は小さく，苞葉（1-2cm）の基部にある
　B. 雄花は1枚の苞葉に1個つく．果実に翼はない
　　C. 苞葉は平らで鋸歯や欠刻がある ……………………………………………………《シデ属》
シデ属　*Carpinus*
　1. 側脈は15-24対．葉の基部はやや心形〜顕著な心形．果穂の苞葉はうろこ状につく．苞葉は卵形で鋸歯あり
　　2. 葉はクマシデに対して幅広い卵形．幅4-7cm，葉の基部は明らかな心形．側脈15-20対（ムクロジ科チドリノキに似るが，チドリノキが対生であるのに対し，サワシバは互生）　　サワシバ　▶
　　2. 葉はサワシバに対して細長い狭卵形．幅2.5-4cm，葉の基部はやや浅い心形〜円形．側脈は20-24対．葉身の長さ5-10cm　　　　　　　　　　　　　　　　　　　　　　　　　　　クマシデ　▶
　1. 側脈は7-15対．葉の基部は円形またはくさび形．果穂の苞葉はまばらにつく．苞葉は披針形で鋸歯あり
　　2. 葉と葉柄には伏毛あり．葉先は尾状にならない．苞葉は片側だけに10個ほどの鋸歯をもち，長毛あり　　　　　　　　　　　　　　　　　　　　　　　　　　　　　　　　　　　　　イヌシデ　▶
　　2. 葉と葉柄はほとんど無毛．葉柄はふつう帯紅色．葉先は尾状．苞葉の基部に1対の側裂片がある．頂裂片には片側に2-3個の鋸歯をもち，微毛あり　　　　　　　　　　　　　　　　アカシデ　▶

　　C. 苞葉はふくろ状で全縁．果実を包む ……………………………………………《アサダ属》
アサダ属　*Ostrya*
　　葉柄にふつうの毛と腺毛が密生．果穂は下向き．苞葉は基部が筒状に合生して小型の果実を包む．葉柄5-10mm　　　　　　　　　　　　　　　　　　　　　　　　　　　　　　　　　　　　アサダ　▶

　B. 雄花は1枚の苞葉に3-6個つく．果実に翼がある
　　C. 雄花は雄しべ2個．苞葉(果鱗)は2深裂し,頂裂片1と側裂片2からなり,脱落性 …《カバノキ属》
カバノキ属　*Betula*
　1. 葉は大きく葉身の長さ8-14cm，広卵形で基部は顕著な心形．果穂は長い円柱状で2-4個がまとまって垂れ下がる（ムクロジ科ヒトツバカエデに似るが，ヒトツバカエデが対生であるのに対し，ウダイカンバは互生）　　　　　　　　　　　　　　　　　　　　　　　　　　　　　　ウダイカンバ　▶
　1. 葉身の長さは10cm以内．果穂は1個ずつつく
　　2. 葉裏の粉白が著しい．果穂は上向き．枝を折るとサリチル酸メチルの匂いあり
　　　　　　　　　　　　　　　　　　　　　　　　　　　　ネコシデ（ウラジロカンバ）　▶
　　2. 葉裏は淡緑
　　　3. 果穂に柄はほとんどない．上向きに直立．側脈は8-15対
　　　　4. 葉は広卵形．苞葉(果鱗)は細長く長さ13-15mm．長さは側裂片を含む幅の倍以上．匂いなし
　　　　　　　　　　　　　　　　　　　　　　　　　　　　　　　　　　　　　ジゾウカンバ　▶
　　　　4. 葉は狭卵形または卵形．苞葉（果鱗）はずんぐりしていて長さ7-8mm．長さは側裂片を含む幅と同じ．枝を折るとサリチル酸メチルの匂い　　ミズメ（ヨグソミネバリ，アズサ）　▶
　　　3. 果穂に長さ3-15mmの柄あり

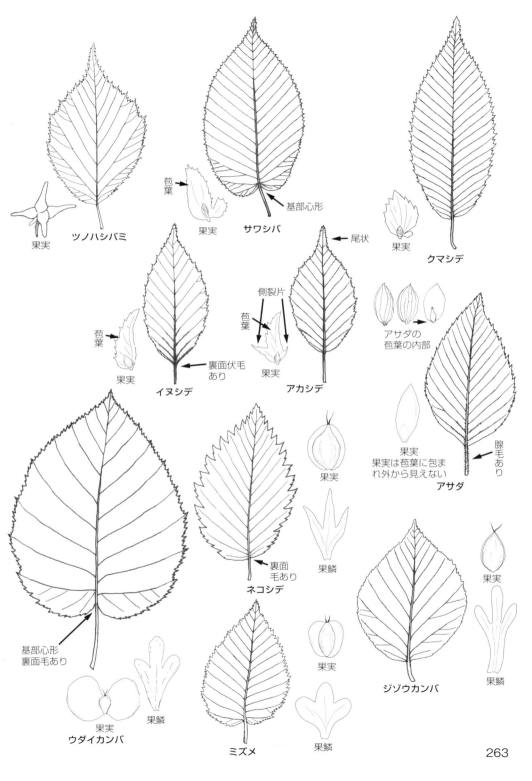

カバノキ科、ドクウツギ科、ウリ科

```
　　4. 樹皮は白色．果穂は下向き．葉はほぼ三角形．側脈は5-8対．葉柄15-35mmで毛なし
　　　　　　　　　　　　　　　　　　　　　　　　　　　　　　　シラカンバ（シラカバ）　▶
　　4. 樹皮は帯褐色
　　　　5. 葉は三角状広卵形．表面はやや光沢あり．葉柄10-35mmで毛なし．果穂上向き．側脈は7-
　　　　　12対　　　　　　　　　　　　　　　　　　　　　　　　　　　　　ダケカンバ　▶
　　　　　v. アカカンバは，葉の基部が明らかな心形　　　　　　　　　　　　　アカカンバ
　　　　5. 葉は長卵状楕円形または広卵形．表面に光沢なし．葉柄5-15mmで毛あり
　　　　　　6. 果穂上向きまたは下向きで一定しない．葉は重鋸歯．側脈は6-8対．苞葉（果鱗）の頂
　　　　　　　裂片は側裂片とほぼ同長または少し短い．側裂片は開出．葉柄にふつうの毛と腺点
　　　　　　　　　　　　　　　　　　　　　　　　　　　　　ヤエガワカンバ（コオノオレ）　▶
　　　　　　6. 果穂は上向き．葉は単純な細鋸歯あり．側脈は9-18対．苞葉（果鱗）の頂裂片は側裂片
　　　　　　　より長い．側裂片は斜上
　　　　　　　7. 若枝と葉裏に腺点あり．側脈は9-12対　オノオレカンバ（アズサミネバリ, オノオレ）　▶
　　　　　　　7. 若枝と葉裏にほとんど腺点なし．側脈は14-18対　　　　　　チチブミネバリ　▶
　　　C. 雄花は雄しべ4個，苞葉は裂けることなく肥厚し，軸についたまま　……………《ハンノキ属》
ハンノキ属　Alnus
　1. 冬芽は無柄．雄花序に柄はない．花は葉と同時に開く
　　2. 葉は狭卵形．若枝に多少毛あり．雌花序はふつう2個ずつ．側脈13-17対．全体に毛は少ない
　　　　　　　　　　　　　　　　　　　　　　　　　　　　　　　　　　　　ヤシャブシ　▶
　　　　v. ミヤマヤシャブシは，葉の裏に毛が多い　　　　　　　　　　　　ミヤマヤシャブシ
　　2. 葉は広卵形．若枝は毛なし．雌花序は1個ずつ．側脈12-16対　　オオバヤシャブシ・栽　▶
　1. 冬芽に不明瞭な短柄あり．雄花序に短柄あり．まず花が咲いてやがて葉が出る
　　2. 葉は紡錘形．葉先は鋭尖頭．鋸歯はほぼみな同じ．裏は緑．果実にごく狭い翼あり　ハンノキ　▶
　　2. 葉は倒卵形．葉先は円頭〜鈍頭または凹頭．重鋸歯．裏はやや粉白
　　　3. 葉先はへこむ　　　　　　　　　　　　　　　　　　　　　　　ヤハズハンノキ　▶
　　　3. 葉先はへこまない
　　　　4. 葉は小さく，葉身の長さ2-5cm．葉裏に白色あるいは黄褐色の絹毛あり．果穂長10-13mm
　　　　　　　　　　　　　　　　　　　　　　　　　タニガワハンノキ（コバノヤマハンノキ）
　　　　4. 葉は大きく，葉身の長さ7-12cm．葉柄や葉裏に赤褐色あるいは暗褐色の軟毛が多い．果穂長
　　　　　15-25mm　　　　　　　　　　　　　　　　　　　　　　　　ケヤマハンノキ　▶
　　　　　v. ヤマハンノキは，枝，葉にほとんど毛なし　　　　　　　　　　　ヤマハンノキ
```

被子070　ドクウツギ科（CORIARIACEAE）

雌雄同株．葉は羽状複葉のように見えるが，実は単葉で対生．3行脈が目立つ　………《ドクウツギ属》

ドクウツギ属　Coriaria
　果実ははじめ赤色，やがて黒紫色．有毒　　　　　　　　　　　　　　　　　ドクウツギ　▶

被子071　ウリ科（CUCURBITACEAE）

　A. 花冠のふちは毛状に細裂　……………………………………………………《カラスウリ属》

カラスウリ属　Trichosanthes
　花冠は白色．花冠の裂片は糸状．雄しべ3．葯はS字形に屈曲
　　1. 茎に細毛あり．巻きひげは分岐しないか2分岐．果実は赤熟　　　　　　カラスウリ　P267
　　1. 茎にはじめ毛があってもやがて毛なしとなる．巻きひげは2-5分岐．果実は黄熟　キカラスウリ　P267

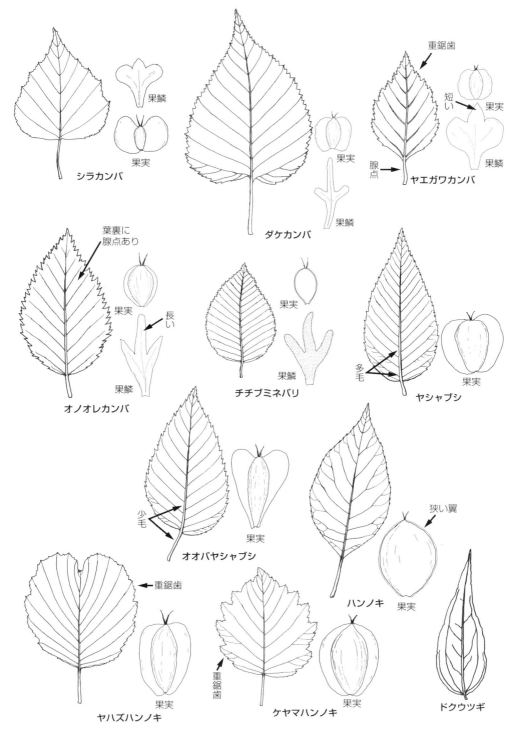

ウリ科、シュウカイドウ科

A. 花冠のふちは細裂しない
　B. 果実の中の種子は1-2個
　　C. 果実の中に種子は1個
　　　D. 果実は葉腋に1個ずつできる．果実は大きく長さ20cmほどあり，無毛 ……《ハヤトウリ属》

ハヤトウリ属　Sechium
　形は西洋ナシの果実に似ている．中に大きな種子が1個あり発芽するまで果肉から離れない
　　　　　　　　　　　　　　　　　　　　　　　　　　　　　　　　　　　　　ハヤトウリ・栽

　　　D. 果実は20個くらい集まって頭状．果実は小さく1cm．やわらかいトゲと軟毛密生.
　　　　………………………………………………………………………………《アレチウリ属》

アレチウリ属　Sicyos
　荒れ地や河川敷に多い．花序腋生．雄花は黄白色．果実は長毛とトゲを密生　　アレチウリ・帰 ▶

　　C. 果実の中に種子は2個．果実は上下に（キャップがはずれるように）裂ける．雄しべ5
　　　………………………………………………………………………………《ゴキヅル属》

ゴキヅル属　Actinostemma
　葉は単葉，三角状披針形で鋭尖頭．ときに3-5浅裂〜中裂．果実の下半分に突起散生．残り上半分は
　突起なし　　　　　　　　　　　　　　　　　　　　　　　　　　　　　　　　　　　　ゴキヅル ▶

　B. 果実の中の種子は3個以上
　　C. 雄しべは合生しない．雄しべ3
　　　D. 果実の中の種子は3個 ………………………………………………《ミヤマニガウリ属》

ミヤマニガウリ属　Schizopepon
　葉は卵心形で．葉先は鋭尖頭〜尾状．山地性．花は白色．果実は卵形で凹凸あり　ミヤマニガウリ ▶

　　　D. 果実の中の種子は多数 ………………………………………………《スズメウリ属》

スズメウリ属　Zehneria
　葉はわずかに毛あり．花は1-2個束生．低地性．花は星形で白色．果実は球形，熟すと白色になる
　　　　　　　　　　　　　　　　　　　　　　　　　　　　　　　　　　　　　スズメウリ ▶

　　C. 雄しべは合生して円柱．雄しべ5．葉は3-5小葉からなる．果実は1個ずつつく．果実は黒熟
　　　………………………………………………………………………………《アマチャヅル属》

アマチャヅル属　Gynostemma
　林縁に多い．花は黄緑色，花冠の裂片は長さ2mmで鋭尖頭．果実は球形．ヤブカラシに比べ本種は葉
　の表面に短毛がまばらに生える　　　　　　　　　　　　　　　　　　　　　　　アマチャヅル ▶

被子072　シュウカイドウ科（BEGONIACEAE）

葉は互生．葉は卵形で基部心形．左右きわめて不均等．葉先は鋭頭．花は淡紅色．花序は長い柄があっ
て垂れる ……………………………………………………………………………《シュウカイドウ属》

シュウカイドウ属　Begonia
　雌雄同株．雄花はがく2,花弁2,雄しべは多数だが花糸は合生して1本．雌花は子房下位で子房に翼状
　の3稜あり　　　　　　　　　　　　　　　　　　　　　　　　　　　　　　シュウカイドウ・逸 ▶

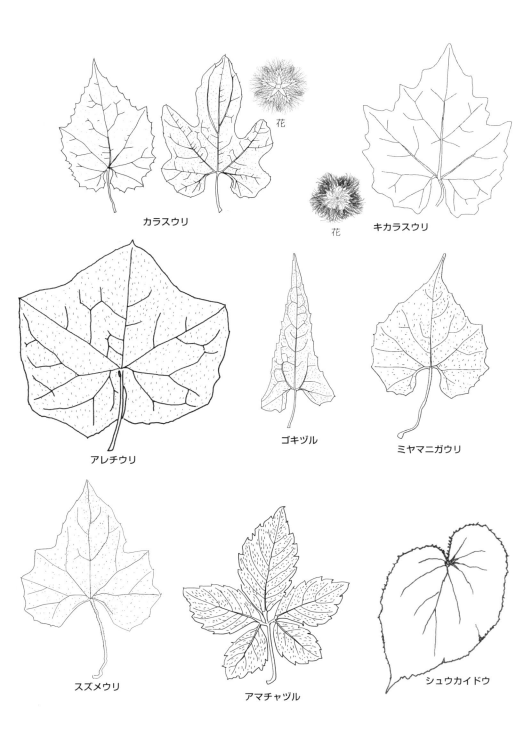

ニシキギ科

被子073 ニシキギ科（*CELASTRACEAE*）

A. 草本 ………………………………………………………………………… 《ウメバチソウ属》
ウメバチソウ属 *Parnassia*
 1. 花弁全縁.1本の花茎には葉が1枚つく　　　　　　　　　　　　　　　　　ウメバチソウ ▶
 1. 花弁のふちはこまかく裂ける.1本の花茎に葉が4-6枚つく　　　　　　　　シラヒゲソウ ▶

A. 木本. 果実が裂けると赤い"種子"のようなものが出てくる. 種子は赤色の仮種皮をかぶっている
 B. 葉は対生. 直立木またはつる. 果実は裂ける ……………………………… 《ニシキギ属》
ニシキギ属 *Euonymus*
 1. 常緑性
  2. 直立. 若枝と葉柄はなめらか　　　　　　　　　　　　　　　　　　　　マサキ・栽 ▶
  2. つる性. 若枝と葉柄にはこまかい凸点が密生　　　　　　　　　　　　　ツルマサキ ▶
   ［参考］ツルマサキの葉は，テイカカズラ（キョウチクトウ科）とよく似ている．しかし，ツルマサキの葉は切っても乳液は出ないが，テイカカズラの葉は切ると乳液が出る
 1. 落葉性
  2. 果実は子房が1-3個離れたまま分果をつくる. ただし, 分果はすべて結実することはなく最後に1個（または2個）の分果が残って熟すので, 分果をつくらないように見えてまぎらわしい. 花序は短い. 茎に翼が出る　　　　　　　　　　　　　　　　　　　　　　　　ニシキギ
   f. コマユミは，茎に翼は出ない　　　　　　　　　　　　　　　　　　　コマユミ ▶
  2. 果実は数個の子房が合生し1つとなり, 分果をつくらない. 花序は長い
   3. 葯は2室. 花序は7花以下
    4. 花は黄緑. 果実4稜あり. 冬芽は短い. 芽鱗は8-12枚. 葉裏脈上にほとんど毛（突起）なし. 花弁4　　　　　　　　　　　　　　　　　　　　　　　　　　　　　　　　　　　マユミ ▶
     v. カントウマユミは，葉裏脈上に突起状短毛が密生
      　　　　　　　　　　　　　　　　　　カントウマユミ（ユモトマユミ）▶
    4. 花は帯紫. 果実5稜あり. 冬芽は長くとがる. 芽鱗2枚. 花弁5　サワダツ（アオジクマユミ）▶
     v. ハイサワダツは，茎の基部が地面をはう　　　　　　　　　　　ハイサワダツ
   3. 葯は1室. 花序は10花ほど. 冬芽は長い. 芽鱗多数
    4. 花は4数性. 果実には四方に伸びる広く長い4翼あり. 仮種皮は橙色
     　　　　　　　　　　　　　　　　　　　ヒロハノツリバナ（ヒロハツリバナ）▶
    4. 花は通常5数性. 仮種皮は朱赤色
     5. 果実は球形で翼なし　　　　　　　　　　　　　　　　　　　　　ツリバナ ▶
     5. 果実は稜が飛び出て狭い4-5翼になる　　　　　　　　　　　　　オオツリバナ ▶

 B. 葉は互生. つる ……………………………………………………………… 《ツルウメモドキ属》
ツルウメモドキ属 *Celastrus*
 1. つるに気根があり,他物をはい上がる. 枝にトゲあり. 葉長2-5cm. 鋸歯あり,芒状　イワウメヅル ▶
 1. つるに気根なし. トゲなし. 葉長5-11cm. 鋸歯は低く，芒状でない
  2. 若枝や花序に毛あり. 葉裏脈上に縮れた短剛毛あり　　　　　　　　　　オオツルウメモドキ ▶
  2. 若枝や花序に毛なし. 葉裏脈上もなめらかでほとんど毛なし　　　　　　ツルウメモドキ ▶
   f. イヌツルウメモドキは，葉裏脈上に乳頭状突起あり　　　　　　　　イヌツルウメモドキ ▶
   v. オニツルウメモドキは，葉裏脈上にうね状のしわや乳頭状突起が密にある　オニツルウメモドキ ▶

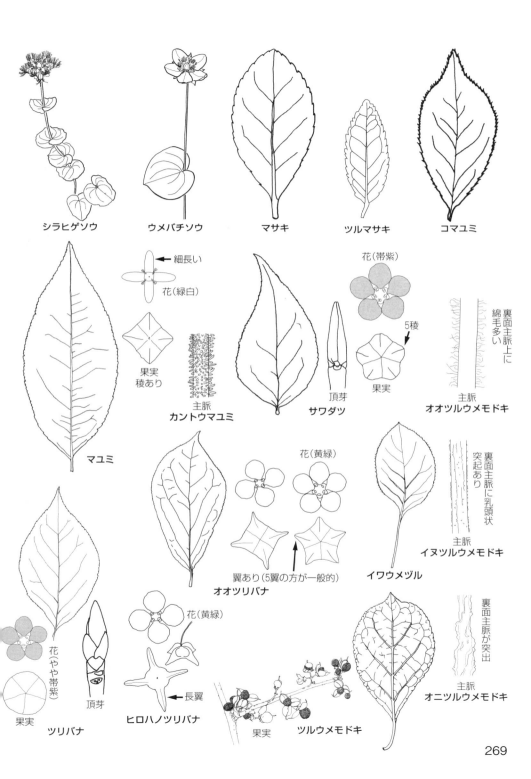

被子074　カタバミ科（*OXALIDACEAE*）

葉は3出複葉．シュウ酸を含み，酸っぱさと苦味あり ……………………………………《カタバミ属》

カタバミ属　*Oxalis*

- 1. 地上茎あり．茎葉と根生葉あり．花は黄
  - 2. 茎ははう．托葉は耳状に張り出し明らか．花は1-8　　　　　　　　　　　　カタバミ ▶
    - f. タチカタバミは，林内の生態型．茎は直立　　　　　　　　　　　　　タチカタバミ
    - f. アカカタバミは，茎や葉が全部赤紫色　　　　　　　　　　　　　　　アカカタバミ
    - f. ウスアカカタバミは，茎や葉がやや赤紫色を帯びる　　　　　　　　ウスアカカタバミ
    - v. ケカタバミは，茎が密毛．葉の表面も多毛　　　　　　　　　　　　　　ケカタバミ
  - 2. 茎は直立または斜上
    - 3. 茎葉はふつう1節に1枚．托葉は痕跡的．花は1-3個．種子の長さ1.5-2mm　　エゾタチカタバミ ▶
    - 3. 茎葉はふつう1節に2枚，あるいはやや輪生的．托葉は卵形で伏毛多し．花は2-5個．種子の長さ1mm　　　　　　　　　　　　　　　　　　　　　　　　　　オッタチカタバミ・帰 ▶
- 1. 地上茎なし．苞葉以外の葉はすべて根生葉のみ．花は白，紅紫，黄色
  - 2. 花は紅紫色
    - 3. 地下に鱗茎あり．花は少なく10個以下．葯は白色　　　　　　　　　ムラサキカタバミ・帰 ▶
    - 3. 地下に塊茎あり．花数は10個前後．葯は黄色
      - 4. 葉の裏や葉柄に腺毛なし　　　　　　　　イモカタバミ（フシネハナカタバミ）・帰 ▶
      - 4. 葉の裏や葉柄に微細な腺毛が密生　　　　　　　　　　　　　　　　ハナカタバミ・帰 ▶
  - 2. 花は白色または黄色
    - 3. 花は黄色．葉の表に紫褐色の斑点あり　　　　キイロハナカタバミ（オオキバナカタバミ）・帰 ▶
    - 3. 花は白色．葉の表に斑点なし．花は根生する花茎の先端に1個
      - 4. 小葉は倒心形（先端は少しへこむ）．かどはほとんど円形．花茎の中部に苞葉あり
        - 5. 根茎は細長く，その表面は見える．ところどころに鱗片の塊あり．花弁長9-14mm．小葉のかどは円頭　　　　　　　　　　　　　　　　　　　　　　コミヤマカタバミ ▶
        - 5. 根茎は太く，古い葉柄に覆われその表面は見えない．花弁長14-18mm．小葉のかどは鈍頭．類似のミヤマカタバミは，葉裏に軟毛が密生し，果実が楕円形であるのに対し，本種は葉裏に毛が少なく，果実は卵球形　　　　　　　　　　　　　　　カントウミヤマカタバミ ▶
      - 4. 小葉は倒三角形（先端は切形）で，かどは鈍頭．花茎の先端（花の直下）に苞葉あり　　　　　　　　　　　　　　　　　　　　　　　　　　　　　　　　オオヤマカタバミ ▶

被子075　トウダイグサ科（*EUPHORBIACEAE*）

A. 木本
　B. 雌雄同株．総状花序の上部に雄花，基部に雌花がつく　………………《シラキ属/ナンキンハゼ属》

シラキ属/ナンキンハゼ属　*Neoshirakia/Triadica*

- 1. 葉柄や，葉のふちに沿った脈の分岐点に腺体あり（これはシラキ属）　　　　　　　　シラキ
- 1. 葉身の基部に腺体（蜜腺）1対あり（これはナンキンハゼ属）　　　　　　　ナンキンハゼ・逸 ▶

　B. 雌雄異株 ………………………………………………………………………………《アカメガシワ属》

アカメガシワ属　*Mallotus*

葉は広卵形．葉裏は淡緑色．新芽や若い葉は赤い．葉表の基部に1対の腺体あり（不明のこともある）．枝や葉柄に星状毛多し．雄しべ多数　　　　　　　　　　　　　　　　　　　アカメガシワ ▶

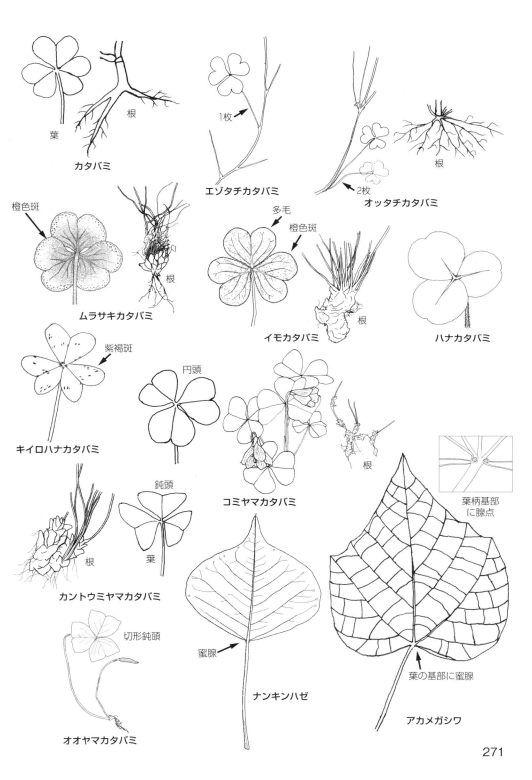

トウダイグサ科、ミカンソウ科

A. 草本
  B. 花に壺状の花托あり ………………………………………………………………《トウダイグサ属》

トウダイグサ属　*Euphorbia*

  1. 托葉あり．葉は対生．茎ははう，または斜上．楕円状の腺体に白または淡紅の花弁状付属体あり
    2. 果実は毛なし
      3. 茎は斜上．葉は大きめで長さ12-20mm．花序は茎の頂端に生ずる　　　　**オオニシキソウ・帰**　▶
      3. 茎ははう．葉は小さく長さ10mmほど．花序は葉腋に生ずる．茎に立毛散生　　**ニシキソウ**　▶
    2. 果実は毛あり
      3. 果実全面に軟毛あり．葉表に赤黒斑あり　　　　　　　　　　　　　　　　　**コニシキソウ・帰**　▶
      3. 果実に鋭稜があり，その果稜に毛がまばらにある．葉表に赤黒斑なし
        4. 葉の表は毛なし．葉の裏は毛なし，または先端のみ毛あり．茎に一列毛　　**ハイニシキソウ・帰**　▶
        4. 葉の表はまばらに長毛があるか毛なし．葉の裏は密毛．茎全面有毛　　**アレチニシキソウ・帰**　▶
  1. 托葉なし．葉は花序付近を除き互生．茎は直立．腺体は楕円状・三日月状で，花弁状の付属体はつかない
    2. 葉に微細鋸歯あり
      3. 果実の表面はなめらか．種子に網状紋あり．葉はへら状倒卵形　　　　　　　　**トウダイグサ**
      3. 果実にこぶ状突起あり．種子は平滑．葉の裏にわずかに短軟毛があるかまたはない．茎に毛が多い　　　　　　　　　　　　　　　　　　　　　　　　　　　　　　　　　　　　　**タカトウダイ**
        v. シナノタイゲキは，葉の裏に長軟毛密生．茎はほとんど毛なし
　　　　　　　　　　　　　　　　　　　　　　　シナノタイゲキ（ハヤザキタカトウダイ）　▶
    2. 葉は全縁
      3. 腺体は楕円形で全縁．茎の上部の輪生葉はその下の互生の葉より短い
        4. 果実の表面はなめらか　　　　　　　　　　**マルミノウルシ（ベニタイゲキ）**　▶
        4. 果実の表面に円錐状の突起物あり　　　　　　　　　　　　　　　　**ノウルシ**　▶
      3. 腺体は三日月状．茎の上部の輪生葉は，その下の互生の葉より長い．果実の表面はなめらか
　　　　　　　　　　　　　　　　　　　　　　　　　　　　　　　　　　　ナツトウダイ　▶

  B. 花に壺状の花托なし
    C. 葉は対生 ……………………………………………………………………………《ヤマアイ属》

ヤマアイ属　*Mercurialis*

茎は直立して4稜あり．葉に鈍鋸歯があり，両面に毛あり．托葉は披針形．茎の上部の葉腋に穂状花序が出る　　　　　　　　　　　　　　　　　　　　　　　　　　　　　　　　　　　**ヤマアイ**　▶

    C. 葉は互生 ……………………………………………………………………………《エノキグサ属》

エノキグサ属　*Acalypha*

葉は3脈が目立つなどエノキの葉に似る．葉腋から花序1-5個が生じる．花序の苞葉の形はツユクサに似る（編み笠にも似る）　　　　　　　　　　　　　　　　　　　　　　　　　　　　**エノキグサ**

被子076　ミカンソウ科（*PHYLLANTHACEAE*）

A. 木本 …………………………………………………………………………………………《ヒトツバハギ属》

ヒトツバハギ属　*Flueggea*

多数分枝する低木．葉は楕円形，鈍頭．互生　　　　　　　　　　　　　　　　　　**ヒトツバハギ**

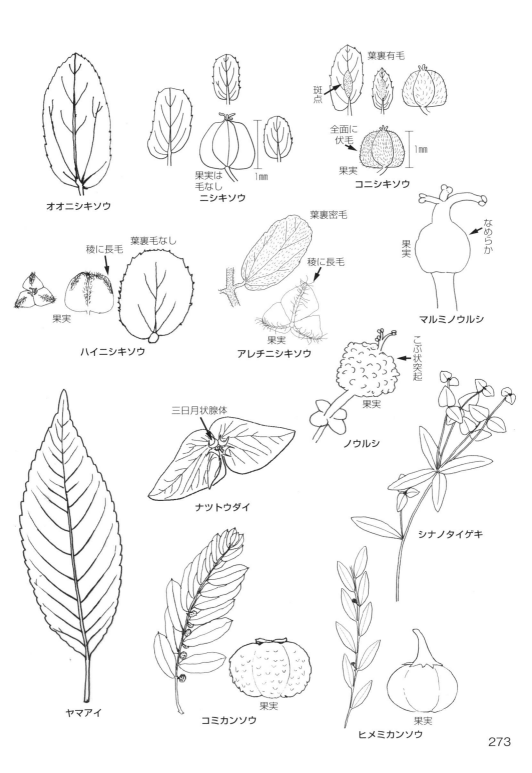

ミカンソウ科、ミゾハコベ科、ヤナギ科

A. 草本 ………………………………………………………………………………《コミカンソウ属》

コミカンソウ属　*Phyllanthus*

1. 果実にしわ（いぼ状突起）が多い．果柄なし．がく片6．雄しべ3．茎に葉なし　　**コミカンソウ**　P273
1. 果実はほぼ平滑
　　2. 果柄1-3.5mm．がく片4-6．雄しべ2．茎にも葉あり　　**ヒメミカンソウ**　P273
　　2. 果柄4-8mm．がく片5-6．雄しべ4-5　　**ナガエコミカンソウ（ブラジルコミカンソウ）・帰**

被子077　ミゾハコベ科（*ELATINACEAE*）

植物体は全く毛なし．花は3-4数性，葉腋に1個つく．花柄なし，苞葉なし　…………《ミゾハコベ属》

ミゾハコベ属　*Elatine*

小型で軟弱．葉は対生，葉長5-12mmで鈍頭．鋸歯なし．花は淡紅，葉腋に1個ずつつく．花弁は卵形で3枚．花柱3．水田，休耕田，溝に生育する　　**ミゾハコベ**

［参考］次の類似種に注意．ミズハコベ（オオバコ科）は花弁なし．花柱2．スズメノハコベ（オオバコ科）の花冠は合弁の唇形．花柱1

被子078　ヤナギ科（*SALICACEAE*）

A. 雄しべはきわめて多い ………………………………………………………………《イイギリ属》

イイギリ属　*Idesia*

雌雄異株．葉は大形で葉長10-20cm，裏粉白．葉裏脈腋に毛が密生．葉柄の基部に2個の腺体あり．花は黄緑色．果実は赤熟，球形で径8mm　　**イイギリ・栽**

A. 雄しべは2，または多くても6以下
　B. 冬芽の鱗片は数多くうろこ状に並ぶ ……………………………………………《ヤマナラシ属》

ヤマナラシ属　*Populus*

葉身の基部または葉柄上端に腺あり
1. 枝に著しい稜角あり　　**カロリナポプラ・栽**
1. 枝に稜角ほとんどなし
　　2. 葉身の長さと幅はほぼ同長
　　　　3. 冬芽有毛，長さ8-12mm．芽鱗10個以上．葉柄左右に扁平　　**ヤマナラシ（ハコヤナギ）**
　　　　3. 冬芽毛なし照りあり，長さ15-20mm．芽鱗は頂芽6-10個，側芽3-4個
　　　　　　4. 葉柄断面円形．雄しべ30-40個　　**ドロノキ・参**
　　　　　　4. 葉柄左右に扁平．雄しべ50個．葉に辺毛あり．日本で雌株見つからない
　　　　　　　　　　ヒロハハコヤナギ（ヒロハヤマナラシ）・栽
　　2. 葉身の長さは幅より短く，横の楕円形．冬芽毛なし照りあり．葉柄左右に扁平．葉は全く毛なし
　　　　　　　　　　セイヨウハコヤナギ（イタリアヤマナラシ，ポプラ）・栽

　B. 冬芽の鱗片は1枚で，とんがり帽子状 ……………………………………………《ヤナギ属》

ヤナギ属　*Salix*

1. 尾状花序は垂れる．柱頭はすぐに落ちる．葉は広披針形で，ふちに細鋸歯あり．若葉は密毛だが，成葉は無毛．乾燥すると黒変　　**オオバヤナギ・参**
1. 尾状花序は立つ．柱頭は残る
　　2. 葉が対生する部分がある（互生部もある）．雄しべ2，ただし花糸は合生して完全に1本．子房密毛
　　　　3. 葉身は線形で下半分はほぼ全縁．幅5-12mm（葉身の長さは幅の4倍以上）　　**コリヤナギ**
　　　　3. 葉身は長楕円形で全体に細鋸歯がある．幅13-20mm（葉身の長さは幅の4倍以下）　　**イヌコリヤナギ**

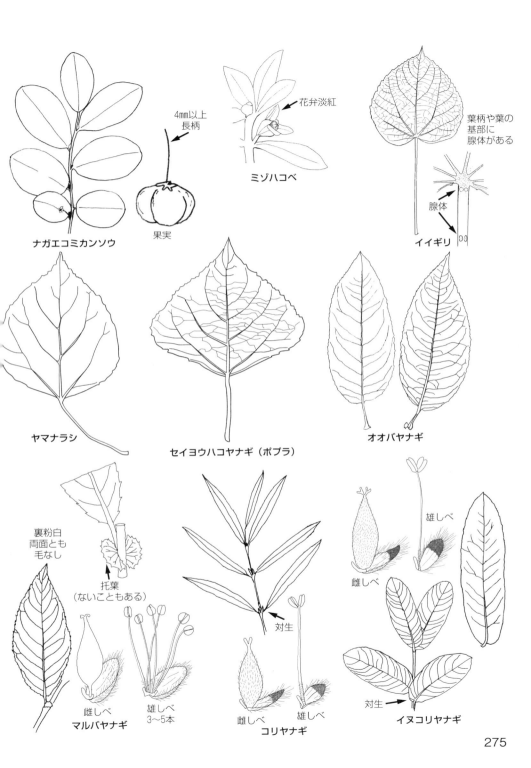

2. 葉は互生
　3. 葉身は楕円形〜広楕円形（葉身の長さは幅の4倍以下）
　　4. 花は葉の展開後に咲く．高木．新葉は赤色となる．托葉は円形で大きく，ふちに鋸歯があり，遅くまで残り目立つ．花糸3-5(6)本　　　　　　　　マルバヤナギ（アカメヤナギ）　P275
　　4. 花は葉の展開前か同時に咲く
　　　5. 花は葉の展開と同時に咲く
　　　　6. 葉の下方に細鋸歯があるが，先端部は全縁．葉の基部は浅心形．葉裏基部以外は毛なし．山地の岩場に生育．花糸2本　　　　　　　　　　　　　　　　　シライヤナギ　▶
　　　　　v. チチブヤナギは，葉の基部は円形．葉裏に長軟毛密生．石灰岩地に生育．花糸は上部2本だが基部は合生して1本　　　　　　　　　　　　　　　　　　チチブヤナギ　▶
　　　　6. 葉のふち全体に鋸歯．丘陵の崖地や山地斜面に生育．花系2本　　　　シバヤナギ　▶
　　　5. 花は葉の展開前に咲く
　　　　6. 高木　新葉のふちは裏側に巻く．冬芽は卵形で紅褐色．托葉は目立たない．雄しべは2本で花糸は離生のまま．葉裏はほぼ全面に白綿毛あり　　バッコヤナギ（ヤマネコヤナギ）　▶
　　　　6. 低木
　　　　　7. 冬芽は褐色で大きく，軟毛が多い．托葉は大形．葉裏前面に絹毛あり．花糸は合生して完全に1本．花柱はきわめて長い　　　　　　　　　　　　　　ネコヤナギ　▶
　　　　　7. 冬芽は長卵形で濁黄色．托葉は明らか．葉裏脈上に軟毛密生．花糸2本だが基部は合生して1本　　　　　　　　　　　　　　　　　　　　　　　　オオキツネヤナギ　▶
　3. 葉身は狭楕円形〜線形（葉身の長さは幅の4倍以上）
　　4. 托葉がない．枝は下垂．葉が開くときに花穂が出る．中国から帰化，一部野生化．雄しべ2，花糸は上方2本だが基部は合生ぎみ．子房毛なし　　　　　　　シダレヤナギ・逸　▶
　　　v. ウンリュウヤナギは，枝が曲がりくねって下垂．雄しべ2で，花糸は離生．日本では雌株が見つからない　　　　　　　　　　　　　　　　　　　　ウンリュウヤナギ・栽　▶
　　4. 托葉がある
　　　5. 若葉のふちは裏側に巻く
　　　　6. 葉裏は絹毛密生で銀白色．葉先はきわめて鋭尖頭．雄しべ2で，花糸は2本．日本では雌株なし　　　　　　　　　　　　　　　　　　　　　　　　　キヌヤナギ　▶
　　　　6. 葉裏は銀白色ではない．葉先は鋭頭
　　　　　7. 托葉は狭卵形．雄しべ2で，花糸は2本．子房は柄あり，密毛　　　　　オノエヤナギ　▶
　　　　　7. 托葉は狭披針形．雄しべ2で，花糸は1本または上部2分岐，下方合生．子房にほとんど柄なし，密毛　　　　　　　　　　　　　　　カワヤナギ（ナガバカワヤナギ）　▶
　　　5. 若葉のふちは裏側に巻かない
　　　　6. 小枝は粘りがあって折れにくい．葉裏は淡緑色．雄しべ3で，花糸は3本．子房毛なし　葉の最大幅は中央付近．葉柄毛なし　　　　　　　　　　　　　　タチヤナギ　▶
　　　　6. 小枝はもろく折れやすい．葉裏は粉白．雄しべ2で，花糸は2本（ジャヤナギは雄花なし）
　　　　　7. 葉は線形で小形．幅8-10mm．子房ほとんど毛なし　　　　　　コゴメヤナギ・参　▶
　　　　　7. 葉は狭楕円形で大形．幅10-30mm
　　　　　　8. 葉身の中央部が最大幅　　　　　　　　　　　　　　　　オオタチヤナギ　▶
　　　　　　8. 小枝の中央より上の葉は，葉身の基部1/3あたりが最大幅（しもぶくれ）．小枝の中央より下の葉では中央部が最大幅．子房密毛，雌花に腺体2あり．日本では雌株のみ．枝は特に折れやすい．葉柄毛あり　　　　　　　　　　　　　　ジャヤナギ　▶

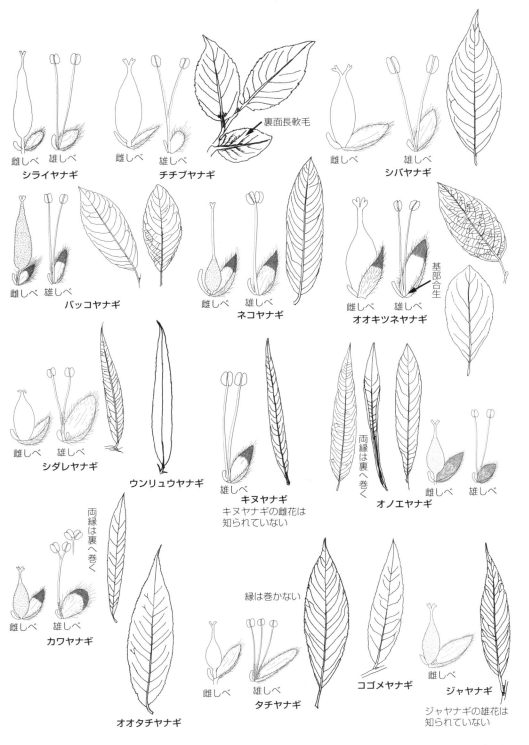

スミレ科

被子079　スミレ科（VIOLACEAE）

花は左右相称．がく5, 花弁5（上弁2, 側弁2, 唇弁1）．唇弁に距あり．春葉と夏葉が大きく異なる場合あり
··《スミレ属》

スミレ属　Viola

1. 花は黄色系．葉は腎円形薄質，多少毛あり　　　　　　　　　　　　　　　　キバナノコマノツメ ▶
1. 花は紫系または白色
　2. 地上茎なし．地下に匍匐枝を出す種もある
　　3. 根茎は短い．托葉は葉柄にきちんと合着するので，葉柄基部は耳状突起があるように見える
　　　4. 根茎は太い．中型〜大型スミレ．花後に出る夏葉は春葉に比べて著しく大きい
　　　　5. 葉は掌状3-5裂
　　　　　6. 葉は3裂．裂片はさらに2裂．花は淡紅紫色　　　エイザンスミレ（エゾスミレ）▶
　　　　　6. 葉は3-5裂．裂片はさらに細裂．花は白色地に紫線が入る　　　　　ヒゴスミレ ▶
　　　　5. 葉は単葉で裂けない
　　　　　6. 葉は披針形，長楕円形，長三角形
　　　　　　7. 側弁に毛あり．葉身基部は切形，矢じり型，浅心形
　　　　　　　8. 葉や花は少数．葉身は葉柄よりも短い．花は白地に紫線が入る．葉柄に明瞭な翼あ
　　　　　　　　り．葉身は立つ傾向あり（埼玉の自生は疑問）　シロスミレ（シロバナスミレ）
　　　　　　　8. 葉や花は多数束状．葉身は葉柄より同じか長い
　　　　　　　　9. 花は大きい．花径20mm．葉は披針形
　　　　　　　　　10. 花は白地に紫線あり．距は短い．根は白色．葉柄にやや翼あり．葉身は水平
　　　　　　　　　　に広がる傾向あり．側弁以外全く無毛　　　　　　　　　アリアケスミレ ▶
　　　　　　　　　10. 花は濃紅紫色．距は長い．根は赤褐色．葉柄に明瞭な翼と微毛あり　スミレ ▶
　　　　　　　　9. 花は小さい．花径10-15mm．花は濃紫色．葉は長三角形．葉柄に翼と微毛あり
　　　　　　　　　　　　　　　　　　　　　　　　　　　　　　　　　　　　　ヒメスミレ ▶
　　　　　　7. 側弁は毛なし．葉身は葉柄より長い．花は濃紫色．葉柄に翼なし．全草に微毛あり
　　　　　　　　　　　　　　　　　　　　　　　　　　　　　　　　　　　　　ノジスミレ ▶
　　　　　6. 葉は円形，卵形，長卵形，長三角形
　　　　　　7. 側弁は毛なし．花は淡紫色．葉は長三角形〜長卵形．葉裏帯紫　　コスミレ ▶
　　　　　　7. 側弁は毛あり．（マルバスミレは側弁毛なしのこともある）
　　　　　　　8. 花は濃紅紫〜帯紅紫色．葉身基部は浅い心形
　　　　　　　　9. 葉，花茎，子房に密毛あり．花は濃紅紫色．花径15mm　　アカネスミレ ▶
　　　　　　　　　v. オカスミレは，側弁に毛があるほかは全草無毛　　　　　オカスミレ ▶
　　　　　　　　9. 葉柄と花茎に開出する長軟毛あり（まれに無毛もあり）．花は紅紫色．花径25mm
　　　　　　　　　　　　　　　　　　　　　　　　　　　　　　　　　　　　サクラスミレ ▶
　　　　　　　8. 花は白地紫条か淡紅紫色．葉身基部は深い心形．全体に粗い毛が多い
　　　　　　　　9. 花茎に毛あり．葉は長卵形　　　　　　　　　　　　　　　ヒカゲスミレ ▶
　　　　　　　　　f. タカオスミレは，葉の表面は黒褐色　　　タカオスミレ（ハグロスミレ）
　　　　　　　　9. 花茎は毛なし．葉は円形．まれに全体に毛がない
　　　　　　　　　　　　　　　　　　　　　　　　　　マルバスミレ（ケマルバスミレ）▶
　　　4. 根茎は細く短い（ミヤマスミレは細くて長い）．小型〜中型スミレ．夏葉の大きさは春葉と
　　　　変わらない．葉身基部は深い心形
　　　　5. 花は大きい（花径15-20mm）．花は紫〜淡紅紫色．唇弁が他の花弁より小さいということは
　　　　　ない．距は長い
　　　　　6. 根茎は細くて短い．地下匍匐枝は出ない（フジスミレは匍匐枝を出す）
　　　　　　7. 葉は円形．裏面帯紫色．葉や花茎にごく短い細毛密生．果実にも短毛あり．花は淡紅
　　　　　　　紫．側弁に毛あり．距は細長い　　　　　　　　　　　　　　　　ゲンジスミレ

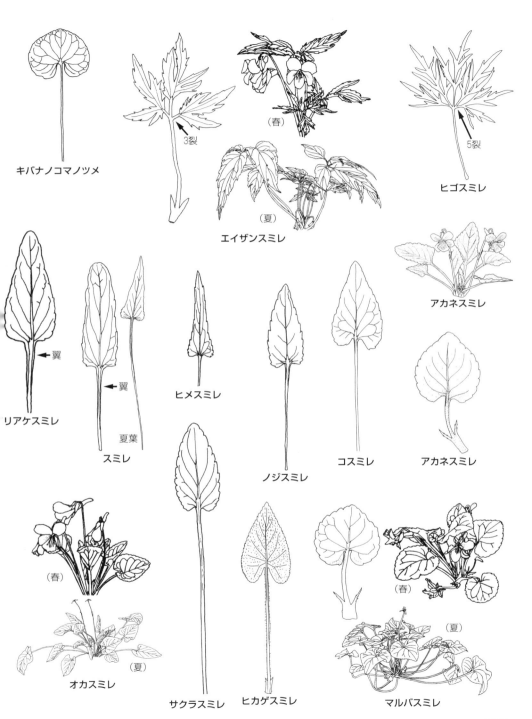

スミレ科

|　　　　　v．フイリゲンジスミレは，葉に白斑あり．園芸種　　　　　　　　**フイリゲンジスミレ・栽**　▶
|　　　　7．葉は円形ではない（卵形，狭卵形，広披針形）．葉は毛なし（あってもまばら）．
|　　　　　8．葉は三角状披針形．葉は両面毛なしで，鋸歯は低い．葉はほぼ垂直に立つ．裏面は
|　　　　　　はじめわずかに帯紫，後に淡緑色．側弁に毛なし　　　　　　　　　**マキノスミレ**　▶
|　　　　　　　v．シハイスミレの葉は狭卵形．葉裏は鮮やかな紫．側弁毛なし　　**シハイスミレ**
|　　　　　8．葉は広卵形，卵形か狭卵形で鋭頭．裏面帯紫色
|　　　　　　9．葉は広卵形〜卵形．鋸歯は低い．距は細い．側弁の毛はごくまばら　**フジスミレ**
|　　　　　　9．葉は卵形か狭卵形．鋸歯は高い．距は太い．側弁の毛はまばらから多毛までいろ
|　　　　　　　いろ．白斑あればフイリヒナスミレという　　　　　　　　　　　**ヒナスミレ**　▶
|　　　6．根茎は細くて長い．花後きわめて細い地下匍匐枝が出る．葉は卵心形で鋭頭．側弁に毛
|　　　　なし．裏面帯紫色　　　　　　　　　　　　　　　　　　　　　　　　**ミヤマスミレ**　▶
|　　5．花は小さい（花径10-15mm）．花は白地に紫線．唇弁は他の花弁より短く小振り．距は短く
|　　　2-3mm．側弁に毛あり
|　　　　6．がく片は反り返る．葉は卵状楕円形，表面は粗い長毛が多い．裏面帯紫色
|　　　　　　　　　　　　　　　　　　　　　　　　　　　　　　　　　　　　**コミヤマスミレ**　▶
|　　　　6．がく片は反り返らない．葉は卵形，狭卵形，三角形，表面の毛はまばら
|　　　　　7．葉は卵形，鋸歯は低く，裏面はときに帯紫色　　　　　　　　　　**フモトスミレ**　▶
|　　　　　7．葉は卵状三角形〜狭卵状三角形，基部は深い心形．裏面淡緑色が一般的．地下匍匐枝
|　　　　　　が出ない　　　　　　　　　　　　　　　　　　　　　　　　　**ヒメミヤマスミレ**
|　3．根茎は密に接する節があってワサビ根のようになるか，または匍匐枝状になり長く伸びる．托
|　　葉は合着しないで離れているか，わずかに合着する．距は太く短い
|　　4．根茎は糸状で細く長く伸びる．花は白地に紫線が入る
|　　　5．葉は卵心形で鋭尖頭.葉裏脈上に毛あり．側弁に毛あり．托葉は離れている　**シコクスミレ**　▶
|　　　5．葉は円形で円頭〜鈍頭．葉は毛なし．側弁に毛なし．托葉はわずかに合生　**ウスバスミレ**　▶
|　　4．根茎は太くワサビ根のよう．若葉は内巻き
|　　　5．花は白地に紫色．托葉はわずかに合生．根茎に古い葉柄が残る　　　**ヒメスミレサイシン**　▶
|　　　5．花は紫色．托葉は離れたまま．根茎に古い葉柄が残らない
|　　　　6．托葉は淡灰色.花は紅紫色.側弁の毛はまばらまたは毛なし.開花期に葉は丸まっている
|　　　　　　　　　　　　　　　　　　　　　　　　　　　　　　　　　　　　**アケボノスミレ**　▶
|　　　　6．托葉は褐色．花は紫色
|　　　　　7．花は濃紫色．葉は円心形で鋭尖頭．側弁に毛あり　　　**アメリカスミレサイシン・帰**　▶
|　　　　　7．花は淡紫色．葉は三角状広披針形で細長い．側弁に毛なし　**ナガバノスミレサイシン**　▶
2．地上茎あり．地上に匍匐枝を出す種もあり．花後，地上茎を出す種あり．根生葉あり
　3．果実は球形で密毛あり．距は短い
　　4．葉は卵心形．葉先は鋭頭．ふつう地上匍匐枝なし．葉に密毛あり
　　　　　　　　　　　　　　　　　　　　　　　　　　　エゾノアオイスミレ（マルバケスミレ）　▶
　　4．葉は円心形．葉先は円頭．ふつう地上匍匐枝あり
　　　5．葉に密毛あり．花の香りほとんどなし　　　　　　　　　　　　　　　　**アオイスミレ**　▶
　　　5．葉にやや毛あり．毛があっても密毛ではない．花に強い香りあり　　**ニオイスミレ・帰**　▶
　3．果実は楕円形で毛なし
　　4．開花期に根生葉なし．丈高く草高20-40㎝．花柱の先端に乳頭状突起毛あり．距は白色で短い
　　　　　　　　　　　　　　　　　　　　　　　　　エゾノタチツボスミレ（イヌスミレ）　▶
　　4．開花期に根生葉あり．茎は斜上．草高5-25㎝．花柱の先端に突起毛なし
　　　5．托葉は羽状深裂．側弁は毛なし．距は長く7mm前後
　　　　6．根生する花はない（茎にのみつく）．花は淡紫色．距は白色　　　**オオタチツボスミレ**　▶
　　　　6．花は根生と腋生．距は淡紫色．根茎は短い

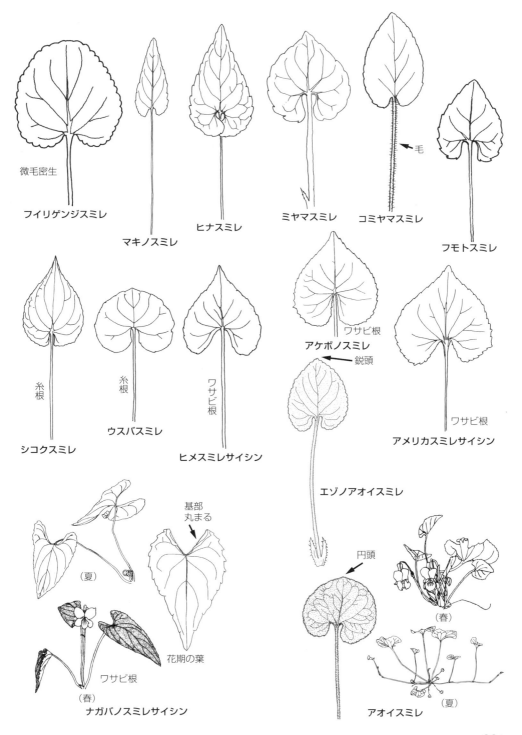

スミレ科、アマ科、オトギリソウ科

7. 花は淡紫色．葉は鈍頭　　　　　　　　　　　　　　　　　　　　　　　　タチツボスミレ ▶
　　v．ケタチツボスミレは，葉や花茎に白毛密生　　　　　　　　　　　　　　ケタチツボスミレ
7. 花は濃紅紫色．花茎に細毛密生．葉先は円頭．唇弁の中心に白い部分が目立つ．ニオ
　イタチツボスミレとタチツボスミレの雑種をマルバタチツボスミレという
　　　　　　　　　　　　　　　　　　　　　　　　　　　　　　　　　　　ニオイタチツボスミレ ▶
5. 托葉は全縁（わずかな欠刻や粗い鋸歯になることもある）．側弁にわずかに毛あり．距は
　短く2mm前後．花は白地にやや帯紫色
　6. 茎は直立し，下方の葉は枯死．葉は三角状披針形　　　　　　　　　　　　タチスミレ ▶
　6. 茎は低い．葉は三角状心形で基部は広く湾入　　　　　　ツボスミレ（ニョイスミレ） ▶
　　　v．アギスミレは，葉身基部の心形が著しく，花後の葉はブーメラン状．しかし県内に自生す
　　　　るものは，いずれもツボスミレの誤認である可能性が強い　　　　　　　　アギスミレ

被子080　アマ科（*LINACEAE*）

草本だが根元部は木質化．葉は長楕円形～線形．茎の上部は互生，下部は対生　……………《アマ属》
アマ属　*Linum*
　1. 葉は羽状脈．花は黄色．花径8mm　　　　　　　　　　　　　　キバナノマツバニンジン・帰
　1. 葉は1-3脈．花は淡紫色．花径10mm　　　　　　　　　　　　　　　　　　マツバニンジン

被子081　オトギリソウ科（*HYPERICACEAE*）

A. 雄しべ9個．3個ずつ花糸が合生し3群となる　………………………………………《ミズオトギリ属》
ミズオトギリ属　*Triadenum*
　草高30-60cm．葉は対生．葉身の長さ3-7cm．明点のみあり．花径10mm．花弁は淡紅色　ミズオトギリ ▶

A. 雄しべ10個以上多数　……………………………………………………………………《オトギリソウ属》
オトギリソウ属　*Hypericum*
　1. 木本
　　2. 花柱は合生して1本．雄しべは長く花弁以上の長さで，5群に分かれ各群30-40個．それぞれの葉は
　　　立体的な配置になる　　　　　　　　　　　　　　　　　　　　　　　　ビヨウヤナギ・栽
　　2. 花柱は離生して5本．雄しべは花弁より短く，5群に分かれ各群60個前後．それぞれの葉は平面的
　　　な配置になる　　　　　　　　　　　　　　　　　　　　　　　　　　　キンシバイ・栽
　1. 草本
　　2. 花糸は合生しない．花弁に腺はない．茎は4稜．葉は明点だけで黒点なし
　　　3. 草高は20-50cm．がくは鋭頭．花径6-8mm　　　　　　　　　　　　　　　　ヒメオトギリ
　　　3. 草高は5-20cm．小型で繊細．がくは鈍頭．花径5-6mm　　　　　　　　　　　コケオトギリ ▶
　　2. 花糸の基部は合生し，3-5群になる．花弁に腺あり．茎は丸い
　　　3. 花径3-5cm．雄しべは5群，子房は5心皮．葉は明点のみ　　　　　　　　　　トモエソウ ▶
　　　3. 花径3cm以下．雄しべは3群，子房は3心皮
　　　　4. 茎に2本の稜が明らか．葉は明点が多くふちに黒点少々．果実の表面には線状明腺と楕円形
　　　　　明腺が多数あり　　　　　　　　　　　　　　　　　　　　　　コゴメバオトギリ・帰 ▶
　　　　4. 茎の稜ははっきりしない．果実の表面には線状明腺だけがある
　　　　　5. 葉は基部が最も幅が広い
　　　　　　6. 低地性．ふつう1本立．葉は広披針形で長さ2-6cm．葉は黒点だけで明点なし．花弁は長
　　　　　　　さ9-10mm，黒点と黒線があり，ふちに黒点多し　　　　　　　　　　オトギリソウ ▶
　　　　　　　v．フジオトギリは，がく片のふちに黒点あり．株は数本株立ち．花弁に明線が混じることあ
　　　　　　　　り．山地性　　　　　　　　　　　　　　　　　　　　　　　　　フジオトギリ

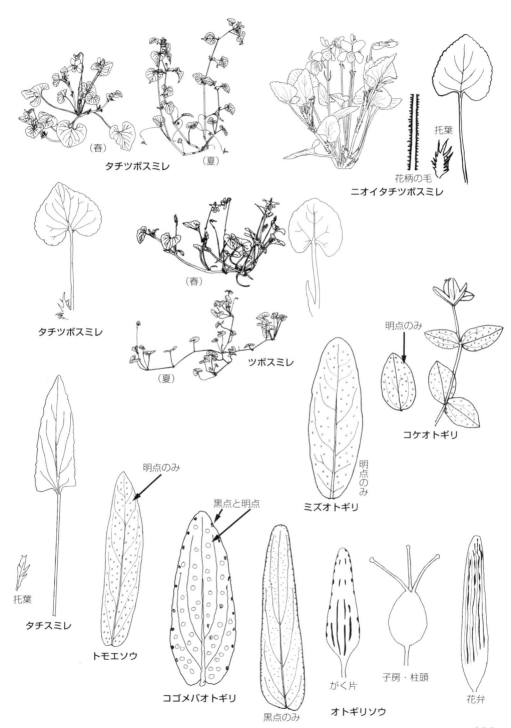

v．オクヤマオトギリは，がく片のふちに黒点はほとんどない．山地性
　　　　　　　　　　　　　　　　　　　　　　　　　オクヤマオトギリ（ニッコウヤマオトギリ）
　　6．高山性．茎は株立ち．葉は卵形～楕円形で長さ2-3cm．少数の明点・黒点あり．ふちに
　　　黒点あり．花弁は長さ10-13mm，黒線あり　　　　　　　　　　　　　**シナノオトギリ**　▶
　5．葉は幅が狭く倒披針形あるいは線状楕円形．葉のふちに黒点があり，内部に明点がある
　　6．葉は線状長楕円形で幅6mm．花柱は子房と同じ長さか，やや長い　　　**コオトギリ**　▶
　　　f．クロテンコオトギリは，葉には黒点だけがある　　　　　　　　　**クロテンコオトギリ**　▶
　　6．葉は倒卵形で幅6-15mm．花柱は子房に比べ短いか，同じ長さ
　　　7．低地性湿地に生える．花弁長7-8mm　　　　　　　　　　　　　　　**アゼオトギリ**　▶
　　　7．山地性湿地に生える．花弁長4-6mm　　　　　　　　　　　　　　　**サワオトギリ**

被子082　フウロソウ科（*GERANIACEAE*）

A．葉は羽状複葉，または羽状に裂ける．雄しべ5は完全，残り5は葯がない ……《オランダフウロ属》
オランダフウロ属　*Erodium*
　1．葉は羽状に深裂．がく片先端は短い棒状突起．果実のへこみに腺点なし
　　　　　　　　　　　　　　　　　ナガミオランダフウロ（ツノミオランダフウロ）・帰
　1．葉は羽状複葉
　　2．小葉は浅裂．がく片先端に短い棒状突起．果実のへこみに腺点あり　**ジャコウオランダフウロ・帰**
　　2．小葉は深裂．がく片先端は長い刺毛となる．果実のへこみに腺点なし　**オランダフウロ・帰**　▶

A．葉は掌状複葉．または掌状に裂ける．雄しべ10は完全 …………………………………《フウロソウ属》
フウロソウ属　*Geranium*
　1．葉は3-5全裂．裂片はさらにこまかく深裂．塩を焼いたような独特の臭いあり　**ヒメフウロ・逸**　▶
　1．葉は掌状に深裂．
　　2．花弁はがく片と同じまたはやや短い．花弁は凹頭．種子はこまかな紋様が隆起．がく片の先端に
　　　棒状突起あり　　　　　　　　　　　　　　　　　　　　　　　　　**アメリカフウロ・帰**　▶
　　2．花弁はがく片よりも長い．花弁の先は円頭または切形．種子に紋様なし
　　　3．花柱の合生部は長く5-9mm．茎や葉柄に開出毛と腺毛あり．花柄，小花柄，がく片に開出腺毛密生
　　　　　　　　　　　　　　　　　　　　　　　　　　　　　　　　　　グンナイフウロ　▶
　　　3．花柱の合生部はごく短く1mm
　　　　4．花径10-15mm．花弁はがく片よりわずかに長い．花弁基部に白毛なし．がく片に3脈あり
　　　　　5．葉は3-5中裂または深裂．茎などの軸に開出毛と腺毛あり　　　**ゲンノショウコ**　▶
　　　　　5．葉は3深裂または3全裂．茎などの軸に腺毛なし
　　　　　　6．葉は互生．葉は3全裂　　　　　　　　　　　　　　　　　　**コフウロ**　▶
　　　　　　6．葉は対生．葉は3深裂．果実にのみ開出毛あり　　　　　　　**ミツバフウロ**　▶
　　　　　　　f．ブコウミツバフウロは，全体に著しい開出毛あり　　　　**ブコウミツバフウロ**
　　　　4．花径20-40mm．花弁は長く，がく片の2倍長．花弁基部に白毛あり．がく片に5-7脈あり
　　　　　5．托葉は小さく，長さ4mmで合生しない　　　　　　　　　　　　**タチフウロ**
　　　　　5．托葉は大きく目立ち，長さ5-10mmで合生することあり
　　　　　　6．葉柄や茎の毛は下向き．托葉は合生または離生．花弁基部のふちや脈上に白毛あり
　　　　　　　　　　　　　　　　　　　　　　　　　　　　　　　　　　ハクサンフウロ
　　　　　　6．葉柄や茎の毛は開出（やや下向きもある）．托葉は完全合生．花弁基部のふちのみ白毛
　　　　　　　あり　　　　　　　　　　　　　　　　　　　　　　　　　**カイフウロ**　▶

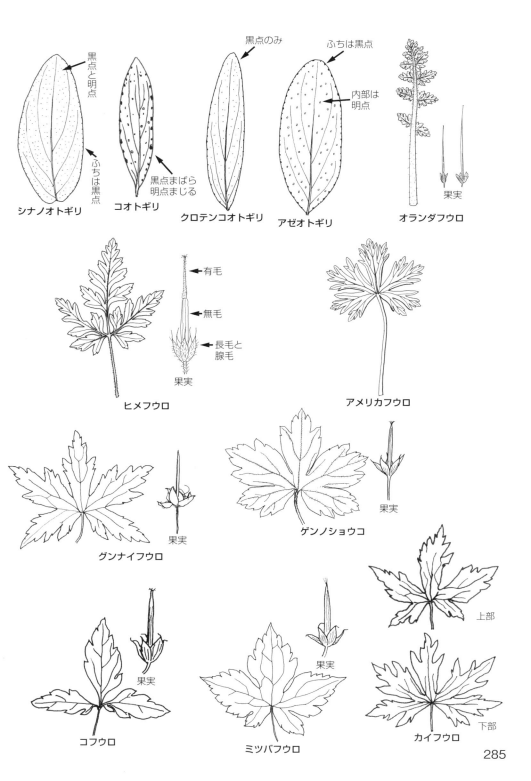

被子083 ミソハギ科（*LYTHRACEAE*）

A. 木本 ……………………………………………………………………………《サルスベリ属》

サルスベリ属　*Lagerstroemia*
　葉は卵状長楕円形．円錐花序．花弁は6枚で凹凸が激しく，基部は柄状．果実に3-6稜があり，稜に沿って裂ける　　　　　　　　　　　　　　　　　　　　　　　　　　　　　　**サルスベリ・栽**

A. 草本
　B. 果実にトゲ状突起はない
　　C. 果実は球形で不規則に裂ける．果皮はうすい．花は葉腋に数個 …………《ヒメミソハギ属》

ヒメミソハギ属　*Ammannia*
　1. 葉の基部は左右に張り出して茎を抱く．葉長30-80mm．果実は球形で径3-4mm．果実の頭部はがく筒から露出　　　　　　　　　　　　　　　　　　　　　　　　　　　**ホソバヒメミソハギ・帰** ▶
　1. 葉は茎を抱くが左右の張り出しは小さい．葉長18-50mm．果実は球形で径2mm．果実の半分以上ががく筒から露出　　　　　　　　　　　　　　　　　　　　　　　　　　　　　　　　**ヒメミソハギ** ▶

　　C. 果実は規則的にたてに数裂する．果皮は厚い
　　　D. 果実は球形～楕円形．花は葉腋に単生 ……………………………………《キカシグサ属》

キカシグサ属　*Rotala*
　1. 葉は3-4輪生（対生もあり）．葉のふちは不透明．先は切形か，わずかに2裂．果実球形　**ミズマツバ** ▶
　1. 葉は対生．先は円形～鋭形
　　2. 茎は根元も直立．葉は線形または披針形．果実球形
　　　3. 枝の葉と茎の葉は同大　　　　　　　　　　　　　　　　　　　　　　**アメリカキカシグサ・帰**
　　　3. 枝の葉は茎の葉よりきわめて小さい　　　　　　　　　　　　　　　　　　　**ミズキカシグサ**
　　2. 根元ははうまたは斜上．葉は楕円形～倒卵形．果実楕円形
　　　3. 葉のふちは透明．花柱わずかにあり長さ0.6mm．雄しべ4個　　　　　　　　　　**キカシグサ** ▶
　　　3. 葉のふちは不透明．花柱ほとんどなし．雄しべ2個　　　　　　　　　　　　**ヒメキカシグサ**

　　　D. 果実は長楕円形で2裂 ………………………………………………………《ミソハギ属》

ミソハギ属　*Lythrum*
　1. 茎や葉は毛なし．葉や苞葉の基部は幅狭く茎を抱かない．花は葉腋に数個ずつ　　　　**ミソハギ** ▶
　1. 茎や葉に短毛（毛状突起）あり．葉や苞葉の基部は幅広く茎を抱く．花は茎頂にあつまる
　　　　　　　　　　　　　　　　　　　　　　　　　　　　　　　　　　　　　　　エゾミソハギ ▶

　B. 果実に2-4本の鋭いトゲ状突起がある ……………………………………………《ヒシ属》

ヒシ属　*Trapa*
　1. 浮水葉の径1-2cm．葉裏はほとんど毛なし．果実は先端がトゲになる突起4個．トゲ端からトゲ端まで20-30mm．葉柄毛なし　　　　　　　　　　　　　　　　　　　　　　　　　　　　**ヒメビシ** ▶
　1. 浮水葉の径3-6cm．葉裏脈上に密毛あり．果実のトゲ端からトゲ端まで30-75mm．葉柄有毛
　　2. 果実は先端がトゲになる突起4個．果実のトゲ端からトゲ端まで45-75mm．果実先端の子房突起は低い　　　　　　　　　　　　　　　　　　　　　　　　　　　　　　　　　　　　　**オニビシ** ▶
　　2. 果実は先端がトゲになる突起2個．場合により先端がトゲにならない突起2個が加わることもある（イボビシともいう）．果実のトゲ端からトゲ端まで30-40mmほど　　　　　　　　　　　　**ヒシ** ▶
　　　v. コオニビシの果実は先端がトゲになる突起4個．果実のトゲ端からトゲ端まで30-50mm．果実先端の子房突起は発達　　　　　　　　　　　　　　　　　　　　　　　　　　　　　　**コオニビシ** ▶

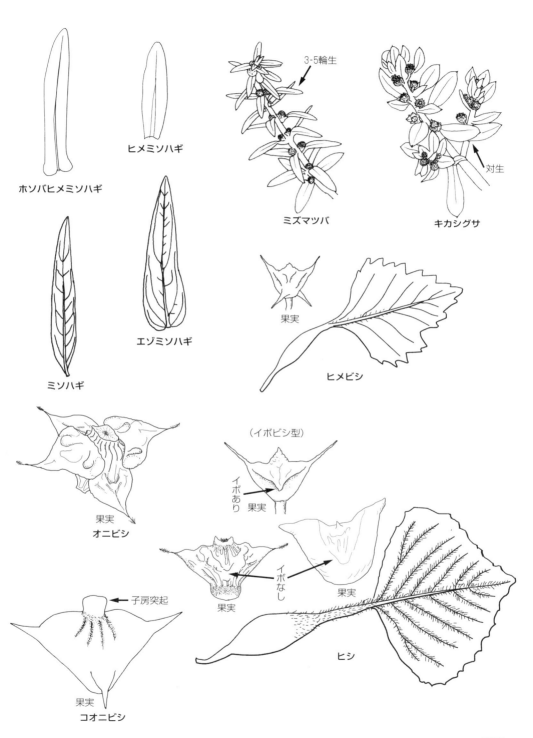

アカバナ科

被子084　アカバナ科（*ONAGRACEAE*）

A. 花は2数性．果実の表面にかぎ状の突起毛がある．果実の1室に種子1個．葉は対生
　……………………………………………………………………………………《ミズタマソウ属》

ミズタマソウ属　*Circaea*

1. 草高10cmほど．果実はこん棒状（楕円体）．花弁とがく片はほぼ同長．葉の鋸歯3-4対
　　　　　　　　　　　　　　　　　　　　　　　　　　　　　　　　　　ミヤマタニタデ ▶
1. 草高60cm．果実は球状または倒卵状．花弁はがく片より短い
　2. 葉身の基部は明らかな心形．全体に多毛．果実は球状　　　　　　　**ウシタキソウ** ▶
　2. 葉身の基部は円形〜くさび形．果実は倒卵状
　　3. 花柄は毛なし．花弁は3裂．果実に溝なし．葉身の基部は円形　　　　**タニタデ** ▶
　　3. 花柄に毛あり．花弁は2裂．果実に溝あり．葉身の基部はくさび形　　**ミズタマソウ** ▶

A. 花は4数性．果実の表面はなめらか．1果実に種子多数
　B. 花は白または淡紅色．種子に毛あり
　　C. 葉はすべて互生 ……………………………………………………………《ヤナギラン属》

ヤナギラン属　*Chamerion*

葉はほぼ全縁．花は紅紫色．総状花序を頂生　　　　　　　　　　　　　　　**ヤナギラン**

　　C. 茎の基部は対生 ……………………………………………………………《アカバナ属》

アカバナ属　*Epilobium*

1. 柱頭は球状
　2. 葉幅は1-5mm　　　　　　　　　　　　　　　　　　　　　　　　　**トダイアカバナ** ▶
　2. 葉幅は5-35mm
　　3. 茎の全面にこまかい屈毛が密生（毛なしのこともある）．柄のような果実に短伏毛あり
　　　　　　　　　　　　　　　　　　　　　　　　　　　　　　　　　イワアカバナ ▶
　　3. 茎の稜線上に屈毛の列あり．柄のような果実にはじめ短毛が密生するが，やがて毛がなくなる
　　　　　　　　　　　　　　　　　　　　　　　　　　　　　　　　　ケゴンアカバナ ▶
1. 柱頭は棍棒状（楕円体）
　2. 茎に稜あり．中部の葉は長卵形．稜線上に白い屈毛あり　　　　　　**ミヤマアカバナ**
　2. 茎に稜なし
　　3. 葉はふつう全縁．葉は線形〜長楕円状披針形　　　　　　　　　　**ホソバアカバナ** ▶
　　3. 葉に目立つ鋸歯あり
　　　4. 草高15-90cm．葉は長卵形で幅5-35mm　　　　　　　　　　　　　　**アカバナ** ▶
　　　4. 草高3-35cm．葉は線形で幅1-5mm
　　　　5. 葉に1-4対の鋸歯あり．果柄長10-35mm（果実との境を確認）　**ヒメアカバナ** ▶
　　　　5. 葉に多数の鋸歯あり．果柄長5-12mm　　　　　　　**トダイアカバナ（再掲）** ▶

　B. 花は黄色．種子に毛なし
　　C. がくは花後脱落 ……………………………………………………………《マツヨイグサ属》

マツヨイグサ属　*Oenothera*

1. 花は黄色
　2. 葉は羽状に切れ込む　　　　　　　　　　　　　　　　　　　**コマツヨイグサ・帰** P291
　2. 葉は羽状に切れ込まない．低鋸歯あり
　　3. 開花時にも根生葉あり．葉は披針形で，主脈は目立つ．花はしぼむと赤変　**マツヨイグサ・帰** P291
　　3. 開花時には根生葉なし．葉は楕円形で，主脈は目立たない．花はしぼんでも赤変しない

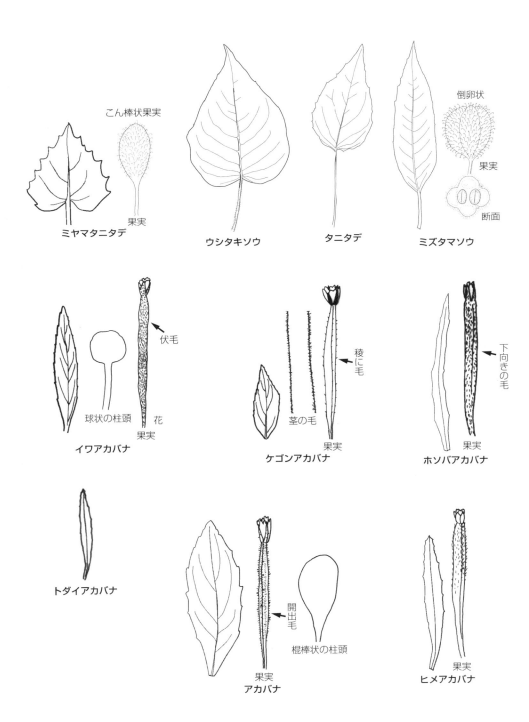

アカバナ科、ミツバウツギ科、キブシ科、ウルシ科

```
        4. 毛の付け根は赤．鋸歯はまばら．花径5cm                              オオマツヨイグサ・帰 ▶
        4. 毛の付け根は赤くない．鋸歯多く明瞭．花径3cm                        メマツヨイグサ・帰 ▶
          ［参考］かつて花弁と花弁の間にすきまあり，果実は乾燥時帯黒するものをアレチマツヨイグサと
                し，一方，花弁と花弁が重なり，果実は乾燥時淡褐のものをメマツヨイグサとしてきたが，
                本書では，メマツヨイグサに統一する
    1. 花は白または淡紅色．花は葉腋に1個ずつ
      2. 花径10-15mm. 花は淡紅色で脈は濃い                                   ユウゲショウ・帰
      2. 花径30-50mm. 白色だがしだいに淡紅色に変色                         ヒルザキツキミソウ・帰
```

C. がくは花後も残る ………………………………………………………《チョウジタデ属》

チョウジタデ属 *Ludwigia*
```
  1. 直立一年草
    2. 花は大きく径12mm, がく片は披針形．葉のつけ根は茎に合着して翼になる    ヒレタゴボウ・帰
    2. 花は小さく径8mm以下，がく片は三角形．葉のつけ根は茎に合着しない
      3. がく裂片は5. 植物体の若い部分に毛が多い．花床に毛が多い             ウスゲチョウジタデ ▶
      3. がく裂片は4. 植物体の若い部分にほとんど毛がない．花床にほとんど毛なし    チョウジタデ ▶
  1. 茎の下部がはう多年草
    2. 花は大きく径20-25mm, 黄色の目立つ花弁がある．雄しべ10前後                 ミズキンバイ ▶
    2. 花は小さく径4mm, 花弁はなく黄緑色のがく裂片4がある．葉はセイヨウミズユキノシタが対生で
      あるのに比べ，本種は互生．雄しべ4個                                      ミズユキノシタ ▶
```

被子085　ミツバウツギ科（*STAPHYLEACEAE*）

A. 小葉は3個．側小葉はほとんど柄なし ……………………………………《ミツバウツギ属》

ミツバウツギ属 *Staphylea*
　葉は対生．3出複葉．当年枝に円錐花序を頂生．花は白色，香りあり．2裂する果実は膨らみ，平らな紙風船を思わせる　　　　　　　　　　　　　　　　　　　　　　　　　　　　　　　ミツバウツギ ▶

A. 小葉は5-11個．側小葉は柄あり ……………………………………………《ゴンズイ属》

ゴンズイ属 *Euscaphis*
　葉は対生．奇数羽状複葉．側小葉は2-5対，照りがある．当年枝に円錐花序を頂生．花は黄緑色．果実は赤熟．開くと光沢のある黒い種子が1-2個出てくる　　　　　　　　　　　　　　　　　ゴンズイ ▶

被子086　キブシ科（*STACHYURACEAE*）

雌雄異株．葉は互生 ……………………………………………………………《キブシ属》

キブシ属 *Stachyurus*
　花は淡黄色．花弁長7mmで，半開きのつり鐘状．総状花序は垂れる．果実は黄褐色に熟す　　キブシ ▶

被子087　ウルシ科（*ANACARDIACEAE*）

樹皮に含まれるウルシオールなどはかぶれの原因になる
A. 花弁なし．偶数羽状複葉 ……………………………………………………《ランシンボク属》

ランシンボク属 *Pistacia*
　小葉は対生し全縁．柄なし．先端に小さな頂小葉がある場合もある　　カイノキ（ランシンボク）・栽 ▶

A. 花弁あり．三出複葉または奇数羽状複葉
　B. 花柱3. 果実はゆがんでいる（ヌルデ属はヌルデのみ） ……………《ウルシ属／ヌルデ属》

ウルシ属／ヌルデ属　*Toxicodendron/Rhus*
```
  1. つる性木本．3出複葉．小葉は全縁．裏の脈腋に褐色毛密生                    ツタウルシ ▶
    ［参考］ツタウルシの幼木はツタ（ブドウ科）の葉に似る．しかし，ツタウルシの葉裏は有毛であるのに
            対して，ツタは毛なし
```

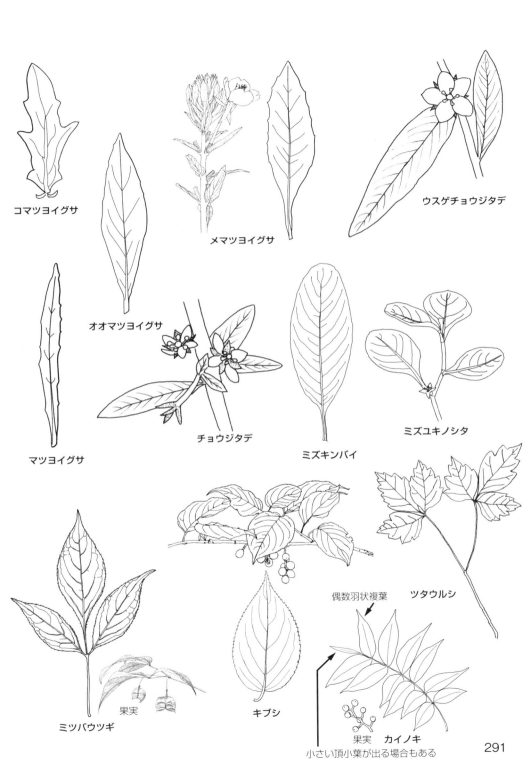

ウルシ科，ムクロジ科

```
  1. 直立木．奇数羽状複葉
    2. 複葉の軸に翼（幅片側2mm）あり．鋸歯多数．花序は頂生　（この種のみヌルデ属）　　　ヌルデ ▶
    2. 複葉の軸に翼なし．小葉は全縁（まれに1-2の波状鋸歯あり）．花序は腋生
      3. 茎や葉はほとんど毛なし．果実も毛なし　　　　　　　　　ハゼノキ（ロウノキ）・栽 ▶
      3. 茎や葉に毛あり
        4. 果実に剛毛あり．小葉の側脈13対ほど　　　　　　　　　　　　　　　　ヤマウルシ ▶
        4. 果実は毛なし
          5. 小葉小さく長さ5-10cm．両面にまばらに毛あり．小葉の側脈13-20対　　ヤマハゼ ▶
          5. 小葉大きく長さ約15cm．表は毛なし．裏脈上に毛あり．小葉の側脈7-12対　ウルシ・栽 ▶
```

B. 花柱5. 果実は楕円体でゆがまない ……………………………………《チャンチンモドキ属》

チャンチンモドキ属　*Choerospondias*

奇数羽状複葉．小葉は対生し全縁，柄があり濃緑色．葉軸赤褐色．葉痕逆三角形～三日月形．果肉ねばねば　　　　　　　　　　　　　　　　　　　　　　　　　　　チャンチンモドキ・栽 ▶

被子088　ムクロジ科（*SAPINDACEAE*）

A. 単葉または3出複葉．対生．花は放射相称 …………………………………………《カエデ属》

カエデ属　*Acer*

```
1. 葉は3出複葉（まれに5小葉あり）．雌雄異株
  2. 葉柄は短毛密生．花序は当年枝に頂生．散形花序で1-5花　　　　　　　　　メグスリノキ ▶
  2. 葉柄は毛なし．花序は旧年枝に腋生．総状花序　　　　　　　　　　　　　ミツデカエデ ▶
1. 葉は単葉
  2. 葉の裂片に細鋸歯（およそ1鋸歯分1-4mm）あり
    3. 葉は楕円形または広卵形で全く裂けない
      4. 葉は楕円状で羽状脈．重鋸歯．側脈18-21対で脈はふちに達する．カバノキ科のクマシデの
         葉に似るが，クマシデが互生であるのに対し，チドリノキは対生　　　　　チドリノキ ▶
      4. 葉は広卵形．重鋸歯にはならない（カバノキ科のウダイカンバに似るが，ウダイカンバは互
         生であるのに対し，ヒトツバカエデは対生）　　　　　　　　　　　　ヒトツバカエデ ▶
    3. 単葉であっても3裂以上に裂ける傾向あり．または掌状に裂け3-13本の主脈がある
      4. 雌雄異株で雄序は旧年枝の側芽から生じるので，花序の基部に葉がない．葉は5-7裂，裏
         の脈に沿って短毛あり　　　　　　　　　　　　　　　　　　　アサノハカエデ P294
      4. 雌雄同株または雌雄異株．雌雄異株であっても雄花序は当年枝に頂生するので花序の基部に
         葉がある
        5. 散房状花序で主軸は短い
          6. 葉は5-9裂，裂片は尾状，葉裏基部の脈腋以外は毛なし
            7. 葉は5-7深裂，重鋸歯．果実2個の翼はほぼ平開
                                     イロハカエデ（イロハモミジ，タカオモミジ） P294
            7. 葉はイロハカエデより大きい．単鋸歯，鋸歯は均一．果実の左右の翼はブーメラン状
               に斜開　　　　　　　　　　　　　　　　　　　　　　　　　　オオモミジ P294
               v．ヤマモミジは，重鋸歯．果実の左右の翼は平開～斜開．本来日本海側に自生する
                                                          ヤマモミジ・栽
          6. 葉は7-13裂，裂片は鋭頭～鋭尖頭，葉裏の脈上や脈腋に毛あり
            7. 葉柄に毛あり
              8. 若枝は毛あり．葉身小さく幅5cm．葉柄は葉身の長さの1/2よりも長い
                                                          コハウチワカエデ P294
              8. 若枝は毛なし．葉身は大きく幅6-14cm．葉柄は葉身の長さの1/2より短い
                                                          ハウチワカエデ P294
            7. 葉柄に毛なし
```

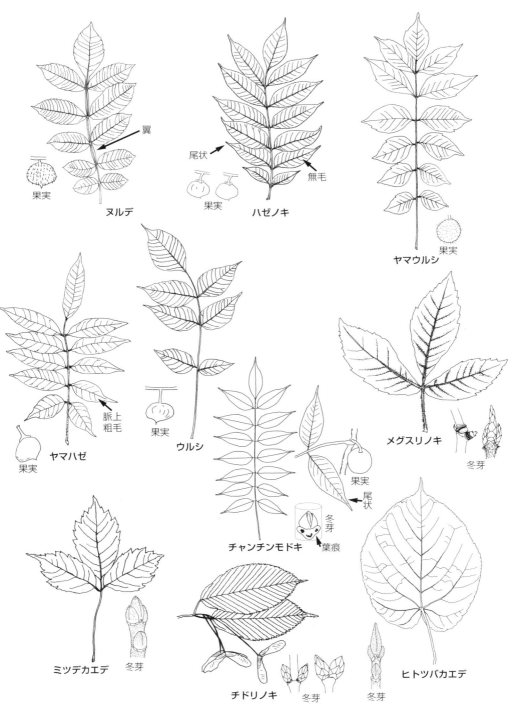

ムクロジ科

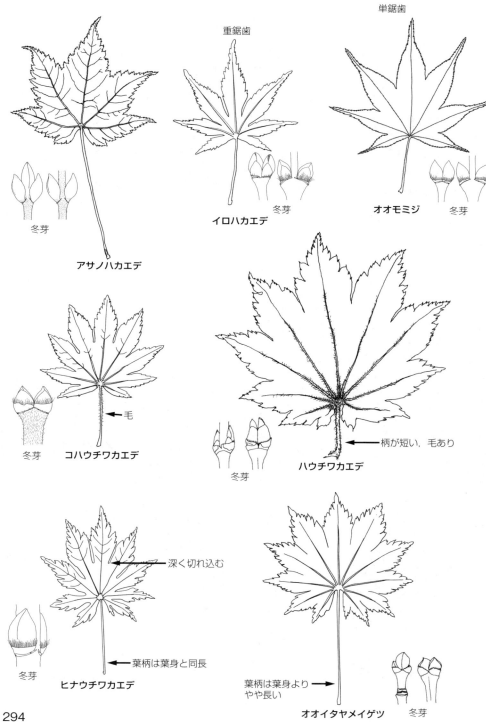

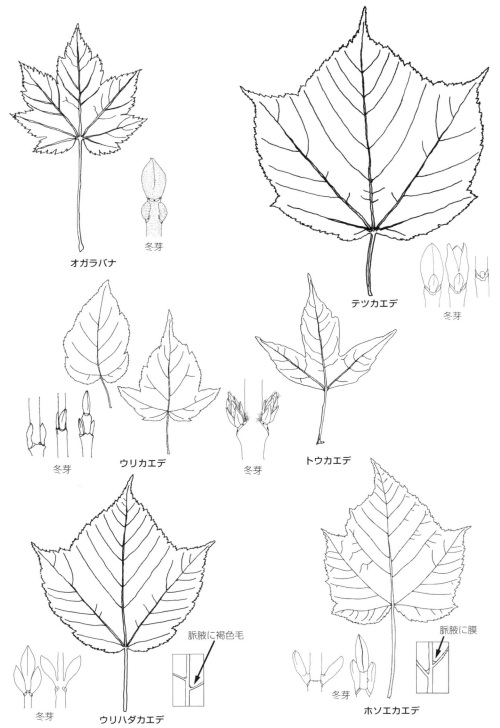

ムクロジ科

|図

    8. 葉は小さく幅4-8cm．重鋸歯は著しい．裏の脈上に毛あり．切れ込みは深い．葉柄は葉身と同長 　　　　　　　　　　　　　　　　　　　　　　　　　　　　ヒナウチワカエデ　P294
    8. 葉は大きく幅5-9cm．重鋸歯．裏の脈上や脈腋に毛あり．切れ込みは深くない．葉柄は葉身の長さよりやや長い 　　　　　　　　　　　　　　　　　　　　オオイタヤメイゲツ　P294
  5. 総状花序または円錐花序で主軸は長い
   6. 花序は100花以上からなる複総状花序
    7. 花序は直立．花序は100-200花．花は淡黄色　　　　　　　　　オガラバナ　P295
    7. 花序は下垂．花序は400-1000花．花は黄緑色　　　　　　　　テツカエデ　P295
   6. 花序は50花以下からなる単純な総状花序
    7. 葉はほとんど分裂しないか，3-5浅裂
     8. 葉は卵形（5角形的ではない）
      9. 裏の脈腋に水かき膜があり，脈に単毛あり．細鋸歯　　　　ウリカエデ　P295
      9. 葉は毛なし．鋸歯は大きい　　　　　　　　　　　　　トウカエデ・栽　P295
     8. 葉は5角形的
      9. 葉柄は緑色．裏の脈腋に褐色軟毛あり　　　　　　　　　ウリハダカエデ　P295
      9. 葉柄は紅色．裏の脈腋に水かき膜あり　　　　　　　　　　ホソエカエデ　P295
    7. 葉は掌状に5-9中裂または深裂
     8. 中央裂片もその下の左右裂片も鋭尖頭．葉裏基部に褐色軟毛あり．花序の長さ2-5cm．花弁長4-6mm 　　　　　　　　　　　　　　　　　　　　　　　　　ミネカエデ　▶
       v. オオバミネカエデは，葉の中央裂片がやや尾状になる　　オオバミネカエデ
     8. 中央裂片もその下の左右裂片も鋭尖頭で尾状．花序の長さ4-10cm
      9. 葉身中央の3裂片が細長く尾状．葉裏脈腋に赤褐色軟毛あり．花弁長1.5-2.5mm．1花序に20-30花　　　　　　　　　　　　　　　　　　　　　　　　コミネカエデ　▶
      9. 全裂片が細長く尾状．葉裏脈上に赤褐色毛あり．花弁長3-4mm．1花序に5-10花　　　　　　　　　　　　　　　　　　　　　　　　　　　　　　　ナンゴクミネカエデ　▶
 2. 葉の裂片は全縁，または大形鋸歯（およそ1鋸歯は5mm以上あり）
  3. 葉は3中裂．主脈3本．若木の葉の裂片には少数の鋸歯あり．成木の葉の裂片は全縁 　　　　　　　　　　　　　　　　　　　　　　　　　　　　トウカエデ・栽（再掲）　P295

  3. 葉は5-7裂
   4. 葉は5中裂．裂片に不規則な大形鋸歯あり．両面に短毛あり　　　カジカエデ　▶
   4. 葉は5-9中裂または浅裂し，裂片は全縁．葉表に毛なし．葉裏脈腋に密毛．イタヤカエデは以下の変種の総称名として使う 　　　　　　　　　　　イタヤカエデ（総称名）
    v. エンコウカエデは，5深裂．裏脈腋に密毛　　　　　　　　　　エンコウカエデ
    v. ウラゲエンコウカエデは，5深裂．裏脈上にだけ長毛あり．葉柄上部にも毛あり 　　　　　　　　　　　　　　　　　　　　　　　　　　　　ウラゲエンコウカエデ　▶
    v. オニイタヤは，裏全体に短い立毛が密生．7-9中裂　　　　　　　　オニイタヤ　▶
    v. イトマキイタヤは，葉裏の基部に密毛あり．葉柄上部にも毛あり．7-9中裂 　　　　　　　　　　　　　　　　　　　　　モトゲイタヤ（イトマキイタヤ）　▶
    v. アカイタヤは一・二年生枝が暗紅紫色を帯び，3-7中裂　　アカイタヤ（ベニイタヤ）

A. 羽状複葉または掌状複葉．
 B. 互生．羽状複葉で小葉は3-7対．小葉には短柄あり．花は放射相称
  C. 偶数羽状複葉．小葉は全縁 ……………………………………………《ムクロジ属》

ムクロジ属　*Sapindus*

 果実は球形で径2cmほど．種子は黒色，径1cm．きわめてかたく羽根つきの羽根の球に利用された．偶数羽状だが，複葉の先端に小さな小葉がつき，奇数羽状のように見えることあり　　ムクロジ・栽　▶

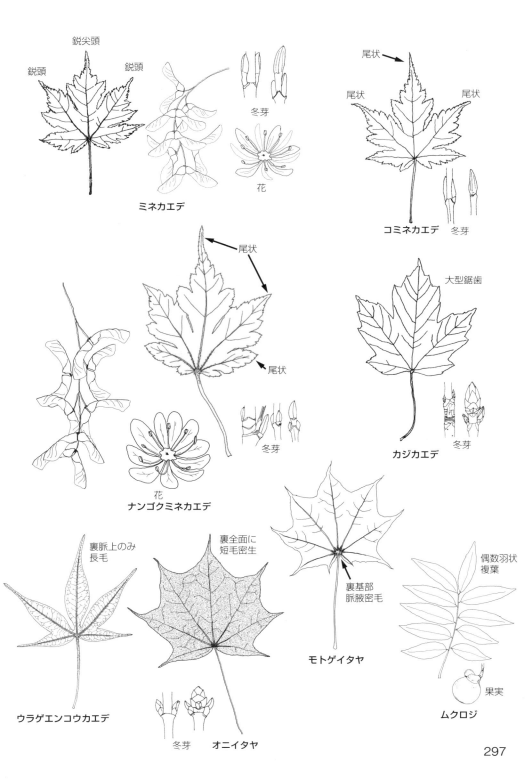

C.奇数羽状複葉．小葉はふぞろいの粗い鋸歯あり ………………………………《モクゲンジ属》
モクゲンジ属　*Koelreuteria*
　果実は先端がとがり，ふうせんのように膨れる．種子は黒色，径7mmでかたい　　**モクゲンジ・栽**

　　B.対生．掌状複葉で小葉は5-9枚．小葉は柄なし．小葉に細鋸歯．花は左右相称 …《トチノキ属》
トチノキ属　*Aesculus*
　1.果実にトゲはない．葉裏脈上と葉腋に毛あり．花は白色で基部に淡紅の斑紋あり　　**トチノキ**
　　　f.ウラゲトチノキは，葉裏に軟毛密生　　**ウラゲトチノキ（ケトチノキ）**
　1.果実にトゲがある．花は淡紅色．街路樹として植栽　　**セイヨウトチノキ（マロニエ）・栽**
　　　h.ベニバナトチノキ　アカバナトチノキとセイヨウトチノキの雑種．花は朱紅色．街路樹として植栽
　　　　　　　　　　　　　　　　　　　　　　　　　　　　　　　　　　　　　　ベニバナトチノキ・栽

被子089　ミカン科（*RUTACEAE*）

　A.草本 ……………………………………………………………………………………《マツカゼソウ属》
マツカゼソウ属　*Boenninghausenia*
　草高50-80cm．2-3回3出または羽状複葉．小葉に油点あり．独特の臭気あり　　**マツカゼソウ**

　A.木本
　　B.果実は液質ではない．子房は数個に分かれる
　　　C.葉は単葉で分裂しない．雌雄異株．雄花は総状花序．雌花は1個ずつ ………《コクサギ属》
コクサギ属　*Orixa*
　落葉低木．葉は倒卵形で鈍頭．葉は互生だが，枝の同じ側に2枚続けてつく（コクサギ型葉序）．葉の表に照りがある．揉むと独特の臭気あり　　**コクサギ**

　　　C.羽状複葉．散房花序
　　　　D.葉は対生．茎にトゲなし ……………………………………………………《ゴシュユ属》
ゴシュユ属　*Tetradium*
　落葉低木．奇数羽状複葉で，側小葉は2-7対．葉裏，葉柄，葉軸に軟毛密生　　**ゴシュユ・栽**

　　　　D.葉は互生．茎に原則トゲあり ………………………………………………《サンショウ属》
サンショウ属　*Zanthoxylum*
　1.トゲは対にならない．花は小さながくと大きな花弁がある．花柱1．羽状複葉の軸に翼はない
　　2.高木．小葉の基部は円形，長さ8-15cm．種子にしわあり　　**カラスザンショウ**
　　2.低木．小葉の基部はくさび形，長さ1-4cm．種子にしわなし　　**イヌザンショウ**
　1.トゲは1対ずつつく．がくがなく花弁（花被片）だけある．花柱2
　　2.常緑低木．羽状複葉の軸に翼（幅片側1mm弱）あり．側小葉は1-4対　　**フユザンショウ**
　　2.落葉低木．羽状複葉の軸にわずかな翼（幅片側0.2mm）あり．側小葉は4-8対　　**サンショウ**
　　　f.アサクラザンショウは，全くトゲなし　　**アサクラザンショウ**
　　　f.ヤマアサクラザンショウは，トゲがわずかでごく短い　　**ヤマアサクラザンショウ**

　　B.果実は液質．子房は合生する
　　　C.花は両性花．内果皮も液質．茎に原則トゲあり．葉は互生 …………………《ミカン属》
ミカン属　*Citrus*
　1.葉は単葉で分裂しない．子房と果実は毛なし
　　2.葉柄に広い翼あり．茎にトゲあり．外果皮の厚さ5mm．ユズ特有の芳香あり　　**ユズ・栽**

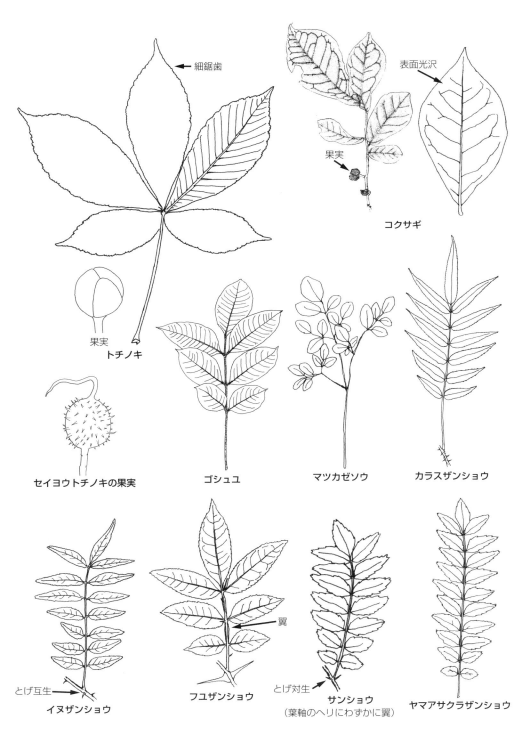

ミカン科、ニガキ科、センダン科、アオイ科

　　2. 葉柄に狭い翼があるか，翼なし
　　　　3. 葉柄に狭い翼あり．果実のつく茎はトゲなし．果実は黄色．外果皮の厚さ5mmほど
　　ナツミカン・栽
　　　　3. 葉柄に翼はほとんど発達しない．茎にトゲなし．果実は橙黄色．外果皮の厚さ2mm．寄居町風
　　　　　布で多く栽培される　　　　　　　　　　　　　　　　　　　　　　　　　　　ウンシュウミカン・栽
　1. 葉は3出複葉．子房と果実は毛あり．茎に太いトゲが互生．トゲは扁平，葉柄に翼あり．葉が芽吹
　　く前に開花　　　　　　　　　　　　　　　　　　　　　　　　　　　　　　　　　　　　　カラタチ・栽　▶

　　C. 花は単性花で雌花または雄花．内果皮は木質化（モモと同じよう）．茎にトゲなし
　　　D. 葉は互生．単葉．果実赤熟 ……………………………………………《ミヤマシキミ属》
ミヤマシキミ属　*Skimmia*
　常緑低木．葉は長倒卵形，枝先に輪生状につき，表にやや照りがある．葉裏に小油点があり，光にか
　ざすと明瞭　　　　　　　　　　　　　　　　　　　　　　　　　　　　　　　　　　　ミヤマシキミ　▶

　　　D. 葉は対生．羽状複葉．果実黒熟 ……………………………………………《キハダ属》
キハダ属　*Phellodendron*
　樹皮は黄褐色，皮を剥ぐと黄色の内皮あり．奇数羽状複葉．側小葉は2-6対．葉裏は粉白で毛なし
　　　ヒロハノキハダ　▶
　　v. キハダは，葉裏の基部付近に長毛密生　　　　　　　　　　　　　　　　　　　　　　キハダ
　　v. オオバキハダは，葉裏の主脈に沿って短い軟毛密生　　　　　　　　　　　　　　　オオバキハダ

被子090　ニガキ科（*SIMAROUBACEAE*）

A. 羽状複葉．側小葉は3-6対．花序は腋生．果実に翼なし ………………………《ニガキ属》
ニガキ属　*Picrasma*
　枝は赤褐色．枝表面に皮目散生．樹皮に苦み　　　　　　　　　　　　　　　　　　　　ニガキ　▶

A. 羽状複葉．側小葉は4-12対．花序は頂生．果実に翼あり ………………………《ニワウルシ属》
ニワウルシ属　*Ailanthus*
　大形の羽状複葉．側小葉は6-12対．小葉は鋭尖頭，基部近くに1-2対の波状鋸歯があり，その先端は
　腺になる　　　　　　　　　　　　　　　　　　　　　　　　　　　　ニワウルシ（シンジュ）・帰　▶

被子091　センダン科（*MELIACEAE*）

A. 2-3回羽状複葉．円錐花序が腋生する ……………………………………………《センダン属》
センダン属　*Melia*
　花は淡紫色．果実は楕円形，長さ1.5-2cm，黄色に熟す　　　　　　　　　　　　　　　センダン・栽　▶

A. 1回奇数羽状複葉（偶数羽状複葉のこともある）．枝先に円錐花序 ……………《チャンチン属》
チャンチン属　*Toona*
　小葉は対生し低鋸歯があり先端は尾状．ふつうの緑色で柄あり．葉軸も緑色．葉痕円形．果実は縦に
　裂ける　　　　　　　　　　　　　　　　　　　　　　　　　　　　　　　　　　　　チャンチン・栽　▶

被子092　アオイ科（*MALVACEAE*）

A. 木本
　B. 雄しべの花糸は合生し筒状になる
　　C. 両性花．合生した花糸はちくわ状になり，雌しべを完全にとり囲み，その筒から葯が開出する
　　　ので，葯が雌しべのまわりに群がっているように見える ……………………《フヨウ属》

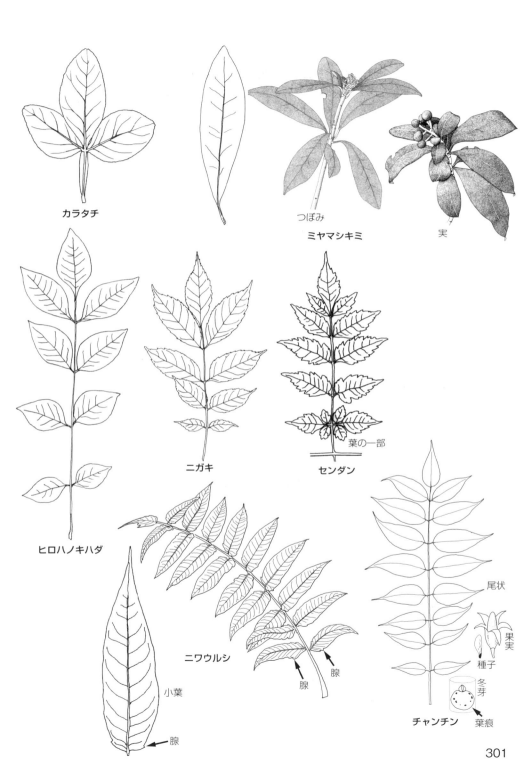

アオイ科

フヨウ属　*Hibiscus*
1. 葉は五角形状．3-5浅裂する．裂片は全縁または粗い鋸歯．基部心形．花は朝から淡紅色．品種スイフヨウの花は朝は白色，午後淡紅色，夕方はしぼむ　　　　　　　　　　　　　　　　フヨウ・栽 ▶
1. 葉は卵形または広卵形．基部で3浅裂する．裂片に鋸歯あり．基部はくさび形　　　　ムクゲ・栽 ▶

　　C. 単性花（雄花雌花の別がある）．雄花の花糸は同長で，その筒は1本の雌しべのように見える
　　　　……………………………………………………………………………………《アオギリ属》

アオギリ属　*Firmiana*
樹皮は大木であっても緑色で平滑．葉は掌状に3-5裂．基部心形．裂片は全縁．幅16-22cm．花は黄白色．花序に雄花と雌花が混じる．果実は裂けると葉状になり，ふちに数個の種子をつける　　　アオギリ・栽 ▶

　　B. 雄しべは離生（または基部で不規則にやや合生）．両性花 ……………《シナノキ属（1）》

シナノキ属（1）　*Tilia*
1. 葉に星状毛なし．花序の苞葉の柄は長さ15-20mm　　　　　　　　　　　　　　　　シナノキ ▶
1. 葉の裏に星状毛多し．花序の苞葉の柄はないか短柄2-6mmがある
2. 葉長5-10cm．葉裏脈基部に毛なし　　　　　　　　　　　　　　　　　　　ボダイジュ・栽 ▶
2. 葉長10-15cm．葉裏脈基部に淡褐色の軟毛密生　　　　　　　　　　　　オオバボダイジュ ▶

A. 草本
　B. 花には花弁とがくがあり，その下にがく状の総苞がつく
　　C. 果実は数個の分果に分かれる
　　　D. 1個の分果に3個以上の種子がある ……………………………………………《イチビ属》

イチビ属　*Abutilon*
葉は卵形，鋭頭．基部心形．長い葉柄あり．花は黄色．花径2cm．花は数個ずつ，茎の頂端にも葉腋にもつく　　　　　　　　　　　　　　　　　　　　　　　　　　　　　　　　　　　イチビ・帰 ▶

　　　D. 1個の分果に1個の種子がある
　　　　E. 柱頭は頭状または棍棒状
　　　　　F. 葉は裂けない．楕円形〜卵状披針形 …………………………………《キンゴジカ属》

キンゴジカ属　*Sida*
分枝が多い．やや木質．星状毛多し．葉腋に線形の托葉とわん曲したトゲがある．花は淡黄色．花径12mm．花は葉腋から出る短い枝に2-6個つく．5分果　　　　　　　　　　アメリカキンゴジカ・帰 ▶

　　　　　F. 葉はやや3浅裂して矢じり形 ……………………………………《ニシキアオイ属》

ニシキアオイ属　*Anoda*
花は白色または青色で径10mm．果実は12-15分果に分かれる．多毛．毛の先はかぎ形に曲がる　　　　　　　　　　　　　　　　　　　　　　　　　　　　　　　　　　　　　ニシキアオイ・帰 ▶

　　　　E. 柱頭は線形
　　　　　F. 総苞片は0-3で合生 ……………………………………………………《ゼニアオイ属》

ゼニアオイ属　*Malva*
1. 総苞片は長楕円形．花は大きく径25-40mm　　　　　　　　　　　　　　　　ゼニアオイ・帰 ▶
1. 総苞片は披針形．花は小さい
2. 分果の表面は脈がはっきりせず，熟してもなめらか．花柄短い
3. 茎は斜上．花弁は長く，筒状がくの2-3倍長　　　　　　　　　　　　　ゼニバアオイ・帰 ▶

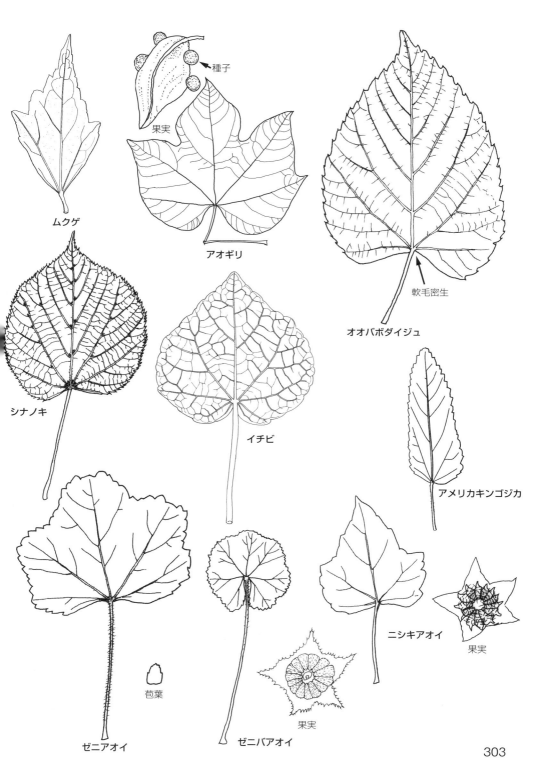

アオイ科、ジンチョウゲ科、アブラナ科

  3. 茎は直立．花弁は短く，筒状がくの2倍長以下 　　　　　　　　　　　　**フユアオイ・帰**
 2. 分果の表面は網目状の脈が明らかで，熟すと脈の間が凹み蜂の巣状となる．花柄長い
  3. 分果の背面の両側には膜状の狭い翼がある 　　　　　　　　　　　　　**ウサギアオイ・帰**
  3. 分果の背面に2稜があって角ばるが翼にはならない 　　　　　　　　　　**ナガエアオイ・帰**

  F．総苞片は6-9で合生 ……………………………………………………《タチアオイ属》
タチアオイ属　*Althaea*
 茎は直立．草高1m以上．葉は腎円形で浅く5-7裂．裂片は，先はとがる　　　**タチアオイ・栽**

  C．果実は分果に分かれない ……………………………………………《トロロアオイ属》
トロロアオイ属　*Abelmoschus*
 葉は大きく掌状に5-9深裂．長い葉柄あり．小苞葉は卵形〜長楕円形．花は淡黄色．花径10-30cm
　　　　　　　　　　　　　　　　　　　　　　　　　　　　　　　　　　トロロアオイ・栽

 B．花には花弁とがくがあるが，その下に総苞はない
  C．果実球形．表面にトゲあり ……………………………………………《シナノキ属（2）》
シナノキ属（2）　*Tilia*
 草高60-120cm．葉は卵状披針形．葉腋に数個の花がつく．花は黄色．花径5mm．果実は径6-7mm
　　　　　　　　　　　　　　　　　　　　　　　　　　　　　　　　　　ラセンソウ・逸

  C．果実楕円体．表面は毛なしか，星状毛あり ……………………………《カラスノゴマ属》
カラスノゴマ属　*Corchoropsis*
 草高30-60cm．葉は卵形．花は黄色．花径15mm．花は葉腋に1個ずつつく　　　**カラスノゴマ**

被子093　ジンチョウゲ科（*THYMELAEACEAE*）

A．頭状花序には柄があって垂れる．柱頭は線形〜棍棒状 ……………………………《ミツマタ属》
ミツマタ属　*Edgeworthia*
 葉に先立って開花．花弁なく花に見えるのはがく筒．がく筒は白色で，がく裂片は黄色．和紙の原料
植物として広く栽培　　　　　　　　　　　　　　　　　　　　　　　　　　**ミツマタ・栽**

A．頭状花序の柄はごく短いかない．柱頭は頭状〜先端球状 …………………………《ジンチョウゲ属》
ジンチョウゲ属　*Daphne*
 1. ふつう夏に落葉．葉は薄質で淡緑色．数花が茎に束生　　　　**オニシバリ（ナツボウズ）**
  v．チョウセンナニワズは，落葉期が夏ではなく冬．石灰岩地に生育　**チョウセンナニワズ**
 1. 常緑の小低木．葉は厚質で深緑色．花は紫紅色または白色　　　　　　　**ジンチョウゲ・栽**

被子094　アブラナ科（*CRUCIFERAE・BRASSICACEAE*）

A．果実は楕円形，三角形，丸（長さは幅の3倍より短い）
 B．花は黄色
  C．茎や葉の毛は星状毛または分岐毛がある
   D．果実は扁平 ……………………………………………………………《イヌナズナ属（1）》
イヌナズナ属（1）　*Draba*
 花は黄色．葉は星状毛に短毛が混生する　　　　　　　　　　　　　　**イヌナズナ**　P307

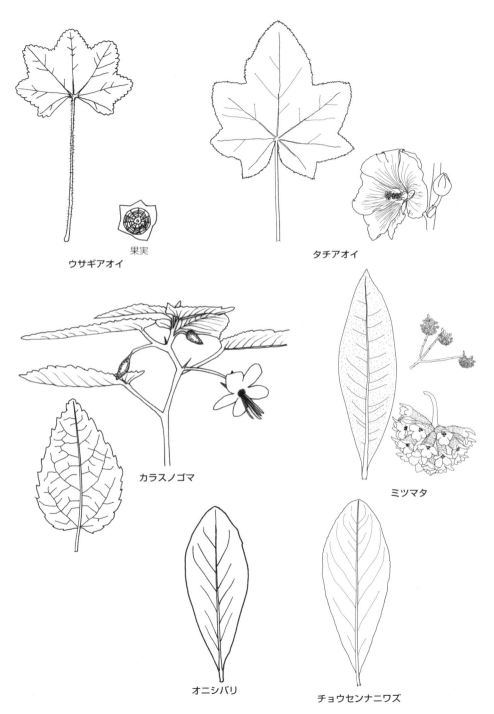

アブラナ科

　　　　D. 果実は膨らむ（やや扁平） ………………………………………………《アマナズナ属》
アマナズナ属　*Camelina*
　　葉は披針形．上方の茎葉は基部が矢じり状となって茎を抱く．花は淡黄色．果実は丸く，長さ5-7mm，幅4mm．長い果柄がある　　　　　　　　　　　　　　　　　　　　　　　　　　　　　**ヒメアマナズナ・帰**

　　　C. 茎や葉には分岐しない毛だけが生える …………………………………《ミヤガラシ属》
ミヤガラシ属　*Rapistrum*
　　果実は茎に圧着．果実は上下2節に分かれる．上の節は球形で種子1個，下の節は円筒形で種子2-3個があり，裂けない　　　　　　　　　　　　　　　　　　　　　　　　　　　　　　　　　**ミヤガラシ・帰**

　B. 花は白色
　　C. 茎や葉の毛は星状毛または分岐毛
　　　D. 果実は三角形 ……………………………………………………………………《ナズナ属》
ナズナ属　*Capsella*
　　根生葉は羽状分裂し先端が幅広い．茎葉の基部は矢じり形で茎を抱く　　　　　　　　**ナズナ**

　　　D. 果実は楕円形 ………………………………………………………………《イヌナズナ属（2）》
イヌナズナ属（2）　*Draba*
　　花は白色．葉の両面に星状毛あり．高山の石灰岩地に生える　**ヤツガタケナズナ（キタダケナズナ）**

　　C. 茎や葉は毛なし，または分岐しない毛が生える
　　　D. 果実は膨らむ
　　　　E. 花序に苞葉あり ………………………………………………………………《ワサビ属》
ワサビ属　*Eutrema*
　　1. 大型草本．葉にこまかな鋸歯あり．根茎は太い．花序は上を向く　　　　　　　　　　**ワサビ**
　　1. 小型草本．葉に大きな波状鋸歯あり．根茎は細い．花序ははうように横に伸びる　　**ユリワサビ**

　　　　E. 花序に苞葉なし …………………………………………………………《セイヨウワサビ属》
セイヨウワサビ属　*Armoracia*
　　根生葉は長楕円形で基部は心形．葉柄は長く長さ20-50cm．ふちは鈍鋸歯で波打つ．下方の茎葉は羽状分裂．上方の茎葉は分裂しない．雌しべの柱頭は大きい　**セイヨウワサビ（ワサビダイコン）・逸**

　　　D. 果実は扁平で円形
　　　　E. 果実径10mmほど …………………………………………………………《グンバイナズナ属》
グンバイナズナ属　*Thlaspi*
　　茎葉は長卵形〜披針形．基部は矢じり形となり茎を抱く．果実は円形で先はくぼみ，外周に翼があり軍配形　　　　　　　　　　　　　　　　　　　　　　　　　　　　　　　　　　**グンバイナズナ・帰**

　　　　E. 果実径3mm以下
　　　　　F. 果実の扁平な面の中央に主脈1脈あり ………………………………《マメグンバイナズナ属》
マメグンバイナズナ属　*Lepidium*
　　1. 花弁はがくよりも長い．葉は単葉，鋭い鋸歯あり．果実円形　　　　　　　**マメグンバイナズナ・帰**
　　1. 花弁はがくより短い（花弁がないこともある）
　　　2. 花序は茎に頂生．葉は1-2回羽状深裂　　　　　　　　　　　**キレハマメグンバイナズナ・帰**
　　　2. 花序は根生または葉腋のところから出る．果実の形はヤエムグラの果実に似て，2個の球が接したようになる．全体に悪臭をもつ　　**カラクサナズナ（インチンナズナ，カラクサガラシ）・帰**

306

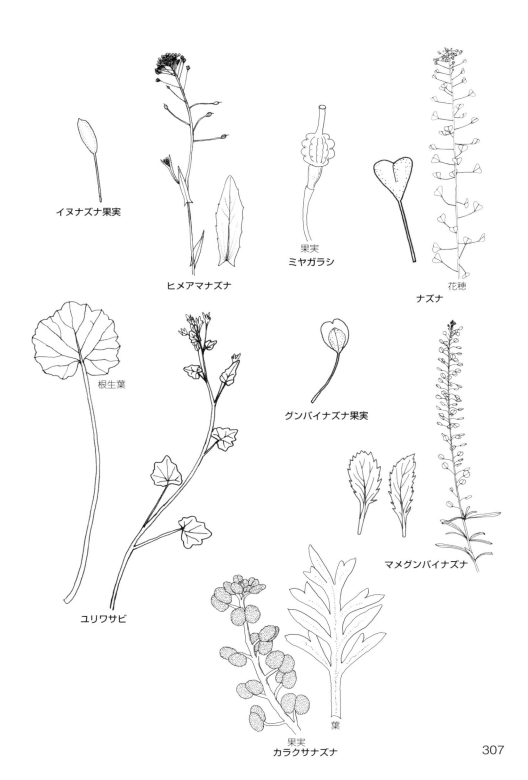

アブラナ科

```
            F. 果実の扁平な面の中央に主脈なし ……………………………………《ニワナズナ属》
```

ニワナズナ属　Lobularia
　葉は羽状裂．裂片は線形．葉の毛は伏し，毛はＴ字状でその中間付近で葉肉とつながる
　　　　　　　　　　　　　　　　　　　　　　　　　　　　　　ニワナズナ（アリッサム）・帰

```
A. 果実は細長い線形（長さは幅の3倍より長い）
   B. 花は黄色（淡黄色，クリーム色を含む）
      C. 花は淡黄色またはクリーム色
         D. 葉は羽状深裂．茎は抱かない ………………………………《オハツキガラシ属》
```

オハツキガラシ属　Erucastrum
　花柄の基部に苞葉あり．苞葉は下方ほど羽状深裂の傾向が強い．果実には4稜があり，長さ4cm，弓形
　に曲がる　　　　　　　　　　　　　　　　　　　　　　　　　　　　　　　オハツキガラシ・帰　▶

```
         D. 葉は全縁．茎を抱く
            E. 葉は緑白色 ………………………………………………………《ハタザオ属》
```

ハタザオ属　Turritis
　葉は全縁．茎葉は基部で茎を抱く．花は黄白色．種子は2列に並ぶ　　　　　　　　　ハタザオ　▶

```
            E. 葉は緑色 …………………………………………………《ナタネハタザオ属》
```

ナタネハタザオ属　Conringia
　葉の基部は矢じり形で茎を抱く．花は黄白～緑白色で白っぽい．全体に毛なし．果実に稜はない．果
　実にくちばし（枯れ残った花柱）がある　　　　　　　　　　　ナタネハタザオ（コバンガラシ）・帰

```
   C. 花は黄色（淡色ではない）
      D. 茎や葉の毛は星状毛または分岐毛 ……………………………………《クジラグサ属》
```

クジラグサ属　Descurainia
　葉は2-3回羽状全裂．裂片はほとんど線形　　　　　　　　　　　　　　　　　　　クジラグサ・帰　▶

```
      D. 茎や葉は毛なし，または単毛が生える
         E. 果実にくちばし（枯れて残った花柱）はない …………………《キバナハタザオ属》
```

キバナハタザオ属　Sisymbrium
　1. 果実は茎に圧着，毛あり．果柄はごく短く，長さ2-3mm　　カキネガラシ（ケカキネガラシ）・帰　▶
　1. 果実は開出．果柄は3mm以上で，カキネガラシより長い
　　2. 葉は一般に単葉で卵状披針形．下葉は羽状欠刻もある　　　　　　　　　　キバナハタザオ　▶
　　2. 葉はふつう羽状深裂
　　　3. 果実は長さ3-5cm　　　　　　　　　　　　　　　　　　　　　　　　　ホソエガラシ・帰
　　　3. 果実は長さ5-10cm
　　　　4. がくは毛あり　　　　　　　　　　　　　　　　　　　　　　　イヌカキネガラシ・帰　▶
　　　　4. がくは毛なし　　　　　　　　　　　　　　　　　　　　　　　　　ハタザオガラシ・帰

```
         E. 果実にくちばし（枯れて残った花柱）がある
            F. 果実には4稜がある ………………………………………………《ヤマガラシ属》
```

ヤマガラシ属　Barbarea
　1. 果実のくちばし（枯れ残った花柱）1.8-3mmで，幅より長い
　　　　　　　　　　　　　　　　　　　　　　　　　　ハルザキヤマガラシ（セイヨウヤマガラシ）・帰
　1. 果実のくちばしは0.3-1mmで，幅と長さはほぼ同長．果期の花柱の長さは子房より短い　ヤマガラシ

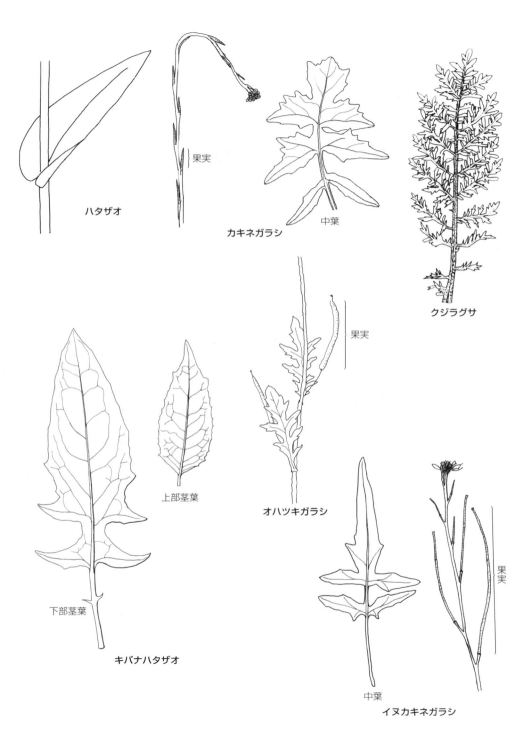

アブラナ科

F. 果実は円柱,またはやや扁平. 葉は欠刻または羽状分裂
　　G. 種子は2列で収まる ……………………………………《イヌガラシ属（1）》

イヌガラシ属（1）　*Rorippa*

1. 苞葉のある総状花序（葉腋に花が1個ずつついているようにも見える）　　**コイヌガラシ** ▶
1. 苞葉のない総状花序
　　2. 果実は長楕円形5-7mmで横を向く. 花弁の長さはがくよりも長い　　**スカシタゴボウ** ▶
　　2. 果実は細長く線状で長さ10-25mm
　　　　3. 地下茎は長い. 葉は羽状深裂. 側裂片は4-5対. 果実長10-18mm　　**キレハイヌガラシ・帰** ▶
　　　　3. 地下茎は短い. 葉は単葉で鋸歯あり. さらに羽裂して裂片が1-3対できることもある. 果実長15-25mm
　　　　　　4. 花弁はふつうない. まれに不完全な花弁がある. 果実はまっすぐ　　**ミチバタガラシ**
　　　　　　4. 花弁は完全. 果実は弓形に斜上する　　**イヌガラシ** ▶
　　　　　　　　h. ヒメイヌガラシは, スカシタゴボウとイヌガラシの雑種. 果実は不稔で, 萎縮, ふぞろい
　　　　　　　　　　　ヒメイヌガラシ

　　G. 種子は1列で収まる
　　　　H. 果実の殻の中脈は明らか ……………………………………《アブラナ属》

アブラナ属　*Brassica*

1. 葉は厚く白っぽい. がく片は直立し花弁と接する
　　2. 花序は最初から中軸が伸長して塔状になる　　**キャベツ・栽**
　　　［参考］キャベツと同類の亜種として, メキャベツ, ブロッコリー, カリフラワー, ハボタン, ケールがある
　　2. 花序は最初のころはドーム状. やがて中軸が伸長する. 種子は黒　　**セイヨウアブラナ・逸** ▶
1. 葉は薄く緑色. がく片は開出ぎみ
　　2. 茎の葉はやや葉柄がある. または葉身の基部が狭まることもあるが茎を抱かない
　　　　　　カラシナ（セイヨウカラシナ）・帰 ▶
　　2. 茎の葉は長三角状で先細りとなる. 基部は耳状に広がり, 茎を抱く. 種子は赤茶
　　　　　　アブラナ（カキナ）・栽 ▶
　　　［参考］アブラナと同類の亜種としてカブ, コマツナ, ハクサイ, ミズナ, ノザワナ, チンゲンサイがある

　　　　H. 果実の殻の中脈ははっきりしない ……………………………………《シロガラシ属》

シロガラシ属　*Sinapis*

葉は羽状分裂. 茎を抱かない. 果実長3-5cm. 果実の先のくちばしは果実と同長で著しく扁平
　　　　　　シロガラシ・帰

B.（次にもBあり）花に花弁がない ……………………………………《イヌガラシ属（2）》

イヌガラシ属（2）　*Rorippa*

花弁はふつうない. まれに不完全な花弁がある. 果実はまっすぐ　　**ミチバタガラシ（再掲）**

B. 花は白, 淡紅, 淡紫, 青色（場合により花弁がないこともある）
　　C. 茎や葉に腺毛密生 ……………………………………《ツノミナズナ属》

ツノミナズナ属　*Chorispora*

根生葉は羽状分裂. 茎の葉は長楕円形で基部くさび形. 花は淡紅紫色. 果実は茎に向かってわん曲する
　　　　　　ツノミナズナ（ツノミノナズナ）・帰 ▶

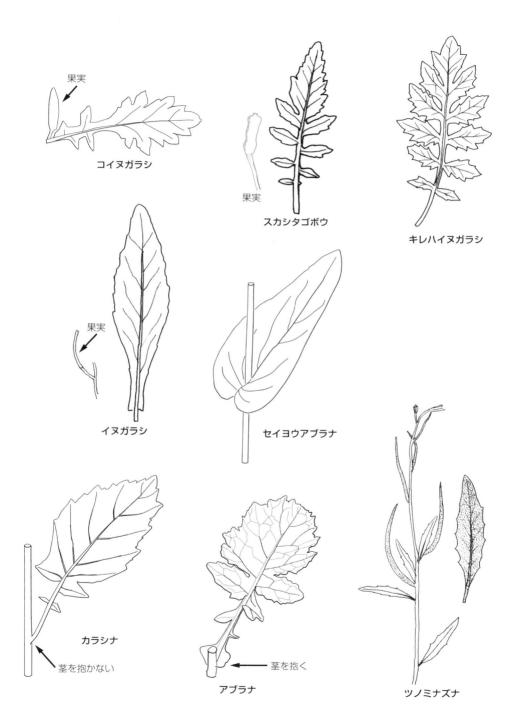

アブラナ科

C．(次にもCあり) 茎や葉の毛は星状毛または分岐毛 ……………………《シロイヌナズナ属》

シロイヌナズナ属　*Arabidopsis*

根生葉があって，そこから1-3本の茎が立つ．茎の基部には密毛あり．茎葉は細く小さく，ごくまばら．花は白色　　　　　　　　　　　　　　　　　　　　　　　　　　　　シロイヌナズナ・帰

C．茎や葉は毛なし，または単毛が生える
 D．果実の殻は熟すとくるっと巻いて，はじける ……………………………《タネツケバナ属》

タネツケバナ属　*Cardamine*

1. 葉柄の基部に1対の耳状突起があり，茎を抱く
 2. 根生葉あり
  3. 根元に走出枝はない．頂小葉には2-3対の鋸歯があるか，深裂する　　　　ジャニンジン ▶
  3. 根元から細長い走出枝が出る．頂小葉は大きくほぼ全縁　　　　　　　　ミズタガラシ
 2. 根生葉なし．頂小葉と側小葉は同形同大　　　ヒロハコンロンソウ（タデノウミコンロンソウ） ▶
1. 葉柄の基部に耳状突起はない
 2. 葉は3出複葉で小葉は柄なし　　　　　　　　　　　　　　　　　　　　　ミツバコンロンソウ
 2. 羽状複葉
  3. 地下茎あり．根生葉なし．果実は若いころ毛があるが，やがて毛なし　　　コンロンソウ ▶
  3. 地下茎なし．根生葉あり
   4. 花弁長6mm．果実は毛あり．頂小葉は側小葉に比べ目立って大きい　　マルバコンロンソウ ▶
   4. 花弁長4mm．果実は毛なし
    5. 茎葉はあまりない．花期にも根生葉が目立つ．果柄は上向き　　　ミチタネツケバナ・帰 ▶
    5. 茎葉は多い．花期の根生葉は枯死か枯死寸前
     6. 茎は緑色，紫色を帯びない．側小葉は2-3対．全草毛なし
     　　　　　　　　　　　　　　　　オオバタネツケバナ（ヤマタネツケバナ） ▶
     6. 茎の根元部分は紫色．側小葉は4対以上ある．頂小葉は大きく側小葉は小さい．小葉はあまり切れ込まない　　　　　　　　　　　　　　　　　　　　　　　　　　タネツケバナ ▶
      v. ミズタネツケバナは，水辺に多い．茎は軟弱．毛はほとんどない．ときに紫色を帯びる．頂小葉は大きく側小葉は小さい．小葉はあまり切れ込まない　　　　ミズタネツケバナ
      ssp. タチタネツケバナは，林縁にあり直立．全体に多毛のものが多い．分枝しない．果柄斜開．頂小葉と側小葉はほぼ同じ大きさ．小葉は切れ込む　　　　　タチタネツケバナ ▶

 D．果実の殻は熟してもはじけることはない
  E．果実に2稜あり
   F．葉は羽状全裂 ………………………………………………………《オランダガラシ属》

オランダガラシ属　*Nasturtium*

水辺に群生．1-5対の側小葉あり　　　　　　　　　　　　　　　　オランダガラシ（クレソン）・帰

   F．葉は単葉で鋸歯あり．鋸歯が欠刻状になることもある
   ………………………………………………………《エゾハタザオ属/ヤマハタザオ属》

エゾハタザオ属/ヤマハタザオ属　*Catolobus/Arabis*

1. 茎の葉は単葉で茎を抱かない．果実は開出して下垂する（この種はエゾハタザオ属）エゾハタザオ
1. 茎の葉はその基部でわずかに茎を抱く
 2. 果実は茎に並行して上を向く．葉は波状鋸歯があって波打つ．茎は分枝する（この種はヤマハタザオ属）　　　　　　　　　　　　　　　　　　　　　　　　　　　　ヤマハタザオ ▶
 2. （次にも2あり）果実は弓なりに開出．葉には細鋸歯がある．茎は分枝する（この種はヤマハタザオ属）　　　　　　　　　　　　　　　　　　　　　　　　　　　　　イワハタザオ

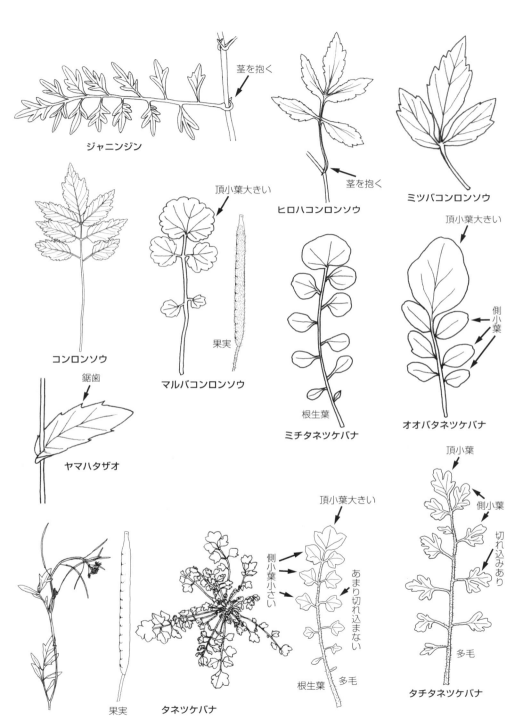

アブラナ科、ツチトリモチ科、ビャクダン科、オオバヤドリギ科、タデ科

図

  2. 果実は斜上または開出．亜高山帯の石灰岩地にまれ．茎は分枝しない（この種はエゾハタザオ属）
                         ヘラハタザオ（トダイハタザオ）

   E．果実に4稜あり ………………………………………………………《ショカツサイ属》
ショカツサイ属　*Orychophragmus*
  根生葉と下方の茎葉は羽状分裂．上方の茎葉は分裂しないで茎を抱く．花は紅紫色で大形．茎や葉柄
  は毛なし   ショカツサイ（ハナダイコン，オオアラセイトウ）・帰
   v．ケショカツサイは茎や葉柄に長い粗毛あり   ケショカツサイ・帰

被子095　ツチトリモチ科（*BALANOPHORACEAE*）

樹木の根に寄生．多肉質の多年草．葉は鱗片状で互生 ………………………………《ツチトリモチ属》
ツチトリモチ属　*Balanophora*
 花穂はツチトリモチに比べ細長く，長楕円体．橙黄色または褐色．花序は雌花のみ．雄花は不明
                        ミヤマツチトリモチ

被子096　ビャクダン科（*SANTALACEAE*）

A．木本
 B．落葉低木 ………………………………………………………………………《ツクバネ属》
ツクバネ属　*Buckleya*
 低山の林に分布．果実は羽根つきの羽根に似た苞葉（3cm）4枚をもつ   ツクバネ ▶

 B．寄生する常緑の木本．二叉分枝となる．雌雄異株 …………………………《ヤドリギ属》
ヤドリギ属　*Viscum*
 ケヤキ，エノキ，ミズナラ，ブナ等の落葉広葉樹に寄生．葉は両面毛なし．果実は淡黄色に熟す ヤドリギ ▶

A．多年草．緑色の半寄生植物．葉は互生で，線形まれに鱗片状 ………………《カナビキソウ属》
カナビキソウ属　*Thesium*
 日当たりの良い草地にある．無毛．花は腋生，小形白色   カナビキソウ ▶

被子097　オオバヤドリギ科（*LORANTHACEAE*）

寄生する低木．常緑樹．対生．葉は厚く円頭，全縁 ……………………………………《マツグミ属》
マツグミ属　*Taxillus*
 雌雄同株．モミ，ツガなどの針葉樹に寄生．葉の裏に最初濃褐色の毛があるがやがて無毛．果実は赤熟
                          マツグミ ▶

被子098　タデ科（*POLYGONACEAE*）

花被片はがく状であったり，花弁状であったりする．果実は3稜形（レンズ状果の種もわずかにある）
A．内側の花被片はふつう花後大きくなる．外側の花被片は小さくがく状 ……………《ギシギシ属》
ギシギシ属　*Rumex*
 1．葉の基部は左右に張り出し矢じり形．雌雄異株
  2．草高20-40cm．内側の花被片は果時翼状にならない．果実に粒状突起あり ヒメスイバ・帰 ▶
  2．草高40-80cm．内側の花被片は果時大きく翼状となる．果実はなめらか スイバ（スカンポ）▶

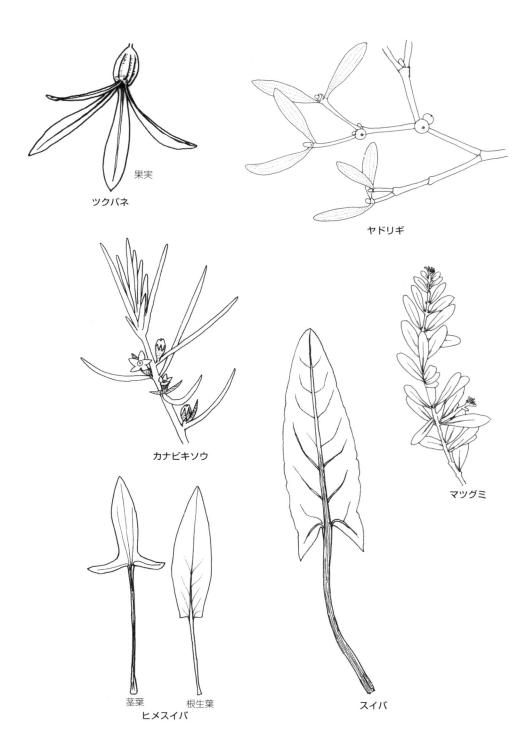

タデ科

1. 葉の基部はくさび形〜円形または心形．雌雄同株
    2. 果時花被片のふちは波状鋸歯，微鋸歯，あるいは全縁
        3. 果時の花被片の中脈はほとんど膨れない　　　　　　　　　　　　　　　　　　ノダイオウ ▶
        3. 果時の花被片の中脈はこぶ状に膨れる
            4. 花被片のほとんど全領域がこぶ状突起で占められる　　　　　　　　アレチギシギシ・帰 ▶
            4. 花被片にこぶ状突起はあるが，背面全領域を占めるわけではない
                5. 花片のふちは低鋸歯．こぶは3個とも同じ大きさ．葉のふちは多少ひだになる **ギシギシ** ▶
                5. 花被片のふちは全縁．3個のこぶは不同．葉のふちは著しいひだになる **ナガバギシギシ** ▶
    2. 果時花被片のふちは鋭鋸歯または刺毛がある
        3. ふちの刺毛は長く花被片の長さ以上　　　　　　　　　　　　　　　　コガネギシギシ・帰 ▶
        3. ふちの刺毛は花被片より短い．またはふちは鋭鋸歯
            4. 下の方の葉の基部は心形葉．裏の脈上に毛状突起あり　　　　　　エゾノギシギシ・帰 ▶
            4. 下の方の葉の基部は円形．葉裏は無毛　　　　　　　　　　　　　　　　　　コギシギシ ▶

A. 内側の花被片も外側の花被片も花後大きくなる種がほとんど
    B. 花はほとんどが腋生　……………………………………………………………《ミチヤナギ属》

ミチヤナギ属　*Polygonum*

1. 茎は地面をはう．果実の3面のうち1面が狭い．果実の長さは花被片と同じかやや長い
    　　　　　　　　　　　　　　　　　　　　　　　　　　　ハイミチヤナギ（コゴメミチヤナギ）・帰 ▶
1. 茎は斜上する．果実の3面は同大
    2. 葉先は鈍頭．乾燥時緑色．果実は花被片より短く，見えない．葉幅4-8mm　　**ミチヤナギ** ▶
        v. オオミチヤナギは，葉幅は広く7-14mm　　　　　　オオミチヤナギ（オオニワヤナギ）
    2. 葉先は鋭頭．乾燥時茶褐色．果実は花被片より長く突き出る
        　　　　　　　　　　　　　　　　　　　　　　　　アキノミチヤナギ（ハマミチヤナギ） ▶

B. 花はほとんどが頂生
    C. 太い根茎あり．根生葉は大きいが，茎につく葉は小さい．茎は分枝しない．花序は柱状
        ………………………………………………………………………………《イブキトラノオ属》

イブキトラノオ属　*Bistorta*

1. 葉の基部は心形で葉柄に沿下しない．頂生の花序と腋生の花序がある．葉は卵形　**クリンユキフデ** ▶
1. 葉の基部は切形またはくさび形で葉柄に沿下する．花序はふつう頂生のみ
    2. 花被片は白色．草高3-15cm．葉は広卵形〜長卵形　　　　　　　　　　　　　**ハルトラノオ** ▶
    2. 花被片は淡紅色．草高50-120cm．葉は披針形　　　　　　　　　　　　　　　**イブキトラノオ** ▶

C. 根茎はあっても細い．茎につく葉は大きくなる．茎は分枝する
    D. つるではない（イシミカワ，ママコノシリヌグイはここに含める）
        E. 総状花序または頭状花序．雌雄同株．雌花の花被片は翼状にならない（サクラタデ・シロバナサクラタデ・ヒメサクラタデは雌雄異株）
            F. 果実に著しい稜はない（3稜の場合は鈍角）………………………………《イヌタデ属》

イヌタデ属　*Persicaria*

1. 花被片は花後大きくならない．花柱反曲して残存
    2. 茎は中実．葉先は尾状にならない．葉の両面に毛あり．花軸無毛　　　　　　　　　**ミズヒキ** ▶
        f. オニミズヒキは，花軸に剛毛あり　　　　　　　　　　　　　　　　　　　　**オニミズヒキ**
    2. 茎は中空．葉先は尾状にとがる．葉の両面はほとんど無毛．花軸に微短毛密生　**シンミズヒキ** ▶
1. 花被片は花後大きくなる．花柱は花後落下
    2. 茎に下向き刺毛あり

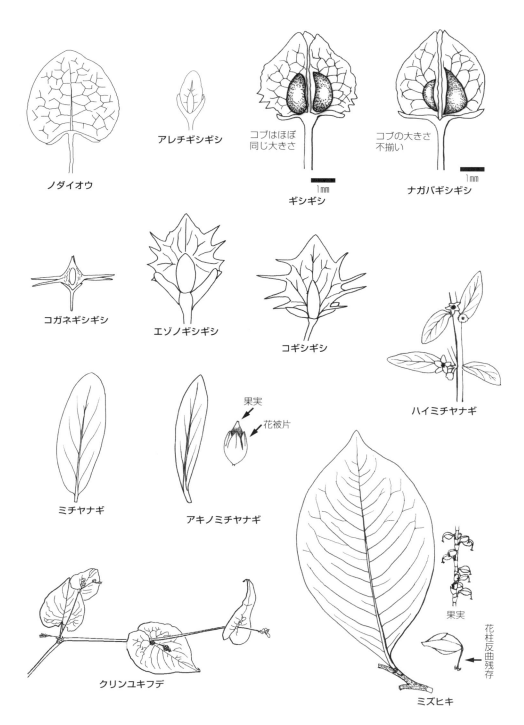

タデ科

- 3. 托葉鞘のふちは葉状になる
  - 4. 葉は三角形
    - 5. つる状に他物にからみ，よく分枝して広がる
      - 6. 葉は楯状で葉柄は葉のふちの数mm内側から出る．葉先は鈍頭．果実は球形　　**イシミカワ** ▶
      - 6. 葉の基部に葉柄がつく．葉先は鋭頭．果実は膨らんだ3稜形
        ママコノシリヌグイ（トゲソバ） ▶
    - 5. 茎はほぼ直立し，つる状にならない．草高20-50cm．茎のトゲは少ない　　**ミヤマタニソバ** ▶
  - 4. 葉は卵形か披針形で，葉の基部は左右に張り出す
    - 5. 托葉鞘のふちに切れ込みあり．葉は披針形　　**サデクサ** ▶
    - 5. 托葉鞘のふちは全縁．葉は卵状，葉柄に翼はほとんどない，またはわずかにある．果実は濃褐色．閉鎖花の枝は短く5cm以下　　**ミゾソバ** ▶
      - v. オオミゾソバは，葉柄の両側に狭いが明瞭な翼がある．葉はミゾソバより大きく，基部の張り出しが強い．閉鎖花の枝は長く10-20cm　　**オオミゾソバ**
      - v. ヤマミゾソバは，葉がミゾソバに比べ三角形．葉柄に翼なし．閉鎖花の枝は長く10-20cm．果実は丸みがあり，照りのある灰色　　**ヤマミゾソバ**
- 3. 托葉鞘のふちは葉状に広がらない
  - 4. 花は頭状
    - 5. 花柄に腺毛あり．葉の基部はわずかに張り出す（矢じり形）　　**ナガバノウナギツカミ** ▶
    - 5. 花柄は毛なし．葉の基部の裂片は平行
      - 6. 秋（8-10月）に開花．葉は卵状披針形〜長披針形　　**アキノウナギツカミ** ▶
      - 6. 初夏（5-7月）に開花．葉は長卵形〜広披針形　　**ウナギツカミ**
  - 4. 花は短いか，細長い総状花序．花柄に腺毛あり
    - 5. 葉の基部は切形〜浅心形．果実はなめらか　　**ヤノネグサ** ▶
    - 5. 葉の基部はわずかに張り出す．果実に横しわあり　　**ホソバノウナギツカミ** ▶
- 2. 茎に下向き刺毛なし
  - 3. 花序は頭状
    - 4. 葉は長卵形で葉柄に広い翼がある．茎は直立〜斜上．花は白色　　**タニソバ** ▶
    - 4. 葉は楕円形で葉柄に翼なし．茎ははう．花は淡紅紫色　　**ヒメツルソバ・帰**
  - 3. 花序は円柱状またはひも状
    - 4. 托葉鞘のふちは葉状になる．全体に大型（1.5m）で多毛
      - 5. 花は紅色　　**オオベニタデ・帰**
      - 5. 花は淡紅色　　**オオケタデ・帰**
    - 4. 托葉鞘のふちは葉状にならない
      - 5. 托葉鞘のふちに毛はない
        - 6. 花柄に腺毛あり．全体に褐色の毛あり　　**ニオイタデ・帰**
        - 6. 花柄に腺毛なし．花被片の脈は二分岐してUターン
          - 7. 葉の側脈は多く20-30対．節は膨れる．花序は長く先は垂れる　　**オオイヌタデ** ▶
          - 7. 葉の側脈は少なく10-15対．節はやや膨れる．花序は短く直立するものが多い．葉はわずかに毛あり　　**サナエタデ** ▶
            - v. ウラジロサナエタデは，サナエタデに比べ葉裏に綿毛が密生　　**ウラジロサナエタデ**
      - 5. 托葉鞘のふちに毛がある
        - 6. 多年草．長い根茎あり．雌雄異株
          - 7. 花は淡紅．果実の照りは少ない．花長5-6mm　　**サクラタデ** ▶
            - v. ヒメサクラタデは，花は小形で長さ2.5-3mm　　**ヒメサクラタデ**
          - 7. 花は白色．果実に照りがある　　**シロバナサクラタデ** ▶
        - 6. 一年草または越年草．根茎なし．雌雄同株

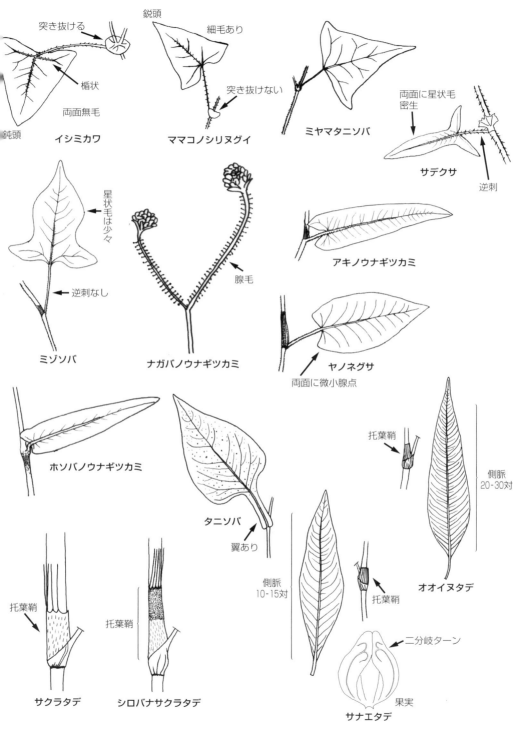

タデ科

```
7. 花被片に腺点多い
    8. 葉を噛むと辛い．果実はレンズ状（3稜になることもある）    ヤナギタデ（ホンタデ）  ▶
    8. 葉に辛みなし．果実に3稜あり                              ボントクタデ            ▶
7. 花被片に腺点なし，またはわずかにあり
    8. 茎・枝・花柄に粘る部分あり
        9. 葉身長は幅の3-5倍．托葉鞘の毛は5-8mm               ネバリタデ（ケネバリタデ） ▶
        9. 葉身長は幅の6-10倍．托葉鞘の毛は10-13mm            オオネバリタデ          ▶
    8. 茎・枝・花柄は粘らない
        9. 葉は卵形か披針形（葉身長は幅の5倍以下）
            10. 托葉鞘のふちに短毛あり（毛は托葉鞘より短い）．花被片の脈は二分してU
                ターン．花穂は立つ                              ハルタデ（ハチノジタデ） ▶
                    v．オオハルタデは，花穂が垂れる．全体が大型    オオハルタデ
            10. 托葉鞘のふちに長毛あり（毛は托葉鞘とほぼ同長）．花被片の脈は不明
                11. 花はまばらにつく．花序は線形．葉は卵形〜卵状広披針形で葉先は尾状
                                                                ハナタデ（ヤブタデ）     ▶
                    f．ナガボハナタデは，花がきわめてまばらにつく．茎は細い
                                                                ナガボハナタデ（ヌカボハナタデ）
                11. 花は密生．花序は柱状．葉は広披針形〜披針形で葉先は鋭頭
                                                                イヌタデ（アカノマンマ） ▶
        9. 葉は長披針形か線形（葉身長は幅の5倍以上）
            10. 葉の裏に腺点なし．乾燥しても緑色
                11. 花は密生して花序は柱状．果実に3稜あり．花は淡紅色   ヒメタデ          ▶
                    f．アオヒメタデの花は白〜緑白色                 アオヒメタデ
                11. 花はまばらで花序は線形．果実は3稜があるかレンズ状  ヌカボタデ
            10. 葉の裏に腺点あり．乾燥すると褐色変
                11. 果実に3稜あり．花序は密生する                 ホソバイヌタデ        ▶
                11. 果実はレンズ状．花序は花がまばらにつく           ヤナギヌカボ
```

F．果実に著しく鋭い3稜がある ……………………………………………《ソバ属》

ソバ属　*Fagopyrum*

```
1. 茎は束生．葉は大形三角形で長い柄あり．花は大きく径5-6mm     シャクチリソバ・帰
1. 茎は単立し赤色を帯びる．葉は五角形で，上部の葉は柄なし．花は小さく径3-4mm   ソバ・栽
```

E．円錐花序．雌雄異株．雌花の花被片は翼状になる ………………《ソバカズラ属（1）》

ソバカズラ属（1）　*Fallopia*

```
1. 葉は中形で6-15cm．基部は切形．裏は粉白でない．托葉鞘の長さ4-6mm    イタドリ    ▶
1. 葉は大形で20cm以上．基部は心形．裏は粉白．托葉鞘の長さ20-70mm      オオイタドリ ▶
```

D．つる ……………………………………………………………………《ソバカズラ属（2）》

ソバカズラ属（2）　*Fallopia*

```
1. 葉柄の基部に関節あり．腋生の円錐花序                          ツルドクダミ・逸  ▶
1. 葉柄の基部に関節なし．腋生の総状花序．花の数はツルドクダミに比べ少ない
    2. 果時花被片に翼なし．果実の長さ3mm，光沢なし，細点あり       ソバカズラ・帰
    2. 果時花被片に広い翼あり．果実は長さ4mm，光沢あり             オオツルイタドリ・帰
```

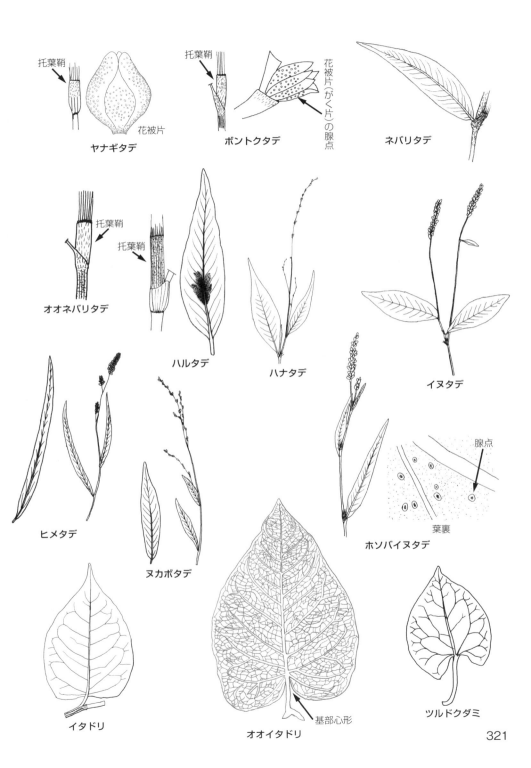

被子099　モウセンゴケ科（*DROSERACEAE*）

A. 湿地に生える．根あり．葉は根生または互生．腺毛あり．茎に関節なし．総状花序1本
……………………………………………………………………………《モウセンゴケ属》

モウセンゴケ属　*Drosera*
　葉は円形で急に細くなって葉柄に続く．葉柄の長さ2-8cm．花序に腺毛なし．花は白色　　**モウセンゴケ**

A. 水中に浮く．根なし．葉は輪生．腺毛なし．茎に関節あり．花は葉腋に1個 ………《ムジナモ属》

ムジナモ属　*Aldrovanda*
　葉身は捕虫性．二枚貝のように開閉して小動物を捕らえる．葉腋に白花1個　　**ムジナモ** ▶

被子100　ナデシコ科（*CARYOPHYLLACEAE*）

A. がくは合生して筒になる
　B. 花柱2. がく筒の脈は不明
　　C. がく筒は薄膜質．がくの合生は不完全 ……………………………………《コモチナデシコ属》

コモチナデシコ属　*Petrorhagia*
　越年生草本．茎に腺毛あり．葉の基部は合生して鞘状となる．花は淡紅色，径1cmほど
　　　　　　　　　　　　　　　　　　　　　　　　　　　　　　　　イヌコモチナデシコ・帰

　　C. がく筒は薄膜ではない．がくの合生は完全
　　　D. がく筒の下に1-3対の苞葉あり ……………………………………………《ナデシコ属》

ナデシコ属　*Dianthus*
　1. 全草無毛．花径3-4cm，淡紅色．花弁のふちは細裂
　　2. 苞葉は3対（花の直下の節にある葉は数えない）．がく長3-4cm　　**カワラナデシコ（ナデシコ）** ▶
　　2. 苞葉は2対（花の直下の節にある葉は数えない）．がく長2-3cm　　**エゾカワラナデシコ** ▶
　1. 茎や葉は多毛.花は小さく径1cm，淡紅色.花弁のふちはふぞろいに切れ込む　　**ノハラナデシコ・帰** ▶

　　　D. がく筒の下に苞葉なし ………………………………………………………《サボンソウ属》

サボンソウ属　*Saponaria*
　多年生草本．全体無毛．茎は四角柱．花は淡紅～白色　　　　　　　　**サボンソウ・逸** ▶

　B. 花柱3-5. がく筒の脈は明瞭で5-10脈 ………………………………………《マンテマ属》

マンテマ属　*Silene*
　1. 花柱5
　　2. 白色花．茎の二叉の基部から出る花柄はがくより長い　　**センジュガンピ（シラネガンピ）** ▶
　　2. オレンジ花．茎の二叉の基部から出る花柄はがくと同じか短い　　**フシグロセンノウ** ▶
　1. 花柱3
　　2. 果実は球形．茎はよく分枝し，縮れた毛が多い．果実径6-8mm，黒熟　　**ナンバンハコベ** ▶
　　2. 果実は卵形
　　　3. がく筒は20脈以上．がく筒は毛なし　　　　　　　　　　**シラタマソウ・帰**
　　　3. がく筒は10脈ほど
　　　　4. 夜咲き．がく筒に腺毛あり　　　　　　　　　　　**ツキミセンノウ・帰**
　　　　4. 昼咲き
　　　　　5. ある方向に片寄って花が咲く
　　　　　　6. 花弁は2裂しない．花柄に毛あり　　　　　　　**マンテマ・帰**

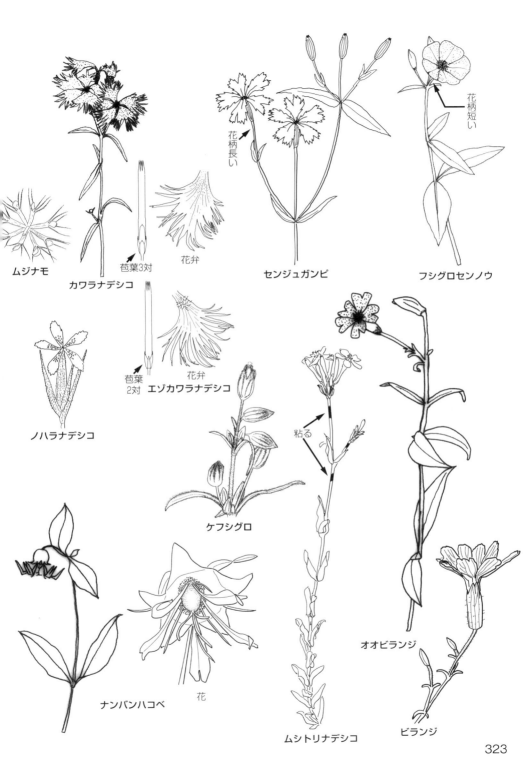

ナデシコ科

```
        6. 花弁は2中裂〜深裂
            7. 花は白または淡紅色．花柄は毛なし        フタマタマンテマ（ホザキマンテマ）・帰
            7. 花は紅紫色で中央部は白色．花柄に毛あり        サクラマンテマ・帰
        5. 花は一方向に偏らず万遍なく咲く
            6. 節間に褐色で粘る部分がある
                7. 花は茎の頂端に集まる．がく筒は中ほどがくびれる．葉は卵状長楕円形
                                                                ムシトリナデシコ・帰  P323
                7. 花はまばら．がく筒はくびれない．葉は倒披針形        ムシトリマンテマ・帰
            6. 茎に粘る部分はない
                7. がく筒は花時の長さ6-8mm．花は白色で小さい．全体無毛        フシグロ
                    f. ケフシグロは，茎・葉・花柄やがく筒に短毛を散生する        ケフシグロ  P323
                7. がく筒は花時の長さ10-14mm．花は紅紫色で大きい．茎の上部やがく筒はほぼ無毛
                                                                オオビランジ  P323
                    v. ビランジは，茎の上部に腺毛がある．がく筒に腺毛が密生        ビランジ  P323
```

A. がくは筒状になることはない
B. 花柱4-5
C. 花弁は全縁または凹頭 ………………………………………………《ツメクサ属》

ツメクサ属 *Sagina*

葉は針形，深緑色，鋭尖頭．小さな花が腋生
```
1. がく片5個．花弁5個        ツメクサ ▶
1. がく片4個．花弁4個        アライトツメクサ・帰
```

C. 花弁は2深裂
D. 果実卵形 …………………………………………………………《ハコベ属（1）》

ハコベ属（1） *Stellaria*

コハコベなどハコベ属（2）に比べて全体に大きい．茎上部やがく片に腺毛あり．花柱5 ウシハコベ ▶

D. 果実円筒状 ……………………………………………………《ミミナグサ属》

ミミナグサ属 *Cerastium*

```
1. 茎の二叉の基部から出る花柄はがく片より短いか同じ長さ．密に花がつく
                                                        オランダミミナグサ・帰 ▶
1. 茎の二叉の基部から出る花柄はがく片よりも長い．まばらに花がつく        ミミナグサ ▶
```

B. 花柱2-4
C. 花弁は2深裂〜2浅裂または花弁なし ………………………《ハコベ属（2）》

ハコベ属（2） *Stellaria*

```
1. 下方の葉に葉柄あり．葉は幅広い
    2. 茎と花柄は毛なし．葉の表面に毛あり．花弁は2浅裂〜2中裂        サワハコベ（ツルハコベ）
    2. 茎と花柄に1列の短毛列あり．葉は小さく，ほとんど毛なし
        3. 花弁なし．がくの基部に褐紫色斑あり．種子径1mm以下        イヌコハコベ・帰 ▶
        3. 花弁あり．がくは緑色．花弁は2深裂
            4. がく片は鋭頭．花弁はがくより長い．種子径1.2mm        ミヤマハコベ ▶
            4. がく片は鈍頭．花弁はがくと同じか短い
                5. 雄しべ1-7個．種子径1-1.2mm．表面に半球状突起（弱い突起）あり  コハコベ（ハコベ） ▶
                5. 雄しべ5-10個．種子径1.5mm，表面に円錐状突起（鋭い突起）あり  ミドリハコベ（ハコベ） ▶
```

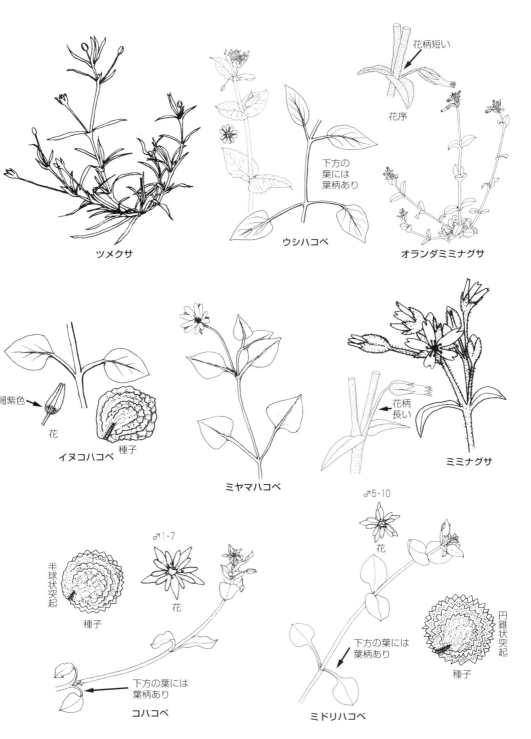

```
    1. すべての葉に葉柄はない
        2. 果実は裂開しない．1果実に種子1個                                    オオヤマハコベ ▶
        2. 果実は裂開する．1果実に多数の種子
            3. 葉は糸状〜長線形できわめて細長い．花は腋生                       イトハコベ
            3. 葉は長楕円形で長さは幅の4倍程度．花は頂生                      ノミノフスマ ▶

        C. 花弁は全縁（ワダソウは花弁2浅裂）
            D. 根は紡錘形．閉鎖花あり．花柱2-3 ……………………………《ワチガイソウ属》
```
ワチガイソウ属　*Pseudostellaria*
```
    1. 花は頂生で花柄は短い．茎の頂端に大きい葉が集まり輪生状
        2. 花柄に1列の短毛列あり．花は1-5個．花弁2浅裂                        ワダソウ ▶
        2. 花柄に1列の短毛列なし（茎には毛列あり）．花は1個              ヒゲネワチガイソウ ▶
    1. 花は腋生または頂生で花柄が長い．大きな葉が茎の頂端に集まることはない      ワチガイソウ ▶

            D. ひげ根．閉鎖花なし．花柱3 ……………………………………《ノミノツヅリ属》
```
ノミノツヅリ属　*Arenaria*
```
    1. 種子に種枕あり．葉は長さ10-25mm．花の径15mm．花は茎の頂端や葉腋に1-3個つく
                                              オオヤマフスマ（ヒメタガソデソウ） ▶
    1. 種子に種枕なし．葉は長さ3-6mm．花は小さく径5mm．茎の頂端や葉腋に数多くつく   ノミノツヅリ ▶
```

被子101　ヒユ科（*AMARANTHACEAE*）

```
A. 花糸の基部が合生することはない．雄しべは離生
    B. 果時，がくには横に広がる広い翼がある ……………………………《ムヒョウソウ属》
```
ムヒョウソウ属　*Bassia*
```
    茎は直立．数多く分枝．葉は線形．雌花のがくは宿存し，翼状で不規則な切れ込みがある
                                                              ホウキギ・栽

    B. 果時，がくに翼はない
        C. 葉裏に白黄色の腺点（粒状）があり，揉むといやな臭いがある ………《アリタソウ属》
```
アリタソウ属　*Dysphania*
```
    1. 草高10-20cmではう．花は葉腋に密につく                        ゴウシュウアリタソウ・帰 ▶
    1. 草高30-80cmで直立．花序は頂生で，総状または円錐状．茎や葉に毛あり     ケアリタソウ・帰
        v. アリタソウは，茎と葉はほとんど毛なし                              アリタソウ・帰 ▶
        v. アメリカアリタソウは，苞葉は小さく目立たない．花序は長め．葉に深い鋸歯あり
                                                              アメリカアリタソウ・帰

        C. 葉裏に腺点なし．臭いもない ………………………………………………《アカザ属》
```
アカザ属　*Chenopodium*
```
    1. 葉は多肉質．花序枝に透明毛密生．種子に光沢あり
        2. 葉は広い卵形．花序はやや太く，よく分枝する．種子の一部は浅く湾入    マルバアカザ
        2. 葉は広線形〜長卵形．花序は細長く，あまり分枝しない．種子の一部は深く湾入  カワラアカザ ▶
    1. 葉は多肉質ではない．花序枝に透明毛なし
        2. 葉は鮮緑色で照りがある．葉の裏は全く粉白ではない．種子の稜は強い    ミナトアカザ・帰 ▶
        2. 葉は緑色で照りなし．葉の裏は多少とも粉白．種子に稜なし
            3. 葉裏は腺点が密生し著しい白色．花被片は2-5個                ウラジロアカザ・帰 ▶
```

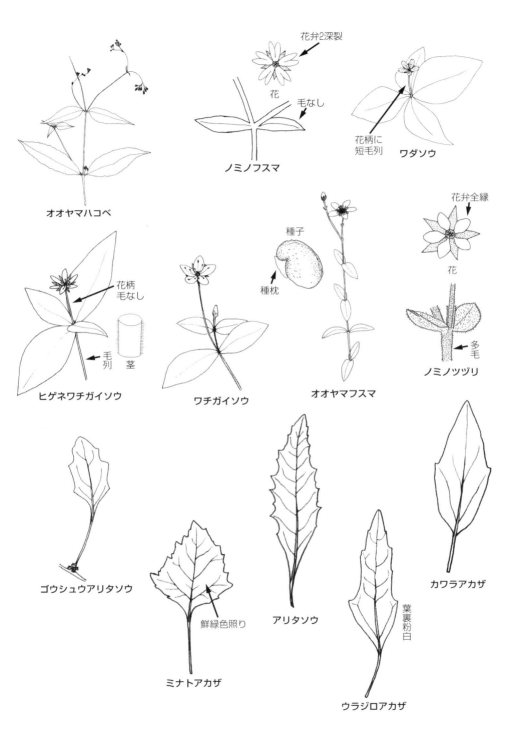

ヒユ科

  3. 葉裏は腺点あるが著しい白色にはならない．花被片は5個
   4. 葉は全縁またはわずかな細鋸歯   **ミドリアカザ（イワアカザ）** ▶
   4. 葉は細鋸歯多し
    5. 葉幅が狭い．種子に光沢なし．葉は長楕円状で3裂する
                               コアカザ・帰 ▶
    5. 葉幅は広い．種子に強い光沢
     6. 若葉表面に白～淡紅色の腺点（粉状物）がある．茎の頂部が少しばかり紅紫色になる．
      葉は三角状披針形～披針形で鋸歯は粗いかまたは全縁   **シロザ** ▶
      v．ホソバアカザは，葉は広線形～披針形．不規則な細鋸歯あり   **ホソバアカザ・帰**
     6. 若葉表面に強い紅紫色の腺点(粉状物)があり，茎の頂部全体が紅紫色．葉は三角状卵形
                                       アカザ・逸

A．花糸の基部はやや合生し，膜状につながる
 B．葉は互生
  C．果実の中に種子は2個～多数 …………………………………………《ケイトウ属》
ケイトウ属 *Celosia*
  1. 花序に長い柄がある．がくの長さ8-10mm．花序は毛筆状   **ノゲイトウ・帰**
  1. 花序に柄がないか，あっても短い．がくの長さ4mm．花序はとさか状   **ケイトウ・栽**

  C．果実の中に種子は1個 ……………………………………………………《ヒユ属》
ヒユ属 *Amaranthus*
  1. 果実は横に裂けない．苞葉の先端は芒状にならない．苞葉は花被片より短い
   2. 果実は花被片の2倍長．表面はなめらか．花被片2-3個   **ハイビユ・帰**
   2. 果実は花被片と同長またはやや長い．表面にしわを生ずる．花被片3個
    3. 果実に浅いしわがある．果長2-3mmで緑色．種子に強い光沢．葉先は凹頭   **イヌビユ** ▶
    3. 果実に深いしわがある．果長1-1.5mmで淡褐色．種子にわずかに光沢あり．葉先は鈍頭または
      鋭頭   **ホナガイヌビユ（アオビユ）・帰** ▶
  1. 果実は横に裂ける（若時も裂け目の予定線は明瞭）．苞葉の先端は芒状．苞葉は花被片と同長または
   は長い
   2. 花序は葉腋に生じ，小さなかたまりとなる
    3. 苞葉は反り返る．先は鋭頭．花被片3個   **ヒメシロビユ（シロビユ）・帰** ▶
    3. 苞葉は反り返らない．先は鈍頭．花被片は4-5個   **アメリカビユ・帰** ▶
   2. 花序は茎の頂端または枝端に生じ，長い穂となる
    3. 雌雄異株．雌花の花被片は5個．苞葉は花被片の2倍長くらい   **オオホナガアオゲイトウ・帰**
    3. 雌雄同株
     4. 葉腋にトゲ1対あり   **ハリビユ・帰** ▶
     4. 葉腋にトゲなし
      5. 花被片は3個．苞葉は花被片と同長くらい．先は芒状   **ヒユ・栽**
      5. 花被片は5個
       6. 雌花の花被片はへら・さじ状．果実よりも著しく長い   **アオゲイトウ・帰** ▶
       6. 雌花の花被片は披針形．果実と同長かやや短い
        7. 茎に毛あり．葉裏の脈上も毛あり．苞葉は花被片の1.5倍長くらい
                              ホソアオゲイトウ・帰 ▶
        7. 茎は毛なし．葉裏も毛なし．苞葉は花被片の2倍長くらい
                  ホナガアオゲイトウ（イガホビユ）・帰 ▶

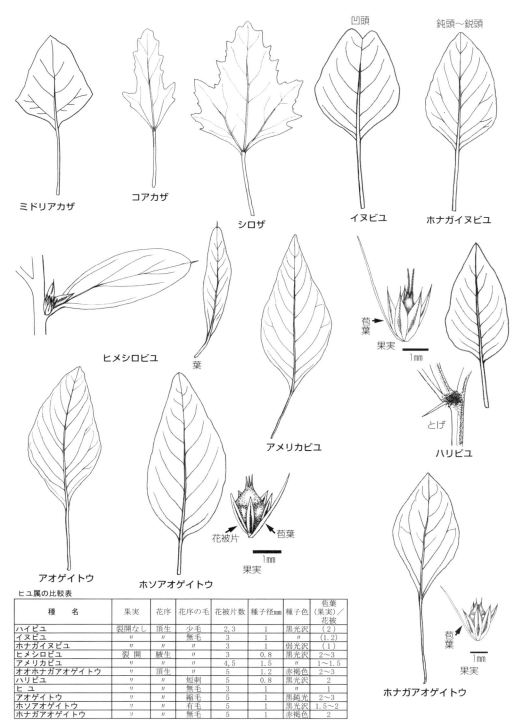

ヒユ科、ハマミズナ科、ヤマゴボウ科、オシロイバナ科、ザクロソウ科

　B．葉は対生
　　C．果実は下向きにつく ……………………………………………………………《イノコヅチ属》
イノコヅチ属　*Achyranthes*
　1．葉は披針形で葉先はイノコヅチよりも鋭尖頭．毛は少ない．小苞葉両脇の透明付属片はやや小さい
　　　　　　　　　　　　　　　　　　　　　　　　　　　　　　　　　　　　　　ヤナギイノコヅチ ▶
　1．葉は長楕円形で葉先は鋭尖頭，薄い．毛は多い．小苞葉両脇の透明付属片は大きく，果実の1/5長，1mm
　　　　　　　　　　　　　　　　　　　　　　　　　　　　　　　　　イノコヅチ（ヒカゲイノコヅチ）▶
　　　v．ヒナタイノコヅチは，葉が倒卵状楕円形．葉先は鋭頭．やや厚めでふちは波うつ．毛は多い．小苞葉
　　　両脇の透明付属片は小さく果実の1/10長，0.5mm　　　　　　　　　　　　　　 ヒナタイノコヅチ ▶

　　C．果実は下向きとならない ………………………………………………………《ツルノゲイトウ属》
ツルノゲイトウ属　*Alternanthera*
　花は白色で密集．花序は頭状花序となり，葉腋に1個～数個つく
　1．葉は長楕円形，幅5-15mm．がくと果実は同長　　　　　　　　　　　　　　　ツルノゲイトウ・帰
　1．葉は広線形，幅3-6mm．がくは果実より長い　　　　　　　　　　　　　　ホソバツルノゲイトウ・帰

被子101-2　ハマミズナ科（ツルナ科）（*AIZOACEAE*）

マツバギク属　*Lampranthus*
　葉は多肉質．花弁は数十枚，花はキク科の頭状花序のように見える　　　　　　　　　マツバギク・栽 ▶

被子102　ヤマゴボウ科（*PHYTOLACCACEAE*）

葉は互生で全縁．総状花序 ……………………………………………………………………《ヤマゴボウ属》
ヤマゴボウ属　*Phytolacca*
　1．花序には長柄（7-10cm）があり，垂れ下がる．葉先は鋭尖頭．種子はなめらか．花柱10個で子房は
　　合生して1個　　　　　　　　　　　　　　　　　　ヨウシュヤマゴボウ（アメリカヤマゴボウ）・帰 ▶
　1．花序には短柄（1-3cm）があり直立
　　2．葉先は鈍頭．種子はなめらか．花柱8個で子房も8個　　　　　　　　　　　　　　　　ヤマゴボウ
　　2．葉先は鋭尖頭．種子に同心円状の模様あり．花柱7-10個で子房は合生して1個　マルミノヤマゴボウ ▶

被子103　オシロイバナ科（*NYCTAGINACEAE*）

よく分枝する多年生草本．花はラッパ状．総苞ががく状となり，がくが花冠状となる
…………………………………………………………………………………………………《オシロイバナ属》
オシロイバナ属　*Mirabilis*
　葉は対生，葉柄あり，三角状卵形，鋭尖頭．花は枝先に集まる．赤，黄，白色の花が混じる
　　　　　　　　　　　　　　　　　　　　　　　　　　　　　　　　　　　　　　オシロイバナ・栽

被子104　ザクロソウ科（*MOLLUGINACEAE*）

がくは4-5深裂．花弁なし．葉は輪生 ……………………………………………………《ザクロソウ属》
ザクロソウ属　*Mollugo*
　1．頂生または腋生する集散花序（3分岐ずつする花序）が目立つ．葉は2-5枚輪生．植物体は全体的に
　　斜上　　　　　　　　　　　　　　　　　　　　　　　　　　　　　　　　　　　　ザクロソウ ▶
　1．花序は腋生（頂生する花序はない）．葉は4-7枚輪生．植物体全体はロゼット状にはう
　　　　　　　　　　　　　　　　　　　　　　　　　　　　　　　　　　　　クルマバザクロソウ・帰 ▶

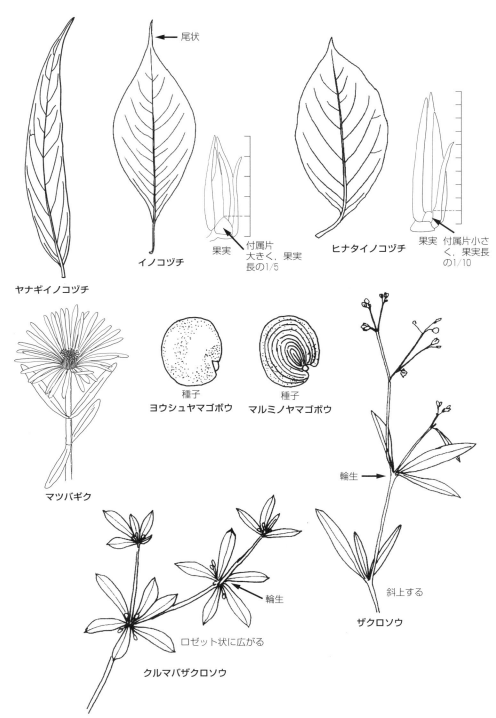

ハゼラン科、スベリヒユ科、ミズキ科、アジサイ科

被子105　ハゼラン科（*TALIANACEAE*）

円錐花序 ……………………………………………………………………………《ハゼラン属》

ハゼラン属　*Talinum*

葉は互生．大きい葉は下方に集まる．倒卵形．葉先は鋭尖頭．やや多肉質．花は淡紅．午後3時ころ開花．サンジソウ（三時草）ともいう　　　　　　　　　　　　　　　　　ハゼラン・逸 ▶

被子106　スベリヒユ科（*PORTULACACEAE*）

花は茎の頂端に数個つく．果実は横に裂け上ぶたがとれる ……………………《スベリヒユ属》

スベリヒユ属　*Portulaca*

1. 葉は厚ぼったい．楕円形．基部は無毛．花は黄色，花茎5-8mm．雄しべ7-12個．園芸品ハナスベリヒユは花径30mm，雄しべ50-60個，花色さまざま．対生と互生が混じる　　　スベリヒユ ▶
1. 葉は太い棒状．やや扁平．基部に長毛あり．花は紫紅色．葉は互生
   2. 花径小さく10mmほど．雄しべ10-20　　　　　　　　　　　　ヒメマツバボタン・帰 ▶
   2. 花径大きく30mmほど．雄しべ多数　　　　　　　　　　　　　　マツバボタン・栽 ▶

被子107　ミズキ科（*CORNACEAE*）

A. 花弁6．落葉低木．枝は丸い．托葉なし．単葉を互生．葉は掌状に浅裂する …………《ウリノキ属》

ウリノキ属　*Alangium*

葉は掌状に3-5浅裂．葉裏に軟毛あり．花弁6．葉長30-35mm　　　　　　　　　　ウリノキ ▶
　f. ビロードウリノキは，葉裏に細毛密生　　　　　　　　　　　　　　　　ビロードウリノキ

A. 花弁4 ………………………………………………………………………………《サンシュユ属》

サンシュユ属　*Cornus*

1. 草本．茎の頂端に1個の頭状花序がつく．花序があるとき葉は6枚，ないとき葉は4枚．総苞片は4枚で白色　　　　　　　　　　　　　　　　　　　　　　　　　　　　　　　ゴゼンタチバナ ▶
1. 木本
   2. 茎の頂端に散房花序．総苞なし
      3. 葉は対生．冬芽の芽鱗は短毛密生．枝に稜あり　　　　　　　　　　クマノミズキ ▶
      3. 葉は互生．冬芽の表面は毛がなく照りがある．枝は丸い　　　　　　　ミズキ ▶
   2. 茎の頂端に頭状花序．白色～淡紅色の花弁状大型総苞片4枚あり
      3. 花弁状の総苞片は鋭尖頭で白色．6-7月開花．子房は熟すと合着肥厚し，球状の集合果をつくる．食用甘い　　　　　　　　　　　　　　　　　　　　　　　　　　　　ヤマボウシ ▶
      3. 花弁状の総苞片は凹頭で白色または淡紅色．4-5月開花．子房は果時合生しない
　　　　　　　　　　　　　　　　　　　　　　ハナミズキ（アメリカヤマボウシ）・栽 ▶

被子108　アジサイ科（*HYDRANGEACEAE*）

A. 木本，葉は対生．雄しべは花弁の2倍．果実は熟すと裂ける
　B. 花柱1
　　C. つる．雄しべ10．花弁5．装飾花あり ………………………………………《イワガラミ属》

イワガラミ属　*Schizophragma*

岩や木にからむ．ツルアジサイ（P334）（ゴトウヅル）に比べ，ふちの鋸歯が粗い．装飾花のがく片は1個　　　　　　　　　　　　　　　　　　　　　　　　　　　　　　　　　　イワガラミ ▶

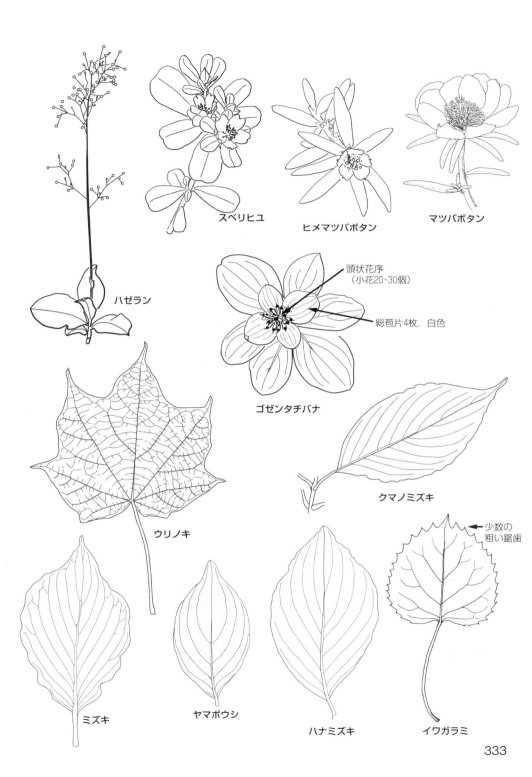

アジサイ科

　　C. 直立する低木．雄しべ20．花弁4．装飾花なし ……………………………《バイカウツギ属》
バイカウツギ属　*Philadelphus*
　星状毛なし．葉裏の脈に沿って短毛あり．脈以外はほとんど無毛　　　　　　　　　バイカウツギ
　　v. ニッコウバイカウツギは，葉裏全体に多毛　　　　　　ニッコウバイカウツギ（ケバイカウツギ）

　B. 花柱3-5
　　C. 星状毛あり．装飾花はまったくない ………………………………………………《ウツギ属》
ウツギ属　*Deutzia*
　1. 花は旧年枝に1-2個つく．若枝に柄のある星状毛密生　　　　　　　　　　　　　　ウメウツギ
　1. 花序が当年枝に頂生する．枝の星状毛は顕著でない
　　2. 下方の葉は葉柄がなく茎を抱く傾向あり．雄しべの花糸に歯はないのがふつう．葉裏に柄のある
　　　ヒドラ状の有柄星状毛あり　　　　　　　　　　　　　　　　　　　　　　　　マルバウツギ
　　2. 下方の葉も葉柄あり．雄しべの花糸に歯はあるのがふつう．葉裏に柄のない星状毛あり
　　　3. 葉はうすい．星状毛がないかあってもまばら．星状毛は3-4分岐　　　　　　　ヒメウツギ
　　　3. 葉はざらつく．やや灰緑色．星状毛は多い．星状毛は5-6分岐　　　　　　　　ウツギ

　　C. 星状毛なし．花序の中に装飾花あり ……………………………………………《アジサイ属》
アジサイ属　*Hydrangea*
　1. つる．種子の全周に翼あり．装飾花のがく片3-4個．イワガラミ（P332）によく似るが，本種の葉
　　のふちの鋸歯はこまかい．装飾花のがく片はふつう4個　　　　　　ツルアジサイ（ゴトウヅル）
　1. 茎は直立．種子は両端が扁平で翼となる
　　2. つぼみは球形．花序全体が大きな苞葉に包まれる．葉に硬毛あり　　　　　　　タマアジサイ
　　2. 花序は大きな苞葉に包み込まれることはない．葉に毛はあるが硬毛ではない
　　　3. 装飾花なし．葉の鋸歯は大型　　　　　　　　　　　　　　　　　　　　　　コアジサイ
　　　3. 装飾花あり．葉の鋸歯は小さい
　　　　4. 円錐花序．装飾花のがく片3-5個　　　　　　　　　　　　　　　　　　　　ノリウツギ
　　　　4. 集散花序（3分岐ずつする花序）
　　　　　5. 花序の中の装飾花は4個以下で広いがく片は3個．葉は深青緑色　ガクウツギ（コンテリギ）
　　　　　5. 花序の中に装飾花は5個以上
　　　　　　6. 葉は広い．表面には光沢あり．葉は毛なし．葉裏の脈腋にだけ毛あり．装飾花は花序の
　　　　　　　外周のみにあり，広いがく片は3-5個で，白・青紫・赤紫色　　　　　ガクアジサイ・栽
　　　　　　　　v. アジサイは，花のほとんど装飾花　　　　　　　　　　　　　　アジサイ・栽
　　　　　　6. 葉は幅狭い．表面には光沢なし．両面に毛を散生　　　　　　　　　　ヤマアジサイ

A. 草本
　B. 花柱合生 …………………………………………………………………………《ギンバイソウ属》
ギンバイソウ属　*Deinanthe*
　葉は対生．葉身は楕円形で先端は大きく2裂．花径2cmで白色　　　　　　　　　　　ギンバイソウ

　B. 花柱は離れている ………………………………………………………………《クサアジサイ属》
クサアジサイ属　*Cardiandra*
　葉は互生．長楕円形．鋭鋸歯あり．花序は頂生．花の中に装飾花あり．装飾花は花弁状がく片3個か
　らなる　　　　　　　　　　　　　　　　　　　　　　　　　　　　　　　　　　クサアジサイ

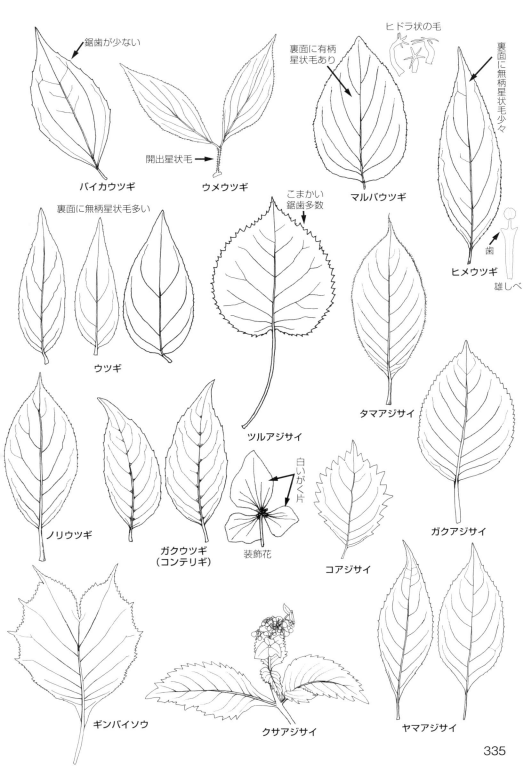

被子109　ツリフネソウ科（*BALSAMINACEAE*）

花は左右相称．がくは3片，下の1片には距あり　………………………………《ツリフネソウ属》
ツリフネソウ属　*Impatiens*
 1. 花序の軸に毛なし．距は少し下にカーブするのみ
  2. 花は淡黄色．葉は鈍頭．ふちは鈍鋸歯　　　　　　　　　　　　　　　　　　　　キツリフネ ▶
  2. 花は橙黄色．ふちは細鋸歯．河川敷に帰化　　　　　　　　　アカボシツリフネソウ・帰 ▶
 1. 花序の軸に紅紫色の突起毛あり．距はうずまき．葉は鋭尖頭〜やや尾状．ふちに鋭鋸歯．花は紅紫色
  2. 左右2枚ある花弁の裂片の先は長く伸び，ハの字ヒゲ状　　　　　　　　　　　　ツリフネソウ ▶
  2. 左右2枚ある花弁の裂片の先は尾状に伸び出さない　　　　　　　　ワタラセツリフネソウ ▶

被子110　ペンタフィラクス科またはモッコク科・サカキ科（*PENTAPHYLACACEAE*）

果実は肉質
A. 花は葉腋から1-4個．雌雄異株．葉に鋸歯あり．種子は赤褐色　……………………《ヒサカキ属》
ヒサカキ属　*Eurya*
 常緑小高木．葉は鋸歯あり，厚い，革質．冬芽は小さく鎌状に曲がる．雑木林に繁茂する　ヒサカキ ▶

A. 花は葉腋から1個．雌雄同株．葉はほとんど全縁
 B. 種子は赤褐色．葯は毛なし　……………………………………………………………《モッコク属》
モッコク属　*Ternstroemia*
 常緑の高木．葉は楕円状披針形〜狭倒卵形で革質，やや光沢あり．枝端に集まる．花弁5，最初白色だ
 がしだいに黄色を帯びるようになる　　　　　　　　　　　　　　　　　　　　　　モッコク・栽 ▶

 B. 種子は黒紫色．葯に毛あり　……………………………………………………………《サカキ属》
サカキ属　*Cleyera*
 常緑の高木．葉は2列互生で全体は平面的，全縁，革質．果実は黒紫色．冬芽は鎌状に大きく曲がる．
 社寺に植栽される　　　　　　　　　　　　　　　　　　　　　　　　　　　　　　　サカキ・栽 ▶

被子111　カキノキ科（*EBENACEAE*）

落葉樹．合弁花．がくは宿存　………………………………………………………………《カキノキ属》
カキノキ属　*Diospyros*
 1. 若枝に縮れ毛あり．葉表に照りはない．果実径3-8cm　　　　　　　　　　　　　　カキノキ・栽 ▶
  v. ヤマガキは，山地自生．カキノキに比べ葉は小形．葉裏と枝は毛が多い．子房に毛あり　ヤマガキ ▶
 1. 若枝は毛なし（はじめあっても早落）．葉表に照りがある．果実径2cm以下　　　　　マメガキ・栽 ▶

被子112　サクラソウ科（*PRIMULACEAE*）

A. 木本　………………………………………………………………………………………《ヤブコウジ属》
ヤブコウジ属　*Ardisia*
 1. 高さ5-30cm．匍匐茎あり．葉は茎の上部にあって輪生状．本種を「十両」ともいう　　ヤブコウジ ▶
 1. 高さ30cm以上．匍匐茎なし．葉は互生
  2. 茎や花序は毛なし．茎の上部でやや分枝．花序は枝に頂生，柄なし．果実赤　　マンリョウ・逸 ▶
   f. シロミノマンリョウは、果実白　　　　　　　　　　　　　　　　　　シロミノマンリョウ・栽 ▶
  2. 茎や花序に粒状の毛あり．茎はふつう分枝せず．花序は腋生，柄あり．本種を「百両」ともいう
  　　　　　　　　　　　　　　　　　　　　　　　　　　　　　　　　　　　　カラタチバナ・逸 ▶

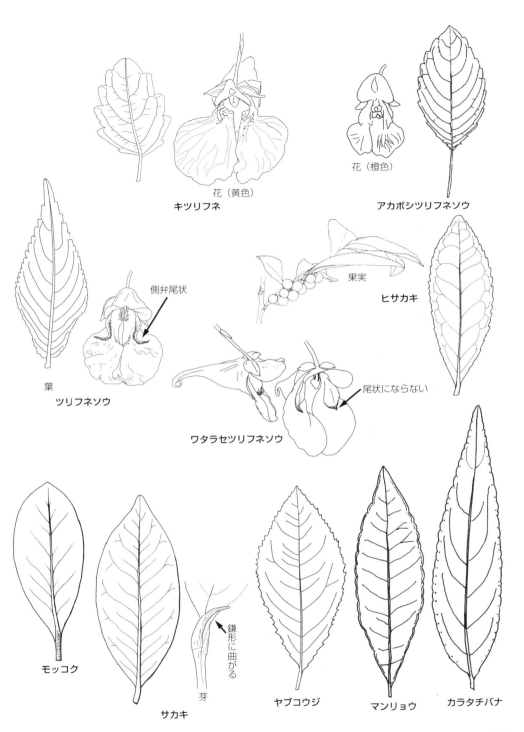

A. 草本
　B. すべて根出葉で宿存する ……………………………………………《サクラソウ属》

サクラソウ属　Primula

1. 花茎の高さ40-80cm．葉柄は不明瞭．花茎の節に多数花が輪生状　　　　　　　　　　クリンソウ ▶
1. 花茎の高さは40cm以下．明らかな葉柄がある．花茎の頂に1花序あり
　　2. 果実は卵球状．がくは果実より長い．葉身は長卵形　　　　　　　　　　　　　　サクラソウ
　　2. 果実は長楕円形．がくは果実と同長またはやや短い．葉身は円形．ふちは大きく7-9浅裂．裂片は鈍頭．葉柄多毛　　　　　　　　　　　　　　　　　　　　　　　　　　　　　コイワザクラ ▶
　　　　v. クモイコザクラは，葉身の1/3ほどに欠刻．裂片は鋭頭．葉柄の毛は多くない　　クモイコザクラ ▶
　　　　v. チチブイワザクラは，葉身円形．欠刻しない．鋸歯があるのみ．葉柄や花柄に暗赤色の開出毛が密生
　　　　　　　　　　　　　　　　　　　　　　　　　　　　　　　　　　　　　　チチブイワザクラ ▶

　B. 開花の頃，根出葉はない ……………………………………………《オカトラノオ属》

オカトラノオ属　Lysimachia

1. 花冠6-8裂．種皮は種子を軽く包む．茎の頂端に大きい葉が集まる　　　　　　　　　ツマトリソウ ▶
1. 花冠5裂．種皮は種子に密着
　　2. 花は黄色
　　　　3. 茎は直立．葉は3-4枚輪生（まれに対生）．葉は披針形で葉柄なし．葉裏に黒い腺点あり．茎の頂端に円錐花序　　　　　　　　　　　　　　　　　　　　　　　　　　　　クサレダマ
　　　　3. 茎は匍匐．葉は対生．葉は卵形で葉柄あり．葉裏に透明な腺点あり．花は葉腋に1個ずつ．花柄2-3mm　　　　　　　　　　　　　　　　　　　　　　　　　　　　　　　コナスビ ▶
　　　　　　v. ナガエコナスビは，花柄と葉柄が同じ長さで6-18mm　　　　　　　　　　ナガエコナスビ
　　2. 花は白色．茎の頂端に総状花序．葉は互生
　　　　3. 茎に稜あり．花柄は花後，長く伸びる
　　　　　　4. 葉先は鋭頭．花序はまばらに花がつく　　　　　　　ギンレイカ（ミヤマタゴボウ）
　　　　　　4. 葉先は鈍頭．花序は密に花がつく　　　　　　　　　　　　　　　　　　サワトラノオ
　　　　3. 茎の断面は円柱で稜はない．花柄は短く，花後もほとんど伸長しない
　　　　　　4. 花序は直立．花は一様で偏ったつき方はしない．茎や軸は毛なし（ごく短い腺毛が少しあり）．湿地にふつうに生育　　　　　　　　　　　　　　　　　　　　　　　　　　ヌマトラノオ ▶
　　　　　　　　h. イヌヌマトラノオは，オカトラノオとヌマトラノオの雑種．花序はやや傾く．茎は毛がまばら（微腺毛あり）．節は緑色　　　　　　　　　　　　　　　　　　　　イヌヌマトラノオ ▶
　　　　　　4. 花序は上が傾き，花は偏ってつく．茎や軸に多細胞の毛が多い．丘陵・草原にふつうに生育
　　　　　　　　5. 葉柄基部と節は赤紫色．茎や軸に白色短毛がまばらにある　　　　　オカトラノオ ▶
　　　　　　　　5. 葉柄基部と節は緑色．茎や軸に褐色長毛が密生　　　　　　　　　　ノジトラノオ ▶

被子113　ツバキ科（*THEACEAE*）

果実は肉質ではない．種子は赤くない

A. 落葉樹．種子に翼あり ……………………………………………《ナツツバキ属》

ナツツバキ属　Stewartia

1. 小苞葉はがく片より短い．冬芽の芽鱗は2個．葉裏に圧毛．花径6-7cm．種子に狭い翼があるか，またはない　　　　　　　　　　　　　　　　　　　　　　　　　　　　　　　　　　　　　ナツツバキ ▶
1. 小苞葉はがく片と同じか長い．冬芽の芽鱗は4-6個．葉裏に細毛が立つ．花径2cm．種子に広い翼あり
　　ヒメシャラ ▶

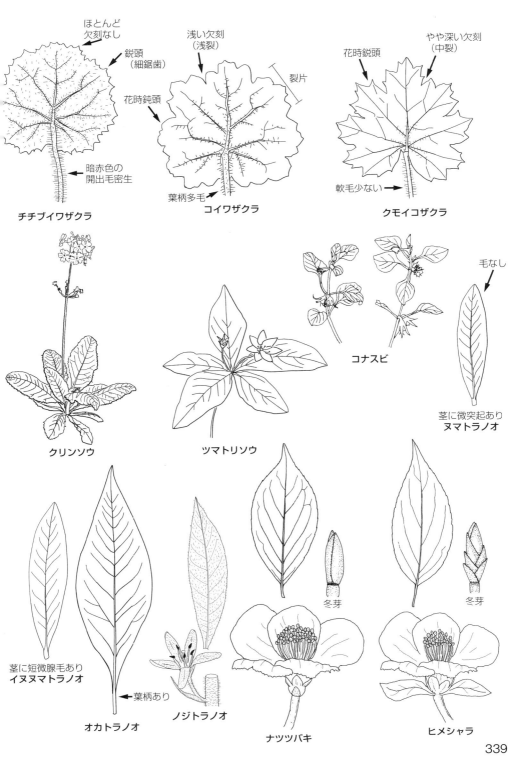

ツバキ科、ハイノキ科、イワウメ科、エゴノキ科

A. 常緑樹. 種子に翼はない ·· 《ツバキ属》
ツバキ属　Camellia
1. 花柄は長く1cm以上. 花は小形で白色. 冬芽は鱗片に包まれない　　　　チャノキ・逸　▶
1. 花柄はない、または非常に短い. 花は大形で色はさまざま. 冬芽は鱗片に包まれる
2. 葉は大形で鋭頭. 子房毛なし. 雄しべは合生して筒状　　　　　　　　ヤブツバキ　▶
2. 葉は小形で鈍頭. 子房は密毛. 雄しべは基部がやや合生するか離れる　サザンカ・栽　▶

被子114　ハイノキ科（SYMPLOCACEAE）

落葉木. 茎端に円錐花序 ·· 《ハイノキ属》

ハイノキ属　Symplocos
　1. 葉は広倒卵形. 鋸歯は粗く鋭尖頭. 果実は熟すと藍黒色　　　　タンナサワフタギ　▶
　1. 葉は長楕円形. 鋸歯はこまかく先が内曲. 果実は熟すと藍色. （バラ科のカマツカ（P244）に比
　　べ、本種は葉の表裏全面に脈もふくめて毛多し）　　サワフタギ（ルリミノウシコロシ）　▶
　　f. シロミサワフタギ（シロミノサワフタギ）は，果実は白熟
　　　　　　　　　　　　　　　　　　　　　　　　　　　　　　シロミサワフタギ

被子115　イワウメ科（DIAPENSIACEAE）

A. 花は茎の頂端に1個. 花径25-30mm. 花冠内面に毛なし ················ 《イワウチワ属》

イワウチワ属　Shortia
　葉身は先がやや凹み，基部は心形またはくさび形. 波状の鈍鋸歯あり. 花は淡紅色　イワウチワ　▶

A. 総状花序を頂生. 花序は2-7花. 花径10-15mm. 花冠内面基部に毛状突起あり ······ 《イワカガミ属》

イワカガミ属　Schizocodon
　1. 葉身は卵円形. 長さ1-4cm. 鋸歯は1-5対. 花は白色　　　　　　ヒメイワカガミ
　　f. アカバナヒメイワカガミは，花が淡紅色. 根茎やや木質. はう（埼玉県内山地ではこれがふつうに生育）
　　　　　　　　　　　　　　　　　　　　　　　　　　アカバナヒメイワカガミ　▶
　1. 葉身は円形. 長さ3-6cm. 鋸歯は10対以上多数. 花は紅紫色　　イワカガミ・参

被子116　エゴノキ科（STYRACACEAE）

A. 単一の総状花序. 子房上位 ·· 《エゴノキ属》

エゴノキ属　Styrax
　1. 葉は毛なし. 葉身10cm以下で楕円形. 総状花序だが花は1-4個のため散房状に見える. 葉痕は小さ
　　く冬芽を囲まないので、冬芽はいつでも見られる　　　　　　　　　エゴノキ　▶
　1. 葉裏は粉白，星状毛密生. 葉身10-20cmでほぼ円形. 長い総状花序は花20個ほどからなる. 冬芽は
　　葉柄に完全に包まれ落葉しないと見えない　　　　　　　　　　　ハクウンボク　▶

A. 複総状花序. 子房半下位または子房下位 ································ 《アサガラ属》

アサガラ属　Pterostyrax
　葉裏はこまかい星状毛を密生. 葉身10-25cmで葉脈8-12対. 花序は垂れ下がる. 花は多数. 雄しべは
　花冠より長い. 葉痕は冬芽を囲まない. 果実に長毛密生　　　　　オオバアサガラ　▶

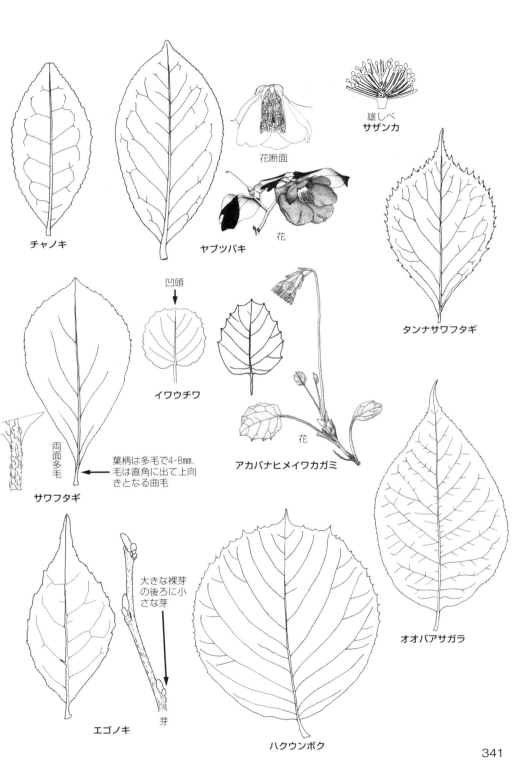

マタタビ科、リョウブ科、ツツジ科

被子117　マタタビ科（*ACTINIDIACEAE*）

つる．葉は単葉互生．花は腋生し，雄花の雄しべは多数　……………………《マタタビ属》

マタタビ属　*Actinidia*

 1. 枝や果実に開出毛が密生．果実は大きく径4cm以上　　　キウイフルーツ（オニマタタビ）・逸　▶
 1. 若い枝には軟毛があっても，やがて無毛となる．果実も無毛．果実は小さく径15mm以下
  2. 葉は厚く光沢あり．果実の先はとがらない　　　　　　サルナシ（シラクチヅル）　▶
  2. 葉は薄く光沢なし．花期には部分的に白変．果実の先はとがる
   3. 葉の基部は切形または円形．茎の髄は中実．花径20-25mm　　　　　マタタビ　▶
   3. 葉の基部は浅心形．茎の髄は，はしご状のすきまあり．花径10-15mm　ミヤママタタビ　▶

被子118　リョウブ科（*CLETHRACEAE*）

葉は枝先に集まる．枝先に総状花序を束生．花は白色　……………………《リョウブ属》

リョウブ属　*Clethra*

 幹はなめらかで茶褐色．樹皮表面はナツツバキとよく似ている　　　　　リョウブ　▶

被子119　ツツジ科（*ERICACEAE*）

A. 草本
 B. 緑色の葉がある
  C. 葉は数枚集まって茎の途中につく　…………………………………《ウメガサソウ属》

ウメガサソウ属　*Chimaphila*

草本に近い小低木．葉は茎に輪生状．葉は長楕円形〜披針形．葉身の下半は鋸歯なし．がく裂片は卵状円形．子房に軟毛密生．ツルマサキ・テイカカズラの葉に酷似するが，つるにならない

                    ウメガサソウ

  C. 葉はみな根生葉　……………………………………………………《イチヤクソウ属》

イチヤクソウ属　*Pyrola*

 1. 葉は円腎形．葉身基部の心形は明らか．がく裂片は半円形　　　ジンヨウイチヤクソウ　▶
 1. 葉は円形または楕円形．葉身基部は切形・円形・くさび形
  2. 花は紅色．がく裂片は楕円形．葉は円形で基部は円形か，やや心形　ベニバナイチヤクソウ　▶
  2. 花は白色
   3. がく裂片は披針形で長さは幅の2.5-4倍．葉は楕円形で基部は円形〜くさび形　イチヤクソウ　▶
   3. がく裂片は三角形で長さと幅は同長
    4. 葉は広楕円形．花序は3-5花．苞葉は広線形　　　　コバノイチヤクソウ　▶
    4. 葉は偏円形．花序は4-7花．苞葉は披針形　　　　マルバノイチヤクソウ　▶

 B. 植物体全体が白色または黄褐色．腐生植物
  C. 子房を輪切りにすると胚珠は子房の内壁についている　………………《ギンリョウソウ属》

ギンリョウソウ属　*Monotropastrum*

がく片と花弁は果期でも残っている．子房は1室．胚珠は側膜胎座．全体に白色．乾燥すると黒変．がく裂片のふちに切れ込みなし．花期4-8月　　　　ギンリョウソウ（マルミノギンリョウソウ）　▶

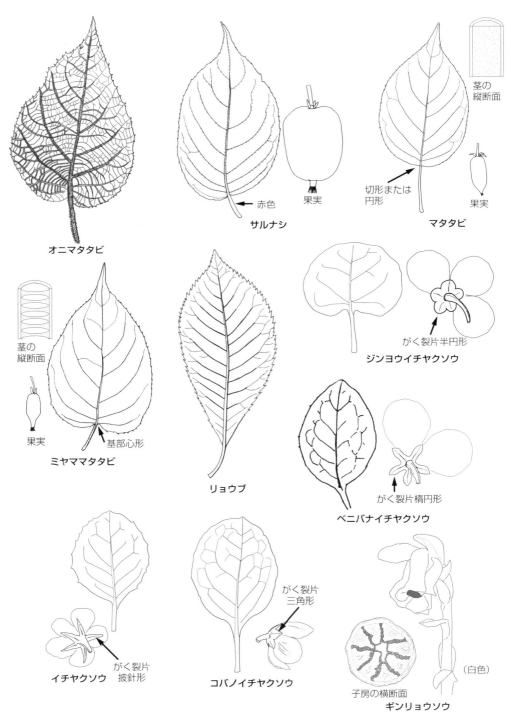

ツツジ科

  C. 子房を輪切りにすると胚珠は中軸の表面についている
   D. 植物体は淡黄褐色．茎の頂端に4-8花．花柱と子房は同長　…………《シャクジョウソウ属》

シャクジョウソウ属　*Hypopitys*
 がく片と花弁は花後脱落．子房4-5室．胚珠は中軸胎座．乾燥すると黒変　　シャクジョウソウ ▶

   D. 植物体は白色．茎の頂端に1花．花柱は子房より短い．花期8-9月
    ……………………………………………………………………《ギンリョウソウモドキ属》

ギンリョウソウモドキ属　*Monotropa*
 ギンリョウソウに似るが，がく片や花弁のふちが細裂する．花期8-9月
             ギンリョウソウモドキ（アキノギンリョウソウ）▶

A. 木本
 B. 合弁花
  C. 子房下位で，果実の頂端にがく片が残る．果実は裂けない　……………………《スノキ属》

スノキ属　*Vaccinium*
1. 葉は厚質．常緑性．亜高山帯　　　　　　　　　　　　　　　　　　　　　コケモモ ▶
1. 葉は紙質．落葉性
 2. 花序は当年枝に頂生．低木，高さ1-3m．葉に太い腺毛あり　　　　　　　　ナツハゼ ▶
 2. 花序は旧年枝に生ずる．小低木．高さ1.2m以下
  3. 花冠はつぼ状．1個の冬芽の中に葉芽と花芽があり，新芽の基部に1花がつく．果実黒熟で，径8-10mm．葉は全縁　　　　　　　　　　　　　　　　　　　　　　　　　　クロウスゴ ▶
  3. 花冠はつりがね状．葉芽と花芽は別々にできる．花芽は総状花序で1-4花．果実径6-8mm．葉は鋸歯縁
   4. 葉裏主脈の下部に曲がった短毛がある，または毛なし．がく筒や果実に稜なし．果実黒熟
                スノキ ▶
   4. 葉裏主脈の下部に開出する軟毛密生．がく筒や果実に5稜あり．果実赤熟
             ウスノキ（カクミノスノキ）▶

  C. 子房上位で，果時がく片が残る場合は果実の基部に残る．果実は裂ける
   D. 果実は稜が裂ける（胞背裂開）
    E. 苞葉と小苞葉はない，または早くに落ちてしまう．種子は大きく数は少ない．葯の頂に2突起
    …………………………………………………………………………《ドウダンツツジ属》

ドウダンツツジ属　*Enkianthus*
1. 花冠はつりがね状．花冠裂片は反り返らない（平開まで）
 2. 花冠裂片は全縁．花は黄白地に紅色のすじあり．花長8-12mmで大きい．花糸に短毛あり
                サラサドウダン ▶
  v. ベニサラサドウダンは，花色が深紅色.花長5-6mmで小さい.花糸に長毛あり　　ベニサラサドウダン ▶
 2. 花冠裂片は細裂．花は深紅色．花糸に短毛密生　　　　　チチブドウダン（ベニドウダン）▶
1. 花冠はつぼ状．花冠裂片は反り返る
 2. 総状花序が下垂．花冠の基部は膨らまない．花序の軸に短毛あり．果実は下向き．葉幅10-20mm
                アブラツツジ ▶
  f. ホソバアブラツツジは，葉幅2-4mm．秩父山地の蛇紋岩地帯で発見された　　ホソバアブラツツジ ▶
 2. 散形花序が下垂．花冠の基部はがく片とがく片の間の部分が膨らむ．果実は上向き
               ドウダンツツジ・栽 ▶

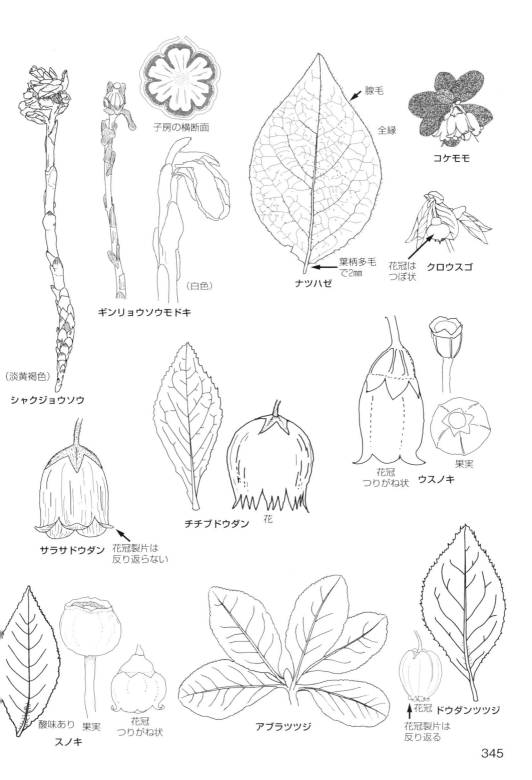

ツツジ科

```
        E. 苞葉と小苞葉は果時も残っている．種子は小さく数が多い
            F. 葉は全縁．花糸の先端（葯の直下）に2突起．落葉性 ……………………《ネジキ属》
```
ネジキ属　*Lyonia*
　　葉は全縁．ふちに毛なし．総状花序が旧年枝に腋生．花は白色で下向き　　　　　　ネジキ ▶

```
            F. 葉に鋸歯あり
                G. 葉は互生で平面的に2列に並ぶ
                    H. 常緑性 …………………………………………………………《イワナンテン属》
```
イワナンテン属　*Leucothoe*
　　葉は革質で照りがある．葉先は鋭尖頭で尾状．花序は腋生．葯の頂に2突起　　　イワナンテン ▶

```
                    H. 落葉性 …………………………………………………………《ハナヒリノキ属》
```
ハナヒリノキ属　*Eubotryoides*
　　葉は紙質で照りなし．葉先は鈍頭または円頭．花序は当年枝に頂生．葉裏は淡緑またはやや粉白．葉
　　や花序の軸に細毛密生．葉は長楕円形．葯に突起なし　　　　　　　　　　　　ハナヒリノキ ▶
　　v. ウラジロハナヒリノキは，葉裏粉白．葉や花序の軸はほとんど毛なし．葉は小形で広楕円形
　　　　　　　　　　　　　　　　　　　　　　　　　　　　　　　　　　　ウラジロハナヒリノキ
　　f. ヒメハナヒリノキは，葉裏淡緑．葉は小形で狭楕円形．岩場に生える．丈が低い　ヒメハナヒリノキ

```
                G. 葉は互生．葉はあらゆる方向につく．葯の背に2突起 ………………《アセビ属》
```
アセビ属　*Pieris*
　　葉は互生で茎の頂端に集まる．鋸歯あり．円錐花序は頂生し下垂．白花　　　　　　アセビ ▶

```
        D. 果実は溝が裂ける（胞間裂開）……………………………………………………《ツツジ属》
```
ツツジ属　*Rhododendron*
1. 葯は縦に裂けるか，V字型に裂ける．花冠は筒．葉は小さく長10mm．花は放射相称．花冠外面に毛
　あり．葯は花冠の外に出ない　　　　　　　　　　　　　　　　　　　　　　ハコネコメツツジ ▶
　　［参考］類似のチョウジコメツツジ（ツツジ属）は葯の先端に孔が開く．花は左右相称．花冠外面は毛な
　　し．類似のコメツツジの葯は花外に突き出る
1. 葯は先端に孔が開く，または斜めに孔が開く
　2. 花冠はロート状．雄しべは突き出る
　　3. 茎や葉に腺状鱗片あり．若葉は内巻き．葉は長楕円形で鋭頭．葉裏は緑．花は淡黄白色
　　　　　　　　　　　　　　　　　　　　　　　　　　　　　　　　　　　　　ヒカゲツツジ ▶
　　　v. ウラジロヒカゲツツジは，葉が楕円形で鈍頭．葉裏は粉白．花は黄白色　ウラジロヒカゲツツジ ▶
　　3. 茎や葉に腺状鱗片なし．若葉は外巻き
　　　4. 頂生する冬芽は葉芽．花芽はその下に数個つく．花は白色．葉脈に腺毛あり　バイカツツジ ▶
　　　4. 頂生する冬芽の中は花芽のみか，または花芽と葉芽が混在する
　　　　5. 頂生する冬芽の中には花芽と葉芽が混在する
　　　　　6. 葉は互生．葉は茎の頂端に集まるが輪生ではない．茎や葉の毛は扁平
　　　　　　7. 花径10mm以下．花は肉質で放射相称．花筒の内面に軟毛密生．（ハコネコメツツジに
　　　　　　　比べ，本種の花冠はロート状で葯は花冠の外に突き出る）　　　　　コメツツジ ▶
　　　　　　7. 花径15mm以上．花は膜質で左右相称．筒の内面は毛なし，またはわずかに短毛あり
　　　　　　　8. 花は葉が展開したあとに開花．雄しべは5本．春葉と夏葉はほぼ同じ形．葯は暗紫色．
　　　　　　　　遅咲き（5月中旬〜）　　　　　　　　　　　　　サツキ（サツキツツジ）・栽
　　　　　　　8. 花は葉の展開と同時，またはそれ以前に開花．雄しべ5または10本．春葉は夏葉よ
　　　　　　　　り大きくうすい

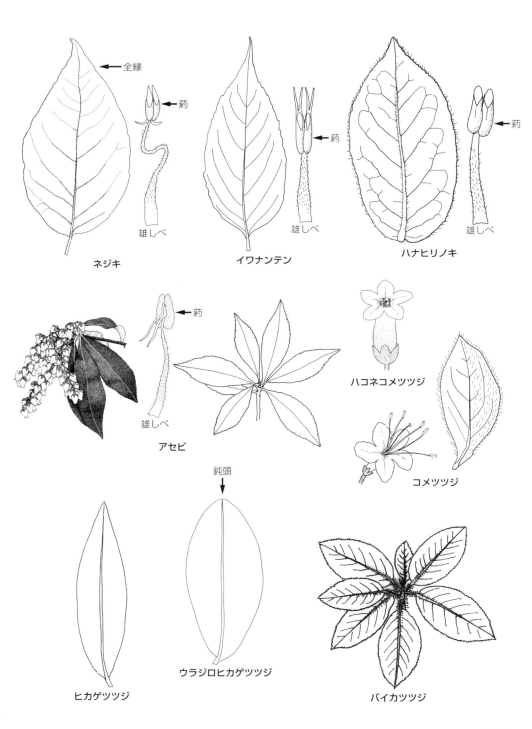

ツツジ科

```
                9. 花は紅紫．花径5-10cm．雄しべ10本
                   10. 春葉の葉身長2-5cm．花径5-6cm．花糸の下半分に毛あり．芽鱗は粘らない
                                                                        オオヤマツツジ
                   10. 春葉の葉身長5-11cm．花径10cm．花糸に毛あり．芽鱗は粘る．大紫はヒラド
                       ツツジの一品種（淡紅株は曙，白色株は白妙という）    オオムラサキ・栽 ▶
                9. 花は朱色．花径3-5cm．雄しべ5本．葯は黄色．芽鱗粘らない     ヤマツツジ ▶
                   h．ハンノウツツジは，ヤマツツジとサツキとの雑種．葯は紫色．芽鱗は粘らない
                                                                        ハンノウツツジ
             6. 葉は3-5枚が茎の頂端に輪生状，または輪生．茎や葉の毛は扁平ではない
                7. 葉は5枚輪生．葉は鈍頭～円頭（類似のアカヤシオは鋭頭）
                                                           シロヤシオ（ゴヨウツツジ） ▶
                7. 葉は3枚輪生
                   8. 葉柄に腺点があり粘る．雄しべ5本                     ミツバツツジ ▶
                      h．ムサシミツバツツジは，ミツバツツジとトウゴクミツバツツジの雑種．雄しべ7本
                                                                     ムサシミツバツツジ
                   8. 花柄に褐色毛が密生し，粘らない．雄しべ10本     トウゴクミツバツツジ ▶
          5. 頂芽は花芽のみで，側芽は葉芽となる
             6. 葉は紙質．落葉性．茎や葉柄に細毛多し
                7. 花はオレンジ色．花冠外面に毛あり．雄しべ5本．葉は互生で，茎の頂端に集まってつく
                                                                        レンゲツツジ ▶
                7. 花冠は淡紅紫色．花冠外面は毛なし．雄しべ10本．葉は茎の頂端に5輪生．葉は鋭頭
                   （類似のシロヤシオは鈍頭）                                アカヤシオ ▶
             6. 葉は革質．常緑．茎や葉柄は毛なし．葉裏に褐色の軟毛密生
                7. 葉身の基部は円形または浅心形で葉身と葉柄との境は明瞭   ハクサンシャクナゲ ▶
                7. 葉身の基部は葉柄に流れ，葉柄との境は不明瞭           アズマシャクナゲ ▶
    2. 花冠はつぼ状・筒状・つりがね状．雄しべは突き出ない
       3. 葉裏は粉白．花冠はつりがね状または筒状．花長10-17mm．雄しべの数は8-10本．花糸に毛あり
          4. 花冠は狭いつりがね状（基部がやや太い）．花冠全体が紅紫色．がくは明らかに5裂
                                                                     ウラジロヨウラク ▶
          4. 花冠は筒状．花冠は黄緑色で少し紅紫を帯びる．がくは凹凸はあるが，裂けない
                                                           ツリガネツツジ（ウスギヨウラク）
       3. 葉裏は淡緑色．花冠はゆがんだつぼ状．花冠は黄緑と赤紫の混じり．花長5-6mm．雄しべ5本．
          花糸は毛なし                                             コヨウラクツツジ ▶
```

B．離弁花で花弁は3枚
　　C．枝先に円錐花序．がく片5．雄しべ6 ……………………………………《ホツジ属》

ホツジ属　*Elliottia*

1. 花柱は曲がらない．葉は楕円形で鋭頭．がくは合生し，お椀状．子房にわずかな柄あり．円錐花序
                                                                         ホツツジ　P351
1. 花柱は上方に大きく曲がる．葉は倒卵形で円頭．がくは合生しないで5個あり．子房に柄なし．総
   状花序   ミヤマホツツジ　P351

　　C．花は小さく腋生．がく片3．雄しべ3 ………………………………《ガンコウラン属》

ガンコウラン属　*Empetrum*

　雌雄異株．葉長4-7mm，葉幅0.7-1mm．葉腋に1花ずつ．果実は黒熟・球形　　　ガンコウラン

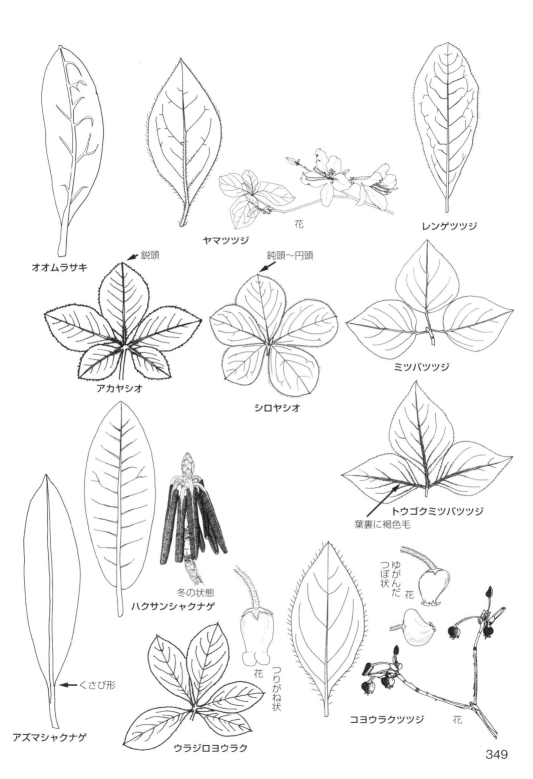

被子120　ガリア科（GARRYACEAE）

托葉なし．葉に鋸歯あり．常緑樹．雌雄異株．茎の頂端に円錐花序
　　《アオキ属》

アオキ属　Aucuba
葉は対生．葉長8-20cm．粗い鋸歯あり．やや光沢あり　　　　　　　　　　　　　　アオキ ▶

被子121　アカネ科（RUBIACEAE）

A. 木本
　B. 茎にトゲがある．花は葉腋に1-3個
　　C. 柱頭は2裂　……………………………………………………………《ハクチョウゲ属》

ハクチョウゲ属　Serissa
常緑低木．節にトゲ3あり．トゲは托葉が変化したもの．花は白色．花は筒状で葉腋に1-2個つく
　　　　　　　　　　　　　　　　　　　　　　　　　　　　　　　　　　ハクチョウゲ・栽

　　C. 柱頭は4裂　……………………………………………………………《アリドオシ属》

アリドオシ属　Damnacanthus
常緑低木．葉腋に長いトゲあり．トゲは葉とほぼ同長で1-2cm．花は白色，筒状で，葉腋に1-2個つく．
葉身長7-20mm．葉は卵円形，鋭頭，基部は丸い．本種を「一両」ともいう　　　アリドオシ ▶
ssp. オオアリドオシは，トゲが葉長の半長以下（1cm以下）．葉身長25-40mm．葉は卵形，鋭頭，基部は丸い
　かややくさび形　　　　　　　　　　　　　　オオアリドオシ（ニセジュズネノキ）
v. ホソバオオアリドオシは，トゲが葉長の半長以下（1cm以下）．葉身長30-60mm．葉は長楕円形，長鋭尖頭，
　基部はくさび形　　　　　　　　　　　　ホソバオオアリドオシ（ホソバニセジュズネノキ）

　B. 茎にトゲなし．花は葉腋に1個　…………………………………………《クチナシ属》

クチナシ属　Gardenia
直立する常緑低木．葉は厚質．葉長5-12cm，幅2-4cm．花は白色，径5-8cm，芳香あり．花冠筒部の長
さ2-3cm．果実径1.5-2cm　　　　　　　　　　　　　　　　　　　　　　　クチナシ・栽 ▶
v. コクチナシは，葉長3-5cm，幅1-2cm．花径4-5cm．果実径1cm　　　　　コクチナシ・栽

A. 草本
　B. 葉は輪生
　　C. 花冠は筒部が長い．花は4数性（ときに3数性）　……………………《ハナヤエムグラ属》

ハナヤエムグラ属　Sherardia
葉は4-6枚輪生．葉柄なし．葉表にまばらに粗い毛あり．枝先に8個の葉が輪生．花は淡紅～淡紫色．
花柄なし　　　　　　　　　　　　　　　　　　　　　　　　　　　　　ハナヤエムグラ・帰 ▶

　　C. 花冠は筒部が短く平らに開く
　　　D. 花は5数性（ときに4数性）　………………………………………………《アカネ属》

アカネ属　Rubia
1. 茎は直立．茎にかぎ状のトゲなし．葉柄があり，葉は卵形～広披針形．類似のキヌタソウ（P352）
　（ヤエムグラ属）は葉柄なし　　　　　　　　　　　　　　　　　　　　オオキヌタソウ ▶
1. つる．茎に下向きでかぎ状のトゲあり．葉は三角状卵心形　　　　　　　　　　アカネ ▶

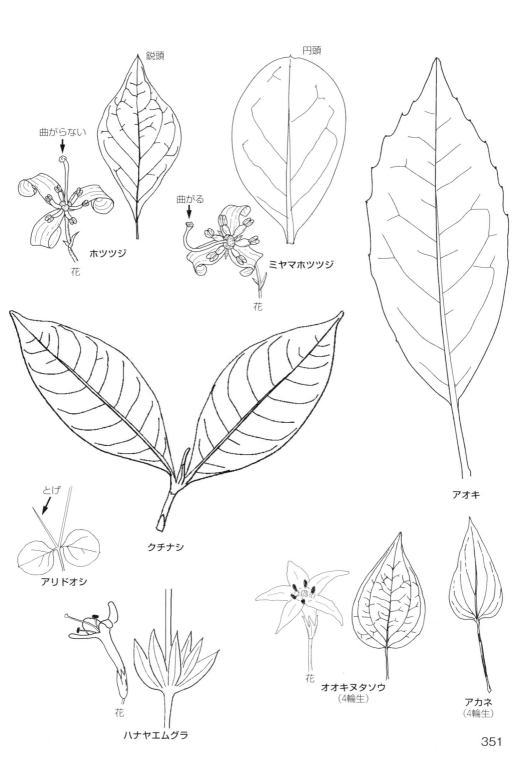

アカネ科

　　　D. 花は4数性（ホソバノヨツバムグラは3数性） ……………………………………《ヤエムグラ属》　図

ヤエムグラ属　*Galium*
- 1. 葉は6-10枚輪生
    - 2. 葉は8-10枚輪生．茎にトゲなし．葉は線形　　　　　　　　　　　　　　　　　　**カワラマツバ**
    - 2. 葉は6-8枚輪生．茎に下向きのトゲあり．葉先は針状　　　　　　　　　　　　　　**ヤエムグラ** ▶
- 1. 葉は4-6枚輪生
    - 2. 葉は5-6枚輪生，ときに4枚輪生や7枚輪生あり
        - 3. 花序は頂生．茎端に1-3個の集散花序（3分岐ずつする花序）をつける．果実長2-2.5mm，かぎ状毛密生．葉先は鋭頭．乾燥すると黒変．葉にトゲなし．葉は通常6枚輪生　　**クルマムグラ** ▶
            - v. オククルマムグラは，葉先は円形で微凸．乾燥しても黒変せず．葉裏にトゲがまばらにある．葉は通常6枚輪生　　　　　　　　　　　　　　　　　　　　　　　　　**オククルマムグラ** ▶
        - 3. 茎は横に広がって斜上し，上部の葉腋に集散花序（3分岐ずつする花序）をつける．花柄は細い．果実は径1-1.5mm
            - 4. 果実は毛なし．果柄は長さ4-5mm．葉先は円形で微凹．葉は通常6枚輪生　　**ハナムグラ** ▶
            - 4. 果実に短毛あり．果柄は長さ7-15mm．葉先は鋭尖頭．葉は4-6枚輪生　**オオバノヤエムグラ** ▶
    - 2. 葉は4枚輪生，ときに5枚輪生あり
        - 3. 花冠3裂．雄しべ3．葉は4-5枚輪生．果実は平滑　　　　　　　　　　　　**ホソバノヨツバムグラ** ▶
        - 3. 花冠4裂．雄しべ4．葉は通常4枚輪生
            - 4. 葉は3脈が目立つ．花はやや大きく，花径2.5-3mm
                - 5. 果実には長いかぎ状毛密生．葉は長楕円形で鈍頭または鋭頭．葉長20-35mm，幅1-2cm．葉のふちと両面脈上に剛毛あり　　　　　　　　　　　　　　　　**オオバノヨツバムグラ** ▶
                    - f. ケナシエゾノヨツバムグラは，葉が広楕円形で円頭．葉長10-25mm．葉裏ほとんど毛なし　　　　　　　　　　　　　　　　　　　　　　　　　　**ケナシエゾノヨツバムグラ**
                - 5. 果実は毛なし．果実球形．葉は披針形で，葉先は鋭尖頭で尾状．葉柄なし．類似のオオキヌタソウ（P350）（アカネ属）には葉柄1-2cmあり　　　　　　　　　　　**キヌタソウ** ▶
            - 4. 葉の1脈のみが目立つ．花は小さく花径1-2mm
                - 5. 葉は卵形．葉柄あり，長さ4-12mm　　　　　　　　　　　　　　　　　　　**ミヤマムグラ** ▶
                - 5. 葉は狭披針形．葉柄は明らかでない
                    - 6. 小花柄ほとんどなし．1個の花の直下に苞葉あり　　　　　　　　　　　　　**キクムグラ** ▶
                    - 6. 小花柄1-10mmあり．小花柄の基部に小さな苞葉1-2個あり
                        - 7. 小花柄の長さ3-10mm．花序の花はまばら．4枚輪生の葉は2枚は大きく，2枚は小さい　　　　　　　　　　　　　　　　　　　　　　　　　　　　　　　　**ヤマムグラ** ▶
                        - 7. 小花柄の長さ1-3mm．花序は多花．4枚輪生の葉はみな同形
                            - 8. 葉幅3-6mm．果実表面に短曲毛あり　　　　　　　　　　　　　　　**ヨツバムグラ** ▶
                            - 8. 葉幅1.5-2.5mm．果実表面には，こぶ状突起多し　　　　　　　**ヒメヨツバムグラ** ▶

　B. 葉は対生
　　C. 直立．花は腋生
　　　D. 全体に毛が少ない
　　　　E. 葉は線形で柄なし．ふちに短毛あり ……………………………………《フタバムグラ属》

フタバムグラ属　*Oldenlandia*
果柄は果実より短い　　　　　　　　　　　　　　　　　　　　　　　　　　　　　　　**フタバムグラ**　P355
　v. ナガエフタバムグラは，果柄が果実の2-4倍の長さ　　　　　　　　　　　　　　**ナガエフタバムグラ・参**

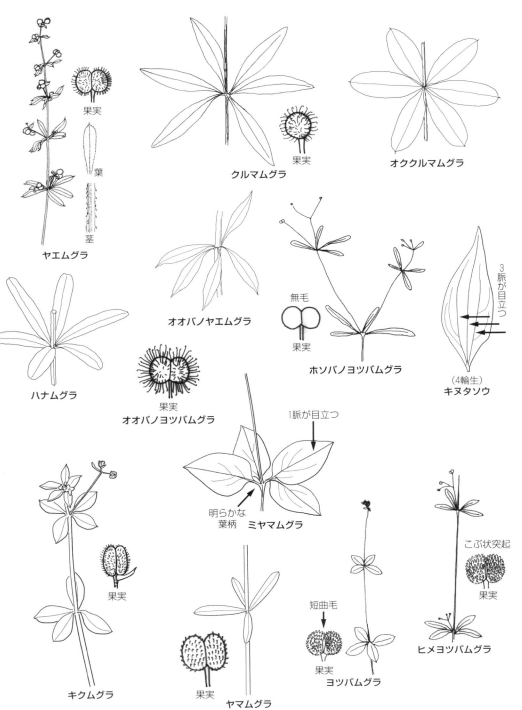

E. 葉は卵形で葉柄は5-15mm．両面にまばらに白毛あり ················ 《ハシカグサ属》
ハシカグサ属　*Neanotis*
　乾燥すると黒変　　　　　　　　　　　　　　　　　　　　　　　　　　ハシカグサ ▶

　　　D. 全体に短毛密生 ·· 《オオフタバムグラ属》
オオフタバムグラ属　*Diodia*
　茎は短毛密生．葉に柄なし．葉は線状披針形で対生．葉全体に短硬毛があり，鋭尖頭，葉先にトゲ状
　毛あり．類似のフタバムグラ（フタバムグラ属）は全体に毛が少ない　　オオフタバムグラ・帰 ▶

　C. つる
　　　D. 茎は地面をはう．子房2個が合生 ··························· 《ツルアリドオシ属》
ツルアリドオシ属　*Mitchella*
　常緑の多年草．茎は分枝し地上をはう．立ち上る場合はつるに見えない．葉は広卵形で対生．茎の頂
　端に白花2個をつける．果実赤熟　　　　　　　　　　　　　　　　　　ツルアリドオシ ▶
　［参考］ツルアリドオシは，ツルマサキ（ニシキギ科）やテイカカズラ（キョウチクトウ科）の幼木に似る．
　　　　しかし，ツルアリドオシの葉は卵円形で，基部円形

　　　D. 他物に巻きつきはい上がる ·································· 《ヘクソカズラ属》
ヘクソカズラ属　*Paederia*
　葉は全縁．対生．葉を揉むと悪臭あり．茎の基部は木質化．花筒の長さは筒径の2倍ほど
　　　　　　　　　　　　　　　　　　　　　　　　　　　　　ヘクソカズラ（ヤイトバナ）▶
　v. ツツナガヤイトバナは，花筒の長さが筒径の3倍ほど　　　　　　　ツツナガヤイトバナ

被子122　リンドウ科（*GENTIANACEAE*）

葉は対生
A. つる
　B. 花は5数性．果実は裂けない ·································· 《ツルリンドウ属》
ツルリンドウ属　*Tripterospermum*
　茎はつるで帯紫色．葉は三角状披針形．葉裏は帯紫色．花は淡紫色．花冠裂片の間に副片あり．果実
　は球形で，熟すと紅紫色　　　　　　　　　　　　　　　　　　　　　　ツルリンドウ ▶

　B. 花は4数性．果実は裂ける ······························· 《ホソバノツルリンドウ属》
ホソバノツルリンドウ属　*Pterygocalyx*
　茎はつるで緑色．葉は狭披針形．葉裏に紫色なし．花は白地に淡紫色．花冠に副片なし．果実は狭長
　楕円形で裂ける　　　　　　　　　　　　ホソバノツルリンドウ（ホソバツルリンドウ）▶

A. 植物体は直立．果実は裂ける
　B. 花冠に距あり ··· 《ハナイカリ属》
ハナイカリ属　*Halenia*
　花は黄白色，まれに帯紫色．日当たりの良い山地に生育　　　　　　　　　　ハナイカリ ▶

　B. 花冠に距はない
　　　C. 花冠は5深裂．花冠裂片には基部に長毛と腺体2個あり ············ 《センブリ属》
センブリ属　*Swertia*
　1. 根生葉は大きくなるが，花時には枯死．花は黄白色．花冠裂片に斑点あり　　アケボノソウ ▶

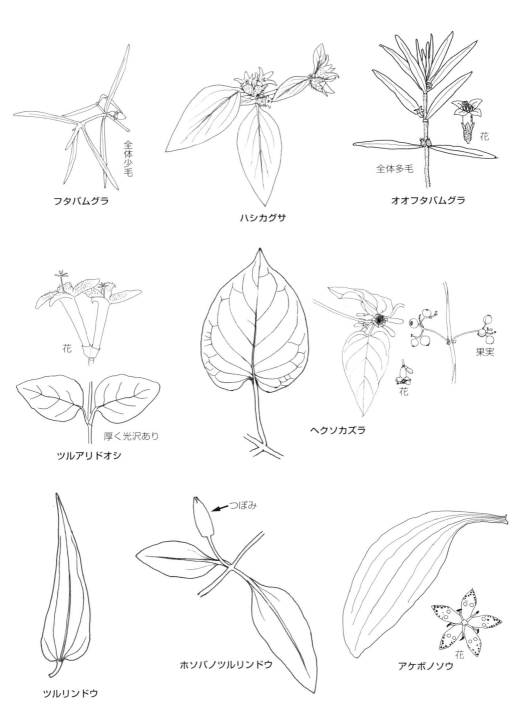

リンドウ科、マチン科、キョウチクトウ科

  1. 根生葉は発達せず．花は白色．花冠裂片に斑点なし．植物体に苦みあり   **センブリ** ▶

  C. 花冠は筒状．腺体なし
   D. 花冠に副片なし ……………………………………………………《チチブリンドウ属》

チチブリンドウ属　*Gentianopsis*
花冠裂片に副片なし．葉は対生．葉は卵状楕円形で円頭．茎を抱く．花は4数性．花筒内部に腺体あり．石灰岩地に生える   **チチブリンドウ** ▶

   D. 花冠裂片の間に副片あり ……………………………………………《リンドウ属》

リンドウ属　*Gentiana*
1. 小型草本．高さ10cm以下．根生葉あり．春咲き
2. 根生葉は茎葉より小さい．茎は1本立ち．上部で分枝．がく裂片は反曲しない   **フデリンドウ** ▶
2. 根生葉はロゼット状．茎葉より大きい．よく分枝する．がく裂片は反曲   **コケリンドウ** ▶
1. 草高20-100cm．根生葉なし．秋咲き．がく裂片は花時斜開   **リンドウ** ▶

被子123　マチン科（*LOGANIACEAE*）

A. 繊細な一年草 ………………………………………………………………《アイナエ属》

アイナエ属　*Mitrasacme*
低地の湿地や田の畔道に生える．草高5-10cm．花は白色
1. 葉は茎の基部に集まって2-3対つき披針形，葉や茎はやや紅紫色を帯びる   **アイナエ** ▶
1. 葉は茎の全体につき，線形で緑色   **ヒメナエ** ▶

A. 木本．常緑．つる ………………………………………………………《ホウライカズラ属》

ホウライカズラ属　*Gardneria*
葉は対生，革質で光沢がある．卵形〜長楕円形長さ6-11cm，全縁で縁は波うつ．花冠は深く5裂し，裂片は反り返る   **ホウライカズラ** ▶

被子124　キョウチクトウ科（*APOCYNACEAE*）

キョウチクトウ科はすべて対生
A. 雄しべは離生し，花筒の内壁につく．花粉は塊状にならない
 B. 木本
  C. 直立木 ……………………………………………………………《キョウチクトウ属》

キョウチクトウ属　*Nerium*
葉は狭長楕円形で全縁，厚質．3枚輪生．集散花序（3分岐ずつする花序）が頂生．花は白色，紅色などいろいろ．切断面から白い乳液が出る   **キョウチクトウ・栽** ▶

  C. つる …………………………………………………………………《テイカカズラ属》

テイカカズラ属　*Trachelospermum*
常緑つる．地面をはう茎につく葉は小さく脈は白く抜ける．垂直にはい登る茎につく葉は大きい．切断面から白い乳液が出る．茎は暗褐色で褐色毛密生．葉は全縁   **テイカカズラ** ▶
［参考］類似のツルマサキ（ニシキギ科）は，切断面から白い乳液は出ない．茎は緑で毛なし．葉に低い鋸歯あり

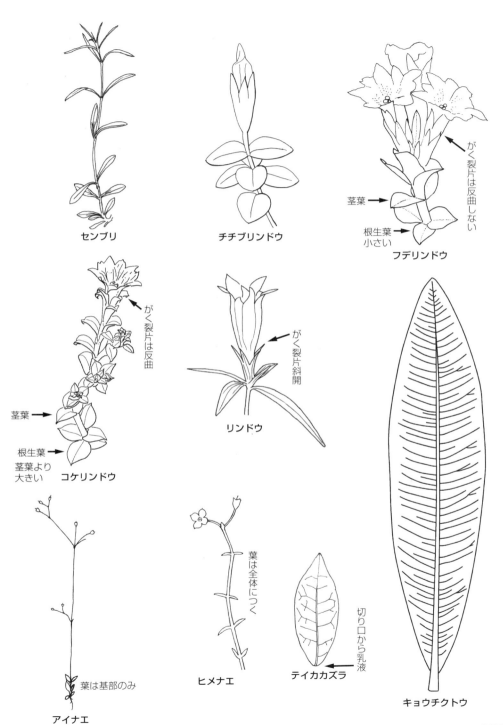

キョウチクトウ科、ムラサキ科

　　B. 草本 ……………………………………………………………………………《チョウジソウ属》
チョウジソウ属　*Amsonia*
　　茎は直立．葉は互生．茎に毛なし．葉先は鋭尖頭．集散花序（3分岐ずつする花序）が頂生．花は青藍色．湿性草地に生える　　　　　　　　　　　　　　　　　　　　　　　　　　　チョウジソウ ▶

A. 雄しべの花糸は基部合生する．花粉塊をつくる
　　B. 花柱は雄しべ合生部より抜き出る．花粉塊に柄あり ……………………………《ガガイモ属》
ガガイモ属　*Metaplexis*
　　茎は軟毛あり．切断すると白い乳液．総状花序は腋生．花冠5裂．花冠内面は淡紫色で密毛　ガガイモ ▶

　　B. 花柱は雄しべ合生部より抜き出ない
　　　　C. 2個の花粉塊には柄があって，やじろべえのようになる
　　　　　　D. 葉は卵心形．基部は深い心形 ………………………………………《イケマ属》
イケマ属　*Cynanchum*
　1. 花序の柄は葉柄より長い　　　　　　　　　　　　　　　　　　　　　　　　　　イケマ ▶
　1. 花序の柄は葉柄より短い　　　　　　　　　　　　　　　　　　　　　　　　　コイケマ ▶

　　　　　　D. 葉は楕円形，基部は心形にならないか浅い心形 …………………《カモメヅル属》
カモメヅル属　*Vincetoxicum*
　1. 茎は直立
　　2. 葉幅15mm以下．線状披針形で鋭尖頭，基部くさび形で葉柄なし　　　　　　スズサイコ ▶
　　2. 葉幅20mm以上．葉柄は明らか
　　　3. 花径20mm．花は白色．花序は茎の頂部に集中　　　　　　　　　　　クサタチバナ
　　　3. 花径15mm以下
　　　　4. 花は緑褐．花序は茎頂部に集中．葉は広楕円形．葉幅7-13cm．葉は1本に2-4対　タチガシワ
　　　　4. 花は暗赤褐色．花序は腋生．葉は卵状楕円形．葉幅3-8cm．葉は多数　　フナバラソウ
　1. つる
　　2. 下方の葉は大形で幅7-15cm．上方の葉は線形で極端に小さい　　　　　　　ツルガシワ
　　2. 葉の大きさに大きな差はない．花冠無毛．葉の基部は円形〜切形
　　　3. 花冠裂片は鋭尖頭．裂片の長さは幅の5倍以上．花径7-9mm．色は暗紫色　コバノカモメヅル ▶
　　　　f. アズマカモメヅルの花は淡黄色　　　　　　　　　　　　　　　アズマカモメヅル
　　　3. 花冠裂片は長三角形．裂片の長さは幅の2倍ほど
　　　　4. 葉は厚い．副花冠は長三角形で，ずい柱（雌しべと雄しべの合体した柱状突起）より少し短い．花は暗紫色　　　　　　　　　　タチカモメヅル（クロバナカモメヅル）・参 ▶
　　　　4. 葉は膜質．副花冠は三角形で，ずい柱の半長ほど．花は淡黄色　　　オオアオカモメヅル
　　　　　f. ナガバクロカモメヅルの花は暗紫色　　　　　　　　　　　　ナガバクロカモメヅル ▶

　　　C. 花粉塊に柄はない．花冠裂片は長三角形で長さは幅の2倍ほど　…………《オオカモメヅル属》
オオカモメヅル属　*Tylophora*
　1. 花序は小さく葉長の半分以下．花径5-7mm．葉の基部心形．花冠多毛．山地林内　　オオカモメヅル ▶
　1. 花序は大きく葉よりも長いか同長．花径4-5mm．葉の基部やや心形．花冠無毛．湿性草地
　　　　　　　　　　　　　　　　　　　　　　　　　　コカモメヅル（トサノカモメヅル） ▶

被子125　ムラサキ科（*BORAGINACEAE*）

A. 花冠内面に披針形の付属物あり ……………………………………………………《ヒレハリソウ属》
ヒレハリソウ属　*Symphytum*
　　茎や葉に粗い毛が密生．茎に4条くらいの著しい翼あり　　　　　　ヒレハリソウ（コンフリー）・帰

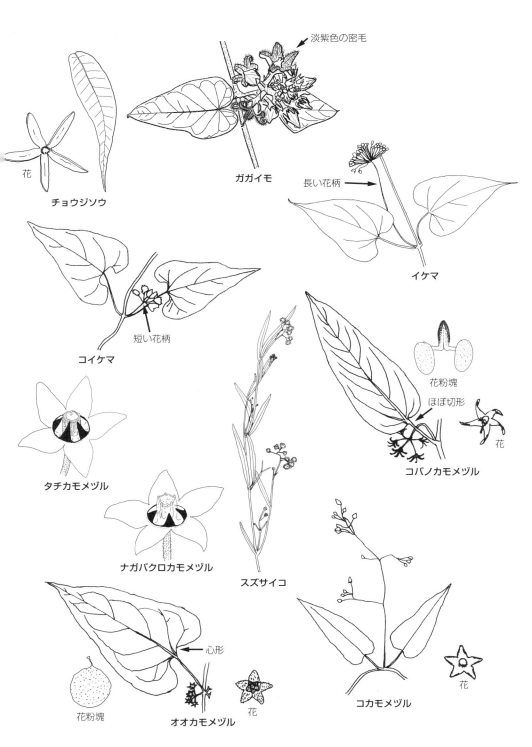

A. 花冠内面に付属物なし
　B. 分果は上から見るとへこんでいる ……………………………………………………《ルリソウ属》

ルリソウ属　Omphalodes
根生葉は多く，茎葉より圧倒的に大きい．葉に長毛と短毛あり．茎は株からたくさん出る．花序は分枝しない　　　　　　　　　　　　　　　　　　　　　　　　　　　　　　　　　　　ヤマルリソウ ▶

　B. 分果はへこまない
　　C. 分果にトゲが密生 ……………………………………………………………………《オオルリソウ属》

オオルリソウ属　Cynoglossum
1. 茎に2mmほどの開出毛あり．葉は薄く毛は少ない　　　　　　　　　　　　　　　　オニルリソウ ▶
1. 茎に1mm以下の斜上毛，または圧毛あり．葉はやや厚く短毛多し　　　　　　　　　オオルリソウ ▶

　　C. 分果にトゲは密生しない
　　　D. 花冠は平たい
　　　　E. 分果は楕円体で表面に粒状突起密生 ……………………………………………《ハナイバナ属》

ハナイバナ属　Bothriospermum
葉は互生．葉に毛が多い．上部の茎葉は苞葉に移行．花は淡青色で花径2-3mm．分果は楕円体で粒状突起密生　　　　　　　　　　　　　　　　　　　　　　　　　　　　　　　　　　　　ハナイバナ ▶

　　　　E. 分果は正四面体で表面は平滑 ……………………………………………………《キュウリグサ属》

キュウリグサ属　Trigonotis
1. 花は淡青色．花径2mm．花序は長く，基部に苞葉はあるが，先端部に苞葉はない．平地に生育．越年草　　　　　　　　　　　　　　　　　　　　　　　　　　　　　　　　　　　　　　キュウリグサ ▶
1. 花は白色．花径6-10mm．花序に葉はなし．山地に生育．多年草
　2. 花茎は直立．走出枝なし　　　　　　　　　　　　　　　　　　　　　　　　　タチカメバソウ
　2. 花茎は倒れ地をはう．茎の途中から総状花序が出る　　　　　　　　　　　　　ツルカメバソウ

　　　D. 花冠は筒状
　　　　E. 分果の先は長く伸び，先はかぎ状 ……………………………………………《サワルリソウ属》

サワルリソウ属　Ancistrocarya
直立する．葉は互生し，茎の中部に集合．茎の頂端に総状花序数個　　　　　　　　　サワルリソウ ▶

　　　　E. 分果は卵形．先はかぎ状にならない ……………………………………………《ムラサキ属》

ムラサキ属　Lithospermum
1. 花冠の筒部内面に毛の列はない．直立．花は白色．花径4mm　　　　　　　　　　　　　ムラサキ
1. 花冠の筒部内面に5列の毛列あり
　2. 茎は匍匐．花は青紫色．花径15-18mm　　　　　　　　　　　　　　　　　　　　ホタルカズラ ▶
　2. 茎は直立．花は白色．花径5mm以下　　　　　　　　　　　　　　　　　　イヌムラサキ・帰 ▶

被子126　ヒルガオ科（*CONVOLUVULACEAE*）

A. 寄生植物で緑色の部分なし．葉はない ………………………………………………《ネナシカズラ属》

ネナシカズラ属　Cuscuta
1. 茎は太い．花柱1．穂状花序．果実は横裂．花糸はごく短い　　　　　　　　　　　ネナシカズラ ▶
1. 茎は糸状．花柱2．花は束生．果実は不規則に裂ける
　2. 花糸はごく短い．花冠裂片鈍頭．花筒基部内側の鱗片は2裂し，裂片の先に突起が少々ある
　　マメダオシ ▶

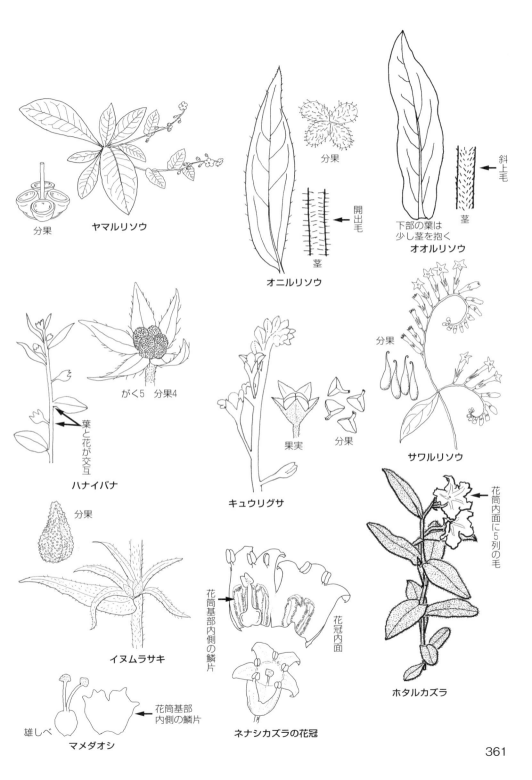

ヒルガオ科

  2. 花糸は葯よりやや長い．花冠裂片鋭頭．花筒基部内側の鱗片は裂けず，ふちに毛状突起が多い
                        アメリカネナシカズラ・帰 ▶

A. 寄生植物ではない．緑色の葉あり
 B. 花柱2本 ………………………………………………………………………《アオイゴケ属》

アオイゴケ属　*Dichondra*
 茎ははう．葉は心形〜腎形で毛なし．がくや果実に長毛あり．花は白色
           カロリナアオイゴケ（カロライナアオイゴケ）・帰 ▶
 ［参考］日本産アオイゴケは小型腎円形で有毛．千葉県以西に分布する

 B. 花柱1本
  C. 柱頭は2裂し，線形や楕円形など
   D. 柱頭は線形 ……………………………………………………《セイヨウヒルガオ属》

セイヨウヒルガオ属　*Convolvulus*
 葉は卵状矢じり形で，基部の左右は耳状に張り出す．鈍頭または円頭．花は白色．花径3cm．苞葉はがくと離れたところにあり，がくを包まない　　　　　　　　　**セイヨウヒルガオ・帰** ▶

   D. 柱頭は線形にはならない．
    E. 数個の花が頭状花序をつくる．花序を総苞が包む ………………《オキナアサガオ属》

オキナアサガオ属　*Jacquemontia*
 花柄ほとんどなし．葉状の総苞多数が花序を抱く．がくは5深裂，黄褐毛密生　**オキナアサガオ・帰** ▶

    E. 花柄の先は花が1個．苞葉2枚あり，がくを包む ………………………《ヒルガオ属》

ヒルガオ属　*Calystegia*
 1. 花柄上部の稜は狭い翼状となり縮れる．葉の側裂片は横に開出し，多くは2浅裂．苞葉は鋭頭
                        コヒルガオ ▶
 1. 花柄に翼なし．葉の側裂片は斜め後方に張り出すこと多し．苞葉は鈍頭　　　　**ヒルガオ** ▶

  C. 柱頭は球形 ………………………………………………………………《サツマイモ属》

サツマイモ属　*Ipomoea*
 1. 雄しべ，雌しべは筒部から飛び出る．花冠は広いロート状ではない．花は朱赤色
  2. 葉は卵形で基部心形．裂けない．葉に長柄あり　　　　　　　　　**マルバルコウ・帰** ▶
  2. 葉は長楕円形だが，羽状全裂し裂片は糸状（魚の骨のような形）．葉はほとんど柄なし
                       ルコウソウ・栽 ▶
 1. 雄しべ，雌しべは筒部の中にある．花冠は広いロート状
  2. 花冠は上から見て星形．果実の中に種子4個．花径1.5-2cm
   3. 花序は葉柄より短い．花序は1-3花．花柄にいぼ状突起密生　　　**マメアサガオ・帰** ▶
   3. 花序は葉柄より長い．花序は3-8花．花柄のいぼ状突起はまばら　　**ホシアサガオ・帰** ▶
  2. 花冠は上から見て円形
   3. がく片は鈍頭〜鋭頭（長さは幅の3倍ほど）．原則，葉は裂けない．花径5-8cm
    4. 茎に粗い毛あり．果実下向き．種子6個　　　　　　　　　　**マルバアサガオ・帰** ▶
    4. 茎は毛なし．トゲがある．種子4個　　　　　　　　　　　　**ソライロアサガオ・栽** ▶
   3. がく片は鋭尖頭（長さは幅の5倍以上）．原則，葉は中裂．果実上向き
    4. がく片は反曲しない．裂けた中央の葉片の基部は狭まらない．花径5-8cm
     5. 花序は葉柄より短い．花期は初夏から初秋．冬は枯れる．葉は中裂．種子6個　　**アサガオ・栽** ▶ P365
     5. 花序は葉柄より長い．花期が長く冬でも咲いていること多し．裂けない葉が多いが，中裂する葉も少し混じる．結実しない
          ノアサガオ（リュウキュウアサガオ，オーシャンブルー）・栽 ▶ P365

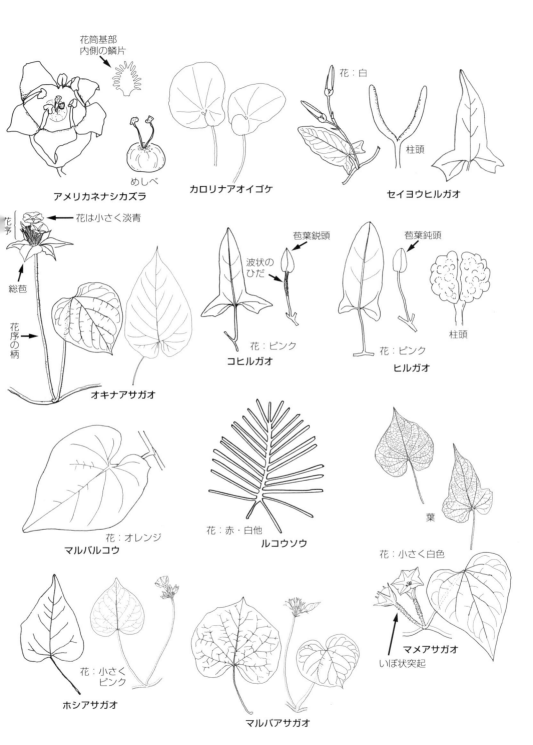

4. がく片は反曲する．裂けた中央の葉片は基部が狭まる（欠刻が大きいため）．花径3cm．花序
は葉柄より短い．種子6個　　　　　　　　　　　　　　　　　　**アメリカアサガオ・帰**　▶
　　　v．マルバアメリカアサガオは，葉が裂けない　　　　　　　**マルバアメリカアサガオ・帰**　▶

被子127　ナス科（*SOLANACEAE*）

A．木本
　B．花は淡紫色で，径2cm以下 ……………………………………………………《クコ属》

クコ属　*Lycium*

茎にトゲあり（トゲは枝の変形物）．葉は長楕円形．花冠は淡紫色で5裂．果実は赤熟する　　　　　　　　　　　　　　　　　　　　　　　　　　　　　　　　　　　**クコ**

　B．花は白〜黄色で，径8cm以上．みな真下を向いて咲く ………《キダチチョウセンアサガオ属》

キダチチョウセンアサガオ属　*Brugmansia*

エンジェルトランペットともいう．チョウセンアサガオ属から独立した経緯があり，今でも混同される．
ダチュラとはいわない（P368参照）　　　　　　　　　　　　**キダチチョウセンアサガオ・栽**

A．草本（草本状の小低木を含む）
　B．果実は熟しても裂けない
　　C．葯は花柱を囲み互いに接する ………………………………………………《ナス属》

ナス属　*Solanum*

1. 葯は縦に裂けて花粉が出る．花冠5裂（まれに8-10裂）．花は黄色．草高100-150cm．がく5片あり，
鋭尖頭　　　　　　　　　　　　　　　　　　　　　　　　　　　　　　　　　**トマト・栽**
1. 葯に孔が開いて花粉が出る
　2. 常緑小低木．茎の頂端に花が1-4個つく．果実は球形で毛がなく赤熟する　　**タマサンゴ・栽**
　2. 明らかに草本
　　3. 茎や葉にトゲあり（ナスはトゲがないこともある）
　　　4. トゲ著しい．花は白または淡紫色．葉に星状毛密生　　　　　　　　　**ワルナスビ・帰**　▶
　　　4. トゲは小形でごくわずか（またはなし）．花は紫色．全体が暗紫色　　　　**ナス・栽**
　　3. 茎や葉に全くトゲなし
　　　4. つる，またはややつる性．集散花序（3分岐ずつする花序）．果実赤熟
　　　　5. 葉や茎に腺毛密生．花は白色．下方の葉は羽裂　　　　　　　　　**ヒヨドリジョウゴ**　▶
　　　　5. 葉や茎は毛なし，あるいはやや短毛あり．花は紫色
　　　　　6. 茎や葉にやや毛あり．葉先は長鋭尖頭で，基部は円形〜切形．葉のふちはあいまいな波
状鋸歯あり．下方の葉は分裂して側裂片あり．果実球形　　　　　　**ヤマホロシ**　▶
　　　　　　v．タカオホロシは，葉裂片に鋸歯あり．果実は長楕円体　　　　　**タカオホロシ**　▶
　　　　　6. 茎と葉は毛なし．葉先は長鋭尖頭で，基部はくさび形．全縁．下方の葉であっても分裂
しない　　　　　　　　　　　　　　　　　　　　　　　　　　**マルバノホロシ**　▶
　　　4. 茎は直立．散形花序．果実黒熟
　　　　5. 果実はがくに包まれる．全体に腺毛多し　　　　　　　　　　　　　**ケイヌホオズキ**
　　　　5. 果実はがくに包まれない．腺毛なし
　　　　　6. 花冠は中裂．花序はやや総状，花は白色．種子径2mm．1果実中に種子40-50個．球状顆粒
なし．葉裏ほとんど毛なし　　　　　　　　　　　　　　　　　**イヌホオズキ**　▶
　　　　　6. 花冠は深裂．種子径1-1.5mm
　　　　　　7. 果実径7-10mm．黒色で照りはない．1果実中に種子60-120個．葉裏細毛密生．球状顆
粒4-10個

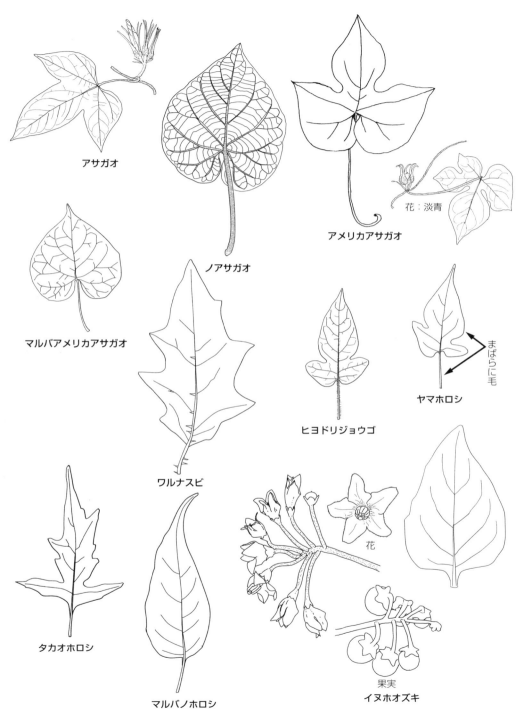

ナス科

  8. 花序は5-8花からなる．花の数が多いときは基部の1-2花は離れてつく．花序はやや総状．花冠径8-12mm．葯長2-3mm．花柱4-6mm．花は白～淡紫色
                     オオイヌホオズキ・帰

   [参考] ムラサキイヌホオズキは，花が淡紫色（しかし上記種と区別不明瞭）
                   ムラサキイヌホオズキ・帰・参

  8. 花序は1-4花からなる．花序は散形．花冠径4-6mm．葯長1-1.5mm．花柱は2-3mm
                     アメリカイヌホオズキ・帰　▶

 7. 果実は径4-7mm，黒紫色で強い照りあり．1果実中に種子30-50個．花は白色．花序は散形だが，1花だけ離れてつくことあり．全縁．葉裏ほとんど毛なし．球状顆粒1-4個
                     テリミノイヌホオズキ・帰　▶

  [参考] カンザシイヌホオズキは，茎がかたく基部は木質化．若い茎に細毛密生
                    カンザシイヌホオズキ・帰・参　▶

C. 葯は離れて位置する．葯は縦に裂ける
 D. がくは花後ホオズキのように膨らまない
  E. 花は1個．がくは5裂．葉は小さく葉身長3cm以下 ……………《ハコベホオズキ属》

ハコベホオズキ属　*Salpichroa*

ややつる状．地表をはう．茎や葉に曲がった白短毛多し．花は葉腋に1個で下向き．花冠つぼ状，白色
                     ハコベホオズキ・帰

  E. 花は2-3個束生．がくはほとんど裂けない．葉身長8-20cm …………《ハダカホオズキ属》

ハダカホオズキ属　*Tubocapsicum*

がくは花後も花時と同じで膨らまない．花冠淡黄色で5中裂．裂片は反り返らない　**ハダカホオズキ**　▶

 D. がくは花後ホオズキ状に膨らむ
  E. がくは5深裂 ……………………………………………………………《オオセンナリ属》

オオセンナリ属　*Nicandra*

茎に著しい稜あり．茎や葉は毛なし．葉は大形で葉柄は長い．花と葉は対生．花は1個で下向き．花冠は淡青紫色でつりがね状．がくの稜が著しく強い　**オオセンナリ・帰**

  E. がくは筒状またはふくろ状 ……………………《センナリホオズキ属/イガホオズキ属》

センナリホオズキ属/イガホオズキ属　*Physalis/Physaliastrum*

1. がくはふくろ状
 2. がくは大きく膨らみ，果時，長さ40-60mmに達し，橙赤色に熟す．長い根茎あり．花は白色（この種はセンナリホオズキ属）　**ホオズキ・栽**　▶
 2. がくは果時の長さ12-25mm．熟しても黄または緑色．根茎なしまたは短い
  3. 花は白色．がくにはまばらに太い毛あり．その毛は果時トゲ状になる．果実の稜は黒紫（この種はイガホオズキ属）　**ヤマホオズキ**　▶
  3. 花は黄白色．がくに短毛あり．その毛は果時トゲ状にならない
   4. 花柄の長さ1cm（この種はセンナリホオズキ属）　**センナリホオズキ・帰**　▶
   4. 花柄の長さ3-7cm（この種はセンナリホオズキ属）
      ナガエノセンナリホオズキ（フウリンホオズキ，ナガエセンナリホオズキ）・帰
1. がくは筒状
 2. 葉は広卵形．花径5mm．がくは花時密毛．果実は球形（この種はイガホオズキ属）　**イガホオズキ**　▶
 2. 葉は長楕円形．花径15mm．がくは花時まばらに毛あり．果実は楕円体（この種はイガホオズキ属）
                     アオホオズキ　▶

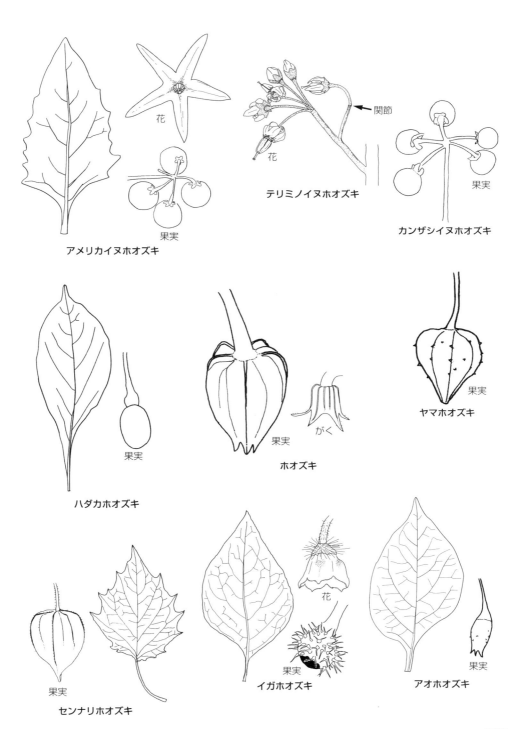

ナス科、モクセイ科

B. 果実は熟すと裂ける
 C. 果実は横に裂けてふたがとれる ……………………………………《ハシリドコロ属》

ハシリドコロ属　*Scopolia*
 果実はふたがとれて種子が出る．花冠は暗紅紫色．花冠はつりがね状で下垂．太い根茎あり
                       ハシリドコロ　▶

 C. 果実は縦に裂ける．花は上向き〜横向き．草木〜やや低木 …………《チョウセンアサガオ属》

チョウセンアサガオ属　*Datura*
 花が下向きになるキダチチョウセンアサガオは本属に含まない（P364参照）．
 1. 果実は上向き．果実は均等に裂ける．葉に大きな鋸歯あり．花は白色．茎は緑色
                   シロバナチョウセンアサガオ・帰
  v. ヨウシュチョウセンアサガオは，花が白地に淡紫色．茎は暗紫色　**ヨウシュチョウセンアサガオ・帰**
 1. 果実は下垂．果実は不均一に裂ける．葉は全縁またはやや波状鋸歯あり．花は白色
  2. 茎や葉は毛なし　　　　　　　　　　　**チョウセンアサガオ（キチガイナスビ）・帰**　▶
  2. 茎や葉に細毛密生　　　　　　　**アメリカチョウセンアサガオ（ケチョウセンアサガオ）・帰**

被子128　モクセイ科（*OLEACEAE*）

A. 花冠なし、または4全裂する花冠あり …………………………………………《トネリコ属》

トネリコ属　*Fraxinus*
 1. 花序の基部に葉がない（旧年枝に腋生する芽には花芽だけがある）．葉柄基部は著しく膨らみ茎を
  抱くため，対生する反対側の葉柄基部と接するようになる．花冠なし　　　　　**シオジ**　▶
 1. 花序の基部に葉がある（頂生する芽や腋生する芽に花芽と葉芽が混在する）
  2. 側小葉に5-10mmの柄あり．花冠なし．がくはさかずき状で果時にも残っている
   3. 小葉は鋭頭だが尾状にならない．花時若枝は毛なし　　**トネリコ（サトトネリコ）・栽**　▶
   3. 小葉は鋭尖頭で尾状．花時若枝に縮毛あり　　　　　　　　**ヤマトアオダモ**　▶
  2. 側小葉は柄がないか，または5mm以下のごく短い柄あり．4全裂する白色花冠あり
   3. 冬芽の最外芽鱗は先が反曲．芽鱗の内側に茶褐色の縮毛密生．側小葉は2-4対．細鋸歯あり
                      ミヤマアオダモ　▶
   3. 冬芽の芽鱗は反曲しない．側小葉は1-3対
    4. 小葉に明瞭な鋸歯あり．枝，柄，軸，芽鱗に開出毛あり　**ケアオダモ（アラゲアオダモ）**　▶
     f. アオダモは，枝，柄，軸，芽鱗にほとんど毛なし．形状はマルバアオダモに似る
                  アオダモ（コバノトネリコ）　▶
     f. ビロードアオダモは，葉は多毛で，葉表にも毛あり　　　　**ビロードアオダモ**
    4. 小葉は全縁でごくごく低い鋸歯が少しある．枝，柄，軸に微細毛と短腺毛あり．芽鱗に細毛
     があったりなかったり
             マルバアオダモ（ホソバアオダモ）　▶

A. 全裂しない花冠あり
 B. 種子に翼あり
  C. 花は黄色．葉に鋸歯あり．雌雄異株 ………………………………………《レンギョウ属》

レンギョウ属　*Forsythia*
 1. 髄は節を除いて中空．葉は3深裂することあり．花は葉より先に開く　　　**レンギョウ・栽**　▶
 1. 髄ははしご状．花冠裂片はレンギョウより細い
  2. 葉裏や葉柄に細毛あり．花は葉より先に開く　　　　　　　**ヤマトレンギョウ・栽**
  2. 葉は毛なし．花は葉と同時に開く
   3. 幹は伏すことなく直生．鈍鋸歯．がく片は反曲しない　　　**シナレンギョウ・栽**　▶

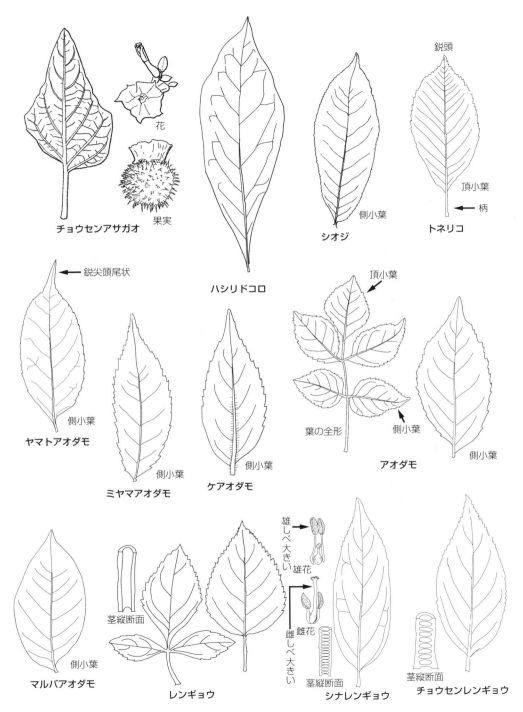

3. 幹は伏して弓なりに反る．鋭鋸歯．がく片はやや反曲　　　チョウセンレンギョウ・栽　図P369

　C. 花は白色または淡赤紫色系．葉は全縁 ……………………………………………《ハシドイ属》
ハシドイ属　Syringa
　　1. 葯に長い花糸があり花冠から突き出る．花は白色．落葉小高木．樹皮はサクラ類に似る　ハシドイ
　　1. 葯に花糸なし（花糸は花冠に合生するため）．花は白・紫・赤色など多様
　　　　　　　　　　　　　　　　　　　　　　　　　ムラサキハシドイ（ライラック，リラ）・栽

　B. 種子に翼はない．花は白色または黄色
　　C. 花は葉腋に束生 ……………………………………………………………………《キンモクセイ属》
キンモクセイ属　Osmanthus
　　1. 葉長3-5cm．花は白色．成葉は全縁．若枝の葉の鋸歯は鋭いトゲになる．トゲは2-5対　　ヒイラギ
　　1. 葉長7-15cm．花は橙黄色．若枝の葉は全縁だが，先に細鋸歯が出ることもあり　キンモクセイ・栽
　　　f. ウスギモクセイは，花が淡黄色　　　　　　　　　　　　　　　　　　　　　　ウスギモクセイ・栽
　　　v. ギンモクセイは，花が白色．古木の葉は全縁，若木の葉は細鋸歯あり　　　　　　ギンモクセイ・栽
　　　h. ヒイラギモクセイは，ギンモクセイとヒイラギの雑種．トゲ状鋸歯10対ほど　ヒイラギモクセイ・栽

　　C. 花序は頂生 …………………………………………………………………………《イボタノキ属》
イボタノキ属　Ligustrum
　　1. 柱頭は花の外に突き出す．花冠筒部は短く，花冠裂片とほぼ同長．葯長1-2mmで，先は丸い
　　　2. 葉はやや小さく，葉脈は光を透過しない．葉のふちの透明帯はきわめて細い　　　　ネズミモチ
　　　2. 葉は大きく，葉脈は光を透過する．葉のふちの透明帯は太い　　　　　　　トウネズミモチ・栽
　　1. 柱頭は花の外に出ない．花冠筒部は長く，花冠裂片の2-4倍．葯長2-3.5mmで先は鋭くとがる
　　　2. 葉は鈍頭．葉は長楕円形で長2-7cm．側脈3-4対　　　　　　　　　　　　　　　　イボタノキ
　　　2. 葉は鋭頭．葉は卵状長楕円形で長2-5cm．側脈5-7対　　　　　　　　　　　　　　ミヤマイボタ

被子129　イワタバコ科（*GESNERIACEAE*）

花冠の先は平開し，短い筒部あり．雄しべ5個，葯は筒状につながって花柱を囲む …《イワタバコ属》
イワタバコ属　Conandron
　根生葉あり，葉柄に翼あり．花茎に2-10数個の花がつく．花は紫色．花茎やがくは毛なし　　イワタバコ
　　f. ケイワタバコは，花茎やがくに軟毛あり　　　　　　　　　　　　　　　　　　　　ケイワタバコ

被子130　オオバコ科（*PLANTAGINACEAE*）

　A. 花弁（花被片）なし．小型軟弱植物 ……………………………………………………《アワゴケ属》
アワゴケ属　Callitriche
　葉は対生．花は葉腋につく．がくなし．花弁なし．果実軍配型
　　1. 陸生．葉は倒卵形で小さく葉長2-5mm．花柱は2個，ごく短く（0.3mm）目立たない．果実は円心形
　　　アワゴケ
　　1. 水生．水中葉は線形．水上葉はへら形．葉長5-13mm．花柱は2個で長い（1mm）．果実は楕円形
　　ミズハコベ
　　　［参考］類似のミゾハコベ（P274）（ミゾハコベ科）の花弁は3個，淡紅色．花柱3．類似のスズメノハコ
　　　　　ベ（P372）（オオバコ科）の花冠は唇形で基部は筒状，淡紅色．がく筒があり先端は5裂．花柱1

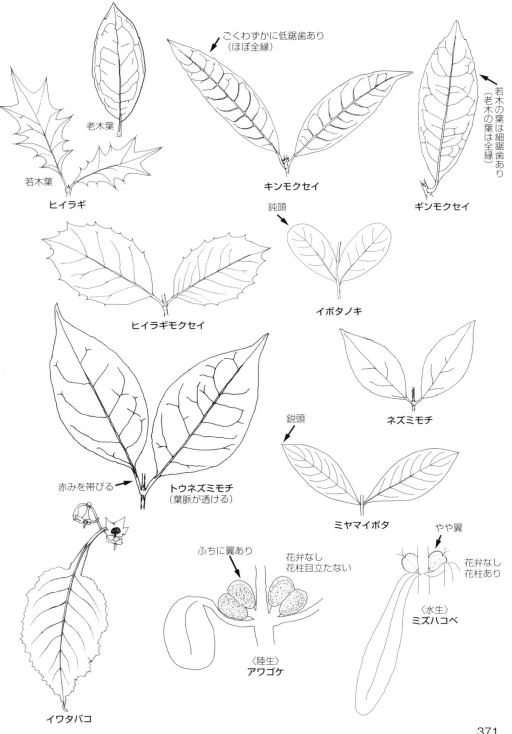

オオバコ科

A. 花弁あり
　B. 完全雄しべは2本または4本で花冠裂片の数より少ない
　　C. 花冠はほぼ放射相称
　　　　D. はう．種子は粘る．花冠はつりがね状 ……………………………………《キクガラクサ属》

キクガラクサ属　*Ellisiophyllum*
地下茎が伸び，節ごとに根と葉がつく．葉柄は葉身と同長．葉身は羽状深裂．（埼玉県の自生は疑問）
キクガラクサ

　　　　D. 直立または株をつくる．種子粘らない ……………………………………《キタミソウ属》

キタミソウ属　*Limosella*
葉長2-5cm，さじ形で毛なし．花は腋生．花柄15mm．花冠は5裂．花径2.5mm
キタミソウ ▶

　　C. 花冠は左右相称
　　　D. 花冠に距あり
　　　　E. はう．葉は円心形で5浅裂 ……………………………………《ツタバウンラン属》

ツタバウンラン属　*Cymbalaria*
分枝し横にはう．葉は互生．葉身は腎形で基部心形．葉長1-3cm．花は淡紫色で，下唇に2個の黄斑あり
ツタバウンラン・逸 ▶

　　　　E. 直立または斜上．葉は糸状または線状
　　　　　F. 葉は線形．匍匐枝はない ……………………………………《ウンラン属》

ウンラン属　*Linaria*
葉は線状披針形で輪生．花は総状花序でまばらにつく．花冠は紫色
ムラサキウンラン・帰

　　　　　F. 葉は糸状．根際から花のつかない匍匐枝が多数出る ……………………《マツバウンラン属》

マツバウンラン属　*Nuttallanthus*
葉は線形，基部は3-4輪生．上部の葉は互生．花は総状花序で，花冠は青紫色
マツバウンラン・帰 ▶

　　　D. 花冠に距なし
　　　　E. 雄しべ2本のみ．いずれも完全雄しべ（萎縮した雄しべはなし）
　　　　　F. がくは5裂．きわめて小型 ……………………………………《スズメノハコベ属》

スズメノハコベ属　*Microcarpaea*
葉は対生．葉長2-5mm．葉腋に合弁唇形の花がつく．花は淡紅色．花柱1
スズメノハコベ（スズメハコベ）▶

［参考］類似のミゾハコベ（P274）（ミゾハコベ科）は花柱3，花弁3枚で淡紅色．類似のミズハコベ（P370）（オオバコ科）は花柱2，花弁なし

　　　　　F. がくは4裂
　　　　　　G. 花冠は平たく筒部はほとんどなし，またはわずかにあり ……………《クワガタソウ属》

クワガタソウ属　*Veronica*
1. 花冠の筒部はほとんどなし．花は腋生，または少数花による総状花序を頂生
　2. 花は葉腋に1個，または茎の頂端に花序がつく
　　3. 茎上部で葉は徐々に小さくなり苞葉に移行．種子は楕円形で平たい
　　　4. 葉は毛なし．葉に1脈あり．花は白色
ムシクサ ▶
　　　4. 葉の両面に短毛あり．葉に3-5脈あり．花は淡青色
タチイヌノフグリ・帰 ▶
　　3. 茎上部でも葉は大きく苞葉に移行しない．種子は舟形か，半球形

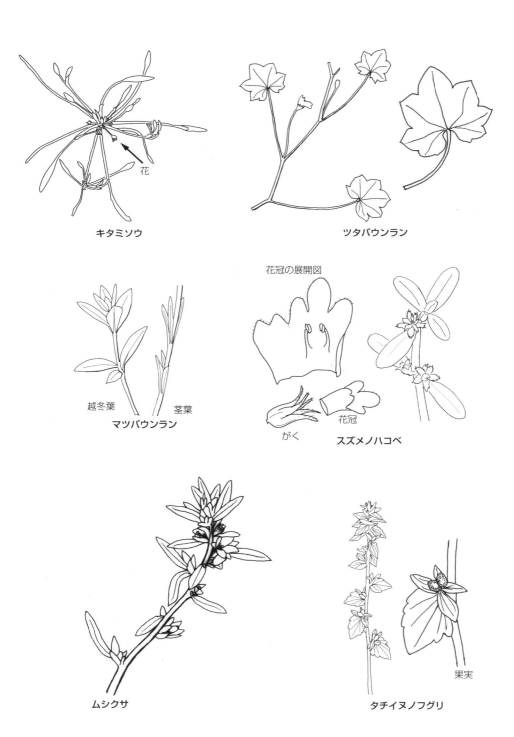

オオバコ科

```
         4. 葉の鋸歯は1-2対．果実はほぼ球状で浅くへこむ．1果実に1-3個の半球形種子あり
                                                                    フラサバソウ・帰 ▶
         4. 葉の鋸歯は2-5対．果実は扁平でやや膨らみ，先は大きくへこむ．1果実に8-15個の舟形種子
            あり
            5. 葉の鋸歯は3-5対．花は青藍色．果実はやや扁平．花柄は長く15-25mm
                                                                  オオイヌノフグリ・帰 ▶
            5. 葉の鋸歯は2-3対．花は淡紅白色．果実は膨らむ．花柄は10mm以下    イヌノフグリ ▶
   2. 葉腋に花序がつく
      3. 葉や茎に毛あり．果実は三角状で基部はほぼ平ら                          クワガタソウ
      3. 葉や茎はほとんど毛なし．果実は球形．葉は肉質的
         4. 茎の下半分ははう．葉柄あり                                マルバカワヂシャ・帰
         4. 茎は根元から直立．葉柄なし，茎を抱く
            5. 葉の鋸歯はきわめて浅い．花は大きく青藍色                  オオカワヂシャ・帰 ▶
            5. 葉の鋸歯は明瞭．花は小さく白～淡青色                           カワヂシャ ▶
1. 花冠に短い筒部がある．多数花からなる長い総状花序を頂生                            ヒメトラノオ
```

    G. 花冠の筒部は長い ………………………………………………《クガイソウ属》

クガイソウ属　*Veronicastrum*

葉は4-8枚輪生．長楕円状披針形で鋭尖頭．葉柄はほとんどなし．茎の頂端に総状花序．花は淡紫色，花冠の先は4浅裂．花柄長1.5-3mm
　　　　　　　　　　　　　　　　　　　　　　　　　　　　　　　　　　　　クガイソウ

   E. 雄しべは4-5本あり（その中に萎縮した雄しべ0-2本を含む）
    F. がくの基部に小苞あり．花冠は筒形
     G. 完全雄しべ4本．葉は羽状脈．鋸歯または欠刻 ……………………………《シソクサ属》

シソクサ属　*Limnophila*

```
1. 葉は対生．葉は分裂せず，長楕円形で鋸歯あり．花は白色．花柄あり           シソクサ ▶
1. 葉は輪生．水中葉は糸状，水上葉は羽状深裂．花は赤紫色．花柄なし          キクモ ▶
```

     G. 完全雄しべ2本と不完全雄しべ2本．葉は3行脈．全縁 …………《オオアブノメ属》

オオアブノメ属　*Gratiola*

茎は直立．根生葉なし．花は白色．花は上部の葉腋に1個ずつ　　　　　　オオアブノメ ▶

    F. がくの基部に小苞なし
     G. 柱頭部は丸い
      H. 花糸はまっすぐ．葯は毛なし．果実は球形 ……………………………《アブノメ属》

アブノメ属　*Dopatrium*

茎は直立．根生葉は長楕円形で柄なし．茎上部の葉はきわめて小さい．花は淡紫．花は上部の葉腋に1個ずつ　　　　　　　　　　　　　　　　　　　　　　　　　　　　　　アブノメ ▶

      H. 花糸はねじれて一回り．葯に毛あり．果実は楕円体 …………《サワトウガラシ属》

サワトウガラシ属　*Deinostema*

花長5-6mm．花は紅紫色
```
1. 葉は幅狭く披針形．葉は1脈のみ                                     サワトウガラシ ▶
1. 葉は幅広く楕円形．葉は5-7脈あり                                 マルバサワトウガラシ
```

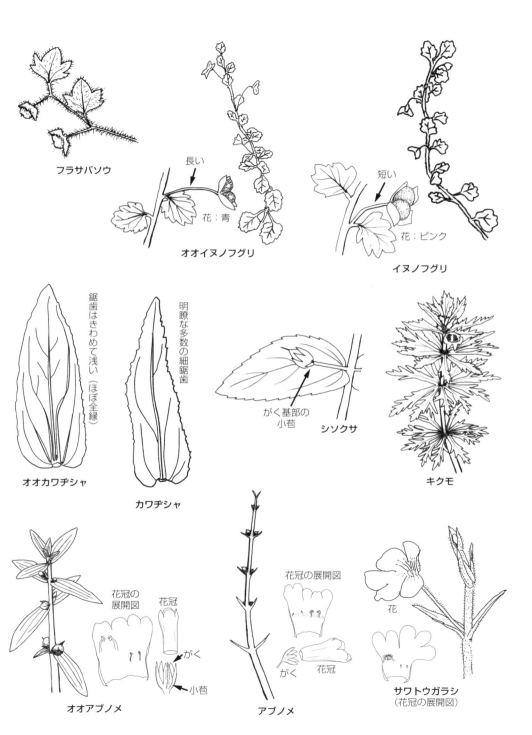

オオバコ科、ゴマノハグサ科

　　　G. 柱頭部は扁平な二片（つつくと閉じる） ………………………………《オトメアゼナ属》
オトメアゼナ属　Bacopa
　　葉は対生．水中の葉は円形〜倒卵形．地上の葉はへら状．葉は7-13掌状脈あり．花は白〜淡紅色．花
　　の口部は黄色を帯びる．果実長5mm　　　　　　　　　　　　　　　　　　　　　　**ウキアゼナ・帰**　▶

　B. 完全な雄しべの数は4-5本で花冠裂片の数と同じ …………………………………………《オオバコ属》
オオバコ属　Plantago
　1. 明らかな葉柄あり．果実1個に種子4-24個
　　2. 果実1個に種子7-24個．種子長1mmほど．果身長8-25cm．果実の上ぶたは半球形　　**トウオオバコ**　▶
　　　v. セイヨウオオバコは，こちらが基本種．果実の上ぶたは円錐状　　　　**セイヨウオオバコ・帰**　▶
　　2. 果実1個に種子4-6個．種子長1.5-1.8mm．葉身長2-15cm　　　　　　　　　　　　　　**オオバコ**　▶
　1. 葉柄はないか，翼をもつ幅広い葉柄がある．果実1個に種子1-4個
　　2. 苞葉は花よりも長く斜上または開出する．苞葉の先は芒状　**アメリカオオバコ（ノゲオオバコ）・帰**　▶
　　2. 苞葉は花よりも短い
　　　3. 花序は花茎に比べはるかに短い　　　　　　　　　　　　　　　　　　　　　　**ヘラオオバコ・帰**　▶
　　　3. 花序は花茎の長さの1/2よりも長い
　　　　4. 葉は倒長卵形．苞葉は毛なし．苞葉は円頭　　　　　　　　　　　　　　　　　**エゾオオバコ**
　　　　4. 葉は倒披針形．苞葉に長毛散生．苞葉は鋭頭　　　　　　　　　　　　　　**ツボミオオバコ・帰**　▶

被子131　ゴマノハグサ科（*SCROPHULARIACEAE*）

　A. 低木 ……………………………………………………………………………………………《フジウツギ属》
フジウツギ属　Buddleja
　1. 茎に4稜あり，断面は四角形．葉裏に星状毛がまばらにあるが，白綿毛なし．花冠外面に星状綿毛
　　密生　　　　　　　　　　　　　　　　　　　　　　　　　　　　　　　　　　　　　　**フジウツギ**　▶
　1. 茎に稜なし．断面は円形．葉裏に白綿毛密生．花冠外面はほとんど毛なし．秩父で野生株が確認さ
　　れたが，一般には園芸・逸出株多し　　　　　　　　　　**チチブフジウツギ（フサフジウツギ）・逸**　▶

　A. 草本
　　B. 花冠はほぼ放射相称 ……………………………………………………………………《モウズイカ属》
モウズイカ属　Verbascum
　　ロゼットで越冬．春に1-2mの直立茎を伸ばす．葉は灰白色綿毛が密生．総状花序を頂生．花は黄色．類似
　　種にピンク花のシソ科 stachys ラムズイヤー（ワタチョロギ）がある　　　　**ビロードモウズイカ・帰**　▶

　　B. 花冠は左右相称 …………………………………………………………………………《ゴマノハグサ属》
ゴマノハグサ属　Scrophularia
　1. 花は淡黄緑色．花序の幅は2cmほど．（ニガクサ（P380）に比べ，本種の葉柄・葉脈上に全く毛なし）
　　　ゴマノハグサ　▶
　1. 花は紫褐または黒褐色．円錐花序の幅は3cm以上
　　2. 葉は細鋸歯多数（40対ほど）．根は肥厚．果実は径よりも長い．草高1m以上　　**オオヒナノウスツボ**　▶
　　2. 葉に粗い鋸歯あり（20対ほど）．根は細くひげ状．果実の径と長さは同長
　　　3. 花序は頂生．花序の花はまばら．花期は7-9月　　　　　　　　　　　　　　　**ヒナノウスツボ**　▶
　　　3. 花序は腋生．葉より短い花序．花期は5-6月　　　　　　　　　　　　　**サツキヒナノウスツボ**　▶

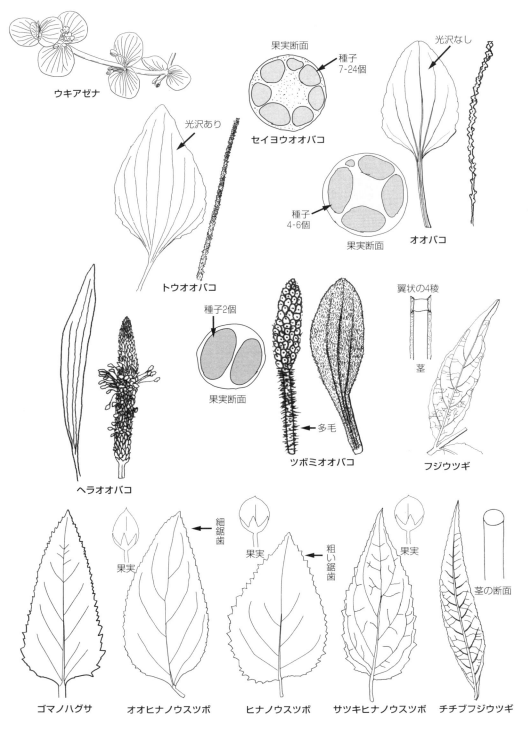

アゼナ科、シソ科

被子132　アゼナ科（*LINDERNIACEAE*）

がくは5中裂～5深裂．前方の1対の雄しべは喉部につく．茎4角柱 ……………………《アゼナ属》

アゼナ属　*Lindernia*
1. 種子はなめらか．葉は平行脈で3-5脈，やや羽状にもなる
    2. 葉のふちは全縁．雄しべは4個とも薬あり　　　　　　　　　　　　　　　　　　　アゼナ ▶
    2. 葉のふちに少数の低い鋸歯あり．雄しべ2個だけに薬あり
        3. 葉の基部は全てくさび状．葉柄状．葉の中央部が最大幅　　　　　　アメリカアゼナ・帰 ▶
        3. 茎中部以上の葉は基部がくさび状にならず，ときに茎を抱く．葉は中央部より下部が最大幅．
           茎や花柄に腺毛あり．水湿地になく適潤地に生える　　　　　　　ヒメアメリカアゼナ・帰 ▶
            ssp. タケトアゼナは，葉の基部が円形．鋸歯明瞭．ふつう腺毛なし　　　タケトアゼナ・帰
1. 種子の表面に数列の小さな孔がある．葉は羽状脈またはやや1(3)脈
    2. がくは5浅裂．果実楕円形．がくより短いか同長．完全雄しべ4．葉柄あり．葉は羽状脈　ウリクサ ▶
    2. がくは5深裂．果実は線状披針形で，がくの2-3倍．葉柄なし
        3. 完全雄しべ4個．奥の雄しべ2個に尾状突起．花冠筒部の断面は丸．葉は1(3)脈　アゼトウガラシ ▶
        3. 完全雄しべ2個と薬なし仮雄しべ2個．花冠筒部の断面は扁平．葉は羽状脈　スズメノトウガラシ ▶

被子133　シソ科（*LAMIACEAE*）　「完4」は完全雄しべ4，「2強」は2強雄しべを示す

A. 子房は4深裂することはなく，花柱は子房の頂端から出る
　B. 木本
　　　C. 花は4数性．放射相称．花序は腋生．完4 ……………………………………《ムラサキシキブ属》

ムラサキシキブ属　*Callicarpa*
1. 枝，葉，花序の軸，がくに軟毛密生．葉の両面に腺点あり．がくは中裂　　　　　ヤブムラサキ ▶
1. 枝，葉，花序の軸，がくは，ほとんど毛なし．葉裏にだけに腺点あり．がくは浅裂
    2. 葉はふち全体に細鋸歯あり．花序は葉腋からか，またはその少し上から出る　　ムラサキシキブ ▶
    2. 大きな鋸歯が葉先から2/3までの間に10数対ある．花序は明らかに葉腋部よりも上につく
    　　　　　　　　　　　　　　　　　　　　　　　　　　　　　　　　　　　　コムラサキ・逸 ▶

　　　C. 花は5数性．左右相称．花序は頂生か腋生．完4 ……………………………………《クサギ属》

クサギ属　*Clerodendrum*
葉は対生．葉柄は長い．葉身は三角状心形～広卵形．葉を揉むと臭気あり
1. 葉はほとんど全縁．臭気は強い．集散花序（3分岐ずつする花序）を頂生　　　　　　クサギ ▶
1. 葉に鋸歯あり．臭気は弱い．花は密集して頭状になる　　　　　　　　　　　ボタンクサギ・逸 ▶

　B. 草本．雄しべは花冠の外へ長く突き出す．集散花序（3分岐花序）．2強 ………《カリガネソウ属》

カリガネソウ属　*Tripora*
草高1m内外．葉長8-13cmで毛なし．紫色の花冠の裂片は全縁．雄しべと花柱は下向きに大きくわん曲
して，花外に突き出る　　　　　　　　　　　　　　　　　　　　　　　　　　　カリガネソウ ▶

A. 子房は4深裂し，花柱は深裂の基部から立ち上がる
　B. 分果は4個がつながる．分果は花床へ大きな面積で付着している
　　　C. 花は花冠上唇と花冠下唇がある2唇形．薬2室．完4 ……………………………《キランソウ属》

キランソウ属　*Ajuga*
1. 地面をはう，または直立の場合でも走出枝あり
    2. 花長25mmほど．葉は五角状で基部心形．根生葉なし　　　　　　　　　　　　オウギカズラ ▶

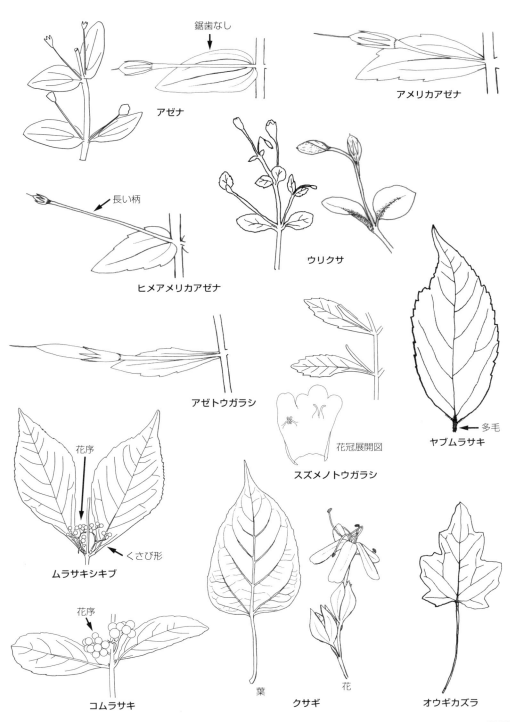

シソ科

　　2. 花長10mm以下．葉はさじ状で基部くさび形．根生葉が最も大きい
　　　　3. 地表をはう．草高5cm以下．花は葉腋に束生．花は瑠璃色．葉に白毛密生．走出枝なし．上唇
　　　　　目立たない　　　　　　　　　　　　　　　　　　　　　　**キランウソ（ジゴクノカマノフタ）** ▶
　　　　3. 花茎は直立．草高10-30cm．花は淡紫色．走出枝あり
　　　　　4. 花茎に長軟毛開出　　　　　　　　　　　　　　　　　　　　　　　　　　**ツルカコソウ**
　　　　　4. 花茎は葉とともに毛が少ない　　　**セイヨウジュウニヒトエ（ツルジュウニヒトエ）・栽**
　1. 茎は直立するか，あるいは斜上．走出枝はない
　　2. 花長20mm．葉は欠刻して鋭くとがる．基部はわずかに心形　　　　　　　　　　**ヒイラギソウ** ▶
　　2. 花長6-12mm．葉にまばらな鋸歯あり．基部はくさび形
　　　　3. 茎や葉に長軟毛が多く，全体白緑色．花序は茎の頂端．花は密　　　　　**ジュウニヒトエ** ▶
　　　　　h. ジュウニキランソウは，ジュウニヒトエとキランウソの雑種で形態も中間型
　　　　　　　　　　　　　　　　　　　　　　　　　　　　　　　　　　　　　　ジュウニキランソウ
　　　　3. 茎や葉に多少毛があっても全体は緑色．ときに一部帯紫．花は腋生
　　　　　4. 茎は直立．花は淡紫色，花冠背面の長さ10-11mm．花冠上唇は2裂し，長さ2.5-3mm
　　　　　　　　　　　　　　　　　　　　　　　　　　　　　　　ニシキゴロモ（キンモンソウ） ▶
　　　　　　v. ツクバキンモンソウは，花冠上唇は目立たず長さ1-2mm　　　**ツクバキンモンソウ** ▶
　　　　　4. 茎は斜上，ときにはう．花瑠璃色，花冠背面長さ13-16mm．花冠上唇2裂　　**タチキランソウ** ▶

　　C. 花に花冠上唇はなく，花冠下唇のみ．葯1室．完4 ･･････････････････････《ニガクサ属》
ニガクサ属　*Teucrium*
　1. 葉柄は葉身の1/4くらい．がくに腺毛密生．がく上唇の裂片は鈍頭　　　　　　**ツルニガクサ** ▶
　1. 葉柄は葉身の1/7以下．がくに腺毛はないが，短毛が少しある．がく上唇の裂片は鋭頭．（ゴマ
　　ノハグサ科のゴマノハグサ（P376）に比べ，本種の葉柄・葉裏脈上には散毛あり）　　**ニガクサ** ▶

　B. 分果4個はそれぞれ独立．分果は花床へ小さな面積で付着している
　　C. がくは2裂．花後，がく上唇の背は隆起して円形突起となる．やや2強 ･･････《タツナミソウ属》
タツナミソウ属　*Scutellaria*
　1. 花冠長6-8mm．花冠筒部は著しく折れ曲がらない
　　2. 花序は頂生　　　　　　　　　　　　　　　　　　　　　　　　　　　　　**ミヤマナミキ** ▶
　　2. 花は腋生で，葉腋に1個ずつ
　　　　3. 葉やがくはほとんど毛なし．分果に翼なし　　　　　　　　　　　　　　**ヒメナミキ** ▶
　　　　3. 葉やがくに開出毛あり．分果に翼があり径2mmくらい　　　　　　　　　　**コナミキ** ▶
　1. 花冠長11-32mm．花冠筒部は60度以上に曲がり，斜上または直立する
　　2. 花冠は基部で約60度に曲がり斜上．苞葉は大きい．上部の葉の鋸歯は鋭頭．茎の毛は上向き
　　　　　　　　　　　　　　　　　　　　　　　　　　　　　　　　　　　ヤマタツナミソウ ▶
　　2. 花冠は基部で直角に曲がり直立．苞葉は小さい．上部の葉の鋸歯は鈍頭
　　　　3. 葉の裏に腺点はあってもわずかで不明瞭
　　　　　4. 茎の毛は上向きで長い　　　　　　　　　　　　　　　　　　　　**シソバタツナミ** ▶
　　　　　4. 茎の毛は下向き　　　　　　　　　　　**ホナガタツナミソウ（ホナガタツナミ）** ▶
　　　　　　f. トウゴクシソバタツナミは，茎に開出毛多し　　　　　**トウゴクシソバタツナミ** ▶
　　　　3. 葉の裏に腺点多し
　　　　　4. 茎の毛は下向き．茎の上部の葉は下部の葉より大きい　　　　　　**オカタツナミソウ** ▶
　　　　　4. 茎の毛は開出．最下の葉は小さいが，中上部の葉はほぼ同じ大きさで葉身径20mm．鋸歯9-11対
　　　　　　　　　　　　　　　　　　　　　　　　　　　　　　　　　　　　　タツナミソウ ▶
　　　　　　v. コバノタツナミ（ビロードタツナミ）は，葉身径10mm．鋸歯は4-6対
　　　　　　　　　　　　　　　　　　　　　　　　　　コバノタツナミ（ビロードタツナミ） ▶

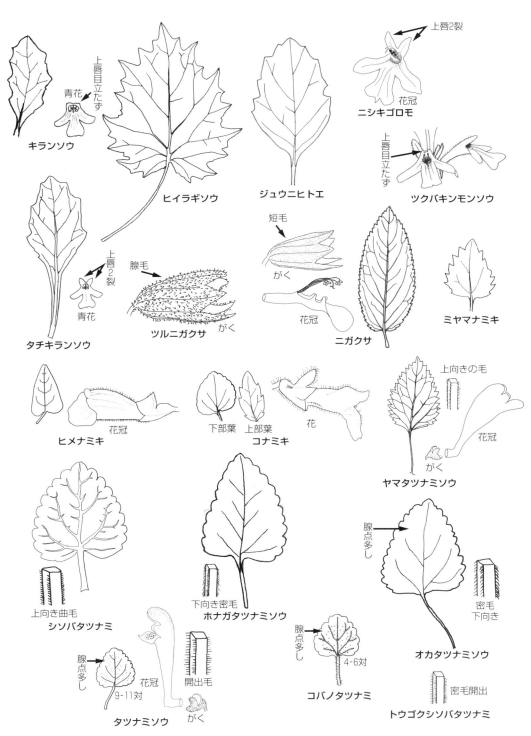

シソ科

　　　C. がくは5-10裂
　　　　D. 花冠上唇は直立し4浅裂．花冠下唇は分裂しないでボート状．2強　………《ヤマハッカ属》

ヤマハッカ属　*Isodon*

1. がくはほぼ等しく5裂する．花冠上唇に濃紫色の斑点がある
　　2. 花長5-7mmで淡青紫色．雄しべと花柱は花冠の外に突き出る　　　　　　　　ヒキオコシ　▶
　　2. 花長7-10mmで青紫色．雄しべや花柱は下唇の中にあり．葉身長3-6cm　　　　ヤマハッカ　▶
　　　　v. オオバヤマハッカは，葉が著しく大きく葉身長6-10cm　　　　　　　オオバヤマハッカ
1. がくは2唇形で上唇3裂，下唇2裂．花冠上唇に濃紫色の斑点なし
　　2. 花冠長17-20mmで長い筒状．花序には苞葉なし　　　　　　　　　セキヤノアキチョウジ　▶
　　2. 花冠長5-15mmで短い筒状
　　　　3. がくは明瞭な唇形，上唇3裂片は長三角形で鋭尖頭で反曲．下唇2裂片は鈍頭
　　　　　　　　　　　　　　　　　　　　　　　　　　　　　　　　タカクマヒキオコシ　▶
　　　　3. がくはわずかに唇形，がく5裂片は三角形で鋭頭．葉幅15-35mmで分裂せず　イヌヤマハッカ　▶
　　　　　　v. カメバヒキオコシは，葉先が分裂し，特に頂片だけ細長い尾状となる　カメバヒキオコシ　▶
　　　　　　v. コウシンヤマハッカは，葉が大形で分裂しない．葉幅40-60mm　　コウシンヤマハッカ

　　　　　D. 花冠上唇は2浅裂〜2全裂．花冠下唇は通常3裂
　　　　　　E. 葯のしっかりした完全雄しべは2個．他の雄しべ2個は萎縮退化（次のEにも2強の属あり）
　　　　　　　F. 雄しべの葯隔は長く伸長し花糸状．花冠は著しい2唇形．2強　………《アキギリ属》

アキギリ属　*Salvia*

1. 葉は複葉ではない
　　2. 花は黄色．花冠長20-30mm．開花8-9月　　　　　　　　　キバナアキギリ（コトジソウ）
　　2. 花は紅紫．花冠長15mm以下．開花5-6月（花後，がくは口を閉じる）　　　ミゾコウジュ　▶
1. 葉は羽状複葉
　　2. 花筒の基部に毛環あり．花は淡青紫色．花冠長11-13mm．雄しべは最初花冠の外に出ているが，
　　　葯から花粉が出るころには下にわん曲して見えなくなる　　　　　　　　アキノタムラソウ　▶
　　2. 花筒の中央部に毛環あり．花は濃紫．花冠長9-10mm．雄しべは花冠の外に突き出たまま．葉片に
　　　丸みがない　　　　　　　　　　　　　　　　　　　　　　　　　　ナツノタムラソウ　▶
　　　　v. ミヤマタムラソウは，花が淡青紫色．葉片に丸みある　ミヤマタムラソウ（ケナツノタムラソウ）

　　　　　　F. 雄しべの葯隔は伸長しない．花冠は小さくやや2唇形
　　　　　　　G. 完全雄しべは上側の2本．2つの葯室は開出する．一年生草本．分果は球形．2強
　　　　　　　　……………………………………………………………………《イヌコウジュ属》

イヌコウジュ属　*Mosla*

1. 苞葉は大形．花は苞葉に隠れて目立たない．茎の頂端の花序はごく短い　　　　　ヤマジソ　▶
1. 苞葉は小形．茎の頂端の花序は長い
　　2. 茎に微細毛密生．葉の鋸歯は6-13対．がく裂片はやや長三角形で鋭頭（花後，がくは開いたまま）
　　　　　　　　　　　　　　　　　　　　　　　　　　　　　　　　　　イヌコウジュ　▶
　　2. 茎の毛はまばらか，または白長毛あり．葉の鋸歯は4-10対
　　　　3. 葉表に圧毛散生．茎の毛はまばら．葉の鋸歯は4-6対．がく裂片は三角形で鈍頭　　ヒメジソ　▶
　　　　3. 葉表に白長毛散生．茎に白長毛多し．葉の鋸歯は6-10対．がく裂片は鋭頭　　シラゲヒメジソ

　　　　　　　G. 完全雄しべは下側の2本．2つの葯室は平行する．多年草．分果は3稜形．2強　《シロネ属》

シロネ属　*Lycopus*

1. がく裂片は三角状．葉は卵形のもの多し
　　2. がく裂片は鈍頭．茎の全面に細毛あり．直立　　　　　　　　　　　　　　エゾシロネ P385

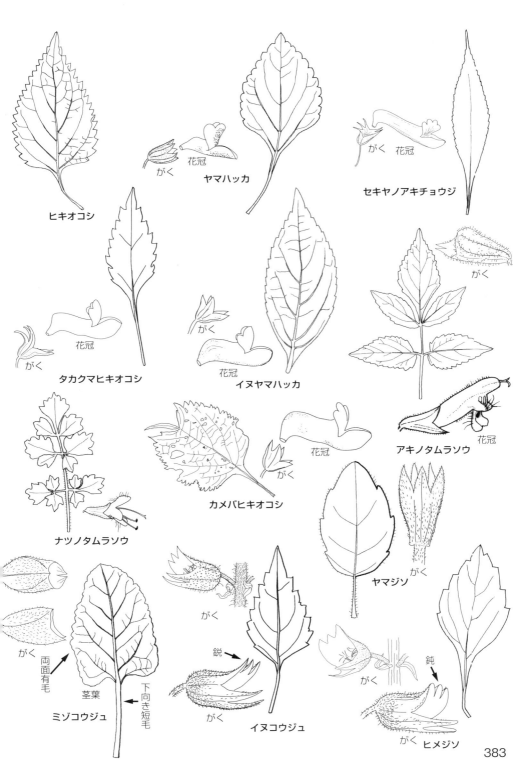

シソ科

```
　　2. がく裂片は鋭尖頭．茎は節のところだけに白毛あり．茎は根本がはって斜上し分枝が著しい．葉
　　　　長1-2cm                                                                  ヒメサルダヒコ ▶
　　　　　v．コシロネは，茎は直立．分枝は少ない．葉長2-4cm                              コシロネ ▶
　1. がく裂片は針状．葉は細長く狭長楕円形
　　　2. 葉幅5-15mm．茎の太さ3mm以下                                                  ヒメシロネ ▶
　　　2. 葉幅15-40mm．茎の太さ3mm以上．葉の裏に毛なし                                    シロネ ▶
　　　　　v．ケシロネは，葉の裏に長毛あり                                                ケシロネ
```

```
        E. 雄しべ4個はいずも葯がしっかりしている（一部2強の属を含む）
            F. 花冠は小形．花冠上唇の背は膨らまない
                G. 葉は輪生．完4 ……………………………………………………《ヒゲオシベ属》
```

ヒゲオシベ属　Pogostemon

```
　葉は線状披針形
　　1. 葉は3-6輪生．花穂の幅4-5mm．花冠長さ2mm．花糸に短毛まばらにあり        ミズネコノオ
　　1. 葉は通常4輪生．花穂の幅10mm以上．花冠長さ3-4mm．花糸に長毛密生          ミズトラノオ
```

```
            G. 葉は対生
                H. 花序は花が一方に偏ってつく．完4 ……………………………《ナギナタコウジュ属》
```

ナギナタコウジュ属　Elsholtzia

```
　1. 苞葉の背面はほとんど毛なし．苞葉の中央部が最大幅．花穂径5-7mm           ナギナタコウジュ ▶
　1. 苞葉の背面に短軟毛あり．苞葉の中央部より先が最大幅（倒卵形〜扇形）．花穂径10mm
                                                                      フトボナギナタコウジュ ▶
```

```
            H. 花序は花がどの方向にもまんべんなくつく
                I. がくは5裂し，いずれも同形
                    J. 花冠の筒部は短い．花はほぼ放射相称．完4 ……………………《ハッカ属》
```

ハッカ属　Mentha

```
　1. 花のつく節と節の間は離れている
　　　2. 苞葉と通常の葉はほとんど変わらない．上部の葉はしだいに小さくなる              ハッカ ▶
　　　2. 苞葉は通常の葉に比べて明らかに小さい                              コショウハッカ・帰 ▶
　1. 花のつく節はほとんど連続し，全体は頂生する穂状花序または総状花序となる
　　　2. 穂状花序
　　　　　3. 茎や葉はほとんど毛なし                                        オランダハッカ・帰 ▶
　　　　　3. 茎や葉に密毛
　　　　　　　4. 葉面はしわにならない．葉は長楕円状披針形                      ナガバハッカ・帰 ▶
　　　　　　　4. 葉面はしわになる．葉は楕円形〜円形                            マルバハッカ・帰 ▶
　　　2. 総状花序で，茎や葉は毛なし                                              ヒメハッカ ▶
```

```
                    J. 花冠の筒部は長い．花はやや唇形．完4 ………………………《テンニンソウ属》
```

テンニンソウ属　Comanthosphace

```
　葉は対生．葉に星状毛なし．花は淡黄色．穂状花序．苞葉の先は長く尾状．地下茎は木化   テンニンソウ
```

```
                I. がくは2唇形．がく上唇は3裂．がく下唇は2裂
                    J. 分果の表面には網目の模様あり．一年草．完4 ……………………《シソ属》
```

シソ属　Perilla

```
　葉は対生．総状花序を頂生．茎や葉に短毛がまばらにあり．揉むとシソの香り．がくは果時7-8mm
                                                                                  シソ・栽 ▶
```

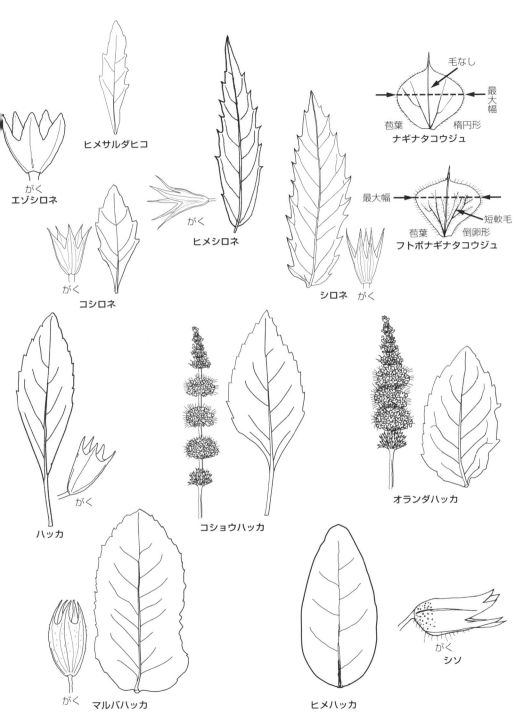

シソ科

  f. レモンエゴマは，葉に短毛がやや密生．揉むとレモンの香り．がくは果時6-7mm   **レモンエゴマ**
  v. エゴマは，葉に短毛がやや密生．揉むと悪臭．がくは大きく果時長さ1cm   **エゴマ・逸** ▶

   J. 分果の表面はなめらか．多年草
    K. 花冠はつりがね形，花糸は曲がらない．2強 ………………《スズコウジュ属》

スズコウジュ属　*Perillula*

 まばらな総状花序．花は鐘状，白色でやや下向き．花冠内に毛環なし   **スズコウジュ**
 ［参考］愛知県以西の太平洋岸に分布．埼玉の分布は疑問

    K. 花冠は2唇形．花糸は上に曲がる．2強 …………………《クルマバナ属》

クルマバナ属　*Clinopodium*

 1. 苞葉は小花柄より長く目立つ．がく上唇の裂片は鋭頭で腺毛もない．花は紅紫色   **クルマバナ** ▶
  f. ヤマクルマバナは，がくはときに腺毛をもつ   **ヤマクルマバナ**
 1. 苞葉は小花柄より短く，または同長で目立たない．がく上唇の裂片は鈍頭．花は淡紅か白色
  2. 花序は数個，頂生花序と腋生花序がある．花は淡紅紫色
   3. 葉裏の腺点はまばら，またはなし．がくに短毛多し．葉は円形．がく長3-4mm   **トウバナ** ▶
   3. 葉裏の腺点は多い．がくに白長軟毛多し．葉は楕円形．がく長4-7mm   **イヌトウバナ** ▶
  2. 花序は小さく1株にほぼ1個頂生．花は白色．がく筒脈上にまばらに毛あり   **ヤマトウバナ** ▶
   v. ヒロハヤマトウバナは，がく筒に短毛密生し，がく筒脈上に白長毛開出   **ヒロハヤマトウバナ**

  F. 花冠は大型．花冠上唇の背面（上面）は膨らむ
   G. がくの脈は13-15．上側の雄しべは下側の雄しべより長い
    H. 雄しべは長く，花の外に突き出る．完4 …………………《カワミドリ属》

カワミドリ属　*Agastache*

 葉は広卵形．葉裏に微細な白毛あり．穂状花序を頂生．花は紅紫色   **カワミドリ** ▶

    H. 雄しべは短く，花の外に出ない
     I. がく裂片は三角形．鈍頭．完4 …………………《ラショウモンカズラ属》

ラショウモンカズラ属　*Meehania*

 地上をはう．茎上部に穂状花序．花冠の下唇基部に開出毛あり   **ラショウモンカズラ**

     I. がく裂片は披針形．鋭頭．完4 …………………《カキドオシ属》

カキドオシ属　*Glechoma*

 茎ははじめ直立しているが，花後，倒伏してつる状になる．葉は円腎形で基部心形   **カキドオシ** ▶

   G. がくの脈は5-10．上側の雄しべは下側の雄しべより短い
    H. がくは著しい2唇形で10脈．花後，がくは口を閉じる．2強 ………《ウツボグサ属》

ウツボグサ属　*Prunella*

 茎は直立しているが，花後，走出枝が出てはう．花序は密な花穂を頂生．花は紫色   **ウツボグサ** ▶

    H. がく裂片はみな同形（がくは2唇形ではない）．花後，がくは開いたまま
     I. がく裂片は三角形で鈍頭．2強 …………………《ジャコウソウ属》

ジャコウソウ属　*Chelonopsis*

 花序は腋生で，短い花柄をもつ2-3個の花からなる．根元は木化．花は淡紅色   **ジャコウソウ** ▶

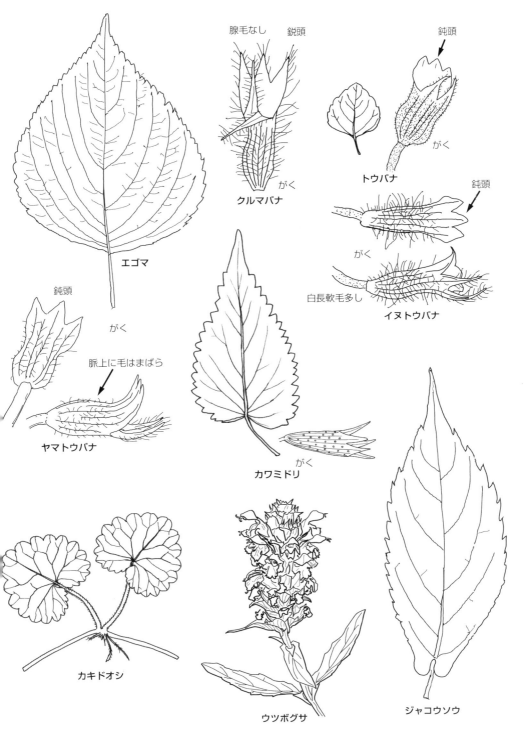

```
              I. がく裂片は細長く鋭尖頭
                J. 分果は扁平でレンズ状
                    K. 葯は横裂．葯のふちに毛あり．一年草．完4  ……《チシマオドリコソウ属》
```

チシマオドリコソウ属　*Galeopsis*

茎は直立．茎に下向きのかたい白毛あり．葉は狭卵形．葉柄1-2cm．葉の両面に白毛あり．葉裏に腺点あり　　　　　　　　　　　　　　　　　　　　　　　　　　　　　　　　　チシマオドリコソウ・帰

```
                    K. 葯は縦に裂ける．葯のふちに毛なし．多年草．2強  …………《イヌゴマ属》
```

イヌゴマ属　*Stachys*

茎は直立．茎の稜や葉裏の主脈に下向きの短いトゲあり．葉柄は短い　　　　　　イヌゴマ ▶

```
                J. 分果は3稜形
                    K. 花冠上唇はかぶと状でない．2個の葯室は横に並び平行．2強 …《メハジキ属》
```

メハジキ属　*Leonurus*

| 1. 葉は深裂〜全裂．葉裂片は線状披針形．花冠長10-13mm | メハジキ ▶ |
| 1. 葉は卵形で分裂しない．粗い鋸歯あり．花冠長25-30mm | キセワタ ▶ |

```
                    K. 花冠上唇はかぶと状．2個の葯室は上下に並び連なる（マネキグサ属はマネキ
                       グサのみ）．2強……………………………………《オドリコソウ属/マネキグサ属》
```

オドリコソウ属/マネキグサ属　*Lamium/Loxocalyx*

1. 花冠内面に毛環なし
    2. 苞葉は柄なし．がくは密毛．上部の葉に葉柄なし　　　　　　　　　　ホトケノザ ▶
    2. 苞葉は短柄あり．がくに少し毛あり．上部の葉にも葉柄あり．葉はちりめん状で凹凸がはげしい
    　　　　　　　　　　　　　　　　　　　　　　　　　　　　　　ヒメオドリコソウ・帰
1. 花冠内面に毛環あり
    2. 花冠長30-40mm．花冠筒部は立ち上がる．葯は毛あり　　　　　　　　オドリコソウ
    2. 花冠長15-20mm．花冠筒部は斜上．葯は毛なし（この種のみマネキグサ属）　マネキグサ ▶

被子134　サギゴケ科（*MAZACEAE*）

前方の1対の雄しべは花筒の内面につく．雄しべは4本とも完全．短い総状花序　………《サギゴケ属》

サギゴケ属　*Mazus*

1. 匍匐茎なし．花は淡紅紫色	トキワハゼ ▶
1. 根際から匍匐茎を伸ばす．花は紅紫色．茎に腺毛なし	ムラサキサギゴケ（サギゴケ） ▶
f. シロバナサギゴケは，花は白色	シロバナサギゴケ（サギシバ）
f. ヤマサギゴケは，茎に腺毛あり	ヤマサギゴケ

被子135　ハエドクソウ科（*PHRYMACEAE*）

A. 花は葉腋に単生．花後，がくは膨らみホオズキ状になる　……………………《ミゾホオズキ属》

ミゾホオズキ属　*Mimulus*

茎は下方で分枝して横に広がる．葉柄あり．がくは筒状で5稜あり．がくの先は切形だが5個の微突起あり．花は黄色．花長10-15mm　　　　　　　　　　　　　　　　　　　　　　ミゾホオズキ ▶

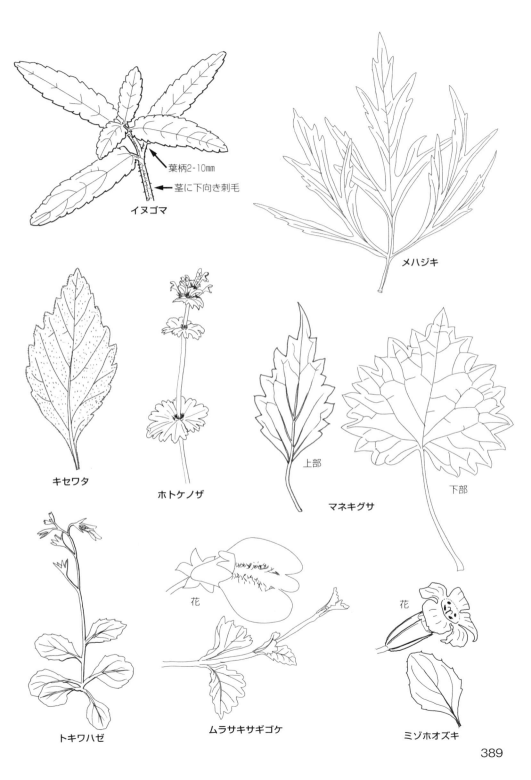

ハエドクソウ科、キリ科、ハマウツボ科

A. 穂状花序．果実は外見上，ヒユ科のイノコズチに似る ……………………………《ハエドクソウ属》

ハエドクソウ属　Phryma
　茎は直立．葉は対生．葉柄は長く，両面に毛あり．花は白〜淡桃色．林内に多い．葉は卵形
　　　　　　　　　　　　　　　　　　　　　　　　　　　　　　　　　　　　　ハエドクソウ ▶
　v. ナガバハエドクソウは，葉は狭長楕円形．葉は茎上方に集まる傾向　　　　ナガバハエドクソウ

被子136　キリ科（*PAULOWNIACEAE*）

落葉高木．葉身は長さ30cm以上 …………………………………………………………《キリ属》

キリ属　Paulownia
　大きな円錐花序を頂生．花は紫色で，花長5-6cm　　　　　　　　　　　　　　　　キリ・栽

被子137　ハマウツボ科（*OROBANCHACEAE*）

全寄生または半寄生
A. 子房は1室
　B. 地上から花柄が直立し，先に1花をつける．がくは鞘状．がくの下の一側だけ深裂
　　　………………………………………………………………………………《ナンバンギセル属》

ナンバンギセル属　Aeginetia
　1. がくは黄色地に紅紫色の線あり．がく長15-30mm．花冠裂片のふちは全縁．ススキなどに寄生
　　　　　　　　　　　　　　　　　　　　　　　　　　　　　　　　　　　　ナンバンギセル ▶
　1. がくは淡紅紫色．がく長30-50mm．花冠裂片のふちは細鋸歯．シバスゲやヒメノガリヤスに寄生
　　　　　　　　　　　　　　　　　　　　　　　　　　　　　　　　　　　オオナンバンギセル ▶

　B. 茎の頂端に頭状花序（束状）または穂状花序ができる
　　C. 頭状花序（束状）．がくは2片 ………………………………………《キヨスミウツボ属》

キヨスミウツボ属　Phacellanthus
　茎の頂端に多数の花が束状に集まる．全体は白，やがて黄化．アジサイ類，カエデ類に寄生
　　　　　　　　　　　　　　　　　　　　　　　　　　　　　　　　　　　キヨスミウツボ ▶

　　C. 長い穂状花序（花に柄なし）．がくは2片だが，両者は多少合生．花冠の上唇と下唇はほぼ同長
　　　………………………………………………………………………………《ハマウツボ属》

ハマウツボ属　Orobanche
　茎や鱗片に短い腺毛が密生．茎の頂端に穂状花序．花は淡黄．主にシャジクソウ属 *Trifolium* に寄生
　　　　　　　　　　　　　　　　　　　　　　　　　　　　　　　　　　　ヤセウツボ・帰 ▶

A. 子房は2-5室
　B. がくの基部に苞葉2枚あり
　　C. 茎は分枝してはう．葉は鋸歯なし．花は淡紅色．がく4裂　………………《クチナシグサ属》

クチナシグサ属　Monochasma
　茎や葉に軟毛まばらにあり．花冠長1cm．果実の形がクチナシに似る　　　　　クチナシグサ ▶

　　C. 茎は分枝せず直立．葉は羽状深裂．花は黄色．がく5裂 ……………………《ヒキヨモギ属》

ヒキヨモギ属　Siphonostegia
　1. 茎や葉に短毛あるが腺毛なし．花は黄色，花冠上唇の先は細くなる　　　　　　ヒキヨモギ ▶
　1. 茎や葉に開出する腺毛が密生．花は灰黄色．花冠上唇の先は切形　　　　　　オオヒキヨモギ ▶

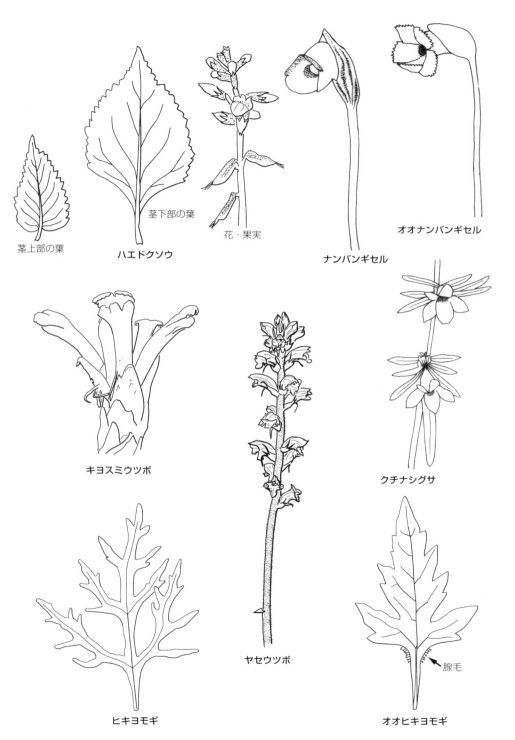

ハマウツボ科、タヌキモ科

B. がくの基部に苞葉なし
 C. 葉は全縁または少数の鋸歯あり．子房の基部に大きな付属体あり．1果実に2種子
  D. 全寄生．緑の部分が全くない．葉は肉質鱗片状．雄しべは突き出る ……… 《ヤマウツボ属》

ヤマウツボ属　*Lathraea*
 寄生植物で葉緑体なし．直立する花茎に多くの花が密生．ブナ科などの樹木に寄生　　**ヤマウツボ**　▶
 ［参考］ヤセウツボ（ハマウツボ科）（P390）は平地性で、シャジクソウ属 *Trifolium* に寄生

  D. 半寄生．葉は緑色．雄しべは花冠の中にある …………………………………… 《ママコナ属》

ママコナ属　*Melampyrum*
 1. 花冠の下唇に白斑あり．苞葉の先はトゲ状に鋭尖頭．花は紅紫色　　**ママコナ**　▶
 1. 花冠の下唇に黄斑あり．苞葉の先は鈍頭．花は紅紫色．葉と苞葉の大小の区別は明瞭
                            ミヤマママコナ　▶
  f. ウスギママコナは，花は淡黄色．葉と苞葉の大小の区別は明瞭．両神山に産する　**ウスギママコナ**
  v. タカネママコナは，花が淡黄色．葉は徐々に小さくなり苞葉に移行
                       タカネママコナ（キバナママコナ）

 C. 葉は深裂．鋸歯多数．子房の基部に付属体なし．1果実に2-12種子
  D. 葉身20mm以上．葉は鋸歯多数，羽状深裂
   E. 植物体全体に腺毛多し．花冠上唇はふちがめくれる ………………… 《コシオガマ属》

コシオガマ属　*Phtheirospermum*
 茎や葉に腺毛密生．葉は三角状卵形で，羽状深裂　　**コシオガマ**　▶

   E. 植物体に腺毛なし．花冠上唇のふちはめくれない ………………… 《シオガマギク属》

シオガマギク属　*Pedicularis*
 1. 葉は茎の全体につく．互生ときに対生．花冠上唇の先は細長く伸びてくちばし状　**シオガマギク**　▶
  v. トモエシオガマは，シオガマギクに比べ花序が短縮し，花は茎の頂端にともえ状に密集．しばしば対生
                             トモエシオガマ
 1. 大型の根生葉あり．葉は下部に集合．花冠上唇の先は太く，舟形　　**ハンカイシオガマ**　▶

  D. 葉身15mm以下．葉は数個の鋸歯があり，裂けない ……………………… 《コゴメグサ属》

コゴメグサ属　*Euphrasia*
 葉はほぼ円形，葉の鋸歯の先は芒状．がくは中裂して左右に分かれ，裂片はさらに2浅裂．がく裂片は鋭尖頭　　**タチコゴメグサ**　▶

被子138　タヌキモ科（*LENTIBULARIACEAE*）

A. 葉は長楕円形．葉のふちは内巻き．葉の表面に腺毛が密生し粘液を分泌 …… 《ムシトリスミレ属》

ムシトリスミレ属　*Pinguicula*
 葉長3-5cm．葉柄はあいまい．花茎の先に1個の花がつく．花は紫色　　**ムシトリスミレ**　▶

A. 葉は線形または羽状深裂し裂片は線形 ……………………………………………… 《タヌキモ属》

タヌキモ属　*Utricularia*
 1. 水中にある．水中葉はこまかく分裂して捕虫のうあり．花茎は水上に出る．花は黄色
  2. 葉は大きく2cmを超える．浮遊性．花径15mm
   3. 殖芽は球形．花茎の中心に大きな孔が1個，外周を小孔がとりまく　　**タヌキモ**　▶
   3. 殖芽は楕円形．花茎の中心に大きな孔はなく，外周に小孔の列があるのみ　　**イヌタヌキモ**　▶

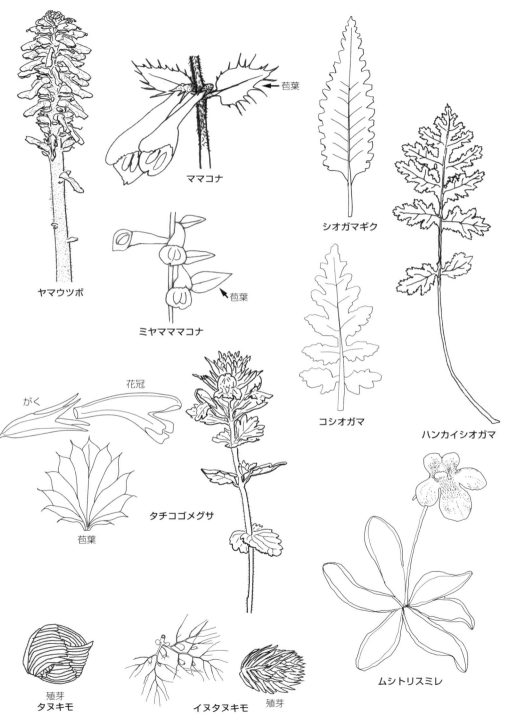

タヌキモ科、キツネノマゴ科、ノウゼンカズラ科、クマツヅラ科

2. 葉は小さく2cmに達しない．浮遊性または地下茎あり
　　3. 水底土中の茎に捕虫のうがあるが，地表の茎にはない．分枝まばら．花径12-15mm　　　　コタヌキモ
　　3. 浮遊性．よく分枝してからみあいマット状になる．捕虫のう多し
　　　　4. 花茎10-15mm前後　　　　　　　　　　　　　　　　　　　　　　オオバナイトタヌキモ・帰
　　　　4. 花茎3-4mm前後（西日本に多い）　　　　　　　　　　　　　　　　　　イトタヌキモ・参
1. 湿地を匍匐．地上葉は全縁．花茎直立，茎の頂端に総状花序または穂状花序．花は数個で紫色系．
　仮根に捕虫のうあり
　　2. がくに乳頭状突起あり．花柄ほとんどなし．穂状花序　　　　　　　　　ホザキノミミカキグサ
　　2. がくは平滑で毛なし．花柄2-3mm．総状花序　　　　　　　　　　　　　ムラサキミミカキグサ

被子139　キツネノマゴ科（*ACANTHACEAE*）

A. 苞葉は葉状で大きく10-25mm．花は1個ずつ．花冠上唇は平たい．薬に尾状突起なし《ハグロソウ属》
ハグロソウ属　*Peristrophe*
茎は直立し，短毛まばら．葉は全縁．葉の両面に針状の結晶体あり．葉腋に2-3個の花がつく．花冠2
唇形．花は淡紅紫色　　　　　　　　　　　　　　　　　　　　　　　　　　　　　　ハグロソウ　▶

A. 苞葉は小さく5-7mm．穂状花序．花冠上唇は小さくややかぶと状．薬に尾状突起あり
　　　　　　　　　　　　　　　　　　　　　　　　　　　　　　　　　　　　《キツネノマゴ属》
キツネノマゴ属　*Justicia*
根元でやや分枝．茎に下向き短毛を密生．穂状花序の長さ2-5cm．花冠2唇形．花は白地に淡紅紫斑
　　　　　　　　　　　　　　　　　　　　　　　　　　　　　　　　　　　　　キツネノマゴ　▶

被子140　ノウゼンカズラ科（*BIGNONIACEAE*）

A. 直立．葉は大型で分裂しない　　　　　　　　　　　　　　　　　　　　　　　《キササゲ属》
キササゲ属　*Catalpa*
葉は対生または3輪生．葉は裂けないか大きく3裂．葉のふちは全縁．茎の頂端に円錐花序．果実は線
形で30-40cm
　　1. 花は黄白色．花冠の口部に黄斑と暗紫斑あり．花長15-20mm　　　　　　　　　キササゲ・栽
　　1. 花は白色．花冠の口部に黄斑と紫褐斑あり．花長30-50mm　　　　　アメリカキササゲ・栽　▶

A. つる．葉は羽状複葉　　　　　　　　　　　　　　　　　　　　　　　　《ノウゼンカズラ属》
ノウゼンカズラ属　*Campsis*
付着根があって塀や壁などをはい登る．葉は対生，奇数羽状複葉．円錐花序は頂生し垂れ下がる
　　1. 花は橙色．葉裏毛なし．がく裂片の長さは筒部と同長　　　　　　　　　ノウゼンカズラ・栽　▶
　　1. 花は赤色．葉裏脈上に毛あり．がく裂片の長さは筒部の半長．花冠はノウゼンカズラよりも細長く，
　　　その直径は小さい．がくも小さい　　　　　　　　　　　　　　アメリカノウゼンカズラ・栽　▶

被子141　クマツヅラ科（*VERBENACEAE*）

A. 総状花序　　　　　　　　　　　　　　　　　　　　　　　　　　　　　　　《クマツヅラ属》
クマツヅラ属　*Verbena*
　　1. 葉柄あり．羽状に中裂または深裂　　　　　　　　　　　　　　　　　　　　　クマツヅラ　▶
　　1. 葉柄なし．単葉，葉表で細い脈までへこむ

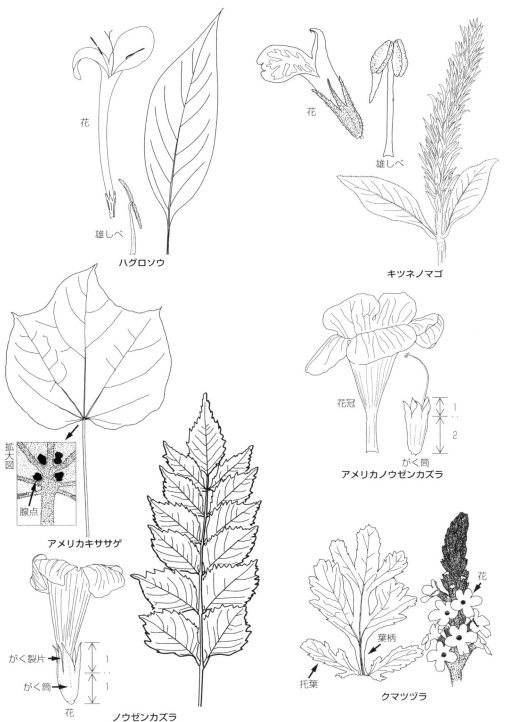

2. 花筒はがくの3倍長（花長6mm）．がくは筒状で上部はわずかに浅裂．葉の基部はわずかに茎を抱く．
　　　　花序の軸に開出毛あり　　　　　　　　　　　　　　　　　　　　　　　　　ヤナギハナガサ・帰　▶
　　　2. （次にも2あり）花筒はがくの2倍長（花長3mm）．がく裂片はがく筒部より少し短い程度．葉の基
　　　　部はくさび形，茎は抱かない．花序の軸に斜上毛あり　　　　　　　　　　　アレチハナガサ・帰　▶
　　　2. 花筒はがくの2倍長（花長3mm）．葉の基部は茎をわずかに抱く　　　ダキバアレチハナガサ・帰　▶

　A. 花は茎の頂端に密集し径1cmの頭状花序　……………………………………………《イワダレソウ属》
　　イワダレソウ属　*Phyla*
　　　葉は対生．葉腋から花茎が立ち上がり，頂端にキク科の花に似た白花がつく　　ヒメイワダレソウ・逸

被子142　ハナイカダ科（HELWINGIACEAE）

　花序は葉の主脈の中央につく．雌雄異株．托葉あり　…………………………………《ハナイカダ属》
　　ハナイカダ属　*Helwingia*
　　　葉は互生．葉長4-13cm．側脈4-6対．花梗柄と葉脈が合着しているものと考えられる　　ハナイカダ　▶
　　　v. コバノハナイカダは，葉の側脈2-4対　　　　　　　　　　　　　　　　　　　　コバノハナイカダ

被子143　モチノキ科（AQUIFOLIACEAE）

　葉は単葉互生．花弁4-5　……………………………………………………………………《モチノキ属》
　　モチノキ属　*Ilex*
　　1. 葉は薄質．落葉
　　　2. 短枝は不明瞭，枝に凹凸多し．葉は，すべて互生．葉裏に照りはない．鋸歯先端は毛状．若枝に
　　　　細毛あり　　　　　　　　　　　　　　　　　　　　　　　　　　　　　　　　　　ウメモドキ　▶
　　　2. 短枝が明瞭．葉は短枝に束状につく．葉裏に照りあり．鋸歯先端は毛状にならない．樹皮は薄い．
　　　　若枝にほとんど毛なし　　　　　　　　　　　　　　　　　　　　　　　　　　　　　アオハダ　▶
　　1. 葉は厚質．常緑
　　　2. 花は当年枝の葉腋につく
　　　　3. 葉裏に腺点あり．果実は黒熟．葉に鋸歯あり　　　　　　　　　　　　　　　　　　イヌツゲ　▶
　　　　3. 葉裏に腺点なし．果実は赤熟．葉は全縁
　　　　　4. 葉身基部は円形で，葉柄との境は，はっきりしている．葉柄は緑色．花は白色　　　ソヨゴ　▶
　　　　　4. 葉身基部はくさび形で，葉柄に流れる傾向あり．葉柄に紫赤の部分あり．花は淡紫色
　　　　　　　　　　　　　　　　　　　　　　　　　　　　　　　　　　　　　　クロガネモチ・栽　▶
　　　2. 花は旧年枝の葉腋につく
　　　　3. 茎は地上をはう．高さ50cm以下．葉の表面は脈がへこむためしわになる　　　　　　ツルツゲ　▶
　　　　3. はわない．樹高1m以上．葉は両面ともなめらか
　　　　　4. 葉縁にヒイラギ状の刺状鋸歯が2対ある　　　　　　　　　　　　　セイヨウヒイラギ・栽　▶
　　　　　4. 葉縁に刺状の鋸歯はない
　　　　　　5. 葉長4-7cm．成葉は全縁．若葉は鋸歯縁　　　　　　　　　　　　　　　　モチノキ・栽　▶
　　　　　　5. 葉長10-17cm．葉に粗い鋸歯あり．葉の裏を強くなぞると黒く浮き出る　　　タラヨウ・栽　▶

被子144　キキョウ科（CAMPANULACEAE）

　A. 花は左右相称．葯はつながって花柱をとり囲む　……………………………………《ミゾカクシ属》
　　ミゾカクシ属　*Lobelia*
　　1. 基部ははう．花は葉腋に1個ずつつく．花冠長10mmほど　　　　　　ミゾカクシ（アゼムシロ）　▶
　　1. 茎は太く直立．総状花序を頂生
　　　2. 茎は毛なし．葉は披針形で基部くさび形〜円形．花は濃紫色．花径25-30mm　　　　サワギキョウ

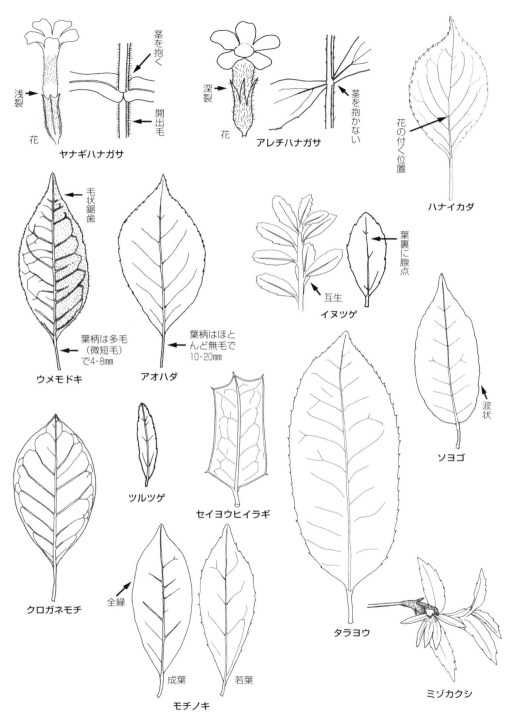

キキョウ科

2. 茎に開出毛散生．葉は卵状楕円形．花は淡紫〜白色．花径4-5mm
　　　　　　　　　　　　　　　　　　　　　　　　ロベリアソウ（セイヨウミゾカクシ）・帰

A. 花は放射相称．葯は互いに離れたまま
　B. つる ………………………………………………………………《ツルニンジン属》

ツルニンジン属　Codonopsis

1. 果実は液質の果実で裂けることはない．葉裏は粉白．花冠はつりがね状．花は外面白地で内面は紫褐色　　　　　　　　　　　　　　　　　　　　　　　　　　　　　　　　　　　　ツルギキョウ ▶

1. 果実は裂ける
　2. 葉裏は毛なし．がく裂片の長さ20-25mm．花冠は広いつりがね状．花冠長25-35mm．種子の片側に翼あり　　　　　　　　　　　　　　　　　　　　　　　　　　　　　　　　ツルニンジン（ジイソブ）▶
　2. 葉裏は毛あり．がく裂片は長さ10-15mm．花冠はつりがね状．花冠長20-25mm．種子に翼なし
　　バアソブ ▶

　B. 茎は直立
　　C. 花冠は5深裂．裂片は線形で不規則に反曲 ……………………………《シデシャジン属》

シデシャジン属　Asyneuma

茎や葉に毛あり．茎に稜あり．やや穂状花序．花は青紫色．花冠裂片は長さ10-15mm　　シデシャジン ▶

　　C. 花冠はつりがね状，ラッパ状，さかずき状で5浅裂または5中裂
　　　D. 果実は裂けない ………………………………………………《タニギキョウ属》

タニギキョウ属　Peracarpa

茎は通常株立ち．草高5-10cm．葉は広卵形．花は長い花柄の先に1個上向きにつく．花後は下向き．花冠はつりがね状．花は白または淡紫色　　　　　　　　　　　　　　　　　　　　　　タニギキョウ ▶

　　　D. 果実は裂ける
　　　　E. 果実は稜に沿って裂ける ……………………………………《キキョウ属》

キキョウ属　Platycodon

太い根茎あり．葉は3輪生だが上部葉は互生．葉は狭卵形で鋭尖頭．花は茎の頂端に1個．花冠は広いつりがね状，先は5浅裂．花は青紫〜淡紫色　　　　　　　　　　　　　　　　　　　　　　キキョウ
　f. シロギキョウは，花は白色　　　　　　　　　　　　　　　　　　　　　　シロギキョウ

　　　　E. 果実は稜と稜の間の溝に沿って裂ける
　　　　　F. がくの下に位置する子房は細長く長楕円形 ……………………《キキョウソウ属》

キキョウソウ属　Triodanis

1. がく片はすべて5裂．果実の中央部に孔が開き種子が出る．上方の葉は円心形で茎を抱く
　　　　　　　　　　　　　　　　　　　　　　　　　　　　　　　　　　　キキョウソウ・帰 ▶
1. がく片は下方の花では3-4裂．果実の頂部に孔が開き種子が出る．上方の葉は茎を抱かない
　　　　　　　　　　　　　　　　　　　　　　　　　　　　　　　　　　ヒナキキョウソウ・帰 ▶

　　　　　F. がくの下に位置する子房は倒円錐形または倒卵形
　　　　　　G. 花盤はさかずき状または円筒状 ……………………………《ツリガネニンジン属》

ツリガネニンジン属　Adenophora

1. 岩から垂れ下がる．茎葉は互生．花柄は花冠長より長いか同長．花柱は花冠から出ない．がくは線形で細鋸歯あり．（ミョウギシャジンも岩から垂れ下がる）　　　　　　　　　　　　イワシャジン

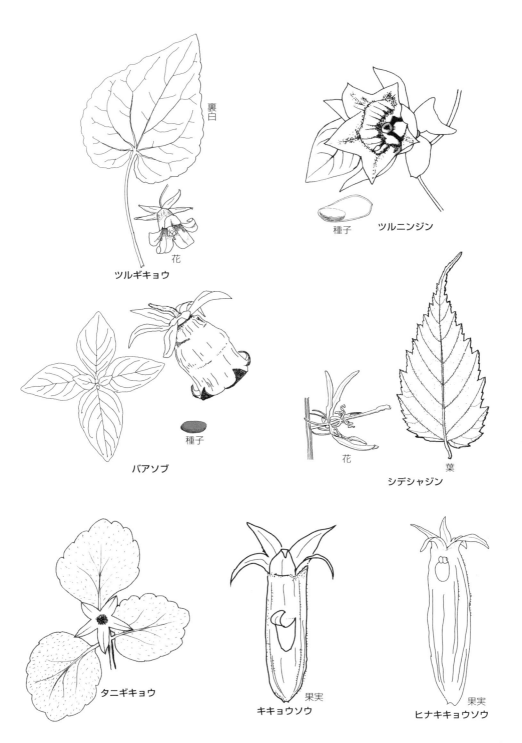

キキョウ科、ミツガシワ科、キク科（大分類）

1. 茎は斜上または直立（ただしミョウギシャジンは岩から垂れる）．茎葉は輪生または互生．花柄は花冠長より短い
  2. 花冠はロート状．葉身の基部は心形．長い葉柄あり．円錐花序　　　　　　　　　　　　　　ソバナ ▶
  2. 花冠はつりがね状
    3. 茎葉は輪生．花盤は細長く高さ2-3mm．花柱は花冠から出る．葉は鎌状にならない
      4. がく裂片は線形で細鋸歯あり．下葉は葉柄あり．小花序が葉腋に輪生し，全体は円錐花序
                                                          ツリガネニンジン ▶
      4. がく裂片は披針形で全縁．葉柄ほとんどなし　　　　　　　　　　　　　　　フクシマシャジン
    3. 茎葉は互生．花盤はやや低く，高さ1-2mm．花柱は花冠とほぼ同長か少し出る．がく裂片は線形で，わずかに細鋸歯　　　　　　　　　　　　　　　　　　　　　　　　　　　　　　　　ヒメシャジン ▶
      v. ミヤマシャジンは，がく裂片が披針形で全縁．花柱は花冠とほぼ同長か少し出る　ミヤマシャジン ▶
      v. ミョウギシャジンは，岩から垂れる．ときに斜上．がく裂片は全縁または細鋸歯あり．茎葉は鎌状．一部輪生　　　　　　　　　　　　　　　　　　　　　　　　　　　　　　　　　　　ミョウギシャジン ▶
      v. ブコウシャジンは，茎葉が細く鎌形に曲がる傾向あり．武甲山の石灰岩地に生える
                                                                   ブコウシャジン

        G. 花盤ははっきりしない ……………………………………………《ホタルブクロ属》
ホタルブクロ属　Campanula
葉は互生．花は茎の頂端と葉腋につき，下向き．花冠はつりがね状．短い花柄あり．がく裂片の間にある副がく片は反り返る．種子に翼なし　　　　　　　　　　　　　　　　　　　　　　　　ホタルブクロ ▶
  v. ヤマホタルブクロは副がく片なし，したがって反り返るものはない．種子に翼あり　ヤマホタルブクロ ▶

被子145　ミツガシワ科（*MENYANTHACEAE*）

葉は浮葉性，円形で深くわん入 ……………………………………………《アサザ属》
アサザ属　*Nymphoides*
1. 花は黄色で径30-40mm．葉柄はやや楯状につく．種子は扁平．種子のふちに突起あり　　アサザ ▶
1. 花は白色で径8-15mm．葉柄は楯状にはつかない．種子は肥厚し，なめらかで照りがある
  2. 花径15mm．花冠裂片の内面に長毛あり．葉身径7-20cm　　　　　　　　　　　　ガガブタ
  2. 花径8mm．花冠裂片のふちに短毛あり．葉身径2-6cm　　　　　　　　　　　ヒメシロアサザ ▶

被子146　キク科（*COMPOSITAE・ASTERACEAE*）　キク科（大分類）

通常，複数の花が集まって頭状花序（頭花という）をつくる．頭花はさらに大きな花序を構成することがある．頭花の中の一つ一つの花を小花という．キク科に共通して見られる種子のようなものは果実であって，「そう果」という．1個の果実の中に1種子あり
（族の検索）
1. 茎を切ると乳液が出る．頭花はすべて舌状花（これは両性花）　　**キク科⑩タンポポ族（P432）**
1. 茎を切っても乳液は出ない．頭花はすべて筒状花，または頭花の中心が筒状花で，外周が舌状花となる
  2. 頭花は雌花だけの集合体と，雄花だけの集合体との二つのタイプが同じ株のなかにある．雌花に花冠なし．葯は合生しないで離れている　　　　　　　　　　　**キク科①オナモミ族（P402）**
  2. 頭花は両性花だけの集合体か，または両性花と雌花が混在する集合体．葯は筒状に合生
    3. 頭花はすべて筒状花（これは通常両性花）
      4. 花柱の途中に膨らみがあり，そこに短毛あり．葯の基部は尾状．葉は互生
                                                        キク科⑨アザミ族（P426）
      4. 花柱の途中は膨らみなし

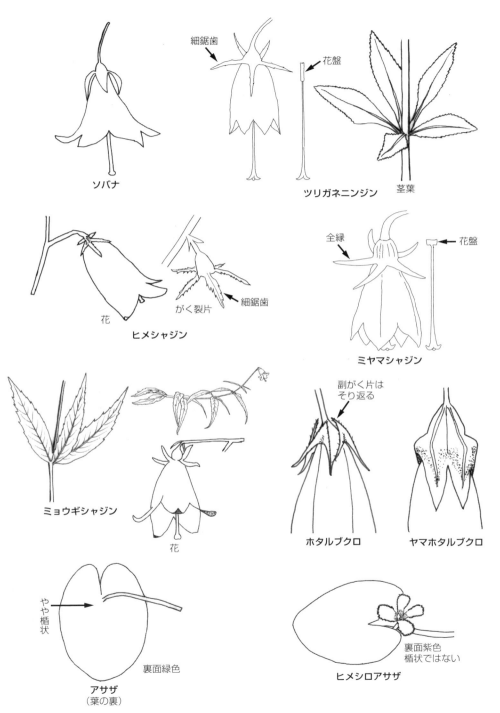

　　　　5. 葯の基部は尾状
　　　　　　6. 花冠は5深裂して裂片は開出するので，裂片は舌状花のように見える．そのため小花は
　　　　　　　13個以下だが舌状花が多数あるように見える．葉は互生（ときに束状・輪生状）
　　　　　　　　　　　　　　　　　　　　　　　　キク科⑦コウヤボウキ族（大部分）（P424）
　　　　　　6. 花冠は5浅裂するが，裂片は舌状花のようには目立たない．小花は数十個以上．葉は互生
　　　　　　　　　　　　　　　　　　　　　　　　キク科⑥オグルマ族（ヤブタバコ属のみ）（P420）
　　　　5. 葯の基部は鈍形
　　　　　　6. 葉は対生（上方のみ互生・輪生もあり）または輪生
　　　　　　　　7. 葉は単葉で分裂しても3中裂～3深裂まで．葉は対生または輪生．花柱の二叉枝は円棒
　　　　　　　　　　　　　　　　　　　　　　　　キク科⑧ヒヨドリバナ族（P424）
　　　　　　　　7. 葉は羽状複葉または羽状深裂．葉は対生（上方のみ互生のことあり）
　　　　　　　　　　　　　　　　　　　　　　　　キク科③メナモミ族（センダングサ属の一部のみ）（P408）
　　　　　　6. 葉は互生
　　　　　　　　7. 冠毛なし　　　　　　　　　　　　　　　　**キク科②キク族（一部）（P404）**
　　　　　　　　7. 冠毛あり（ノブキ属は冠毛なし）　　　　　**キク科④キオン族（一部その1）（P412）**
　　3. 頭花の外周は舌状花（これは雌花．ときに糸状で舌状にならない種あり）で，中心部は筒状花
　　　（これは両性花）
　　　　4. 舌状花は2唇形．内側の唇弁は小さくわずかに2裂，外側の唇弁は舌状に伸びて先は3裂．葯
　　　　　の基部は尾状．葉はすべて根生葉　**キク科⑦コウヤボウキ族（センボンヤリ属のみ）（P424）**
　　　　4. 舌状花は2唇形でない
　　　　　　5. 葯の基部は尾状．総苞片は多数列　　　　　**キク科⑥オグルマ族（大部分）（P420）**
　　　　　　5. 葯の基部は鈍形．花柱の二分岐は扁平
　　　　　　　　6. 総苞片は多数列
　　　　　　　　　　7. 総苞片のふちは乾膜質ではない．花柱の先端は三角形，披針形で乳頭状突起多し
　　　　　　　　　　　　　　　　　　　　　　　　キク科⑤シオン族（P416）
　　　　　　　　　　7. 総苞片のふちは乾膜質．花柱の先端は切形ではけ状，短毛あり．葉は互生
　　　　　　　　　　　　　　　　　　　　　　　　キク科②キク族（大部分）（P404）
　　　　　　　　6. 総苞片は少数列．花柱の先端は切形で，はけ状，三角形，披針形で短毛あり
　　　　　　　　　　7. 冠毛は剛毛状で長い．葉は互生　　　**キク科④キオン族（一部その2）（P412）**
　　　　　　　　　　7. 冠毛はない，または鱗片状，または芒状．葉は対生
　　　　　　　　　　　　　　　　　　　　　　　　キク科③メナモミ族（大部分）（P408）

被146　キク科①（オナモミ族）　両性花なし．雌花と雄花は独立．P400

A. 雄性頭花の総苞片は離れている．雌性頭花は2花からなり，2個の果実は総苞片が合生してできたかた
　　いトゲのあるつぼに収まる ……………………………………………………………《オナモミ属》

オナモミ属　*Xanthium*

　1. 葉柄の基部に3本のトゲあり．葉身の基部はくさび形．1-2対の鋸歯あり．葉裏は密毛で白色
　　　　　　　　　　　　　　　　　　　　　　　　　　　　　　　　　トゲオナモミ・帰 ▶
　1. 葉柄の基部にトゲなし．葉は心形．鋸歯多won．葉裏は白くならない
　　　2. いが（成熟した雌総苞）の表面にかぎ状のトゲのほかに，鱗片状の毛が密生　**イガオナモミ・帰** ▶
　　　2. いがの表面に鱗片状の毛なし
　　　　　3. いがは，トゲも含めて長さ8-14mm．トゲは長さ1-2mm．葉の鋸歯はとがる　　　**オナモミ** ▶
　　　　　3. いがは，トゲも含めて長さ18-25mm．トゲは長さ3-6mm．葉の鋸歯はとがらない
　　　　　　　　　　　　　　　　　　　　　　　　　　　　　　　　　オオオナモミ・帰 ▶

キク科の花のつくり

1 舌状花と筒状花をもつ一般的な花　2 筒状花のみの花（アザミ類）　3 舌状花のみの花（タンポポ類）
a 頭状花の全形　b 頭状花の縦断面　c 舌状花　d 筒状花　e 雌しべの花柱の先端　f 若い果実
g 子房の上にある鱗片（がくに相当するもの）　h 冠毛（がくに相当するもの）　i 総苞片
j 花床の上の鱗片（苞葉に相当するもの）

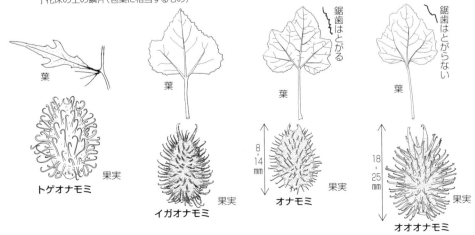

キク科①、キク科②

　A．雄性頭花の総苞片は合生．雌性頭花はほぼ1花からなり，1個の果実は総苞片が合生してできたカプセルに包まれる …………………………………………………………………《ブタクサ属》
ブタクサ属　Ambrosia
　　1．葉は対生．葉は全縁で分裂しないか掌状に3-5裂．大型の一年生草本　　**オオブタクサ（クワモドキ）・帰**　▶
　　1．葉は下部は対生，上部で互生．葉は羽状深裂
　　　2．葉は2-3回羽状深裂．雄花序の総苞は毛がないか，やや毛あり．葉はざらつかない　**ブタクサ・帰**　▶
　　　2．葉は1回羽状に分裂．雄花序の総苞に密毛あり．葉は短毛があってざらつく　**ブタクサモドキ・帰**　▶

被子146　キク科②（キク族）　　総苞多数列．総苞片のふちは乾膜質．P402

　A．花床に鱗片あり．舌状花あり
　　B．頭花は多数あって，頭花が集散花序（3分岐ずつする花序）をなす …………《ノコギリソウ属》
ノコギリソウ属　Achillea
　　1．葉の主脈に翼なし．葉は2-3回羽状深裂．茎や葉に長毛多し　　**セイヨウノコギリソウ・帰**　▶
　　1．葉の主脈に翼あり．葉は1-2回羽状中裂．茎や葉に短毛あり．頭花20個以上，径7-9mm　　**ノコギリソウ**　▶
　　　v．ヤマノコギリソウは，葉は1-2回羽状深裂．頭花15個以下，径4mm　　**ヤマノコギリソウ**　▶

　　B．頭花は茎の頂端に1個
　　　C．花床の鱗片は長楕円形，ふちは広く膜質 ……………………………………《ローマカミツレ属》
ローマカミツレ属　Chamaemelum
　　葉は2-3回深裂し，裂片は糸状．舌状花は白色で，筒状花は黄色．多年生草本．全体にリンゴ臭
　　　　　　　　　　　　　　　　　　　　　　　　　ローマカミツレ（カモミール）・逸　▶

　　　C．花床の鱗片は線形で鋭尖頭，ふちは膜質ではない ………………………《カミツレモドキ属》
カミツレモドキ属　Anthemis
　　1．花床の鱗片は針状．花後の花床は円錐形で，鱗片は花床の上半分に残る．全体に悪臭がある
　　　　　　　　　　　　　　　　　　　　　　　　　　　　　　カミツレモドキ・帰　▶
　　1．花床の鱗片は披針形で先は芒状．花後の花床は半球形で，その全体に鱗片がつく．臭いはほとんどなし　　　　　　　　　　　　　　　　　　　**キゾメカミツレ（アレチカミツレ）・帰**　▶

　A．花床に鱗片なし
　　B．頭花は総状花序か円錐花序をなし，頭花はさまざまな方向を向く．舌状花なし ……《ヨモギ属》
ヨモギ属　Artemisia
　　1．頭花中心部の筒状両性花は不稔．外周部の筒状雌花は結実
　　　2．茎葉は柄あり．葉身は2回羽状全裂．葉裂片は糸状．根生の葉は白っぽい　　**カワラヨモギ**　▶
　　　2．茎葉は柄なし．その基部で茎を抱く．葉身は単葉，分裂せず　　**オトコヨモギ**　▶
　　　　f．ホソバオトコヨモギは，茎の中ごろの葉が羽状深裂．裂片はオトコヨモギよりも細い
　　　　　　　　　　　　　　　　　　　　　　　　　　　　　　ホソバオトコヨモギ　▶
　　1．頭花中心部の筒状両性花も，外周部の筒状雌花も結実
　　　2．花床に白毛密生　　　　　　　　　　　　　　　　　　　**ハイイロヨモギ・帰**　▶
　　　2．花床は毛なし
　　　　3．一・二年草
　　　　　4．茎の中ごろの葉は2-3回羽状全裂．頭花の径1.5mm　　**クソニンジン・帰**　▶
　　　　　4．茎の中ごろの葉は2回羽状全裂．頭花の径5-6mm　　**カワラニンジン**　▶
　　　　3．多年草
　　　　　4．花柱二分岐の先端は鋭尖頭　　　　　　　　　　　　**イヌヨモギ**　▶

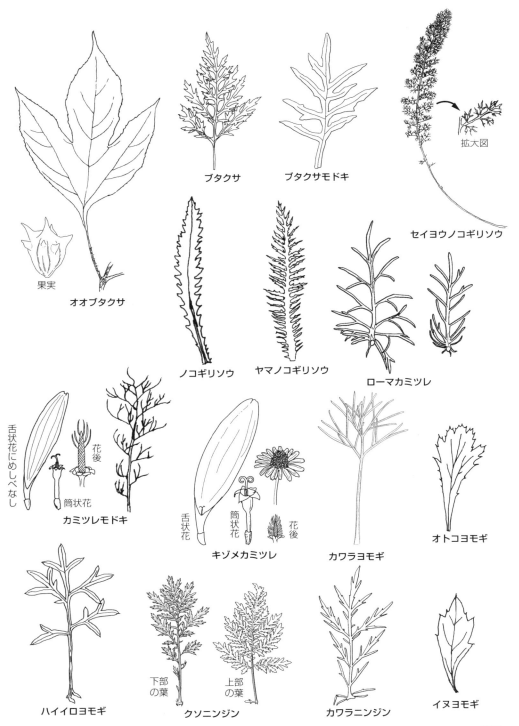

キク科②

```
          4. 花柱二分岐の先端ははけ状
             5. 葉は2回羽状裂．走出枝なし                                              イワヨモギ・帰  ▶
             5. 葉は1回羽状裂．走出枝あり
                6. 頭花の径1mm．葉の最終裂片の幅3mm以下で細い                          ヒメヨモギ  ▶
                6. 頭花は径1.5mm以上．葉の最終裂片の幅4mm以上で広い
                   7. 葉身は長さ15cm以上．葉柄基部に仮托葉がない                       オオヨモギ  ▶
                   7. 葉身は長さ12cm以下．葉柄基部に仮托葉がある                       ヨモギ  ▶
```

B. 頭花は茎の頂端の方向を向く
　C. 舌状花あり
　　D. 茎は草質でやわらかい
　　　E. 果実に10稜あり
　　　　F. 草高30cm以上．頭花は大形で径5cmほど．葉はさじ状，へら状　……《フランスギク属》

フランスギク属　*Leucanthemum*
葉は根生葉があり，鋸歯は浅く，粗い毛がある．頭状花は白色　　　　　フランスギク・逸　▶

　　　　F. 草高20cm以下．頭花の径3cmほど．葉は倒卵形　………………《ノースポールギク属》

ノースポールギク属　*Leucoglossum*
葉は互生，羽状に深裂する　　　　　　　　　　　　　　　　ノースポールギク・逸

　　　E. 果実に3-5稜あり
　　　　F. 花床はもりあがり円錐形　………………………………………《コシカギク属（1）》

コシカギク属（1）　*Matricaria*
葉は互生，長楕円形で羽状に2-3回深裂．裂片は糸状．果実は5稜あり　　カミツレ（カミルレ）・帰

　　　　F. 花床はもりあがり半球形　………………………………………《シカギク属》

シカギク属　*Tripleurospermum*
葉は2-3回深裂，やや多肉質．果実は3稜あり　　　　　イヌカミツレ（イヌカミルレ）・帰　▶

　　D. 茎の基部はやや木質でかたい
　　　E. 葉は浅〜中裂し，裂片の幅は広い　……………………………《キク属（1）》

キク属（1）　*Chrysanthemum*
1. 頭花は単生．総苞片3列．葉の裏は灰白色．裏面にT字状毛密生．舌状花白色　　リュウノウギク　▶
   h. シロバナアブラギクは，やや散房花序をなす．キクタニギクとリュウノウギクとの雑種．葉の裏に細毛密生．舌状花白色　　　　　　　　　　　　　　　シロバナアブラギク　▶
1. 頭花はやや散房花序をなす．総苞片3-4列．葉の裏は淡緑で毛は少ない．舌状花黄色
   　　　　　　　　　　　　　　　　　　　　　　　　キクタニギク（アワコガネギク）　▶

　　　E. 葉は1回羽状深裂し，裂片の幅はきわめて狭い　………………《モクシュンギク属》

モクシュンギク属　*Argyranthemum*
頭花単生．総苞片3列．葉裏は緑で毛なし．舌状花白または黄色．花床半円形．果実の稜ははっきりしない
　　　　　　　　　　　　　　　　　　　マーガレット（モクシュンギク）・逸　▶

　C. 舌状花なし
　　D. 果実の両側にコルク質または翼がつく．葉は羽状複葉で多毛
　　　E. 頭花は長い花茎の頂に1個　………………………………………《タカサゴトキンソウ属》

タカサゴトキンソウ属　*Cotula*
茎は伏して広がる．葉は2回羽状複葉．頭花に長柄5-10cmあり．花は黄緑色　　マメカミツレ・帰　▶

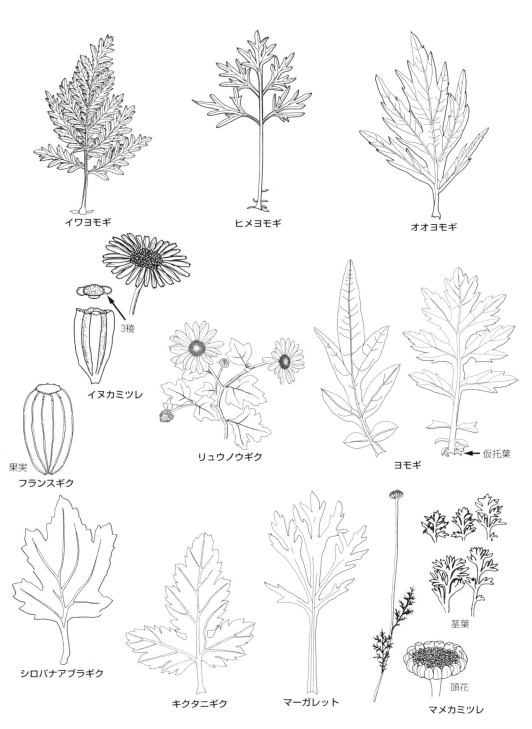

        E. 頭花の花茎はごく短い．または頭花は花茎がなく根元に集合 ……… 《イガトキンソウ属》
イガトキンソウ属　Soliva
茎や葉は毛なし．葉は互生．羽状複葉．頭花は無柄で根元に集合．果実の両側にコルク質のクッションがあり，先はくちばし状突起　　　　　　　　　　　　　　　　　　　**イガトキンソウ（シマトキンソウ）・帰**　▶

      D. 果実に上記のような付属体なし
        E. 葉は単葉で分裂せず．頭花は葉腋に1個ずつ．花茎ほとんどなし ……… 《トキンソウ属》
トキンソウ属　Centipeda
葉長20mm以内で，鋸歯1対．頭花は腋生．花は緑色　　　　　　　　　　　　　**トキンソウ**　▶

        E. 葉は羽状に裂ける．上が平らになる散房花序
          F. 葉は1回羽状深裂（羽片は全縁） ……………………………………… 《キク属（2）》
キク属（2）　Chrysanthemum
舌状花なし．頭花の径3-4mm．頭花はやや散房花序をなす．葉の裏に白綿毛密生．亜高山帯に生える
　　　　　　　　　　　　　　　　　　　　　　　　　　　　　　　　　　イワインチン　▶

          F. 葉は1回羽状深裂（羽片のふちは鋸歯）〜2回羽状深裂
            G. 羽片の縁は鋸歯あり．葉の主脈に沿って鋸歯つきの翼あり ……… 《ヨモギギク属》
ヨモギギク属　Tanacetum
舌状花なし．頭花径7-10mm．花は黄色．葉は互生　　　　　　　　　　　　**ヨモギギク・帰**

            G. 2回羽状深裂．葉の主脈に沿って鋸歯つきの翼はなし ……… 《コシカギク属（2）》
コシカギク属（2）　Matricaria
花床はもりあがり円錐状．果実に不明瞭な4稜あり　　　　　　　**コシカギク（オロシャギク）・帰**　▶

被子146　キク科③（メナモミ族）　冠毛はないか鱗片状または芒状．葉は対生．P402

A. 総苞片はほとんど筒状に合生．葉は対生．葉は羽状全裂または羽状複葉 ……… 《コウオウソウ属》
コウオウソウ属　Tagetes
茎の上部でよく分枝．葉は対生で，羽状複葉．小葉は5対ほど．小葉は披針形で腺点あり．全体に悪臭がある　　　　　　　　　　　　　　　　　　　　　　　　　　　　　　**シオザキソウ・帰**

A. 総苞片は筒状に合生しない
  B. 舌状花は花後も果実に付着したまま ……………………………………… 《キクイモドキ属》
キクイモドキ属　Heliopsis
株立ち．塊茎（イモ）ができない．葉はすべて対生．総苞片は2列．総苞はずんぐり型で，その径は高さより長い　　　　　　　　　　　　　　　　　　　　　　　　　　　**キクイモドキ・帰**

  B. 舌状花は花後，落下する（センダングサ属は最初から舌状花なしのことあり）
    C. 花床は高く，半球または半楕円体状．葉は互生 ……………………… 《オオハンゴンソウ属》
オオハンゴンソウ属　Rudbeckia
　1. 葉は裂けない．茎に開出毛密生．花床鱗片の先端はトゲ　**アラゲハンゴンソウ（キヌガサギク）・帰**
　1. 葉は1-2回羽状深裂．茎に，まばらに毛あり．花床鱗片の先端はトゲにならない．舌状花は一重で6-10個．筒状花は黄緑　　　　　　　　　　　　　　　　　　　　　　　　**オオハンゴンソウ・逸**
　　v. ヤエザキオオハンゴンソウは，頭花の大部分が舌状花
　　　　　　　　　　　　　　　　　　　　　　　ヤエザキオオハンゴンソウ（ハナガサギク）・逸

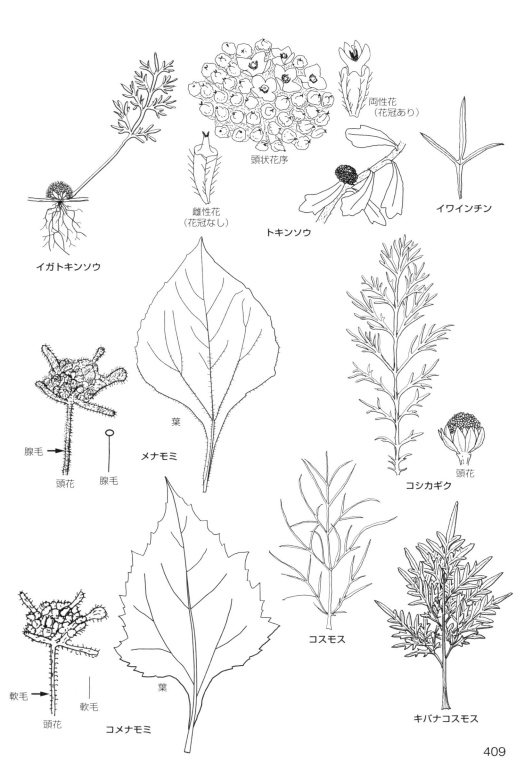

キク科③

　　C. 花床は半球形になるほどには隆起しない．葉は対生（上部の葉は互生のこともある）
　　　D. 総苞片に腺毛が密生し，粘る．総苞片は円頭．葉はすべて対生 ……………《メナモミ属》

メナモミ属　*Sigesbeckia*
| 1. 茎と葉に長毛密生．花茎に有柄の腺あり．果実長3mm | メナモミ | P409 |
| 1. 茎と葉に短毛あり．花茎に有柄の腺なし．果実長2mm | コメナモミ | P409 |

　　　D. 総苞片に腺毛はほとんどなし．総苞片は鈍頭〜鋭頭
　　　　E. 果実の先に2-5本の突起あり．突起に下向きのトゲ多し
　　　　　F. 舌状花は大きく頭花の径6cm ……………………………………《コスモス属》

コスモス属　*Cosmos*
| 1. 葉は2-3回羽状深裂．裂片は線形または糸状．舌状花は白，淡紅，赤色 | コスモス・栽 | P409 |
| 1. 葉は1-2回羽状深裂．裂片はコスモスより幅あり．舌状花は濃黄色 | キバナコスモス・栽 | P409 |

　　　　　F. 舌状花はなし，またはあっても頭花の径は1cmほど ……………《センダングサ属》

センダングサ属　*Bidens*
1. 頭花よりも長い総苞片（苞葉）はない
　2. 果実に2本のトゲあり．葉は2-3回羽状複葉．裂片の幅2mm．舌状花なし
　　　　　　　　　　　　　　　　　　　　　　　　　　　ホソバノセンダングサ・帰　▶
　2. 果実に3-4本のトゲあり．舌状花あり（ない種もあり）
　　3. 総苞最外片はさじ形で，先端はやや幅広．葉は1-2回3出複葉．舌状花白色
　　　　　　　　　　　　　コシロノセンダングサ（シロバナセンダングサ）・帰　▶
　　　v. コセンダングサは，舌状花なし　　　　　　　　　　コセンダングサ・帰　▶
　　　h. アイノコセンダングサは，コシロノセンダングサとコセンダングサの雑種．外側の小花のいくつ
　　　　かが白い小さな舌状花のようになる　　　　　　　　アイコノセンダングサ・
　　3. 総苞最外片は披針形で，先端は細まる．葉は1-3回羽状複葉．舌状花黄色
　　　4. 葉は3回羽状深裂．頂裂片は幅狭で，長くとがる　　コバノセンダングサ・帰　▶
　　　4. 葉は1-2回羽状複葉．頂裂片は卵形で，短くとがる　センダングサ　▶
1. 頭花よりも長い総苞片（苞葉）あり．果実に2本のトゲあり
　2. 羽状複葉．小葉に明らかな柄あり．茎は帯紫色．ごく短い舌状花あり．果実に逆刺以外の毛が多い
　　　　　　　　　　　　　　　　　　　　　　　　　　アメリカセンダングサ・帰　▶
　2. 羽状深裂．葉の軸や柄に翼あり．茎は緑色．舌状花なし．果実に逆刺以外の毛はない　タウコギ　▶

　　　　E. 果実に突起なし
　　　　　F. 冠毛は，幅広く鱗片的でふちは毛状に裂ける ………………………《コゴメギク属》

コゴメギク属　*Galinsoga*
| 1. 茎には開出毛あり．舌状花に冠毛あり．冠毛は筒部と同長 | ハキダメギク・帰 | ▶ |
| 1. 茎の下方はほとんど毛なし，上方に毛あり．舌状花に冠毛なし | コゴメギク・帰 | |

　　　　　F. 冠毛は上記と異なる（鱗片的であってもふちは毛状に裂けない）
　　　　　　G. 葉は1-2回羽状深裂．コスモスに似た花 ……………………《キンケイギク属》

キンケイギク属　*Coreopsis*
1. 多年草．筒状花も舌状花も黄色．茎の基部を除き全体はほとんど毛なし
　2. 著しく根生葉が多い．茎葉は1-2対．葉裂片は長楕円状から長いへら状　オオキンケイギク・逸　▶
　2. 根生葉はなく，葉はみな茎につく．葉裂片は線形〜線状披針形　　　ホソバハルシャギク・栽　▶
1. 一年草．舌状花の基部と筒状花は紫褐色．舌状花の上半分は黄色
　2. 葉裂片は線形〜線状披針形，全体毛なし．花径3-4cm　　　　　　　　ハルシャギク・逸　▶
　2. 葉裂片は長楕円状から長いへら状．全体有毛．花は紫褐色にならないこともある．花径4-7cm
　　　　　　　　　　　　　　　　　　　　　　　　　　　　　　　　キンケイギク・逸

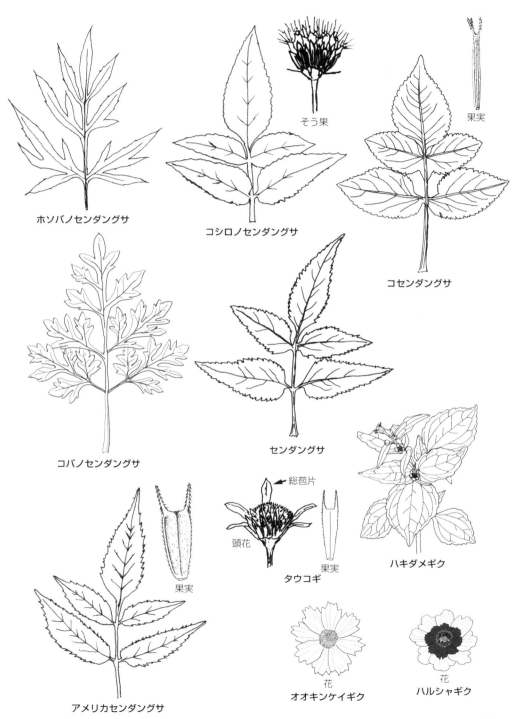

G. 葉は単葉で分裂しない
　　H. 舌状花は白色，頭花の径1cmほど　………………………《タカサブロウ属》

タカサブロウ属　Eclipta
　1. 果実の側面中央縦に，こぶ状隆起あり．2稜はやや張り出しなめらか
　　　　　　　　　　　　　　　　　　　　　　　　タカサブロウ（モトタカサブロウ）
　1. 果実の側面全域に，こぶ状隆起あり．稜も凹凸あり　　アメリカタカサブロウ・帰

　　H. 舌状花は黄色または赤褐色．頭花の径5cm以上　………………《ヒマワリ属》

ヒマワリ属　Helianthus
　1. 茎の基部では対生．中部以上は互生．一年草．塊茎なし　　　　　　ヒマワリ・栽　▶
　1. 茎の下方から上方にかけて大半対生し，頂端は互生．多年草．塊茎あり　キクイモ・逸
　　［参考］キクイモは茎の毛が目立ち，開花は9月，総苞片は3列，舌状花の先は丸みがあるという．イヌキクイモは茎の毛がキクイモほど目立たず，開花は7-8月，総苞片は2列，舌状花の先はとがるという．しかし両者の区別は不明瞭．本書ではキクイモに統一する

被子146　キク科④（キオン族）　P402

A. 花柱の先端はごく短く2裂．舌状花なし，筒状花のみ
　B. 雌雄異株．冠毛あり．果実に腺体なし　……………………………《フキ属》

フキ属　Petasites
　花時，葉はない．花後，葉は地下茎の先に束生する．葉身は円形〜腎円形．ふちに微細な鋸歯あり．基部は深い心形　　　　　　　　　　　　　　　　　　　　　　　　　　　　フキ

　B. 雌雄同株．冠毛なし．果実に有柄の腺体あり　…………………《ノブキ属》

ノブキ属　Adenocaulon
　葉身はやや三角状，基部心形．葉はフキに似るが，ノブキの柄には翼あり．葉裏は白綿毛密生　　ノブキ　▶

A. 花柱の先端は長く2裂し，二分岐は開出する傾向あり
　B. 舌状花あり．筒状花もあり
　　C. 葉柄の基部は茎を完全に取り囲むことはない．花柱の先ははけ状または円形
　　　D. 総苞の基部に，総苞片とは明らかに異なる小苞葉が数枚ある　………《ノボロギク属（1）》

ノボロギク属（1）　Senecio
　1. 葉は分裂しない．ふちに不規則な鋸歯あり　　　　　　　　　　　　　　　キオン
　1. 葉は1回羽状深裂．葉の裂片は1-2対　　　　　　　　　　　　　　　　ハンゴンソウ

　　　D. 総苞の基部に，総苞以外のものはない
　　　　E. 葉は羽状中裂〜深裂．頭花の径12mm，小花40個以上　………《サワギク属》

サワギク属　Nemosenecio
　葉はまばらに互生，薄く，羽状に全裂，裂片は3-4対　　　　　　サワギク（ボロギク）　▶

　　　　E. 葉は分裂せず．頭花の径20-50mm，小花30個以下　………《オカオグルマ属》

オカオグルマ属　Tephroseris
　1. 舌状花は橙黄色．総苞は黒紫色．果実に密毛あり
　　2. 花柄は短い．花柄の先端に小さい苞葉あり．舌状花の長さ10mm　　　タカネコウリンカ　▶
　　2. 花柄は長い．花柄に苞葉なし．舌状花の長さ17-22mm　　　　　　　　コウリンカ　▶
　1. 舌状花は黄色．総苞は緑色

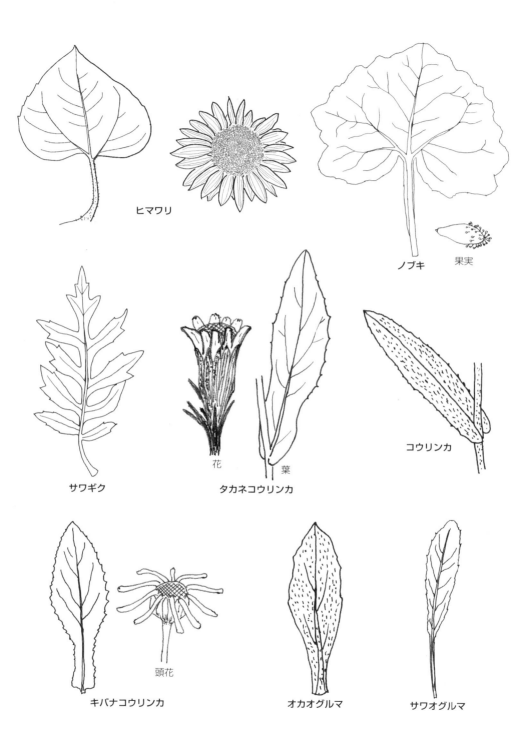

キク科④

		図
2. 根生葉に長柄あり．果実に毛あり	キバナコウリンカ	P413
2. 根生葉の葉身の基部はしだいに狭くなり，葉柄ははっきりしない		
3. 果実に毛あり．根の長さ10cm以下．密にくも毛あり	オカオグルマ	P413
3. 果実に毛なし．根の長さ12-25cm．初め，くも毛あっても，やがて毛なし	サワオグルマ	P413
［参考］類似のオグルマ属（P420）の葯は尾状突起あり．オカオグルマ，サワオグルマの葯は尾状突起なし		

  C. 葉柄の基部は茎を抱いてやや鞘状．花柱の先は鈍頭 ……………………《メタカラコウ属》

メタカラコウ属　*Ligularia*

1. 頭花は上が平らになる散房花序をなす．上方の花から下方へ咲き下がる．総苞と花柄の間に小苞葉なし　　　　　　　　　　　　　　　　　　　　　　　　　　　　　　　マルバダケブキ　▶
1. 頭花は総状花序または散房花序をなす．下方の花から上方へ咲き上がる．総苞と花柄の間に小苞葉あり
  2. 頭花は総状花序をなす．頭花はふつう20個以上
    3. 総苞片は8-9個．舌状花は5-9個　　　　　　　　　　　　　　　　　　　　オタカラコウ　▶
    3. 総苞片は5個．舌状花は1-3個　　　　　　　　　　　　　　　　　　　　　メタカラコウ　▶
  2. 頭花の花序は，散房花序と総状花序の中間．頭花は6-8個ほど．総苞片は7-8個．舌状花は5個　　　　　　　　　　　　　　　　　　　　　　　　　　　　　　　　　　カイタカラコウ　▶

 B. 舌状花なし，筒状花のみ
  C. 一・二年草でやわらかい
   D. 筒状花は黄色 ……………………………………………………………《ノボロギク属（2）》

ノボロギク属（2）　*Senecio*
舌状花なし．筒状花だけ．果実に毛あり．総苞の基部に先の黒い小苞葉あり　　　ノボロギク

   D. 筒状花は黄色ではない
    E. 筒状花は紅色．頭花はうなだれるものが多い．葉は幅広い ………《ベニバナボロギク属》

ベニバナボロギク属　*Crassocephalum*
葉柄あり．葉身基部はやや鞘状中裂．筒状花の先は紅赤色　　　　ベニバナボロギク・帰　▶

    E. 筒状花は淡緑色．頭花はほとんどうなだれることはない．葉は幅狭い …《タケダグサ属》

タケダグサ属　*Erechtites*
葉柄なし．鋸歯あり，分裂しない．筒状花の先は白色　　　　　　　ダンドボロギク・帰　▶

  C. 多年草でややかたい
   D. 子葉1枚 ……………………………………………………………………《ヤブレガサ属》

ヤブレガサ属　*Syneilesis*
頭花は円錐花序（小さい株では総状花序）をなす．根生葉は円形，楯状，掌状深裂．花は白～やや紅色
　　　　　　　　　　　　　　　　　　　　　　　　　　　　　　　　　　　　ヤブレガサ　▶

   D. 子葉2枚
    E. 花は黄色．果実の先はやや細まって短い棒状．総苞の基部に鱗片の列あり
      ………………………………………………………………………《オオモミジガサ属》

オオモミジガサ属　*Miricacalia*
頭花は総状花序をなす．根生葉は円形で，掌状に9-12中裂．筒状花はくすんだ黄色．総苞はつりがね状
　　　　　　　　　　　　　　　　　　　　　　　　　　　オオモミジガサ（トサノモミジガサ）　▶

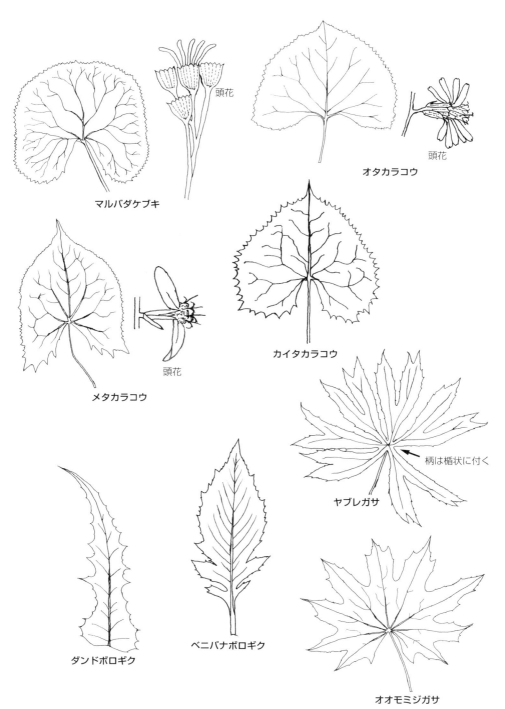

キク科④、キク科⑤

　　E. 花は白色．果実の先は細まらない．総苞の基部に鱗片の列なし ……… 《コウモリソウ属》
コウモリソウ属　*Parasenecio*
1. 葉身は掌状中裂
　2. 葉柄の基部は茎を抱き，やや鞘状　　　　　　　　　　ヤマタイミンガサ（タイミンガサモドキ）▶
　2. 葉柄の基部は茎を完全に取り巻くことはない
　　3. 葉裏の葉脈は凸出する．長い地下茎あり．総苞の長さ5-6mm　　　テバコモミジガサ ▶
　　3. 葉裏の葉脈は凸出しない．短い地下茎あり．総苞の長さ8-9mm　　　モミジガサ ▶
1. 葉は分裂せず．葉身は三角形，五角形，円腎形
　2. 葉腋にむかごあり．葉は三角状で基部心形．葉裏にややくも毛．筒状花は黄色　ウスゲタマブキ ▶
　　v. タマブキは，葉の裏にくも毛密生　　　　　　　　　　　　　　　　　タマブキ ▶
　2. 葉腋にむかごはできない．筒状花は白色
　　3. 総苞片は3個．葉は腎形．花冠は5深裂　　　　　　　　　　　　　カニコウモリ ▶
　　3. 総苞片は5-8個．葉は三角状，基部矢じり形．葉柄基部は茎を抱かない　　コウモリソウ ▶
　　　v. オクヤマコウモリ　総苞片は5個．基部は茎を抱く．茎の中ほどの葉に翼あり　オクヤマコウモリ ▶
　　　ssp. オオバコウモリ　総苞片は5-7個．葉は茎を抱かない．茎の上部の葉に翼あり　オオバコウモリ ▶

被子146　キク科⑤（シオン族）　総苞多数列．総苞片のふちは乾膜質ではない．P402

A. 頭花外周の雌花の花冠は糸状で，舌状にならない．果実に冠毛あり ………《イズハハコ属（1）》
イズハハコ属（1）　*Conyza*
1. 最初の茎は高さ30-50cm止まり．側枝は最初の茎よりもはるかに高く伸びる．総苞の径は約5mm
　　　　　　　　　　　　　　　　　　　　　　　　　　　　　　　　　　　アレチノギク・帰 ▶
1. 茎の高さは100-180cm．側枝は最初の茎の頂端を越えず外見は円錐状．総苞の径は約4mm．類似のヒメ
　ムカシヨモギ（P418）は微小な舌状花があり，頭花の径は2mmほどで細長い　　オオアレチノギク・帰 ▶

A. 頭花外周の雌花の花冠は舌状（幅がごく狭いこともあり）
　B. 舌状花は黄色 ……………………………………………………………《アキノキリンソウ属》
アキノキリンソウ属　*Solidago*
1. 草高1-2m．茎の頂端でよく分枝して，頭花は円錐花序をなす．その枝は開出．頭花の径3mm以下
　2. 茎や葉に剛毛が密生し，ざらつく．花期10-11月．明瞭な円錐花序　　セイタカアワダチソウ・帰 ▶
　2. 茎や葉はほとんど毛がなく，表面はなめらか．花期7-9月．花序の先端はやや下に反る
　　　　　　　　　　　　　　　　　　　　　　　　　　　　　　　　　オオアワダチソウ・帰 ▶
1. 草高80cm以下．花序は分枝するが，その枝は直立または斜上．頭花の径6-10mm．総苞片4列．総苞
　の最外片は鈍頭　　　　　　　　　　　　　　　　　　　　　　　　　　アキノキリンソウ ▶
　　ssp. ミヤマアキノキリンソウは，総苞片3列．総苞の最外片は鋭頭
　　　　　　　　　　　　　　　　　　　　　　　　　　　ミヤマアキノキリンソウ（コガネギク）▶

　B. 舌状花は白，紅，淡紫色
　　C. 冠毛は長い
　　　D. 筒状花の冠毛は長く，舌状花の冠毛はごく短いかまたは痕跡的 ……《ムカシヨモギ属（1）》
ムカシヨモギ属（1）　*Erigeron*
茎は中実
1. 茎葉は卵形〜倒披針形でやや幅広．粗い鋸歯あり．根元の毛は長く開出．頭花の径20mm．根生葉を
　類似のハルジオン（P418）と比べると，本種はスプーン状で，葉身と葉柄の区別が明瞭
　　　　　　　　　　　　　　　　　　　　　　　　　　　　　　　　　　　ヒメジョオン・帰 ▶

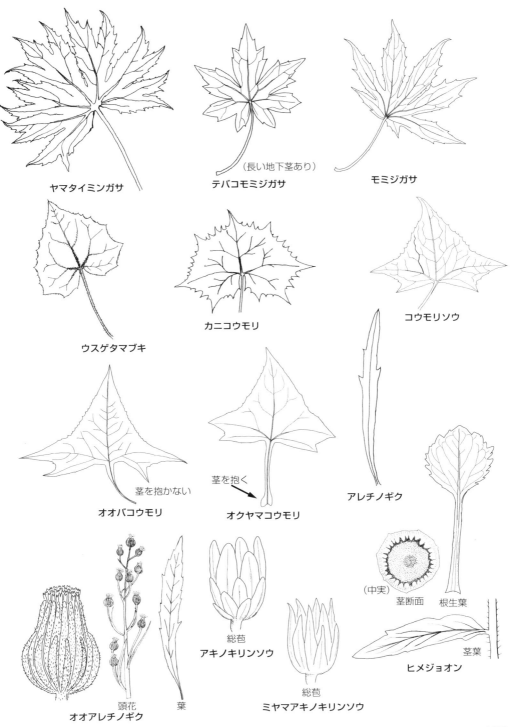

キク科⑤

1. 茎葉はへら状倒披針形で幅が狭い．ほぼ全縁．根元の毛は短く下向き．頭花の径15mm
　　　　　　　　　　　　　　　　　　　　　　　　　　　　　ヘラバヒメジョオン・帰

　　D. 舌状花も筒状花も冠毛長し（同一花に長短混じるものを含む）
　　　E. 総苞片は幅広い．舌状花は幅広い
　　　　F. 果実は円柱状
　　　　　G. 葉は毛があってざらつく ………………………………………《シオン属（1）》

シオン属（1）　*Aster*

1. 葉は披針形．葉身はくさび形で葉腋に向かって流れるため，葉柄ははっきりしない．頭花の径25mm．果実に粗い毛あり　　　　　　　　　　　　　　　　　　　サワシロギク　▶
1. 葉は卵形．葉柄に狭い翼あり．頭花の径20mmほど．果実にほとんど毛なし　　　シラヤマギク　▶

　　　　　G. 葉は毛なし ……………………………………………………………《ホウキギク属》

ホウキギク属　*Symphyotrichum*

1. 枝と幹の角度は30-40度．葉は茎を抱く．花後，筒状花の冠毛は花より長い　　ホウキギク・帰　▶
　　v. ヒロハホウキギクは，枝と幹の角度が60度以上．葉は茎を抱かない．花後，筒状花の冠毛は花より短い
　　　　　　　　　　　　　　　　　　　　　　　　　　　　　　ヒロハホウキギク・帰　▶
1. 枝と幹の角度は10-30度．花後，筒状花の冠毛は花と同長
　　　　　　　　　　　　　　　　　　　　　　　　　　　　　　オオホウキギク・帰　▶

　　　　F. 果実はやや扁平 ……………………………………………………《シオン属（2）》

シオン属（2）　*Aster*

1. 葉柄は基部で茎を抱く．総苞に粘りあり　　　　　　　ハコネギク（ミヤマコンギク）
1. 葉柄は基部で茎を抱かない．総苞に粘りなし
　　2. 頭花の径12mm以下で小さい．　　　　　　　　　　　　　　　　　　　　ヒメシオン
　　2. 頭花の径12mm以上で大きい．20個ほどの頭花が集まり散房花序をなす
　　　　3. 総苞片は鋭尖頭．茎の下方の葉には明瞭な葉柄あり　　　　　　　　　　ゴマナ
　　　　3. 総苞片は鈍頭．茎の下方の葉も葉柄ははっきりしない
　　　　　　4. 舌状花は淡青紫色．類似のカントウヨメナ（P420）に比べノコンギクの冠毛は長い
　　　　　　　　　　　　　　　　　　　　　　　　　　　　　　　　　　　　ノコンギク　▶
　　　　　　4. 舌状花は白色　　　　　　　　　　　　　　　　　　　　　　　シロヨメナ　▶

　　　E. 総苞片は線状．舌状花はきわめて幅狭い
　　　　F. 頭花の径10-25mm．舌状花は長く大きく開出し，舌状部は筒部より長い
　　　　　　　　　……………………………………………………《ムカシヨモギ属（2）》

ムカシヨモギ属（2）　*Erigeron*

1. 茎は中空．根生葉を類似のヒメジョオン（P416）と比べると，本種は葉身と葉柄の区別ができない．頭花の径20-25mm．冠毛は長いものばかり　　　　　　　　　　　　ハルジオン・帰　▶
1. 茎は中実．頭花の径10-15mm．冠毛は長いものとごく短いもの両方あり
　　　　　　　　　　　　　　　　　　　ペラペラヨメナ（ペラペラヒメジョオン）・帰

　　　　F. 頭花の径2mm．舌状花は短く，舌状部は筒部より短い ………《イズハハコ属（2）》

イズハハコ属（2）　*Conyza*

1. 茎に剛毛開出．総苞に毛あり．頭花の径2mm．類似のオオアレチノギク（P416）は，舌状花は全くなく，頭花の径は3-4mmでずんぐりしている　　　　　　　　ヒメムカシヨモギ・帰　▶
1. 茎にも総苞にも毛はほとんどない　　ケナシヒメムカシヨモギ（ケナシムカシヨモギ）・帰　▶

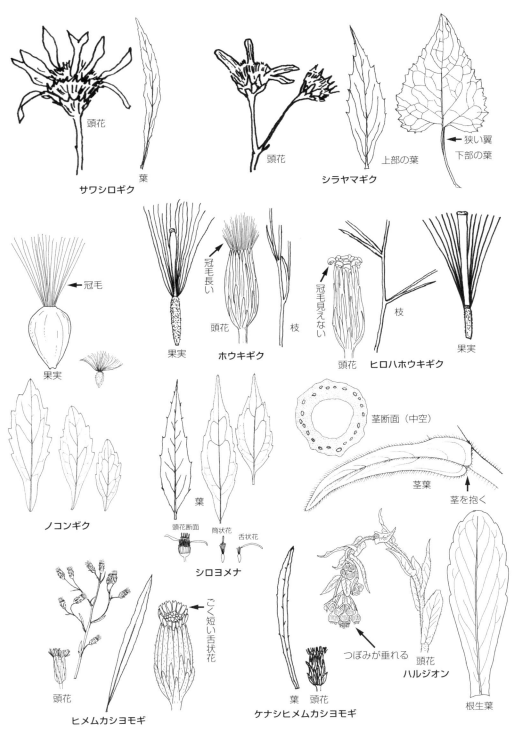

キク科⑤、キク科⑥

　　C. 冠毛はごく短いか，または冠毛なし
　　　　D. 冠毛はごく短い ………………………………………………………《シオン属（3）》

シオン属（3）　*Aster*

　1. 冠毛の長さ0.3mmでほとんどないように見える．果実長2-3mm
　　2. 葉はふつう羽状中裂し薄い　　　　　　　　　　　　　　　　　　　　　ユウガギク ▶
　　2. 葉のふちは鋸歯あり．厚い　　　　　　　　　　　　　　　　　　　　　カントウヨメナ ▶
　1. 冠毛の長さ0.5mm．果実長3-4mm（カントウヨメナより大きめ）　　　　　　ヨメナ ▶

　　　　D. 冠毛なし
　　　　　　E. 頭花は径13-40mm．舌状花は一重並び ………………………《シオン属（4）》

シオン属（4）　*Aster*

　花は5-6月．頭花の径35-40mm．舌状花は淡青紫色．開花時，根生葉あり．葉は長楕円形で，ふちに粗
　い鋸歯あり　　　　　　　　　　　　　　　　　　　　　　　　　ミヤマヨメナ（ノシュンギク）
　　f．ミヤコワスレは園芸品種．花は紅紫，濃青紫，紺色など多種．草高低い　ミヤコワスレ・栽

　　　　　　E. 頭花は径10mm以下．舌状花は2-5重並び …………………《シュウブンソウ属》

シュウブンソウ属　*Rhynchospermum*

　茎の主幹は途中で成長が止まり，2-4本の枝が成長して大きく開出．頭花は葉腋に出る．中央数個の筒
　状花を数列の舌状花が囲む　　　　　　　　　　　　　　　　　　　シュウブンソウ ▶

被子146　キク科⑥（オグルマ族）　総苞多数列．葯の基部は尾状．P402

A. 総苞片のふちは膜質ではない．総苞片は緑色
　　B. 黄色の舌状花あり ……………………………………………………………《オグルマ属》

オグルマ属　*Inula*

　1. 果実は毛なし．葉の裏は脈が突出し，開出毛多し　　　　　　　　　　　カセンソウ ▶
　1. 果実は毛あり．葉の裏は脈が突出せず，上を向く伏毛あり．葉は長楕円形で幅10-30mm．頭花の径
　　30-40mm．茎と葉の腺点は白　　　　　　　　　　　　　　　　　　　　オグルマ ▶
　　ssp. ホソバオグルマは，葉は線状披針形で幅6-10mm．頭花の径25-30mm.茎と葉の腺点は黄色
　　　　　　　　　　　　　　　　　　　　　　　　　　　　　　　　　　ホソバオグルマ

　　　［参考］類似のオカオグルマとサワオグルマ（P414）の葯の基部は鈍形であるのに対し，オグルマ属の
　　　　　　葯の基部は尾状となる

　　B. 舌状花なし …………………………………………………………………《ヤブタバコ属》

ヤブタバコ属　*Carpesium*

　1. 頭花に1cm以下の花柄あり．頭花は枝の下側に下向きで多数つく　　　　ヤブタバコ ▶
　1. 頭花には長柄があり，頭花の直下に葉状苞葉が輪生する
　　2. 花時，根生葉がロゼット状にある．茎葉はわずか．葉は倒披針形
　　　3. 頭花は半球形で径8-15mm．葉のふちにほとんど鋸歯がない．総苞片は5列　サジガンクビソウ ▶
　　　3. 頭花はやや球形で径5mm，葉にふぞろいな鋸歯がある．総苞片は3列　　ヒメガンクビソウ
　　2. 花時，根生葉はない．茎葉は多い．葉は卵形〜卵状長楕円形
　　　3. 頭花の径20mm以上　　　　　　　　　　　　　　　　　　　　　　オオガンクビソウ ▶
　　　3. 頭花の径18mm以下
　　　　4. 葉身の基部は葉腋に向かって流れる（葉柄に翼ありという見方もできる）
　　　　　5. 葉身基部は徐々に細くなる．総苞の幅15mm以上．総苞片4列　　コヤブタバコ ▶
　　　　　5. 葉身基部は急に細くなる．総苞の幅10mm以下．総苞片3列　　　ミヤマヤブタバコ ▶

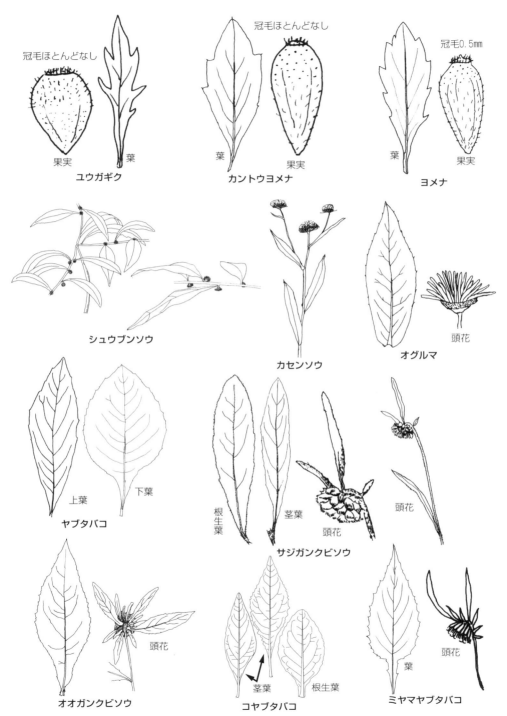

キク科⑥

4. 葉身の基部は急に細まり翼のない葉柄となる．茎葉は卵形または卵心形．総苞最外片は円頭
　　ガンクビソウ ▶
　　ｖ．ホソバガンクビソウは，茎葉が長楕円形で基部はくさび形．総苞最外片はやや尾状にとがる
　　　　　　　　　　　　　　　　　　　　　　　　　　　　　　　　　　　　　　ホソバガンクビソウ ▶

A. 総苞片のふちは膜質で透明．総苞片は花弁状で白，淡紅，黄，淡褐色
　B. 総苞片は黄色〜淡褐色．両性花は結実
　　C. 総苞片は黄色 ………………………………………………………………《ハハコグサ属（1）》

ハハコグサ属（1）　*Pseudognaphalium*

1. 春咲き．茎は基部で分枝．花時，根生葉あり．葉はへら状．葉表にも綿毛あって灰白色．茎葉は10枚ほど
　　ハハコグサ ▶
1. 秋咲き．茎の上部で分枝．花時，根生葉なし．葉は線形．葉の表は緑色．茎葉は30枚以上
　　　　　　　　　　　　　　　　　　　　　　　　　　　　　　　　　　　　　アキノハハコグサ ▶

　　C. 総苞片は褐色〜紅紫色
　　　D. 茎の中部の葉は長楕円形．葉の基部が最大幅．花序の柄は長い ………《ハハコグサ属（2）》

ハハコグサ属（2）　*Pseudognaphalium*

ハハコグサよりも乾燥した土壌に多い　　　　　　　　　　　　　　　　　　セイタカハハコグサ・帰

　　　D. 茎の中部の葉はへら状．葉の先のほうが最大幅．花序の柄は短い
　　　　E. 頭花はさらに頭状花序をなす．冠毛は1本ずつ離れている　………………《チチコグサ属》

チチコグサ属　*Euchiton*

茎の葉は10枚前後．花序の外周に3-5枚の茎葉が輪生し，全体が星形になる　　　　　チチコグサ ▶

　　　　E. 頭花の花序は細長く穂状花序をなす．冠毛の基部は王冠のように環状に合生
　　　　　　　　　　　　　　　　　　　　　　　　　　　　　　　　　　《チチコグサモドキ属》

チチコグサモドキ属　*Gamoochaeta*

1. 花序の葉は狭披針形．茎の下方の葉は細い．総苞の基部は急に膨れない　　　タチチチコグサ・帰 ▶
1. 花序の葉はへら状．茎の下方の葉は細くならない
　2. 茎の下方の葉は幅広く，へら状にならない．葉の裏は白綿毛で覆われる　ウラジロチチコグサ・帰 ▶
　2. 茎の下方の葉はへら状
　　3. 総苞片の先は鋭頭．総苞は褐色．総苞の基部は急に膨れる　　　　　チチコグサモドキ・帰 ▶
　　3. 総苞片の先は鋭尖頭．はじめ総苞は淡紅紫色　　　　　　　　　　ウスベニチチコグサ・帰

　B. 総苞片は白〜淡紅色．両性花は不稔
　　C. 冠毛は1本ずつ離れている ……………………………………………………………《ヤマハハコ属》

ヤマハハコ属　*Anaphalis*

1. 葉は茎に流れない．葉幅6-15mm．あまり分枝しない　　　　　　　　　　　　　　ヤマハハコ ▶
　ssp. カワラハハコは，葉幅1-2mm．よく分枝する　　　　　　　　　　　　　　　カワラハハコ
1. 葉の基部は翼状となり，そのまま茎に流れる．はじめ綿毛が密生するが，しだいに薄くなり，葉表は緑色となる　　　　　　　　　　　　　　　　　　　　　　　　　　　　　　　　ヤハズハハコ
　ｖ．クリヤマハハコは，葉に腺毛多く黄褐色．黒砂糖の匂いあり．石灰岩地に生える　クリヤマハハコ ▶
　ｖ．トダイハハコは，植物体全体に白綿毛密生．石灰岩地に生える　　　　　　　　トダイハハコ ▶

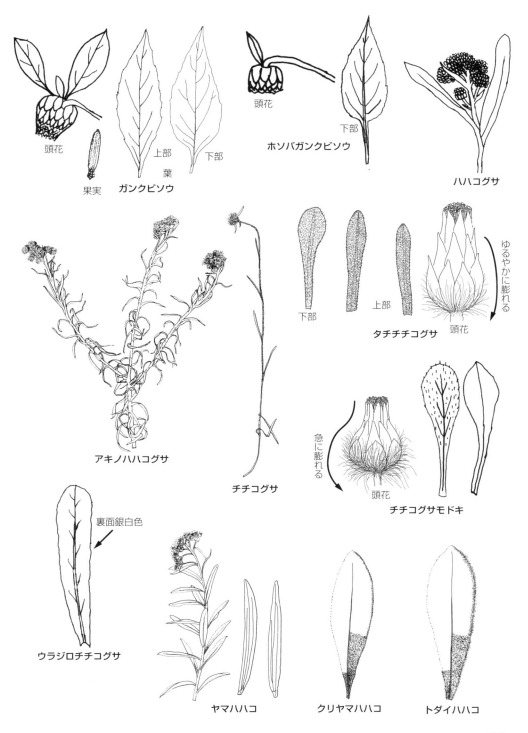

C. 冠毛の基部は王冠のように環状に合生 ……………………………………《ウスユキソウ属》
ウスユキソウ属　*Leontopodium*
　　葉に最初毛があってもやがて無毛，緑色となる．開花時，根生葉なし．葉は狭楕円形．葉幅5mm
　　　　　　　　　　　　　　　　　　　　　　　　　　　　　　　　　　　　　　　ウスユキソウ
　　　v. ミネウスユキソウは，葉の表面に後々まで綿毛が残るので白っぽい　　　　ミネウスユキソウ

被子146　キク科⑦（コウヤボウキ族）　頭花はすべて筒状花．葯の基部は尾状．P402

　A. 頭花の外周に舌状花あり．舌状花は2唇形 ……………………………………《センボンヤリ属》
センボンヤリ属　*Leibnitzia*
　　春型は草高10cmほどで，頭花の径15mm．舌状花は白色．秋型は草高30-60cmほどで閉鎖花のみ
　　　　　　　　　　　　　　　　　　　　　　　　　　　　　　　　　　　　　　　センボンヤリ　▶

　A. 頭花は筒状花だけからなる
　　B. 冠毛にざらつきがあるが羽毛状ではない．頭花は10-13小花からなる ………《コウヤボウキ属》
コウヤボウキ属　*Pertya*
　　1. 葉は楕円形で，長柄あり，茎の中心部に集まって互生．多年草．頭花は穂状花序をなす
　　　　　　　　　　　　　　　　　　　　　　　　　　　　　　　　　　　　　カシワバハグマ　▶
　　1. 頭花は枝先に単生．落葉小低木
　　　2. 葉の裏は毛あり．頭花は一年枝の先端につく．葉は卵形，3脈が目立つ　　　コウヤボウキ　▶
　　　2. 葉の裏は毛なし．頭花は二年枝の短枝の先端につく．一年枝の葉は卵形で3脈が目立つが，二年
　　　　枝の葉は狭楕円形で1脈が目立つ　　　　　　　　　　　　　　　　ナガバノコウヤボウキ　▶

　　B. 冠毛は羽毛状．頭花は3小花からなる ……………………………………《モミジハグマ属》
モミジハグマ属　*Ainsliaea*
　　1. 葉は腎心形か円心形．葉身長6-12cm，掌状浅裂または掌状中裂　　　　　オクモミジハグマ　▶
　　1. 葉はやや五角状の心形，葉身長1-3cm　　　　　　　　　　　　　　　　　　キッコウハグマ

被子146　キク科⑧（ヒヨドリバナ族）　頭花はすべて筒状花．葯の基部は尾状でない．P402

　A. 多数の頭花によって，花序の上面が平らになる散房花序を構成．頭花は5小花くらいからなる（マル
　　バフジバカマ属はマルバフジバカマのみ）…………………《ヒヨドリバナ属/マルバフジバカマ属》
ヒヨドリバナ属/マルバフジバカマ属　*Eupatorium/Ageratina*
　　1. 葉は3脈が目立つ．鋭頭．葉柄はきわめて短い　　　　　　　　　　　　　　　サワヒヨドリ
　　1. 葉は羽状脈．鋭頭．短くても葉柄あり
　　　2. 茎は短毛あり．はう根茎なし
　　　　3. 葉は対生．葉の裏に腺点あり　　　　　　　　　　　　　　　　　　　　　ヒヨドリバナ
　　　　　f. ホシナシヒヨドリバナは，葉の裏に腺点なし　　　　　　　　　ホシナシヒヨドリバナ
　　　　　f. サケバヒヨドリは，葉は3全裂　　　　　　　　　　　　　　　　　　サケバヒヨドリ　▶
　　　　3. 葉は3-4枚輪生
　　　　　ssp. ヨツバヒヨドリは，葉が長楕円形　　　　　　　　　　　　　　　　ヨツバヒヨドリ　▶
　　　　　v. ハコネヒヨドリは，葉は線形．裏面に腺点あり　　ハコネヒヨドリ（ホソバヨツバヒヨドリ）
　　　　　h. ミツバヒヨドリバナはヒヨドリバナとサワヒヨドリの雑種．葉は3全裂　ミツバヒヨドリバナ　▶
　　　2. 茎は毛なし．ただし花序枝は毛あり．はう根茎あり
　　　　3. 葉は3深裂，まれに分裂しない．頭花は小花5-6個からなる　　　　　　　　フジバカマ　▶

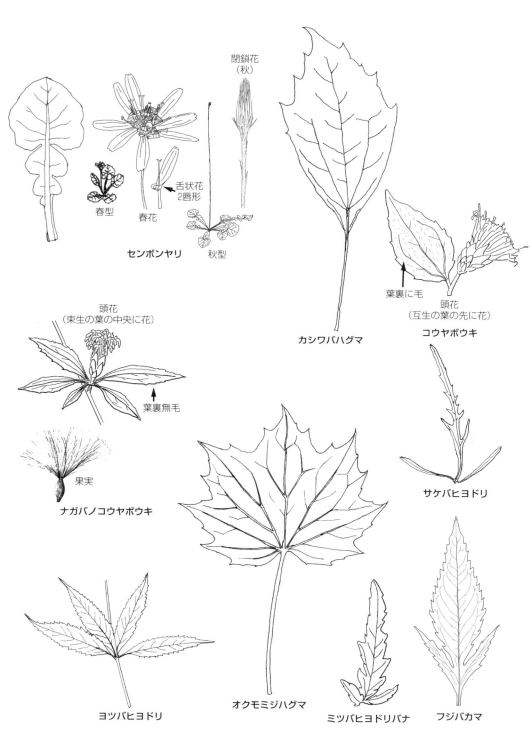

キク科⑧、キク科⑨

　　　3. 葉は分裂しない．頭花は小花15-25個からなる（この種のみマルバフジバカマ属）
　　　　　　　　　　　　　　　　　　　　　　　　　　　　　　　　　　マルバフジバカマ・帰　▶

A. 多数の頭花によって，円錐花序を構成．頭花は球状で多数の小花からなる ……《ミズヒマワリ属》
ミズヒマワリ属　*Gymnocoronis*
　　抽水性の水生植物．葉は対生．筒状花は淡緑色で小さく目立たず，花柱と柱頭は白色で長く伸び目立つ
　　　　　　　　　　　　　　　　　　　　　　　　　　　　　　　　　　　ミズヒマワリ・帰　▶

被子146　キク科⑨（アザミ族）　頭花はすべて筒状花．P400

A. 果実は密毛 ………………………………………………………………………《オケラ属》
オケラ属　*Atractylodes*
　　葉身は硬質で3-5深裂．長い葉柄あり．頭花の径20-25㎜．総苞を取り巻くように魚骨状の苞葉あり
　　　　　　　　　　　　　　　　　　　　　　　　　　　　　　　　　　　　　　オケラ　▶

A. 果実は毛なし，あるいはわずかに毛あり
　B. 果実の基部はその側面で花床につく．冠毛は羽毛ではない
　　C. 総苞外片は，斜上〜開出する ………………………………………………《ヤマボクチ属》
ヤマボクチ属　*Synurus*
　1. 葉身はほぼ正三角形，3浅裂し基部矢じり形　　　　　　　　　　　　　　ハバヤマボクチ　▶
　1. 葉身は卵心形　　　　　　　　　　　　　　　　　　　　　　　　　　　　オヤマボクチ　▶

　　C. 総苞外片は圧着 ………………………………………………………………《タムラソウ属》
タムラソウ属　*Serratula*
　　茎葉は羽状全裂．下方の葉ほど長い葉柄あり．葉にトゲなし．翼あり．頭花は上向きに咲く　タムラソウ　▶

　B. 果実の基部はその底面で花床につく
　　C. 総苞片のふちは膜質で針状毛が多くある．冠毛は羽毛状 ………………《ヤグルマギク属》
ヤグルマギク属　*Centaurea*
　　植物体全体に長いくも毛あり
　1. 頭花は黄色．茎には著しい翼．羽状の苞葉あり．総苞外片に1-2㎝のトゲあり　イガヤグルマギク・帰
　1. 頭花は紫色ほか多色．頭花の外周は舌状花のように見えるがこれは大形の筒状花．中心は小形の筒
　　状花．（通称ヤグルマソウともいうが，ユキノシタ科ヤグルマソウと混乱する）　ヤグルマギク・栽　▶

　　C. 上記Cの特徴に合わない
　　　D. 花糸は合生 ………………………………………………………………《オオアザミ属》
オオアザミ属　*Silybum*
　　葉も頭花も巨大．葉に大きな白斑あり．葉のふちに鋭く長いトゲあり
　　　　　　　　　　　　　　　　　　　　　　　　　　　オオアザミ（マリアアザミ）・逸

　　　D. 花糸は互いに離れている
　　　　E. 花糸には毛もイボもなし．花柱の二叉枝は開出．冠毛は羽毛状
　　　　　F. 果実に明らかな15稜あり．最外の総苞片に三角状突起あり．冠毛列は一重
　　　　　　　…………………………………………………………………………《キツネアザミ属》
キツネアザミ属　*Hemistepta*
　　茎や葉裏に白綿毛密生．根生葉はロゼット状．頭花多数　　　　　　　　　　キツネアザミ　▶

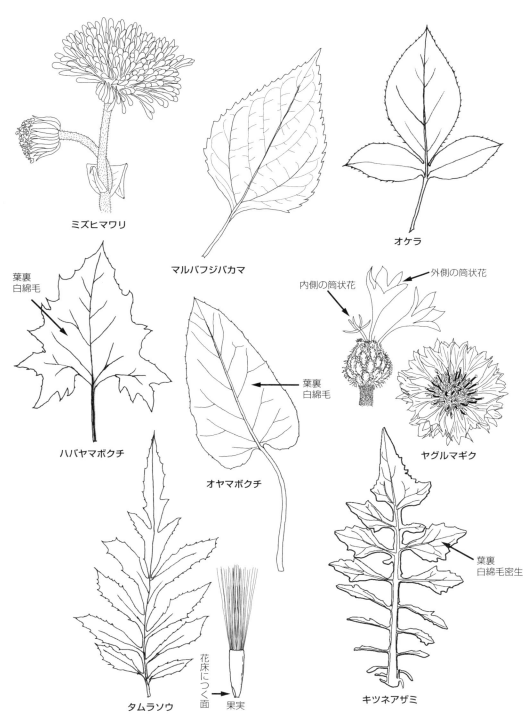

キク科⑨

　　　F. 果実に0-4稜あり．総苞片に突起なし．冠毛列は二重で外側列の冠毛はごく短い
　　　　　……………………………………………………………………………《トウヒレン属》

トウヒレン属　*Saussurea*
- 1. 頭花の花柄は短いものが多い．頭花はやや密に散房花序をなす
  - 2. 総苞は太くつりがね状．総苞外片は反曲　　　　　　　　　　　　　シラネアザミ
  - 2. 総苞は筒状，総苞外片は先がとがり，反り返らない．葉は卵形，裏面は淡緑色
    - 3. 茎に翼なし．葉は厚い．葉は羽状浅裂または羽状中裂　　　　　　キクアザミ ▶
    - 3. 葉が茎に流れて翼となる．葉は薄い．葉は羽状中裂　　　　　　　ヤハズヒゴタイ ▶
      - v. タカネヒゴタイは，高山性．草高10-20cm　　　タカネヒゴタイ（キンプヒゴタイ）▶
- 1. 頭花の花柄は長いものが多い．頭花はややまばらに散房花序または総状花序をなす
  - 2. 総苞外片は短く先は三角形
    - 3. 総苞片は鈍頭．葉は長楕円形で，羽状深裂（まれに全縁）．腺点あり　ミヤコアザミ ▶
    - 3. 総苞片は鋭頭．葉は三角状卵形，基部心形で茎に流れる．頭花は総状花序　セイタカトウヒレン ▶
  - 2. 総苞外片は線形または披針形で，先は鋭尖頭または尾状
    - 3. 葉裏は青白色で薄い．基部は矢じり形．茎に流れない．総苞6列　　コウシュウヒゴタイ ▶
    - 3. 葉裏は淡緑色（青白色でない）．総苞片は細長く鋭尖頭．開出または反曲
      - 4. 総苞片5列．葉は卵形で分裂しない．茎に狭翼あり　　　　　　アサマヒゴタイ ▶
      - 4. 総苞片7列．葉のふちは波状で浅裂，その基部は茎に流れない　タカオヒゴタイ ▶

　　　E. 花糸に微小なイボあり．花柱の二叉枝は開かない
　　　　　F. 冠毛は羽毛状ではない．茎に翼あり ……………………………《ヒレアザミ属》

ヒレアザミ属　*Carduus*
- 葉は互生で羽状深裂．葉柄なく，葉身の基部は茎に流れトゲのある翼になる　　ヒレアザミ ▶

　　　　　F. 冠毛は羽毛状．茎に翼のある種も含む ……………………………《アザミ属》

アザミ属　*Cirsium*
- 1. 花時，根生葉あり
  - 2. 茎にトゲのある翼や稜がある
    - 3. 総苞は卵状に膨らむ．総苞幅3-4cm．総苞片は反曲または開出．茎葉は茎を抱く
      　　　　　　　　　　　　　　　　　　　　　　　アメリカオニアザミ・帰　P430
    - 3. 総苞は筒状．総苞幅1-2cm．総苞片は圧着．茎葉は茎を抱かない　セイヨウトゲアザミ・帰　P430
  - 2. 茎に翼なし
    - 3. 総苞幅6cm以上（総苞片の開出部は含まない）．総苞片のふちに沿ってトゲあり　フジアザミ　P430
    - 3. 総苞幅2cm以下（総苞片の開出部は含まない）．総苞片のふちにトゲなし
      - 4. 総苞片の背に腺体があって粘る．花期は春〜初夏　　　　　　　ノアザミ　P430
      - 4. 総苞片に腺体なく粘らない．花期は夏〜秋（この奇形にクルマアザミあり）　ノハラアザミ　P430
- 1. 花時，根生葉は枯死（モリアザミは残ることあり）
  - 2. 頭花は直立上向きに咲く．総苞片は斜開・開出・反曲あり．葉柄あり　モリアザミ
  - 2. 頭花は横向きまたは下向きに咲く．総苞片は反曲または短く直立する．葉柄なし
    - 3. 総苞は筒状
      - 4. 総苞片は長く，反曲．頭花に短柄あり　　　　　　　　　　　　ホソエノアザミ　P431
      - 4. 総苞片は短く，反曲しない．頭花はほとんど柄なし　　　　　　アズマヤマアザミ　P431
    - 3. 総苞は膨らみ，卵形またはつりがね状
      - 4. 花冠は細く，狭筒部は長く，広筒部の3-4倍　　　　　　　　　タカアザミ　P431
      - 4. 花冠はやや幅広く，狭筒部は広筒部と同長か短い　　　　　　　トネアザミ（タイアザミ）　P431

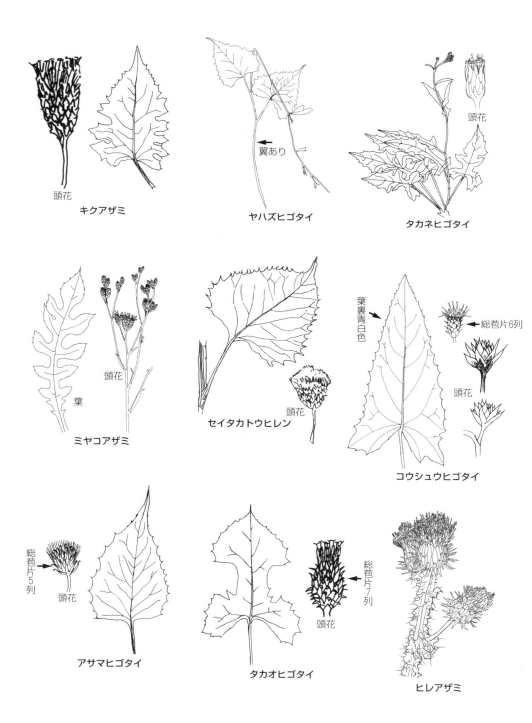

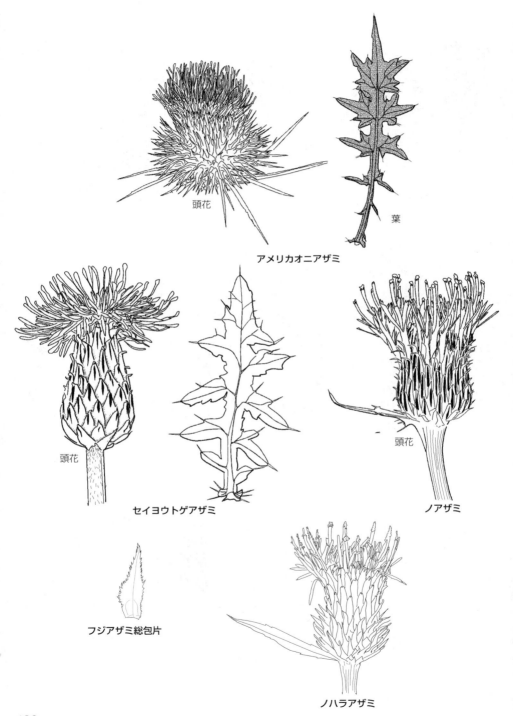

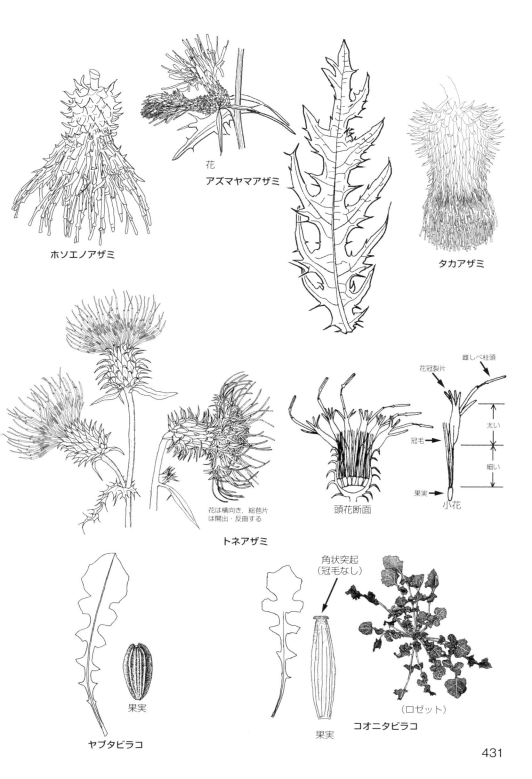

被子146　キク科⑩（タンポポ族）　すべて舌状花．P400

A. 果実に冠毛なし ……………………………………………………………《ヤブタビラコ属》

ヤブタビラコ属　*Lapsanastrum*

- 1. 果実の先に角状突起あり．果実長4-5mm．総苞内片5-6枚　　　コオニタビラコ　P431
- 1. 果実の先に角状突起なし．果実長2-3mm．総苞内片8枚　　　ヤブタビラコ　P431

A. 果実に冠毛あり
　B. 花茎の先端に頭花は1個 ………………………………………………《タンポポ属》

タンポポ属　*Taraxacum*

- 1. 総苞外片は反曲
  - 2. 果実は褐色．総苞外片の反曲はきわめて強い　　　　セイヨウタンポポ・帰　▶
    - h. アイノコセイヨウタンポポは，総苞外片の反曲が弱い　アイノコセイヨウタンポポ・帰　▶
  - 2. 果実は赤褐色　　　　　　　　　　　　　　　　　　アカミタンポポ・帰
- 1. 総苞外片は反曲しない
  - 2. 花は白色または淡黄色．葉と総苞は淡緑色
    - 3. 花は白色．総苞外片の背にある三角突起は目立つ．花時，花茎は葉より長い　シロバナタンポポ　▶
    - 3. 花は淡黄色．総苞外片の背にある三角突起は小さい．花時，花茎は葉より短い　ウスギタンポポ
  - 2. 花は黄色．葉と総苞は緑色
    - 3. 総苞外片に突起はない．総苞片は卵形～広卵形．総苞長25mm　エゾタンポポ　▶
    - 3. 総苞外片の背の三角突起は目立つ．総苞片は卵状長楕円形．総苞長15-18mm　カントウタンポポ　▶

　B. 花茎の先に頭花は複数個あり
　　C. 果実の先は切形で，ほとんど狭まらない
　　　D. 果実は円柱形 ……………………………《ヤナギタンポポ属/コウリンタンポポ属》

ヤナギタンポポ属/コウリンタンポポ属　*Hieracium / Pilosella*

- 1. 茎や葉は毛なし．花時，根生葉なし　　　　　　　　　ヤナギタンポポ　▶
- 1. 茎や葉に開出毛と腺毛あり．花時，根生葉あり
  - 2. 花は黄色　　　　　　　　　　　　　　　　　　　ミヤマコウゾリナ
  - 2. 花は橙赤色（この種のみコウリンタンポポ属）　　　コウリンタンポポ・帰

　　　D. 果実は扁平 ………………………………………………………《フクオウソウ属》

フクオウソウ属　*Nabalus*

- 1. 花時，根元に葉がある．葉身は3-7掌状裂．花は白地に紫褐色のすじ．頭花径15mm　フクオウソウ　▶
- 1. 花時，根元に葉はない．葉身は羽状中裂．花は淡黄色．頭花径35-40mm　オオニガナ　▶

　　C. 果実の先は狭まるか，または棒状に長く伸びる
　　　D. 冠毛は羽毛状
　　　　E. 花床に剛毛あり ……………………………………………………《ブタナ属》

ブタナ属　*Hypochaeris*

- 根生葉のみ．葉は倒披針形で，ふちは不規則な鋸歯．花茎分枝．頭花黄色　ブタナ・帰　▶

　　　　E. 花床に毛なし
　　　　　F. 冠毛はからみあう ………………………………………《バラモンジン属》

バラモンジン属　*Tragopogon*

- 茎や葉は毛なし．葉は線形で全縁，分裂しない．茎を抱く．互生

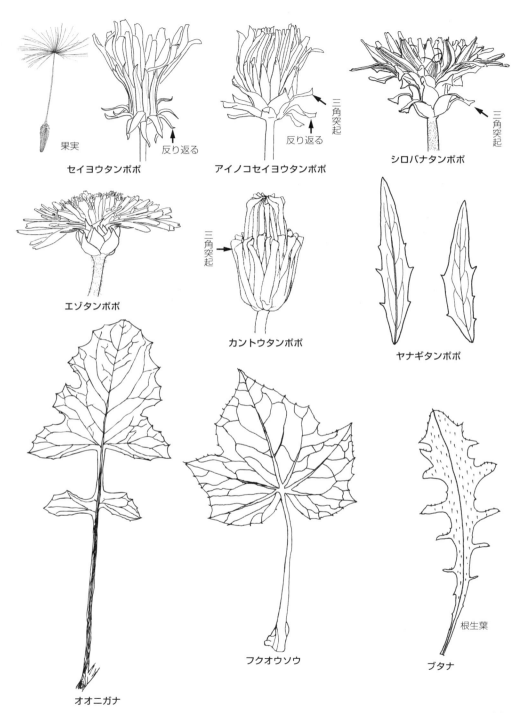

キク科⑩

1. 花は紫色　　バラモンジン・帰
1. 花は黄色．（本種の別名としてキバナバラモンジンをあてることがあるが，キバナバラモンジンはキクゴボウの別名でもあり，紛らわしいので使わない方がよい．ちなみにバラモンギクの総苞片は1列に並ぶのに対して，キクゴボウのそれは多列（多段）に並ぶ）
　　　　　　　　　　　　　　　　　キバナムギナデシコ（バラモンギク）・帰

　　　F．冠毛はからみあうことはない ……………………………………………《コウゾリナ属》

コウゾリナ属　Picris
　茎や葉に剛毛多し．総苞長10-11mm．総苞はやや黒緑色．葉幅10-40mm　　　コウゾリナ ▶
　ssp. アカイシコウゾリナは，総苞長8-9mm．葉幅6-9mm．総苞の剛毛はわずか　アカイシコウゾリナ

　　　D．冠毛は1本の単一の毛であって羽毛状ではない
　　　　E．果実は著しく扁平
　　　　　F．花は紫色．果実の先は細まるだけで棒状突起にまでならない ……《ムラサキニガナ属》

ムラサキニガナ属　Paraprenanthes
　茎は中空で毛なし．葉は互生し，茎下部の葉は羽裂する．上部の葉は小さく披針形．頭花は紫色
　　　　　　　　　　　　　　　　　　　　　　　　　　　　　　　　　　　　ムラサキニガナ ▶

　　　　　F．花は黄色または黄白色．先端に棒状突起あり
　　　　　　G．果実の棒状突起は糸状で長く果実の1-1.5倍長 ……………………………《チシャ属》

チシャ属　Lactuca
　葉は羽状中裂または羽状深裂．茎と葉にトゲあり　　　　　　　　　　　　　トゲチシャ・帰 ▶

　　　　　　G．果実の棒状突起は果実より短い．茎や葉にトゲなし ………《アキノノゲシ属》

アキノノゲシ属　Pterocypsela
1. 果実の片面に3稜あり．花は濃黄色　　　　　　　　　　　　　　　　　　　ヤマニガナ ▶
1. 果実の片面に1稜あり
　2. 花は濃黄色．果実の棒状突起は0.3mm．葉身に三角形のイメージあり．葉柄に翼あり，広く茎を抱く
　　　　　　　　　　　　　　　　　　　　　　　　　　　　　　　　　　ミヤマアキノノゲシ ▶
　2. 花は白色～淡黄色．果実の棒状突起は1mm．葉は披針形で羽状深裂　　　アキノノゲシ ▶
　　　f. ホソバアキノノゲシは，葉は広線形で切れ込みなし　　　　　　　ホソバアキノノゲシ

　　　　E．果実はやや扁平
　　　　　F．果実の先は棒状に伸びる．（ニガナ属はニガナに属するもののみ）
　　　　　　　…………………………………………………………《ノニガナ属/ニガナ属》

ノニガナ属/ニガナ属　Ixeris/Ixeridium
果実に10の翼または稜がある
1. 葉の基部は矢じり形でとがる　　　　　　　　　　　　　　　　　　　　　　ノニガナ ▶
1. 葉の基部は矢じり形にならない
　2. 地上匍匐枝があって広がる．花は黄色．頭花は花茎に1-3個
　　3. 葉身は円形．総苞長8-10mm．果実長4-6mm　　ヂシバリ（ジシバリ，イワニガナ） ▶
　　3. 葉身はへら状．総苞長12mm．果実長7-8mm　　　オオヂシバリ（オオジシバリ） ▶
　2. 地上匍匐枝なし．頭花は花茎に10個以上
　　3. 冠毛は白色．総苞は太い
　　　4. 花は白～淡紫色．総苞外片の長さ1-1.5mm．葉はやや切れ込みあり　　タカサゴソウ
　　　4. 花は黄色．総苞外片の長さ3mm．葉はあまり切れ込まない　　　　カワラニガナ ▶

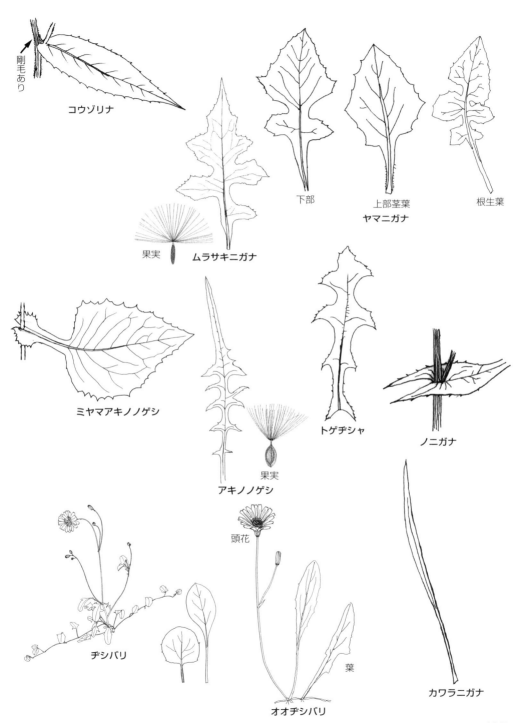

```
    3. 冠毛は汚白色．(この種に属するもののみニガナ属)
        4. 葉は抱茎しない．小花が黄色で7-11個．高山性                          タカネニガナ
        4. 葉は抱茎する．小花は黄色で5-6個．山野性                            ニガナ ▶
            f. ハナニガナは，小花が黄色で7-11個．          ハナニガナ（オオバナニガナ）
            f. シロバナニガナは，小花が白色で7-11個                         シロバナニガナ
```

         F. 果実の先は狭まるだけ
            G. 頭花は約80個以上の小花からなる ………………………………《ノゲシ属》

ノゲシ属　Sonchus
葉の基部は茎を抱く
  1. 葉の基部に耳があって茎を越えて突き出す．果実に横じわが目立つ　　ノゲシ（ハルノノゲシ）▶
  1. 葉の基部の耳はくるりと巻いて茎を抱く．果実の横じわは目立たない．葉のふちのトゲが痛い
                                                                    オニノゲシ・帰 ▶

            G. 頭花は約20個以下の小花からなる
                H. 茎や葉に密毛．冠毛は落ちない．花後も頭花は上向きのまま …《オニタビラコ属》

オニタビラコ属　Youngia
根生葉はロゼット状につく，葉は羽状に深裂．頂裂片が最も大きい   オニタビラコ ▶

                H. 茎や葉は毛なし．冠毛は1本ずつ落ちやすい．花後,頭花下向き ……《アゼトウナ属》

アゼトウナ属　Crepidiastrum
  1. 頭花は13-19個の小花からなる   ヤクシソウ ▶
  1. 頭花は5個の小花からなる   クサノオウバノギク（クサノオウバノヤクシソウ）

被子147　レンプクソウ科（ADOXACEAE）

A. 雄しべは離生．草本 ……………………………………………………《レンプクソウ属》
レンプクソウ属　Adoxa
茎や葉は毛なし．根生葉は2回3出複葉．小葉は羽状中裂し，その裂片は鈍頭．花は黄緑色．数個の花
からなる頭状花序を頂生   レンプクソウ ▶

A. 雄しべは合生．木本または草本
    B. 葉は羽状複葉 ………………………………………………………………《ニワトコ属》
ニワトコ属　Sambucus
  1. 草本．地下茎で殖える．花は白色．花序の中にさかずき状黄色の腺体あり．葉柄に稜あり
                                                        ソクズ（クサニワトコ）▶
  1. 低木．花は黄白色．花序に腺体なし．葉柄に稜なし．果実赤熟．茎や葉に毛あり，開出毛なし　ニワトコ ▶
      f. ケニワトコは，茎や葉柄，葉軸に開出毛あり．花序の軸にも密毛あり   ケニワトコ
      f. キミノニワトコは，果実黄熟   キミノニワトコ

    B. 葉は単葉で，分裂しない．木本 ……………………………………………《ガマズミ属》
ガマズミ属　Viburnum
  1. 花冠筒部は裂片部より長い
    2. 落葉樹．散房花序．花冠は筒状   ミヤマシグレ
    2. 常緑樹．円錐花序．花冠はワイングラス状   サンゴジュ・栽
  1. 花冠筒部は裂片部より短い

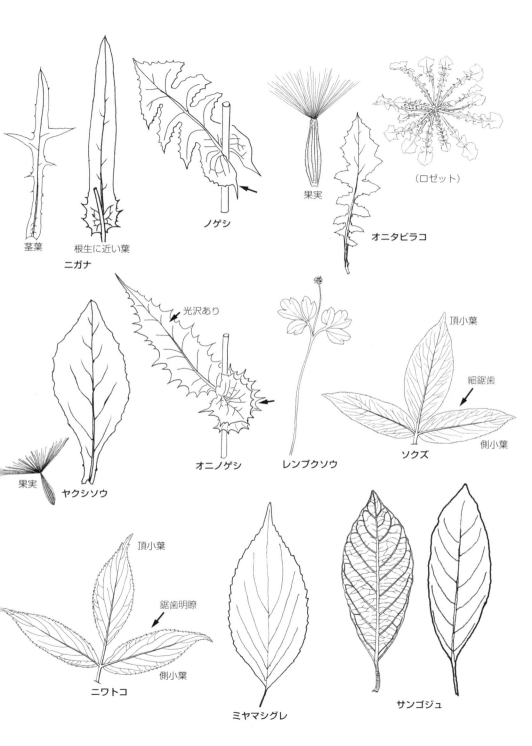

2. 花序の外周に装飾花あり
  3. 花序は茎の頂端でいきなり広がる．葉は円形で基部心形　　　　オオカメノキ（ムシカリ）▶
  3. 茎の頂端に1本の花序柄が出て，その先端から花序が広がる．葉は広楕円形で基部は広く，くさび形～円形　　　　　　　　　　　　　　　　　　　　　　　　　　　　　ヤブデマリ▶
 2. 花序の外周に装飾花なし
  3. 花序の上面は円錐状．葉にゴマの臭いあり　　　　　　　　　　　　ゴマギ（ゴマキ）▶
  3. 花序の上面はほぼ平ら
   4. 花序は下垂．葉を乾燥すると黒変　　　　　　　　　　　　　　オトコヨウゾメ▶
   4. 花序は直立．葉を乾燥しても黒変しない
    5. 葉柄長5mm以下．その基部に線形の早落性托葉あり．葉表は脈上以外は毛なし
　　　　　　　　　　　　　　　　　　　　　　　　　　　　　　　テリハコバノガマズミ
     v. コバノガマズミは，葉表に微細毛密生　　　　　　　　　　コバノガマズミ▶
    5. 葉柄長10mm以上．托葉なし
     6. 葉柄や花序に長毛まばら．葉の鋸歯は15対ほど．葉先は鋭尖頭．葉表に単毛まばら
　　　　　　　　　　　　　　　　　　　　　　　　　　　　　　　　ミヤマガマズミ▶
      v. オオミヤマガマズミは，葉の鋸歯が20対以上．葉表に星状毛あり
　　　　　　　　　　　　　　　　　　　　　　オオミヤマガマズミ（ケミヤマガマズミ）
     6. 葉柄や花序に単毛と星状毛(束状の毛)密生．葉先は鈍頭　　ガマズミ（アラゲガマズミ）▶

被子148　スイカズラ科（*CAPRIFOLIACEAE*）

A. 雄しべは互いに合生
 B. 雄しべ5
  C. 果実は液質．種子は少ない …………………………………………………《スイカズラ属》

スイカズラ属　*Lonicera*

1. つる．花は最初白色，やがて黄化．花冠は2唇形で上唇4裂．花冠に筒部あり．小苞あり　　スイカズラ▶
1. 直立低木
 2. 若い髄は淡褐色，やがて中空．花は淡黄色．花冠は2唇形，上唇4裂．小苞あり　　イボタヒョウタンボク▶
 2. 茎は中実．髄は白
  3. 花冠は2唇形，上唇は4裂．小苞あり　　　　　　　　　　　　　ニッコウヒョウタンボク▶
  3. 花冠はロート状またはつりがね状．花の5裂片はみな同じ大きさ
   4. 花は葉腋に1個ずつ（まれに2個）．花柄長1-2cm．花は淡紅色（まれに白色），花柄に腺毛なし．単毛はある．線形の苞葉あり．卵円形の小苞なし　　　　ヤマウグイスカグラ▶
     v. ミヤマウグイスカグラは，花柄に腺毛多し．単毛もあり．小苞なし　　ミヤマウグイスカグラ▶
     v. ウグイスカグラは，花柄に腺毛なし．短毛もなし．小苞なし　　　　ウグイスカグラ▶
      f. ムサシウグイスカグラは，花柄に腺毛なし．線形の苞葉と卵円形の小苞あり
　　　　　　　　　　　　　　　　　　　　　　　　　　　　　　　ムサシウグイスカグラ
   4. 花は花柄の先端に2個つく．花は淡黄または白色．花冠はロート状か円筒状．苞葉は大きく，長さ2-20mm
    5. 小苞は長さ1-2.5mmで合生．苞葉の長さ2-6mm．花冠裂片は卵形．子房は2室．石灰岩地に生える　　　　　　　　　　　　　　　チチブヒョウタンボク（コウグイスカグラ）▶
    5. 小苞は目立たない．苞葉の長さ4-20mm．花冠裂片は長楕円形．子房3室
     6. 苞葉は葉状で長さ10-20mm．花冠はロート状で長さ13-15mm．葉に開出長毛あり
　　　　　　　　　　　　　　　　　　　　　アラゲヒョウタンボク（オオバヒョウタンボク）▶
     6. 苞葉は小さく長さ4-9mm．花冠は円筒状で長さ4-5mm．葉の両面に軟毛あり
　　　　　　　　　　　　　　　　　　　　　　　　　　　　　　　ハヤザキヒョウタンボク▶

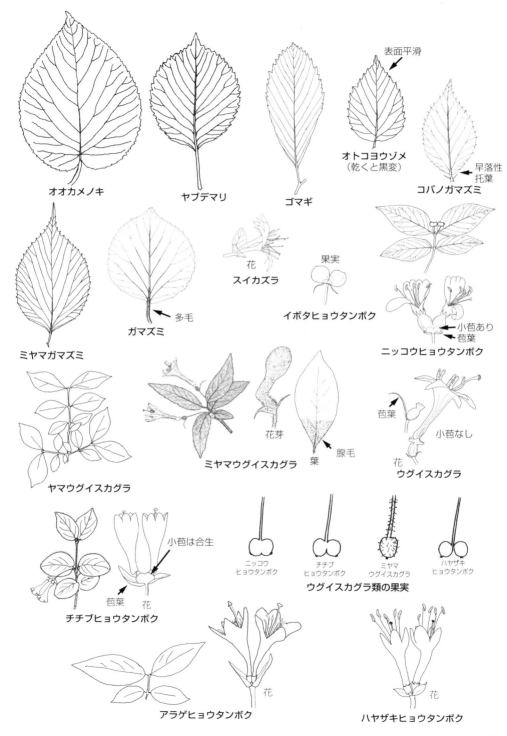

スイカズラ科

  C. 果実は裂ける．種子は多い ……………………………………………………《タニウツギ属》
タニウツギ属　*Weigela*
 1. 花は黄色．葯は合生して連なる．がくは2唇形　　　　　　　　　　　　　　　キバナウツギ▶
 1. 花冠は紅色．葯は離れている．がく片はほぼ同じ形・大きさ
  2. 花筒は上部で急に太くなる．葉に照りがある．葉は毛なし，または裏にやや毛を散生
                    ハコネウツギ・栽▶
  2. 花筒はしだいに太くなる．葉に照りはない．葉裏脈上に縮れた伏毛を密生　　ニシキウツギ▶

 B. 雄しべ4. 花冠は筒状またはつりがね状
  C. 葉柄の基部は左右合生し芽を包む．茎に6稜あり．がく片4個 ………《イワツクバネウツギ属》
イワツクバネウツギ属　*Zabelia*
 葉柄の基部は芽を包んで膨らむ．花冠はワイングラス状で放射相称．石灰岩地に生育
                    イワツクバネウツギ▶

  C. 葉柄の基部は合生しない．茎に稜なし ……………………………………《ツクバネウツギ属》
ツクバネウツギ属　*Abelia*
 1. 半常緑性．花冠に網目模様なし．葉長2-5cmで毛なし．がく片4-5個
         ハナゾノツクバネウツギ（ハナツクバネウツギ，アベリア）・栽
 1. 落葉性．花冠に網目模様あり．葉長3-7cmでわずかに毛あり
  2. がく片5個のうち1個が特に小さい．4個のこともあり．花筒内面の密腺は平らで筒に合生する
          オオツクバネウツギ（メツクバネウツギ）▶
  2. がく片5個はみな同じ長さ．花筒内面の蜜腺は球状または，こん棒状で筒部とは区別できる
                   ツクバネウツギ▶
   v. ベニバナノツクバネウツギは，花が濃紅色．花筒内面の蜜腺は平らで筒に合生する
     ベニバナノツクバネウツギ（ベニバナツクバネウツギ，ベニコツクバネ）

A. 雄しべは離生
 B. 花序は上がドーム状になる散房花序
  C. 雄しべ4個．花は黄または白色．果実に翼がある（例外，オミナエシは翼なし）
     ……………………………………………………………………《オミナエシ属》
オミナエシ属　*Patrinia*
 1. 花は白色．草高60-100cm．果実に翼あり．花冠に距なし．葉は羽状深裂　　オトコエシ▶
 1. 花は黄色
  2. 果実に翼なし．草高60-100cm．花冠に距なし．葉は羽状深裂　　　　　　オミナエシ▶
  2. 果実に翼あり．草高20-60cm．花冠に明らかな距(2-3mm)あり．葉は掌状に3-5中裂(または深裂)
                     キンレイカ▶

  C. 雄しべ3個．花は紅紫．果実に翼なし
   D. 葉は羽状複葉．がくは果時，明らかな冠毛に変化 ………………………《カノコソウ属》
カノコソウ属　*Valeriana*
 花後，細長い走出枝を伸ばす．茎の頂端に散房花序．花冠に距なし．草高20-40cm　ツルカノコソウ▶

   D. 葉は分裂しない．がくはほとんど冠毛にならない ……………………《ノヂシャ属》
ノヂシャ属　*Valerianella*
 草高10-30cm．二叉分枝．花は淡青色．花冠はロート状で先は5裂．果実は球形～楕円体．河川敷や堤
 防に生育　　　　　　　　　　　　　　　　　　　　　　　　　　　　　　　ノヂシャ・帰▶

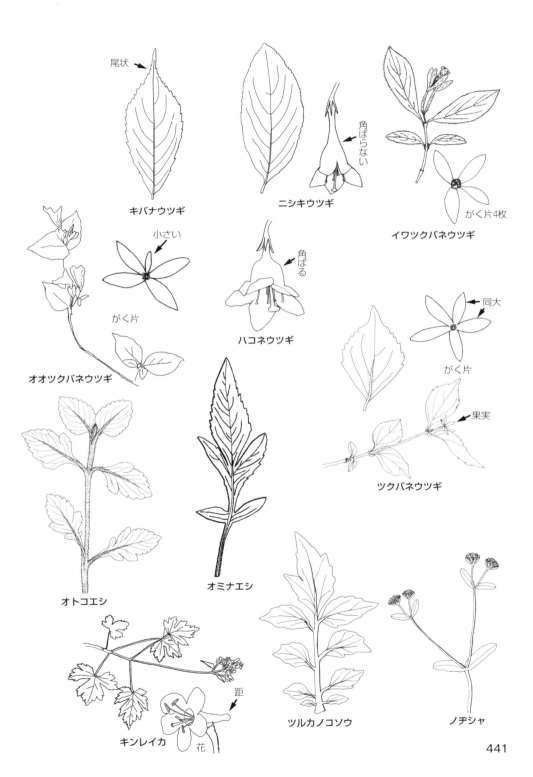

スイカズラ科、トベラ科、ウコギ科

B. 頭状花序
  C. 全体に剛毛あり．総苞片は硬化し先はトゲ状 ……………………………………《ナベナ属》

ナベナ属　*Dipsacus*
 草高1m以上．花序は球状または楕円体状．花は紅紫色　　　　　　　　　　　　　　ナベナ ▶

  C. 全体に軟毛あり．総苞片は葉状 ………………………………………………《マツムシソウ属》

マツムシソウ属　*Scabiosa*
 草高60-90cm．頭状花序の径4cm．花は青紫色　　　　　　　　　　　　　　　　マツムシソウ ▶

被子149　トベラ科（*PITTOSPORACEAE*）

葉は互生．花弁5, 雄しべ5 ………………………………………………………………《トベラ属》

トベラ属　*Pittosporum*
 常緑低木．葉は倒卵形で葉先の方が幅が広い．葉柄は緑色．葉先は鈍形〜円形で革質．花は上向きに咲き白色，後に黄変　　　　　　　　　　　　　　　　　　　　　　　　　　　　トベラ・逸 ▶

被子150　ウコギ科（*ARALIACEAE*）

A. 木本（ただし，ウド，ミヤマウド，トチバニンジンは草本）
 B. 葉は2-3回羽状複葉 ……………………………………………………………《タラノキ属》

タラノキ属　*Aralia*
 1. 木本．茎や葉柄・羽状複葉の中軸にトゲが多い．花序は頂生．最小の散形花序は複総状につく．葉は2回羽状複葉　　　　　　　　　　　　　　　　　　　　　　　　　　　　　　　タラノキ ▶
  f. メダラは，茎や葉柄にトゲほとんどなし　　　　　　　　　　　　　　　　　　メダラ
 1. 草本．茎や葉にトゲなし．最小の散形花序は総状につく
  2. 茎は短毛あり．茎は緑色．葉は2回羽状複葉．小葉の柄は短い．花序は多数花　　　ウド
  2. 茎は毛なし．茎は紅紫〜褐色．葉は2-3回3出羽状複葉．小葉の柄は長い．花序は10個ほどの花からなる　　　　　　　　　　　　　　　　　　　　　　　　　　　　　　　　　　ミヤマウド

 B. 葉は掌状複葉,3出複葉，単葉のいずれか
  C. 常緑樹
   D. つる．不定根あり．単葉で一般に3-5浅裂 …………………………………《キヅタ属》

キヅタ属　*Hedera*
 葉は革質で互生．葉は1つの株の中で単葉全縁〜単葉3-5浅裂まで連続する
 1. 葉身は20cm．白・淡紅の斑入りになる．園芸品　　　　　　　　　　　　　カナリーキヅタ・栽 ▶
 1. 葉身は5-7cm
  2. 若い茎などにつく星状鱗片は6-8深裂　　　　　　　　　　　　　　　　　セイヨウキヅタ・栽 ▶
  2. 若い茎などにつく星状鱗片は15-20浅裂　　　　　　　　　　　　　　　　キヅタ（フユヅタ） ▶

   D. 直立木．不定根なし．単葉で一般に3-7中裂
    E. 花は4数性．裂片はさらに浅裂する ……………………………………《カミヤツデ属》

カミヤツデ属　*Tetrapanax*
 常緑低木だが冬期落葉のこともあり．葉は茎の頂端に集まる傾向．葉身の径70cm．掌状7-12裂．葉裏は白，星状毛密生　　　　　　　　　　　　　　　　　　　　　　　　　　　　　カミヤツデ・栽 ▶

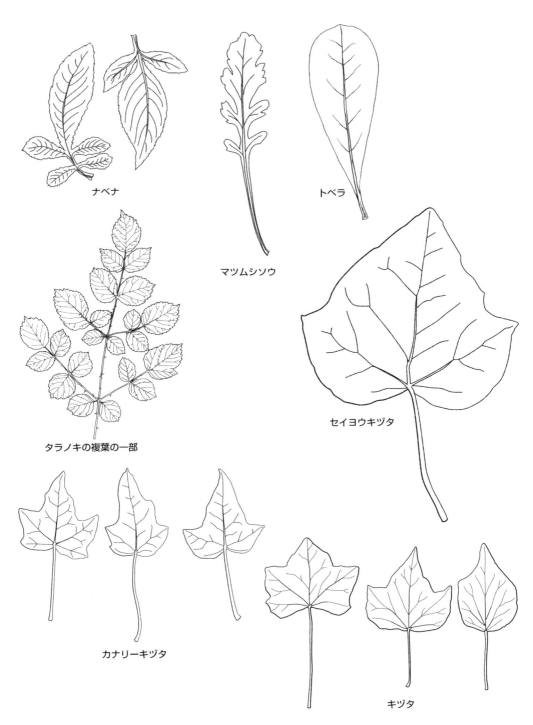

ウコギ科

```
        E. 花は5数性
            F. 葉は3-5中裂．裂けないこともあり．裂片は全縁 …………………………《カクレミノ属》
```

カクレミノ属　*Dendropanax*

常緑小低木．茎や葉は毛なし．葉柄長2-10cm．葉は卵円形で3-5裂．花のある枝の葉は全縁無分裂であることが多い　　　　　　　　　　　　　　　　　　　　　　　　　　　　　　　　　　　　カクレミノ・栽　▶

```
            F. 葉は5-9中裂．裂片に鋸歯あり ……………………………………………《ヤツデ属》
```

ヤツデ属　*Fatsia*

常緑低木．葉身の径20-40cm．掌状に5-9裂．葉痕は半月形．葉は互生．枝先に集まる傾向　　ヤツデ・逸　▶

```
        C. 落葉樹，または多年草（トチバニンジンのみ）
            D. 葉は単葉．掌状に中裂．落葉樹
                E. 高木．茎や葉柄に大きなトゲあり．大木の樹皮にトゲはない …………《ハリギリ属》
```

ハリギリ属　*Kalopanax*

若枝は軟毛密生，やがて毛なし．太く鋭いトゲあり．葉も最初軟毛があってもいずれ毛なしとなる
　　　　　　　　　　　　　　　　　　　　　　　　　　　　　　　　　　ハリギリ（センノキ）　▶
　v. ケハリギリは，葉裏に縮毛が密生　　　　　　　　　　　　　　　　　　　　　　　ケハリギリ

```
                E. 低木．茎や葉柄に大小のトゲが密生 ……………………………………《ハリブキ属》
```

ハリブキ属　*Oplopanax*

葉柄15-30cm．葉柄に細長いトゲと開出毛あり．葉身円形で径20-40cm．7-9中裂し，裂片は重鋸歯
　　　ハリブキ　▶

```
            D. 葉は掌状複葉または3出複葉
                E. 葉は3出複葉．小葉に毛状微細鋸歯あり．トゲなし．落葉樹 ………《タカノツメ属》
```

タカノツメ属　*Gamblea*

葉は3小葉からなる（ときに単葉）．落葉小高木．冬芽は鋭頭．「鷹の爪」は冬芽の先端がとがりわん曲することに由来するが，冬芽の形は必ずしもそのようではない　　　　　タカノツメ（イモノキ）　▶

```
                E. 葉は掌状複葉．小葉は5枚．小葉に鋸歯あり
                    F. 木本．葉は短枝に束生
                        G. 高木．茎や枝にトゲなし ………………………………………《コシアブラ属》
```

コシアブラ属　*Chengiopanax*

小葉大きく長さ15cm　　　　　　　　　　　　　　　　　　　　　　　　　　　　　　　コシアブラ　▶

```
                        G. 低木 ……………………………………………………………《エゾウコギ属》
```

エゾウコギ属　*Eleutherococcus*

1. 花柱5-7個は円柱状に合生
　2. 小葉長10cm以上．葉裏粉白．葉裏に細長いトゲ多数．茎もトゲ多数　　　　　ウラジロウコギ　▶
　2. 小葉長2-7cm．葉裏は緑．葉腋直下にトゲ1本．維管束痕5　　　　　　　　　ヒメウコギ・栽　▶
1. 花柱2個
　2. 小葉の先は尾状〜鋭尖頭．鋸歯は鋭頭．葉柄にこまかいトゲあり　　　　　　　　ミヤマウコギ
　2. 小葉の先は鈍頭または鋭頭．葉柄にトゲなし．葉腋直下にトゲ1本
　　3. 小葉は鋭頭，長30-70mm．葉表は毛なし．維管束痕7　　　　　　　　　　　　　ヤマウコギ
　　3. 小葉は鈍頭，長15-40mm．葉表に小立毛あり．維管束痕5　　　　　　　　　　　オカウコギ

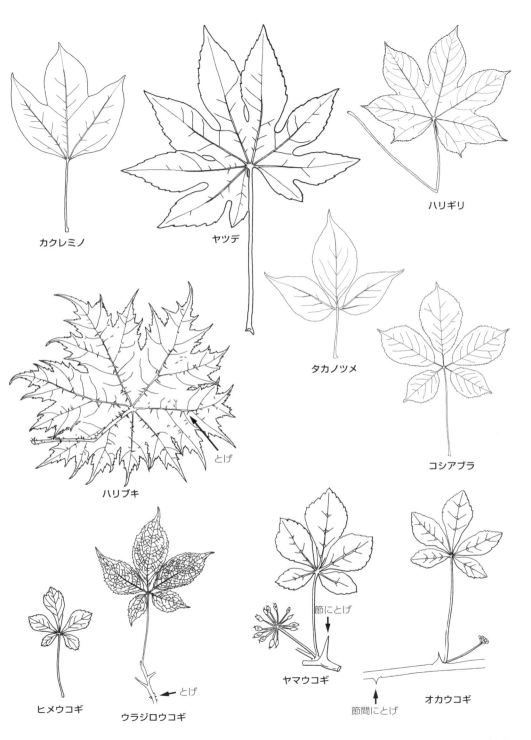

　　　　　F．多年草．葉は茎の頂端に輪生．トゲなし ……………………………《トチバニンジン属》
トチバニンジン属　*Panax*
　茎の中途に3-5個の葉が輪生状につく．掌状複葉．茎の頂端に散形花序．花は淡黄緑色．果実は球形，
　赤熟　　　　　　　　　　　　　　　　　　　　　　　　　トチバニンジン（チクセツニンジン）　▶

A．草本．地面をはう．葉は円心形で掌状に浅裂～中裂 …………………………………《チドメグサ属》
チドメグサ属　*Hydrocotyle*
　1. 葉身は円形．葉柄は葉身の中心部に楯状につく．総状花序　　ウチワゼニクサ（タテバチドメグサ）・帰
　1. 葉は心形．葉は楯状にならず，葉柄は心形の基部につく．散形花序
　　2. 葉身径30-60mm．葉柄や花茎に縮れた短毛が密生　　　　　　　　　　　　　　　オオバチドメ　▶
　　2. 葉身径5-30mm．葉柄や花茎は毛なし．ときに葉柄上部にのみ長毛あり
　　　3. 茎は地面をはう．節から発根する．果実に柄なし．葉身径5-20mm
　　　　4. 葉のふちは鋸歯状．鋸歯はやや丸い．花序は10個以上の花からなる．常緑　　チドメグサ　▶
　　　　4. 葉は浅裂～中裂．鋸歯はやや鋭頭．花序は数花からなる．冬に枯れる
　　　　　　　　　　　　　　　　　　　　　　　　　　　　　　　　ヒメチドメ（ミヤマチドメ）　▶
　　　3. 茎は斜上．節から発根しない．果実に1mm以下の柄あり．葉身径20-30mm
　　　　4. 花茎はふつう葉柄より短い．葉は中裂．葉の底部は重ならない　　　　　　　　ノチドメ　▶
　　　　4. 花茎はふつう葉柄より長い．葉は浅裂．葉の底部は重なる　　オオチドメ（ヤマチドメ）　▶

被子151　セリ科（*UMBELLIFERAE・APIACEAE*）

果実は2個の分果が接着している．熟すと分果は分離する（セリは分離しない）
A．分果の表面に翼や稜はなく，かぎ状突起が多くある．分果の断面は円 …………《ウマノミツバ属》
ウマノミツバ属　*Sanicula*
　葉は3小葉からなる．小葉がさらに2裂することもある
　1. 柄のある茎葉が互生で数枚あり　　　　　　　　　　　　　　　　　　　　　　ウマノミツバ　▶
　1. 柄のある茎葉はないか1枚あり．これとは別に茎の頂端に柄のない葉が対生　ヤマナシウマノミツバ　▶

A．分果の表面に5本の稜（翼になることもあり）あり
　B．葉は単葉，全く分裂しない，全縁．花は黄色 …………………………………《ホタルサイコ属》
ホタルサイコ属　*Bupleurum*
　草高40-70cm．根生葉に長柄あり．茎葉の葉柄基部は茎を抱く．花は黄色　　　　　　ホタルサイコ　▶

　B．葉は複葉．羽片は鋸歯あり．花は黄色ではない（白，紫）
　　C．分果にトゲが開出密生
　　　D．総苞片は線形で，分裂しない ……………………………………………《ヤブジラミ属》
ヤブジラミ属　*Torilis*
　1. 最小の花序は5-9花からなる．総苞片4-6．果長4-5mm．葉は1-2回羽状複葉．全体緑．花期6-7月.
　　果時，果柄は短く果実の長さ以下　　　　　　　　　　　　　　　　　　　　　　ヤブジラミ　▶
　1. 最小の花序は2-5花からなる．総苞片0-2．果長6-8mm．葉は3回羽状複葉．全体帯紫．花期5月．果
　　時，果柄は長い　　　　　　　　　　　　　　　　　　　　　　　　　　　　　　オヤブジラミ　▶

　　　D．総苞片は分裂する ……………………………………………………………《ニンジン属》
ニンジン属　*Daucus*
　総苞片は羽状深裂．裂片は線形．根はニンジンのように肥大しない　　　　　　　ノラニンジン・帰　▶

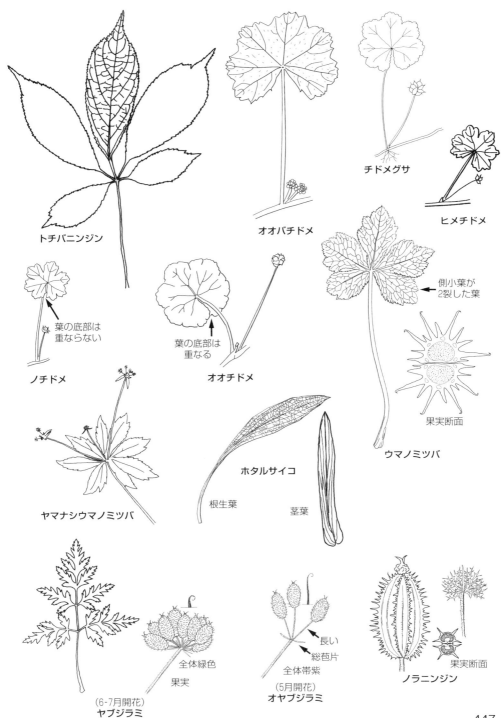

セリ科

　　　C．分果はほとんどの種が平滑．ただし次の種は分果有毛．ノハラジャク（P448），イブキボウフウ
　　　　（P450），オオバセンキュウ（P452），トゲは開出密生しない
　　　　D．散形花序の花柄は著しく不同長 ……………………………………………………《ミツバ属》

ミツバ属　*Cryptotaenia*
　3出複葉で長柄あり．小葉には柄がない．茎や葉に芳香あり　　　　　　　　　　　　　　　　ミツバ　▶

　　　　D．散形花序の花柄はほぼ同長
　　　　　E．分果の断面はほぼ円形（次のEにも円形的なものが含まれる）
　　　　　　F．分果は中央より上が太い．分果表面に剛毛あり ……………………《ヤブニンジン属》

ヤブニンジン属　*Osmorhiza*
　果実表面に剛毛が数列並ぶ．葉は2回羽状複葉で柄あり．葉身は五角形　　　　　ヤブニンジン　▶
　　v．ミヤマヤブニンジンは，葉身が三角形．果実表面の毛はごくまばら　　　　ミヤマヤブニンジン

　　　　　　F．分果は中央より下が太い
　　　　　　　G．分果は円柱状．長さ5-8mm．分果表面の脈ははっきりしない ……………《シャク属》

シャク属　*Anthriscus*
　Ⅰ．果実は毛なし．最小の花序は5-12花．葉は2回羽状複葉　　　　　　　　　シャク（コシャク）　▶
　Ⅰ．果実にはかぎ状の短毛密生．最小の花序は3-6花．葉は3回羽状複葉で細分裂　　ノハラジャク・帰

　　　　　　　G．分果は卵形または楕円形．長さ2-5mm．分果表面の脈は明らか
　　　　　　　　H．葉裂片の変異が大きい（根生葉裂片は広卵状であるのに対し，茎葉裂片は線形）
　　　　　　　　　Ⅰ．深山生．最小の花序は1-3花からなる ……………………《イワセントウソウ属》

イワセントウソウ属　*Pternopetalum*
　根生葉は長柄があり2-3回羽状複葉で裂片卵形，裂片鋸歯あり．茎葉は1回羽状複葉で裂片線形全縁
　　　　　　　　　　　　　　　　　　　　　　　　　　　　　　　　　　　　　　イワセントウソウ　▶

　　　　　　　　　Ⅰ．平地生．最小の花序は多数花からなる ………………………………《コエンドロ属》

コエンドロ属　*Coriandrum*
　上部の葉と下部の葉は全く形が違っている．散形花序基部に総苞なし．花は白または淡紫色．カメム
　シに似た悪臭あり　　　　　　　　　　　　　　　　　　　　　　　　　　　　　　　コエンドロ・栽

　　　　　　　　H．葉裂片の変異は大きくない
　　　　　　　　　Ⅰ．茎はほとんど伸びず，葉はすべて根生葉．分果に油管なし …《セントウソウ属》

セントウソウ属　*Chamaele*
　ほとんど根生葉．早春，根生葉の間から花茎が出て複散形花序がつく．キンポウゲ科のオウレンの葉
　に似ていることから，オウレンダマシともいう　　　　　　　　　　　　　　　　　セントウソウ　▶

　　　　　　　　　Ⅰ．茎はよく伸びる．茎葉あり
　　　　　　　　　　J．散形花序は短く，葉の上に出ない ……………………………《マツバゼリ属》

マツバゼリ属　*Cyclospermum*
　葉の裂片は糸状．葉柄の基部は茎を抱く．花序は葉と対生．最小の花序は10個ほどの小さな白花から
　なる．セロリに似た香りあり　　　　　　　　　　　　　　　　　　　　　　　　　マツバゼリ・帰

　　　　　　　　　　J．散形花序は葉の上に出る
　　　　　　　　　　　K．分果の5脈は糸状．油管は脈間に3-4本 ………………《カノツメソウ属》

カノツメソウ属　*Spuriopimpinella*
　Ⅰ．葉表の脈上に斜上毛密生．総苞片あり．果実は卵状長楕円形　　　　　　カノツメソウ（ダケゼリ）　▶

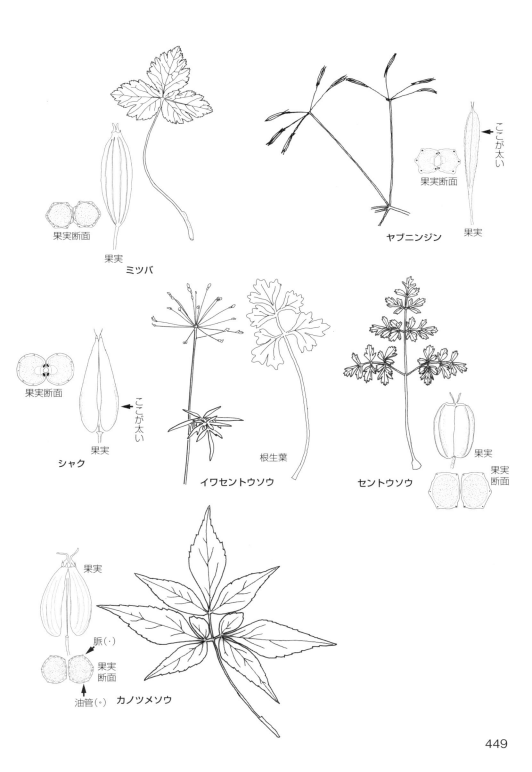

セリ科

1. 葉表の脈上に開出毛散生．総苞片なし．果実球形．小葉は鋸歯があるが深裂しない　　ヒカゲミツバ
  f．ハゴロモヒカゲミツバは，小葉は羽状深裂　　　　　　　　　　　　　　　　　ハゴロモヒカゲミツバ

K．分果の5脈は隆起
 L．葉裂片は線形で全縁．花柱基部は膨らみ円錐状．油管は脈間に1本
  ……………………………………………………………………《シムラニンジン属》

シムラニンジン属　Pterygopleurum
葉裂片は線形．葉は1-2回羽状複葉．湿地生．根は太い　　　　　　　　　　シムラニンジン

 L．葉裂片に鋸歯あり．花柱基部は平ら
  M．油管は脈間に1本．葉裂片は卵形　………………………………《エキサイゼリ属》

エキサイゼリ属　Apodicarpum
葉は1回羽状複葉．側小葉は1-4対で卵形．花序は4-8花からなる　　　　　　　エキサイゼリ

  M．油管は脈の下に隠れていたりして多数（脈間1本にみえることもある）．
   葉裂片は披針形 ……………………………………………………《ムカゴニンジン属》

ムカゴニンジン属　Sium
1. 根際や葉腋にむかごあり．頂小葉柄なし．最小の花序は10花ほど．油管10本ほど　　ムカゴニンジン
1. 根際や葉腋にむかごなし．頂小葉柄あり
 2. 最小の花序は2-4花．油管多数．側小葉は1-2対　　　　　　　　　　　　　　タニミツバ
 2. 最小の花序は7-12花．油管10本ほど．側小葉は2-4対．　　　　　　　ヌマゼリ（サワゼリ）

E．分果の断面は半円，または三日月形（やや円形的なものを含む）
 F．分果の断面は半円～楕円形．分果の接着面に位置する両側2脈は翼にならない
  G．分果は毛あり．花柱基部は平ら ………………………………………《イブキボウフウ属》

イブキボウフウ属　Libanotis
茎や葉に毛が多い．葉は2-3回羽状複葉．小葉はこまかく切れ込む．分果に短毛あり　　イブキボウフウ

  G．分果は毛なし
   H．花序と葉が対生するところがある．分果は密着したまま熟し離れない．分果はコルク化．花柱は膨らみ円錐状．総苞片は線形 ………………………………《セリ属》

セリ属　Oenanthe
葉は1-2回羽状複葉．小葉は卵形で鋸歯あり．地下茎があり節から芽が出る　　　　　　　　セリ

   H．花序は頂生．花序と葉は対生しない
    I．総苞片は羽状に裂ける ……………………………………………《オオカサモチ属》

オオカサモチ属　Pleurospermum
草高150-200cmの大型多年草．複散形花序も大形で，総苞片は羽状裂　　オオカサモチ（オニカサモチ）

    I．総苞片は線形 ………………………………………………………《シラネニンジン属》

シラネニンジン属　Tilingia
葉は1-4回羽状複葉．裂片はきわめて細く幅0.5-1mm．茎や葉は毛なし．分果は熟すと分離する．分果はコルク化しない　　　　　　　　　　　　　　　　　　　　　　　　ミヤマウイキョウ（イワウイキョウ）

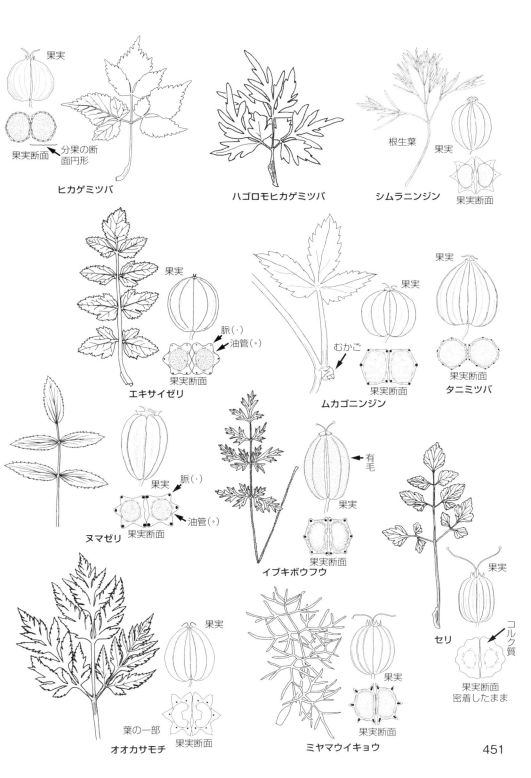

セリ科

```
        F. 分果の断面は三日月形．分果の接着面に位置する両側2脈は翼になる
          G. 分果の油管は上端から途中までで止まる．花序外側の花弁は著しく大きくなる
            ·································································································《ハナウド属》
```

ハナウド属　*Heracleum*	
葉は3出複葉または1回羽状複葉．側小葉は2-3対．裂片は両面に毛あり，粗い鋸歯あり．草高70-100cm	ハナウド ▶

```
          G. 分果の油管は基部まで達する．花弁同形
            H. 分果の5脈全部が翼になる ············································《ミヤマセンキュウ属》
```

ミヤマセンキュウ属　*Conioselinum*	
葉は2-3回羽状複葉．羽片の幅は狭く尾状に伸びる	ミヤマセンキュウ ▶

```
            H. 分果の両側2脈は翼になるが他の3脈は翼にならない
              I. 花柱の周囲に，がくはない ·················································《シシウド属》
```

シシウド属　*Angelica*	
1. 頂裂片の基部はそれに続く軸に流れ翼となる．葉柄基部は大きく膨らみふくろ状．花は暗紫色（まれに白色）	ノダケ ▶
1. 頂裂片の基部は軸に流れない	
2. 花は白色	
3. 葉の最終裂片の幅は3-20cm．葉柄基部はふくろ状に膨らむ	
4. 葉は2-4回複葉．裂片の基部はくさび形．葉柄基部は球状に膨れる	シシウド ▶
4. 葉は1-2回複葉．裂片の基部は心形．葉柄基部は楕円状に膨れる	アマニュウ ▶
3. 葉の最終裂片の幅は3cm以下．葉柄基部は披針形の鞘となる	
4. 複散形花序の枝は20-40本．分果は毛なし．頂裂片は鋭頭	シラネセンキュウ（スズカゼリ）▶
4. 複散形花序の枝は40-60本．分果は毛あり．頂裂片は長鋭尖頭	オオバセンキュウ ▶
2. 花は淡緑で帯紫色，または暗紫色	
3. 花柄の長さはばらばら．茎や花序は毛なし．花弁は暗紫色	ハナビゼリ ▶
3. 花柄はほぼ同長．茎や花序に細毛あり．花弁はふちだけ紫色	イワニンジン ▶
v. ノダケモドキは，イワニンジンに比べ，小葉まばら，花序はやや大きめ	ノダケモドキ

```
              I. 花柱の周囲に，がくは明らかにある ····································《ヤマゼリ属》
```

ヤマゼリ属　*Ostericum*	
葉は2-3回羽状複葉．小葉は卵形で鋸歯あり．複散形花序の枝は6-10本	ヤマゼリ ▶

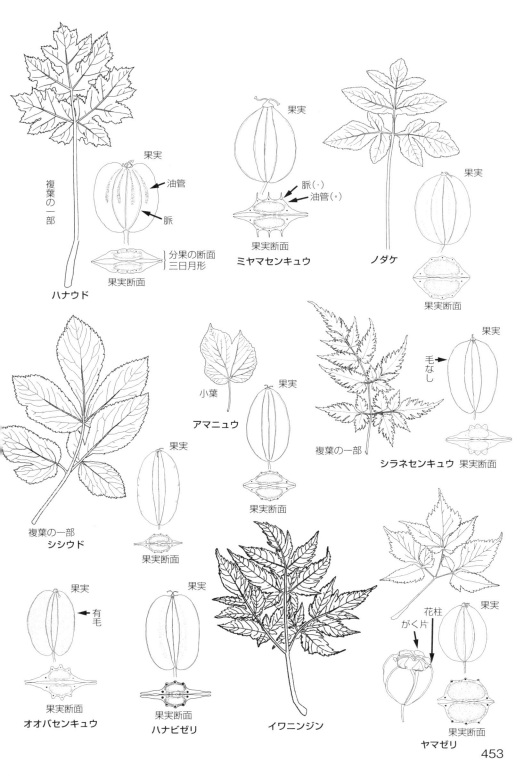

落葉樹冬芽の特徴

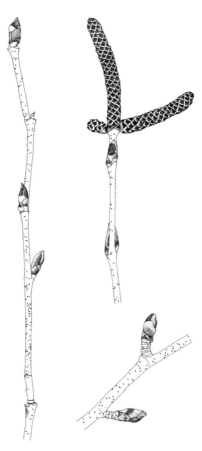

シラカンバ（森廣　信子　画）

落葉樹冬芽の特徴

右ページ大分類の図解

落葉樹の冬芽の検索（大分類）　検索文の中の［　］内は主要木の特徴コメント

芽または葉痕が輪生状のものは側芽対生③、または側芽互生14参照
A．側芽は対生（輪生のこともあり）
　B．つる ……………………………………………………………………………… 側芽対生①
　B．直立木
　　C．トゲあり ……………………………………………………………………… 側芽対生②
　　C．トゲなし
　　　D．側芽は3輪生または対生 ………………………………………………… 側芽対生③
　　　D．側芽は対生のみ
　　　　E．髄は中実ではない
　　　　　F．髄は中空 ……………………………………………………………… 側芽対生④
　　　　　F．髄ははしご状 ………………………………………………………… 側芽対生⑤
　　　　E．髄は中実
　　　　　F．裸芽．茎端に1芽（3芽のこともあり）………………………… 側芽対生⑥
　　　　　F．芽鱗あり
　　　　　　G．茎端に1芽（3芽のこともあり）
　　　　　　　H．外から見える芽鱗は4枚以下 ………………………………… 側芽対生⑦
　　　　　　　H．外から見える芽鱗は5枚以上 ………………………………… 側芽対生⑧
　　　　　　G．茎端に2芽（2芽の間に枯枝をはさむことあり）…………… 側芽対生⑨
A．側芽は互生（短枝の先端に葉痕が輪生状となるものを含む→側芽互生14参照）
　B．つる
　　C．トゲあり ……………………………………………………………………… 側芽互生01
　　C．トゲなし ……………………………………………………………………… 側芽互生02
　B．直立木
　　C．トゲあり ……………………………………………………………………… 側芽互生03
　　C．トゲなし
　　　D．髄に次のような特徴がある（次のEの3項目）
　　　　E．髄ははしご状 ……………………………………………………………… 側芽互生04
　　　　E．髄は3角柱，しかも太く短い芽柄あり ……………………………… 側芽互生05
　　　　E．髄は5角柱 ………………………………………………………………… 側芽互生06
　　　D．髄は円柱状で中実
　　　　E．茎や側芽の付き方に次のような特徴がある（次のFの12項目）
　　　　　F．コクサギ型葉序（葉痕が2個ずつ互生→「2列互生」とは違う）……… 側芽互生07
　　　　　F．枝に3－5稜あり ……………………………………………………… 側芽互生08
　　　　　F．托葉痕は枝をほぼ一周する ………………………………………… 側芽互生09
　　　　　F．茎端に芽が多数あつまる（輪生とは違う）……………………… 側芽互生10
　　　　　F．茎端に円柱状の雄花穂の芽（それは裸芽）がある ……………… 側芽互生11
　　　　　F．花芽を細長い柄で支える ……………………………………………… 側芽互生12
　　　　　F．裸芽 …………………………………………………………………… 側芽互生13
　　　　　F．茎端の1芽は大きくて目立つ ………………………………………… 側芽互生14
　　　　　F．葉痕はU字状（馬蹄形）またはO字状 …………………………… 側芽互生15
　　　　　F．芽鱗または裸芽に軟毛密生 ………………………………………… 側芽互生16
　　　　　F．葉痕は芽にくらべて著しく大きい ………………………………… 側芽互生17
　　　　　F．一節に側芽3個以上まとまる（放射状の輪生ではない）……… 側芽互生18
　　　　E．茎や側芽に上記Fのような特徴はない．芽鱗あり（次のFの3項目）
　　　　　F．芽鱗1枚（帽子状）…………………………………………………… 側芽互生19
　　　　　F．芽鱗2枚（まれに3枚）……………………………………………… 側芽互生20
　　　　　F．外から見える芽鱗ふつう3枚以上 ………………………………… 側芽互生21

落葉樹冬芽の特徴

写真

側芽対生① つる
1. 外から見える芽鱗は2枚		ツルアジサイ（ゴトウヅル）
1. 外から見える芽鱗は4-6枚		イワガラミ

側芽対生② 直立木でトゲあり
1. 枝に4稜あり．［直立する木でトゲあり］		ザクロ ▷001
1. 枝断面は丸い		
2. 冬芽2-4mm		クロウメモドキ
2. 冬芽3-5mm		クロツバラ

側芽対生③ ほぼ3輪生（頂端に3芽を含む）
1. 葉痕は円形		キササゲ
1. 葉痕は逆三角形〜V字状		
2. 外から見える芽鱗は4-6枚．［芽は円錐状．芽鱗の先は尖る．ほとんど対生だが，3輪生が混じる］		ノリウツギ ▷002
2. 外から見える芽鱗は15枚以上多数（側芽互生14参照）		アカヤシオ ▷003

側芽対生④ 髄は中空
1. 当年枝はきわめて太い．維管束痕多数．［茎端は台形］		キリ ▷004
1. 当年枝は細い（径5mm以下）．維管束痕1-3個		
2. 当年枝に毛はほとんどなし		
3. 茎端に葉痕なく1芽		レンギョウ ▷005
3. 茎端に2芽		ヒメウツギ
2. 当年枝多毛（星状毛）		
3. 芽は濃褐〜赤褐色．［微細星状毛あり．ヒドラ状毛なし．茎中空］		ウツギ ▷006
3. 芽は淡黄褐色．［芽は4角柱，淡褐色．ヒドラ状毛，柄なし星状毛，長毛あり．茎中空］		マルバウツギ ▷007

側芽対生⑤ 髄ははしご状
1. 当年枝は毛あり．維管束痕3-5個		タマアジサイ ▷008
1. 当年枝は毛なし．維管束痕1個		
2. 髄に太いしきりあり		チョウセンレンギョウ ▷009
2. 髄に太いしきりなし		シナレンギョウ ▷010

側芽対生⑥ 裸芽．茎端に1芽（または3芽）
1. 芽に黒〜紫褐色の毛が密生		
2. 芽は紫褐色．維管束痕は7-9個．［頂端芽は裸芽で紫褐色］		クサギ ▷011
2. 芽は黒．維管束痕は3個．［葉痕からはじまる左右各2本の稜線あり］		クマノミズキ ▷012
1. 芽は無毛か，淡褐〜灰白色の毛あり．維管束痕は1-3個		
2. 頂端芽にはほとんど毛なし．最初芽鱗があるがすぐに落下して裸芽になる．維管束痕3個		
3. 当年枝は淡黄褐色．［頂端芽は裸芽で葉脈明瞭，側芽は質うすい芽鱗2．維管束痕3］		アジサイ ▷013
3. 当年枝は色濃く茶褐〜赤褐		ヤマアジサイ
2. 頂端芽は密毛		
3. 維管束痕は3個		オオカメノキ
3. 維管束痕は1個で突出		
4. 当年枝に密毛あり		ヤブムラサキ ▷014
4. 当年枝は毛なし．［裸芽で柄あり．灰白色，微細星状毛密生］		ムラサキシキブ ▷015

写真

側芽対生⑦　茎端に1芽（または3芽），外から見える芽鱗は4枚以下
1. 葉柄の基部は残存し，よく目立つ
   2. 芽鱗は薄い膜状で黄白色，すぐ破れて裸芽になる
      3. 当年枝は毛なし．[長めの葉痕が残存し，バンザイ姿勢]　　　　　　　　　ウグイスカグラ　▷016
      3. 当年枝に毛あり
         4. 茎の毛に腺毛が混じる　　　　　　　　　　　　　　　　　　　ミヤマウグイスカグラ　▷017
         4. 茎に毛はあるが腺毛ではない　　　　　　　　　　　　　　　　　ヤマウグイスカグラ　▷018
   2. 芽は質の厚い芽鱗または裸芽になる．色濃く紫褐～黒褐色．残存葉柄はごく短く目立たない
      3. 当年枝には皮目多し．芽鱗2枚．[芽は黒ずむ．葉痕から茎に延びる左右各1本の弱い筋あり]
         　　　　　　　　　　　　　　　　　　　　　　　　　　　　　　　　　　ヤマボウシ　▷019
      3. 当年枝の皮目は不明瞭
         4. 葉痕から茎に延びる稜は2本平行．裸芽　　　　　　　　　クマノミズキ（再掲）　▷012
         4. 葉痕から茎に延びる稜は1本に合生．芽鱗2枚
            5. 芽鱗表面の毛は茶褐色　　　　　　　　　　　　　　　　　　　　　　サンシュユ　▷020
            5. 芽鱗表面の毛は白色～黄白色．[葉痕から延びる左右各1本の弱い筋．花芽は有柄]
               　　　　　　　　　　　　　　　　　　　　　　　　ハナミズキ（アメリカヤマボウシ）　▷021
1. 葉柄は残存しない
   2. 頂端芽は細長い（長さは径の3倍くらい）
      3. 葉痕は半円形　　　　　　　　　　　　　　　　　　　　　　　　　　　　　サワダツ
      3. 葉痕はＶ字形，Ｕ字形，三日月状
         4. 頂端芽に毛なし
            5. 頂端芽は長い（1cmほど）．下部の側芽は茎からややななめに離れる．この特徴はホソエカ
               エデに酷似　　　　　　　　　　　　　　　　　　　　　　　　　　　　ウリハダカエデ　▷022
            5. 頂端芽はやや短い（5mmほど）．下部の側芽は茎に密着．この特徴はコミネカエデに酷似．
               [芽は暗赤紫色（黒ずむ）]　　　　　　　　　　　　　　　　　　　　　　ウリカエデ　▷023
         4. 頂端芽に毛あり
            5. 頂端芽は長い（1cmほど）　　　　　　　　　　　　　　　　　　　　　　オオデマリ　▷024
            5. 頂端芽はやや短い（6mm前後）
               6. 当年枝にほとんど毛なし　　　　　　　　　　　　　　　　　　　　　　　ゴマギ　▷025
               6. 当年枝は多毛．[芽鱗2．微細星状毛密生．維管束痕3]　　　　　　　ヤブデマリ　▷026
   2. 頂端芽はややずんぐり型～三角形
      3. 芽は赤系色を帯びる
         4. 芽の毛はほんの少し
            5. 芽鱗は2枚　　　　　　　　　　　　　　　　　　　　　　　　　　　アサノハカエデ
            5. 芽鱗は4枚
               6. 枝は細い（径1-2mm），頂端芽は短く4mm前後．[茎端は2芽のこともあり] オトコヨウゾメ ▷027
               6. 枝は太い（径3mm），頂端芽は長く8mm前後．[茎端は2芽のこともあり] ミヤマガマズミ ▷028
         4. 芽に毛多し
            5. 葉痕はＶ字形～Ｕ字形
               6. 頂端芽は短い（6mm以下）　　　　　　　　　　　　　　　　　　　ミツデカエデ　▷029
               6. 頂端芽は長い（6mm以上）
                  7. 当年枝は黄緑色　　　　　　　　　　　　　　　　　　　　　　ヒトツバカエデ
                  7. 当年枝は赤褐色　　　　　　　　　　　　　　　　　　　　　　　オガラバナ
            5. 葉痕は開いたＶ字状～逆三角形
               6. 枝は太い(径3mm)，長毛が多く，短星状毛もある．[短毛密生するが素地の赤色が目立つ]
                  　　　　　　　　　　　　　　　　　　　　　　　　　　　　　　　　ガマズミ　▷030
               6. 枝は細い（径1-2mm），短星状毛が多く，普通毛もある　　　コバノガマズミ　▷031
      3. 芽は赤系色を帯びない
         4. 頂端芽は太い（幅6mm以上）　　　　　　　　　　　　　　　　　　　　　　　シオジ　▷032

落葉樹冬芽の特徴

写真

  4. 頂端芽は細い（幅5mm以下）
    5. 最外2枚の芽鱗は芽が割れるように反曲する　　　　　　　　　　**ミヤマアオダモ** ▷033
    5. 芽鱗は2-4枚で反曲しない
      6. 芽に長毛あり
        7. 芽鱗は密毛　　　　　　　　　　　　　　**ケアオダモ（アラゲアオダモ）**
        7. 芽鱗は毛が少ない　　　　　　　　　　　　　　　　　　　　　　　　**トネリコ**
      6. 芽に長毛なし
        7. 頂端芽は円錐状（横から見て三角形）〜円筒状鈍頭．開出毛あり
                          アオダモ（コバノトネリコ） ▷034
        7. 頂端芽は卵形（玉ねぎ状）で粉状毛あり．［頂端芽灰白色玉ねぎ状］ **マルバアオダモ** ▷035

側芽対生⑧　茎端に1芽（または3芽），外から見える芽鱗は5枚以上
1. 当年枝は緑色．維管束痕1個
  2. 枝に長い翼あり．　［芽は緑と褐のまだら模様．茎は緑でコルク質の翼あり］　　**ニシキギ** ▷036
  2. 枝に翼なし
    3. 頂端芽は目立って長い（2cm前後）
      4. 芽は暗紫色が強い．果実が残っていれば5数性　　　　　　　　**オオツリバナ**
      4. 芽は赤みが強い．果実が残っていれば4数性　　**ヒロハノツリバナ（ヒロハツリバナ）**
    3. （次にも3あり）頂端芽は長い（1cm前後）．［芽は細長く鋭尖頭．茎に稜なし］ **ツリバナ** ▷037
    3. 頂端芽は短い（5mm前後）
      4. 芽鱗の縁は白色．縁に毛あり．［芽は緑・白・褐色のまだら模様．托葉痕あり．茎は緑で4稜あり］　　　　　　　　　　　　　　　　　　　　　　　　　　　　　　　　**マユミ** ▷038
      4. 芽鱗の縁は紫褐色．縁に毛なし．［芽はやや緑と褐色のまだら模様．茎は緑で翼なし］
                               コマユミ ▷039
1. 当年枝は緑以外の色
  2. 頂端芽は極めて太い（径1-2cm）．維管束痕5-9個　　　　　　　　　　　　　**トチノキ** ▷040
  2. 頂端芽の幅1cm以下
    3. 外から見える芽鱗は7枚以上多数
      4. 頂端芽は短い（5mm以下）．維管束痕3個．［芽は四角柱］　　　　**トウカエデ** ▷041
      4. 頂端芽は長い（5mm以上）
        5. 維管束痕は3個　　　　　　　　　　　　　　　　　　　　　　**カジカエデ** ▷042
        5. 維管束痕は5個　　　　　　　　　　　　　　　　　　　　　**メグスリノキ** ▷043
    3. 外から見える芽鱗は5-7枚くらい
      4. 当年枝はほとんど毛なし．維管束痕3個
        5. 当年枝は細い（径　1.5mm）　　　　　　　　　　　　　　　**ツクバネウツギ**
        5. 当年枝は中程度の太さ（径2mm以上）
          6. 最外芽鱗2枚は互いに反曲　　　　　　　　**ミヤマアオダモ（再掲）** ▷033
          6. 芽鱗は反曲しない
            7. 芽鱗につやあり　　　　　　　　　　　　　　　　　　**オニイタヤ** ▷044
            7. 芽鱗につやなし
              8. 頂端芽は短い（3mm以下）．芽は3輪生になることがある　　**ノリウツギ（再掲）** ▷002
              8. （次にも8あり）頂端芽は3mm前後．芽は3輪生にならない　　**ニシキウツギ** ▷045
              8. 頂端芽はやや長い（4mm前後）．芽は3輪生にならない　　　　**ハコネウツギ**
      4. 当年枝に毛あり
        5. 髄はやや太い．維管束痕3個．　［対生の芽は内側（茎側）にわん曲］ **コアジサイ** ▷046
        5. 髄は細い．維管束痕1個
          6. 芽鱗の基部は目立って黒ずむ　　　　　　　　　　　　　　**ミヤマイボタ**
          6. 芽鱗の基部は黒ずまない．［葉柄少し残存］　　　　　　　　　　**イボタノキ** ▷047

写真

側芽対生⑨　茎端に2芽（両芽の間に枯茎があるかも）

1. 芽は白い膜状の袋におおわれる（隠芽）　　　　　　　　　　　　　　　　バイカウツギ　▷048
1. 冬芽は白い膜状の袋におおわれない
 2. 葉痕より少し上に枯れた花序が残る　　　　　　　　　　　　　　　　コムラサキ
 2. 枯れた花序が残るとすれば茎端
  3. 芽に軟毛密生し芽鱗はわからない　　　　　　　　　　　　　　　　フジウツギ
  3. 芽鱗は外から見える
   4. 当年枝に毛あり
    5. 葉痕の上に白い短毛環あり　　　　　　　　　　　　　　コハウチワカエデ
    5. 葉痕の上に短毛環なし
     6. 葉痕はV字形ではなく，円形，半円形など
      7. 芽は鋭頭　　　　　　　　　　　　　　　　　　　　　ツクバネ　▷049
      7. 芽は鈍頭　　　　　　　　　　　　　　　　　　　　　ロウバイ　▷050
     6. 葉痕はV字形　　　　　　　　　　　　　　　　　コアジサイ（再掲）　▷046
   4. 当年枝は毛なし
    5. 葉痕は大きい（径2mm以上）
     6. 芽は大きい（長1cm前後）．［大きい芽．芽鱗4-5．維管束痕3．葉芽ほっそり］　ニワトコ　▷051
     6. 芽は小さい（長5mm前後）．［茎端にずんぐりした赤褐色の芽1-3］　ゴンズイ　▷052
    5. 葉痕は小さい（径2mm以下）
     6. 外から見える芽鱗は4枚以下
      7. 葉痕の上に白毛環あり
       8. やや対生，毛環はごくわずか　　　　　　　　　イヌコリヤナギ
       8. 確実に対生，毛環は目立つ
        9. 毛環の基部に膜状鱗片はほとんどない．外から見える芽鱗は3-4枚．［芽の基部に毛環．袴なし］　イロハカエデ　▷053
        9. 毛環の基部を膜状鱗片が取り巻き袴状になる
         10. 膜状鱗片は芽の1/4長くらい．外から見える芽鱗は2枚．ヒナウチワカエデに酷似　　　オオモミジ　▷054
         10. 膜状鱗片は芽の1/3より長い
          11. 茎は有毛（毛なしのこともあり）．外から見える芽鱗は2-3枚　コハウチワカエデ（再掲）
          11. 茎は毛なし
           12. 外から見える芽鱗は2枚　　　オオイタヤメイゲツ
           12. 外から見える芽鱗は3-4枚　　ハウチワカエデ
      7. 葉痕の上に毛環なし
       8. 葉痕はU字形～V字形　　　　　　　　　　　　　　キハダ　▷055
       8. 葉痕は上記のようではない
        9. 髄は細い
         10. 芽は顕著に赤みを帯びる　　　　　　　　　　カツラ　▷056
         10. 芽はやや赤みを帯びる程度　　　　　　　　ヒロハカツラ
        9. 髄はやや太い
         10. 芽鱗は1-2枚　　　　　　　　　　　　　　　ミツバウツギ　▷057
         10. 芽鱗は4枚（外片は超小）．茎端1芽のことあり
          11. 枝は細い（径1-2mm），頂端芽は短く4mm前後．［暗赤色で毛なし．茎端は1芽のこともあり］　オトコヨウゾメ（再掲）　▷027
          11. 枝は太い（径3mm），頂端芽は長く8mm前後．［赤色で毛なし．茎端は1芽のこともあり］　ミヤマガマズミ（再掲）　▷028
     6. 外から見える芽鱗は6枚以上

461

落葉樹冬芽の特徴

　　　写真
　　7. 茎端は枯れる　　　　　　　　　　　　　　　　　　　　　　　　　　ドクウツギ
　　7. 茎端に芽あり
　　　8. 葉痕の上に毛環あり　　　　　　　　　　　　　　　　　　　　　　チドリノキ ▷058
　　　8. 葉痕の上に毛環なし
　　　　9. 頂端芽は短い（4mm前後）　　　　　　　　　　　　　　　　　　　ハシドイ ▷059
　　　　9. 頂端芽は長い（8mm前後）　　　　　　　　　　　　　　　ムラサキハシドイ

側芽互生01　つるでトゲがある
1. まきひげがある．葉柄の基部が残存する
　　2. トゲはまっすぐ　　　　　　　　　　　　　　　　　　　　　　　　ヤマカシュウ
　　2. トゲは湾曲．［葉柄とひげが残存］　　　　　　　　　　　　　　サルトリイバラ ▷060
1. まきひげはない
　　2. 葉柄の基部が残存する　　　　　　　　　　　　　　　　　　　　ナワシロイチゴ
　　2. 葉柄の基部は残らない
　　　3. 托葉がトゲになる　　　　　　　　　　　　　　　　　　　　　　イワウメヅル
　　　3. 芽鱗がトゲになる　　　　　　　　　　　　　　　　　　　　　ツルウメモドキ ▷061

側芽互生02　つるでトゲがない
1. 巻きひげ，または吸盤がある
　　2. 吸盤をつけた巻きひげは短い（1-2cm）　　　　　　　　　　　　　　　　　ツタ ▷062
　　2. 巻きひげは長い（5cm以上）
　　　3. 巻きひげは10cm以下
　　　　4. 当年枝全体にくも毛あり　　　　　　　　　　　　　　　　　　　　エビヅル
　　　　4. 当年枝の葉痕周辺部にのみくも毛あり　　　　　　　　　　　　　サンカクヅル
　　　3. 巻きひげは10-20cm
　　　　4. 芽は葉痕の内部に埋もれている（隠芽）　　　　　　　　　　　　　　ノブドウ
　　　　4. 芽は外から見える　　　　　　　　　　　　　　　　　　　　　　ヤマブドウ ▷063
1. 巻きひげや吸盤はない
　　2. 髄ははしご状．芽は葉痕の内部に埋もれている（隠芽）
　　　3. 枯死した表皮は厚くはがれる　　　　　　　　　　　　　　　　　　　サルナシ ▷064
　　　3. 枯死した表皮は薄くはがれる　　　　　　　　　　　　　　　　ミヤママタタビ
　　2. 髄は中実
　　　3. 芽は葉痕の内部に埋れている（隠芽）　　　　　　　　　　　　　　　マタタビ ▷065
　　　3. 芽は外から見える
　　　　4. 裸芽　　　　　　　　　　　　　　　　　　　　　　　　　　　ツタウルシ
　　　　4. 芽は芽鱗に包まれる
　　　　　5. 側芽は枝にやや密着ぎみ
　　　　　　6. 芽は小さい（4mm以下）　　　　　　　　　　　　　　　　　クマヤナギ
　　　　　　6. 芽は大きい（5mm以上）．［芽鱗の基部が左右に突き出る．（クリオネに似る）］　フジ ▷066
　　　　　5. 側芽は枝に開出
　　　　　　6. つるは下から上を見て左巻き
　　　　　　　7. 葉痕は腎形．つるはコルク質が発達し弾力あり　　　　　　　　マツブサ
　　　　　　　7. 葉痕は円形〜半円形．つるの表皮は薄くはがれやすい　　　　チョウセンゴミシ
　　　　　　6. （次にも6あり）つるは下から上を見て右巻き（5小葉）．［短枝あり．落葉の柄に5小葉］
　　　　　　　　　　　　　　　　　　　　　　　　　　　　　　　　　　　　　アケビ ▷067
　　　　　　6. つるは下から上を見て右巻き（3小葉）．［短枝あり．落葉の柄に3小葉］　ミツバアケビ ▷068

写真

側芽互生03　直立木でトゲあり

（参考）ウメ，スモモのトゲのない状態は「側芽互生18」を参照
1. トゲは茎端にあるか側芽・葉痕の真上
　2. トゲの断面は楕円　　　　　　　　　　　　　　　　　　　　　　　　カラタチ
　2. トゲの断面は円
　　3. 芽は長枝に側生するトゲと葉痕の間にある　　　　　　　　　　　サイカチ ▷069
　　3. 芽は長枝に側生するトゲと葉痕の間にない
　　　4. トゲは当年枝の長枝に出る
　　　　5. 当年枝に短毛あり　　　　　　　　　　　　　　　　　　　　クサボケ
　　　　5. 当年枝は毛なし　　　　　　　　　　　　　　　　　　　　　　ボケ ▷070
　　　4. 当年枝の長枝にトゲなし．側枝の先がしばしばトゲ状になる．維管束痕3個
　　　　5. 当年枝は緑色　　　　　　　　　　　　　　　　　　　　　　　ウメ ▷071
　　　　5. 当年枝は赤褐〜灰褐　　　　　　　　　　　　　　　　　　　スモモ ▷072
1. 茎端はトゲにならず，トゲは側芽・葉痕の真上以外からでる
　2. トゲは側芽・葉痕の真下からでる
　　3. 真下のトゲは1本
　　　4. 枝は赤褐色で稜あり　　　　　　　　　　　　　　　　　　　　　メギ ▷073
　　　4. 枝は黄褐色で稜なし
　　　　5. 維管束痕7．葉痕は三日月状　　　　　　　　　　　　　　ヤマウコギ ▷074
　　　　5. 維管束痕5．葉痕はＶ字状　　　　　　　　　　　　　　　オカウコギ
　　3. 真下のトゲは2本以上
　　　4. 当年枝は黄褐色　　　　　　　　　　　　　　　　　　　　　　スグリ
　　　4. 当年枝は赤褐色
　　　　5. 当年枝に稜あり　　　　　　　　　　　　　　　　　　　ヘビノボラズ
　　　　5. 当年枝に浅い縦溝あり　　　　　　　　　　　　　　アカジクヘビノボラズ
　2. トゲの出るところは側芽・葉痕の真上でも真下でもない
　　3. トゲは対生
　　　4. 芽は葉痕の内部に埋もれている（隠芽）　　　　　　　　　　ハリエンジュ ▷075
　　　4. 芽は葉痕の真上にあり，維管束痕3個
　　　　5. 裸芽．［トゲ1対はバンザイ姿勢］　　　　　　　　　　　　サンショウ ▷076
　　　　5. 芽に芽鱗あり．トゲは下向き．テリハノイバラとの区別は困難．［下向きトゲ1対．茎は緑］
　　　　　　　　　　　　　　　　　　　　　　　　　　　　　　　　　　ノイバラ ▷077
　　3. トゲは互生
　　　4. 葉痕はＵ字形〜Ｖ字形，維管束多数
　　　　5. 当年枝は毛なし　　　　　　　　　　　　　　　　　　　　　ハリギリ
　　　　5. 当年枝は毛あり　　　　　　　　　　　　　　　　　　　　　タラノキ ▷078
　　　4. （次にも4あり）葉痕は腎形〜ハート形，維管束痕3個
　　　　5. 当年枝は細い（径5mm以下）　　　　　　　　　　　　　イヌザンショウ ▷079
　　　　5. 当年枝は太い（径5mm以上）　　　　　　　　　　　　カラスザンショウ
　　　4. 葉痕は逆3角形〜半円形．葉柄基部は残存する傾向あり
　　　　5. 枝に腺毛あり　　　　　　　　　　　　　　　　　　　　エビガライチゴ ▷080
　　　　5. 枝に腺毛なし
　　　　　6. 枝は密毛　　　　　　　　　　　　　　　　　　　　　　クロイチゴ
　　　　　6. 枝はほとんど毛なし．維管束痕3個
　　　　　　7. 枝は粉白色　　　　　　　　　　　　　　　　　　　　ニガイチゴ ▷081
　　　　　　7. 枝は粉白色ではない
　　　　　　　8. 芽は細長く明らかに鋭頭．［トゲは互生．茎は緑］　モミジイチゴ ▷082
　　　　　　　8. 芽は卵形で鈍頭〜鋭頭　　　　　　　　　　　　　　クマイチゴ ▷083

側芽互生04　髄ははしご状

1. 葉痕はV字〜U字形．外から見える芽鱗は3枚．維管束痕10個以上	**コシアブラ**
1. 葉痕はT字〜Y字形，またはハート形．外側の芽鱗はすぐ落ちて裸芽になる．維管束痕3個	
2. 当年枝に星状毛（ヒツジ顔，サル顔）	**オニグルミ** ▷084
2. 当年枝は毛なし	
3. 頂端芽は円錐形	**テウチグルミ**
3. 頂端芽は長だ円形	**サワグルミ**

側芽互生05　髄は三角柱．太く短い芽柄あり

1. 当年枝や芽に毛あり．維管束痕3個	**ケヤマハンノキ** ▷085
1. 当年枝や芽はほとんど毛なし．維管束痕3個	
2. 芽は小さい（径2mm）	**ハンノキ** ▷086
2. 芽は大きい（径4mm前後）．ヤハズハンノキとの区別は困難	**ヤマハンノキ** ▷087

側芽互生06　髄は五角柱

1. 茎端に芽が集まる．維管束痕多数	
2. 当年枝は密毛	**カシワ** ▷088
2. 当年枝はほとんど毛なし	
3. 頂端芽は小さく長さ5mm前後．［茎端に芽が群がる］	**コナラ** ▷089
3. 頂端芽は大きく長く8mm前後	**ミズナラ** ▷090
1. 茎端の1芽が目立つ．維管束痕3個	
2. 頂端芽に毛あり	**ヤマナラシ** ▷091
2. 頂端芽に毛なし	
3. 芽鱗は1枚（帽子状）．［葉裏ちぢれ毛密生］	**バッコヤナギ** ▷092
3. 外から見える芽鱗は5枚ほど．頂端芽の長さ1cm以下	**セイヨウハコヤナギ（ポプラ）** ▷093

側芽互生07　コクサギ型葉序（葉痕2個ずつ互生）

1. 芽のつかない葉痕が1つおきにある．維管束痕3個	**ケンポナシ**
1. どの葉痕にも芽がつく．維管束痕1個	
2. 茎端に葉痕なく1芽．［芽は白と褐のまだら模様］	**コクサギ** ▷094
2. 茎端の葉痕脇に芽があるか，または茎端枯れる．葉痕は対生になることもあり．［茎に翼状稜］	
	サルスベリ ▷095

側芽互生08　枝に3-5稜あり

1. 当年枝は緑色	**エニシダ**
1. 当年枝は黄褐色	
2. 葉痕は逆3角形	**ホツツジ**
2. 葉痕は半円形〜だ円形	**サルスベリ（再掲）** ▷095

側芽互生09　托葉痕は茎をほぼ一周する

1. 芽に密毛あり．花芽は長毛密生．葉痕は細長く短毛伏生	
2. 側芽は茎に密着．維管束痕一列並び．［花芽は長卵形］	**コブシ** ▷096
2. 側芽は茎から離れる．維管束痕は不整並び	
3. 当年枝は茎端にやや毛あり	**ハクモクレン** ▷097
3. 当年枝は毛なし．［花芽はらっきょう型］	**モクレン** ▷098
1. 芽は毛なし	
2. 頂端芽は著しく大きく最大（長3cm以上）	**ホオノキ** ▷099
2. 頂端芽は大きい（長2cm以下）	
3. 頂端芽は鋭頭	**イチジク** ▷100

```
      3. 頂端芽は鈍頭
        4. 側芽は茎から離れる                                                  ユリノキ  ▷101
        4. 側芽は茎に密着                                                    オオヤマレンゲ
```

側芽互生10　茎端に芽が多数あつまる
```
  1. 頂端芽は5角錐，髄5角柱
    2. 当年枝は密毛あり                                                 カシワ（再掲）  ▷088
    2. 当年枝はほとんど毛なし
      3. 頂端芽は小さく長さ5mm前後                                         コナラ（再掲）  ▷089
      3. 頂端芽は大きく長く8mm前後                                        ミズナラ（再掲）  ▷090
  1. 頂端芽は円錐状，髄は円柱
    2. 頂生側芽は紡錘形で鋭尖頭．長6mm前後
      3. 芽は淡黄色と褐色のまだら模様                                      アカヤシオ（再掲）  ▷003
      3. 芽はまだら模様にならない                                               バイカツツジ
    2. 頂生側芽は卵形で鋭頭．長3mm前後（写真102は頂生側芽のない例．側芽互生14参照）
                                                                   レンゲツツジ  ▷102
```

側芽互生11　円柱状の雄花穂の芽（裸芽）あり
```
  1. 外から見える芽鱗は3-4枚
    2. 芽に光沢あり
      3. 芽は小さい（長7mm前後）．果穂上向き              ミズメ（ヨグソミネバリ）
      3. 芽は大きい（長1cm前後）
        4. 雄花穂は長い（長4cm前後）．果穂下向き                               ウダイカンバ
        4. 雄花穂は短い（長2cm以下）
          5. 雄花穂は節に1個                                              オオバヤシャブシ
          5. 雄花穂は節に1-3個                                                ヤシャブシ  ▷103
    2. 芽に光沢なし
      3. 頂端芽は円頭                                                    ツノハシバミ  ▷104
      3. 頂端芽は鈍頭～鋭頭
        4. 芽鱗に毛あり
          5. 芽は小さく径2mm．果穂上向き                                    オノオレカンバ  ▷105
          5. 芽は大きく径4mm前後．果穂上向き                                      ネコシデ
        4. 芽鱗にほとんど毛なし
          5. 頂端芽小さい（長5mm前後）．果穂の向きは一定しない                         コオノオレ
          5. 頂端芽大きい（長8mm前後）
            6. 旧年枝の皮ははがれやすい．果穂上向き                               ダケカンバ  ▷106
            6. 旧年枝の皮ははがれにくい．果穂下向き                               シラカンバ  ▷107
  1. （次にも1あり）外から見える芽鱗は5-6枚                                           アサダ
  1. 外から見える芽鱗は10枚以上多数．［芽はみな茎から離れる］                             アカシデ  ▷108
```

側芽互生12　花芽を細長い柄で支える
```
  1. 花芽の柄は毛なし
    2. 花芽が総状につく                                                        キブシ  ▷109
    2. 花芽は葉芽の基部に2-4個まとまる．［茎端に葉芽1花芽2．花芽は球状で柄あり］    アブラチャン  ▷110
  1. 花芽の柄に毛あり
    2. 裸芽
      3. 花芽は小さく（長2mm前後）て茶褐色毛が密生．最初は芽鱗があるがすぐに落下して裸芽になる．
         ［裸芽はアカメガシワに似るが，本種は花芽が目立つ］                              マンサク  ▷111
```

落葉樹冬芽の特徴　　　　　　　　　　　　　　　　　　　　　　　　　　　　　　　　　　　　写真

　　3. 花芽は大きく（長1.5cm前後）て白軟毛が密生．［花芽は頭状に集合して銀色の菊の花のよう．葉芽に葉脈凹凸あり］　　　　　　　　　　　　　　　　　　　　　　　　　　　　**ミツマタ** ▷112
　　2. 外から見える芽鱗は2-3枚．花芽は球状．［茎端に葉芽1花芽2．花芽は玉ねぎ状で柄あり］　　　　　　　　　　　　　　　　　　　　　　　　　　　　　　　　　　　**クロモジ** ▷113

側芽互生13　裸芽

（参考）オニグルミ，テウチグルミ，サワグルミは裸芽だが，これらは「側芽互生04」を参照
1. 花芽は柄の先に数個〜数十個あつまる
　　2. 花芽は小さく（長2mm）数個集まる　　　　　　　　　　　　　　　　　　　**マンサク（再掲）** ▷111
　　2. 花芽は大きく（長15mm）数十個集まる　　　　　　　　　　　　　　　　　　**ミツマタ（再掲）** ▷112
1. 花芽は集合しない．
　　2. 葉痕はO字状で，芽を完全に取り囲む（葉柄内芽）
　　　　3. 芽は白い紙状の膜に包まれており，膜が破れると裸芽になる　　　　　　　　　　　　**フジキ**
　　　　3. 芽は白い膜に包まれない．芽は各節上下2個　　　　　　　　　　　　　　　　　　**ハクウンボク** ▷114
　　2. 葉痕は逆三角状，半円状，円形，ハート形
　　　　3. 芽は二列互生で茎につく．星状毛なし．［芽はじゃんけんのグー］　　　　　　　　　**ニガキ** ▷115
　　　　3. 芽はらせん生で茎につく
　　　　　　4. 当年枝の表面に鱗片が張りつく
　　　　　　　　5. 当年枝の鱗片は銀灰色〜やや褐色まだら　　　　　　　　　　　　　　　**アキグミ** ▷116
　　　　　　　　5. 当年枝の鱗片は赤褐色　　　　　　　　　　　　　　　　　　　　　　　**ナツグミ** ▷117
　　　　　　4. 当年枝の表面に鱗片は張りつかない
　　　　　　　　5. 茎端1芽のみ明瞭に目立つ．外側の芽鱗はすぐ落ちて裸芽になる．[外側芽鱗早落生．鋭頭．]　　**リョウブ** ▷118
　　　　　　　　5. 茎端に大小いくつかの芽がある
　　　　　　　　　　6. 当年枝に星状毛あり
　　　　　　　　　　　　7. 当年枝に星状毛密生．［頂端芽は裸芽で葉脈のシワ目立つ．微細星状毛密生．側芽の葉痕大．頂端芽がマンサクのそれに似るが本種に花芽はみられない］　**アカメガシワ** ▷119
　　　　　　　　　　　　7. 当年枝にやや星状毛あり．葉痕は半円形
　　　　　　　　　　　　　　8. 葉痕は角状に隆起．両側に点状托葉痕あり　　　　　　　　**ムクゲ** ▷120
　　　　　　　　　　　　　　8. 葉痕はあまり隆起しない．芽は各節上下2個．［芽は上下2個．微細星状毛密生．淡褐色］　　　　　　　　　　　　　　　　　　　　　　　　　　　**エゴノキ** ▷121
　　　　　　　　　　6. 当年枝に星状毛なし
　　　　　　　　　　　　7. 葉痕幅小さく2mm前後
　　　　　　　　　　　　　　8. 頂端芽鋭頭．外側の芽鱗はすぐ落ちて裸芽．芽鱗に星状毛密生　　**オオバアサガラ** ▷122
　　　　　　　　　　　　　　8. 頂端芽鈍頭
　　　　　　　　　　　　　　　　9. 頂端芽長3-5mm　　　　　　　　　　　　　　　　　**ミヤマハハソ**
　　　　　　　　　　　　　　　　9. 頂端芽長6-8mm　　　　　　　　　　　　　　　　　**アワブキ**
　　　　　　　　　　　　7. 葉痕幅大きく5mm以上
　　　　　　　　　　　　　　8. 頂端芽に長毛多し　　　　　　　　　　　　　　　　　　　**ヤマハゼ** ▷123
　　　　　　　　　　　　　　8. 頂端芽に短毛あり
　　　　　　　　　　　　　　　　9. 維管束痕はV字状並び．［頂端芽は円錐状で尖る．裸芽密毛，葉脈シワはよく見えない．葉痕大きく逆三角〜ハート形］　　　　　　　　　　　　　　　　　**ヤマウルシ** ▷124
　　　　　　　　　　　　　　　　9. 維管束痕はハート状並びまたはO字状並び　　　　　　**ウルシ**

側芽互生14　茎端の1芽は大きく目立つ（短枝先端に葉痕が輪生状になるものを含む）

1. 頂端芽は目立って扁平．芽鱗4-6枚（P339参照）．（ナツツバキは「側芽互生20」参照）　**ヒメシャラ**
1. 頂端芽は扁平ではない
　　2. 葉痕は大きく径3mm以上
　　　　3. 当年枝は緑色　　　　　　　　　　　　　　　　　　　　　　　　　　　　　　**アオギリ** ▷125

```
  3. 当年枝は緑を帯びない
    4. 托葉痕あり                                                    イイギリ     ▷126
    4. 托葉痕なし                                                    ハゼノキ
  2. 葉痕は小さく径3mm以下
    3. 葉痕はV字〜U字形．[外から見える芽鱗は5枚くらい．維管束痕7前後]    タカノツメ    ▷127
  3. 葉痕はV字〜U字形ではない
    4. 茎端の1芽が目立ち，他の芽はきわめて小さい
      5. 最外の芽鱗は大きく芽全体を包みこむ
        6. 頂端芽は鈍頭                                              サラサドウダン ▷128
        6. 頂端芽はやや鋭頭                                           ベニドウダン
      5. 最外の芽鱗は短く芽全体を包むことはない
        6. 葉痕は角状に隆起（葉柄基部が少し残っているように見える）     ミズキ       ▷129
        6. 葉痕隆起せず
          7. 頂端芽は卵形〜広卵形                                     ドウダンツツジ ▷130
          7. 頂端芽はやや細長く紡錘形〜長だ円形
            8. 最外の芽鱗は芽の半長                                   トウゴクミツバツツジ
            8. 最外の芽鱗はごく短く芽の基部にある                      ミツバツツジ   ▷131
    4. 茎端の1芽の大きさに比べ，他の芽はやや発達する
      5. 芽鱗は2-4枚
        6. 最長の芽は短く長6mm前後以下
          7. 葉痕は半円形                                            ハナイカダ    ▷132
          7. 葉痕は腎形                                              カリン
        6. 最長の芽は中くらいの長さで9mm前後                           ナンキンナナカマド
        6. 最長の芽は長めで15mm前後                                   ナナカマド
      5.（次にも5あり）外から見える芽鱗は5-10枚ほど
        6. 葉痕は腎形                                                モミジバフウ   ▷133
        6. 葉痕は三日月状，卵形，ハート形，半円形など
          7. 芽にやや芽柄あり．葉痕は三日月状                          コマガタケスグリ
          7. 芽に芽柄なし
            8. 頂端芽はずんぐり型で卵形〜円錐形
              9. 最長の芽は短く6mm前後．葉痕は卵形．芽鱗に白毛あり      オオウラジロノキ ▷134
              9. 最長の芽は長く10mm前後．葉痕はハート形〜逆三角形       レンゲツツジ（再掲） ▷102
            8. 頂端芽は紡錘形〜長だ円形．葉痕は半円形                  シウリザクラ
      5. 外から見える芽鱗は15枚以上多数                                アカヤシオ（再掲）  ▷003
```

側芽互生15　葉痕はU字状（馬蹄形）またはO字状

（参考）キハダの葉痕はU〜ほぼO字状だが，これは「側芽対生⑨」を参照

```
  1. 芽は白い紙状の膜に包まれる．膜（芽鱗）を破ると中に裸芽がある．葉痕は芽を完全に取り囲む（葉
     柄内芽）．維管束痕3個                                           フジキ（再掲）
  1. 芽は白い膜に包まれない
    2. 葉痕はU字状
      3. 芽鱗に毛が密生し裸芽のように見える．[芽は毛むくじゃら．葉痕はU字状（馬蹄形）]
                                                                   ヌルデ       ▷135
      3. 外から見える芽鱗は4-5枚で無毛                                タカノツメ（再掲） ▷127
    2. 葉痕はO字状で芽を完全に取り囲む（葉柄内芽）
      3. 芽鱗または裸芽に軟毛が密生
        4. 表皮は縦にはがれやすい．裸芽                                ハクウンボク（再掲） ▷114
        4. 表皮ははがれない．裸芽のように見えるが芽鱗あり
          5. 芽はやや長く7mm前後                                     ユクノキ
```

落葉樹冬芽の特徴

写真
　　　5. 芽は短く4mm以下　　　　　　　　　　　　　　　　　　　　　　　　ウリノキ　▷136
　　3. 芽鱗は1枚で帽子状．芽鱗に毛なし　　　　　　　　　　　　モミジバスズカケノキ　▷137

側芽互生16　芽鱗または裸芽に軟毛密生
　(参考) 裸芽については「側芽互生13」も参照
　1. 枝は緑色．芽は葉痕にやや隠れる (やや隠芽)．維管束痕3個　　　　　　　エンジュ　▷138
　1. 枝は緑色ではない
　　2. 葉痕は倒松型 (ネズミ顔)．外から見える芽鱗は3枚　　　　　　　　　　センダン　▷139
　　2. (次にも2あり) 葉痕は半円形．裸芽
　　　3. 葉痕は角状に隆起　　　　　　　　　　　　　　　　　　　　　ムクゲ (再掲)　▷120
　　　3. 葉痕はあまり隆起しない．芽は上下に並ぶ　　　　　　　　　　エゴノキ (再掲)　▷121
　　2. 葉痕はＯ字形〜Ｕ字形
　　　3. 表皮は縦にはがれやすい．裸芽．葉痕は芽を完全に取り囲む (葉柄内芽)　ハクウンボク (再掲)　▷114
　　　3. 表皮ははがれない．裸芽のように見えるが芽鱗あり
　　　　4. 芽はらせん生で茎につく．芽鱗があるが裸芽のよう．葉痕は馬蹄形　　ヌルデ (再掲)　▷135
　　　　4. 芽は二列互生で茎につく．外から見える芽鱗は2枚．葉痕は芽を完全に取り囲む (葉柄内芽)
　　　　　5. 芽はやや長く7mm前後　　　　　　　　　　　　　　　　　ユクノキ (再掲)
　　　　　5. 芽は短く4mm以下　　　　　　　　　　　　　　　　　　　ウリノキ (再掲)　▷136

側芽互生17　葉痕が芽に比べて著しく大きい
　(参考) キリ，クサギも葉痕が芽に比べ大きいが，これらは側芽対生④⑥参照
　1. 葉痕は半円形〜ハート形
　　2. 葉痕小さく径2mm前後．維管束痕1．[葉痕左右に托葉痕1対．小さい弧状維管束痕]
　　　　　　　　　　　　　　　　　　　　　　　　　　　　　　　　　　　ウメモドキ　▷140
　　2. 葉痕大きく径5mm以上
　　　3. 側芽に副芽がある．芽は上下に並ぶ．芽鱗3．維管束痕3　　　　　　　ムクロジ
　　　3. 側芽に副芽なし．維管束痕5-10
　　　　4. 頂端芽の裸芽は円錐状に尖る．赤茶の毛が密生　　　　　　　ヤマウルシ (再掲)　▷124
　　　　4. 頂端芽に芽鱗2あって，半球状．芽鱗に短毛密生．[茎端は半球の芽．芽鱗2．葉痕は大形で
　　　　　　ハート形]　　　　　　　　　　　　　　　　　　　ニワウルシ (シンジュ)　▷141
　1. 葉痕は円形，逆三角形，倒松形
　　2. 葉痕円形
　　　3. 托葉痕は茎をほぼ一周する　　　　　　　　　　　　　　　　　イチジク (再掲)　▷100
　　　3. 托葉痕は茎を一周しない
　　　　4. 茎端の1芽は大きい
　　　　　5. 頂端芽は裸芽，円錐状で尖る．星状毛密生　　　　　　　アカメガシワ (再掲)　▷119
　　　　　5. 頂端芽の外から見える芽鱗は5以上多数
　　　　　　6. 芽鱗は茶短毛密生．当年枝は緑色　　　　　　　　　　　アオギリ (再掲)　▷125
　　　　　　6. 芽鱗は無毛，やや粘る．当年枝は緑を帯びない　　　　　イイギリ (再掲)　▷126
　　　　4. 茎端の1芽が特に大きいということはない．[芽鱗2．茎に毛多し．托葉痕明瞭]　カジノキ　▷142
　　2. (次にも2あり) 葉痕円い逆三角形，点状維管束痕3．本芽は葉痕の中に埋没，外に小副芽あり．
　　　[大きな葉痕．芽は葉痕の中に潜る．小さい芽は副芽]　　　　　　　　　　　ネムノキ　▷143
　　2. 葉痕倒松形，弧状維管束痕3
　　　3. 頂端芽は半球状．芽鱗3．星状毛密生．葉痕はネズミ顔　　　　　センダン (再掲)　▷139
　　　3. 頂端芽は円錐状に尖る．裸芽．短毛密生．葉痕はヒツジ顔，サル顔　オニグルミ (再掲)　▷084

側芽互生18　一節に側芽3個以上まとまる (輪生ではない)
　1. 当年枝に長毛密生　　　　　　　　　　　　　　　　　　　　　　　　　ユスラウメ　▷144
　1. 当年枝にほとんど毛なし

```
　2. 一節に花芽多数                                          ハナズオウ  ▷145
　2. 一節に花芽1-3個
　　3. 花芽の芽鱗に長毛密生                                        モモ  ▷146
　　3. 花芽の芽鱗に毛はほとんどない
　　　4. 当年枝は緑色                                      ウメ（再掲）  ▷071
　　　4. 当年枝は赤褐～灰褐                                スモモ（再掲）  ▷072
```

側芽互生19　芽鱗1枚（帽子状）キャップ状

```
1. 芽鱗表面に毛あり（枝端の芽に注目）
　2. 当年枝は紫褐色を帯びる. 当年枝の毛は最初あるが落ちる. 先はやや鋭頭［葉裏密毛. 托葉明らか］
                                                       ネコヤナギ  ▷147
　2. 当年枝は淡褐色. 当年枝に短毛が密生し落ちない. 先は鈍頭    カワヤナギ  ▷148
1. 芽鱗表面, 当年枝はほとんど毛なし
　2. 葉痕はO字形で, 芽を完全に取り囲む（葉柄内芽）    モミジバスズカケノキ（再掲）  ▷137
　2. 葉痕はU字形, V字形, 三日月など
　　3. 枝はよじれる. 芽にやや毛あり                         ウンリュウヤナギ  ▷149
　　3. 枝はよじれない
　　　4. 葉芽はやや大きく径3mm前後                      バッコヤナギ（再掲）  ▷092
　　　4. 葉芽は小さく径2mm前後
　　　　5. 枝は垂れる                                     シダレヤナギ  ▷150
　　　　5. 枝は垂れない
　　　　　6. 芽は鋭頭                                      タチヤナギ  ▷151
　　　　　6. 芽は円頭                                     オノエヤナギ  ▷152
```

側芽互生20　芽鱗2枚（まれに3枚）

```
1. 側芽にきわめて短い芽柄が認められる（やや不明瞭）
　2. 芽は明らかに扁平. 芽鱗2枚（P339参照）（ヒメシャラについては「側芽互生14」参照）  ナツツバキ
　2. 芽の断面は円
　　3. 花芽はやや短く5mm前後                              ヒュウガミズキ
　　3. 花芽はやや長く10mm前後                              トサミズキ
1. 側芽に芽柄なし
　2. 葉痕は円形
　　3. 芽は茎に密着. 托葉痕は短く, 冬芽の幅を超えない. 本年枝の毛は落ちる    ヒメコウゾ  ▷153
　　3. 芽は茎からやや離れる. 托葉痕は長く茎を1/4周する. 本年枝の毛は宿存  カジノキ（再掲）  ▷142
　2. 葉痕は円形以外さまざま
　　3. 芽鱗2枚は片方長く, 片方短い
　　　4. 托葉痕なし                                       イヌエンジュ  ▷154
　　　4. 托葉痕あり
　　　　5. 芽はややスマートで卵状球形. ほとんど毛なし           ボダイジュ  ▷155
　　　　5. 芽ははやや太めで卵形～広卵形
　　　　　6. 芽にほとんど毛なし                              シナノキ  ▷156
　　　　　6. 芽に毛あり                                  オオバボダイジュ
　　3. 芽鱗2枚はほぼ同長
　　　4. 側芽は茎から離れる
　　　　5. 葉痕は三日月形                                 アカメヤナギ  ▷157
　　　　5. 葉痕は半円形
　　　　　6. 枝は赤褐色. 維管束は1個［芽鱗2, 赤～黄色］         ネジキ  ▷158
　　　　　6. 枝は黄褐色. 維管束は3個                         シラキ
　　　4. 側芽は茎に密着
```

落葉樹冬芽の特徴

　　5. 当年枝に毛あり．　［托葉痕．芽鱗3．マグワに似るが本種の維管束痕は3］　　　　　　エノキ　▷159
　　5. 当年枝にほとんど毛なし
　　　　6. 芽は鈍頭．芽は短く2-3mm　　　　　　　　　　　　　　　　　　　　　キブシ（再掲）　▷109
　　　　6. 芽は鋭頭．芽はやや長く5mm前後　　　　　　　　　　　　　　　　　　　　　　マメガキ

側芽互生21　外から見える芽鱗ふつう3枚以上

1. 外から見える芽鱗は3-4枚（まれに2-5枚）
　2. 芽は二列互生で茎につく
　　3. 芽は円頭　　　　　　　　　　　　　　　　　　　　　　　　　　　ツノハシバミ（再掲）　▷104
　　3. 芽は鋭頭
　　　4. 芽はやや短く5mm以下
　　　　5. 托葉痕あり．維管束痕は多数個．　［芽は栗まんじゅうのよう．托葉痕あり］　　クリ　▷160
　　　　5. 托葉痕なし．維管束痕は3個　　　　　　　　　　　　　　　　　　　エノキ（再掲）　▷159
　　　4. 芽はやや長く5mm以上
　　　　5. 芽に光沢あり
　　　　　6. 芽の長さは7mm前後　　　　　　　　　　　　　　　　ミズメ（ヨグソミネバリ）（再掲）
　　　　　6. 芽の長さは12mm前後
　　　　　　7. 芽は長だ円状卵形で鋭頭　　　　　　　　　　　　　　　　　ウダイカンバ（再掲）
　　　　　　7. 芽は披針形で鋭尖頭
　　　　　　　8. 果穂1個ずつ単生　　　　　　　　　　　　　　　　　　オオバヤシャブシ（再掲）
　　　　　　　8. 果穂は1個単生または2個つく　　　　　　　　　　　　　　　ヤシャブシ（再掲）　▷103
　　　　5. 芽に光沢なし
　　　　　6. 側芽に極めて短い芽柄あり（不明瞭）
　　　　　　7. 芽は明らかに扁平　　　　　　　　　　　　　　　　　　　　　ナツツバキ（再掲）
　　　　　　7. 芽の断面は円．　［花芽と葉芽は別々につく．花芽は球状で柄なし］　ダンコウバイ　▷161
　　　　　6. 側芽に芽柄なし
　　　　　　7. 芽鱗に毛あり
　　　　　　　8. 芽は小さく径2mm前後　　　　　　　　　　　　　　　　　オノオレカンバ（再掲）　▷105
　　　　　　　8. 芽はやや大きく径4mm前後　　　　　　　　　　　　　　　　　ネコシデ（再掲）
　　　　　　7. 芽鱗にほとんど毛なし
　　　　　　　8. 芽は長さ5mm前後　　　　　　　　　　　　　　　　　　　　コオノオレ（再掲）
　　　　　　　8. 芽は長さ9mm前後
　　　　　　　　9. 枝の皮ははがれやすい　　　　　　　　　　　　　　　　　　ダケカンバ（再掲）　▷106
　　　　　　　　9. 枝の皮ははがれにくい　　　　　　　　　　　　　　　　　　シラカンバ（再掲）　▷107
　2. 芽はらせん生で茎につく
　　3. 芽は小さく径2mm前後
　　　4. 葉痕はほぼ半円形
　　　　5. 側芽の下に副芽．芽は上下に並ぶ．　［芽は上下2個］　　　　　　　　　イタチハギ　▷162
　　　　5. 葉痕両脇に托葉が変形した突起物あり　　　　　　　　　　　　　　　　ナンキンハゼ　▷163
　　　4. 葉痕は三日月形
　　　　5. 短枝なし　　　　　　　　　　　　　　　　　　　　　　　　　　アカメヤナギ（再掲）　▷157
　　　　5. 短枝あり
　　　　　6. 当年枝は赤褐色　　　　　　　　　　　　　　　　　　　　　　　　　　　　ズミ　▷164
　　　　　6. 当年枝は黄褐色．　［短枝．円錐で尖る．維管束痕3］　　　　　　　　　　カマツカ　▷165
　　3. 芽はやや大きく径4mm前後
　　　4. 葉痕は三日月形〜半月形
　　　　5. 芽は長く15mm前後　　　　　　　　　　　　　　　　　　　　　　ナナカマド（再掲）
　　　　5. 芽は短く10mm前後　　　　　　　　　　　　　　　　　　　　　　　　　ウラジロノキ
　　　4. 葉痕は半円形〜楕円形

　　　写真
　　5. 維管束痕は弧状．［托葉痕なし．小さな弧状維管束1］　　　　　　　　　　カキノキ ▷166
　　5. 維管束痕は3個　　　　　　　　　　　　　　　　　　　　　　　イヌエンジュ（再掲）▷154
1. （次にも1あり）外から見える芽鱗は4-6枚（まれに3-8枚）
　2. 当年枝は緑色　　　　　　　　　　　　　　　　　　　　　　　　　　　　　ヤマブキ ▷167
　2. 当年枝は緑色ではない
　　3. 枯れた葉がいつまでも残る．［枯れ葉がなかなか落葉しない．花芽はなく，混芽または葉芽のみ］
　　　　　　　　　　　　　　　　　　　　　　　　　　　　　　　　　　　　　ヤマコウバシ ▷168
　　3. きちんと落葉する
　　　4. 葉芽に短い柄あるが不明瞭
　　　　5. 葉芽はやや太めで卵形〜だ円形　　　　　　　　　　　　　　　ダンコウバイ（再掲）▷161
　　　　5. 葉芽は細長く紡錘形　　　　　　　　　　　　　　　　　　　　アブラチャン（再掲）▷110
　　　4. 芽に柄はない
　　　　5. 茎端は枯れるか，茎端の葉痕脇に芽がある
　　　　　6. 芽は二列互生で茎につく
　　　　　　7. 芽は短く1-2mm　　　　　　　　　　　　　　　　　　　　　　　　アキニレ ▷169
　　　　　　7. 芽はやや長く2mm以上
　　　　　　　8. 芽は茎に密着するか，やや密着
　　　　　　　　9. 芽鱗に縦筋あり　　　　　　　　　　　　　　　　　　　　　　　キハギ ▷170
　　　　　　　　9. 芽鱗に縦筋なし
　　　　　　　　　10. 芽に毛あり．［やや扁平．白短毛圧着．維管束痕3］　　　　　ムクノキ ▷171
　　　　　　　　　10. 芽にほとんど毛なし　　　　　　　　　　　　　　　　　　フサザクラ ▷172
　　　　　　　8. 芽は茎から離れるまたは開出する
　　　　　　　　9. 芽は円頭
　　　　　　　　　10. 芽に光沢あり　　　　　　　　　　　　　　　　　　　アサダ（再掲）
　　　　　　　　　10. 芽に光沢なし　　　　　　　　　　　　　　　　ツノハシバミ（再掲）▷104
　　　　　　　　9. 芽は鋭頭〜鋭尖頭
　　　　　　　　　10. 芽に光沢あり　　　　　　　　　　　　　　　　　　　　　　オヒョウ ▷173
　　　　　　　　　10. 芽に光沢なし
　　　　　　　　　　11. 副芽あり．芽は上下に並ぶ．［芽は上下2個］　　　　　コゴメウツギ ▷174
　　　　　　　　　　11. 副芽なし．あれば左右に並ぶ
　　　　　　　　　　　12. 芽は黒ずみ黒褐〜栗褐色　　　　　　　　　　　　　　　ハルニレ
　　　　　　　　　　　12. 芽は明るい色で黄褐〜灰黄褐色
　　　　　　　　　　　　13. 芽は大きく径3mm
　　　　　　　　　　　　　14. 芽の基部は左右に張り出さない　　　　　　　　　　ヤマグワ ▷175
　　　　　　　　　　　　　14. 芽の基部は左右に張り出す．［エノキに似るが本種の維管束痕は6以
　　　　　　　　　　　　　　　上多数］　　　　　　　　　　　　　　　　　　　　　マグワ ▷176
　　　　　　　　　　　　13. 芽は小さく径2mm
　　　　　　　　　　　　　14. 葉痕の隆起は目立つ．維管束痕1個［芽鱗は鋭頭で外に開くが，先が
　　　　　　　　　　　　　　　折れることも多い．枝に腺毛］　　　　　　　　　　ナツハゼ ▷177
　　　　　　　　　　　　　14. 葉痕の隆起はあまり目立たない　　　　　　　　タンナサワフタギ
　　　　　6. 芽はらせん生で茎につく
　　　　　　7. 芽は赤紫色
　　　　　　　8. 枝痕の横から芽が出る．茎の翼はない［芽は円い枝痕の脇，暗赤色で照りなし毛なし］
　　　　　　　　　　　　　　　　　　　　　　　　　　　　　　　　　　　　　ウワミズザクラ ▷178
　　　　　　　8. 枝痕はない．茎に分厚いコルク質が翼状に張り出す　　　モミジバフウ（再掲）▷133
　　　　　　7. 芽は褐色〜灰褐色
　　　　　　　8. 葉痕の隆起は目立つ．芽は円錐形．短枝なし［維管束痕1］　　　サワフタギ ▷179
　　　　　　　8. 葉痕の隆起は目立たない．芽は長卵形　　　　　　　　　　　　　　シモツケ
　　　　5. 茎端に葉痕なく1芽あり

落葉樹冬芽の特徴

写真

```
        6. 芽鱗に全く毛なし
          7. 当年枝は多毛                                              チョウジザクラ ▷180
          7. 当年枝にほとんど毛なし
            8. 頂端芽は短く1-5mm
              9. 芽は円錐形．（芽は短枝の先にあるので長い芽のようにも見える）［短枝．円錐
                 形鈍頭〜鋭頭．茎に密着．芽鱗はやや白と褐色のまだら．維管束痕1］アオハダ ▷181
              9. （次にも9あり）芽は長三角形．芽に光沢があり赤色が鮮やか．［赤色で照りあり］
                                                              イヌザクラ ▷182
              9. 芽は卵形〜長卵形
                10. 芽は赤褐色                                         マメザクラ
                10. 芽は褐色                                           ミネザクラ
            8. 頂端芽はやや長く6mm前後
              9. 芽は円錐形（芽鱗は鋭頭であっても先が折れていることが多い）
                                                          アオハダ（再掲）▷181
              9. 芽は細長い
                10. 芽は卵形〜長卵形．外から見える芽鱗6枚ほど      カスミザクラ ▷183
                10. （次にも10あり）芽は長卵形〜長だ円形．外から見える芽鱗6枚ほど．かくれ
                    て見えない芽鱗はよく粘る                      オオヤマザクラ ▷184
                10. 芽は長卵形〜紡錘形．芽鱗多い（〜10枚）         オオシマザクラ ▷185
        6. 芽鱗に毛あり．芽鱗の縁にも毛あり
          7. 頂端芽の断面はほぼ三角形                              ヤマナラシ（再掲）▷091
          7. 頂端芽の断面は円
            8. 芽に光沢あり                                             アズキナシ ▷186
            8. 芽に光沢なし
              9. 当年枝は多毛                                           ミヤマザクラ
              9. 当年枝はほとんど毛なし．［芽は茎に密着．毛あり．シダレザクラも同じ］
                                                                 エドヒガン ▷187
  1. 外から見える芽鱗は8枚以上多数
    2. 芽は短く4mm前後．外から見える芽鱗は10枚前後．［3-4mmの芽．芽鱗多い］   ケヤキ ▷188
    2. （次にも2あり）芽はやや長く7mm前後
      3. 外から見える芽鱗は8-20枚
        4. 芽は二列互生で茎につく．外から見える芽鱗は15-20枚
          5. 芽は卵形で鋭頭．茎に密着するか，やや密着するものがある（不明瞭）．褐色［芽は茎に
             密着傾向のものと密着しないものとあり］                        イヌシデ ▷189
          5. 芽は紡錘形で鋭尖頭．茎から開出
            6. 芽は栗褐色                                          アカシデ（再掲）▷108
            6. 芽は緑色帯びたものがある                                   クマシデ ▷190
        4. 芽はらせん生で茎につく．外から見える芽鱗は8-10枚
          5. 芽は多毛
            6. 当年枝は短毛多し．髄は太い                                  フウ ▷191
            6. 当年枝は通常毛なし．髄は細い．［芽鱗に毛あり］            ソメイヨシノ ▷192
          5. 芽にほとんど毛なし．［芽は茎から離れる．無毛だが先端にわずかに毛］ヤマザクラ ▷193
      3. 外から見える芽鱗は20枚以上多数．［芽はコナラのように茎端に群がらない］ クヌギ ▷194
    2. 芽は長く10mm以上．外から見える芽鱗は20枚以上多数
      3. 芽の断面は四角．褐色                                            サワシバ ▷195
      3. 芽の断面は円
        4. 当年枝は暗褐色                                                イヌブナ ▷196
        4. 当年枝は明褐色                                                  ブナ ▷197
```

側芽対生

001 ザクロ　002 ノリウツギ　003 アカヤシオ　004 キリ　005 レンギョウ　006 ウツギ

007 マルバウツギ　008 タマアジサイ　009 チョウセンレンギョウ　010 シナレンギョウ　011 クサギ　012 クマノミズキ　013 アジサイ1

013 アジサイ2　014 ヤブムラサキ　015 ムラサキシキブ　016 ウグイスカグラ　017 ミヤマウグイスカグラ　018 ヤマウグイスカグラ　019 ヤマボウシ

020 サンシュユ　021 ハナミズキ1　021 ハナミズキ2　022 ウリハダカエデ　023 ウリカエデ　024 オオデマリ1　024 オオデマリ2

冬芽写真

474

051 ニワトコ

052 ゴンズイ

053 イロハカエデ

054 オオモミジ

055 キハダ

056 カツラ1

056 カツラ2

057 ミツバウツギ

058 チドリノキ

059 ハシドイ

側芽互生

060 サルトリイバラ

061 ツルウメモドキ

062 ツタ

063 ヤマブドウ

064 サルナシ1

064 サルナシ2

065 マタタビ

066 フジ

067 アケビ

068 ミツバアケビ

069 サイカチ

070 ボケ

071 ウメ

冬芽写真

076

冬芽写真

478

143 ネムノキ　144 ユスラウメ　145 ハナズオウ　146 モモ　147 ネコヤナギ　148 カワヤナギ　149 ウンリュウヤナギ

150 シダレヤナギ　151 タチヤナギ　152 オノエヤナギ　153 ヒメコウゾ　154 イヌエンジュ　155 ボダイジュ　156 シナノキ

157 アカメヤナギ　158 ネジキ　159 エノキ　160 クリ　161 ダンコウバイ　162 イタチハギ　163 ナンキンハゼ

164 ズミ　165 カマツカ　166 カキノキ　167 ヤマブキ　168 ヤマコウバシ　169 アキニレ　170 キハギ

冬芽写真

171 ムクノキ
172 フサザクラ
173 オヒョウ
174 コゴメウツギ
175 ヤマグワ
176 マグワ
177 ナツハゼ
178 ウワミズザクラ
179 サワフタギ
180 チョウジザクラ
181 アオハダ
182 イヌザクラ
183 カスミザクラ
184 オオヤマザクラ
185 オオシマザクラ
186 アズキナシ
187 エドヒガン
188 ケヤキ
189 イヌシデ
190 クマシデ
191 フウ
192 ソメイヨシノ
193 ヤマザクラ
194 クヌギ
195 サワシバ
196 イヌブナ
197 ブナ

参考文献

北村四郎ほか（1957）原色日本植物図鑑草本Ⅰ・合弁花類、保育社
北村四郎ほか（1961）原色日本植物図鑑草本Ⅱ・離弁花類、保育社
北村四郎ほか（1964）原色日本植物図鑑草本Ⅲ・単子葉類、保育社
北村四郎ほか（1971）原色日本植物図鑑木本編Ⅰ、保育社
杉本順一（1972）新日本樹木総検索誌、井上書店
杉本順一（1973）日本草本植物総検索誌単子葉編、井上書店
長田武正（1976）原色日本帰化植物図鑑、保育社
杉本順一（1978）増補改訂日本草本植物総検索誌Ⅰ双子葉編、井上書店
北村四郎ほか（1979）原色日本植物図鑑木本編Ⅱ、保育社
杉本順一（1979）増補改訂日本草本植物総検索誌Ⅲシダ編、井上書店
佐竹義輔ほか（1982）日本の野生植物Ⅰ～Ⅲ、平凡社
亀山章・馬場多久男（1984）冬芽でわかる落葉樹、信濃毎日新聞社
長田武正（1984・1985）検索入門野草図鑑①～⑧、保育社
佐竹義輔ほか（1985）フィールド版日本の野生植物草本、平凡社
光田重幸（1986）検索入門シダの図鑑、保育社
尼川大録・長田武正（1988）検索入門針葉樹、保育社
長田武正（1989）日本イネ科植物図譜、平凡社
佐竹義輔ほか（1989）日本の野生植物木本Ⅰ～Ⅱ、平凡社
岩槻邦男（1992）日本の野生植物シダ、平凡社
佐竹義輔ほか（1992）フィールド版日本の野生植物木本、平凡社
中川重年（1994）検索入門樹木①～②、保育社
阿部正敏（1996）葉によるシダの検索図鑑、誠文堂新光社
長野県植物誌編纂委員会編（1997）長野県植物誌、信濃毎日新聞社
伊藤洋編（1998）1998年版埼玉県植物誌、埼玉県教育委員会
茂木透ほか（2000）樹に咲く花離弁花①・②、山と渓谷社
神奈川県植物誌調査会（2001）神奈川県植物誌、神奈川県立生命の星・地球博物館
清水矩宏ほか（2001）日本帰化植物写真図鑑、全国農村教育協会
滝田謙譲（2001）北海道植物図譜、滝田謙譲
茂木透ほか（2001）樹に咲く花合弁花・単子葉・裸子植物、山と渓谷社
畔上能力ほか（2003）野草見分けのポイント図鑑、講談社
畔上能力ほか（2003）樹木見分けのポイント図鑑、講談社
清水建美（2003）日本の帰化植物、平凡社
千葉県史料研究財団（2003）千葉県の自然誌別編4　千葉県植物誌、千葉県
勝山輝男（2005）日本のスゲ、文一総合出版
清水矩宏ほか（2010）日本帰化植物写真図鑑第2巻、全国農村教育協会
広沢毅・林将之（2010）冬芽、文一総合出版
埼玉県環境部自然保護課（2012）埼玉県の希少野生生物　埼玉県レッドデータブック2011植物編、埼玉県
邑田仁・米倉浩司（2012）日本維管束植物目録、北隆館
邑田仁・米倉浩司（2012）APG原色牧野植物大図鑑「ソテツ科～バラ科」、北隆館
NPO法人埼玉県絶滅危惧植物種調査団編（2013）埼玉県植物ハンドブック(2.1版)、三共印刷（株）
邑田仁・米倉浩司（2013）維管束植物分類表、北隆館
邑田仁・米倉浩司（2013）APG原色牧野植物大図鑑「グミ科～セリ科」、北隆館
東京大学植物標本室（2011）海洋島植物標本データベース
　http://umdb.um.u-tokyo.ac.jp/DShokubu/PHPspm2/Japanese

学名（科・属名）索引

A

Abelia	440
Abelmoschus	304
Abies	66
Abutilon	302
Acalypha	272
ACANTHACEAE	394
Acer	292
Achillea	404
Achyranthes	330
Aconitum	202
ACORACEAE	78
Acorus	78
Actaea	204
Actinidia	342
ACTINIDIACEAE	342
Actinostemma	266
Acystopteris	44
Adenocaulon	412
Adenophora	398
Adiantum	38
Adonis	208
Adoxa	436
ADOXACEAE	436
Aeginetia	390
Aeschynomene	226
Aesculus	298
Agastache	386
Ageratina	424
Agrimonia	248
Agrostis	168
Ailanthus	300
Ainsliaea	424
AIZOACEAE	330
Ajuga	378
Akebia	198
Alangium	332
Albizia	222
Aldrovanda	322
Aletris	86
Aleuritopteris	38
Alisma	82
ALISMATACEAE	82
Allium	108
Alnus	264
Alopecurus	162
Alternanthera	330
Althaea	304
ALTINGIACEAE	212
Amana	92
AMARANTHACEAE	326
Amaranthus	328
AMARYLLIDACEAE	108
Ambrosia	404
Ammannia	286
Amorpha	226
Ampelopsis	222
Amphicarpaea	234
Amsonia	358
Amygdalus	236
ANACARDIACEAE	290
Anaphalis	422
Ancistrocarya	360
Androcorys	96
Andropogon	174
Anemone	206
Anemonopsis	204
Angelica	452
ANGIOSPERMAE	72, 78, 196
Anisocampium	46
Anoda	302
Anthemis	404
Anthoxanthum	180
Anthriscus	448
Apera	168
Aphananthe	252
Apios	234
APOCYNACEAE	356
Apodicarpum	450
AQUIFOLIACEAE	396
Aquilegia	202
Arabidopsis	312
Arabis	312
ARACEAE	78
Arachniodes	54
Aralia	442
ARALIACEAE	442
Araucaria	66
ARAUCARIACEAE	66
Ardisia	336
ARECACEAE	114
Arenaria	326
Argyranthemum	406
Aria	242
Arisaema	80
Aristolochia	74
ARISTOLOCHIACEAE	74
Armeniaca	236
Armoracia	306
Arrhenatherum	152
Artemisia	404
Arthraxon	172
Aruncus	246
Arundinella	152
Arundo	190
Asarum	74
ASPARAGACEAE	110
Asparagus	112
ASPLENIACEAE	40
Asplenium	40
Aster	418, 420
Astilbe	216
Astragalus	232
Asyneuma	398
Athyrium	46
Atractylodes	426
Aucuba	350
Avena	182
Azolla	34

B

Bacopa	376
Balanophora	314
BALANOPHORACEAE	314
BALSAMINACEAE	336
Bambusa	152
Barbarea	308
Barnardia	112
Bassia	326
Beckmannia	162
Begonia	266
BEGONIACEAE	266
BERBERIDACEAE	200
Berberis	200
Berchemia	250
Berchemiella	250
Betula	262
BETULACEAE	262
Bidens	410
BIGNONIACEAE	394
Bistorta	316
BLECHNACEAE	50
Blechnum	50
Bletilla	102
Blyxa	84
Boehmeria	256

Boenninghausenia 298	Castanea 258	Citrus 298
Bolboschoenus 130	Castanopsis 260	Cladrastis 224
BORAGINACEAE 358	Catalpa 394	Cleisostoma 106
Bothriospermum 360	Catolobus 312	Cleistogenes 192
Botrychium 30	Caulophyllum 200	Clematis 206
Brachyelytrum 168	Cayratia 222	Clerodendrum 378
Brachypodium 180	Cedrus 64	Clethra 342
Brassica 310	CELASTRACEAE 268	CLETHRACEAE 342
Briza 192	Celastrus 268	Cleyera 336
Bromus 184	Celosia 328	Clinopodium 386
Broussonetia 254	Celtis 252	Clintonia 92
Brugmansia 364	Centaurea 426	Cocculus 200
Brylkinia 178	Centipeda 408	Codonopsis 398
Buckleya 314	Cephalanthera 98	Coix 150
Buddleja 376	CEPHALOTAXACEAE 70	COLCHICACEAE 88
Bulbophyllum 106	Cephalotaxus 70	Comanthosphace 384
Bulbostylis 126	Cerastium 324	Commelina 114
Bupleurum 446	Cerasus 238	COMMELINACEAE 114
BUXACEAE 210	CERATOPHYLLACEAE 194	Conandron 370
Buxus 210	Ceratophyllum 194	Coniogramme 38
	Ceratopteris 38	Conioselinum 452
C	CERCIDIPHYLLACEAE ...212	Conringia 308
Cabomba 72	Cercidiphyllum 212	Convallaria 112
CABOMBACEAE 72	Cercis 222	CONVOLUVULACEAE ...360
Caesalpinia 222	Chaenomeles 244	Convolvulus 362
Calamagrostis 164	Chaecrista 224	Conyza 416, 418
Calanthe 104	Chamaecyparis 70	Coptis 204
Caldesia 82	Chamaele 448	Corchoropsis 304
Callicarpa 378	Chamaemelum 404	Coreopsis 410
Callitriche 370	Chamerion 288	Coriandrum 448
CALYCANTHACEAE 76	Chelidonium 198	Coriaria 264
Calypso 102	Chelonopsis 386	CORIARIACEAE 264
Calystegia 362	Chengiopanax 444	CORNACEAE 332
Camelina 306	Chenopodium 326	Cornopteris 48
Camellia 340	Chimaphila 342	Cornus 332
Campanula 400	Chimonanthus 76	Cortaderia 148
CAMPANULACEAE 396	Chimonobambusa ...154, 160	Corydalis 196
Campsis 394	Chionographis 88	Corylopsis 212
CANNABACEAE 252	CHLORANTHACEAE 72	Corylus 262
Cannabis 252	Chloranthus 74	Cosmos 410
Capillipedium 172	Chloris 150, 162	Cotula 406
CAPRIFOLIACEAE 438	Choerospondias 292	Crassocephalum 414
Capsella 306	Chorispora 310	CRASSULACEAE 218
Cardamine 312	Chrysanthemum 406, 408	Cremastra 104
Cardiandra 334	Chrysosplenium 214	Crepidiastrum 436
Cardiocrinum 92	Cimicifuga 204	Crepidomanes 32
Carduus 428	Cinna 162	Crocosmia 108
Carpesium 420	Cinnamomum 76	Crotalaria 224
Carpinus 262	Circaea 288	Cryptomeria 68
CARYOPHYLLACEAE ...322	Cirsium 428	Cryptotaenia 448

CUCURBITACEAE 264
Cunningham 68
CUPRESSACEAE 68
Cuscuta 360
CYCADACEAE 64
Cycas 64
Cyclospermum 448
Cymbalaria 372
Cymbidium 104
Cymbopogon 148
Cynanchum 358
Cynodon 160
Cynoglossum 360
Cynosurus 150
CYPERACEAE 120
Cyperus 122
Cypripedium 94
Cyrtomium 50
Cyrtosia 98
Cystopteris 44

D
Dactylis 190
Dactyloctenium 150
Dactylorhiza 94
Dactylostalix 104
Damnacanthus 350
Daphne 304
DAPHNIPHYLLACEAE ...212
Daphniphyllum 212
Dasiphora 246
Datura 368
Daucus 446
Davallia 60
DAVALLIACEAE 60
Deinanthe 334
Deinostema 374
Delphinium 202
Dendrobium 106
Dendropanax 444
Dennstaedtia 36
DENNSTAEDTIACEAE ...36
Deparia 44, 48
Descurainia 308
Desmodium 226
Deutzia 334
Dianthus 322
DIAPENSIACEAE 340
Dichocarpum 204
Dichondra 362

Dicranopteris 34
Digitaria 178
Dimeria 172
Dinebra 180
Diodia 354
Dioscorea 86
DIOSCOREACEAE 86
Diospyros 336
Diplazium 48
Diplopterygium 34
Dipsacus 442
Disporum 88
Dopatrium 374
Draba 304, 306
Drosera 322
DROSERACEAE 322
Dryopsis 52
DRYOPTERIDACEAE 50
Dryopteris 54
Dumasia 234
Dunbaria 234
Dysphania 326

E
EBENACEAE 336
Echinochloa 176
Eclipta 412
Edgeworthia 304
Egeria 84
Eichhornia 116
ELAEAGNACEAE 248
Elaeagnus 248
ELATINACEAE 274
Elatine 274
Elatostema 256
Eleocharis 130
Eleusine 184
Eleutherococcus 444
Elliottia 348
Ellisiophyllum 372
Elodea 84
Elsholtzia 384
Elymus 182
Elytrigia 182
Empetrum 348
Enemion 204
Enkianthus 344
Ephippianthus 102
Epilobium 288
Epimedium 200

Epipactis 100
Epipogium 96
EQUISETACEAE 32
Equisetum 32
Eragrostis 192
Eranthis 202
Erechtites 414
ERICACEAE 342
Erigeron 416, 418
Eriobotrya 244
ERIOCAULACEAE 118
Eriocaulon 118
Eriochloa 178
Erodium 284
Erucastrum 308
Erythronium 90
Eubotryoides 346
Euchiton 422
EUDICOTILEDONEAE ...196
Euonymus 268
Eupatorium 424
Euphorbia 272
EUPHORBIACEAE 270
Euphrasia 392
Euptelea 196
EUPTELEACEAE 196
Eurya 336
Euryale 72
Euscaphis 290
Eutrema 306

F
FABACEAE 222
FAGACEAE 258
Fagopyrum 320
Fagus 258
Fallopia 320
Fatoua 254
Fatsia 444
Festuca 194
Ficus 254
Filipendula 246
Fimbristylis 124
Firmiana 302
Flueggea 272
Forsythia 368
Fragaria 246
Fraxinus 368
Fumaria 196

G

Gagea..................90
Galearis................94
Galeopsis.............388
Galinsoga............410
Galium.................352
Gamblea..............444
Gamochaeta........422
Gardenia.............350
Gardneria............356
GARRYACEAE.....350
Gastrodia...............96
Gentiana..............356
GENTIANACEAE...354
Gentianopsis.......356
GERANIACEAE....284
Geranium.............284
GESNERIACEAE..370
Geum..................248
Ginkgo...................64
GINKGOACEAE.....64
Glechoma............386
Gleditsia..............222
GLEICHENIACEAE..34
Glyceria...............184
Glycine................234
Goniophlebium......60
Gonocarpus.........220
Goodyera............100
Gratiola...............374
GROSSULARIACEAE......214
Gymnadenia..........94
Gymnocarpium......48
Gymnocoronis.....426
GYMNOSPERMAE..64
Gynostemma.......266

H

Hakonechloa.......190
Halenia................354
HALORAGACEAE..220
HAMAMELIDACEAE......212
Hamamelis...........212
Haplopteris............40
Hedera................442
Hedysarum..........226
Helianthus...........412
Helictotrichon......182
Heliopsis.............408
Helwingia............396
HELWINGIACEAE..396
Hemarthria..........172
Hemerocallis.......108
Hemistepta.........426
Hepatica.............206
Heracleum..........452
Heteranthera......116
Hibiscus..............302
Hieracium...........432
Holcus................152
Hordeum.............160
Hosta..................112
Houttuynia............74
Hovenia...............250
Humulus..............252
Huperzia...............28
Hydrangea..........334
HYDRANGEACEAE..332
Hydrilla.................84
Hydrocharis...........84
HYDROCHARITACEAE...82
Hydrocotyle........446
Hylodesmum.......226
Hylomecon..........198
Hylotelephium....220
HYMENOPHYLLACEAE...32
Hymenophyllum....32
HYPERICACEAE..282
Hypericum...........282
Hypochaeris........432
Hypodematium.....50
Hypolepis..............36
Hypopitys............344
Hystrix................180

I

Idesia..................274
Ilex.....................396
Illicium..................72
Impatiens............336
Imperata.............150
Indigofera...........232
Inula....................420
Ipheion................108
Ipomoea.............362
IRIDACEAE..........106
Iris......................106
Isachne...............190
Isodon.................382
ISOETACEAE........28
Isoetes.................28
Ixeridium.............434
Ixeris..................434

J

Jacquemontia.....362
JUGLANDACEAE..260
Juglans...............260
JUNCACEAE.......118
Juncus................118
Juniperus..............68
Justicia...............394

K

Kadsura................72
Kalopanax...........444
Kerria..................240
Koeleria..............192
Koelreuteria........298
Kuhlhasseltia......100
Kummerowia.......228

L

Lactuca..............434
Lagerstroemia.....286
LAMIACEAE........378
Lamium...............388
Lampranthus.......330
Laportea.............254
Lapsanastrum.....432
LARDIZABALACEAE......198
Larix.....................64
Lathraea.............392
Lathyrus..............230
LAURACEAE.........76
Laurocerasus......238
Laurus..................78
Lecanorchis..........98
Leersia................160
Leibnitzia............424
Lemmaphyllum.....62
Lemna..................78
LENTIBULARIACEAE......392
Leontopodium.....424
Leonurus.............388
Lepidium.............306
Lepisorus..............62
Leptatherum.......174
Leptochloa..........192
Leptorumohra.......54

Lespedeza 228	**M**	Monachosorum 36
Leucanthemum...............406	Maackia 224	MONILOPHYTA 30
Leucoglossum 406	Machilus 76	Monochasma 390
Leucothoe......................346	Macleaya 198	Monochoria 116
Libanotis 450	Magnolia 74	MONOCOTYLEDONS 78
Ligularia 414	MAGNOLIACEAE 74	Monotropa 342, 344
Ligustrum 370	Maianthemum 114	Monotropastrum 342
LILIACEAE 90	Malaxis 102	MORACEAE 254
Lilium 92	Mallotus 270	Morella.............................260
Limnophila.....................374	Malus 244	Morus 254
Limosella 372	Malva 302	Mosla 382
LINACEAE 282	MALVACEAE 300	Muhlenbergia 164
Linaria 372	Marsilea 34	Murdannia 116
Lindera 76	MARSILEACEAE 34	MYRICACEAE 260
Lindernia 378	Matricaria...............406, 408	Myriophyllum 220
LINDERNIACEAE 378	Matteuccia 50	Myrmechis 100
LINDSAEACEAE 36	MAZACEAE 388	
Linum 282	Mazus 388	**N**
Liparis 102	Medicago 232	Nabalus 432
Lipocarpha 124	Meehania 386	Nageia 66
Liquidambar...................212	Melampyrum 392	Najas 82
Liriodendoron 76	MELANTHIACEAE 88	Nandina 200
Liriope 110	Melia 300	Nanocnide......................256
Lithocarpus 260	MELIACEAE 300	Narcissus 110
Lithospermum 360	Melica 186	NARTHECIACEAE 86
Lloydia 90	Melilotus 232	Nasturtium 312
Lobelia..........................396	Meliosma 210	Neanotis 354
Lobularia 308	MENISPERMACEAE 198	Neillia 236
LOGANIACEAE 356	Menispermum................198	Nelumbo 210
Lolium 180	Mentha 384	NELUMBONACEAE 210
Lonicera 438	MENYANTHACEAE 400	Nemosenecio 412
Lophatherum 150	Mercurialis 272	Neocheiropteris 62
LORANTHACEAE..........314	Metaplexis 358	Neolitsea 78
Lotus 232	Metasequoia 68	Neomolinia 190
Loxocalyx 388	Microcarpaea 372	Neoshirakia 270
Loxogramme 62	Microcerasus 238	Neottia 98
Ludwigia........................290	Microlepia 38	Neottianthe 94
Luzula 120	Micropolypodium..............62	Nerium 356
Lycium 364	Microstegium 174	Nervilia 98
LYCOPODIACEAE 28	Milium 164	Nicandra 366
LYCOPODIOPHYTA 28	Mimulus 388	Nothoscordum 110
Lycopodium 28	Mirabilis 330	Nuphar 72
Lycopus 382	Miricacalia.....................414	Nuttallanthus 372
Lycoris 110	Miscanthus 168	NYCTAGINACEAE 330
LYGODIACEAE 34	Mitchella 354	NYMPHAEACEAE 72
Lygodium 34	Mitella 216	Nymphoides...................400
Lyonia 346	Mitrasacme 356	
Lysimachia 338	Moliniopsis 190	**O**
LYTHRACEAE 286	MOLLUGINACEAE 330	Oberonia.......................102
Lythrum 286	Mollugo 330	Oenanthe 450

Oenothera 288	Patrinia 440	Pittosporum 442
Oldenlandia 352	Paulownia 390	Plagiogyria 36
OLEACEAE 368	PAULOWNIACEAE 390	PLAGIOGYRIACEAE 36
Omphalodes 360	Pedicularis 392	PLANTAGINACEAE 370
ONAGRACEAE 288	Peltoboykinia 216	Plantago 376
Onoclea 50	Pennisetum 148, 174	PLATANACEAE 210
ONOCLEACEAE 50	PENTAPHYLACACEAE 336	Platanthera 94, 96
Onychium 38	Pentarhizidium 50	Platanus 210
OPHIOGLOSSACEAE 30	PENTHORACEAE 220	Platycodon 398
Ophioglossum 30	Penthorum 220	Pleioblastus 156
Ophiopogon 110	Peracarpa 398	Pleurosoriopsis 62
Oplismenus 178	Perilla 384	Pleurospermum 450
Oplopanax 444	Perillula 386	Poa 186
ORCHIDACEAE 94	Peristrophe 394	PODOCARPACEAE 66
Oreorchis 104	Persicaria 316	Podocarpus 66
Orixa 298	Pertya 424	Pogonia 98
Ornithogalum 112	Petasites 412	Pogostemon 384
OROBANCHACEAE 390	Petrorhagia 322	Pollia 114
Orobanche 390	Phacellanthus 390	Polygala 236
Orostachys 218	Phalaris 150	POLYGALACEAE 236
Orychophragmus 314	Phedimus 218	POLYGONACEAE 314
Oryza 160	Phellodendron 300	Polygonatum 114
Osmanthus 370	Philadelphus 334	Polygonum 316
Osmorhiza 448	Phleum 162	POLYPODIACEAE 60
Osmunda 32	Photinia 244	Polypodium 60
OSMUNDACEAE 32	Phragmites 190	Polypogon 162
Osmundastrum 32	Phryma 390	Polystichum 52
Ostericum 452	PHRYMACEAE 388	Ponerorchis 94
Ostrya 262	Phtheirospermum 392	Pontederia 116
Ottelia 84	Phyla 396	PONTEDERIACEAE 116
OXALIDACEAE 270	PHYLLANTHACEAE 272	Populus 274
Oxalis 270	Phyllanthus 274	Portulaca 332
	Phyllostachys 154	PORTULACACEAE 332
P	Physaliastrum 366	Potamogeton 84
Pachysandra 210	Physalis 366	POTAMOGETONACEAE 84
Padus 238	Phytolacca 330	Potentilla 246
Paederia 354	PHYTOLACCACEAE 330	Pourthiaea 244
Paeonia 212	Picea 66	Primula 338
PAEONIACEAE 212	Picrasma 300	PRIMULACEAE 336
Panax 446	Picris 434	Prunella 386
Panicum 176	Pieris 346	Prunus 238
Papaver 196	Pilea 256	Pseudognaphalium 422
PAPAVERACEAE 196	Pilosella 432	Pseudoraphis 174
Paraprenanthes 434	PINACEAE 64	Pseudosasa 156
Parasenecio 416	Pinellia 80	Pseudostellaria 326
Parietaria 258	Pinguicula 392	PSILOTACEAE 30
Paris 88	Pinus 64	Psilotum 30
Parnassia 268	Pistacia 290	PTERIDACEAE 38
Parthenocissus 222	Pistia 78	Pteridium 36
Paspalum 178	PITTOSPORACEAE 442	Pteridophyllum 196

Pteris	38	
Pternopetalum	448	
Pterocarya	260	
Pterocypsela	434	
Pterostyrax	340	
Pterygocalyx	354	
Pterygopleurum	450	
Pueraria	234	
Pulsatilla	206	
Pyracantha	242	
Pyrola	342	
Pyrrosia	60	
Pyrus	246	

Q
Quercus 258

R
- RANUNCULACEAE 202
- Ranunculus 208
- Rapistrum 306
- Reineckea 112
- Rhachidosorus 48
- RHAMNACEAE 250
- Rhamnus 250
- Rhaphiolepis 244
- Rhodiola 218
- Rhododendron 346
- Rhus 290
- Rhynchosia 234
- Rhynchospermum 420
- Rhynchospora 126
- Ribes 214
- Robinia 224
- Rodgersia 216
- Rohdea 112
- Rorippa 310
- Rosa 240
- ROSACEAE 236
- Rostraria 192
- Rotala 286
- Rubia 350
- RUBIACEAE 350
- Rubus 240
- Rudbeckia 408
- Rumex 314
- RUTACEAE 298

S
- SABIACEAE 210
- Saccharum 172
- Sacciolepis 176
- Sagina 324
- Sagittaria 82
- SALICACEAE 274
- Salix 274
- Salpichroa 366
- Salvia 382
- Salvinia 34
- SALVINIACEAE 34
- Sambucus 436
- Sanguisorba 248
- Sanicula 446
- SANTALACEAE 314
- SAPINDACEAE 292
- Sapindus 296
- Saponaria 322
- Sarcandra 72
- Sasa 154, 156
- Sasaella 156
- SAURURACEAE 74
- Saururus 74
- Saussurea 428
- Saxifraga 216
- SAXIFRAGACEAE 214
- Scabiosa 442
- Schedonorus 194
- Schisandra 72
- SCHISANDRACEAE 72
- Schizachyrium 174
- Schizocodon 340
- Schizopepon 266
- Schizophragma 332
- Schoenoplectus 130
- Schoenus 126
- SCIADOPITYACEAE 68
- Sciadopitys 68
- Scirpus 126
- Scleria 122
- Scopolia 368
- Scrophularia 376
- SCROPHULARIACEAE ... 376
- Scutellaria 380
- Secale 180
- Sechium 266
- Securigera 232
- Sedum 218
- Selaginella 28
- SELAGINELLACEAE 28
- Selliguea 60
- Semiaquilegia 202
- Semiarundinaria 154
- Senecio 412, 414
- Senna 224
- Serissa 350
- Serratula 426
- Sesbania 226
- Setaria 174
- Sherardia 350
- Shibataea 154
- Shortia 340
- Sicyos 266
- Sida 302
- Sigesbeckia 410
- Silene 322
- Silybum 426
- SIMAROUBACEAE 300
- Sinapis 310
- Sinobambusa 154
- Sinomenium 200
- Siphonostegia 390
- Sisymbrium 308
- Sisyrinchium 108
- Sium 450
- Skimmia 300
- SMILACACEAE 88
- Smilax 88
- SOLANACEAE 364
- Solanum 364
- Solidago 416
- Soliva 408
- Sonchus 436
- Sophora 226
- Sorbus 242
- Sorghum 172
- Sparganium 118
- SPERMATOPHYTA 64, 72, 78, 196
- Sphenomeris 36
- Spiraea 236
- Spiranthes 100
- Spirodela 78
- Spodiopogon 172
- Sporobolus 162
- Spuriopimpinella 448
- Stachys 388
- STACHYURACEAE 290
- Stachyurus 290

Staphylea 290	Tilingia 450	Vandenboschia 32
STAPHYLEACEAE 290	Tillaea 218	Veratrum 88
Stauntonia 198	Tipularia 102	Verbascum 376
Stegnogramma 42	Tofieldia 82	Verbena 394
Stellaria 324	TOFIELDIACEAE 82	VERBENACEAE 394
Stewartia 338	Tomophyllum 62	Veronica 372
Stipa 164, 168	Toona 300	Veronicastrum 374
Streptopus 92	Torilis 446	Viburnum 436
Styphonolobium 224	Torreya 70	Vicia 228
STYRACACEAE...............340	Torreyochloa 194	Vigna 234
Styrax 340	Toxicodendron 290	Vincetoxicum 358
Swertia 354	Trachelospermum 356	Viola 278
Symphyotrichum 418	Trachycarpus 114	VIOLACEAE 278
Symphytum 358	Tradescantia 116	Viscum 314
SYMPLOCACEAE 340	Tragopogon 432	VITACEAE 220
Symplocarpus 80	Trapa 286	Vitis 220
Symplocos 340	Trautvetteria 208	Vulpia 194
Syneilesis 414	Triadenum......................282	
Synurus 426	Trichosanthes 264	**W**
Syringa 370	Tricyrtis.............................90	Weigela 440
	Trifolium 230	Wisteria 224
T	Trigonotis 360	Wolffia 78
Taeniophyllum 106	Trillium 88	Woodsia 44
Tagetes 408	Triodanis 398	WOODSIACEAE 44
TALINACEAE 332	Tripleurospermum 406	Woodwardia 50
Talinum 332	Tripora 378	
Tanacetum 408	Tripterospermum 354	**X**
Taraxacum 432	Trisetum 184	Xanthium 402
TAXACEAE 70	Triticum 182	XANTHORRHOEACEAE 108
Taxillus 314	TROCHODENDRACEAE 210	
Taxodium 68	Trochodendron 210	**Y**
Taxus 70	Tsuga 66	Yoania 102
Tephroseris 412	Tubocapsicum 366	Youngia 436
Ternstroemia 336	Turritis 308	
Tetradium 298	Tylophora 358	**Z**
Tetrapanax 442	Typha 118	Zabelia 440
Teucrium 380	TYPHACEAE 118	Zanthoxylum 298
Thalictrum......................208		Zea..................................148
THEACEAE 338	**U**	Zehneria..........................266
THELYPTERIDACEAE......42	ULMACEAE 252	Zelkova 252
Thelypteris 42	Ulmus 252	Zingiber 116
Themeda 150	Urtica 254	ZINGIBERACEAE 116
Thesium 314	URTICACEAE 254	Zizania 160
Thlaspi............................306	Utricularia 392	Ziziphus 250
Thrixspermum 106		Zoysia 160
Thuja 70	**V**	
Thujopsis 70	Vaccinium.......................344	
THYMELAEACEAE 304	Valeriana 440	
Tiarella............................216	Valerianella 440	
Tilia 302, 304	Vallisneria 84	

和名索引

「−」は検索表において語尾同一語が複数あることを示す

太数字は本文・図（P28−453）の見出し語検索ページ、細数字はその他であることを示す

ア

アイアスカイノデ............54, 55
アイオオアカウキクサ 34
アイスランドポピー.............198
アイダクグ 122, 123
アイヅシモツケ 236
アイナエ 356, 357
アイナエ属 356
アイノコイトモ 86
アイノコクマワラビ 56
アイノコセイヨウタンポポ
..............................432, 433
アイノコセンダングサ 410
アイバソウ 126, 129
−アオイ 4, 74, 116, 302, 304
アオイゴケ属 362
−アオイスミレ 280
アオイスミレ 280, 281
アオイチゴツナギ 186, 189
−アオイ科 116, 300
アオイ科 300
−アオイ属 74, 116, 302, 304
アオウキクサ 78, 79
アオウシノケグサ 194, 195
アオカモジグサ............182, 183
アオガヤツリ 122, 125
アオキ 350, 351
アオキガハラウサギシダ 48
アオキラン 96
アオギリ 302, 303, 466, 468, 478
アオギリ属 302
アオキ属 350
−アオゲイトウ 328
アオゲイトウ 328, 329
アオコウガイゼキショウ
..............................120, 121
アオゴウソ 136
アオジクマユミ 268
アオシラベ............................66
−アオスゲ 142
アオスゲ 142, 143

アオスズメノカタビラ 186, 189
アオスズラン 100
−アオダモ 368
アオダモ 368, 369, 460, 474
アオチカラシバ 174
アオチドリ 94
アオチャセンシダ 40
アオツヅラフジ...........199, 200
アオツヅラフジ属...............200
アオナリヒラ 154
アオネカズラ 60
アオネカズラ属 60
アオハダ 396, 397, 472, 480
アオヒメタデ 320
アオビユ 328
アオホオズキ 366, 367
アオホラゴケ 32, 33
アオホラゴケ属 32
アオマムシグサ 80
アオミズ 256, 257
アオモリトドマツ 66
アオヤギソウ 88
アカイシコウゾリナ............434
アカイタヤ 296
−アカウキクサ 34
アカウキクサ 34, 35
アカウキクサ属 34
アカガシ 260, 261
−アカカタバミ 270
アカカタバミ 270
アカカンバ 264
アカギキンポウゲ 208
−アカザ 326, 328
アカザ 328
アカザ属 326
アカジクヘビノボラズ 200, 463
アカシデ 262, 263, 465, 472, 477
−アカショウマ 216
アカショウマ 216, 217, 246
−アカソ 256
アカソ 256, 257
アカツメクサ 230
アカネ 350, 351
アカネスミレ 278, 279
アカネ科 350
アカネ属 350, 352
アカノマンマ 320
−アカバナ 288
アカバナ 288, 289
アカバナシモツケソウ 246

アカバナヒメイワカガミ
..............................340, 341
アカハナワラビ 30
アカバナ科 288
アカバナ属 288
アカボシツリフネソウ 336, 337
アカマツ 64, 65
アカミタンポポ 432
アカメガシワ
......270, 271, 465, 466, 468, 477
アカメガシワ属 270
アカメモチ 244
アカメヤナギ
..............275, 276, 469, 470, 479
アカヤシオ
......348, 349, 458, 465, 467, 473
アキカラマツ 208, 209
アキギリ属 382
アキグミ 250, 251, 466, 477
アキザキヤツシロラン 98
アギスミレ 282
アギナシ 82, 83
アキニレ 252, 253, 471, 479
アキノウナギツカミ 318, 319
アキノエノコログサ 176, 177
−アキノキリンソウ 416
アキノキリンソウ 416, 417
アキノキリンソウ属 416
アキノギンリョウソウ 344
アキノタムラソウ 382, 383
−アキノノゲシ 434
アキノノゲシ 434, 435
アキノノゲシ属 434
アキノハハコグサ 422, 423
アキノミチヤナギ 316, 317
アキメヒシバ 178, 179
−アケビ 98, 198
アケビ............198, 199, 462, 475
アケビ科 198
−アケビ属 98, 198
アケビ属 98, 198
アケボノシュスラン ...100, 101
アケボノスギ.........................68
アケボノスミレ 7, 280, 281
アケボノソウ 354, 355
アサ 252, 253
−アサガオ 362, 364, 368
アサガオ 362, 365
−アサガオ属 362, 364
アサガラ属 340

索引　ア

－アサクラザンショウ 298
アサクラザンショウ ...298, 299
－アサザ 400
アサザ 400, 401
アサザ属 400
アサダ............262, 263, 465, 471
アサダ属 262
アサノハカエデ ...292, 294, 459
アサマヒゴタイ............428, 429
－アザミ.....................426, 428
－アザミ属..................426, 428
アザミ属.....................426, 428
アサ科 252
アサ属 252
アシカキ 160, 161
－アジサイ 332, 334
アジサイ 334, 458, 473
アジサイ科 332
－アジサイ属 334
アジサイ属 334
－アシボソ 174
アシボソ 174, 175
アシボソ属........................174
－アスカイノデ 54
アスカイノデ 54, 55
－アズキ 234
－アズキナシ...............242, 244
アズキナシ ...242, 243, 472, 480
アズキナシ属 242
アズサ 262, 264
アズサミネバリ 264
アスナロ 70, 71
アスナロ属..........................70
アスパラガス 112
アスヒカズラ 28, 29
アズマイチゲ 208, 209
アズマイバラ 240, 241
アズマカモメヅル 358
アズマガヤ 180, 181
アズマガヤ属 180
－アズマザサ 156
アズマザサ 156, 158
アズマザサ属 156
アズマシャクナゲ 348, 349
アズマシライトソウ 88, 89
アズマスゲ 142, 144
アズマツメクサ 218
アズマツメクサ属 218
アズマナルコ 136, 138
－アズマネザサ 156

アズマネザサ 156, 159
アズマヤマアザミ 428, 431
アズマレイジンソウ ...202, 203
アゼオトギリ 284, 285
アゼガヤ 192, 193
－アゼガヤツリ...........122, 124
アゼガヤツリ 122, 123
アゼガヤ属 192
－アゼスゲ 136
アゼスゲ 136, 137
アゼスゲ節 134
－アゼテンツキ 126
アゼテンツキ 126, 128
アゼトウガラシ...........378, 379
アゼトウナ属 436
－アゼナ 376, 378
アゼナ 378, 379
アゼナルコ 136, 137
アゼナ科 378
－アゼナ属 376, 378
アゼナ属 378
アセビ 346, 347
アセビ属 346
アゼムシロ 396
アツミゲシ 196, 197
－アツモリソウ 1, 5, 94
アツモリソウ 1, 94, 95
アツモリソウ属 94
－アブノメ 374
アブノメ 374, 375
－アブノメ属 374
アブノメ属........................374
アブラガヤ 126, 129
アブラガヤ属 126
アブラシバ 134, 135
アブラシバ節 134
－アブラススキ 172
アブラススキ.............172, 173
－アブラススキ属 172
アブラチャン
..............4, 76, 77, 465, 471, 477
－アブラツツジ 344
アブラツツジ 344, 345
－アブラナ 310
アブラナ 310, 311
アブラナ科 304
アブラナ属 310
アフリカヒゲシバ 150, 151
アベマキ 258
アベリア 440

アポイザサ 156, 157
－アマクサシダ 40
アマクサシダ 40, 41
アマチャヅル 222, 266, 267
アマチャヅル属 266
－アマドコロ 114
アマドコロ 114, 115
アマドコロ属 114
－アマナ 5, 90, 92, 108, 112
アマナ 92, 93
アマナズナ属 306
－アマナ属...............90, 92, 112
アマナ属 92
アマニュウ 452, 453
アマ科 282
アマ属 282
アミシダ属 42
－アメリカアサガオ...........364
アメリカアサガオ 364, 365
－アメリカアゼナ 378
アメリカアゼナ 378, 379
アメリカアリタソウ 326
アメリカイヌホオズキ 366, 367
アメリカオオアカウキクサ ...34
アメリカオオバコ 376
アメリカオニアザミ ...428, 430
アメリカキカシグサ 286
アメリカキササゲ 394, 395
アメリカキンゴジカ...........302
アメリカクサイ 120
アメリカコナギ属 116
アメリカスズカケノキ 210, 211
アメリカスズメノヒエ 178, 179
アメリカスミレサイシン
.....................................280, 281
アメリカセンダングサ 410, 411
アメリカタカサブロウ 412
アメリカチョウセンアサガオ
....368
アメリカツノクサネム 226, 227
アメリカネナシカズラ 362, 363
アメリカノウゼンカズラ
.....................................394, 395
アメリカビュ 328, 329
アメリカフウロ............284, 285
アメリカホド 234, 235
アメリカホドイモ 234
アメリカミズアオイ...........116
アメリカミズアオイ属 116
アメリカヤマゴボウ...........330

491

アメリカヤマボウシ …332, 459	アンズ属 …236	イチビ …302, 303
アヤメ …106, 107	**イ**	イチビ属 …302
アヤメ科 …106	イ …120	－イチヤクソウ …342
アヤメ属 …106	イイギリ 274, 275, 467, 468, 478	イチヤクソウ …342, 343
アライトツメクサ …324	イイギリ属 …274	イチヤクソウ属 …342
アラカシ …260, 261	イイヌマムカゴ …94	イチョウ …64, 65
アラゲアオダモ …368, 460	イガオナモミ …402, 403	イチョウシダ …1, 40, 41
アラゲガマズミ …438	イガガヤツリ …122, 123	－イチョウラン …102, 104
アラゲハンゴンソウ …408	－イカダ …396	イチョウラン …104, 105
アラゲヒョウタンボク 438, 439	イガトキンソウ …408, 409	－イチョウラン属 …102, 104
アラゲメヒシバ …178	イガトキンソウ属 …408	イチョウラン属 …104
アリアケスミレ …278, 279	イガホオズキ …366, 367	イチョウ科 …64
－アリタソウ …326	イガホオズキ属 …366	イチョウ属 …64
アリタソウ …326, 327	イガホビユ …328	イチリンソウ …206, 207
アリタソウ属 …326	イガヤグルマギク …426	－イチリンソウ …206, 208
アリッサム …308	イカリソウ …200, 201	イチリンソウ属 …206
－アリドオシ …350, 354	イカリソウ属 …200	イッポンワラビ …48
アリドオシ …350, 351	－イグサ …120, 270, 288, 290	イトアオスゲ …142, 143
アリドオシラン …100, 101	イグサ …120, 121	イトイ …120, 121
アリドオシラン属 …100	－イグサ科 …118, 270	イトイチゴツナギ …186, 187
－アリドオシ属 …350, 354	イグサ科 …118	イトイヌノヒゲ …118, 119
アリドオシ属 …350	－イグサ属 …118, 272, 288	－イトスゲ …140
アリノトウグサ …220, 221	イグサ属 …118	イトザクラ …238
アリノトウグサ科 …220	イケマ …358, 359	イトスゲ …140, 141
アリノトウグサ属 …220	イケマ属 …358	イトタヌキモ …394
アレチウリ …8, 266, 267	イシミカワ …316, 318, 319	イトテンツキ …126, 128
アレチウリ属 …266	イズハハコ属（1）…416	イトトリゲモ …82, 83
アレチカミツレ …404	イズハハコ属（2）…418	イトハコベ …326
アレチギシギシ …316, 317	イタチササゲ …230	イトハナビテンツキ …126, 128
アレチニシキソウ …272, 273	－イタチシダ …56, 60	イトマキイタヤ …296
アレチヌスビトハギ …226, 227	イタチハギ …226, 227, 470, 479	イトモ …86, 87
－アレチノギク …416	イタチハギ属 …226	イヌアワ …174, 175
アレチノギク …416, 417	イタドリ …320	イヌイワデンダ …44
アレチノチャヒキ …184	イタドリ …320, 321	イヌエンジュ 224, 469, 471, 479
－アレチハナガサ …396	イタビカズラ …254, 255	イヌエンジュ属 …224
アレチハナガサ …396, 397	イタヤカエデ …296	イヌカキネガラシ …308, 309
アワ …174, 175	イタリアヤマナラシ …274	イヌカタヒバ …28, 29
－アワ …164, 174	イチイ …70, 71	イヌカミツレ …406, 407
－アワガエリ …162	イチイガシ …260	イヌカミルレ …406
アワガエリ …162, 163	イチイ科 …70	イヌガヤ …70, 71
アワガエリ属 …162	イチイ属 …70	イヌガヤ科 …70
アワコガネギク …406, 407	－イチゲ …208	イヌガヤ属 …70
アワゴケ …370, 371	－イチゴ …240, 242, 246	－イヌガラシ …310
アワゴケ属 …370	－イチゴ属 …240, 246	イヌガラシ …310, 311
－アワダチソウ …8, 416	－イチゴツナギ …186, 190	イヌガラシ属（1）…310
アワブキ …210, 211, 466	イチゴツナギ …186, 188	イヌガラシ属（2）…310
アワブキ科 …210	イチゴツナギ属 …186	イヌガンソク …50, 51
アワブキ属 …210	イチジク …254, 464, 468, 477	イヌガンソク属 …50
アワボスゲ …148, 149	イチジク属 …254	イヌケホシダ …42
アワ属 …174		イヌコウジュ …382, 383

イヌコウジュ属 382	ーイヌワラビ 46, 48	イロハモミジ 292
イヌコハコベ...............324, 325	イヌワラビ 46, 47	イワアカザ 328
イヌゴマ 388, 389	イネ 160, 161	イワアカバナ 288, 289
イヌゴマ属 388	イネ科 148	イワイタチシダ 60, 61
イヌコモチナデシコ............322	イネ科（大分類） 148	イワイヌワラビ 46, 47
イヌコリヤナギ ...274, 275, 461	イネ科① 148, 152	イワインチン 408, 409
イヌザクラ ...238, 239, 472, 480	イネ科② 152, 160	イワウイキョウ 450
イヌサフラン科 88	イネ科③ 152, 160	イワウサギシダ 48, 49
イヌザンショウ	イネ科④ 152, 168	イワウチワ 340, 341
...............298, 299, 463, 476	イネ科⑤ 152, 174	イワウチワ属 340
イヌシダ 36, 37	イネ科⑥ 152, 178	イワウメヅル 268, 269, 462
イヌシデ 262, 263, 472, 480	イネ科⑦ 152, 180	イワウメ科 340
イヌショウマ 204, 205	イネ属 160	イワウラジロ 3, 38
イヌスギナ 32, 33	ーイノコヅチ 330	イワオウギ 226
イヌスミレ 280	イノコヅチ 330, 331	イワオウギ属 226
ーイヌタデ 318, 320	イノコヅチ属 330	イワオモダカ 60, 61
イヌタデ 320, 321	ーイノデ 44, 52, 54	ーイワカガミ 340
イヌタデ属 316	イノデ 52, 53	イワカガミ 340
イヌタヌキモ 392	イノデモドキ.........................52	イワカガミ属 340
イヌツゲ 396, 397	イノデ属 52	ーイワガネ 38
イヌツルウメモドキ ...268, 269	ーイノモトソウ 40	イワガネゼンマイ............38, 39
イヌトウバナ 386, 387	イノモトソウ 40, 41	イワガネゼンマイ属 38
イヌドクサ 32, 33	イノモトソウ科 38	イワガネソウ 38, 39
ーイヌナズナ 304, 312	イノモトソウ属 38	イワガラミ ...332, 333, 334, 458
イヌナズナ 304, 307	ーイバラ 90, 222, 240	イワガラミ属 332
イヌナズナ属（1） 304	イバラモ属 82	イワカンスゲ節 142
イヌナズナ属（2） 306	ーイバラ属 88, 222	イワギボウシ 112, 113
イヌヌマトラノオ 338, 339	ーイブキ 68	イワキンバイ 248, 249
ーイヌノハナヒゲ 126	イブキトラノオ 316	ーイワザクラ 1, 2, 338
ーイヌノヒゲ 118	イブキトラノオ属 316	ーイワシモツケ 236
イヌノヒゲ 118, 119	イブキヌカボ.............164, 166	イワシモツケ 236, 237
ーイヌノフグリ............372, 374	イブキヌカボ属 164	イワシャジン 398, 399
イヌノフグリ 374, 375	イブキボウフウ 450, 451	イワシロイノデ 54, 55
イヌハギ 228, 229	イブキボウフウ属 450	イワセントウソウ 448, 449
ーイヌビエ 176	イボクサ 116, 117	イワセントウソウ属............448
イヌビエ 176, 177	イボクサ属 116	ーイワタバコ 370
ーイヌビユ 328	イボタノキ ...370, 371, 460, 474	イワタバコ 370, 371
イヌビユ 328, 329	イボタノキ属 370	イワタバコ科 370
イヌブナ 258, 259, 472, 480	イボタヒョウタンボク 438, 439	イワタバコ属 370
ーイヌホオズキ...............364, 366	ーイモ 84, 86, 234, 358, 412	イワダレソウ属 396
イヌホオズキ 364, 365	イモカタバミ 270, 271	イワツクバネウツギ ...440, 441
イヌホタルイ 130, 131	イモノキ 444	イワツクバネウツギ属 440
イヌマキ 66, 69	ーイモ属 86, 234, 358, 362	ーイワデンダ 44
イヌマキ科 66	ーイラクサ 254	イワデンダ 44, 45
イヌマキ属 66	イラクサ 254, 255	イワデンダ科 44
ーイヌムギ 184	イラクサ科 254	イワデンダ属 44
イヌムギ 184, 185	ーイラクサ属 254	ーイワトラノオ 40
イヌムラサキ 360, 361	イラクサ属 254	イワトラノオ 40, 41
イヌヤマハッカ............382, 383	イラモミ 66	イワナンテン 346, 347
イヌヨモギ 404, 405	イロハカエデ 292, 294, 461, 475	イワナンテン属 346

493

イワニガナ 434	ウシノケグサ 194, 195	ーウド 442, 452
イワニンジン 452, 453	ーウシノケグサ属 194	ーウド属 452
イワネコノメソウ 214, 215	ウシノケグサ属 194	ーウナギツカミ 318
イワノガリヤス...........164, 165	ウシノシッペイ ...172, 173, 180	ウナギツカミ 318, 319
イワハタザオ 312	ウシノシッペイ属 172, 180	ウバユリ 92, 93
イワハリガネワラビ 42	ウシハコベ 324, 325	ウバユリ属 92
イワヒバ 3, 28, 29	ウスアカカタバミ 270	ーウマゴヤシ 232
イワヒバ科 28	ウスギオウレン 204	ウマゴヤシ 232, 233
イワヒバ属 28	ウスギタンポポ 432	ウマゴヤシ属 232
イワヒメワラビ 36	ウスギママコナ 392	ウマスゲ 146, 147
イワヒメワラビ属 36	ウスギモクセイ 370	ウマノアシガタ 208
イワヘゴ 54	ウスギヨウラク 348	ウマノスズクサ 74, 75
イワベンケイ 218	ウスゲクロモジ 76	ウマノスズクサ科 74
イワベンケイ属 218	ウスゲサンカクヅル............220	ウマノスズクサ属 74
イワボタン 214, 215	ウスゲタマブキ............416, 417	ウマノチャヒキ 184, 185
イワヨモギ 406, 407	ウスゲチョウジタデ ...290, 291	ーウマノミツバ 446
イワレンゲ属 218	ウスゲトダシバ 152	ウマノミツバ 446, 447
インチンナズナ 306	ウスゲミヤマシケシダ 44	ウマノミツバ属 446
	ウスゲメヒシバ 178	ウメ 236, 237, 463, 469, 475
ウ	ウスノキ 344, 345	ーウメ 236, 238
ーウイキョウ 450	ウスバサイシン 74, 75	ウメウツギ................1, 334, 335
ウキアゼナ 376, 377	ウスバスミレ 280, 281	ウメガサソウ 342
ーウキガヤ 184	ウスバヤブマメ 234	ウメガサソウ属 342
ウキガヤ 184, 185	ウスヒメワラビ 44, 45	ウメバチソウ 268, 269
ーウキクサ 34, 78	ウスヒメワラビ属 44	ウメバチソウ属 268
ウキクサ 78, 79	ウスベニチチコグサ............422	ーウメモドキ 252, 268, 396
ーウキクサ属 34, 78	ーウスユキソウ 424	ウメモドキ ...396, 397, 468, 478
ウキクサ属 34, 78	ウスユキソウ 424	ウラゲイワガネ 38, 39
ウキシバ 174, 175	ウスユキソウ属 424	ウラゲエンコウカエデ 296, 297
ウキシバ属 174	ーウズラ 100	ウラゲスズ 156, 159
ーウキヤガラ 129, 130	ウダイカンバ	ウラゲトチノキ 298
ウキヤガラ 129, 130	............262, 263, 292, 465, 470	ウラシマソウ 80, 81
ウキヤガラ属 130	ウチョウラン 5, 94, 95	ーウラジロ 3, 34, 38
ーウグイスカグラ 438	ウチョウラン属 94	ウラジロ 34, 35
ウグイスカグラ	ーウチワカエデ 292, 294	ウラジロアカザ............326, 327
................438, 439, 459, 473	ウチワゴケ 32, 33	ーウラジロイチゴ.................242
ウケザキオオヤマレンゲ 76	ウチワゼニクサ 446	ウラジロイチゴ 242
ーウコギ 410, 444	ウチワドコロ 86, 87	ウラジロウコギ 444, 445
ウコギ科 442	ーウツギ	ーウラジロガシ 260
ウコンバナ 76	...1, 236, 264, 290, 334, 376, 440	ウラジロガシ 260, 261
ウサギアオイ 304, 305	ウツギ..........334, 335, 458, 473	ウラジロカンバ 262
ーウサギシダ 48	ーウツギ科 264, 290	ウラジロサナエタデ............318
ウサギシダ 48, 49	ーウツギ属	ウラジロチチコグサ ...422, 423
ウサギシダ属........................48	......236, 264, 290, 334, 376, 440	ーウラジロノキ 244
ウシクグ 124, 125	ウツギ属 334	ウラジロノキ 244, 245, 470
ウシクサ 174, 175	ーウツボ 8, 390, 392	ウラジロハナヒリノキ 346
ウシクサ属 174	ウツボグサ 386, 387	ウラジロヒカゲツツジ 346, 347
ウシコロシ 244	ウツボグサ属 386	ウラジロモミ 66, 67
ウシタキソウ 288, 289	ーウツボ属 390, 392	ウラジロヨウラク 348, 349
ーウシノケグサ 194	ウド 442	ウラジロ科 34

ウラジロ属 34	エゾオオバコ 376	－エンジュ 224
ウラハグサ 190, 191	エゾカモジグサ............182, 183	エンジュ 224, 225, 468
ウラハグサ属 190	エゾカワラナデシコ ...322, 323	エンシュウベニシダ 56
ウラベニダイモンジソウ 216	エゾシロネ 382, 385	エンシュウムヨウラン 98
－ウラボシ 60, 61	エゾスズラン 100	－エンジュ属 224
ウラボシノコギリシダ属 46	エゾスミレ 278	エンジュ属 224
ウラボシ科 60	エゾタチカタバミ 270, 271	－エンドウ 230
－ウラボシ属 60, 62	エゾタンポポ 432, 433	－エンレイソウ 88
－ウリ 8, 264, 266	エゾデンダ属........................60	エンレイソウ 88, 89
ウリカエデ ...295, 296, 459, 473	エゾヌカボ 168, 170	エンレイソウ属 88
ウリカワ 82, 83	エゾノアオイスミレ ...280, 281	
ウリクサ 378, 379	エゾノギシギシ............316, 317	**オ**
－ウリノキ 332	エゾノサヤヌカグサ............160	オウギカズラ 378, 379
ウリノキ 332, 333, 468, 478	エゾノタチツボスミレ 280	オウゴンクジャクヒバ 70
ウリノキ属 332	エゾハタザオ 312	オウゴンシノブヒバ 70
ウリハダカエデ	エゾハタザオ属............312, 314	オウゴンヒヨクヒバ 70
..............295, 296, 459, 473	エゾハリイ 132, 133	オウシュウマンネングサ ...218
ウリ科 264	エゾミソハギ 286, 287	－オウレン 204
－ウリ属 264, 266	エゾムギ 182, 183	オウレンシダ 36, 37
－ウルシ 272, 292, 300	エゾムギ属（1） 182	オウレン属 204
ウルシ 292, 293, 466	エゾムギ属（2） 182	オオアオカモメヅル............358
ウルシ科 290	エゾヤマカモジグサ ...180, 181	オオアオスゲ 142, 143
－ウルシ属 290, 300	エゾヤマザクラ 240	－オオアカウキクサ 34
ウルシ属 290	エダウチチヂミザサ............178	オオアカウキクサ............34, 35
－ウワバミソウ 256	エドヒガン ...238, 239, 472, 480	オオアザミ 426
ウワバミソウ............256, 257	エナシノ 156, 158	オオアザミ属 426
ウワバミソウ属 256	エナシヒゴクサ............145, 146	オオアブノメ 374, 375
ウワミズザクラ	－エノキ 252	オオアブノメ属 374
..................238, 239, 471, 480	エノキ............252, 253, 470, 479	オオアブラススキ 172, 173
ウワミズザクラ属 238	エノキグサ 272	オオアブラススキ属..........172
ウンシュウミカン 300	エノキグサ属 272	－オオアマナ 112
ウンゼンザサ 156, 157	エノキ属 252	オオアマナ 112
－ウンラン 100, 372	－エノコロ 174, 176	オオアマナ属 112
－ウンラン属 100, 372	－エノコログサ 176	オオアラセイトウ 314
ウンラン属 372	エノコログサ 176, 177	－オオアリドオシ 350
ウンリュウヤナギ	エビガライチゴ	オオアリドオシ 350
..................276, 277, 469, 479	..................242, 243, 463, 476	オオアレチノギク 416, 417, 418
	エビスグサ 224	オオアワガエリ 162, 163
エ	エビヅル..............220, 221, 462	オオアワダチソウ 416
エイザンスミレ............278, 279	－エビネ 104	オオイタチシダ 60
エキサイゼリ 450, 451	エビネ 104, 105	オオイタドリ 320, 321
エキサイゼリ属 450	エビネ属 104	オオイタヤメイゲツ
エゴノキ 340, 341, 466, 468, 478	－エビモ 86	..................294, 296, 461
エゴノキ科 340	エビモ 86, 87	オオイチゴツナギ 186, 189
エゴノキ属 340	エビラシダ 48, 49	オオイヌタデ 318, 319
－エゴマ 386	エビラフジ 230	オオイヌノフグリ 374, 375
エゴマ 386, 387	－エンコウカエデ 296	オオイヌホオズキ 366
エゾウキヤガラ 130	エンコウカエデ............296, 297	オオウシノケグサ 194, 195
エゾウコギ属 444	－エンゴサク 196	オオウラジロノキ
エゾエノキ 252, 253	エンジェルトランペット ...364	..................244, 245, 467, 478

オオエノコロ 174, 175	オオタチヤナギ............276, 277	オオバノヤエムグラ ...352, 353
オオオナモミ 402, 403	オオタマツリスゲ 146, 147	オオバノヨツバムグラ 352, 353
オオカサモチ 450, 451	オオチゴユリ.........................88	オオバヒョウタンボク 438
オオカサモチ属 450	オオヂシバリ 434, 435	オオバボダイジュ 302, 303, 469
オオカナダモ 84, 85	オオチドメ 446, 447	オオバマンサク 212
オオカナダモ属 84	オオツクバネウツギ 440, 441	オオバミネカエデ 296
オオカナワラビ 54, 55	オオツヅラフジ 200	オオバヤシャゼンマイ 32
オオカニツリ　...152, 153, 184	オオツリバナ 268, 269, 460	オオバヤシャブシ
オオカニツリ属 152	オオツルイタドリ 320	..................264, 265, 465, 470
オオカメノキ　...438, 439, 458	オオツルウメモドキ ...268, 269	オオバヤドリギ科 314
オオカモメヅル 358, 359	オオトボシガラ 194, 195	オオバヤナギ 274, 275
オオカモメヅル属 358	オオオナギナタガヤ 194, 195	オオバヤマハッカ 382
オオカラマツ 208	オオナルコユリ 114	オオバユキザサ 114
オオカワヂシャ 8, 374, 375	オオナンバンギセル ...390, 391	オオハリイ 132, 133
オオガンクビソウ 420, 421	オオニガナ 432, 433	オオハルタデ 320
オオキジノオ 36	オオニシキソウ 272, 273	オオハンゲ 80
オオキツネノカミソリ 110	オオニワゼキショウ............108	−オオハンゴンソウ 408
オオキツネヤナギ 276, 277	オオニワホコリ 192, 193	オオハンゴンソウ 408
オオキヌタソウ............350, 351	オオニワヤナギ 316	オオハンゴンソウ属............408
オオキバナカタバミ............270	オオヌマハリイ 132, 133	オオヒエンソウ属................202
オオキヨズミシダ 52	オオネズミガヤ 164, 167	オオヒキヨモギ............390, 391
オオキンケイギク 410, 411	オオネバリタデ............320, 321	オオヒナノウスツボ ...376, 377
オオクサキビ 176, 177	オオバアサガラ	オオヒメワラビ 44, 45
オオクジャクシダ 54	..................340, 341, 466, 478	オオビランジ 323, 324
−オオクボシダ　..................62	オオバキハダ 300	オオフサモ 8, 220
オオクボシダ 62, 63	オオバギボウシ............112, 113	オオフジシダ 36
オオクボシダ属 62	オオバクサフジ 230	オオフジシダ属 36
オオクマザサ 156	オオバグミ 250, 251	オオブタクサ..........8, 404, 405
オオクマヤナギ............250, 251	−オオバコ 6, 84, 376	オオフタバムグラ 354, 355
オオケタデ 318	オオバコ 376, 377	オオフタバムグラ属............354
オオコガネネコノメソウ	オオバコアカソ 256	オオベニシダ 56, 59
..................................214, 215	オオバコウモリ 416, 417	オオベニタデ 318
オオシケシダ属（1）..........44	オオバコ科 370	オオホウキギク 418
オオシケシダ属（2）..........48	−オオバコ属 84, 376	オオホナガアオゲイトウ ...328
オオジシバリ 434	オオバコ属 376	オオマツヨイグサ 290, 291
オオシマザクラ	オオバジャノヒゲ 110, 111	オオミズオバコ 84
..................240, 241, 472, 480	オオバショウマ 204, 205	オオミゾソバ 318
オーシャンブルー 362	オオバショリマ 42	オオミチヤナギ 316
オオシュロソウ 88	オオバセンキュウ 452, 453	オオミヤマガマズミ............438
オオシラビソ 66, 67	オオバタネツケバナ 312, 313	−オオムギ 160
オオシロカネソウ 204	オオバタンキリマメ 234	オオムギ 160, 161
オオスズメノカタビラ 186, 187	オオバチドメ 446, 447	オオムギ属 160
オオスズメノテッポウ 162, 163	オオバナイトタヌキモ 394	オオムラサキ 348, 349
オオズミ 244	オオバナオオヤマサギソウ ...96	オオモミジ ...292, 294, 461, 475
オオセンナリ 366	オオハナワラビ 30, 31	オオモミジガサ 414, 415
オオセンナリ属 366	オオバナニガナ 436	オオモミジガサ属................414
オオダイコンソウ 248, 249	オオバノアマクサシダ 40	オオヤマカタバミ 270, 271
オオタカネイバラ 240	オオバノイノモトソウ ...40, 41	オオヤマサギソウ 96
オオタカネバラ 240	オオバノトンボソウ 96	オオヤマザクラ
オオタチツボスミレ 280	オオバノハチジョウシダ 40	..................240, 241, 472, 480

オオヤマツツジ 348	オシダ科 50	オニナルコスゲ............148, 149
オオヤマハコベ............326, 327	-オシダ属 36, 54	オニナルコスゲ節（1）......146
オオヤマフスマ............326, 327	オシダ属 54	オニナルコスゲ節（2）......148
-オオヤマレンゲ 4, 76	オシャグジデンダ 60	オニノゲシ 436, 437
オオヤマレンゲ 4, 76, 465	オシロイバナ 330	オニノヤガラ 96, 97
オオヨモギ 406, 407	オシロイバナ科 330	オニノヤガラ属 96
オオルリソウ 360, 361	オシロイバナ属 330	オニバス 4, 72, 73
オオルリソウ属 360	オタカラコウ 414, 415	オニバス属 72
オオレイジンソウ 202	-オダマキ 202	オニヒカゲワラビ 48
オカウコギ............444, 445, 463	オダマキ 202, 203	-オニビシ 286
オカオグルマ 414, 420	オダマキ属 202	オニビシ 286, 287
オカオグルマ属 412	オタルスゲ 136, 137	オニマタタビ 342, 343
オカスミレ 278, 279	オッタチカタバミ 270, 271	オニミズヒキ 316
オカタイトゴメ 218	-オトギリ 282, 284	オニヤブソテツ 50, 51
オカタツナミソウ 380, 381	オトギリソウ 282, 283	-オニユリ 6, 92
オカトラノオ 338, 339	オトギリソウ科 282	オニユリ 92, 93
オカトラノオ属 338	オトギリソウ属 282	オニルリソウ 360, 361
オカメザサ 154, 155	オトコエシ 440, 441	オノエヤナギ 276, 277, 469, 479
オカメザサ属 152, 154	オトコゼリ 210	オノオレ 264
オガラバナ............295, 296, 459	オトコヨウゾメ	オノオレカンバ
オガルカヤ 148, 149	...............438, 439, 459, 461, 474	...............264, 265, 465, 470, 477
オガルカヤ属 148	-オトコヨモギ 404	オノマンネングサ 218, 219
オギ 168, 171	オトコヨモギ 404, 405	オハツキガラシ............308, 309
オキジムシロ............248, 249	オトメアゼナ属 376	オハツキガラシ属 308
オキナアサガオ............362, 363	-オドリコソウ 388	オヒゲシバ 150
オキナアサガオ属 362	オドリコソウ 388	オヒゲシバ属 150, 162
オキナグサ 1, 206, 207	-オドリコソウ属 388	オヒゲシバ属（ヒゲシバを除く）
オキナグサ属 206	オドリコソウ属 388	150
オククルマムグラ 352, 353	-オナモミ 400, 402	オヒシバ 184, 185
オクシモアズキナシ............244	オナモミ 400, 402, 403	オヒシバ属 184
オクタマシダ 40	オナモミ属 402	-オヒョウ 252
オクタマゼンマイ 32	オニイタヤ ...296, 297, 460, 474	オヒョウ ...252, 253, 471, 480
オクノカンスゲ............139, 140	オニウシノケグサ 194, 195	オヘビイチゴ............246, 247
オクマワラビ 56, 58	オニカサモチ 450	オマツ 64, 290, 291
オクモミジハグマ 424, 425	オニガシ属 260	オミナエシ 440, 441
オクヤマオトギリ 284	オニカナワラビ 54	オミナエシ属 440
オクヤマコウモリ 416, 417	オニクサヨシ 150, 151	-オモダカ 60, 82
オクヤマザサ 154, 155	オニグルミ	オモダカ 82, 83
-オグルマ 414, 420	...............260, 261, 464, 468, 476	オモダカ科 82
オグルマ 420, 421	-オニゲシ 196, 198	-オモダカ属 82
-オグルマ属 412, 420	オニゲシ 198	オモダカ属 82
オグルマ属 420	オニシバ 160	-オモト 92, 112
オケラ 426, 427	オニシバリ 304, 305	オモト 112, 113
オケラ属 426	オニスゲ 5, 145, 146	-オモト属 92, 112
オサシダ 50, 51	-オニタビラコ............432, 436	オモト属 112
オサバグサ 196, 197	オニタビラコ 436, 437	オヤブジラミ 446, 447
オサバグサ属 196	オニタビラコ属 436	オヤマボクチ 426, 427
-オシダ 36, 40, 56	オニツルウメモドキ ...268, 269	オランダイチゴ属...............246
オシダ 56, 57	オニトウゲシバ 28	オランダガラシ 312
-オシダ科 36, 50	オニドコロ 86, 87	オランダガラシ属...............312

オランダキジカクシ.............112
オランダハッカ............384, 385
－オランダフウロ................284
オランダフウロ............284, 285
オランダフウロ属................284
オランダミミナグサ ...324, 325
オリエンタルポピー...............198
オロシャギク 408

カ

カイタカラコウ............414, 415
カイヅカイブキ 68
－カイドウ 244, 266
カイドウ 244
カイノキ 290
カイフウロ 284, 285
－カエデ 262, 292, 294, 295, 296
カエデドコロ 87, 88
カエデ属 292
－ガエリ 162
－ガエリ属 162
ガガイモ 358, 359
ガガイモ属 358
ガガイモ属 358
ガガブタ 400
－カキ 160, 336
－ガキ 300, 336
カキツバタ 106, 107
カキドオシ 386, 387
カキドオシ属 386
カキナ 310
－カキネガラシ 308
カキネガラシ 308, 309
カキノキ..............336, 471, 479
カキノキ科 336
カキノキ属 336
カキラン 100
カキラン属 100
ガクアジサイ 334, 335
ガクウツギ 334, 335
カクミノスノキ 344
カクレミノ 444, 445
カクレミノ属 444
カザグルマ 206, 207
カサスゲ 146, 147
－カサモチ 450
－カシ 260
－ガシ 260
カジイチゴ 242, 243
カジカエデ ...296, 297, 460, 474

カシグルミ 260
カジノキ 254, 255, 468, 469, 478
カシワ ...258, 259, 464, 465, 476
－ガシワ 70, 260, 270, 358
カシワバハグマ 424, 425
カシワモドキ 258
カズノコグサ 162, 163
カズノコグサ属 162
カスマグサ 228, 231
カスミザクラ 240, 241, 472, 480
－カズラ
 ...28, 60, 72, 198, 254, 320, 354,
356, 360, 362, 378, 386, 394, 438
－カズラ科 28, 394, 438
－カズラ属
28, 60, 72, 198, 320, 354, 356, 360,
386, 394, 438
－カゼクサ 192
カゼクサ 192, 193
カゼクサ属 192
カセンソウ 420, 421
カタイノデ 52
カタクリ 5, 90, 91
カタクリ属 90
カタバエノコログサ............176
カタハダアズマネザサ 156, 159
－カタバミ 270
カタバミ 270, 271
カタバミ科 270
カタバミ属 270
カタバヤブマオ 258, 259
－カタヒバ 28
カタヒバ 28, 29
－カタビラ 186
－カツラ 212
カツラ............212, 213, 461, 475
カツラ科 212
カツラ属 212
カテンソウ 256, 257
カテンソウ属 256
－カナダモ 84
－カナダモ属 84
カナダモ属 84
カナビキソウ 314, 315
カナビキソウ属 314
カナムグラ 252, 253
カナメモチ 244, 245
カナメモチ属 244
カナリーキヅタ 442, 443
－カナリークサヨシ.............152

カナリークサヨシ 152, 153
－カナワラビ 52, 54
カナワラビ 52, 54, 55
カナワラビ属........................54
カニクサ 34, 35
カニクサ科 34
カニクサ属 34
カニコウモリ 416, 417
カニツリグサ 184, 185
カニツリグサ属 184
カノコソウ属 440
カノツメソウ 448, 449
カノツメソウ属 448
カバノキ科 262
カバノキ属 262
カブ...................................310
－カブト 202
－カマ 230, 424, 426
－ガマ 118, 392
ガマ 118, 119
－ガマズミ 438
ガマズミ 438, 439, 459, 474
ガマズミ属 436
－カマツカ 244
カマツカ 244, 245, 470, 479
カマツカ属 244
ガマ科 118
－ガマ属 118, 392
ガマ属 118
カミエビ 200
－カミソリ 110
－カミツレ 404, 406
カミツレ 406
カミツレモドキ...........404, 405
カミツレモドキ属................404
カミヤツデ 442
カミヤツデ属 442
カミルレ 406
カメバヒキオコシ 382, 383
カモガヤ 190, 191
カモガヤ属 190
－カモジグサ 180, 182
カモジグサ 182, 183
カモジグサ類 182
カモミール 404
－カモメヅル 358
－カモメヅル属 358
カモメヅル属 358
カモメラン 5, 94, 95
カモメラン属 94

カヤ 70, 71	カラムシ 256, 257	ガンコウラン属 348
－ガヤ ...70, 122, 126, 134, 150, 152, 162, 164, 168, 172, 174, 178, 180, 184, 190	ガリア科 350	カンザシイヌホオズキ 366, 367
	カリガネソウ 378	－カンスゲ 140
	カリガネソウ属 378	カンスゲ 140, 142
－カヤツリ 122, 124	カリフラワー 310	－カンスゲ節 140, 142
カヤツリグサ 124, 127	カリマタガヤ 172, 173	－カンゾウ 108, 226
カヤツリグサ科（大分類） 120	カリマタガヤ属 172	カンチク 160, 161
カヤツリグサ科①	－ガリヤス 164, 192	カンチク属（1） 154
（スゲ属以外の属） 122	カリヤスモドキ............168, 171	カンチク属（2） 160
カヤツリグサ科②（スゲ属） 132	カリン 244, 245, 467	カントウタンポポ 432, 433
カヤツリグサ属 122	－ガルカヤ 148, 150	カントウマユミ 268
カヤラン 106, 107	－ガルカヤ属 148, 150	カントウミヤマカタバミ
カヤ属 70	－ガレイ 130	......................................270, 271
カラクサイヌワラビ 46, 47	カロライナアオイゴケ 362	カントウヨメナ ...418, 420, 421
カラクサガラシ 306	カロリナアオイゴケ ...362, 363	－ガンピ 322
カラクサケマン属 196	カロリナポプラ 274	
カラクサシダ 62, 63	－カワズスゲ 134	**キ**
カラクサシダ属 62	－カワズスゲ節 132	－キイチゴ 242
カラクササナズナ............306, 307	カワズスゲ節................132, 134	キイチゴ 242
－ガラシ	－カワヂシャ 8, 374	キイチゴ属 240
208, 306, 308, 310, 312, 374, 378	カワヂシャ 374, 375	キイロハナカタバミ ...270, 271
－カラシナ 310	カワチハギ 228	キウイフルーツ 342
カラシナ 310, 311	カワチブシ 202	キオン 412
－ガラシ属	カワミドリ 386, 387	－キカシグサ 286
..............306, 308, 310, 312, 374	カワミドリ属 386	キカシグサ 286, 287
－カラスウリ 264	－カワヤナギ 276	キカシグサ属 286
カラスウリ 264, 267	カワヤナギ ...276, 277, 469, 479	キカラスウリ 264, 267
カラスウリ属 264	カワラアカザ 326, 327	キキョウ 398
カラスザンショウ 298, 299, 463	カワラエノコロ 176	－ギキョウ 396, 398
カラスノエンドウ 230, 231	カワラケツメイ............224, 225	－キキョウソウ 398
カラスノカタビラ 186	カワラケツメイ属...............224	キキョウソウ 398, 399
カラスノゴマ................304, 305	カワラサイコ 248, 249	キキョウソウ属 398
カラスノゴマ属 304	カワラスガナ 122, 123	キキョウ科 396
カラスノチャヒキ 184, 185	カワラスゲ 136, 137	キキョウ属 398
カラスビシャク 80, 81	－カワラナデシコ 7, 322	キクアザミ 428, 429
－カラスムギ 182	カワラナデシコ 7, 322, 323	キクイモ 412
カラスムギ 182, 183	カワラニガナ 434, 435	キクイモモドキ 408
カラスムギ属 182	カワラニンジン............404, 405	キクイモモドキ属...............408
カラタチ 300, 301, 463	カワラハハコ 422	キクガラクサ 372
カラタチバナ 336, 337	カワラマツバ 352	キクガラクサ属 372
カラハナソウ 252, 253	カワラヨモギ 404, 405	キクザキイチゲ............208, 209
カラハナソウ属 252	－カンアオイ 4, 74	キクザキイチリンソウ 208
カラフトミヤマシダ 46	カンアオイ 74, 75	キクタニギク 406, 407
－カラマツ 64, 208	カンアオイ属.......................74	キクバドコロ 86, 87
カラマツ 64, 209	カンエンガヤツリ 124, 125	キクムグラ 352, 353
カラマツソウ 208, 209	－カンガレイ 130	キクモ 374, 375
カラマツソウ属 208	カンガレイ 130, 131	キク科 400, 402
－カラマツ属 64, 208	－ガンクビソウ............420, 422	キク科（大分類） 400
カラマツ属 64	ガンクビソウ 422, 423	キク科①（オナモミ族） ...402
－カラムシ 256	ガンコウラン 348	キク科②（キク族）............404

キク科③（メナモミ族） …408	キッコウチク …………154, 155	－ギボウシ …………………112
キク科④（キオン族） ……412	キッコウハグマ ……………424	キミカゲソウ ………………112
キク科⑤（シオン族） ……416	－キヅタ ……………………442	キミズミ ……………………244
キク科⑥（オグルマ族） …420	キヅタ ……………………442, 443	キミノニワトコ ……………436
キク科⑦（コウヤボウキ族） 424	キヅタ属 ……………………442	キャベツ ……………………310
キク科⑧（ヒヨドリバナ族） 424	キツネアザミ ……………426, 427	キャラボク ……………………70
キク科⑨（アザミ族） ……426	キツネアザミ属 ……………426	キュウリグサ ……………360, 361
キク科⑩（タンポポ族） …432	キツネガヤ ………………184, 185	キュウリグサ属 ……………360
キク属（1） ………………406	－キツネノカミソリ ………110	ギョウギシバ ……………160, 161
キク属（2） ………………408	キツネノカミソリ ………110, 111	ギョウギシバ属 ……………160
－キケマン …………………196	－キツネノボタン ………208, 210	ギョウジャニンニク …108, 109
キケマン属 …………………196	キツネノボタン …………210, 211	ギョウジャノミズ ………220, 222
キケンショウマ ……………204	キツネノマゴ ……………394, 395	キョウチクトウ …………356, 357
－キササゲ …………………394	キツネノマゴ科 ……………394	キョウチクトウ科 …………356
キササゲ …………………394, 458	キツネノマゴ属 ……………394	キョウチクトウ属 …………356
キササゲ属 …………………394	キツリフネ ………………336, 337	キヨスミウツボ …………390, 391
－キジカクシ ………………112	ギニアキビ …………………176	キヨスミウツボ属 …………390
キジカクシ ………………112, 113	キヌガサギク ………………408	キヨスミコケシノブ …………34
キジカクシ科 ………………110	－キヌタソウ ……………350, 352	－キヨズミシダ ………………52
キジカクシ属 ………………112	キヌタソウ ………………352, 353	キヨズミシダ …………………52
－ギシギシ …………………316	キヌヤナギ ………………276, 277	キヨスミヒメワラビ …………52
ギシギシ …………………316, 317	ギネアキビ ………………176, 177	キヨスミヒメワラビ属 ………52
ギシギシ属 …………………314	－キハギ ……………………228	キヨタキシダ …………………48, 49
キジノオシダ ………………36, 37	キハギ…………228, 229, 471, 479	－キランソウ ………………380
キジノオシダ科 ………………36	－キハダ ……………………300	キランソウ ………………380, 381
キジノオシダ属 ………………36	キハダ ……………300, 461, 475	キランソウ属 ………………378
－キジムシロ ………………248	キハダ属 ……………………300	－キラン属 ………………100, 102
キジムシロ ………………248, 249	キバナアキギリ ……………382	キリ ……………390, 458, 473
キジムシロ属（1） …………246	キバナウツギ ……………440, 441	－キリンソウ ……………218, 416
キジムシロ属（2） …………246	－キバナカタバミ …………270	キリンソウ ………………218, 219
キシュウスズメノヒエ 178, 179	キバナコウリンカ…………1, 414	－キリンソウ属……………218, 416
キシュウブ ………………106, 107	キバナコスモス……………409, 410	キリンソウ属 ………………218
キセワタ …………………388, 389	キバナノアマナ ………5, 90, 91	キリ科 ………………………390
－キソチドリ …………………96	キバナノアマナ属 ……………90	キリ属 ………………………390
キソチドリ ……………………96, 97	キバナノコマノツメ …278, 279	キレハイヌガラシ ………310, 311
キゾメカミツレ…………404, 405	キバナノショウキラン 102, 103	キレハオオクボシダ ……62, 63
キタゴヨウ ……………………64, 65	キバナノマツバニンジン …282	キレハノブドウ …………222, 223
キタザワブシ ………………202	キバナノヤマオダマキ ……202	キレハマメグンバイナズナ 306
キタダケナズナ ……………306	キバナハタザオ …………308, 309	－キンエノコロ ……………176
キダチコマツナギ …………232	キバナハタザオ属 …………308	キンエノコロ ……………176, 177
キダチチョウセンアサガオ	キバナママコナ ……………392	－キンガヤツリ ……………122
………………………364, 368	キバナムギナデシコ………434	キンガヤツリ ……………122, 123
キダチチョウセンアサガオ属	キビ …………………………176, 177	キンギョモ …………………194
………………………………364	－キビ属 …………………172, 176	キンケイギク ………………410
キダチノネズミガヤ …164, 167	キビ属 ………………………176	キンケイギク属 ……………410
キタミソウ ………………1, 372, 373	キブシ …290, 291, 465, 470, 477	キンコウカ科 …………………86
キタミソウ属 ………………372	キブシ科 ……………………290	キンゴジカ属 ………………302
キチガイナスビ ……………368	キブシ属 ……………………290	キンシバイ …………………282
キチジョウソウ …………112, 113	キブネギク ……………………206	キンセイラン ………………104
キチジョウソウ属 …………112	ギフベニシダ ………………56, 58	－キンバイ ………………248, 290

ギンバイソウ 334, 335	クサソテツ 50, 51	クマノミズキ
ギンバイソウ属 334	クサソテツ属 50	............332, 333, 458, 459, 473
キンヒゴタイ 428	クサタチバナ 358	−クマヤナギ 250
−キンポウゲ 208	クサニワトコ 436	クマヤナギ 250, 251, 462
キンポウゲ 208	−クサネム 226	クマヤナギ属 250
キンポウゲ科 202	クサネム 226, 227	−クマワラビ 56
キンポウゲ属 208	−クサネム属 226	クマワラビ 56, 58
−キンミズヒキ 248	クサネム属 226	−グミ 250, 314
キンミズヒキ 248, 249	クサノオウ 198, 199	グミ科 248
キンミズヒキ属 248	クサノオウバノギク............436	−グミ属 248, 314
キンモウワラビ 50	クサノオウバノヤクシソウ 436	グミ属 248
キンモウワラビ属 50	クサノオウ属 198	クモイコザクラ 338, 339
キンモクセイ 370, 371	クサハギ 226	クモキリソウ 104, 105
ギンモクセイ 370, 371	−クサフジ 230, 232	クモキリソウ属 102
キンモクセイ属 370	クサフジ 230, 231	クモノスシダ 40, 41
−キンモンソウ 380	クサボケ 244, 245, 463	クモラン 106, 107
キンモンソウ 380	クサボタン 206, 207	クモラン属 106
キンラン 98, 99	クサマオ 256	−クラマゴケ 28, 30
−ギンラン 100	−クサヨシ 150, 152	クラマゴケ 30, 31
ギンラン 100, 101	クサヨシ 150, 151	クララ 226, 227
キンラン属 98	クサヨシ属 150	クララ属 226
−ギンリョウソウ 342, 344	クサレダマ 7, 338	クリ 258, 259, 470, 479
ギンリョウソウ............342, 343	クシガヤ属 150	クリオザサ 156, 157
ギンリョウソウモドキ 344, 345	−クジャクシダ 38, 54	クリハラン 62
ギンリョウソウモドキ属 ...344	クジャクシダ 38, 39	クリハラン属 62
ギンリョウソウ属...............342	グジョウシノ 156, 158	クリヤマハハコ...........422, 423
キンレイカ 440, 441	クジラグサ 308, 309	クリンソウ 338, 339
ギンレイカ 338	クジラグサ属 308	クリンユキフデ...........316, 317
キンロバイ属 246	−クズ 234, 436	−クリ 5, 6, 90, 118, 258
	クズ 234, 235	−クリ属 90, 118, 258
ク	クズ属 226, 234	クリ属 258
クガイソウ 374	クスダマツメクサ 230	−グルマ 206, 210, 414, 420
クガイソウ属 374	クスノキ 76, 77	クルマアザミ 428
−クグ 122, 124	クスノキ科 76	−グルマギク 426
クグガヤツリ 124, 125	クスノキ属 76	クルマバザクロソウ ...330, 331
クグスゲ節 146	クソニンジン 404, 405	クルマバツクバネソウ ...88, 89
クゲヌマラン 100	クチナシ 350, 351	−クルマバナ 386
クコ 364	クチナシグサ 390, 391	クルマバナ 386, 387
クコ属 364	クチナシグサ属 390	クルマバナ属 386
クサアジサイ 334, 335	クチナシ属 350	−クルマムグラ 352
クサアジサイ属 334	クヌギ............258, 259, 472, 480	クルマムグラ 352, 353
−クサイ 120	クマイチゴ ...240, 241, 463, 476	−クルマユリ 5, 92
クサイ 120, 121	クマガイソウ 94, 95	クルマユリ 5, 92, 93
クサイチゴ 242, 243	−クマザサ 154, 156	−グルマ属............210, 412, 420
−クサギ 298, 378	クマザサ 154, 155	−グルミ 260
クサギ............378, 379, 458, 473	クマシデ 262, 263, 472, 480	クルミ科 260
−クサギ属 298, 378	クマツヅラ 394, 395	クルミ属 260
クサギ属 378	クマツヅラ科 394	クレソン 312
クサコアカソ 256, 257	クマツヅラ属 394	クロアゼガヤツリ 122, 123
クサスゲ 142, 143		クロイチゴ.............242, 243, 463

クロイヌノヒゲ 118	－ゲイトウ 328, 330	－ゲンジスミレ............278, 280
クロウスゴ 344, 345	ケイトウ属 328	ゲンジスミレ 278
－クロウメモドキ 252	ケイヌビエ 176, 177	ゲンノショウコ 284, 285
クロウメモドキ ...252, 253, 458	ケイヌホオズキ 364	ケンポナシ 250, 251, 464
クロウメモドキ科 250	ケール 310	ケンポナシ属 250
クロウメモドキ属 250	ケイワタバコ 370	
クローバ 230	ケカキネガラシ 308	**コ**
クロガネモチ 396, 397	ケカタバミ 270	コアカザ 328, 329
クロカワズスゲ............134, 135	ケカマツカ 244	コアカソ 256, 257
クロカワズスゲ節 132, 134	ケキツネノボタン 210, 211	コアジサイ
クロカンバ 250, 251	ケゴンアカバナ............288, 289	.............334, 335, 460, 461, 474
クロクモソウ 216, 217	ケシ 196	コアゼガヤツリ 124, 125
クログワイ 130, 131	ゲジゲジシダ 42, 43	コアゼテンツキ 126, 128
クロコヌカグサ............168, 169	ケショカツサイ 314	コアツモリソウ...........5, 94, 95
クロチク 154, 155	ケショロネ 384	コアワ 174, 175
クロツバラ............251, 252, 458	ケシ科 196	コイケマ 358, 359
クロテンコオトギリ ...284, 285	ケシ属 196	コイチゴツナギ............186, 187
クロテンツキ 126, 127	ケスゲ 140, 141	コイチョウラン 102, 103
クロバナカモメヅル 358	ケスズ 156, 159	コイチョウラン属 102
クロハリイ 130, 131	ケタチツボスミレ 282	コイトスゲ 140, 141
クロベ 70	ケチヂミザサ 178, 179	コイヌガラシ 310, 311
クロボスゲ節（1） 136	ケチョウセンアサガオ 368	－コイヌノハナヒゲ.............126
クロボスゲ節（2） 142	ゲッケイジュ 78, 79	コイヌノハナヒゲ 126
クロマツ 64, 65	ゲッケイジュ属 78	コイヌノヒゲ 118
クロムヨウラン 98, 99	ケトダシバ 152, 153	コイワザクラ............1, 338, 339
クロモ 84, 85	ケトナチノキ 298	コウオウソウ属 408
－クロモジ 76	ケナガハグサ 186	－コウガイゼキショウ 120
クロモジ 76, 77, 466, 477	ケナシエゾノヨツバムグラ 352	コウガイゼキショウ ...120, 121
クロモジ属 76	ケナシチガヤ 150	コウガイモ 84, 85
クロモ属 84	ケナシヒメムカシヨモギ	コウガシノ 156
クロヤツシロラン 98, 99	..............................418, 419	コウキクサ 78, 79
クワイ 82	ケナシムカシヨモギ............418	－コウキクサ属 78
クワガタソウ 374	ケナツノタムラソウ............382	コウキクサ属 78
クワガタソウ属 372	ケニワトコ 436	コウキヤガラ 129, 130
クワクサ 254, 255	ケネバリタデ 320	コウグイスカグラ 438
クワクサ属 254	ケバイカウツギ 334	－コウジュ 382, 384, 386
クワモドキ 404	ケハリギリ 444	ゴウシュウアリタソウ 326, 327
－グワ 254, 255	ケフシグロ 323, 324	コウシュウヒゴタイ ...428, 429
クワ科 254	ケマルバスミレ 278	－コウジュ属 382, 384, 386
クワ属 254	－ケマン 196	コウシンヤマハッカ............382
グンナイフウロ............284, 285	ケマン属 196	－コウゾ 254
－グンバイナズナ 306	ケミヤマガマズミ 438	コウゾ 254
グンバイナズナ............306, 307	ケヤキ............252, 253, 472, 480	－ゴウソ 136
－グンバイナズナ属.............306	ケヤキ属 252	ゴウソ 136, 137
グンバイナズナ属ダ 306	ケヤブハギ 226	－コウゾリナ 432, 434
	ケヤマハンノキ	コウゾリナ 434, 435
ケ	..............................264, 265, 464, 476	コウゾリナ属 434
ケアオダモ............368, 369, 460	－ゲンゲ 232	コウゾ属 254
ケアリタソウ 326	ゲンゲ 232, 233	－コウボウ 180
ケイトウ 328	ゲンゲ属 232	コウボウ 180, 181

コウホネ 4, 72, 73
コウホネ属........................72
コウマゴヤシ................232, 233
－コウモリ 416
コウモリカズラ.............198, 199
コウモリカズラ属...............198
コウモリソウ...............416, 417
コウモリソウ属...................416
コウヤコケシノブ............34, 35
コウヤザサ................168, 171
コウヤザサ属 168
－コウヤボウキ 424
コウヤボウキ..............424, 425
コウヤボウキ属...................424
コウヤマキ 68, 69
コウヤマキ科.......................68
コウヤマキ属.......................68
コウヤワラビ 50, 51
コウヤワラビ科....................50
コウヤワラビ属....................50
コウヨウザン.......................68
コウヨウザン属....................68
コウライシバ...............160, 161
－コウリンカ.........1, 412, 413
コウリンカ..............412, 413
コウリンタンポポ 432
コウリンタンポポ属...........432
コエンドロ 448
コエンドロ属 448
コオトギリ................284, 285
コオニタビラコ............431, 432
コオニビシ.................286, 287
－コオニユリ 6, 92
コオニユリ 92, 93
コオノオレ...........264, 465, 470
コガシアズマザサ 156, 158
コカナダモ 84, 85
コガネガヤツリ 122
－コガネギク..............406, 416
コガネギク 416
コガネギシギシ..........316, 317
コガネシダ..........................44
－コガネネコノメソウ 214
コガネネコノメソウ ...214, 215
コガマ 118, 119
コカモメヅル...............358, 359
ゴカヨウオウレン 204
コカラマツ 208
コカンスゲ................139, 140
コカンスゲ節 140

コギシギシ 316, 317
コキツネノボタン 208, 211
ゴキヅル..................266, 267
ゴキヅル属 266
コギボウシ 112
コキンバイ 248
コクサギ 298, 299, 464, 476
コクサギ属 298
コクラン 102, 103
－ゴケ
......28, 30, 32, 322, 362, 370, 388
コケイラン................104, 105
コケイラン属 104
コケオトギリ...............282, 283
－コケシノブ 34
コケシノブ 34, 35
コケシノブ科........................32
コケシノブ属........................32
コケミズ 256, 257
コケモモ 344, 345
コケリンドウ..............356, 357
コゴメイ 118, 119
コゴメウツギ 236, 237, 471, 480
コゴメガヤツリ...........124, 127
コゴメギク 410
コゴメギク属 410
コゴメグサ属 392
コゴメバオトギリ 282, 283
コゴメミチヤナギ...............316
コゴメヤナギ..............276, 277
コシアブラ..........444, 445, 464
コシアブラ属 444
コジイ 260
コシオガマ................392, 393
コシオガマ属 392
コシカギク................408, 409
コシカギク属（1）...............406
コシカギク属（2）...............408
コシガヤホシクサ 118, 119
コジキイチゴ 242
コシダ 34, 35
コシダ属............................34
コシナガワハギ...........232, 233
コシャク 448
コジュズスゲ..............146, 147
ゴシュユ 298, 299
ゴシュユ属 298
コショウハッカ...........384, 385
コシロネ 384, 385
コシロノセンダングサ 410, 411

コシンジュガヤ 122
コスギラン属........................28
コスズメガヤ..............192, 193
コスズメノチャヒキ ...184, 185
コスミレ 278, 279
－コスモス 409
コスモス 409, 410
コスモス属 410
コセリバオウレン 204, 205
ゴゼンタチバナ...........332, 333
コセンダングサ...........410, 411
コタヌキモ 394
コタヌキラン..............136, 138
コチヂミザサ..............178, 179
コチャルメルソウ 216, 217
コツブキンエノコロ ...176, 177
コツブヌマハリイ 132, 133
コデマリ 236
ゴトウヅル..................334, 458
コトジソウ 382
コナギ 116, 117
コナシダ属..........................38
－コナスビ 338
コナスビ 338, 339
コナミキ 380, 381
－コナラ 260
コナラ ...260, 261, 464, 465, 476
コナラ属 258
コニシキソウ..............272, 273
－コヌカグサ 168
コヌカグサ................168, 169
コネズミガヤ..............164, 167
コノテガシワ 70, 71
コハウチワカエデ 292, 294, 461
コバギボウシ..............112, 113
－コハコベ 324
コハコベ 324, 325
コハシゴシダ.......................42
コバナキジムシロ 248, 249
コハナヤスリ 30, 31
コバノイシカグマ 36
コバノイシカグマ科 36
コバノイシカグマ属 36
コバノイチヤクソウ ...342, 343
コバノイラクサ...........254, 255
－コバノガマズミ...............438
コバノガマズミ
..............438, 439, 459, 474
コバノカモメヅル 358, 359
コバノクロウメモドキ 252, 253

コバノセンダングサ ...410, 411
コバノタツナミ............380, 381
コバノトネリコ............368, 460
コバノハナイカダ...............396
コバノヒノキシダ............40, 41
コバノヒルムシロ 84
コバノヤマハンノキ............264
コハリスゲ 132, 133
コバンガラシ 308
－コバンソウ 184, 192
コバンソウ 192, 193
コバンソウ属 192
コヒルガオ 362, 363
コヒロハハナヤスリ 30, 31
コフウロ 284, 285
－コブシ 76
コブシ 76, 77, 464, 476
コフタバラン 98, 99
コブナグサ 172, 173
コブナグサ属 172
－ゴボウ 290, 310, 330, 338
コボタンヅル 206, 207
－ゴマ 304, 386, 388
コマガタケスグリ 214, 215, 467
ゴマキ 438
ゴマギ..........438, 439, 459, 474
コマツカサススキ 129, 130
コマツナ 310
－コマツナギ 232
コマツナギ 232, 233
コマツナギ属 232
コマツヨイグサ............288, 291
ゴマナ 418
ゴマノハグサ 376, 377
ゴマノハグサ科 376
ゴマノハグサ属 376
コマユミ 268, 269, 460, 474
－ゴマ属 304, 388
－コミカンソウ 274
コミカンソウ 274
コミカンソウ属 274
コミネカエデ 296, 297, 459
コミヤマカタバミ 270, 271
コミヤマスミレ............280, 281
コミヤマヌカボ............168, 169
コムギ 182, 183
コムギ属 182
コムラサキ............378, 379, 461
コメガヤ 186, 187
コメガヤ属 186

コメツガ 66, 67
－コメツツジ 346
コメツツジ 346, 347
コメツブウマゴヤシ ...232, 233
コメツブツメクサ 230, 231
コメナモミ 409, 410
コメヒシバ 178, 179
コモチシダ 50, 51
コモチシダ属.........................50
コモチナデシコ属................322
コモチマンネングサ ...218, 219
コヤブタバコ 420, 421
コヤブマオ 258
コヤブラン 110
ゴヨウアケビ 198, 199
ゴヨウイチゴ 240
ゴヨウツツジ 348
ゴヨウマツ 64, 65
コヨウラクツツジ 348, 349
－コリヤナギ 274
コリヤナギ 274, 275
－コンギク 418
ゴンゲンスゲ 140
ゴンズイ 290, 461, 475
ゴンズイ属 290
コンテリギ 334, 335
コンテリクラマゴケ 30, 31
コンフリー 358
－コンロンソウ 312
コンロンソウ 312, 313

サ

サイカチ 222, 223, 463, 475
サイカチ属 222
－サイコ 248, 358, 446
サイゴクイノデ 52
サイゴクベニシダ 56, 59
－サイシン 74, 98, 280
サイハイラン..........5, 104, 105
サイハイラン属 104
－サカキ 336
サカキ 336, 337
－サカキ属 336
サカキ属 336
サカゲイノデ 54, 55
サカゲコイヌノハナヒゲ ...126
サカネラン 98
サカネラン属（1）..............98
サカネラン属（2）..............98
サガミランモドキ 104

－サギゴケ 388
サギゴケ 388, 389
サギゴケ科 388
サギゴケ属 388
サギシバ 388
－サギソウ 96
－サギソウ属 94, 96
－ザクラ 1, 2, 196, 238, 240, 338
サクライカグマ 56, 57
サクラスミレ............7, 278, 279
サクラソウ 338
サクラソウ科 336
サクラソウ属 338
－サクラタデ 318
サクラタデ.........316, 318, 319
サクラマンテマ 324
サクラ属 238
－ザクラ属 196, 238
－ザクロソウ 330
ザクロソウ 330, 331
ザクロソウ科 330
ザクロソウ属 330
サケバヒヨドリ............424, 425
－ササガヤ 174
ササガヤ 174, 175
ササガヤ属 174
－ササクサ 150
ササクサ 150, 151
ササクサ属 150
－ササゲ 230, 234, 394
－ササゲ属 234, 394
ササゲ属 234
ササバギンラン............100, 101
ササバモ 86, 87
サザンカ 340, 341
－ザサ
 ......114, 154, 156, 168, 178, 190
－ザサ属 152, 156, 168, 178, 190
ササ属（1）..........................154
ササ属（2）..........................156
サジオモダカ 82, 83
サジオモダカ属 82
サジガンクビソウ 420, 421
サジラン 62, 63
サジラン属 62
－ザゼンソウ 6, 80
ザゼンソウ 6, 80, 81
ザゼンソウ属 80
サツキ 346
サツキツツジ 346

サツキヒナノウスツボ 376, 377
サツマイモ属 362
サデクサ 318, 319
サトイモ科 78
サトウキビ属 172
サトザクラ 238, 239
サトトネリコ 368
－サトメシダ 46
サトメシダ 46
－サナエタデ 318
サナエタデ 318, 319
サナギイチゴ 242
サナギスゲ 132, 133
サネカズラ 72, 73
サネカズラ属........................72
サビバナナカマド 242, 243
サボンソウ 322, 323
サボンソウ属 322
－サヤヌカグサ 160
サヤヌカグサ................160, 161
サヤヌカグサ属 160
－サラサドウダン 344
サラサドウダン
　　　.............344, 345, 467, 478
サラシナショウマ 204, 205
サラシナショウマ属.............204
ザラツキエノコログサ 176, 177
ザリコミ 214, 215
サルスベリ 286, 464, 476
サルスベリ属 286
サルトリイバラ 90, 91, 462, 475
サルトリイバラ科 88
サルトリイバラ属 88
サルナシ 342, 343, 462, 475
サルマメ 90, 91
サワオグルマ 414, 420
サワオトギリ 284
サワギキョウ 396
サワギク 412, 413
サワギク属 412
サワグルミ ...260, 261, 464, 466
サワグルミ属 260
サワシバ 262, 263, 472, 480
サワシロギク 418, 419
サワゼリ 450, 451
－サワダツ 268
サワダツ 268, 269, 459
－サワトウガラシ 374
サワトウガラシ............374, 375
サワトウガラシ属................374

サワトラノオ 338
サワハコベ 324
サワヒヨドリ 424
－サワフタギ 340
サワフタギ ...340, 341, 471, 480
サワラ 70, 71
サワルリソウ 360, 361
サワルリソウ属....................360
サンカクイ 130, 131
－サンカクヅル 220
サンカクヅル 220, 221, 462
サンゴジュ 436, 437
－サンザシ 214, 242
サンジソウ 332
サンシュユ属 332
サンショウ ...298, 299, 463, 476
－ザンショウ 298
サンショウモ 34, 35
サンショウモ科 34
サンショウモ属 34
サンショウ属 298
サンヨウブシ 202, 203
サンリンソウ 206, 207

シ

ジイソブ 398
シイ属 260
シウリザクラ 238, 239, 467
－シオガマ 392
シオガマギク 392, 393
シオガマギク属 392
シオザキソウ 408
シオジ.............368, 369, 459, 474
シオデ 90, 91
シオバラザサ 156, 158
シオン属（1） 418
シオン属（2） 418
シオン属（3） 420
シオン属（4） 420
－シカギク属 406, 408
シカギク属 406
シカクイ 132, 133
ジガバチソウ 104, 105
－シキミ......................72, 300
シキミ 72, 73
シキミ属 72
シギンカラマツ 208, 209
－シケシダ 44, 46
－シケシダ属 44, 48
シケシダ 46, 47

－シケチシダ 48
シケチシダ 48, 49
シケチシダ属 48
シコクスミレ 280, 281
ジゴクノカマノフタ.............380
シシウド 452, 453
シシウド属 452
シシガシラ 50, 51
シシガシラ科 50
－ジシバリ 434
ジシバリ 434
シジミバナ 236
シシラン 40, 41
シシラン属 40
－シズカ 4, 74
シソ 384, 385
－ジソ 382
ジゾウカンバ 262, 263
シソクサ 374, 375
シソクサ属 374
－シソバタツナミ 380
シソバタツナミ............380, 381
シソ科 378
シソ属 384
シダレザクラ 238
シダレヤナギ 276, 277, 469, 479
シデコブシ 76
シデシャジン................398, 399
シデシャジン属 398
シデ属 262
シドミ 244
－シナガワハギ 232
シナガワハギ 232, 233
シナガワハギ属 232
シナダレスズメガヤ ...192, 193
シナノオトギリ............284, 285
シナノキ 302, 303, 469, 479
シナノキイチゴ 242
シナノキ属（1） 302
シナノキ属（2） 304
シナノタイゲキ............272, 273
シナマンサク 212
シナレンギョウ
　　　.............368, 369, 458, 473
－シノブ 34, 36, 38, 60, 62
シノブ 60, 61
シノブカグマ 54
シノブヒバ 71
－シノブ科 32
シノブ科 32, 60

-シノブ属 32, 36, 38, 60, 62
シノブ属 60
-シバ
　......28, 134, 148, 150, 152, 160,
162, 174, 178, 184, 186, 262, 388
シバ 160, 161
シハイスミレ 280, 281
シバスゲ 140, 141
シバハギ 226
シバハギ属 226
-シバムギ 182
シバムギ 182, 183
シバムギ属 182
シバヤナギ 276, 277
シバ属 160
シベリアメドハギ 228, 229
シホウチク 154, 155
シマスズメノヒエ 178, 179
シマトキンソウ 408
シマヒゲシバ 150, 151
シムラニンジン 450, 451
シムラニンジン属 450
-シモツケ 236
シモツケ 236, 237, 471
-シモツケソウ 246
シモツケソウ 246
シモツケソウ属 246
シモツケ属 236
シャーレーポピー 198
-シャガ 6, 106
シャガ 106, 107
-シャク 80, 214, 448
シャク 448, 449
シャクジョウソウ 344, 345
シャクジョウソウ属 344
シャクチリソバ 320
-シャクナゲ 348
-シャクヤク 2, 212
シャクヤク 212
シャク属 448
ジャケツイバラ 222, 223
ジャケツイバラ属 222
ジャコウオランダフウロ ...284
ジャコウソウ 386, 387
ジャコウソウ属 386
シャジクソウ属 230
-シャジン 398, 400
ジャニンジン 312, 313
-ジャノヒゲ 110
ジャノヒゲ 110, 111

ジャノヒゲ属 110
ジャヤナギ 276, 277
シャリンバイ 244, 245
シャリンバイ属 244
シュウカイドウ 266, 267
シュウカイドウ科 266
シュウカイドウ属 266
ジュウニキランソウ............380
-ジュウニヒトエ 380
ジュウニヒトエ...........380, 381
シュウブンソウ...........420, 421
シュウブンソウ属 420
シュウメイギク 206
ジュウモンジシダ.........52, 53
-ジュズスゲ 136, 146, 148
ジュズスゲ 148, 149
-ジュズスゲ節........136, 148
ジュズスゲ節....................148
ジュズダマ 150, 151
ジュズダマ属 150
-ジュズネノキ 350
-シュスラン 100
シュスラン 100, 101
シュスラン属 100
シュロ 114, 115
-ジュロ 114
シュロガヤツリ 124
-シュロソウ..........................88
シュロソウ 88, 89
シュロソウ科........................88
シュロソウ属........................88
シュロ属 114
ジュンサイ科........................72
-シュンラン 100, 104
シュンラン 104, 105
シュンラン属 104
ショウガ 116
ショウガ科 116
ショウガ属 116
ショウキズイセン 110, 111
-ショウキラン 102
ショウキラン 102, 103
ショウキラン属 102
-ショウジョウスゲ 142
-ショウブ 78, 106
ショウブ 78, 79
ショウブ科............................78
ショウブ属............................78
-ショウマ 204, 216, 246
-ショウマ属..............204, 246

ジョウロウスゲ 1, 146, 147
-ショカツサイ 314
ショカツサイ 314
ショカツサイ属 314
ショクヨウガヤツリ ...124, 125
シライトソウ属 88
シライヤナギ 276, 277
シラカシ 260, 261
シラガシダ 52
シラカバ 264
シラカンバ
　...............264, 265, 465, 470, 477
シラキ 270, 469
シラキ属 270
シラクチヅル 342
シラゲガヤ 152, 153
シラゲガヤ属 152
シラゲヒメジソ 382
シラコスゲ 132, 133
シラコスゲ節 132
-シラスゲ 146
-シラスゲ節 146, 148
シラスゲ 145, 146
シラタマソウ 322
シラネアザミ 428
シラネガンピ 322
シラネセンキュウ 452, 453
シラネニンジン属 450
シラネワラビ 56, 57
シラヒゲソウ 268, 269
-シラビソ 66
シラビソ 66, 67
-シラベ 66
シラベ 66
-ジラミ 446
シラヤマギク 418, 419
-シラン 40, 100, 102
シラン 102, 103
-ジラン 62
シラン属 102
シロイトスゲ 140, 141
シロイヌナズナ 312
シロイヌナズナ属 312
-シロカネソウ 204
-シロカネソウ属 204
シロカネソウ属 204
シロガネヨシ 148, 149
シロガネヨシ属 148
シロガヤツリ 122, 125
シロガラシ 310

シロガラシ属 310	－スイバ 314	スズメノテッポウ 162, 163
シロギキョウ 398	スイバ 314, 315	スズメノテッポウ属...............162
シロザ 328, 329	スイリュウヒバ 70	スズメノトウガラシ ...378, 379
シロスミレ 278	スイレン科 72	スズメノハコベ 372, 373
シロダモ 4, 78, 79	スカシタゴボウ 310, 311	スズメノハコベ属.................372
シロダモ属 78	スカンポ 314	－スズメノヒエ 120, 178
シロツメクサ 230, 231, 390	スギ 68, 69	スズメノヒエ 178, 179
シロテンマ 96	－スギナ 32	スズメノヒエ属.....................178
－シロネ 382, 384	スギナ 32, 33	スズメノヤリ 120, 121
シロネ 384, 385	スギラン 28	スズメノヤリ属.....................120
シロネ属 382	－スギ属 64, 66, 68	スズメハコベ 372
シロバナアブラギク ...406, 407	スギ属 68	スズメヒゲシバ............162, 163
シロバナエンレイソウ ...88, 89	－スグリ 214	－スズラン 96, 100, 112
シロバナサギゴケ 388	スグリ 214, 215, 463	スズラン 112, 113
シロバナサクラタデ	スグリウツギ属 236	－スズラン属 96, 112
..............................316, 318, 319	スグリ科 214	スズラン属 112
シロバナシナガワハギ 232, 233	スグリ属 214	スダジイ 260, 261
シロバナスミレ 278	スゲ属 120, 122, 132	ズダヤクシュ 216, 217
シロバナセンダングサ 410	スジヌマハリイ.............130, 131	ズダヤクシュ属.....................216
シロバナタンポポ 432, 433	スズ 156, 159	ステゴビル 108, 109
シロバナチョウセンアサガオ	－スズ 156	－スノキ.............................76, 344
....368	－スズカケノキ 210	スノキ 344, 345
シロバナニガナ 436	スズカケノキ 210, 211	－スノキ属 76, 344
シロバナノヘビイチゴ 246, 247	スズカケノキ科 210	スノキ属 344
シロバナマンジュシャゲ 110	スズカケノキ属 210	スハマソウ属 206
シロビユ 328, 329	スズカゼリ 452	－スブタ 84
ジロボウエンゴサク ...196, 197	－ススキ 126, 129, 168, 172	スブタ 84
シロミサワフタギ 340	ススキ...........168, 171, 172, 390	スブタ属 84
シロミノマンリョウ 336	ススキノキ科 108	－スベリヒユ 332
シロヤシオ 348, 349	－ススキ属 168, 172	スベリヒユ 332, 333
シロヨメナ 418, 419	ススキ属 168	スベリヒユ科 332
シンウシノケグサ 194	スズコウジュ 386	スベリヒユ属 332
ジンジソウ 216, 217	スズコウジュ属 386	ズミ 244, 245
シンジュ 300, 468, 478	スズサイコ 358, 359	－スミレ 2, 7, 278, 280, 282, 392
シンジュガヤ属 122	スズタケ 156, 159	スミレ 278, 279
ジンチョウゲ 304	スズダケ 156	－スミレサイシン 280
ジンチョウゲ科 304	－スズムシソウ 6, 104	スミレ科 278
ジンチョウゲ属 304	スズムシソウ 104	－スミレ属 278, 392
シンテッポウユリ 92	スズメウリ 266, 267	スミレ属 278
ジンバイソウ 96, 97	スズメウリ属 266	スモモ...........238, 463, 469, 476
シンミズヒキ 316	－スズメガヤ 192	スモモ属 238
ジンヨウイチヤクソウ 342, 343	スズメガヤ 192, 193	
	スズメノエンドウ 230, 231	**セ**
ス	－スズメノカタビラ............186	セイタカアワダチソウ ...8, 416
スイカズラ 438, 439	スズメノカタビラ 186, 189	セイタカシケシダ............46, 47
スイカズラ科 438	スズメノコビエ 178, 179	セイタカトウヒレン ...428, 429
スイカズラ属 438	－スズメノチャヒキ 184	セイタカハハコグサ............422
スイセン 110, 111	スズメノチャヒキ 184, 185	セイタカハリイ............132, 133
－ズイセン 108, 110	スズメノチャヒキ属............184	セイタカヨシ 190, 191
スイセン属 110	－スズメノテッポウ.............162	セイバンモロコシ 172, 173

507

セイヨウアブラナ 310, 311
セイヨウアマナ 108
セイヨウオオバコ 376, 377
セイヨウオダマキ 202
セイヨウカラシナ 310
セイヨウキヅタ............442, 443
セイヨウジュウニヒトエ ...380
セイヨウスズラン 112
－セイヨウタンポポ............432
セイヨウタンポポ 432, 433
セイヨウトゲアザミ ...428, 430
セイヨウトチノキ 298, 299
セイヨウヌカボ属 168
セイヨウノコギリソウ 404, 405
セイヨウハコヤナギ
　.................274, 275, 464, 476
セイヨウヒイラギ 396, 397
セイヨウヒルガオ 362, 363
セイヨウヒルガオ属............362
セイヨウミゾカクシ 398
セイヨウミヤコグサ 232
セイヨウヤマガラシ 308
セイヨウワサビ 306
セイヨウワサビ属 306
セキショウ 78, 79
－ゼキショウ........82, 108, 120
セキショウモ 84, 85
セキショウモ属 84
セキヤノアキチョウジ 382, 383
セッコク 106
セッコク属 106
セツブンソウ 202, 203
セツブンソウ属 202
セトガヤ 162, 163
ゼニアオイ 302, 303
ゼニアオイ属 302
ゼニバアオイ 302, 303
セリ 450, 451
－ゼリ............210, 448, 450, 452
－セリバオウレン 204
セリバオウレン............204, 205
セリバヒエンソウ 202, 203
セリバヤマブキソウ 198
セリ科 446
セリ属 450
－ゼリ属............448, 450, 452
－センキュウ 452
センジュガンピ............322, 323
センダイザサ 156, 157
センダン 300, 301, 468, 478

－センダングサ 410
センダングサ 410, 411
センダングサ属 ...402, 408, 410
センダン科 300
センダン属 300
ゼンテイカ 108
－セントウソウ 448
セントウソウ 448, 449
－セントウソウ属 448
セントウソウ属 448
－センナリホオズキ............366
センナリホオズキ 366, 367
センナリホオズキ属............366
センナ属 224
センニンソウ 206, 207
センニンソウ属 206
センニンモ 86, 87
－センノウ 322
センノキ 444
センブリ 356, 357
センブリ属 354
センボンヤリ 424, 425
センボンヤリ属 ...402, 424
－ゼンマイ...............3, 32, 38
ゼンマイ 32, 33
ゼンマイ科 32
－ゼンマイ属.................32, 38
ゼンマイ属 32
センリョウ 72, 73
センリョウ科 72
センリョウ属 72

ソ
ソクシンラン属 86
ソクズ 436, 437
ソシンロウバイ 76
－ソテツ 36, 50, 52, 64
ソテツ 64, 65
ソテツ科 64
－ソテツ属 50
ソテツ属 50, 64
－ソバ 318, 320
ソバ 320
ソバカズラ 320
ソバカズラ属（1）...............320
ソバカズラ属（2）...............320
ソバナ 400, 401
ソバ属 320
ソメイヨシノ 238, 239, 472, 480
ソヨゴ 396, 397

ソライロアサガオ 362
ソラマメ属 228

タ
タイアザミ 428
ダイオウグミ 250
ダイオウマツ 64
－ダイコン 306, 314
－ダイコンソウ 248
ダイコンソウ 248, 249
ダイコンソウ属（1）............248
ダイコンソウ属（2）............248
タイサンボク 74
ダイズ属 226, 234
－タイトゴメ 218
－タイヌビエ 176
タイヌビエ 176, 177
タイミンガサモドキ............416
－ダイモンジソウ 216
ダイモンジソウ..........216, 217
タイワンフウラン属............106
タイワンホトトギス..............90
タイワンヤマイ...........130, 131
タウコギ 410, 411
タカアザミ 428, 431
タカオシケチシダ..................48
タカオスミレ 278
タカオヒゴタイ...........428, 429
タカオホロシ...............364, 365
タカオモミジ 292
タカクマヒキオコシ ...382, 383
タカサゴソウ 434
タカサゴトキンソウ属 406
タカサゴユリ 92, 93
－タカサブロウ 412
タカサブロウ 412
タカサブロウ属 412
－タカトウダイ 272
タカトウダイ 272
タカネイバラ 240, 241
タカネウシノケグサ............194
タカネコウボウ...........180, 181
タカネコウリンカ 412, 413
タカネザクラ...............238, 239
タカネサトメシダ..................46
タカネスズメノヒエ ...120, 121
タガネソウ 136, 138
タガネソウ節 136
タカネタチイチゴツナギ
　..186, 189

タカネニガナ 436	タチコゴメグサ.............392, 393	タヌキマメ属 224
タカネノガリヤス 164, 166	タチシオデ 90, 91	－タヌキモ 392, 394
－タカネバラ 240	タチシノブ 38, 39	タヌキモ 392
タカネバラ 240	タチシノブ属........................38	タヌキモ科 392
タカネヒゴタイ............428, 429	タチスゲ 142, 144	タヌキモ属 392
タカネフタバラン............98, 99	タチスゲ節 142	－タヌキラン 136
タカネマスクサ............134, 135	タチスズメノヒエ 178, 179	タヌキラン 136, 138
タカネママコナ..............7, 392	タチスミレ 282, 283	タヌキラン節 136
タカノツメ ...444, 445, 467, 478	タチタネツケバナ 312, 313	－タネツケバナ 312
タカノツメ属 444	タチチチコグサ............422, 423	タネツケバナ 312, 313
－タカラコウ 414	－タチツボスミレ 280, 282	タネツケバナ属................312
－タガラシ............208, 310, 312	タチツボスミレ 282, 283	－タバコ 370, 420
タガラシ 208, 209	タチドコロ 86, 87	－タバコ属 370, 420
ダキバアレチハナガサ 396	タチネコノメソウ 214	－タビラコ 432, 436
タギョウショウ 64	タチネコハギ 228, 229	－タビラコ属 432, 436
－ダケ 154, 156, 452	タチネズミガヤ............164, 167	タブノキ 76, 77
ダケカンバ	－タチバナ............332, 336, 358	タブノキ属 76
..............264, 265, 465, 470, 477	タチバナモドキ............242, 243	タマアジサイ 334, 335, 458, 473
－タケシマラン 92	タチバナモドキ属...............242	タマガヤツリ 124, 125
タケシマラン 92, 93	タチヒメワラビ 42	タマガワホトトギス 90, 91
タケシマラン属 92	タチフウロ 284	タマザキクサフジ...............232
ダケゼリ 448	－タチヤナギ 276	タマザキクサフジ属............232
タケダグサ属 414	タチヤナギ ...276, 277, 469, 479	タマサンゴ 364
タケトアゼナ 378	タチラクウショウ 68	－タマツリスゲ 146
タケニグサ 198, 199	－タツナミ 380	タマツリスゲ 146, 147
タケニグサ属 198	－タツナミソウ 380	タマツリスゲ節（1） 146
－ダケ属 154, 156	タツナミソウ 380, 381	タマツリスゲ節（2） 146
タコノアシ 220, 221	タツナミソウ属 380	タマノカンアオイ ...4, 74, 75
タコノアシ科 220	タツノツメガヤ............150, 151	－タマブキ 416
タコノアシ属 220	タツノツメガヤ属...............150	タマブキ 416, 417
タシロラン 96	タツノヒゲ 190, 191	タマミゾイチゴツナギ 186, 189
タタラカンガレイ 130, 131	タツノヒゲ属 190	－タムラソウ 382, 426
タチアオイ 304, 305	タデノウミコンロンソウ ...312	タムラソウ 426, 427
タチアオイ属 304	タテバチドメグサ 446	タムラソウ属 426
－タチイチゴツナギ 186	タテヤマオウギ 226	タラノキ 442, 443, 463, 476
タチイチゴツナギ 186, 188	－タデ............288, 290, 318, 320	タラノキ属 442
タチイヌノフグリ 372, 373	タデ科 314	タラヨウ 396, 397
タチオランダゲンゲ 232	－タデ属 290, 316	－タンキリマメ 234
タチガシワ 358	タニウツギ属 440	タンキリマメ 234, 235
－タチカタバミ 270	タニガワスゲ 136, 137	タンキリマメ属 234
タチカタバミ 270, 271	タニガワハンノキ 264	ダンコウバイ
タチカメバソウ 360	タニギキョウ 398, 399	.................76, 77, 470, 471, 479
タチカモジグサ............182, 183	タニギキョウ属 398	ダンチク 190, 191
タチカモメヅル 358	－タニソバ 318	ダンチク属 190
タチキランソウ............380, 381	タニソバ 318, 319	ダンドボロギク............414, 415
タチクラマゴケ ...28, 30, 31	－タニタデ 288	タンナサワフタギ 340, 341, 471
タチゲキハギ 228	タニタデ 288, 289	－タンポポ 432
タチゲヒカゲミズ 258	タニヘゴ 54	－タンポポ属 432
タチコウガイゼキショウ	タニミツバ 450, 451	タンポポ属 432
......................................120, 121	タヌキマメ 224	

チ

- －チガヤ 150
- チガヤ 150, 151
- チガヤ属 150
- －チカラシバ 148, 174
- チカラシバ ... 148, 149, 174, 175
- チカラシバ属 148, 174
- チカラシバ属（1） 148
- チカラシバ属（2） 148
- チクゴスズメノヒエ ... 178, 179
- チクセツニンジン 446
- －チゴザサ 190
- チゴザサ 190, 191
- チゴザサ属 190
- －チゴユリ 88
- チゴユリ 88, 89
- －ヂシバリ 434
- ヂシバリ 434, 435
- チシマアマナ属 90
- チシマオドリコソウ 388
- チシマオドリコソウ属 388
- チシマゼキショウ科 82
- チシマゼキショウ属 82
- チシマネコノメソウ ... 214, 215
- チシャ属 434
- －チダケサシ 216
- チダケサシ 216, 217
- チダケサシ属 216
- －チチコグサ 422
- チチコグサ 422, 423
- チチコグサモドキ 422, 423
- チチコグサモドキ属 422
- チチコグサ属 422
- チチブイワガネ 38
- チチブイワザクラ ... 2, 338, 339
- チチブザクラ 238
- チチブシラスゲ 145, 146
- チチブシロカネソウ 204, 205
- チチブシロカネソウ属 204
- チチブドウダン 344, 345
- チチブヒョウタンボク 438, 439
- チチブフジウツギ 376, 377
- チチブベンケイ 220
- チチブホラゴケ 32
- チチブミネバリ 264, 265
- チチブヤナギ 276, 277
- チチブリンドウ 356, 357
- チチブリンドウ属 356
- －チヂミザサ 178
- チヂミザサ属 178
- チドメグサ 446, 447
- チドメグサ属 446
- －チドリ 94, 96
- チドリソウ 94
- チドリノキ
    .... 262, 292, 293, 462, 475
- －チドリ属 94
- チマキザサ 154, 155
- チャガヤツリ 124, 127
- チャセンシダ科 40
- チャセンシダ属 40
- チャノキ 340, 341
- －チャヒキ 182, 184
- －チャヒキ属 182, 184
- チャボイノデ 52
- チャボゼキショウ 82, 83
- チャボノカタビラ 186, 187
- チャボヒバ 71
- チャラン属 74
- チャルメルソウ属 216
- チャンチン 300
- チャンチン属 300
- チャンチンモドキ 292
- チャンチンモドキ属 292
- チャンパギク 198
- チョウジザクラ
    .... 238, 239, 472, 480
- チョウジソウ 358, 359
- チョウジソウ属 358
- －チョウジタデ 290
- チョウジタデ 290, 291
- チョウジタデ属 290
- －チョウセンアサガオ 364, 368
- チョウセンアサガオ ... 368, 369
- －チョウセンアサガオ属 364
- チョウセンアサガオ属 364, 368
- チョウセンガリヤス ... 192, 193
- チョウセンガリヤス属 192
- チョウセンキハギ 228
- チョウセンキンミズヒキ
    .... 248, 249
- チョウセンゴミシ ... 72, 73, 462
- チョウセンゴヨウ 64, 65
- チョウセンナニワズ ... 304, 305
- チョウセンマキ 70
- チョウセンマツ 64
- チョウセンレンギョウ
    .... 369, 370, 458, 473
- チリマツ 66

ツ

- －ツガ 66
- ツガ 66, 67, 314
- ツガ属 66
- ツキミセンノウ 322
- ツクシイバラ 240
- ツクシハギ 228, 229
- ツクシヤブマオ 256, 257
- ツクバキンモンソウ ... 380, 381
- ツクバグミ 250
- ツクバスゲ 142, 144
- －ツクバネ 314, 440
- ツクバネ 314, 315, 461, 474
- －ツクバネウツギ 440
- ツクバネウツギ ... 440, 441, 460
- －ツクバネウツギ属 440
- ツクバネウツギ属 440
- ツクバネガシ 260, 261
- －ツクバネソウ 88
- ツクバネソウ 88, 89
- ツクバネソウ属 88
- ツクバネ属 314
- －ツゲ 210, 396
- ツゲ 210, 211
- ツゲ科 210
- ツゲ属 210
- ツタ 222, 223, 462, 475
- ツタウルシ ... 222, 290, 291, 462
- ツタバウンラン 372, 373
- ツタバウンラン属 372
- ツタ属 222
- －ヅタ属 62, 442
- ツチアケビ 98
- ツチアケビ属 98
- ツチトリモチ科 314
- ツチトリモチ属 314
- －ツツジ 344, 346, 348
- ツツジ科 342
- －ツツジ属 344, 346, 348
- ツツジ属 346
- ツツナガヤイトバナ 354
- －ツヅラフジ 199, 200
- ツヅラフジ 199, 200
- ツヅラフジ科 198
- －ツヅラフジ属 200
- ツヅラフジ属 200
- －ツナギ属 ... 184, 186, 194, 232
- ツノクサネム属 226
- ツノハシバミ
    .... 262, 263, 465, 470, 471, 477

510

ツノミオランダフウロ 284	ツルキンバイ 248, 249	－テリハノイバラ...............240
ツノミナズナ 310	ツルグミ 250, 251	テリハノイバラ ...240, 241, 463
ツノミナズナ属 310	－ツルケマン 196	テリミノイヌホオズキ 366, 367
ツノミノナズナ 310	ツルケマン 196, 197	デンジソウ 34, 35
－ツバキ 338, 340	ツルジュウニヒトエ............380	デンジソウ科..........................34
ツバキ科 338	ツルスズメノカタビラ 186, 189	デンジソウ属..........................34
ツバキ属 338, 340	ツルツゲ 396, 397	－デンダ 44, 52, 60
ツバメオモト 92, 93	ツルデンダ 52, 53	－デンダ属 44, 60
ツバメオモト属 92	ツルドクダミ 320, 321	－テンツキ 124, 126
ツブラジイ 260, 261	ツルナ科 330	テンツキ 126, 128
－ツボスミレ 280, 282	ツルニガクサ 380, 381	テンツキ属 124
ツボスミレ 282, 283	ツルニンジン 398, 399	－テンナンショウ 80
ツボミオオバコ............376, 377	ツルニンジン属 398	テンナンショウ属 80
ツマトリソウ................338, 339	ツルネコノメソウ 214, 215	テンニンソウ 384
－ツメクサ.............218, 230, 324	－ツルノゲイトウ 330	テンニンソウ属 384
ツメクサ 324, 325	ツルノゲイトウ 330	
ツメクサダマシ 230	ツルノゲイトウ属 330	**ト**
－ツメクサ属..................218, 324	ツルハコベ 324	ドイツスズラン.....................112
ツメクサ属 324	ツルフジバカマ............230, 231	ドイツトウヒ..........................66
ツメレンゲ 218, 219	ツルボ 112, 113	トウオオバコ...............376, 377
ツヤナシイノデ.................54, 55	ツルボ属 112	トウカエデ ...295, 296, 460, 474
－ツユクサ 114, 116	ツルマサキ	－トウガラシ 374, 378
ツユクサ 116, 117, 272	................268, 269, 342, 354, 356	トウギボウシ 112
ツユクサ科 114	ツルマメ 234, 235	－トウゲシバ 28
－ツユクサ属..................114, 116	ツルマンネングサ 218, 219	トウゲシバ 28, 29
ツユクサ属 114	ツルヨシ 190, 191	トウゲダケ 156, 157
ツリガネツツジ 348	－ツルリンドウ 354	トウゴクサバノオ 204, 205
ツリガネニンジン 400, 401	ツルリンドウ 354, 355	トウゴクシソバタツナミ
ツリガネニンジン属...........398	－ツルリンドウ属 354	................................380, 381
ツリシュスラン............100, 101	ツルリンドウ属 354	トウゴクシダ 59, 60
－ツリスゲ 146	ツレサギソウ 96, 97	トウゴクヘラオモダカ 82
－ツリバナ 268	ツレサギソウ属（1） 94	トウゴクミツバツツジ
ツリバナ 268, 269, 460, 474	ツレサギソウ属（2） 96	................................348, 349, 467
－ツリフネソウ 336		トウゴクヤブマオ 258, 259
ツリフネソウ................336, 337	**テ**	トウコマツナギ 232
ツリフネソウ科 336	テイカカズラ	トウジュロ 114, 115
ツリフネソウ属 336	................268, 342, 354, 356, 357	－トウダイ 272
ツルアジサイ 332, 334, 335, 458	テイカカズラ属 356	トウダイグサ 272
ツルアリドオシ............354, 355	テウチグルミ 260, 464, 466	トウダイグサ科 270
ツルアリドオシ属 354	テーダマツ 64, 65	トウダイグサ属 272
－ツルウメモドキ 268	テガタチドリ 94, 95	－ドウダン 344
ツルウメモドキ	テガタチドリ属 94	ドウダンツツジ
................268, 269, 462, 475	テキリスゲ 136, 138	................................344, 345, 467, 473
ツルウメモドキ属 268	テツカエデ 295, 296	ドウダンツツジ属 344
ツルカコソウ 380	－テッポウ 162	トウチク 154, 155
ツルガシワ 358	テバコモミジガサ 416, 417	トウチク属 154
ツルカノコソウ............440, 441	テバコワラビ 46	トウネズミモチ............370, 371
ツルカメバソウ 360	テリハオヒョウ 252	－トウバナ 386
ツルギキョウ 398	テリハコナラ 260	トウバナ 386, 387
ツルキケマン 196	テリハコバノガマズミ 438	－トウヒ 66

511

トウヒ 66, 69	トダイハタザオ 314	ナガエアオイ 304
トウヒレン属 428	トダイハハコ..................422, 423	ナガエコナスビ 338
トウヒ属 66	－トダシバ 152	ナガエコミカンソウ ...274, 275
トウモクレン 76	トダシバ 152	ナガエセンナリホオズキ ...366
トウモロコシ 148, 149	トダシバ属 152	ナガエノセンナリホオズキ 366
トウモロコシ属 148	トダスゲ 136, 138	ナガエフタバムグラ..................352
－トオシ属..........350, 354, 386	トチカガミ 84, 85	ナガエミクリ..................118, 119
トガクシデンダ..............44, 45	トチカガミ科 82, 84	ナガオノキシノブ 62
－トキソウ..................2, 98	トチカガミ属 84	ナガバアメリカミコシガヤ
トキソウ..................2, 98, 99	－トチノキ..................298	..................134, 135
トキソウ属 98	トチノキ 298, 299, 460, 474	ナガバオモダカ 82
トキホコリ 256, 257	トチノキ属 298	ナガバカワヤナギ..................276
トキリマメ 234, 235	トチバニンジン..................446, 447	ナガバギシギシ..................316, 317
－トキワサンザシ 242	トチバニンジン属 446	－ナガハグサ 186
トキワサンザシ..................242, 243	トネアザミ 428, 431	ナガハグサ 186, 188
トキワシダ 40, 41	トネテンツキ 124, 127	ナガバクロカモメヅル 358
トキワツユクサ..................116, 117	トネハナヤスリ..........3, 30, 31	ナガバジャノヒゲ..................110
トキワトラノオ 40	－トネリコ..................368	ナガバシュロソウ 88
トキワハゼ 388, 389	トネリコ..........368, 369, 460	ナガバノイタチシダ 56
－トキンソウ..................408, 409	トネリコ属 368	ナガバノウナギツカミ 318, 319
トキンソウ 408	トベラ 442, 443	ナガバノコウヤボウキ 424, 425
－トキンソウ属..................406, 408	トベラ科 442	ナガバノスミレサイシン
トキンソウ属 408	トベラ属 442	..................280, 281
ドクウツギ..........264, 265, 462	－トボシガラ 194	ナガバノヤマグルマ..................210
ドクウツギ科 264	トボシガラ 194, 195	ナガバハエドクソウ..................390
ドクウツギ属 264	トマト 364	ナガバハッカ 384
トクサ 32, 33	トモエシオガマ 392	ナガバモミジイチゴ 242
トクサ科 32	トモエソウ 282, 283	ナガバヤブソテツ 50
トクサ属 32	トヨオカザサ 156, 159	ナガバヤブマオ..................256, 257
－ドクダミ 74, 320	トヨグチイノデ 52	ナガボノアカワレモコウ ...248
ドクダミ 74, 75	トラキチラン 96, 97	ナガボノシロワレモコウ
ドクダミ科 74	トラキチラン属 96	..................248, 249
ドクダミ属 74	－トラノオ40, 316, 338, 374, 384	ナガホノナツノハナワラビ
ドクムギ 180, 181	トラノオウラボシ属 62	..................30, 31
トゲオナモミ 402, 403	トラノオシダ 40, 41	ナガボハナタデ 320
トゲソバ 318	－トラノオ属..................316, 338	ナガミオランダフウロ 284
トゲチシャ 434	トリアシショウマ 216	ナガミショウジョウゲ ...142
トコロ 86	トリガタハンショウヅル ...206	ナガミノツルケマン..................196
－トコロ..........86, 87, 114, 368	－トリカブト 202	ナガミヒナゲシ 198
－トコロ属..................114, 368	トリカブト属 202	ナギ 66
トサネコノメ 214	－トリゲモ 82	－ナギナタガヤ 194
トサノカモメヅル..................358	トリゲモ 82, 83	ナギナタガヤ 194, 195
トサノモミジガサ..................414	ドロノキ 274	ナギナタガヤ属 194
トサミズキ..........212, 213, 469	トロロアオイ 304	－ナギナタコウジュ..................384
トサミズキ属 212	トロロアオイ属 304	ナギナタコウジュ..................384, 385
－ドジョウツナギ 184, 194	－トンボソウ 94, 96	ナギナタコウジュ属..................384
ドジョウツナギ..................184, 185	トンボソウ 94, 95	ナキリスゲ 134, 135
－ドジョウツナギ属 184, 194		ナキリスゲ節 134
ドジョウツナギ属 184	**ナ**	ナギ属 66
トダイアカバナ..................288, 289	ナガイモ 86, 87	－ナシ

...82, 242, 244, 246, 250, 342, 350
－ナシ属 242, 246, 250, 350
ナシ属 246
ナス 364
－ナズナ 304, 306, 308, 310, 312
ナズナ 306, 307
－ナズナ属
..................304, 306, 308, 310, 312
ナズナ属 306
－ナスビ................338, 364, 368
ナス科 364
ナス属 364
ナタネハタザオ 308
ナタネハタザオ属 308
ナチクジャク 3, 56, 59
ナツエビネ 104
－ナツグミ 250
ナツグミ 250, 251, 466, 477
ナツズイセン................110, 111
ナツヅタ 222
ナツツバキ
......338, 339, 342, 466, 469, 470
ナツツバキ属 338
ナツトウダイ 272, 273
－ナツノタムラソウ............382
ナツノタムラソウ 382, 383
－ナツノハナワラビ 30
ナツノハナワラビ...........30, 31
ナツハゼ ..344, 345, 471, 480
ナツボウズ 304
ナツミカン 300
ナツメ 250
ナツメ属 250
－ナデシコ 7, 322, 323, 434
ナデシコ 322, 323
ナデシコ科 322
－ナデシコ属 322
ナデシコ属 322
－ナナカマド 242
ナナカマド ...242, 243, 467, 470
ナナカマド属 242
ナベナ 442, 443
ナベナ属 442
ナミモロコシ 172, 173
ナヨクサフジ..............230, 231
ナヨシダ 44
ナヨシダ属..........................44
－ナラ 258, 260
－ナライシダ......................54
ナライシダ属......................54

ナラガシワ 260
ナリヒラダケ................154, 155
ナリヒラダケ属 154
ナリヒラヒイラギナンテン
..............................200, 201
－ナルコ 136
－ナルコスゲ 142, 148
ナルコスゲ 142, 144
－ナルコスゲ節............146, 148
ナルコビエ 178, 179
ナルコビエ属 178
－ナルコユリ 114
ナルコユリ 114, 115
ナワシロイチゴ ...242, 243, 462
ナワシログミ 250, 251
ナンキンナナカマド
..............................242, 243, 467
ナンキンハゼ 270, 271, 470, 479
ナンキンハゼ属 270
ナンゴクナライシダ 54
ナンゴクミネカエデ ...296, 297
ナンタイシダ 56, 57
ナンダイミヤコザサ ...156, 157
－ナンテン 200, 346
ナンテン 200, 201
ナンテンハギ..............230, 231
－ナンテン属 200, 346
ナンテン属 200, 346
ナンバンカラムシ 256
－ナンバンギセル 390
ナンバンギセル...........390, 391
ナンバンギセル属 390
ナンバンハコベ...........322, 323
ナンヨウスギ科 66
ナンヨウスギ属 66

ニ

ニイタカスゲ..............142, 143
ニオイスミレ 280
ニオイタチツボスミレ 282, 283
ニオイタデ 318
ニオイヒバ..........................70
－ニガイチゴ 240
ニガイチゴ ...240, 241, 463, 476
ニガカシュウ 86, 87
ニガキ............300, 301, 466, 477
ニガキ科 300
ニガキ属 300
－ニガクサ 380
ニガクサ 380, 381

ニガクサ属 380
－ニガナ 432, 434, 436
ニガナ 436, 437
－ニガナ属................434, 436
ニガナ属 436
ニシキアオイ..............302, 303
ニシキアオイ属 302
ニシキウツギ 440, 441, 460, 474
ニシキギ 268, 460, 474
ニシキギ科 268
ニシキギ属 268
ニシキゴロモ..............380, 381
－ニシキソウ 272
ニシキソウ 272, 273
ニシキハギ..................228, 229
ニシノオアカウキクサ 34
ニセアカシア 224
ニセカラクサケマン............196
ニセコバンソウ 184
－ニセジュズネノキ............350
ニセジュズネノキ..............350
－ニッケイ..........................76
ニッケイ 76, 77
ニッコウキスゲ 108
ニッコウザクラ............238, 239
ニッコウシダ 42
ニッコウチドリ 96
ニッコウナツグミ 250, 251
ニッコウネコノメ 214, 215
ニッコウバイカウツギ 334
ニッコウヒョウタンボク
..............................438, 439
ニッコウヤマオトギリ 284
ニッポンイヌノヒゲ ...118, 119
ニョイスミレ 282
ニョホウチドリ 94, 95
－ニラ 28, 108, 110
ニラ 108
－ニラ属 28, 108, 110
ニリンソウ 206, 207
－ニレ 252
ニレ 252, 253
ニレ科 252
ニレ属 252
ニワウルシ ...300, 301, 468, 478
ニワウルシ属 300
ニワザクラ属 238
－ニワゼキショウ 108
ニワゼキショウ...........108, 109
ニワゼキショウ属 108

-ニワトコ 436
ニワトコ 436, 437, 461, 475
ニワトコ属 436
ニワナズナ 308
ニワナズナ属 308
-ニワホコリ 192
ニワホコリ 192, 193
-ニンジン
 282, 312, 398, 400, 404, 446, 448,
450, 452
-ニンジン属 398, 446, 448, 450
ニンジン属 446

ヌ

ヌカイタチシダ 54, 56, 59
ヌカキビ 176, 177
ヌカスゲ 142, 143
ヌカスゲ節 140
-ヌカボ...............164, 168, 320
ヌカボ 168, 170
ヌカボタデ 320, 321
ヌカボハナタデ 320
-ヌカボ属 164, 168
ヌカボ属 168
-ヌスビトハギ 226
ヌスビトハギ..............226, 227
ヌスビトハギ属 226
ヌマアゼスゲ 136, 137
ヌマイチゴツナギ 186, 188
ヌマカゼクサ 192, 193
ヌマガヤ 190, 191
ヌマガヤツリ 124, 125
ヌマガヤ属 190
ヌマスギ 68
ヌマスギ属 68
ヌマゼリ 450, 451
-ヌマトラノオ 338
ヌマトラノオ 338, 339
-ヌマハリイ 130, 132
ヌマハリイ 132, 133
-ヌメリグサ 176
ヌメリグサ 176, 177
ヌメリグサ属 176
ヌリワラビ 48, 49
ヌリワラビ属 48
ヌルデ
 ......290, 292, 293, 467, 468, 478
ヌルデ属 290, 292

ネ

ネギ属 108
ネコシデ 262, 263, 465, 470
-ネコノメ 214
-ネコノメソウ 214
ネコノメソウ 214, 215
ネコノメソウ属 214
-ネコハギ 228
ネコハギ 228, 229
-ネコヤナギ 276
ネコヤナギ ...276, 277, 469, 479
ネジキ............346, 347, 469, 479
ネジキ属 346
ネジバナ 100, 101
ネジバナ属 100
ネズ 68, 69
ネズコ 70, 71
ネズコ属 70
-ネズミガヤ 164
ネズミガヤ 164, 167
ネズミガヤ属 164
ネズミサシ 68, 69
ネズミサシ属 68
-ネズミノオ 162
ネズミノオ 162, 163
ネズミノオ属 162
ネズミムギ 180, 181
ネズミムギ属 180
-ネズミモチ 370
ネズミモチ 370, 371
-ネナシカズラ 360, 362
ネナシカズラ 360, 361
ネナシカズラ属 360
-ネバリタデ 320
ネバリタデ 320, 321
ネバリノギラン 86, 87
-ネム 226
ネムノキ 222, 223, 468, 479
ネムノキ属 222
ネムロチドリ 94
-ネム属 226

ノ

ノアサガオ 362, 365
-ノアザミ 428
ノアザミ 428, 430
-ノアズキ 234, 235
ノアズキ属 234
-ノイバラ 240
ノイバラ 240, 241, 463, 476

-ノウゼンカズラ 394
ノウゼンカズラ...........394, 395
ノウゼンカズラ科 394
ノウゼンカズラ属 394
-ノウルシ 272
ノウルシ 272, 273
-ノースポールギク 406
ノースポールギク属 406
ノカラマツ 208, 209
-ノガリヤス 164
ノガリヤス 164, 165
ノカンゾウ 108, 109
-ノキシノブ 62
ノキシノブ 62, 63
ノキシノブ属 62
ノギラン 86, 87
ノグサ 126
ノグサ属 126
-ノゲイトウ 328, 330
ノゲイトウ 328, 330
ノゲオオバコ 376
-ノゲシ 434, 436
ノゲシ 436, 437
ノゲシバムギ 182, 183
ノゲシ属 436
ノゲヌカスゲ 142, 143
-ノコギリシダ 46, 48
ノコギリシダ 46, 48
-ノコギリシダ属 46
ノコギリシダ属 46, 48
-ノコギリソウ 404
ノコギリソウ 404, 405
ノコギリソウ属 404
ノコンギク 418, 419
ノササゲ 234, 235
ノササゲ属 234
ノザワナ 310
ノジスミレ 278, 279
ノジトラノオ 338, 339
ノシュンギク 420
ノスズメノテッポウ ...162, 163
ノダイオウ 316, 317
ノダケ 452, 453
ノダケモドキ 452
ノダフジ 224
ノヂシャ 440, 441
ノヂシャ属 440
ノチドメ 446, 447
ノテンツキ 126, 127
ノニガナ 434, 435

ノニガナ属 434
ノハカタラクサ 116
ノハナショウブ 106, 107
ノハラアザミ 428, 430
ノハラジャク 448
ノハラナデシコ 322, 323
ノビル 108, 109
ノブキ 412, 413
ノブキ属 412
ーノブドウ 222
ノブドウ 222, 223, 462
ノブドウ属 222
ーノボタン 208, 210
ノボロギク 414
ノボロギク属（1） 412
ノボロギク属（2） 414
ノミノツヅリ 326, 327
ノミノツヅリ属 326
ノミノフスマ 326, 327
ノヤマトンボ......................96
ノラニンジン 446, 447
ノリウツギ
 ....334, 335, 458, 460, 473

ハ
バアソブ 398, 399
ハイイロヨモギ 404, 405
ーバイカウツギ 334
バイカウツギ 334, 335, 461, 474
バイカウツギ属 334
バイカオウレン 204, 205
バイカツツジ 346, 347, 465
バイカモ 208
バイケイソウ 88, 89
ハイコヌカグサ 168, 169
ハイサワダツ 268
ハイチゴザサ 190, 191
ハイドジョウツナギ属 194
ハイニシキソウ 272, 273
ハイヌメリ 176, 177
ハイヌメリグサ 176, 177
ハイノキ科 244, 340
ハイノキ属 340
ハイビユ 328
ハイホラゴケ 32, 33
ハイホラゴケ属 32
ハイマツ 3, 64, 65
ハイミチヤナギ 316, 317
ハイメドハギ 228, 229
ーハウチワカエデ 292

ハウチワカエデ ...292, 294, 461
ーハエドクソウ 390
ハエドクソウ 390, 391
ハエドクソウ科 388
ハエドクソウ属 390
ハカタシダ 54, 55
ーバカマ 230, 424, 426
ハカマオニゲシ............196, 197
ーハギ
 226, 228, 230, 232, 236, 272, 286
ハキダメガヤ 180, 181
ハキダメガヤ属 180
ハキダメギク 410, 411
ハギ属 222, 224, 228
ハクウンボク
 ......340, 341, 466, 467, 468, 477
ハクウンラン 100, 101
ハクウンラン属 100
ハクサイ 310
ハクサンシャクナゲ ...348, 349
ハクサンチドリ属 94
ハクサンフウロ 284
バクチノキ属 238
ハクチョウゲ 350
ハクチョウゲ属 350
ーハグマ 424
ハクモウイノデ 44, 45
ハクモクレン
 ....76, 77, 464, 476, 477
ハグロスミレ 278
ハグロソウ 394, 395
ハグロソウ属 394
ハクロバイ 246
バケヌカボ 168, 169
ハコネイトスゲ 140, 141
ハコネウツギ 440, 441, 460
ハコネギク 418
ハコネコメツツジ 346, 347
ハコネシケチシダ 48
ハコネシダ 38, 39
ハコネヒヨドリ 424
ハコネラン 102, 103
ーハコベ
 ......274, 322, 324, 326, 370, 372
ハコベ 324, 325
ハコベホオズキ 366
ハコベホオズキ属.............366
ーハコベ属 274, 372
ハコベ属（1） 324
ハコベ属（2） 324

ーハコヤナギ 274
ハコヤナギ 274, 275
ハゴロモヒカゲミツバ 450, 451
ハゴロモモ 72, 73
ハゴロモモ属 72
ハシカグサ 354, 355
ハシカグサ属 354
ーハシゴシダ 42
ハシゴシダ 42, 43
ーハシドイ 370
ハシドイ 370, 462, 475
ハシドイ属 370
ハシバミ属 262
ハシリドコロ 368, 369
ハシリドコロ属 368
ハス 210
ハス科 210
ハス属 210
ハゼノキ 292, 293, 467
ハゼラン 332, 333
ハゼラン科 332
ハゼラン属 332
ハダカホオズキ............366, 367
ハダカホオズキ属.............366
ハタガヤ 126, 128
ハタガヤ属 126
ハタケテンツキ 124, 127
ハタケニラ 110
ハタケニラ属 110
ーハタザオ 308, 312, 314
ハタザオ 308, 309
ハタザオガラシ 308
ーハタザオ属 308, 312
ハタザオ属 308
ハチク 154, 155
ハチノジタデ 320
ーハッカ 382, 384
ハッカ 384, 385
ーハッカ属 382, 384
ハッカ属 384
バッコヤナギ
 ....276, 277, 464, 469, 476
ハトムギ 150, 151
ーハナイカダ 396
ハナイカダ ...396, 397, 467, 478
ハナイカダ科 396
ハナイカダ属 396
ハナイカリ 354
ハナイカリ属 354
ハナイバナ 360, 361

索引 ハ～ヒ

ハナイバナ属 360	ハブソウ 224	ハルシャギク 410, 411
ハナウド 452, 453	ハボタン 310	−ハルタデ 320
ハナウド属 452	ハマウツボ科 390, 392	ハルタデ 320, 321
ハナカイドウ 244	ハマウツボ属 390	ハルトラノオ 316
−ハナガサ 396	ハマガヤ 192, 193	ハルニレ 252, 253, 471
ハナガサギク 408	ハマスゲ 124, 125	ハルノノゲシ 436
−ハナカタバミ 270	ハマハナヤスリ 30	ハンカイシオガマ 392, 393
ハナカタバミ 270, 271	ハマヒエガエリ 162, 163	ハンゲショウ 4, 74, 75
−ハナショウブ 106	ハマミズナ科 330	ハンゲショウ属 74
ハナショウブ 106, 107	ハマミチヤナギ 316	ハンゲ属 80
ハナズオウ ...222, 223, 469, 479	ハヤザキタカトウダイ 272	−ハンゴンソウ............408, 412
ハナズオウ属 222	ハヤザキヒョウタンボク	ハンゴンソウ 412
ハナスベリヒユ 332	.............................438, 439	−ハンショウヅル.............206
ハナゾノツクバネウツギ ...440	ハヤトウリ 266	ハンショウヅル...........206, 207
ハナダイコン 314	ハヤトウリ属 266	ハンノウツツジ 348
−ハナタデ 320	バライチゴ 242	−ハンノキ 264
ハナタデ 320, 321	バラモミ 66	ハンノキ 264, 265, 464, 476
ハナチダケサシ 216	バラモンギク 434	ハンノキ属 264
ハナツクバネウツギ............440	バラモンジン 434	パンパスグラス 148
ハナニガナ 436	バラモンジン属 432	
ハナニラ 108, 109	−バラ 90, 222, 240, 252	**ヒ**
ハナニラ属 108	バラ科 236	−ヒイラギ 370, 396
ハナネコノメ 214, 215	−バラ属 88, 222, 240	ヒイラギ 370, 371
−ハナヒゲ 126	バラ属 240	ヒイラギソウ............7, 380, 381
ハナビゼキショウ 120, 121	−ハリイ 130, 132	−ヒイラギナンテン............200
ハナビゼリ 452, 453	ハリイ 132, 133	ヒイラギナンテン 200, 201
−ハナヒリノキ 346	ハリイ属 130	ヒイラギモクセイ 370, 371
ハナヒリノキ...............346, 347	ハリエンジュ 224, 225, 463, 476	−ヒエ 120, 176, 178
ハナヒリノキ属 346	ハリエンジュ属 224	−ビエ 176, 178
ハナミズキ ...332, 333, 459, 473	ハリガネスゲ 132, 133	ヒエ 176, 177
ハナムグラ 352, 353	−ハリガネワラビ 42	−ヒエガエリ 162
ハナモモ 236	ハリガネワラビ..............42, 43	ヒエガエリ 162, 163
ハナヤエムグラ............350, 351	−ハリギリ 444	ヒエガエリ属 162
ハナヤエムグラ属 350	ハリギリ 444, 445, 463	ヒエスゲ 139, 140
−ハナヤスリ 3, 30	ハリギリ属 444	ヒエスゲ節 140
ハナヤスリ 30	ハリグワ 254	−ヒエ属 176, 178
ハナヤスリ科.......................30	ハリコウガイゼキショウ	ヒエ属 176
ハナヤスリ属 30	.............................120, 121	ヒオウギズイセン属............108
−ハナワラビ........................30	−ハリスゲ 132	ヒカゲイノコヅチ 330
ハナワラビ属........................30	ハリスゲ節 132	ヒカゲシラスゲ 145, 146
−ハネガヤ 164, 168	ハリビユ 328, 329	−ヒカゲスゲ 142
ハネガヤ 168, 171	ハリブキ 444, 445	ヒカゲスゲ 142, 144
ハネガヤ属（1） 164	ハリブキ属 444	ヒカゲスゲ節 142
ハネガヤ属（2） 168	ハリモミ 66	ヒカゲスミレ 278, 279
−ハハコ 422	−ハルガヤ 180	−ヒカゲツツジ 346
−ハハコグサ 422	ハルガヤ 180, 181	ヒカゲツツジ 346, 347
ハハコグサ 422, 423	ハルガヤ属 180	ヒカゲノカズラ 28, 29
ハハコグサ属（1） 422	ハルカラマツ 208, 209	ヒカゲノカズラ科 28
ハハコグサ属（2） 422	ハルザキヤマガラシ 308	ヒカゲノカズラ属 28
ハバヤマボクチ...........426, 427	ハルジオン............416, 418, 419	ヒカゲノカズラ類 28

ヒカゲハリスゲ............132, 133	ヒナガリヤス................164, 166	ヒメウズ.....................202, 203
ヒカゲミズ属 258	ヒナキキョウソウ 398, 399	ヒメウズ属 202
ーヒカゲミツバ 450	ーヒナゲシ 198	ヒメウツギ............334, 335, 458
ヒカゲミツバ..............450, 451	ヒナゲシ 198	ヒメウラジロ.................38, 39
ーヒカゲワラビ 48	ヒナスゲ....................132, 133	ヒメウワバミソウ 256, 257
ヒカゲワラビ 48	ヒナスゲ節 132	ヒメエンゴサク 196
ヒガンバナ.................110, 111	ヒナスミレ................280, 281	ヒメオトギリ......................282
ヒガンバナ科 108	ヒナタイノコヅチ 330, 331	ヒメオドリコソウ 388
ヒガンバナ属 110	ーヒナノウスツボ 376	ヒメカナリークサヨシ 152, 153
ーヒキオコシ 382	ヒナノウスツボ..........376, 377	ヒメカナワラビ 52
ヒキオコシ................382, 383	ヒナノガリヤス 164	ヒメガマ....................118, 119
ヒキノカサ..........2, 208, 209	ヒナノキンチャク ...2, 236, 237	ヒメガヤツリ......................124
ーヒキヨモギ 390	ビナンカズラ.......................72	ヒメガンクビソウ 420
ヒキヨモギ................390, 391	ヒノキ............................70, 71	ヒメカンスゲ 139, 140
ヒキヨモギ属 390	ヒノキアスナロ 70	ヒメキカシグサ 286
ヒゲオシベ属 384	ヒノキ科...............................68	ヒメキンミズヒキ 248, 249
ヒゲガヤ....................150, 151	ヒノキ属...............................70	ヒメクグ....................122, 123
ーヒゲシバ................150, 162	ーヒバ...................................70	ヒメクズ.............................234
ーヒゲシバ属 150	ヒバ......................................70	ヒメグルミ................260, 261
ヒゲシバ....................162, 163	ヒマラヤシーダ 64	ヒメコウガイゼキショウ
ヒゲナガスズメノチャヒキ	ヒマラヤスギ................64, 65	..................................120, 121
..................................184, 185	ヒマラヤスギ属 64	ヒメコウゾ ...254, 255, 469, 479
ヒゲネワチガイソウ ...326, 327	ヒマラヤトキワサンザシ	ヒメゴウソ................136, 137
ヒゲノガリヤス............164, 165	..................................242, 243	ヒメコヌカグサ 168, 170
ーヒゴクサ 146	ーヒマワリ................8, 412, 426	ヒメコバンソウ..........192, 193
ヒゴクサ 145, 146	ヒマワリ....................412, 413	ヒメコマツ...........................64
ヒゴスミレ................278, 279	ーヒマワリ属 412, 426	ヒメサクラタデ..........316, 318
ーヒゴタイ 428	ヒマワリ属 412	ヒメサジラン.......................62
ヒサカキ....................336, 337	ーヒムロ...............................71	ヒメザゼンソウ 80, 81
ヒサカキ属 336	ヒメアカバナ............288, 289	ヒメサルダヒコ..........384, 385
ヒシ 286, 287	ヒメアシボソ 174, 175	ヒメシオン 418
ーヒシャク 80, 214	ヒメアブラススキ 172, 173	ーヒメジソ 382
ヒシュウザサ............156, 158	ヒメアブラススキ属............172	ヒメジソ 382, 383
ヒシ属.................................286	ヒメアマナ...........................90	ヒメシダ................……..42, 43
ビックリグミ 250	ヒメアマナズナ..........306, 307	ヒメシダ科 42
ヒツジグサ 72	ヒメアメリカアゼナ ...378, 379	ヒメシダ属 42
ヒデリコ 126, 127	ヒメイ.................................120	ヒメシャガ.......................6, 106
ヒトツバカエデ	ヒメイタチシダ..............60, 61	ヒメシャジン............400, 401
..................262, 292, 293, 459	ヒメイタビ 254	ヒメシャラ ...338, 339, 466, 469
ヒトツバキソチドリ 96	ーヒメイチゲ 208	ーヒメジョオン............416, 418
ヒトツバテンナンショウ 80, 81	ヒメイチゲ................208, 209	ヒメジョオン 416, 417, 418
ヒトツバハギ......................272	ヒメイヌガラシ 310	ヒメシラスゲ 145, 146
ヒトツバハギ属 272	ヒメイヌビエ............176, 177	ヒメシラスゲ節 146
ヒトツバ属............................60	ーヒメイワカガミ 340	ヒメシロアサザ..........400, 401
ヒトツボクロ............102, 103	ヒメイワカガミ..........340, 341	ヒメシロネ................384, 385
ヒトツボクロ属..................102	ヒメイワダレソウ 396	ヒメシロビユ............328, 329
ヒトリシズカ..........4, 74, 75	ヒメイワトラノオ............40, 41	ヒメスイバ................314, 315
ヒナウキクサ 78, 79	ヒメウキガヤ......................184	ヒメスギラン.......................28
ヒナウチワカエデ 294, 296, 461	ヒメウキクサ 78, 79	ヒメスゲ....................142, 144
ヒナガヤツリ............124, 125	ヒメウコギ................444, 445	ヒメスゲ節 142

ヒメスミレ 278, 279	ヒメモクレン.........................76	ビロードシダ 60, 61
ヒメスミレサイシン ...280, 281	ヒメモロコシ 172, 173	ビロードスゲ 148, 149
ヒメタイヌビエ.............176, 177	ヒメヤブラン 110, 111	ビロードスゲ節 148
ヒメタガソデソウ 326	ヒメヨツバムグラ 352, 353	ビロードタツナミ 380
ヒメタケシマラン 92, 93	ヒメヨモギ 406, 407	ビロードモウズイカ............376
－ヒメタデ 320	ヒメレンゲ 218, 219	ヒロハイヌノヒゲ 118
ヒメタデ 320, 321	－ヒメワラビ 36, 42, 44, 52	ヒロハイヌワラビ 46, 48, 49
ヒメチドメ 446, 447	ヒメワラビ 42, 43	ヒロハウシノケグサ 194
ヒメツゲ 210	－ヒメワラビ属 36, 44, 52	ヒロハウラジロガシ 260
ヒメツルソバ 318	ヒモカズラ 28, 29	ヒロハカツラ 212, 213, 461
ヒメテンツキ 126	ビャクダン科 314	ヒロハコンロンソウ ...312, 313
ヒメドコロ 86, 87	－ヒユ 328, 332	ヒロハツリバナ 268
ヒメトラノオ 374	－ビユ 328	ヒロハテンナンショウ 80
ヒメナエ 356, 357	ヒユ 328	ヒロハノアマナ 92, 93
ヒメナミキ 380, 381	ヒュウガミズキ ...212, 213, 469	ヒロハノイヌノヒゲ ...118, 119
ヒメニラ 108, 109	ヒユ科 326, 390	ヒロハノウシノケグサ 194, 195
ヒメヌカボ 168, 169	－ヒユ属 328, 332	ヒロハノウシノケグサ属 ...194
ヒメノガリヤス 164, 166, 190, 390	ヒユ属 328	ヒロハノエビモ 86
	－ヒョウ 252	ヒロハノカワラサイコ 247, 248
ヒメノキシノブ..............62, 63	－ヒョウタンボク 438	ヒロハノキハダ............300, 301
ヒメハギ 236, 237	ビヨウヤナギ 282	ヒロハノコウガイゼキショウ 120
ヒメハギ科 236	ヒヨクヒバ 71	
ヒメハギ属 236	－ヒヨドリ 424	ヒロハノツリバナ 268, 269, 460
ヒメハッカ 384, 385	ヒヨドリジョウゴ 364, 365	ヒロハノトウゲシバ 28
ヒメハナヒリノキ 346	－ヒヨドリバナ 424	ヒロハノドジョウツナギ 184, 185
ヒメハナワラビ.................30, 31	ヒヨドリバナ 424	
ヒメハリイ 130	ヒヨドリバナ属 424	ヒロハノハネガヤ 164, 166
ヒメハルガヤ 180, 181	ヒラギシスゲ 136, 138	ヒロハハコヤナギ................274
ヒメヒオウギズイセン 108	－ビランジ 324	－ヒロハハナヤスリ 3, 30
ヒメビシ 286, 287	ビランジ 323, 324	ヒロハハナヤスリ 3, 30, 31
ヒメヒラテンツキ 126, 127	ヒリュウシダ属 50	ヒロハヘビノボラズ ...200, 201
ヒメフウロ 284, 285	－ヒルガオ 362	ヒロハホウキギク 418, 419
ヒメフタバラン 98, 99	ヒルガオ 362, 363	ヒロハヤマトウバナ............386
ヒメヘビイチゴ 246, 247	ヒルガオ科 360	ヒロハヤマナラシ 274
ヒメホタルイ 130, 131	－ヒルガオ属 362	ヒロハユキザサ 114
ヒメホテイアオイ 116	ヒルガオ属 362	ビワ 244, 245
ヒメホテイソウ 116	ヒルザキツキミソウ............290	ビワ属 244
ヒメマイヅルソウ 114, 115	－ヒルムシロ 84, 86	ヒンジガヤツリ 124
ヒメマツバボタン 332, 333	ヒルムシロ 86, 87	ヒンジガヤツリ属................124
ヒメミカンソウ 274	ヒルムシロ科 84	
ヒメミクリ 118	ヒルムシロ属 84	# フ
－ヒメミソハギ 286	ヒレアザミ 428, 429	フイリゲンジスミレ ...280, 281
ヒメミソハギ 286, 287	ヒレアザミ属 428	フイリヒナスミレ 280
ヒメミソハギ属 286	ヒレタゴボウ 290	－フウ 212, 450, 472
ヒメミヤマウズラ 100	ヒレニワゼキショウ 108	フウ 212, 472, 480
ヒメミヤマスミレ 280	ヒレハリソウ 358	フウリンホオズキ 366
－ヒメムカシヨモギ 418	ヒレハリソウ属 358	－フウロ 284
ヒメムカシヨモギ 416, 418, 419	ビロードアオダモ................368	フウロソウ科 284
ヒメムツオレガヤツリ 122, 123	ビロードウリノキ 332	フウロソウ属 284
ヒメムヨウラン 98, 99	ビロードクサフジ 230	フウ科 212

－フウ属 212, 450	－フスマ 326	フランスギク属 406
フウ属 212	－フタギ 340	ブロッコリー 310
フガクスズムシソウ 6, 104, 105	－ブタクサ 8, 404	
フキ 412	ブタクサ 404, 405	**ヘ**
フキ属 412	ブタクサモドキ..........404, 405	ヘクソカズラ 354, 355
フクオウソウ 432, 433	ブタクサ属 404	ヘクソカズラ属 354
フクオウソウ属 432	ブタナ 432, 433	－ヘゴ 54
フクシマシャジン 400	ブタナ属 432	ベニイタヤ 296
フクジュソウ 208, 209	フタバアオイ 74, 75	ベニコツクバネ 440
フクジュソウ属 208	－フタバムグラ............352, 354	ベニサラサドウダン...........344
－フグリ 372, 374	フタバムグラ 352, 354, 355	－ベニシダ 56, 59
－ブクロ 400	－フタバムグラ属 352, 354	ベニシダ 59, 60
フクロシダ 44, 45	フタバムグラ属...........352, 354	ベニシダレ 238
ブコウシャジン 400	－フタバラン 98	ベニシュスラン............100, 101
ブコウメザクラ 2, 238, 239	フタバラン 98	ベニタイゲキ 272
ブコウミツバフウロ............284	フタマタマンテマ 324	ベニドウダン 344, 467
フサガヤ 162, 163	フタリシズカ 74, 75	ベニバナイチヤクソウ 342, 343
フサガヤ属 162	フッキソウ 210, 213	ベニバナツクバネウツギ ...440
フサザクラ ...196, 197, 471, 480	フッキソウ属 210	ベニバナツメクサ 230
フサザクラ科 196	フデリンドウ 356, 357	ベニバナトチノキ 298
フサザクラ属 196	フトイ 130, 131	ベニバナノツクバネウツギ 440
フサジュンサイ 72	フトイ属 130	ベニバナボロギク ...8, 414, 415
フサフジウツギ 376	－ブドウ 220, 222	ベニバナボロギク属...........414
－フサモ 8, 220	ブドウ科 220	ベニバナヤマシャクヤク
フサモ 220, 221	－ブドウ属 220, 222	..............................2, 212, 213
フサモ属 220	ブドウ属 220	－ヘビイチゴ 246
フジ 224, 225, 462, 475	フトヒルムシロ 86	ヘビイチゴ 246, 247
フジアカショウマ 216	フトボナギナタコウジュ	ヘビノネゴザ 46, 47
フジアザミ 428, 430	.....................................384, 385	－ヘビノボラズ 200
－フジウツギ 376	－ブナ 258	ヘビノボラズ 200, 201, 463
フジウツギ 376, 377, 461	ブナ 258, 259, 472, 480	ヘメロカリス 108
フジウツギ属 376	フナシクルマユリ 92	ヘラオオバコ 376, 377
フジオトギリ 282	フナバラソウ 358	－ヘラオモダカ 82
フジカンゾウ 226, 227	ブナ科 258, 392	ヘラオモダカ 82, 83
フジキ 224, 225, 466, 467	ブナ属 258	ヘラシダ 48, 49
フジキ属 224	フモトシケシダ 46, 47	ヘラハタザオ 314
－フシグロ 323, 324	フモトシダ 38, 39	ヘラバヒメジョオン............418
フシグロ 324	フモトシダ属 38	ペラペラヒメジョオン 418
フシグロセンノウ 322, 323	フモトスミレ 280, 281	ペラペラヨメナ 418
フシゲチガヤ 150	フユアオイ 304	－ベンケイ 218, 220
フシゲミヤコザサ 156, 157	－フユイチゴ 240	－ベンケイソウ 220
－フジシダ 36	フユイチゴ 240, 241	ベンケイソウ 220
フジシダ 36, 37	フユザンショウ...........298, 299	ベンケイソウ科 218
フジスミレ 280	フユヅタ 442	ペンタフィラクス科............336
フシネハナカタバミ............270	フユノハナワラビ............30, 31	
－フジバカマ 230, 424, 426	フヨウ 302	**ホ**
フジバカマ 424, 425	フラサバソウ 374, 375	ホウオウチク 152, 153
フジレイジンソウ 202	ブラジルコミカンソウ 274	－ボウキ 424
フジ属 224	ブラジルマツ........................66	ホウキギ 326
－ブシ 76, 202, 264, 290	フランスギク 406, 407	－ホウキギク 418

ホウキギク 418, 419	ホソバイラクサ.............254, 255	ホタルブクロ 400, 401
ホウキギク属 418	ホソバオオアマナ 112	ホタルブクロ属 400
ホウチャクソウ 88, 89	ホソバオオアリドオシ 350	－ボタン
ホウチャクソウ属 88	ホソバオグルマ 420	200, 206, 208, 210, 212, 214, 332
ホウムギ 172, 180, 181	ホソバオトコヨモギ............404	ボタン 212
ホウライカズラ 356	ホソバカナワラビ 54, 55	ボタンウキクサ 78, 79
ホウライカズラ属 356	ホソバガンクビソウ ...422, 423	ボタンウキクサ属 78
ホウライシダ 38, 39	ホソバキソチドリ 96	ボタンクサギ 378
ホウライシダ属 38	ホソバコオニユリ 6, 92	－ボタンヅル 206
ホウライチク属 152	ホソバコケシノブ............34, 35	ボタンヅル 206, 207
－ホオズキ...............364, 366, 388	ホソバシケシダ 44, 45	ボタン科 212
ホオズキ 366, 367	ホソバシュロソウ............88, 89	－ボタン属 200, 212
－ホオズキ属 366, 388	ホソバタブ 76	ボタン属 212
ホオノキ 76, 77, 464, 477	ホソバツルノゲイトウ 330	ホッスガヤ 164, 165
ホガエリガヤ 178, 179	ホソバツルリンドウ............354	ホッスモ 82
ホガエリガヤ属 178	ホソバトウゲシバ 28	－ホツツジ 348
－ボクチ 426	ホソバドジョウツナギ 194, 195	ホツツジ 348, 351, 464
－ボケ 244	ホソバトリカブト 202, 203	ホツツジ属 348
ボケ 244	ホソバナガハグサ 186, 188	ホテイアオイ 116, 117
ボケ属 244	ホソバナライシダ 54	ホテイアオイ属 116
－ホコリ 192, 256	ホソバニセジュズネノキ ...350	ホテイシダ 62, 63
ホザキイチヨウラン ...102, 103	ホソバノアマナ 90, 91	ホテイラン 6, 102, 103
ホザキイチヨウラン属 102	ホソバノウナギツカミ 318, 319	ホテイラン属 102
ホザキノフサモ............220, 221	ホソバノキソチドリ 96, 97	－ホドイモ 234
ホザキノミミカキグサ 394	ホソバノキリンソウ ...218, 219	ホドイモ 234, 235
ホザキマンテマ 324	ホソバノコウガイゼキショウ	ホドイモ属 234
ホシアサガオ 362, 363	120	ホトケノザ 388, 389
－ホシクサ 118	ホソバノセンダングサ 410, 411	－ホトトギス 90
ホシクサ 118, 119	ホソバノツルリンドウ 354, 355	ホトトギス 90, 91
ホシクサ科 118	ホソバノツルリンドウ属 ...354	ホトトギス属 90
ホシクサ属 118	ホソバノヤハズエンドウ ...230	－ホナガアオゲイトウ 328
－ホシダ 42	ホソバノヨツバムグラ 352, 353	ホナガアオゲイトウ ...328, 329
ホシダ 42, 43	ホソバヒイラギナンテン	ホナガイヌビユ............328, 329
ホシナシゴウソ 136	...................................200, 201	ホナガタツナミ............380, 381
ホシナシヒヨドリバナ 424	ホソバヒカゲスゲ 142, 144	ホナガタツナミソウ ...380, 381
ホソアオゲイトウ 328, 329	ホソバヒメイチゲ 208	－ポピー 198
ホソイ 120, 121	ホソバヒメミソハギ ...286, 287	－ポプラ 274
ホソイノデ 52, 53	ホソバヘラオモダカ 82	ポプラ 274, 275, 464
ホソエカエデ 295, 296	ホソバヤマブキソウ 198	－ホラゴケ 32
ホソエガラシ 308	ホソバヨツバヒヨドリ 424	－ホラゴケ属 32
ホソエノアザミ............428, 431	ホソミキンガヤツリ 122	ホラシノブ 36, 37
ホソセイヨウヌカボ ...168, 171	ホソムギ 180, 181	ホラシノブ属 36
ホソバアオダモ 368	－ボダイジュ 302	－ボロギク 8, 412, 414
ホソバアカザ 328	ボダイジュ 302, 469, 479	ボロギク 412
ホソバアカバナ............288, 289	－ホタルイ 130	－ボロギク属 412, 414
ホソバアキノゲシ 434	ホタルイ 130, 131	ホングウシダ科 36
ホソバアブラツツジ............344	ホタルカズラ 360, 361	ホンタデ 320
ホソバアマナ 90	ホタルサイコ 446, 447	ホンツゲ 210
ホソバイヌタデ............320, 321	ホタルサイコ属 446	ポンテデリア 116
ホソバイヌワラビ 46	－ホタルブクロ 400	ボントクタデ 320, 321

ホンドミヤマネズ 68	−マツバボタン 332	マルバアサガオ..........362, 363
ホンモンジスゲ 140	マツバボタン 332, 333	マルバアメリカアサガオ
	マツバラン 30, 31	...................................364, 365
マ	マツバラン科........................30	マルバイワシモツケ..........236
マーガレット 406, 407	マツバラン属........................30	マルバウツギ 334, 335, 458, 473
−マイヅルソウ 114	マツブサ 72, 73, 462	マルバオモダカ............82, 83
マイヅルソウ 114, 115	マツブサ科..........................72	マルバオモダカ属..............82
マイヅルソウ属 114	マツブサ属..........................72	マルバカワヂシャ 374
マイヅルテンナンショウ 80, 81	マツムシソウ 442, 443	マルバグミ 250
マオ.....................................256	マツムシソウ属 442	マルバケスミレ 280
マカラスムギ..............182, 183	マツモ 194, 195	マルバコンロンソウ ...312, 313
マキエハギ 228, 229	マツモ科............................194	マルバサワトウガラシ 374
マキノスミレ 280, 281	マツモ属............................194	マルバサンキライ............90, 91
−マグワ 254	−マツヨイグサ............288, 290	−マルバスミレ 278
マグワ............254, 255, 471, 480	マツヨイグサ 288, 290, 291	マルバスミレ 278, 279
マコモ 160, 161	マツヨイグサ属 288	マルバダケブキ..........414, 415
マコモ属............................160	マツ科..................................64	マルバタチツボスミレ 282
−マサキ 268	−マツ属......................64, 208	マルバツユクサ..........114, 115
マサキ 268, 269	マツ属........................64, 208	マルバナツグミ 250
−マスクサ 134	マテバシイ 260, 261	マルバヌスビトハギ ...226, 227
マスクサ 134, 135	マネキグサ 388, 389	マルバネコノメソウ ...214, 215
マスクサ節 134	マネキグサ属 388	マルバノイチヤクソウ 342
マダケ 154, 155	−ママコナ 7, 392	マルバノホロシ..........364, 365
マダケ属............................154	ママコナ 392, 393	マルバハギ 228, 229
−マタタビ 342	ママコナ属 392	マルバハッカ..............384, 385
マタタビ 342, 343, 462, 475	ママコノシリヌグイ	マルバフジバカマ 426, 427
マタタビ科 342	...........................316, 318, 319	マルバフジバカマ属 ...424, 426
マタタビ属 342	−マムシグサ 80	マルバベニシダ..........56, 59
マチン科 356	マムシグサ 80, 81	マルバマンネングサ ...218, 219
−マツ 3, 64, 66, 208	マメアサガオ 362, 363	マルバヤナギ 276
−マツカサススキ 126, 129	マメガキ 336, 470	マルバヤハズソウ 228, 229
マツカサススキ............126, 129	マメカミツレ 406, 407	マルバルコウ..............362, 363
マツカゼソウ 298, 299	−マメグンバイナズナ 306	マルミノウルシ..........272, 273
マツカゼソウ属 298	マメグンバイナズナ ...306, 307	マルミノギンリョウソウ ...342
マツグミ 314, 315	マメグンバイナズナ属 306	マルミノヤマゴボウ ...330, 331
マツグミ属 314	−マメザクラ 2, 238	マロニエ 298
マツザカシダ 40, 41	マメザクラ 238, 472	−マンサク 212
マツノハマンネングサ 218	マメダオシ 360	マンサク 212, 213, 465, 466, 477
−マツバ 286, 352	マメヅタ 62, 63	マンサク科 212
マツバイ 132, 133	マメヅタラン属 106	マンサク属 212
マツバウンラン..........372, 373	マメヅタ属..........................62	−マンテマ 322, 324
マツバウンラン属 372	マメ科................222, 224, 392	マンテマ 322, 324
マツバギク 330, 331	−マメ属 224, 228, 234	マンテマ属 322
マツバギク属 330	マヤラン 104	−マンネングサ 218
マツバスゲ 132, 133	−マユミ 268	マンネングサ属 218
マツバゼリ 448	マユミ..........268, 269, 460, 474	マンネンスギ 28, 29
マツバゼリ属 448	マリアアザミ 426	マンリョウ 336, 337
マツハダ 66	マルバアオダモ	
−マツバニンジン 282	...........................368, 369, 460, 474	
マツバニンジン 282	マルバアカザ 326	

ミ

ミカヅキグサ属 126
—ミカン 300
—ミカンソウ 274
ミカンソウ科 272
ミカン科 298
ミカン属 298
—ミクリ 6, 118
ミクリ 6, 118, 119
ミクリ属 118
—ミコシガヤ 134
ミコシガヤ 134, 135
ミサキカグマ 56, 58
ミサヤマチャヒキ 182, 183
ミサヤマチャヒキ属..........182
ミジンコウキクサ..........78, 79
ミジンコウキクサ属 78
—ミズ 220, 256, 258
ミズ 256, 257
—ミズアオイ 116
ミズアオイ 116, 117
ミズアオイ科 116
—ミズアオイ属 116
ミズアオイ属 116
—ミズオオバコ 6, 84
ミズオオバコ 6, 84, 85
—ミズオオバコ属 84
ミズオトギリ 282, 283
—ミズオトギリ属 282
ミズガヤツリ 122, 125
—ミズキ 212, 332
ミズキ 332, 333, 467, 478
ミズキカシグサ 286
ミズキンバイ 290, 291
ミズキ科 332
ミスジナガハグサ 186, 188
ミスズラン 96, 97
ミスズラン属 96
ミズタカモジ 182, 183
ミズタガラシ 312
ミズタネツケバナ 312
ミズタマソウ 288, 289
ミズタマソウ属 288
ミズチドリ 96
ミズトラノオ 384
ミズナ 310
ミズナラ
 ....258, 261, 314, 464, 465, 476
ミズニラ 28, 29
ミズニラ科 28
ミズニラ属 28
ミズネコノオ 384
ミズハコベ ...274, 370, 371, 372
ミズハナビ 124, 125
—ミズヒキ 248, 316
ミズヒキ 316, 317
ミズヒマワリ 8, 426, 427
ミズヒマワリ属 426
ミズマツバ 286, 287
ミズミソウ 7, 206, 207
ミズメ 262, 263, 465, 470
ミズユキノシタ 290, 291
ミズワラビ 38, 39
ミズワラビ属 38
—ミズ属 256, 258
ミズ属 256
ミセバヤ 220, 221
—ミゾイチゴツナギ ...186, 190
ミゾイチゴツナギ 190, 191
—ミゾカクシ 396, 398
ミゾカクシ 396, 397
ミゾカクシ属 396
ミゾコウジュ 382, 383
ミゾシダ 42
—ミゾソバ 318
ミゾソバ 318, 319
—ミソハギ 286
ミソハギ 286, 287
ミソハギ科 286
—ミソハギ属 286
ミソハギ属 286
—ミゾハコベ ...274, 275, 370, 372
ミゾハコベ科 274
ミゾハコベ属 274
ミゾホオズキ 388, 389
ミゾホオズキ属 388
ミチシバ 186, 187
ミチタネツケバナ 312, 313
ミチノクネコノメソウ 214
ミチノクフクジュソウ 208
ミチバタガラシ 310
—ミチヤナギ 316
ミチヤナギ 316, 317
ミチヤナギ属 316
ミツガシワ科 400
ミツデウラボシ 60, 61
ミツデウラボシ属 60
ミツデカエデ 292, 293, 459, 474
—ミツバ 446, 448, 450
ミツバ 448, 449
ミツバアケビ 198, 199, 462, 475
ミツバウツギ 290, 291, 461, 475
ミツバウツギ科 290
ミツバウツギ属 290
ミツバオウレン 204, 205
ミツバコンロンソウ ...312, 313
ミツバツチグリ 248, 249
—ミツバツツジ 348
ミツバツツジ 348, 349, 467, 478
ミツバヒヨドリバナ ...424, 425
—ミツバフウロ 284
ミツバフウロ 284, 285
ミツバベンケイソウ ...220, 221
—ミツバ属 446, 448
ミツバ属 448
ミツマタ 304, 305, 466, 477
ミツマタ属 304
ミツミネモミ 66, 67
ミツモトソウ 248, 249
ミドリアカザ 328, 329
ミドリハコベ 324, 325
ミドリヒメワラビ 42, 43
ミドリワラビ 44
ミナトアカザ 326, 327
ミネウスユキソウ 424
—ミネカエデ 296
ミネカエデ 296, 297, 459
ミネザクラ 238, 239, 472
—ミネバリ 262, 264
ミノボロ 192, 193
ミノボロスゲ節 134
ミノボロモドキ 192, 193
ミノボロモドキ属 192
ミノボロ属 192
—ミミカキグサ 394
ミミガタテンナンショウ 80, 81
—ミミナグサ 324
ミミナグサ 324, 325
ミミナグサ属 324
ミヤガラシ 306, 307
ミヤガラシ属 306
ミヤギザサ 156, 158
ミヤギノハギ 228, 229
ミヤコアザミ 428, 429
ミヤコイヌワラビ 46
—ミヤコグサ 232
ミヤコグサ 232
ミヤコグサ属 232
—ミヤコザサ 156
ミヤコザサ 156, 157

ミヤコヤブソテツ............52, 53
ミヤコワスレ 420
ミヤマアオダモ
　.................368, 369, 460, 474
ミヤマアカバナ 288
ミヤマアキノキリンソウ
　...............................416, 417
ミヤマアキノノゲシ ...434, 435
ミヤマイタチシダ............56, 57
ミヤマイボタ 370, 371, 460
ミヤマイラクサ............254, 255
ミヤマウイキョウ 450, 451
ミヤマウグイスカグラ
　.................438, 439, 459, 473
ミヤマウコギ 444
ミヤマウシノケグサ ...194, 195
－ミヤマウズラ 100
ミヤマウズラ 100
ミヤマウド 442
ミヤマウラジロ..............38, 39
ミヤマウラジロイチゴ 242
ミヤマウラボシ..............61, 62
ミヤマエンレイソウ 88
－ミヤマカタバミ 270
－ミヤマガマズミ 438
ミヤマガマズミ
　.............438, 439, 459, 461, 474
ミヤマカラマツ............208, 209
ミヤマカンスゲ ...139, 140
ミヤマキケマン............196, 197
ミヤマクマザサ............154, 155
ミヤマクマヤナギ 250, 251
ミヤマクマワラビ............56, 57
ミヤマコウゾリナ 432
ミヤマコンギク 418
ミヤマザクラ 238, 239, 472
ミヤマササガヤ............174, 175
ミヤマシキミ 300, 301
ミヤマシキミ属 300
ミヤマシグレ 436, 437
ミヤマシケシダ（狭義）......44
ミヤマシケシダ（広義）......44
－ミヤマシダ.........................46
ミヤマシダ 46, 48
ミヤマシャジン............400, 401
ミヤマジュズスゲ 136, 138
ミヤマジュズスゲ節...........136
ミヤマシラスゲ............146, 147
ミヤマシラスゲ節（1）........146
ミヤマシラスゲ節（2）........148
ミヤマスカシユリ 2, 92, 93
－ミヤマスミレ 280
ミヤマスミレ 280, 281
ミヤマセンキュウ 452, 453
ミヤマセンキュウ属............452
ミヤマダイモンジソウ 216
ミヤマタゴボウ 338
ミヤマタニソバ............318, 319
ミヤマタニタデ............288, 289
ミヤマタニワタシ 230, 231
ミヤマタムラソウ 382
ミヤマチダケサシ 216
ミヤマチドメ 446
ミヤマチドリ.........................96
ミヤマツチトリモチ............314
ミヤマナミキ 380, 381
ミヤマナルコユリ 114, 115
ミヤマニガイチゴ 240, 241
ミヤマニガウリ............266, 267
ミヤマニガウリ属..............266
－ミヤマヌカボ 168
ミヤマヌカボ............168, 169
ミヤマネコノメソウ............214
ミヤマネズミガヤ 164, 167
ミヤマノキシノブ............62, 63
ミヤマノコギリシダ 48
ミヤマハコベ............324, 325
ミヤマハハソ 210, 211, 466
ミヤマハンショウヅル 206, 207
ミヤマビャクシン 3, 68, 69
ミヤマフタバラン............98, 99
ミヤマフユイチゴ 240, 241
ミヤマベニシダ............56, 57
ミヤマホツツジ............348, 351
ミヤマママタタビ ...342, 343, 462
ミヤマママコナ 392, 393
ミヤマムグラ............352, 353
ミヤマメシダ.........................46
ミヤマモジズリ 94, 95
ミヤマモジズリ属 94
ミヤマモミジイチゴ ...240, 241
ミヤマヤシャブシ 264
ミヤマヤブタバコ 420, 421
ミヤマヤブニンジン..............448
ミヤマヨメナ 420
ミヤマラッキョウ 108
ミヤマワラビ..............42, 43
－ミョウガ 114
ミョウガ..............114, 116, 117
ミョウギシダ 60, 61

ミョウギシャジン 400, 401

ム
ムカゴイラクサ............254, 255
ムカゴイラクサ属..............254
ムカゴサイシン 98, 99
ムカゴツヅリ 186, 189
ムカゴニンジン............450, 451
ムカゴニンジン属..............450
－ムカシヨモギ 418
ムカシヨモギ属（1）.........416
ムカシヨモギ属（2）.........418
ムカデラン 106, 107
ムカデラン属 106
ムギクサ 160, 161
ムギラン 106, 107
ムクゲ ...302, 303, 466, 468, 477
ムクゲチャヒキ 184
ムクノキ 252, 253, 471, 480
ムクノキ属 252
－ムグラ 252, 306, 350, 352, 354
－ムグラ属.............350, 352, 354
ムクロジ............296, 297, 468
ムクロジ科 262, 292
ムクロジ属 296
ムサシアブミ 80
ムサシウグイスカグラ 438
ムサシノギボウシ 112
ムサシノササクサ 150
ムサシミツバツツジ............348
ムシカリ 438
ムシクサ 372, 373
ムシトリスミレ 2, 392, 393
ムシトリスミレ属..............392
ムシトリナデシコ 323, 324
ムシトリマンテマ 324
ムジナモ 322
ムジナモ属 322
－ムシロ............84, 86, 248, 396
－ムツオレガヤツリ 122
ムツオレガヤツリ 122, 123
ムツオレグサ............184, 185
ムヒョウソウ属 326
ムベ 198
ムベ属 198
－ムヨウラン 98
ムヨウラン 98, 99
ムヨウラン属.........................98
ムライラン 100
－ムラサキ............348, 360, 378

ムラサキ 360
ムラサキアズマハンショウヅル
....206
ムラサキイヌホオズキ 366
ムラサキウマゴヤシ ...232, 233
ムラサキウンラン 372
ムラサキエンレイソウ 88
ムラサキカタバミ 270, 271
ムラサキケマン..............196, 197
ムラサキサギゴケ 388, 389
ムラサキシキブ
..............................378, 379, 458, 473
ムラサキシキブ属 378
ムラサキツメクサ 230, 231
ムラサキツユクサ 116, 117
ムラサキツユクサ属...............116
ムラサキニガナ.............434, 435
ムラサキニガナ属ム 434
ムラサキネズミノオ.............162
ムラサキハシドイ 370, 462
ムラサキベンケイソウ属 ...220
ムラサキミミカキグサ 394
ムラサキ科 358
ムラサキ属 360

メ
メアオスゲ 142, 143
メアゼテンツキ.............126, 128
メガルカヤ 150, 151
メガルカヤ属 150
メギ..................200, 201, 463, 476
メキシコマンネングサ 218, 219
メキャベツ 310
メギ科 200
メギ属 200
メグスリノキ 292, 293, 460, 474
メゲヤキ 252
ーメシダ 42, 46
ーメシダ属 42
メシダ属 42, 46
メタカラコウ 414, 415
メタカラコウ属 414
メダケ 156, 159
メダケ属 156
メタセコイア 68, 69
メタセコイア属 68
メダラ 442
メツクバネウツギ..................440
ーメドハギ 228
メドハギ 228, 229

ーメナモミ 409
メナモミ 409, 410
メナモミ属 410
メハジキ 388, 389
メハジキ属 388
ーメヒシバ 178
メヒシバ 160, 178, 179
メヒシバ属 178
メマツ 64
メマツヨイグサ............290, 291
メヤブソテツ 50, 53
メヤブマオ 258, 259
メリケンガヤツリ 124, 125
メリケンカルカヤ 174, 175
メリケンカルカヤ属............174

モ
モイワラン 104
モウズイカ属 376
モウセンゴケ 322
モウセンゴケ科 322
モウセンゴケ属 322
モウソウチク 154, 155
モエギスゲ 140, 141
モクゲンジ 298
モクゲンジ属 298
モクシュンギク 406
モクシュンギク属 406
ーモクセイ 370
モクセイ科 368
ーモクレン 74, 76
モクレン 74, 76, 77, 464, 477
モクレン科 74
モクレン属 74
ーモジズリ 94, 100
モジズリ 100
ーモチ ...244, 314, 370, 396, 450
モチノキ 396, 397
モチノキ科 396
モチノキ属 396
ーモチ属 244, 314, 450
モッコク 336, 337
モッコク属 336
モトゲイタヤ 296, 297
モトタカサブロウ 412
モミ 66, 67, 314
ーモミ 66, 400, 402, 409
ーモミジ 292
ーモミジイチゴ............240, 242
モミジイチゴ 242, 243, 463, 476

ーモミジガサ 414, 416
モミジガサ 416, 417
モミジカラマツ............208, 209
モミジカラマツ属 208
モミジドコロ 86
モミジハグマ属 424
モミジバスズカケノキ
..............................210, 211, 468, 478
モミジバフウ
..................212, 213, 467, 471, 478
ーモミ属 66, 402, 410
モミ属 66
モメンヅル 232
モモ 236, 237, 300, 469, 479
ーモモ 72, 236, 238, 260, 344
ーモモ属 72, 236, 238, 260
モモ属 236
モリアザミ 428
モリイバラ 240, 241
ーモロコシ 148, 172
モロコシ 172
モロコシガヤ 172, 173
ーモロコシ属 148, 172
モロコシ属 172
モントブレチア 108

ヤ
ーヤイトバナ 354
ヤイトバナ 354
ヤエガワカンバ 264, 265
ヤエザキオオハンゴンソウ 408
ヤエベニシダレ 238
ーヤエムグラ 306, 350, 352
ヤエムグラ 306, 352, 353
ーヤエムグラ属 350
ヤエムグラ属 350, 352
ヤガミスゲ 134, 135
ヤガミスゲ節 134
ーヤガラ 96, 129, 130
ーヤガラ属 96, 130
ーヤクソウ 436
ヤクソウ 436, 437
ヤクナガイヌムギ 184, 185
ーヤグルマギク 426
ヤグルマギク 426, 427
ヤグルマギク属 426
ヤグルマソウ 216, 217, 426
ヤグルマソウ属 216
ーヤシ 232
ーヤシャゼンマイ 3, 32

ヤシャゼンマイ 3, 32, 33
ヤシャビシャク............214, 215
－ヤシャブシ 264
ヤシャブシ
　.............264, 265, 465, 470, 477
ヤシ科 114
－ヤスリ 3, 30
ヤセウツボ 8, 390, 391, 392
ヤダケ 156, 159
ヤダケ属 156
ヤチカワズスゲ 134, 135
ヤツガタケナズナ 306
－ヤツシロラン 98
ヤツシロラン 98, 99
－ヤツデ 442, 444
ヤツデ 444, 445
－ヤツデ属 442, 444
ヤツデ属 444
ヤドリギ 314, 315
ヤドリギ属 314
－ヤナギ
　......236, 250, 274, 276, 282, 316
ヤナギイノコヅチ 330, 331
ヤナギスブタ........................84
ヤナギタデ 320, 321
ヤナギタンポポ...........432, 433
ヤナギタンポポ属ㅤ.............432
ヤナギヌカボ 320
ヤナギハナガサ..........396, 397
ヤナギモ 86, 87
ヤナギラン 288
ヤナギラン属 288
ヤナギ科 274
－ヤナギ属............250, 274, 316
ヤナギ属 274
ヤノネグサ 318, 319
－ヤハズエンドウ 230
ヤハズエンドウ 230
－ヤハズソウ 228
ヤハズソウ 228, 229
ヤハズソウ属 228
ヤハズハハコ 422
ヤハズハンノキ ...264, 265, 464
ヤハズヒゴタイ 428, 429
ヤバネオムギ............160, 161
ヤブエンゴサク 196
ヤブカラシ............222, 223, 266
ヤブカラシ属 222
ヤブカンゾウ 108, 109
ヤブコウジ 336, 337

ヤブコウジ属 336
ヤブザサ 156
ヤブサンザシ 214, 215
－ヤブジラミ 446
ヤブジラミ 446, 447
ヤブジラミ属 446
ヤブスゲ 134, 135
ヤブスゲ節 134
－ヤブソテツ 50, 52
ヤブソテツ 52, 53
ヤブソテツ属 50
ヤブタデ 320
－ヤブタバコ 420
ヤブタバコ 420, 421
ヤブタバコ属 420
ヤブタビラコ 431, 432
ヤブタビラコ属 432
ヤブツバキ 340, 341
ヤブツルアズキ...........234, 235
ヤブデマリ ...438, 439, 459, 474
－ヤブニッケイ 76, 77
－ヤブニンジン 448
ヤブニンジン 448, 449
ヤブニンジン属 448
－ヤブハギ 226
ヤブハギ 226, 227
ヤブヘビイチゴ...........246, 247
－ヤブマオ 256, 258
ヤブマオ 258, 259
ヤブマオ属 256
－ヤブマメ 234
ヤブマメ 234, 235
ヤブマメ属 234
ヤブミョウガ.............114, 115
ヤブミョウガ属 114
ヤブムラサキ 378, 379, 458, 473
－ヤブラン 110
ヤブラン 110, 111
ヤブラン属 110
ヤブレガサ 414, 415
ヤブレガサ属 414
ヤマアイ 272, 273
ヤマアイ属 272
ヤマアサクラザンショウ
　...298, 299
ヤマアジサイ 334, 335, 458
ヤマアゼスゲ 136, 137
ヤマアマドコロ 114
ヤマアワ 164, 165
ヤマアワ属 164, 190

－ヤマイ 126, 130
ヤマイ 126, 128
－ヤマイタチシダ 56
ヤマイタチシダ 56, 57, 58, 60, 61
ヤマイヌワラビ.............46, 47
－ヤマウグイスカグラ 438
ヤマウグイスカグラ
　.............438, 439, 459, 473
－ヤマウコギ 444
ヤマウコギ ...444, 445, 463, 476
ヤマウツボ 392, 393
ヤマウツボ属 392
ヤマウルシ
　.............292, 293, 466, 468, 478
ヤマエンゴサク...........196, 197
ヤマエンジュ 224
ヤマオオイトスゲ 140, 141
ヤマオダマキ 202, 203
－ヤマオトギリ 284
ヤマガキ 336
ヤマカシュウ............90, 91, 462
－ヤマカタバミ 270
ヤマガマズミ 438
－ヤマカモジグサ 180
ヤマカモジグサ..........180, 181
ヤマカモジグサ属 180
－ヤマガラシ 308
ヤマガラシ 308
ヤマガラシ属 308
－ヤマキケマン 196
ヤマキケマン 196, 197
ヤマキツネノボタン...........210
ヤマクラマゴケ 28, 29
－ヤマグルマ 210
ヤマグルマ 210, 211
ヤマクルマバナ 386
ヤマグルマ科 210
ヤマグルマ属 210
ヤマグワ 254, 255, 471, 480
ヤマコウバシ ...76, 77, 471, 479
－ヤマゴボウ 330
ヤマゴボウ 330, 331
ヤマゴボウ科 330
ヤマゴボウ属 330
ヤマサギゴケ 388
－ヤマザクラ 238, 240
ヤマザクラ ...240, 241, 472, 480
ヤマジソ 382, 383
ヤマジノホトトギス 90, 91
－ヤマシャクヤク............2, 212

ヤマシャクヤク............212, 213	－ヤマハンノキ 264	ユキノシタ科 214
ヤマスズメノヒエ 120, 121	ヤマハンノキ 264, 464, 476	ユキノシタ属 216
ヤマゼリ 452, 453	ヤマヒメワラビ 44	ユキヤナギ 236
ヤマゼリ属 452	ヤマブキ 240, 241, 471, 479	ユクノキ 224, 225, 467, 468
ヤマソテツ 36, 37	ヤマブキショウマ 246, 247	ユズ 298
ヤマタイミンガサ 416, 417	ヤマブキショウマ属............246	ユスラウメ 238, 468, 479
ヤマタツナミソウ 380, 381	－ヤマブキソウ.................7, 198	ユズリハ 212, 213
ヤマタネツケバナ 312	ヤマブキソウ...........7, 198, 199	ユズリハ科 212
ヤマチドメ 446	ヤマブキソウ属....................198	ユズリハ属 212
－ヤマツツジ 348	ヤマブキ属 240	ユメノシマガヤツリ ...122, 123
ヤマツツジ 348, 349	ヤマフジ 224, 225	ユモトマムシグサ...........80, 81
ヤマテリハノイバラ............240	ヤマブドウ ...220, 221, 462, 475	ユモトマユミ 268, 269
ヤマトアオダモ 368, 369	－ヤマボウシ 332	－ユリ............2, 5, 6, 88, 92, 114
－ヤマトウバナ 386	ヤマボウシ ...332, 333, 459, 473	ユリノキ............76, 77, 465, 477
ヤマトウバナ 386, 387	ヤマホオズキ 366, 367	ユリノキ属 76
ヤマトキソウ 98	－ヤマボクチ 426	ユリワサビ 306, 307
ヤマトボシガラ 194, 195	ヤマボクチ属 426	ユリ科 90
ヤマトミクリ 118, 119	ヤマホタルブクロ 400, 401	－ユリ属 92
ヤマトユキザサ 114	ヤマホトトギス 90, 91	ユリ属 92
ヤマトリカブト 202, 203	ヤマホロシ 364, 365	
ヤマドリゼンマイ.............32, 33	ヤマミズ 256, 257	**ヨ**
ヤマドリゼンマイ属 32	ヤマミゾイチゴツナギ 190, 191	ヨウシュカラマツ 64
ヤマトレンギョウ 368	ヤマミゾソバ 318	ヨウシュチョウセンアサガオ
ヤマナシ 246	－ヤマムグラ 352	368
ヤマナシウマノミツバ 446, 447	ヤマムグラ 352, 353	ヨウシュヤマゴボウ ...330, 331
－ヤマナラシ 274	ヤマモミジ 292	－ヨウラク 348
ヤマナラシ	ヤマモモ 260, 261	ヨウラクラン 102, 103
...............274, 275, 464, 472, 476	ヤマモモ科 260	ヨウラクラン属....................102
ヤマナラシ属 274	ヤマモモ属 260	ヨーロッパカラマツ 64
ヤマニガナ 434, 435	ヤマヤブソテツ 52, 53	ヨーロッパタイトゴメ 218, 219
－ヤマヌカボ 168	ヤマユリ 92, 93	ヨグソミネバリ ...262, 465, 470
ヤマヌカボ 168, 170	－ヤマラッキョウ 108	ヨコグラノキ 250
－ヤマネコノメソウ............214	ヤマラッキョウ 108	ヨコグラノキ属....................250
ヤマネコノメソウ 214, 215	ヤマルリソウ 360, 361	ヨコハママンネングサ
ヤマネコヤナギ 276	－ヤマレンゲ 4, 76	....218, 219
ヤマノイモ 86, 87	－ヤリ 120, 424	ヨゴレネコノメ 214
ヤマノイモ科 86	－ヤリ属 120, 402	ヨシ 190, 191
ヤマノイモ属 86	ヤワタソウ 216, 217	－ヨシ 148, 150, 152, 190
ヤマノコギリソウ 404, 405	ヤワタソウ属 216	－ヨシ属 148, 150, 190
ヤマハギ 228, 229	ヤワラシダ 42, 43	ヨシ属 190
－ヤマハコベ 324, 326	ヤワラスゲ 148, 149	ヨツシベヤマネコノメ 214
ヤマハゼ 292, 293, 466, 478		ヨツバハギ 230
ヤマハタザオ 312, 313	**ユ**	－ヨツバヒヨドリ 424
ヤマハタザオ属 312	ユウガギク 420, 421	ヨツバヒヨドリ...........424, 425
－ヤマハッカ 382	ユウゲショウ 290	－ヨツバムグラ 352
ヤマハッカ 382, 383	ユウシュンラン 100, 101	ヨツバムグラ 352, 353
ヤマハッカ属 382	－ユキザサ 114	－ヨメナ 418, 420
－ヤマハハコ 422	ユキザサ 114, 115	ヨメナ 420, 421
ヤマハハコ 422, 423	－ユキノシタ 216, 290	－ヨモギ 390, 404, 406, 418
ヤマハハコ属 422	ユキノシタ 216, 217	ヨモギ 406, 407

ヨモギギク 408	ルリソウ属 360	－ワラビ
ヨモギギク属 408		............30, 36, 38, 42, 44, 46, 48,
－ヨモギ属 ...390, 404, 416, 418	**レ**	50, 52, 54, 56
ヨモギ属 404	－レイジンソウ 202	ワラビ 36, 37
	レイジンソウ 202, 203	－ワラビ属
ラ	レモンエゴマ 386	......30, 36, 38, 44, 48, 50, 52, 54
ライムギ 180, 183	－レンギョウ 368, 370	ワラビ属 36
ライムギ属 180	レンギョウ ...368, 369, 458, 473	ワルナスビ 364, 365
ライラック 370	レンギョウ属 368	－ワレモコウ 248
ラカンマキ 66, 69	－レンゲ 4, 76, 218	ワレモコウ 248, 249
ラクウショウ 68, 69	レンゲショウマ............204, 205	ワレモコウ属 248
－ラクウショウ 68	レンゲショウマ属 204	
ラショウモンカズラ............386	レンゲソウ 232	基部被子植物....................72
ラショウモンカズラ属 386	レンゲツツジ	種子植物 64, 72, 78, 196
ラセンソウ 304	..............348, 349, 465, 467, 477	真正双子葉類 196
－ラッキョウ 108	レンプクソウ 436, 437	大葉シダ植物.......................30
ランシンボク属 290	レンプクソウ科 436	単子葉類 78
ラン科 94	レンプクソウ属 436	被子植物 72, 78, 196
ラン科（大分類） 94	レンリソウ 230	裸子植物 64
ラン科① 96	レンリソウ属 230	
ラン科② 96, 102		
ラン科③ 96, 104	**ロ**	
	ロウノキ 292	
リ	ローズソウ 150	
リュウキュウアサガオ 362	ロウバイ 76	
リュウノウギク............406, 407	－ロウバイ 76	
リュウノヒゲ 110	ロウバイ属 76	
リョウブ 342, 343, 466, 477	ローマカミツレ............404, 405	
リョウブ科 342	ローマカミツレ属 404	
リョウブ属 342	ロベリアソウ 398	
リョウメンシダ 54, 55		
リラ.................................370	**ワ**	
リンゴ属 244	ワイルドオーツ 184	
－リンドウ 354, 356	－ワサビ 306	
リンドウ 356, 357	ワサビ 306	
リンドウ科 354	ワサビダイコン 306	
－リンドウ属 354, 356	－ワサビ属 306	
リンドウ属 356	ワサビ属 306	
リンボク 238, 239	ワジュロ 114	
	ワスレグサ属 108	
ル	ワセオバナ 172, 173	
ルイヨウショウマ 204, 205	ワタゲカマツカ 244	
ルイヨウショウマ属............204	ワダソウ 326, 327	
ルイヨウボタン............200, 201	ワタラセツリフネソウ 336, 337	
ルイヨウボタン属 200	－ワチガイソウ 326	
ルーサン 232	ワチガイソウ 326, 327	
ルコウソウ 362, 363	ワチガイソウ属 326	
－ルリソウ 360	ワニグチソウ 114, 115	
ルリニワゼキショウ............108		
ルリミノウシコロシ............340		

執筆・協力者一覧

検索表担当者	牧野　彰吾	三上　忠仁	矢島　民夫	山下　　裕
編集・図版担当者	石川香保里	石川　好夫	大塚　一紀	尾形　一法
	菅野　治虫	木口　博史	木村和喜夫	杉田　　勝
	平　　　誠	田中　　実	原　　由泰	戸来　吏絵
	牧野　彰吾	三上　忠仁	森廣　信子	矢島　民夫
	山下　　裕			
図版協力者	北原　　直	児玉　早希	曾根﨑猛史	田口　康弘
	中川　大樹	比留間葉月	松本　実穂	三島　綾乃
	持田　千絵	森田　真純	米谷　祐太	
写真提供者	平　　　誠	田中　　実	牧野　彰吾	三上　忠仁
	森廣　信子	矢島　民夫	山下　　裕	

増補改定版
フィールドで使える　図説　植物検索ハンドブック［埼玉2882種類］

2014年3月31日　初版第1刷発行
2016年1月15日　改訂版第1刷発行
2016年11月19日　改訂版第2刷発行

著　者　　NPO法人　埼玉県絶滅危惧植物種調査団

発行所　　株式会社　さきたま出版会
　　　　　〒336-0022　さいたま市南区白幡3-6-10
　　　　　電話 048-711-8041　　振替 00150-9-40787

印刷・製本　関東図書株式会社

● 本書の一部あるいは全部について、作者・発行所の許諾を得ずに無断で複写・複製することは禁じられています
● 落丁本・乱丁本はお取替いたします
● 定価はカバーに表示してあります

NPO法人　埼玉県絶滅危惧植物種調査団 ©2016
ISBN978-4-87891-425-6 C0040

本書は公益財団法人サイサン環境保全基金からの助成を受けて出版されました。